a energia do Brasil

A EDF Norte Fluminense, em 10 anos de operação, completados
em 2014, vem estimulando a produção e a disseminação do conhecimento
sobre o sistema elétrico, tanto por meio de parcerias na área de pesquisa
e desenvolvimento como pelo apoio a projetos culturais, educacionais e
sociais relacionados. A reedição ampliada da obra de Antonio Dias Leite,
um dos maiores expoentes do setor, é uma iniciativa das mais relevantes
para aumentar o nível de compreensão sobre as conquistas e os desafios
que o Brasil tem pela frente na questão energética. É uma honra poder
contribuir para o registro, preservação e difusão dessa história, da qual,
orgulhosamente, fazemos parte.

Há mais de 100 anos a Light tem um estreito relacionamento com
o Rio de Janeiro. Presente na vida de milhares de pessoas, a empresa
sempre deu a sua contribuição para o desenvolvimento e para o bem-estar
da população. Com o olhar para o futuro e preservando a sua própria
história, a história da cidade e a do país, a Light apoia projetos que
celebram a importância e a valorização do setor energético brasileiro.
Ao patrocinar o livro A Energia do Brasil, a Light contribui para contar não
só a trajetória do nosso setor, mas a evolução do nosso país. A Light está
conectada a esta trajetória porque também está sempre conectada a você.

Lexikon | *obras de referência*

ANTONIO DIAS LEITE

a energia do Brasil

3ª edição revista e atualizada

Prêmio Jabuti 1998

© 2014, by Antonio Dias Leite

Direitos de edição da obra em língua portuguesa adquiridos pela LEXIKON EDITORA DIGITAL LTDA. Todos os direitos reservados. Nenhuma parte desta obra pode ser apropriada e estocada em sistema de banco de dados ou processo similar, em qualquer forma ou meio, seja eletrônico, de fotocópia, gravação etc., sem a permissão do detentor do copirraite.

LEXIKON EDITORA DIGITAL LTDA.
Rua da Assembleia, 92/3º andar – Centro
20011-000 Rio de Janeiro – RJ – Brasil
Tel.: (21) 2526-6800 – Fax: (21) 2526-6824

MISTO
Papel produzido a partir de fontes responsáveis
FSC
www.fsc.org
FSC® C116137

www.lexikon.com.br – sac@lexikon.com.br

DIRETOR EDITORIAL
Carlos Augusto Lacerda

EDITOR
Paulo Geiger

PRODUÇÃO EDITORIAL
Sonia Hey

REVISÃO
Isabel Newlands
Perla Serafim
Vânia Santiago

ASSISTENTE DE PRODUÇÃO
Luciana Aché

DIAGRAMAÇÃO E CAPA
Mariana Ochs - modesign.txt

IMAGEM DA CAPA
Shutterstock

CIP-Brasil. Catalogação na fonte.
Sindicato Nacional dos Editores de Livros, RJ

Leite, Antonio Dias, 1920-
    A energia do Brasil / Antonio Dias Leite. - 3. ed. - Rio de Janeiro : Lexikon, 2014.
    624 p. ; 23 cm.

    Apêndice
    Inclui bibliografia e índice
    ISBN 9788583000198

    1. Recursos energéticos - Brasil. 2. Política energética - Brasil. 3. Desenvolvimento sustentável. I. Título.

                                        CDD: 333.790981
                                        CDU: 620.91(81)

A Manira
Presença, confiança e inabalável fé

Agradecimentos

Da mesma forma que nas duas edições anteriores recorri insistentemente a especialistas em energia e matérias afins para dirimir dúvidas e ouvir conselhos. Agradeço a todos e em especial aos professores Edmar Almeida e Nivalde de Castro do Instituto de Economia da UFRJ, aos consultores Mario Veiga Pereira da PSR e Pietro Erber do Instituto Nacional de Eficiência Energética – INEE e a José Luiz Alqueres.

Destaco também a colaboração de Magda Maciel Montenenegro, na revisão do texto, e do recém-formado economista Raphel de Avellar Cunha, que trabalhou com afinco na preparação das informações estatísticas para o Capítulo XII. A recuperação da diagramação e sua extensão aos textos novos e revistos foi objeto de cuidadoso trabalho de Mariana Ochs do escritório modesign. A todos os meus agradecimentos.

Esta edição se tornou possível graças ao editor Carlos Augusto Mariani Lacerda, da LEXIKON Editora, que acompanha com carinho e eficiência essa história da Energia do Brasil, desde a primeira edição, ainda na Nova Fronteira, que mereceu o prêmio Jabuti de 1998.

Rio de Janeiro, julho de 2014
ANTONIO DIAS LEITE

Apresentação da terceira edição

Passados dezessete anos da edição inicial (1997) e sete anos (2007) da segunda edição pareceu-me, não obstante os meus 94 anos de idade, que ainda poderia ser útil, para as gerações mais jovens, uma terceira edição deste livro de referência sobre a evolução do setor de energia no Brasil. Acrescento um novo Capítulo XII, relativo ao tumultuado período 2007-2014, e excluo os antigos Capítulos XII, XIII e XIV, que me parecem dispensáveis na nova edição.

Há setenta anos acompanho o que se passa em nosso país, como engenheiro interessado em administração e economia.

Escrevi alguns livros e acompanhei o nosso desenvolvimento como simples expectador, e depois como comentarista, em mais de duzentos artigos em jornais nacionais. Arrependo-me de alguns. Ousei fazer sugestões a governantes.

Eventualmente participei da vida pública durante cinco anos como ministro de Minas e Energia, e fiquei cada vez mais envolvido com os temas relacionados à energia e aos recursos naturais.

As atividades que compõem o setor energético interessam a todos e a cada um dos habitantes do país, seja pelo suprimento de eletricidade e gás de uso doméstico, seja pelo combustível utilizado em veículos. O suprimento de energia está, do mesmo modo, sempre presente nas empresas como insumo indispensável às atividades produtivas. Também é intenso o trabalho de investigação, pesquisa e desenvolvimento tecnológico em torno da produção, dos equipamentos e das instalações que usam energia.

Os múltiplos aspectos das atividades relacionadas ao setor energético explicam, em grande parte, a diversidade de configurações institucionais adotadas em cada país. Mas estas se prestam também à forte influência de ideologias radicais.

A tendência recente no Brasil foi de privilegiar intensa regulamentação pelo Estado, com insistentes mudanças do quadro institucional, que levam inquietação aos gestores das empresas. É uma escolha. No entanto, não pode ser posto de lado, como se tem feito, o equilíbrio financeiro das empresas, sejam elas públicas ou privadas, indispensável para garantir o atendimento da demanda no longo prazo.

ANTONIO DIAS LEITE
julho de 2014

Agradecimentos da segunda edição

Tal como aconteceu na primeira edição, em várias oportunidades durante os anos de 2005 e 2006, quando escrevi os Capítulos X a XIV recorri a grande número de pessoas, isoladamente ou no âmbito de instituições. Fui sempre atendido com a maior boa vontade. De importância decisiva foi a colaboração dos que se dispuseram a ler, comentar e aperfeiçoar partes do texto, pelo que deixo aqui registrados os meus Agradecimentos: a Adilson de Oliveira, Helder Queiroz e Edmar de Almeida, do Grupo de Energia do Instituto de Economia da UFRJ; a Pietro Erber, do Instituto Nacional de Eficiência Energética, que reviu com paciência todo o variado conteúdo do capítulo sobre eficiência energética, tecnologia e meio ambiente, essa última que mereceu também a maior atenção de Carlos Eduardo Frickman Young, do IE/UFRJ. Os meus agradecimentos vão para Witold Lepecki, a quem recorri incessantemente sobre os trechos referentes à energia nuclear, tarefa que foi complementada por Lothario Deppe e Carlos Costa Ribeiro. Nivalde de Castro, do IE/UFRJ, colocou à disposição, com explicações, o seu arquivo do setor elétrico. Xisto Vieira Filho esteve sempre a postos.

Apelei para instituições públicas, em várias matérias complexas, recebendo, como sempre, valiosas contribuições: na Agência Nacional de Energia Elétrica – Aneel, Jerson Kelman e Gilma dos Passos Rocha, que juntamente com Sergio Lattari e Albert Klingsman, do Operador Nacional de Sistemas – ONS trataram da operação hidrotérmica do sistema elétrico interligado. No Banco Nacional de Desenvolvimento Econômico e Social – BNDES, Nelson F. Siffert Filho e Marcelo Trindade Miterhof esclareceram questões de financiamento do setor elétrico. Com André de Mello Fachetti e membros da equipe do Cenpes conversamos sobre qualidade dos combustíveis. Raimundo Albuquerque Nascimento e Luiz Fernando Rufato, da Eletronorte, sobre Belo Monte. Othon Luís Pinheiro da Silva e Leonam dos Santos Guimarães me atualizaram quanto à Eletronuclear. Com Amílcar Guerreiro e James Bolívar, da Empresade Pesquisa de Energia – EPE, e João Patusco, do MME, tratei do balanço energético e das projeções de médio e longo prazos. Ângelo A. dos Santos e Agenor Mundim, da Fundação Brasileira para o Desenvolvimento Sustentável – FBDS, ajudaram em questões relacionadas ao meio ambiente. Jaime Buarque de Holanda e Márcio José Marques, do Instituto Nacional de Eficiência Energética – INEE, trataram das inovações tecnológicas e da eficiência. Na Indústrias Nucleares Brasileiras – INB, o esclarecimento sobre a situação e as perspectivas do ciclo do combustível foi feito por Mozart Câmara de Miranda F., Adriano Manoel Tavares, Ezio Ribeiro da Silva e Renato Vieira da Costa. Thelma Krug, do

Inter American Institute for Global Change sobre emissões. José Domingos G. Miguez, do Ministério da Ciência e Tecnologia, sobre a questão climática. Jarbas Amorim Americano, da Petrobras, me auxiliou no entendimento dosinvestimentos da empresa em E&P.

No âmbito de organizações privadas agradeço também a Luís Henrique Vianna, da Associação dos Produtores Independentes de Energia Elétrica (Apine), Nelson Cortes e Roberto Hoczar da Brasil Ecodiesel, Antonio C. Salmito, do Comitê Brasileiro do Conselho Mundial de Energia. João Carlos De Lucca, Álvaro Teixeira e Felipe Dias, do Instituto Brasileiro do Petróleo (IBP), César Faria, Fernando Zancan e Ignácio Rezende, dos Sindicatos da Indústria do Carvão. Amantino Ramos de Freitas e Rubens Garlipp, da Sociedade Brasileira de Silvicultura (SBS). Cláudio Manesco, da União da Agricultura Canavieira de São Paulo (Única). Gilberto de Martino Januzzi, da Unicamp, João Henrique Betim Paes Leme, da Usinaverde, Renato Mastrobuono e Henry Joseph Jr., da Volkswagen.

Foram muitos ainda os que me apoiaram, em caráter individual, sob assuntos tópicos, mas nem por isso menos relevantes: Altino Ventura Filho, Benedito Fonseca Moreira, Bertha Becker, Cláudio Contador, David Langier, Eliezer Batista, Guy Vilela, Henrique Brandão Cavalcanti, Henrique Saraiva, Hércules Dutra, Izaltino Camozzato, Jaime Rotstein, João Camilo Penna, José Coutinho Barbosa, José Luís Alqueres, Leo Hime, Marilza Brito, Mário Veiga Pereira, Osvaldo Soliano, Pablo-Ghetti, Paulo Simões, Rex Nazareth, Roberto Beck, Roberto Silveira, Sergio Trindade, Sonia Rocha e Yvan Barreto de Carvalho.

Concorreram, para levar a bom termo a elaboração desta edição, Magda Maciel Montenegro, que reviu cuidadosamente o texto correspondente à primeira edição cujo CD final foi perdido, o meu neto Antonio Fernando, que trabalhou estatísticas e gráficos, Estela dos Santos Abreu, que reviu o texto correspondente aos capítulos da segunda edição e procurou compatibilizar as duas partes do livro, no que foi auxiliada, com persistência, pela minha neta Maria, e, finalmente, a Ricardo Leite, Theiza Conte Paiva e ao grupo da CRAMA, que se responsabilizou pela diagramação e arte-final.

Apresentação da segunda edição

Passados dez anos da edição original deste livro (1997) e findo o século XX, pareceu-me oportuno e, possivelmente útil, para as novas gerações uma edição atualizada. Entre 1996 e 2006 ocorreram profundas transformações no país.

Não foi modificada a parte essencial do livro original, correspondente aos Capítulos II a IX, assim como os Apêndices e Anexos a eles correspondentes, a não ser com pequenas correções. Escrevi outro Capítulo I, mais conciso, e os Indicadores referentes aos Capítulos III a IX foram resumidos nesta edição.

São capítulos novos:

X – Reforma institucional e econômica (1995-2002)

XI – Partida para o novo século (2002-2006)

XII – Eficiência energética e meio ambiente

XIII – Perspectivas da energia no mundo e no Brasil

XIV – Opções estratégicas nacionais

Os dois últimos contêm muitos trechos que constavam dos antigos Capítulos X e XI.

Procurei manter, tanto quanto possível, em cada um dos novos capítulos, a mesma estrutura dos anteriores. A não ser no Capítulo XII, que tem formato diferente, tratando da relação entre energia e meio ambiente, sem referência a uma cronologia definida.

Surgiram dificuldades na justaposição de textos escritos com intervalos de dez anos, particularmente quanto à forma de apresentação de notas e referências bibliográficas. Não obstante a redação do texto tenha sido praticamente concluída em janeiro de 2007, buscaram-se melhores indicações das referências até fevereiro, optando-se pela sua indicação de forma sumária no texto, tabelas e figuras, e tão completa quanto possível na seção de Referências bibliográficas.

Optou-se também por utilizar abreviaturas e siglas dos numerosos órgãos de governo, empresas e organismos internacionais citados. Incluiu-se por este motivo a correspondente lista no final do livro.

Rio de Janeiro, janeiro de 2007
ANTONIO DIAS LEITE

Agradecimentos da primeira edição

Aos companheiros de trabalho no Ministério de Minas e Energia, que na elaboração deste livro continuaram a aprofundar conhecimentos, propor soluções e criticar análises, como antes fizeram: Benjamin Mário Baptista, Paulo Azevedo Romano, Anauro Dantas Ribeiro e Yvan Barreto de Carvalho. A Maurício Coelho que, durante os cinco anos no gabinete do MME, colecionou e catalogou os atos relevantes do período, facilitando sobremodo a tarefa subsequente de documentação do livro. A Claúdio Contador, pela valiosa contribuição no preparo dos quadros sintéticos de indicadores econômicos que foram intercalados após a introdução de cada capítulo. Ao colega de ministério Mário Gibson Barboza, pelo conselho na interpretação dos episódios da energia no cenário das relações exteriores.

Foi de importância decisiva a colaboração, na parte final do trabalho, dos que se dispuseram a ler, comentar e aperfeiçoar o texto, pelo que deixo aqui registrados os meus agradecimentos. Além de Benjamin Mário Baptista e Paulo de Azevedo Romano participaram dessa árdua tarefa, em termos da concepção geral do livro: Alfredo Lamy, Fernando Bastos de Ávila e Henrique Saraiva. Pela revisão de trechos específicos agradeço a: Cesar Faria, David Simon, Jayme Buarque de Holanda, João Bandeira de Mello, Mário Borgonovi, Norberto de Franco Medeiros, Rex Nazaré Alves e Yvan Barreto de Carvalho. Maurício Castro passou em revista, com paciência, a linguagem e a propriedade de muitas expressões.

Em várias oportunidades recorri, para esclarecimentos ou discussão, a um grande número de pessoas que, quase sem exceção, me atenderam com a maior boa vontade. Os meus agradecimentos vão, em particular, a: Alcindo Maranhão, Altino Ventura Filho, Antonio C. Salmito, Antonio Menezes, Antônio Sergio Fragomeni, Agostinho Ferreira, Carlos Walter Marinho Nunes, Camilo Solero, Cid Rodrigues, Cid de Azevedo Costa, Deraldo Marins Cortez, Eduardo Feijó, Eduardo Eugenio Figueira, Getúlio Lamartine, Haroldo Ramos da Silva, Henrique Brandão Cavalcante, Henry Joseph Júnior, Ignácio Rezende, Izaltino Camozzato, James Bolivar Luna de Oliveira, João Camilo Penna, João Maciel de Moura, John Cotrim, José Alberto Rabelo, José Fantine, José Luis Alqueres, José Luís Bulhões Pedreira, José Malhães da Silva, José Marcondes de Brito, Kleber Farias Pinto, Lamartine Navarro Junior, Luís Costa Milan, Luís Fernando Alves da Rocha, Marcio José Marques, Mario Santos, Milton Romeu Franke, Ney Webster Araujo, Nida Coimbra, Nilde Lago Pinheiro, Paulo Queiroz, Pietro Erber, Porthos Augusto de Lima, Pedro Buarque Franco Neto, Renato Feliciano Dias, Rinaldo Schiffino, Roberto Gabizo de Faria, Roberto Sobreira Bitu, Ronaldo Moreira da Rocha, Simon Schwartzman, Túlio Cordeiro de Melo, Wilter Fantinatti, Witold Lepecki.

A Yedda de Abreu Pereira, Maria Augusta da Silva Oliveira e Alice França, que se revezaram na gravação dos textos até que eu me familiarizasse com o micro. A Yedda, ainda, pela revisão final. A Marcos Aurelio Janiechevitz, que me ajudou na utilização do microcomputador. Aos netos Eduardo, Filipe, Francisco, Maria, Luisa e Antonio Fernando, que participaram da difícil tarefa de compatibilizar as notas e referências, apêndices e bibliografia, com o texto principal. Ajudaram também em gravações.

Apresentação da primeira edição

Está cada vez mais presente no espírito das pessoas, neste final do século XX e na forma de organização de vida que o caracteriza, nos países desenvolvidos e nas regiões em desenvolvimento, a importância da energia, no presente e no futuro previsível. Essa importância tem sido dramaticamente acentuada pelas consequências de fenômenos aleatórios, como as crises de abastecimento ou de preço do petróleo, por alguns poucos, mas graves, acidentes nucleares e, principalmente, pela crescente e assustadora poluição atmosférica gerada pela queima de combustíveis fósseis.

Essa visão domina o quadro que neste livro – pensado e escrito entre 1990 e 1996 – se faz das opções para a política de energia no Brasil na passagem do século, quadro que se completa com a análise do caminho percorrido pelo país desde as primeiras definições da década de 1930.

Pareceu-me útil, ao estabelecer a estrutura do livro, colocar um capítulo inicial dedicado à questão global da energia, a partir do ponto de vista de uma nação em desenvolvimento. Pareceu-me também útil retornar rapidamente ao passado mais remoto, da "era da lenha", que se prolonga no Brasil pelo século XX, por muito mais tempo portanto, do que nos países industrializados, que queimaram as suas florestas até o século XVIII.

Na análise subsequente vão surgindo, com nitidez, as controvérsias nacionais que se mantiveram acesas, com variantes, e balizaram as definições de governo. Não são independentes e frequentemente se entrelaçam.

A primeira é a questão nacionalista associada à da segurança nacional, a princípio com definição restrita, e mais tarde, como doutrina abrangente. Surge, antes de 1930, mas só toma corpo ao tempo do presidente Getúlio Vargas, e só se institucionaliza com a Escola Superior de Guerra, já aí com menos intensidade nacionalista. Marcos importantes foram a intervenção do governo na energia elétrica, mediante regulação dos serviços que eram, então, quase todos exercidos por empresas estrangeiras, e os debates iniciais da política do petróleo. Essas controvérsias iriam estar sempre presentes no petróleo com extensão à energia nuclear, prevalecendo em todo momento a tese nacionalista, com variações apenas de intensidade. Atinge um máximo na Constituição de 1937, amainada depois, até a xenofobia da Constituição de 1988, com o seu ridículo monopólio do risco nas pesquisas.

A segunda é a intervenção direta do Estado como agente econômico, à qual se associam diferentes concepções, sendo uma a da repartição pública com investimentos por conta do orçamento público, e outra de empresa pública com investimentos por conta de resultados empresariais. Discussões exemplares foram as travadas em torno das empresas estaduais de energia elétrica, ficando, de um lado, o Rio Grande do Sul, com a concepção de repartição pública e de preços arbitrados, e, de outro, Minas Gerais, com a concepção empresarial. O desastre da primeira e o sucesso da segunda não impediram que a controvérsia persistisse. A política malsucedida, onde aplicada, voltou com renovado apoio de forças políticas de várias origens, que teriam a sua vez na elaboração da Constituição de 1988, que priorizou a concepção de repartição pública na prestação de serviços de natureza industrial, como os de energia elétrica. Houve, no entanto, a coincidência da concepção nacionalista com a da estrutura empresarial no caso da Petrobras, que surgiu como exceção. Inviabilizada a maioria das empresas sob controle do Estado, em decorrência fundamentalmente da posição assumida pelas correntes políticas favoráveis à ação direta do Estado, surge a privatização como única salvação das empresas estatais, de um ponto de vista pragmático.

A terceira controvérsia gira em torno da intervenção do Estado tendo como objetivo a promoção do desenvolvimento setorial por meio de consumos compulsórios, vinculação de impostos únicos, impostos diferenciados, subsídios e financiamentos favorecidos. Iniciou-se também no governo do presidente Getúlio Vargas, com um plano, geralmente aceito, para o desenvolvimento das minas de carvão, com o consumo obrigatório de álcool, como aditivo à gasolina. Disposições desse tipo foram ampliadas e generalizadas, gerando duas reações. De um lado, a excessiva vinculação de impostos a investimentos setoriais privilegiados que puderam, em função disso, ter um desenvolvimento sustentado, reduzia a capacidade de decisão do Congresso na matéria orçamentária. De outro lado, as distorções de preços decorrentes das medidas de intervenção que iam sendo adotadas, e assumindo caráter de permanência, impediam a atuação das forças de mercado, o que provocava graves críticas dos que defendiam mais racionalidade no sistema econômico nacional. A exacerbação dos artifícios teve o seu ponto culminante no programa Proálcool.

São temas recorrentes ao longo da exposição que se faz neste livro.

Além desses condicionamentos da evolução da política da energia, a impressão que prevalece é a da frequência com que se evidencia a excessiva confiança brasileira na suficiência do discurso genérico de princípios e diretrizes de ação. A execução prática da política preconizada e as avaliações subsequentes da respectiva eficácia têm, no país, importância secundária. Essa nossa limitação justifica o relato, que pode parecer ao leitor demasiadamente minucioso, que faço de algumas fases ou episódios da condução da política energética nacional. Neles se procura mostrar a dificuldade de transpor as diretrizes ideais para a realidade objetiva. Especialmente no que diz respeito à diferença entre a definição e a adequação dos órgãos da administração pública, da sua estrutura, da preparação e aperfeiçoamento dos recursos humanos, da investigação científica e tecnológica, como fatores indispensáveis à boa execução da política adotada.

Tendo em vista a opção que fiz, de descer a pormenores, precisei lançar mão de informações e elaborações quantitativas, que se tornariam de leitura penosa se intercaladas no texto do próprio livro. Optei por transferi-las, tanto quanto possível, para apêndices, que acabaram por representar parte substancial do trabalho. Em contrapartida, a bibliografia é curta, porque só incluí obras e documentos referidos na elaboração do livro.

Em um momento como o do final do século XX, em que se faz uma revisão do Estado, com ampla repercussão nos setores vinculados à energia, é necessário evitar análises simplistas, baseadas exclusivamente em visão atual de decisões tomadas no passado. Foi por isso que, ao percorrer a evolução da política de energia, pareceu-me oportuno incluir, no início de cada capítulo, uma tentativa de situá-la no contexto político e econômico da época correspondente. Não se trata de tentativa de fazer história porque, inclusive, me faltam condições e a invejável paciência dos historiadores de pesquisar arquivos, textos e documentos, passo a passo, de modo que não ocorressem lacunas no relato nem distorções na análise da evolução do Brasil no período considerado. Incluí também, logo após essas introduções, quadros de indicadores da situação econômica geral, e da energia, em particular. Como se trata de quadros fora do texto o leitor que não tiver grande interesse pelos aspectos quantitativos poderá dispensar a sua leitura.

Mas este livro é também, e em grande parte, um depoimento do profissional liberal e professor universitário que esteve presente, sob várias condições, em atividades diretamente relacionadas com a energia e os recursos naturais, desde antes de ingressar na Escola de Engenharia da Universidade Federal do Rio de Janeiro, em 1937, quando andei participando, como aprendiz, de serviços de hidrometria na bacia do rio Grande, até sair da universidade, depois de dois concursos, como professor emérito, com mais de quarenta anos de serviço, dentre os quais os cinco que estive ausente, em Brasília, para exercer o cargo de ministro de Minas e Energia. Antes de assumir cargos públicos participei também de equipe de consultoria coordenada pelo prof. Jorge Kafuri (Ecotec) onde surgiram muitas e variadas oportunidades de analisar problemas de engenharia econômica relacionados com a energia.

Como depoente, procurei dar especial ênfase àqueles períodos e episódios ocorridos no Brasil e no exterior, muitos deles pouco conhecidos, sobre os quais posso trazer o meu testemunho. Estou inclusive cumprindo uma obrigação ao relatar questões específicas dos períodos nos quais, em caráter eventual, estive próximo do poder decisório nacional: no Ministério da Fazenda, como subsecretário para Assuntos Econômicos de San Tiago Dantas; e mais tarde, por convocação do presidente Costa e Silva, para exercer a direção da Companhia Vale do Rio Doce e, em seguida, o Ministério de Minas e Energia, essa última missão confirmada a seguir pelo presidente Emílio Médici, com quem trabalhei durante todo o seu governo.

Em uma espécie de prestação de contas do período em que exerci esse último cargo, incorporei ao livro, como anexo, transcrições de documentos inéditos sobre política de energia, que tive a oportunidade de oferecer ao governo do presidente Médici.

Sem ter jamais participado de atividades político-partidárias, fui apenas um administrador público nos cargos relevantes que ocupei, o que limita a minha capacidade de contribuir para a interpretação, do lado essencialmente político, de momentos decisivos de nossa história.

Rio de Janeiro, dezembro de 1996
ANTONIO DIAS LEITE

Sumário

CAPÍTULO I – A QUESTÃO GLOBAL DA ENERGIA
- Visão da energia no mundo   36
- Antecedentes   37
- Longo domínio do petróleo   39
- Suprimento de energia primária e consumo de energia final   41
- Recursos energéticos e sua dispersão geográfica   43
- Substituição da energia por informação   45
- Meio ambiente e qualidade de vida   45

CAPÍTULO II – A ERA DA LENHA NO BRASIL (ATÉ 1915)
- Antecedentes   50
- Início do século XX   55
- Mantém-se o domínio da lenha   56
- Carvão mineral importado   57
- Primeiros passos da energia elétrica   58
- A pesquisa do petróleo desperta pouco interesse   60
- Deslocam-se as posições relativas   61

CAPÍTULO III – DA PRIMEIRA GUERRA MUNDIAL ATÉ A CRISE (1915-1930)
- Guerra, industrialização e petróleo   64
- Política e manifestações nacionalistas   65
- Acelera-se a expansão da energia elétrica   68
- Carvão nacional vinculado à siderurgia   69
- Timidez em matéria de petróleo   70
- Continua perdendo terreno o carvão   72

CAPÍTULO IV – A ERA VARGAS (1930-1945)
- Revolução na política nacional   74
- O governo federal intervém na energia elétrica   78
- Debates iniciais sobre a política do petróleo   81
- Renovado interesse pelo carvão nacional   88
- Álcool como combustível   90
- Matriz energética de 1941   91

CAPÍTULO V – O PÓS-GUERRA (1946-1955)

- Fim da guerra e advento da arma atômica   94
- Ação direta do Estado, como agente econômico, na energia elétrica   98
- Da discussão à ação no domínio do petróleo   103
- Primeiro plano global para o carvão nacional   110
- Início da era nuclear   112
- Consumo de energia entre 1940 e 1955   114

CAPÍTULO VI – DESENVOLVIMENTISMO E CRISE (1956-1964)

- Mudanças sucessivas no quadro político   117
- Energia elétrica no centro do processo de desenvolvimento   121
- Novos tumultos no petróleo   128
- Revisão e prorrogação do plano do carvão   132
- Energia nuclear toma impulso moderado   134
- Produção de minério de urânio no Brasil   137
- O petróleo ultrapassa a lenha   138

CAPÍTULO VII – REFORMA ECONÔMICA (1964-1974)

- Governos militares   140
- Reformulação da energia elétrica   145
- Itaipu e suas consequências   152
- Código de Águas e regularização do rio Paraíba do Sul   157
- Equilíbrio financeiro das empresas de energia elétrica   159
- Reconhecimento global dos recursos naturais no território nacional   161
- A plataforma continental   163
- Realizações no campo da pesquisa de petróleo   165
- Rediscussão dos conceitos do petróleo   167
- A proposta de 1970 para reformulação da política do petróleo   171
- Missões externas   177
- Constituição da CPRM e nova fase do carvão nacional   179
- Primeira usina nuclear   183
- Constituição da Companhia Brasileira de Tecnologia Nuclear   187
- Prospecção de minerais nucleares   189
- Capacidade de construção de equipamentos nucleares   191
- Novo código florestal e incentivos ao reflorestamento   192
- Recursos humanos e tecnologia   194
- Matriz energética de 1970   196

CAPÍTULO VIII – OS DOIS CHOQUES DO PETRÓLEO E SUAS SEQUELAS (1974 -1985)

- Brasil tenta manter crescimento econômico   199
- Petrobras vai para a plataforma continental   203
- Petrobras pesquisa no exterior   204
- Contratos de risco, versão de 1975   205
- Petrobras investe mais no acessório   206
- Consolida-se a tecnologia da exploração do xisto   208
- A contenção e a equalização tarifárias   209
- A estrutura das tarifas e o custo marginal   214
- O Plano 1990 da Eletrobras   215
- Itaipu e Tucuruí   218
- Compra da Light   219
- Vicissitudes da usina Angra I   220
- Gigantesco programa nuclear   222
- Programa autônomo de tecnologia nuclear   225
- Água pesada continua em segundo plano   227
- Ampliação das reservas de urânio   228
- Capacitação profissional e tecnológica   230
- Política de substituição de petróleo e de conservação de energia   232
- Eletrotermia   234
- Reativa-se o carvão nacional   235
- Multiplicação do Programa do Álcool   237
- Complica-se o incentivo ao reflorestamento   241
- Novos balanços energéticos na década de 1980   242

CAPÍTULO IX – TRANSIÇÃO PARA UMA NOVA REPÚBLICA (1985-1994)

- Grandes mudanças políticas e econômicas   245
- Consuma-se a destruição financeira do setor elétrico   250
- Modifica-se o quadro institucional da energia elétrica   252
- Surge com força a questão ambiental   257
- As usinas hidráulicas no cenário ambiental   262
- Conservação da energia   264
- Sucesso na exploração de petróleo no mar   266
- Os medíocres resultados econômicos da Braspetro   268
- Dificuldades do programa nuclear   268
- Suspende-se o incentivo ao reflorestamento   271
- Termina o Proálcool como programa de benefícios e incentivos   274

- Mercado livre de carvão   276
- Destruição do Plano de Formação e Aperfeiçoamento de Pessoal de Nível Superior no âmbito do MME   280
- Balanço energético no início da década de 1990   281

CAPÍTULO X – REFORMA INSTITUCIONAL E ECONÔMICA (1995-2002)
- Deterioração e recuperação do Estado   285
- Nova política econômica e reformas administrativas   289
- Situação dos setores de energia   290
- Antecedentes do processo de planejamento e operação do sistema elétrico   291
- Revisão dos debates sobre o setor de energia elétrica   294
- Conceitos essenciais sobre o sistema elétrico brasileiro   296
- Papel das térmicas   298
- Concepção do novo modelo   300
- Privatização   302
- Licitação de aproveitamentos hidrelétricos e de linhas de transmissão   305
- Instituição e organização do mercado   307
- Operador Nacional do Sistema   309
- Mudanças estruturais – Eletrobras   310
- Métodos de otimização   312
- Prática e contabilização das operações   316
- Implementação do modelo de energia elétrica com alto risco hidrológico   318
- Colapso físico do sistema elétrico   323
- Racionamento   325
- Crise paralela no mercado – MAE   327
- Consequências financeiras   330
- Lições da crise de suprimento de energia   331
- Entrada do gás natural – Breve histórico   333
- Acordo Brasil-Bolívia   336
- Implantação do programa do gás   338
- Gás natural na matriz energética   339
- Preço do gás e taxa de câmbio   342
- Abertura no setor de petróleo e gás   344
- Execução do plano de privatização no âmbito da Petrobras   345
- Investimentos e sucesso na exploração de petróleo e gás   348
- Entrada da Petrobras na geração de energia elétrica   355
- Aventura das termelétricas a gás   356

- Termelétricas a carvão nacional   358
- Derivados da cana-de-açúcar   360
- Maturidade na produção e uso do álcool   362
- Programa nuclear – Retrospecto   364
- Tratado de Não Proliferação   365
- Usinas termelétricas Angra II e Angra III   366
- Reservas e mineração de urânio   367
- Reservas e mercado internacional de urânio   369
- Ciclo do combustível nuclear   370
- Conselho Nacional de Política Energética   373
- Iniciativas no começo do século XXI   374
- Balanço energético   375

CAPÍTULO XI – PARTIDA PARA O NOVO SÉCULO (2003-2006)

- Transição pacífica e contradição intrínseca do novo governo   377
- Reforma da reforma na energia elétrica   381
- Discussão e adaptação da proposta   385
- Debate no Congresso   386
- Essência da reforma aprovada   387
- Planejamento e otimização da operação interligada   389
- Implementação do modelo   391
- Carga tributária na energia elétrica   396
- Expansão do sistema elétrico e dependência externa   398
- Crise de identidade na Petrobras   399
- Licitação de blocos para exploração   401
- Continua o sucesso nos trabalhos essenciais na busca de petróleo   402
- Dependência externa em petróleo e derivados   405
- Gás de Urucu   406
- Investimentos em outras atividades essenciais   407
- Iniciativas dispersivas   408
- Internacionalização da Petrobras   409
- Nó cego no gás natural   411
- Regulação do mercado do gás natural   414
- Segurança e flexibilidade no suprimento de gás no mundo   415
- Segurança e flexibilidade no suprimento de gás no Brasil   416
- Gás na América do Sul   418
- Gás na Argentina   419

- Gás na Bolívia   419
- Gás na Venezuela   421
- Gás Natural Liquefeito   422
- Turbulência nuclear   422
- Energia renovável e universalização da oferta   424
- Conta do Desenvolvimento Energético - CDE e Proinfa   425
- Cana-de-açúcar – Continuidade e inovações   428
- Biodiesel   429
- Iniciativas de caráter dominantemente social   431

CAPÍTULO XII – DESESTRUTURAÇÃO DO SETOR DE ENERGIA (2007-2014)

- Busca pela continuidade do poder político   436
- Estrutura empresarial do setor energético brasileiro   440
- O setor energético no governo federal   442
- Quadro institucional do segmento da energia elétrica   444
- Capacidade do sistema elétrico   445
- Variações políticas com Itaipu   448
- Sistema de transmissão de energia elétrica   450
- Leilões de energia e transmissão   452
- Tarifas de energia elétrica no ACR   454
- Ambiente de Contratação Livre e mercado de curto prazo   459
- Novo marco regulatório na exploração do petróleo   461
- Reservas e produção de petróleo   463
- Licitação de blocos para pesquisa de petróleo e gás e descoberta do pré-sal   466
- Preço dos derivados do petróleo   467
- Aventuras externas da Petrobras   468
- Lei do Gás   469
- Reservas e produção de gás natural   470
- Gás de xisto   475
- Etanol   476
- Biodiesel   481
- Confuso mercado de combustíveis   483
- Bagaço de cana e termeletricidade   484
- Vicissitudes da energia nuclear   485
- Desestabilização financeira da Petrobras e da Eletrobras   487
- Balanço energético do Brasil em 2012   489
- Julho de 2014   494

CAPÍTULO XIII – EFICIÊNCIA ENERGÉTICA E MEIO AMBIENTE

- Sentido deste capítulo   496
- Cresce a preocupação com o meio ambiente   496
- Mudança climática   498
- Água   501
- Quadro institucional do tema ambiental   502
- Conama e Ibama   504
- Meio ambiente e energia   506
- Licenciamento ambiental   507
- Usinas hidrelétricas e meio ambiente   508
- Licenciamento de usinas hidrelétricas   510
- Eficiência na produção e no uso da energia   512
- Tecnologia e inovação   515
- Diversidade das energias novas   517
- Célula a combustível e economia do hidrogênio   521

APÊNDICES

- 1-A Indicadores da energia no mundo (2004)   524
- 2-A Primeiras usinas   525
- 2-B Floresta da Tijuca   525
- 2-C Light   525
- 2-D Cláusula Ouro no princípio do século XX   526
- 2-E Potência elétrica instalada no Brasil   527
- 2-F Importação de combustíveis e produção de carvão   527
- 2-G Estimativa da composição do consumo de energia no Brasil entre 1905-1930, exclusive lenha   528
- 3-A Itabira Iron   528
- 3-B Empresas locais de eletricidade   528
- 3-C American & Foreign Power – Amforp   529
- 3-D Concentração regional das empresas de energia elétrica   530
- 4-A Disposições relativas às minas e à energia nas Constituições de 1934 a 1988   530
- 4-B Imposto único nas Constituições de 1940 a 1988   531
- 4-C Extinção da Cláusula Ouro   532
- 4-D Exposição de Odilon Braga   532
- 4-E Decreto-lei nº 2.667, de 1940   532
- 5-A Cemig *versus* CEEE   532
- 5-B Constituição da Petrobras   533

- 5-C Plano do carvão – Principais medidas   534
- 5-D Consumo global de energia   534
- 6-A Criação do Ministério de Minas e Energia   534
- 6-B Semana de debates sobre energia elétrica   534
- 6-C Estatísticas do petróleo (1956-1963 em m^3)   535
- 7-A Exposição de Motivos de 5 de junho 1964, do ministro de Minas e Energia, Mauro Thibau, ao Presidente Castello Branco   535
- 7-B Incorporação da Amforp   536
- 7-C Atos relativos ao controle de tarifas de eletricidade e preços de combustíveis   536
- 7-D Transferência de empresas de energia elétrica (no domínio da União e da União para os estados)   537
- 7-E Usinas hidrelétricas na Amazônia   538
- 7-F Extrato das bases financeiras e de prestação de serviços de eletricidade de Itaipu   539
- 7-G Regularização do rio Paraíba do Sul   539
- 7-H Rentabilidade das principais concessionárias de energia elétrica em 1974   539
- 7-I Evolução do setor do petróleo no Brasil, antes da crise de 1973-1974   540
- 7-J Pesquisa de petróleo – Recursos do Tesouro Nacional e investimentos da Petrobras   541
- 7-K Extrato do Tratado de Não Proliferação de armas nucleares   542
- 7-L Características dos reatores nucleares   542
- 7-M Extrato da exposição sobre o programa de reatores a água pesada no Grupo do Tório de Belo Horizonte   544
- 8-A Resultados da pesquisa na plataforma continental   544
- 8-B Investimentos da Petrobras   545
- 8-C Reserva Global de Garantia   546
- 8-D Plano 1990 da Eletrobras   547
- 8-E Investimentos em pesquisa de minerais de urânio   548
- 8-F Álcool e gasolina – Proporção no consumo   548
- 8-G Rendimento da agroindústria na produção do álcool   549
- 8-H Cálculo inicial do custo do álcool   549
- 9-A Perda de rentabilidade e endividamento do setor elétrico (1978-1986)   550
- 9-B Meio ambiente – Principais resoluções do Conama   551
- 9-C Maiores e mais importantes usinas hidrelétricas e reservatórios no Brasil   552
- 9-D Procel em 1995   553
- 9-E Trabalhos de pesquisa realizados pela Petrobras   553
- 9-F Resultados do reflorestamento   554
- 9-G Subsídio creditício às destilarias de álcool   555

- 9-H Investimento total no Proálcool   555
- 9-I Custo do álcool   555
- 9-J Gastos com a comercialização do carvão mineral nacional   556
- 10-A Programa Nacional de Desestatização do Setor Elétrico e financiamento do BNDES ao setor elétrico, até 2005   556
- 10-B Licitações de aproveitamentos hidrelétricos (1996-2002)   558
- 10-C Northwest Power Pool   559
- 10-D Usinas hidrelétricas do sistema integrado   559
- 10-E Histórico do Acordo Brasil-Bolívia   561
- 10-F Consumo de gás, por usuários, nas duas principais distribuidoras do país   561
- 10-G Participação da Petrobras nas distribuidoras de gás e gasoduto, via Gaspetro   562
- 10-H Investimentos da Petrobras em exploração e produção de petróleo   563
- 10-I Usinas termelétricas   564
- 10-J Investimentos no ciclo do combustível nuclear   565
- 11-A Correspondência para sra. Dilma Rousseff, ministra de Minas e Energia   566
- 11-B Impacto da carga tributária sobre o setor elétrico brasileiro   567
- 11-C Salvaguardas internacionais e usina de enriquecimento de urânio   568
- 11-D Brasil biodiesel   569
- 11-E Equivalência energética   569
- 12-A Reservas de petróleo das vinte maiores empresas   570
- 12-B Consumo mundial de energia e emissões até 2030   570
- 12-C Tendências recentes, avaliação da influência humana sobre a tendência, e projeções de eventos climáticos extremos em relação aos quais existe uma tendência observada no final do século XX   572
- 12-D Usinas geradoras - Previsão para entrada em operação (MW), de 16 maio de 2006 até 31 de dezembro de 2010   573

DOCUMENTOS INÉDITOS DE POLÍTICA ENERGÉTICA
- Estrutura do setor elétrico (26.3.1971)   576
- Estrutura do setor elétrico – Itaipu (9.5.1973)   577
- Política de energia elétrica na Amazônia (5.9.1973)   579
- Política energética (1974)   580
- Política de petróleo – Bases (31.8.1970)   582
- Política de petróleo – Estudo (31.8.1970)   583
- Política de petróleo – Carta da Occidental Petroleum Corporation (4.9.1970)   583
- Política de petróleo – Comentário sobre a carta (23.9.1970)   584
- Política de suprimento de carvão à siderurgia (17.12.1971)   585

- Política de carvão em Santa Catarina (6.12.1971)   586
- Política de carvão no Rio Grande do Sul (23.5.1973)   588
- Política de carvão com a Polônia (22.5.1973)   589
- Política nuclear (8.6.1971)   589
- Desenvolvimento tecnológico (12.8.1972)   592
- Aperfeiçoamento de Pessoal de Nível Superior (11.10.1972)   594
- Gás boliviano (12.2.1973)   595

REFERÊNCIAS BIBLIOGRÁFICAS E SIGLAS

- Referências bibliográficas   598
- Siglas   607

Lista de figuras

1. Produção de petróleo no século XX   39
2. Preço do barril de petróleo em dólares   40
3. Estimativa do consumo de energia no país, excluída a lenha   62
4. Estimativa do consumo de energia no país, de 1915-1941, excluída a lenha   72
5. Estimativa do consumo de energia, de 1941-1954, excluída a lenha   115
6. Relação entre produção e consumo de petróleo   130
7. Estimativa do consumo de energia no país, de 1954-1969   138
8. Variação do preço do petróleo importado, em dólares americanos de 1980   168
9. Panorama das descobertas, da produção e do consumo de petróleo em 1970   168
10. Investimento da Petrobras em pesquisa de petróleo *versus* recursos do Tesouro Nacional   171
11. Descobertas e investimentos da Petrobras   204
12. Investimentos da Petrobras   207
13. Tarifa média de energia elétrica   209
14. Projeções da demanda de energia elétrica   217
15. Estimativa do consumo de energia   242
16. Descobertas e investimentos da Petrobras   267
17. Proporção de álcool no consumo do combustível automotivo   274
18. Produção de carvão bruto em Santa Catarina e no Rio Grande do Sul   280
19. Estimativa do consumo de energia, por fontes   283
20. Capacidade instalada do sistema elétrico brasileiro   299
21. Esquema dos fluxos inter-regionais do sistema integrado   314
22. Energia elétrica: relação entre geração e capacidade e crescimento anual da capacidade   319

23. Depleção dos reservatórios do subsistema SE/CO%   323
24. Consumo mensal de energia elétrica por região   327
25. Preços no atacado de energia elétrica   329
26. Reservas brasileiras de gás natural   334
27. Evolução do balanço total do gás natural   340
28. Investimento em exploração e produção pela Petrobras – E&P   349
29. Investimento em exploração de petróleo *versus* aumento bruto de reservas   350
30. Importação e exportação de petróleo, derivados e gás natural   353
31. Venda de automóveis no mercado interno, por tipo de combustível, em %   362
32. Evolução da produção nacional de álcool etílico   363
33. Fator de capacidade das usinas Angra I e Angra II   366
34. Análise conjunta dos leilões   396
35. Preços do gás natural   413
36. Mapa esquemático do sistema interligado (SIN)   451
37. Governança dos leilões de energia   452
38. Evolução das tarifas de fornecimento   459
39. Comércio exterior de petróleo e derivados   464
40. Malha de gasodutos de transporte brasileira   473
41. Preço etanol, usinas do estado de São Paulo   481
42. Preço diesel x biodiesel   483
43. Histórico de cotações (Petrobras e Eletrobras)   489
44. Oferta interna de energia   491
45. Crescimento decenal do PIB e do consumo de energia   492

Lista de tabelas

1. Relação entre Oferta Interna de Energia – OIE e PIB   36
2. Consumo mundial de energia   38
3. Suprimento de energia primária – Variação por fonte   41
4. Suprimento de energia primária – Participação das fontes   42
5. Relação entre reserva e consumo de fontes primárias   43
6. Relação entre população, renda e emissão de CO_2 47
7. Capacidade instalada das usinas elétricas   68
8. Crescimento da capacidade instalada das usinas elétricas   80
9. Importação de derivados de petróleo   88
10. Consumo de energia primária   92
11. Crescimento médio anual da capacidade instalada   102
12. Saldo ou déficit de caixa, em % do investimento a realizar   148
13. Comparação internacional de tarifas de eletricidade   160

14. Pesquisa de petróleo   165
15. Investimentos em pesquisa   169
16. Consumo de energia primária   197
17. Índice das tarifas   210
18. Posição relativa das tarifas no país   210
19. Posição relativa dos preços de derivados no país   211
20. Reserva Global de Garantia   213
21. Prospecção de minerais nucleares   228
22. Reservas de urânio   229
23. Evolução da produção e da participação das destilarias anexas e autônomas   239
24. Endividamento do setor elétrico   252
25. Emissões de CO_2 provenientes do consumo de energia primária, 1990   261
26. Consumo energético   273
27. Metas e produção de carvão bruto   277
28. Crescimento do consumo de energia primária   282
29. Programa de desestatização do setor elétrico   304
30. Desembolsos do BNDES com financiamentos ao setor elétrico   305
31. Usinas elétricas licitadas pela Agência Nacional de Energia Elétrica   306
32. Licitações de linhas de transmissão com contratos assinados   307
33. Valores Normativos (VN)   309
34. Extensão das linhas de transmissão   320
35. Energia firme e energia assegurada   322
36. Usinas hidrelétricas do sistema integrado   322
37. Utilização da capacidade térmica   324
38. Programas emergenciais com apoio do BNDES   330
39. Vendas de gás natural da Comgás e da CEG   341
40. Áreas reservadas à Petrobras   346
41. Resultado das rodadas de licitação de blocos, 1999-2002   347
42. Investimentos externos diretos no setor de extração de petróleo e serviços correlatos   349
43. Reservas provadas e produção de petróleo   351
44. Dependência física externa de petróleo e derivados   352
45. Preço do petróleo   352
46. Capacidade e utilização das refinarias da Petrobras   354
47. Produção de energia primária, proveniente da cana-de-açúcar   360
48. Indicadores da agroindústria álcool-açucareira   361
49. Investimentos da INB no ciclo do combustível nuclear   372
50. Licitações de linhas de transmissão   391
51. Entrada em operação das usinas hidrelétricas, 2003-2006   392
52. Leilões de energia de empreendimentos existentes   393

53. Preços médios do leilão de energia nova   394
54. Carga tributária e outros encargos incidentes sobre tarifas de energia elétrica   397
55. Capacidade de geração de energia elétrica   398
56. Resultado das rodadas de licitação de blocos, 2003-2005   401
57. Operações de exploração a cargo de empresas estrangeiras   404
58. Reservas provadas e produção de petróleo   404
59. Dependência externa física de petróleo e derivados   405
60. Petrobras: Metas de produção no exterior   409
61. Atividades da Petrobras na América   410
62. Tributação de energéticos concorrentes do gás natural   412
63. Usinas a gás natural do programa PPT + conversão óleo/gás   417
64. Proinfa: Contratos assinados com a Eletrobras   426
65. Situação dos projetos do Proinfa em 2004-2006   427
66. Formação do preço do diesel e do biodiesel   430
67. Resultado dos leilões para compra de biodiesel, 2005-2006   431
68. Domicílios com iluminação elétrica, 2003-2006   432
69. Domicílios com iluminação elétrica: Taxa de crescimento anual   432
70. Luz para Todos, 2006   433
71. Capacidade instalada de geração elétrica   446
72. Geração elétrica por fonte   446
73. Potencial hidrelétrico por bacia hidrográfica   447
74. Leilões de energia nova   453
75. Reservas privadas de petróleo   463
76. Dependência externa física de petróleo e derivados   464
77. Capacidade de refino e carga processada   465
78. Resultado das rodadas de licitação de blocos   466
79. Reservas provadas de gás natural   470
80. Produção nacional de gás natural   471
81. Balanço do gás natural   472
82. Consumo de gás natural por setor   475
83. Área plantada e produtividade, por safra de cana-de-açúcar   477
84. Produção de etanol   478
85. Contribuição de intervenção do domínio econômico   480
86. Produção do biodiesel   482
87. Situação financeira   488
88. Evolução de indicadores   490
89. Consumo final de energia por setor   493
90. Dependência externa de energia   493

ÍNDICE REMISSIVO   616

Capítulo I
A questão global da energia

Visão da energia no mundo

Choques de preços do petróleo, acidentes nucleares, crises de suprimento de eletricidade, poluição da atmosfera pela queima de combustíveis fósseis, desigualdade no nível de consumo de energia entre países industrializados e o restante do mundo mantêm a questão energética sempre na ordem do dia.

Os recursos energéticos que a terra nos oferece são, em parte, de natureza renovável, sob a forma hidráulica, solar, eólica, ou proveniente da biomassa. Outra parte, não renovável, representada por carvão, petróleo e gás natural, é associada ao risco de eventual exaustão a longo prazo. A captação e o uso da energia trazem danos ao meio ambiente, especialmente no caso dos combustíveis fósseis, pela emissão de gases do efeito estufa cujas consequências ambientais são objeto de grande preocupação. Em posição singular se situa a energia nuclear, em teoria ilimitada, cujo uso não provoca danos imediatos ao meio ambiente, mas que é inseparável de riscos acidentais de proporções catastróficas e envolve o problema ainda não resolvido da destinação dos rejeitos radioativos.

Uma incógnita técnica e econômica é o aproveitamento do potencial do hidrogênio.

Desde a década de 1970 essas matérias são objeto de intensa análise global, e mais recentemente nelas se incluem suas relações com o ritmo e o estilo de desenvolvimento dos países retardatários.

As discrepâncias entre as nações são muito fortes e apontam para grandes dificuldades futuras para a humanidade, conforme se pode verificar na Tabela 1 relativa ao ano de 2004, que aqui se apresenta. Nela estão indicadas a renda, em termos de PIB *per capita* e Oferta Interna de Energia – OIE *per capita*; são considerados o mundo como um todo, a parte que corresponde à Organization for Economic Cooperation and Development – OECD, composta de 23 países membros, entre os quais alguns que não pertencem ao grupo dos desenvolvidos, e a parte dos países em desenvolvimento ou pobres, não pertencente à OECD. Acrescentam-se, ainda, os dados correspondentes ao Brasil.

Tabela 1 – Relação entre oferta interna de energia – OIE e PIB* (2004)

RELAÇÃO	UNIDADE	MUNDO	OECD	MUNDO S/ OECD	BRASIL
PIB/per capita	US$ PPC/per capita	8 230	25 340	4 890	7 530
OIE/per capita	tep/per capita	1,77	4, 73	1,10	1,11
OIE/PIB	mil tep/US$PPC	0,21	0,19	0,25	0,15**

* PIB em dólares, pela paridade de poder de compra (PPC);
** Valor baixo em função da grande proporção de energia hidráulica calculada segundo o critério de equivalência utilizado na Agência Internacional de Energia – IEA (Apêndice 11-E).
Fonte: IEA, 2006 (ver tb. Apêndice 1-A).

O quadro mundial do consumo de energia na passagem do século XX mostra, de forma dramática, a desigualdade entre os poucos países industrializados e os em desenvolvimento ou economicamente subdesenvolvidos, que resultou de longa evolução histórica.

O quadro das reservas conhecidas de energias não renováveis apresenta também forte concentração de recursos em poucos países ou regiões. Apenas em alguns casos há coincidência entre as concentrações de consumo e de recursos, advindo daí o grande volume de comércio internacional de carvão, petróleo, gás natural e urânio. Em compensação, as energias renováveis tradicionais estão bastante dispersas.

As novas formas de energias renováveis, a solar e a eólica em particular, são ainda objeto de instalações pioneiras, exceto em alguns países industrializados, onde já adquiriram estágio comercial. O interesse por essas energias está correlacionado, de modo intenso, com a preocupação ambiental que tem origem na queima de combustíveis fósseis e com os temores relativos à fissão nuclear. Essas preocupações provocam esforços de aperfeiçoamento de tecnologias novas, tendo em vista, inclusive, a maior diversidade de fontes de suprimento.

Antecedentes

Antes da Revolução Industrial, as atividades de produção e prestação de serviços se fundavam no trabalho dos homens complementado pela tração animal, pela utilização direta da força da água e do vento, e pela queima da lenha e do carvão vegetal.

Nos países de vanguarda da Revolução Industrial, a lenha perdeu para o carvão mineral a sua posição de principal combustível. A industrialização se processava em países detentores de boas reservas de carvão, que dominou, de forma absoluta, o respectivo panorama energético. A devastação das florestas inglesas para produção de madeira e lenha já era grave no fim do século XVII. Nos Estados Unidos, país de grande extensão geográfica e potencial florestal, começava-se a substituir a lenha pelo carvão mineral no meio do século XIX. No Brasil, com enorme reserva florestal, a derrubada esteve relacionada, de forma predominante, à ocupação da terra para implantação da agricultura e da pecuária extensiva. Depois da primeira onda de ocupação vieram as locomotivas a vapor das estradas de ferro, que penetravam do litoral para o interior, consumindo a lenha proveniente das matas existentes nas zonas por elas atravessadas.

O desenvolvimento industrial do século XIX esteve ligado, de forma íntima, ao progresso tecnológico e às invenções no domínio da transformação e da utilização da energia.

Tratava-se no início, principalmente, do emprego do carvão nas fornalhas e caldeiras para produção de vapor destinado às máquinas que acionavam indústrias e propulsionavam locomotivas e navios. No Brasil, não ocorreu a fase do carvão mineral e a industrialização foi tardia; as nossas reservas de carvão se mostraram limitadas, de baixa qualidade e de difícil extração. É natural, portanto, que a lenha mantivesse, por muito tempo, sua posição predominante no cenário energético nacional e que, em 1940, ainda representasse três quartos da energia total do país.

O petróleo só entrou em cena na economia mundial, em 1854, a partir da primeira perfuração bem-sucedida, na Pensilvânia, e da expansão de refinarias, em escala industrial, para a obtenção de querosene. Em função do suprimento de derivados do petróleo e da sua variedade crescente, diversificou-se também o progresso tecnológico, com importantes invenções no período 1878-1897, em especial nos motores de combustão interna desenvolvidos por Otto, Daimler e Diesel. Quase paralelamente foram surgindo, desde 1867, vários instrumentos que possibilitaram o emprego da energia elétrica: o dínamo de Siemens, a lâmpada de Edison, a alta tensão de Deprez e a corrente alternada de Tesla (Eletrobras, 1988a).

O que se fez em matéria de desenvolvimento científico e tecnológico, em pouco mais de um quarto de século, iria definir o fantástico crescimento do uso da energia no século XX, dominado pelo petróleo. Esse quadro foi assim retratado:

> A Revolução Industrial trouxe consigo crescente demanda de energia e matérias-primas que o mundo nunca tinha visto; e o fantástico ritmo de expansão continuou através do século XX. Foi estimado, por exemplo, que nas primeiras duas décadas do século XX a humanidade consumiu mais energia do que havia feito em todos os séculos anteriores de sua existência. Durante as duas décadas subsequentes nós de novo utilizamos mais energia do que na totalidade do passado. Além disso, uma constatação similar manteve-se para cada período subsequente de 20 anos (Baumol, 1989).

No entanto, desde 1960 o processo se desacelerou e o consumo de energia primária, sob as suas diversas formas, revela tendência de redução do ritmo de crescimento. Além disso, ocorreram, por volta respectivamente de 1975 e 1985, duas nítidas quebras desse ritmo.

Tabela 2 – Consumo mundial de energia
(em bilhões de toneladas equivalentes de petróleo tep)

ANO	1960	1965	1970	1975	1980	1985	1990	1995	2000*
Consumo	3,40	4,41	5,63	6,49	7,45	8,08	9,09	9,55	10,20
Acréscimo quinquenal %		30	28	15	15	8	12	5	7

* Os dados referentes a este ano foram obtidos por contato direto com o Conselho Mundial de Energia.
Fonte: WEC, 2000.

Longo domínio do petróleo

Na evolução do uso de energias primárias de origem fóssil, coube ao petróleo posição modesta, embora crescente, desde a sua descoberta no meio do século XIX até a época da Segunda Guerra Mundial. A versatilidade do petróleo e seus derivados e a facilidade do seu manuseio e transporte seriam razões suficientes para a sua crescente importância relativa. A produção acelerou-se a partir de meados da década de 1940 até a ocorrência das duas crises provocadas pelo aumento de preços, em 1974 e, principalmente, em 1979. A oferta de petróleo em 1980 foi dez vezes a de 1945.

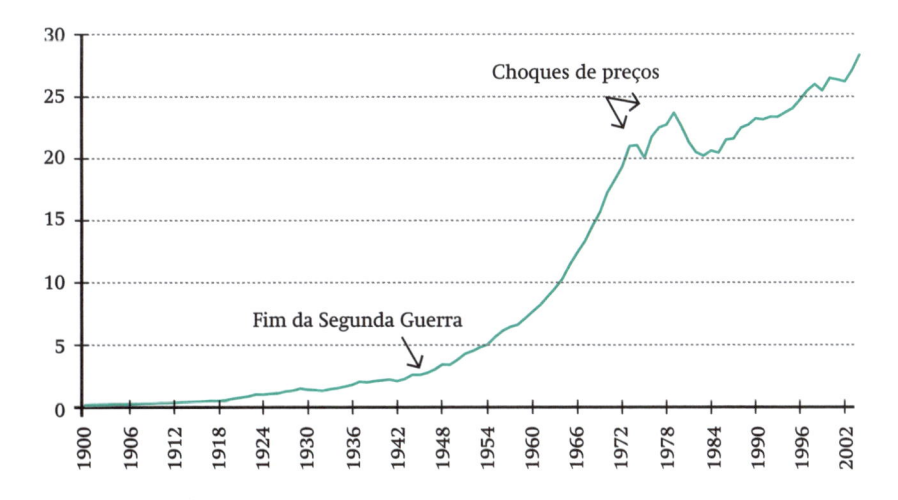

Figura 1 – Produção de petróleo no século XX, em bilhões de barris/ano.

Fonte: Hofstra University, 2006.

Não obstante o ritmo do aumento da demanda no século XX, foi possível manter o suprimento sempre satisfatório, em escala mundial, e os preços oscilaram moderadamente entre máximos momentâneos até ficarem relativamente estáveis, desde a década de 1930 até 1973.

A abundância e o preço do petróleo explicam, em grande parte, a complacência dos usuários com os desperdícios e o desestímulo de inovações tecnológicas, tanto na busca de maior eficiência como na de outras fontes de energia. Apenas a energia nuclear resultante de pesquisas com motivações diversas viria provocar novos desenvolvimentos tecnológicos, nas décadas de 1940 e 1950.

Tudo isso e muito mais se alterou no prazo curtíssimo em que ocorreram os dois choques de preços do petróleo promovidos pela Organização dos Países Exportadores de

Petróleo – OPEP, o poderoso cartel dos países exportadores que havia alcançado consenso sobre a forma de agir, desde dezembro de 1970, e que, de fato, agiu, eficazmente, em 1973. O comando das ações, que estivera durante décadas em poder de grandes empresas sediadas em países industrializados, passou para as mãos dos países exportadores, detentores de enormes reservas. Tornava-se, então, evidente que os preços do petróleo estavam baixos, quando comparados aos dos demais energéticos. O que poucos esperavam, no entanto, era que a elevação fosse tão forte e rápida, como a que ocorreu em 1974 e 1980.

Figura 2 – Preço do barril de petróleo em dólares – Saudi Arabian Light (base do dólar de 2005).

*Atualização em março de 2006.
Fonte: IEA, 2005.

O preço do barril de petróleo, em 1980, era sete vezes o preço de 1973. Alterou-se a relação entre os preços dos energéticos e entre esses e os demais preços e, ainda, de forma diversa em cada país. Perdeu-se, em consequência, e em parte, a confiança na garantia do suprimento do petróleo e na estabilidade de seu preço. O segundo choque acentuou essa insegurança e a preocupação com a questão da energia, mormente em face da extrema concentração geográfica das reservas de petróleo.

Não obstante o encolhimento subsequente dos preços, na década de 1990 não voltaram eles ao nível anterior, mas sim ao dobro.

Nova alta dos preços, da ordem de 68%, ocorreu entre dezembro de 2004 e outubro de 2005, o que abalou, mais uma vez, a confiança no petróleo.

O domínio absoluto do petróleo na matriz energética mundial passou a ser posto em dúvida, induzindo o desenvolvimento de fontes alternativas.

Suprimento de energia primária e consumo de energia final

Após os choques de preços da década de 1970, ocorreram significativos ajustes na produção e no consumo, bem como substituições entre recursos energéticos alternativos.

Em trinta anos, o suprimento de energia, em escala mundial, cresceu de 6,0 para 10,2 bilhões de tep, aumento relativo de 70%. Os índices de crescimento foram variados segundo as fontes primárias. Entre as não renováveis, o petróleo cresceu muito menos e o gás natural muito mais que a média. O carvão acompanhou a média. Entre as renováveis, a biomassa acompanhou a média e a hidráulica cresceu mais. A nuclear era insignificante em 1973 e evoluiu rapidamente (Tabela 3).

Em termos de participação das fontes na matriz energética mundial e, em especial, do comportamento dos países industrializados, houve redução significativa da cota-parte do petróleo. Cresceu fortemente a importância do gás e muito rápido incorporou-se a energia nuclear. A participação do carvão, da biomassa e da energia hidráulica ficaram, mais ou menos, como estavam. As energias provenientes de tecnologias novas tiveram ligeiro aumento, embora continuem diminutas (Tabela 4).

Tabela 3 – Suprimento de energia primária - Variação por forma

ORIGEM	VOLUME (10^6 DE TEP)		VARIAÇÃO (%)
	1973	2003	
Petróleo	2.715	3.519	30
Carvão	1.496	2.496	67
Gás	1.008	2.169	115
Nuclear	54	665	1124
Hidráulica	109	225	107
Biomassa *	676	1.105	63
Outras **	6	51	748
Total	6.034	10.230	70

* Renováveis combustíveis e resíduos.
** Geotermal, solar, eólica.
Fonte: IEA, 2007.

Tabela 4 – Suprimento de energia primária - Participação das fontes

ORIGEM	PARTICIPAÇÃO (%)	
	1973	2003
Petróleo	45,0	34,4
Carvão	24,8	24,4
Gás	16,7	21,2
Nuclear	0,9	6,5
Hidráulica	1,8	2,2
Biomassa *	11,2	10,8
Outras **	0,1	0,5
Total	100	100

* Renováveis combustíveis e resíduos.
** Geotermal, solar, eólica.
Fonte: IEA, 2007.

No caso particular do Brasil, a redução do papel do petróleo foi menor, passando de 46% para 40%; o do carvão duplicou, para atingir 6,5%, e o do gás surgiu, ainda muito modesto, com 8%. Em contrapartida, houve forte acréscimo da energia hidráulica, que alcançou 15%, e da biomassa (de 6% para 13%), excetuada aí a lenha, que despencou de 38%, em 1973, para 13%, em 2003.

Na configuração do consumo final de energia, no mesmo intervalo de trinta anos, foram dominantes, em escala mundial, a redução do uso do carvão e o crescimento da participação relativa da eletricidade, que envolveu consideráveis mudanças de hábitos e tecnologia. Os derivados do petróleo declinaram, e o gás cresceu. Formas tecnologicamente novas começaram a se apresentar com algum significado prático.

A estrutura da economia de energia e a evolução do suprimento e do consumo final entre 1973 e 2003, assim mostrados, em escala mundial, admitem grande disparidade de situações nacionais, não só em função da desigualdade da renda e da concentração do consumo mas, também, da centralização geográfica dos recursos energéticos e da relação entre reservas, uso da energia e qualidade de vida. Mais do que essas contradições possam indicar, as dúvidas quanto à disponibilidade e os efeitos benéficos e nocivos do uso da energia estão, há algum tempo, entranhadas na vida de cada um de nós: produtores, consumidores ou aspirantes ao consumo, de alguma forma, de energia.

Recursos energéticos e sua dispersão geográfica

Antes do choque econômico da elevação dos preços do petróleo realizou-se, em roma, em 1968, importante reunião que envolveu trinta pessoas de dez nações, e da qual resultou a organização informal que ficou conhecida como Clube de Roma. A preocupação dominante era a exaustão provável dos recursos naturais não renováveis, em face do ritmo intenso do respectivo consumo. O relatório intitulado *The Limits to Growth* foi alarmista (Club of Rome, 1972). Pouco depois, sob encomenda da mesma entidade, preparou-se um segundo estudo intitulado *Mankind at the Turning Point*, com resultados mais cautelosos, mas acentuando, todavia, o consumo incompatível com as reservas na natureza, especialmente o petróleo (Club of Rome, 1974). O então secretário-geral da Organização das Nações Unidas, U Thant (1969), colocava a questão, de forma dramática, em apelo aos países membros que teriam:

> (...) Talvez restem dez anos para que se subordinem conflitos antigos e se lance uma parceria global com o objetivo de limitar a corrida armamentista para melhorar o ambiente humano, desativar a explosão populacional e de suprir o impulso requerido pelo esforço de desenvolvimento.

Mas era tempo da Guerra Fria, e muito pouco aconteceu nos dez anos subsequentes, até que o segundo choque de preços do petróleo veio salientar preocupações com a depleção rápida das reservas de energias não renováveis. No entanto, no início do século XXI e em um horizonte de médio prazo, não se apresenta risco de insuficiência de reservas. Se se confrontarem as reservas mundiais, por tipo de combustível, em 2002, com a correspondente produção, o resultado indica o número de anos que essas reservas sustentariam uma produção equivalente à de 2002.

Tabela 5 – Relação entre reserva e consumo de fontes primárias (2004)

COMBUSTÍVEL	CARVÃO	PETRÓLEO	GÁS	URÂNIO
ANOS	186	41	65	75

Fonte: WEC, 2005.

Como o consumo continua crescendo, a duração provável dessas reservas seria bem inferior ao número de anos apresentado na Tabela 5, que serve apenas de indicação sobre o futuro provável de energias não renováveis. Acontece, porém, que os recursos energéticos estão geograficamente dispersos de forma irregular. As fronteiras políticas que definem nações, estabelecidas em suas grandes linhas antes da Revolução Industrial, tiveram pouco a ver com a apropriação de recursos energéticos. Resultaram elas, no entanto, em amplas disparidades de área, o que conduziu, com certeza, a uma maior probabilidade de existência e descoberta de recursos nos territórios de maior extensão.

Em termos de evolução econômica, seja no paradigma da Revolução Industrial seja no da industrialização mais recente, o crescimento esteve sempre correlacionado ao consumo de energia. Em alguns casos, a disponibilidade interna de recursos energéticos foi relevante (Reino Unido, Estados Unidos) e, em outros, o progresso material foi alcançado apesar de grande ou total dependência de energia importada (Itália, Japão).

As informações disponíveis sobre a dispersão geográfica de recursos energéticos, em termos de ordem de grandeza, são bastante abrangentes. Considerando-se apenas as cinco maiores reservas de cada tipo de recurso, verifica-se que essa concentração é fortíssima.

Situação extrema é a do petróleo, em que cinco países localizados no Médio Oriente detêm 76% das reservas mundiais. Quanto às demais fontes primárias, destacam-se os países de grande área territorial: Rússia, China, Estados Unidos, Canadá, Austrália, Brasil e Índia. A comunidade europeia, segundo maior consumidor de energia, não figura em posição relevante como detentor de recursos energéticos.

A disparidade entre grupos de maiores consumidores de energia e de maiores detentores de reservas traz, entre outras, duas importantes consequências: a preocupação das nações deficitárias com a segurança do respectivo abastecimento, em quantidades crescentes e nas formas adequadas aos requisitos dos usuários, já que há, para cada um deles, limitações técnicas à substituição bem como a grande participação dos energéticos no comércio internacional.

Nesse comércio, a quota-parte das importações globais de combustíveis (petróleo, carvão e gás) que estava no nível de 10% antes da década de 1970 elevou-se, de forma abrupta, para 23% no ano pós-choque de preços, para retornar ao nível de 11% que se manteve relativamente estável daí por diante.

A partir de 1974, os países que dependem da importação de petróleo e carvão sofreram importantes consequências da elevação dos preços, em particular quanto ao peso dessas importações no seu balanço de transações com o exterior. Outros países, exportadores por excelência, obtiveram significativas vantagens relativas, traduzidas no fenômeno da acumulação de reservas monetárias, que passaram a ser conhecidas como petrodólares.

No caso do Brasil, a quota-parte dos combustíveis evoluiu de forma peculiar. Antes da crise, o valor dos combustíveis (carvão e petróleo) no comércio exterior do país era, em média, da ordem de 11%. Na passagem da década de 1970 para 1980, essa proporção atingiu dramáticos valores, em torno de 50%. Voltou a decrescer e, em 1990, ano em que foi interrompida a produção do carvão metalúrgico no Brasil, estava em 27%. Daí por diante ocorreram compensações entre o acréscimo da produção nacional de petróleo e a forte importação de carvão. No período 1990-2000, ficou em torno de 15%. A importação de gás se inicia em 2004 e a quota-parte dos combustíveis na importação sobe novamente para 17%.

O impacto do desequilíbrio das contas externas requereu cobertura imediata com recursos financeiros também externos. Simultaneamente, o enorme afluxo de petrodólares alterava os mercados financeiros internacionais com a oferta de financiamentos de curto prazo. O país, da mesma forma que outros, endividou-se, de modo imprudente, tanto em relação ao volume de suas transações internacionais como aos prazos.

Paralelamente ocorriam dois outros movimentos muito relacionados com a energia: a revolução tecnológica no domínio da informação e a preocupação crescente com a questão ambiental.

Substituição da energia por informação

Considera-se aqui a informação no sentido de englobar técnicas que combinam computação e telecomunicação, ambas fortemente dependentes da eletrônica, com o objetivo de conduzir, da melhor maneira, os processos produtivos (Chen, 1993). A sua utilização crescente, em especial a partir da década de 1960, nos países industrializados, acabou por assumir características de uma Revolução Industrial, com multiformes consequências, entre as quais a diminuição do ritmo de oferta de empregos (negativa) e a possibilidade de redução do consumo específico de energia nos processos produtivos (positiva). Essa última explica, em parte, a estabilização da intensidade energética na produção dos países de vanguarda tecnológica.

Os países em desenvolvimento, de atraso variável, seguiram pelo mesmo caminho dos industrializados. No Brasil, com política econômica protecionista, o fenômeno só se intensificou a partir da abertura de 1990 e veio, então, de roldão.

Meio ambiente e qualidade de vida

Em 1987, nas Nações Unidas, a Comissão Mundial sobre Meio Ambiente e Desenvolvimento publicou texto intitulado "Nosso futuro comum", que ficou conhecido como o relatório da Comissão Bruntland, editado no Brasil em 1988. Acentuavam-se as preocupações com os danos ambientais provocados pelo crescimento da população, da industrialização e, em particular, pela intensificação do uso de energias fósseis – carvão e petróleo – e as inerentes emissões de gases tóxicos. Realizou-se então, em Estocolmo, a conferência da Comissão Mundial sobre Desenvolvimento e Meio Ambiente, que marcou época, embora não tenha produzido desde logo efeitos práticos. A ela se sucedeu, anos mais tarde, a Conferência das Nações Unidas sobre Desenvolvimento e Meio Ambiente, no Rio de Janeiro, que viria a ser conhecida como ECO 92, quando foi assinada a convenção das Nações Unidas sobre mudanças climáticas. Coincidentemente, a reunião trienal do Conselho Mundial de Energia, em Madri (1992), escolheu como título Energia e Vida.

No campo da cooperação internacional, Kioto foi sede de reunião na qual ocorreu a assinatura de protocolo que fixou metas quantitativas de redução de emissões. Sucederam-se outros encontros, com algum progresso, em Buenos Aires (1998), Bonn (1999) e Haia (2000). Tornavam-se nítidas, no entanto, posições conflitantes; a enorme diferença entre os países era cada vez mais evidente, em função dos respectivos estágios de desenvolvimento, tanto em termos de renda como de consumo *per capita* de energia.

Em 2001, os Estados Unidos se retiraram das negociações, passando a agir segundo diretrizes próprias. Em 2003, a Rússia também se retirou. Só em fevereiro de 2005 (oito anos depois), com a adesão da Rússia, é que se reuniram os quantitativos de países e emissões exigidos para a entrada em vigor do Protocolo.

A distância entre as primeiras colocações foi considerável, tornando difícil uma rápida convergência científica, técnica e política; o problema global da terra, além de significativo, requer análises multidisciplinares envolvendo períodos muito longos. É portanto natural que se tenha passado por uma fase própria, tumultuada, para que se chegasse a uma nova visão, relativamente ordenada, em termos racionais. As opiniões ainda oscilavam entre pessimismo e otimismo no que se refere ao futuro da humanidade sobre a Terra. Em relação à questão específica da energia, o otimismo se funda, em grande parte, na confiança da capacidade de criação científica e de inovação tecnológica da inteligência humana, que seria menos limitada do que os recursos naturais disponíveis, por enquanto.

A discussão refluiu para o confronto entre benefícios e ônus resultantes do consumo crescente de energia: de um lado está o acréscimo de produtividade e a melhoria das condições de trabalho e de conforto pessoal propiciadas por essa disponibilidade e uso, aliados ao progresso tecnológico; de outro estão os ônus que a produção e o consumo crescentes impõem às condições de vida em certas regiões e na Terra como um todo.

E mais, há de se levar em conta que os benefícios colhidos pela população de uma região, ou por uma fração dessa, podem corresponder a prejuízos para outras regiões ou segmentos da respectiva população.

As emissões de carbono feitas pela ação humana são de variadas origens e dispersas por todo o mundo, embora provenientes, predominantemente, dos países industrializados. Sua consequência se faz sentir na acumulação de carbono nas altas camadas atmosféricas, provocando o efeito estufa, o qual vem sendo analisado com intensidade crescente, embora persistam controvérsias quanto a sua contribuição para o aquecimento global.

As emissões de gases tóxicos de enxofre e nitrogênio são localizadas em grandes concentrações industriais e têm origem bem definida. Tem sido possível, de um lado, desenvolver tecnologias limpas e, de outro, impedir outras instalações condenáveis sob o ponto de vista de danos ao meio ambiente.

O assunto da poluição e da proteção do meio ambiente entrou finalmente na ordem do dia e governos e organizações não governamentais foram compelidos a se pronunciar e a agir no sentido da proteção ambiental. Estabeleceram-se centros de estudos e de sistematização de dados, abrangendo principalmente as emissões de gases e material particulado, em especial dióxido de carbono (CO_2).

Tabela 6 – Relação entre população, renda e emissão de CO_2 (2003)

RELAÇÃO	UNIDADE	MUNDO	OECD	MUNDO S/OECD	BRASIL
CO_2/capita	t/capita	3,99	11,08	2,38	1,71
CO_2/PIB	Kg/US$PPC	0,51	0,45	0,61	0,23 *
CO_2/OIE	t/tep	2,36	2,37	2,35	1,57

* Valor baixo em função da grande proporção de energia hidráulica calculada segundo o critério de correspondência adotado pelo IEA.
Fonte: IEA, 2004 (ver tb. Apêndice 1-A).

É natural que no campo das decisões políticas a evolução seja relativamente lenta. No fim do século XX, a atitude requerida dos governos em termos de política energética e de meio ambiente é, até certo ponto, contraditória à tendência dos discursos políticos predominantes, no sentido de menor interferência do Estado na vida econômica. No entanto, nesses domínios os horizontes de tempo são muito superiores aos do cálculo econômico das empresas. A ação reguladora do Estado se impõe. Trata-se de fato de uma situação que exige equilíbrio e bom senso. Cabe concluir com palavras do relatório da Comissão Bruntland:

Esta Comissão acredita que os homens podem construir um futuro mais próspero, mais justo e mais seguro. Este relatório, nosso Futuro Comum, não é uma previsão de decadência, pobreza e dificuldades ambientais cada vez maiores num mundo cada vez mais poluído e com recursos cada vez menores. Vemos, ao contrário, a possibilidade de uma nova era de crescimento econômico, que tem de se apoiar em práticas que conservem e expandam a base de recursos ambientais. E acreditamos que tal crescimento é absolutamente essencial para mitigar a grande pobreza que se vem intensificando na maior parte do mundo em desenvolvimento (Bruntland Report, 1988).

Capítulo II
A era da lenha no Brasil (até 1915)

Antecedentes

No início do século XIX tinha o Brasil população diminuta quando comparada à sua dimensão geográfica e à grandeza de suas florestas. O desbravamento de áreas para a agricultura e a pecuária na ocupação progressiva e continuada do território assegurou, por muito mais de um século, suprimento abundante de lenha como recurso energético dominante, tanto no âmbito das atividades de produção como para atender aos requisitos residenciais, que se limitavam ao cozimento de alimentos e ao aquecimento de água e do ambiente, nas regiões onde isso era necessário. Longe do Brasil, os países de vanguarda da industrialização foram abandonando a exploração de suas florestas como fonte principal de energia a partir do século XIX, substituindo-a pelo uso do carvão mineral. No Brasil, complementarmente, a energia animal assegurava os limitados fluxos de transporte terrestre da época: a navegação oceânica era baseada na energia dos ventos; a iluminação pública, em alguns poucos centros urbanos, era feita com lampiões a azeite de peixe; nos prédios públicos e domiciliares, além de azeite, utilizavam-se velas de sebo. As energias renováveis provenientes da biomassa e dos ventos, das quais tanto se fala hoje como esperança para o futuro, eram, portanto, as que se destacavam no país, embora empregadas com tecnologias diversas das que se espera possam vir a ser desenvolvidas.

As atividades produtivas se organizavam, principalmente na agricultura, em função do trabalho escravo. A avaliação do ano de 1816 indicou população de 3,3 milhões de habitantes, dos quais 1,9 milhão (68,5%) eram escravos. Nesse contexto, o tráfico de negros provenientes da África se constituía na atividade econômica da maior importância, envolvendo grandes capitais.

A extensa colônia de Portugal entrava assim no século XIX como uma sociedade da lenha e da escravatura, com os portos fechados ao comércio internacional e a proibição de atividades manufatureiras decretada pela Coroa.

A chegada, em 1808, de D. João VI e sua corte ao Rio de Janeiro trouxe como consequência, entre outras, a abertura dos portos antes vinculados exclusivamente à metrópole, e a revogação da proibição de atividades manufatureiras. Era importante a presença da Inglaterra, que se fazia sentir na Convenção de 1807, relacionada à transferência da sede da monarquia portuguesa para o Brasil, bem como nos tratados de aliança e amizade e de comércio e navegação, de 1810. Mantiveram-se aí privilégios às importações da Inglaterra, que persistiram até 1844. Teve início também progressiva pressão desse país, maior traficante de escravos no século XVIII, e recém-convertido em abolicionista, no sentido da supressão do tráfico para o Brasil, o que só viria acontecer em 1850.

No domínio da produção, sucederam-se na colônia atividades vinculadas a recursos naturais e destinadas à obtenção de produtos para exportação: açúcar, ouro, algodão, borracha e café. Mesmo depois de haver D. João VI revogado a proibição de atividades manufatureiras, o extrativismo e a agricultura não deram origem a indústrias de transformação que necessitassem de grandes quantidades de energia. Apenas o algodão resultou na criação de expressivo parque industrial têxtil, mas isso só ocorreu bem mais tarde.

Na primeira metade do Império, os empreendimentos comerciais e industriais se manifestavam em ritmo lento e sem grande interferência do governo. Até 1840, o próprio ambiente político também não era propício, em virtude da agitação decorrente do processo de acomodação à independência, à renúncia de D. Pedro I, à regência e à preservação da unidade nacional. As relações econômicas e financeiras com o exterior, herdadas de Portugal, mantinham-se estreitamente vinculadas à Inglaterra. De acordo também com o liberalismo econômico inglês, prevalecia o *laisser-faire* que contava com numerosos e importantes defensores, entre os quais o visconde de Cairu, que assumiu a difícil tarefa de conciliar Adam Smith com a escravatura, da qual a sociedade brasileira dominante não abria mão. A pressão interna dos liberais, embora crescente, não era suficiente para que se caminhasse na direção do término do tráfico e, muito menos ainda, da supressão da escravatura. Portugal era um país pequeno que não podia enviar para a imensa colônia ocupantes em número suficiente; a economia do Brasil dependia do trabalho escravo.

Na segunda parte do período imperial, a economia se modifica com o incremento da iniciativa privada em atividades não ligadas ao tráfico de escravos e à agricultura. Nesse período, ocorreu a abertura do Brasil às transações comerciais e financeiras externas, sempre com a intermediação inglesa. Verificou-se então modesto movimento de diversificação industrial. Quase todas as indústrias continuavam acionadas por máquinas a vapor supridas por caldeiras, nas quais se queimava lenha, que atendia também às necessidades de calor industrial. Em situações muito particulares utilizava-se, de forma direta, a energia hidráulica, com o emprego de rodas de água. Ganhavam algum significado econômico as reduções e fundições de ferro que utilizavam carvão vegetal.

O que aconteceu em termos econômicos e empresariais, no curto período de 1846 a 1854, esteve vinculado ao barão de Mauá, que tendo feito fortuna no comércio decidiu pôr em prática ambicioso plano de industrialização do Brasil. Começou pela aquisição de uma pequena fundição e estaleiro na ponta da Areia, em Niterói, onde também incorporou operários europeus especializados, ao lado da preexistente força de trabalho escravo. Ali se construíram navios movidos a vapor, equipados com caldeiras onde se queimava carvão mineral. Pouco depois ganhou, em

1849, a concorrência aberta pelo governo para a iluminação a gás, a ser produzida com carvão mineral e que atenderia a parte central do Rio de Janeiro. Reuniu, para esse fim, sócios aqui e na Inglaterra, para a formação da empresa que realizaria os serviços. A inauguração do sistema ocorreu em 1854, iniciando-se aí a substituição da iluminação pública a azeite de peixe pela iluminação a gás. A empresa deu origem à Société Anonyme du Gaz, que atuou por mais de um século. Enquanto se executavam os serviços de iluminação, Mauá solicitou à Assembleia Provincial do Rio de Janeiro o privilégio para a construção de estrada de ferro que, a partir da Baía de Guanabara, demandasse Minas Gerais, via Vale do Paraíba. O privilégio foi obtido em 1852 e o primeiro trecho, construído com a assistência de técnicos ingleses por ele contratados, foi inaugurado em 1854, com a primeira locomotiva a vapor a operar no Brasil, a Baronesa. Finalmente, esse ciclo impressionante se completa com a navegação do Amazonas, com navios a vapor. Essa iniciativa teve origem em solicitação do governo, que julgava urgente a presença efetiva do Império naquelas vastíssimas e longínquas paragens. Por tudo isso, o barão se afirmava como primeiro grande consumidor de carvão mineral do país.

Nesse meio do século XIX, assumia posição dominante o imperador D. Pedro II, então com 25 anos. Interessava-se especialmente pela ciência e pela cultura e não tinha atração pela aplicação prática e pelos resultados comerciais das invenções e inovações tecnológicas que, nessa época, ocorriam com intensidade nos países de vanguarda. E não se separava das forças dominantes baseadas na escravatura. Não via em Mauá, como também não viam os seus ministros preferidos, um possível impulsionador do progresso material do país. Concentravam-se todos em coibir possíveis riscos de aventuras e ambições pessoais. Em consequência dessa atitude, o governo imperial não deu apoio aos empreendimentos de Mauá, que acabaram por perecer.

O meio do século compreendeu ainda dois episódios de política externa de especial relevância para a história da energia no país, os quais tiveram, em conjunto, grande semelhança com outros, bem mais recentes, do fim do século XX. O primeiro refere-se à atitude de oposição do Brasil a Buenos Aires, de fechamento da navegação do rio da Prata, contraditória à posição Brasileira em relação às iniciativas dos Estados Unidos pela abertura da navegação na Amazônia, muito embora as situações não fossem exatamente equivalentes. O primeiro caso deu origem a conflitos armados no Prata e à independência do Uruguai. O segundo resultou no desdobramento da província do Grão-Pará e em um esforço inicial de ocupação da Amazônia, compreendendo a instituição de sistema de navegação regular, para o qual solicitou o governo a ajuda do barão de Mauá. Um século e meio depois, quando da construção de Itaipu, estava o Brasil de novo às voltas com a sua posição em relação aos rios, o que requeria cautela, já que ocupava situação de montante na Bacia do Paraná e posição oposta, de jusante, na Bacia do Amazonas. A preocupação com as ambições externas sobre a Amazônia sempre foi tema de grandes controvérsias. As insinuações americanas de 1850 e sucessivas manifestações subsequentes mantiveram a opinião pública ligada ao difícil controle da região. No fim do século XX, o levantamento geral da Amazônia por via aérea, com os mais poderosos sensores disponíveis, a Transamazônica, a Perimetral Norte, as terras dos ianomâmis, o projeto do sistema de controle e monitoramento da região renovaram, de forma permanente, o problema amazônico.

Em termos estritamente energéticos, e em decorrência dos acontecimentos e iniciativas do meio do século XIX, o carvão mineral se constituiu na energia nova para o Brasil da época: era usado nos transportes, em algumas indústrias e na iluminação. Não havia carvão mineral nacional, apesar de algumas investigações superficiais e preliminares desde o princípio do século, no Rio Grande do Sul. O fundador da mineração de carvão no Brasil teria sido, segundo Pires do Rio (1942), o inglês James Johnson, que descobriu a bacia carbonífera do Vale do Arroio dos Ratos, em 1853. Com o privilégio concedido em 1866, nesse mesmo ano foi constituída em Londres a Imperial Brazilian Collieries Co. Ltd. Com o capital de 100 mil libras esterlinas, do qual o governo da província do Rio Grande do Sul adquiriu dez por cento. Foi construída a estrada de ferro da mina até o rio Jacuí bem como instalados seus equipamentos. O empreendimento não foi bem-sucedido e seu controle transferido duas vezes, até a liquidação, em 1888. A sucessora, nova sociedade denominada Cia. de Estradas de Ferro e Minas de São Jerônimo, reiniciou as operações em 1890. Em Santa Catarina, as investigações que haviam sido feitas desde 1842 por Julil Parigot atraíram o Visconde de Barbacena, que obteve, em 1850, a concessão para suas terras de Tubarão. Formou-se uma empresa na Inglaterra, que construiu uma estrada de ferro de 118 km para atingir o porto de Imbituba. O primeiro sindicato criado para levar avante o empreendimento faliu, o que causou sua transferência, mais tarde, para Antônio Lage (Rio, 1942).

A segunda novidade, poucos anos depois, foi a eletricidade. Entre 1879 e 1890 várias instalações de pequeno porte foram executadas para a geração e utilização de energia elétrica (iluminação pública, força motriz e tração urbana). Consideram-se hoje marcos iniciais do uso da eletricidade, em escala comercial, os serviços de Campos, RJ, iniciativa da Câmara Municipal, baseados em usina térmica de cinquenta cavalos-vapor inaugurados em 1883, com o objetivo de substituir a iluminação pública a gás, e a usina hidrelétrica de Marmelos, com 200kw, projeto do industrial Bernardo Mascarenhas, com a finalidade de suprir a fábrica de tecidos e a iluminação pública, que começou a funcionar em 1989, em Juiz de Fora, MG, (Apêndice 2-A).

A chegada do querosene, que substituiu lamparinas de azeite e velas na iluminação dos prédios, foi a terceira novidade, bem como a introdução do gás em fogões para uso doméstico, promovida, a partir de 1892, pela Société Anonyme du Gaz.

As investigações em torno de jazidas de petróleo vieram, naturalmente, mais tarde do que as de carvão. O governo imperial outorgou, por decretos, uma dezena de concessões a particulares para exploração de combustíveis, quase todas sem resultados ou consequências práticas. Todavia, foi significativo o caso da região de Bofete, no interior de São Paulo, iniciada em 1892, que se tornou uma perfuração, abandonada, porém, logo a seguir, à pequena profundidade. Retomada pelo paulista Eugênio Ferreira de Camargo, e executada até 448m de profundidade, produziu, segundo relato da época de Gonzaga de Campos, dois barris de petróleo e, em seguida, água sulfurosa (Vaitsman, 1948). Eugênio Camargo teria sido assim o primeiro brasileiro a empregar dinheiro na busca de petróleo (Smith,1978).

A Guerra do Paraguai, de 1864 a 1870, causou grande desgaste nas finanças do governo imperial e dificultou a expansão econômica do país. Logo a seguir inicia-se o processo político, que culminaria com a abolição da escravatura: a Lei do Ventre Livre, em 1871, e a campanha abolicionista, intensificada a partir de 1879.

No fim do século, e apesar da tarifa aduaneira protecionista de 1888, o movimento inicial de industrialização do período imperial, que durou cerca de dez anos, não se sustentou. A abolição da escravatura, em maio de 1888, e a proclamação da República, em novembro de 1889, em intervalo muito curto, deram origem a mais um processo de contestações e acomodações sociais e políticas, que resultaram em pesados distúrbios na vida do país, inclusive por via armada. Tornaram-se necessários vultosos gastos do governo. Agravaram-se assim, no princípio da República, a desorganização fiscal e o desequilíbrio das contas externas, o que aliás vinha acontecendo desde o tempo da guerra do Paraguai. A política econômica do governo provisório, coordenada por Rui Barbosa, deu origem a inúmeros empreendimentos, na sua maioria fictícios e voláteis, mas em parte realistas e duradouros. O grande movimento que veio a ser conhecido como o encilhamento foi acompanhado de surto inflacionário grave. A desorganização financeira e fiscal, que então prevaleceu, resultou na necessidade de reordenação administrativa e de um governo de austeridade, o que foi assumido pelo presidente Campos Sales e seu ministro Joaquim Murtinho (1898-1902), com a consequente inibição temporária de novos empreendimentos, mas consolidando as bases econômicas da República.

Início do século XX

No começo do século XX, o Brasil tinha uma população dominantemente rural, de 17 milhões de habitantes, distribuídos ao longo de seu extenso litoral. Apenas se esboçavam concentrações urbanas, nas quais se localizava a indústria criada no fim do século anterior. O território economicamente ocupado mal se estendia a uma distância superior a 500km da costa, e estava servido por rede ferroviária de 14 mil km, direcionada para a exportação de produtos básicos.

No contexto das energias novas, a iluminação a gás continuava restrita. A energia elétrica compreendia apenas dez pequenas usinas geradoras e pesava pouco no balanço comercial do país. Em 1901, as importações de carvão somaram 28 mil contos de réis e as de querosene, 8 mil e 800 contos de réis. Esses valores representavam, respectivamente, 6% e 2% do total das importações, de 448 mil contos de réis (IBGE, 1987, v. 3).

Apesar da limitada dispersão dos benefícios e do conforto propiciado pelas formas novas de energia, não parece ter havido, à época, significativos movimentos de reivindicação popular pela extensão imediata dos serviços de gás e eletricidade. Com a indústria ainda nos seus primeiros passos e a abundância da lenha, era também natural que não houvesse, por parte do poder público, preocupações maiores com o suprimento de energia.

No que diz respeito a ideias econômicas, a transição do Império para a República não introduziu conceitos novos em relação à atuação do Estado, predominando, em linhas gerais, a atitude liberal. Não obstante, o governo homologou, aparentemente sem muito entusiasmo, uma intervenção direta no mercado do café com um plano de valorização elaborado em 1906 pelos governadores dos estados de São Paulo, Minas Gerais e Rio de Janeiro (Convênio de Taubaté). O presidente Rodrigues Alves empreendeu, de forma direta, obras significativas de infraestrutura, entre as quais o porto do Rio de Janeiro. Mas a preferência continuava pela concessão a empresas privadas, nacionais ou estrangeiras, sem distinção dos serviços públicos e da exploração dos recursos naturais.

A Constituição de 1891 (art. 72, § 17) deixava a matéria das concessões de serviços públicos suspensa. Duas disposições definiram, por muitos anos, as bases da pesquisa e da exploração dos recursos minerais, inclusive os energéticos. A primeira estabelecia que as minas pertenciam ao proprietário do solo: "as minas pertencem aos proprietários do solo, salvo as limitações que forem estabelecidas por lei, a bem da exploração deste ramo de indústria." Esse dispositivo não foi regulamentado e teve como consequência imediata relativo enfraquecimento dos esforços privados em pesquisa mineral. A segunda (art. 64) fortalecia o poder decisório dos estados quanto à pesquisa mineral, em detrimento do governo federal, ao transferir para o domínio dos primeiros a propriedade da maior parte das terras devolutas. Não havia referência à exploração dos recursos hídricos na Constituição. Elaborado por Alfredo Valadão, em 1909, a pedido do presidente Nilo Peçanha, um projeto de código de águas não foi aproveitado na época; ficou paralisado no Congresso até a década de 1920 e logo abandonado. Serviu de base, na década de 1930, para novo projeto.

O início formal de pesquisas oficiais sobre a geologia e os recursos minerais do país ocorreu no governo Afonso Pena com a criação, em 1907, do Serviço Geológico e Mineralógico do Brasil, cuja chefia foi confiada a Orville Derby, geólogo americano há longos anos domiciliado no país.

No domínio dos negócios, a valiosa exportação de borracha associou-se aos fatores favoráveis à expansão econômica do princípio do século, que durou até à eclosão da Primeira Guerra Mundial. O nível das importações de equipamentos industriais traz uma boa indicação da ampliação do parque manufatureiro. Em 1901, havia sido atingido um mínimo de 400 mil libras e no período 1906-1914 manteve-se valor médio de 1.800 mil libras (IBGE, 1987, v. 3). Infelizmente, os inquéritos industriais de 1907 e 1912 não seguiram critérios comparáveis, mas aparentemente a força de trabalho na indústria aumentou em mais de 100% em vários setores. Essa expansão trazia o uso crescente de energia térmica e da nascente energia hidrelétrica.

Mantém-se o domínio da lenha

Apesar do carvão mineral importado, da entrada progressiva de derivados do petróleo e das iniciativas no campo da hidreletricidade, a lenha permanecia quase sem concorrência.

Seu suprimento se fazia com regularidade, com base principalmente na exploração de povoamentos florestais heterogêneos de mata atlântica, compreendendo a extração seletiva de madeiras nobres e a derrubada das demais e, em muitos casos, também das primeiras, para a produção de lenha, cujo destino eram as ferrovias, firmadas nas locomotivas a vapor, a incipiente siderurgia a carvão vegetal e as indústrias. As únicas florestas homogêneas em exploração eram as de araucária, no sul, e a da palmeira babaçu, na zona de transição entre o nordeste e a Amazônia.

Paralelamente à atividade florestal, apenas extrativa, não se desenvolvia a mineração do carvão nem se encontravam indicações da existência de reservas de petróleo. Era portanto natural que tenha prevalecido a civilização da lenha, até muito mais tarde do que em qualquer dos países industrializados de vanguarda.

Como a atividade de desmatamento se realizava de forma extremamente dispersa, em regime de plena liberdade individual, são muito limitadas as informações estatísticas. Limitadas também são as indicações das áreas de desmatamento. Há um mapa do Brasil elaborado em 1912, por Gonzaga de Campos, e trabalhos específicos subsequentes sobre várias regiões do território nacional.

A reposição da cobertura florestal em áreas devastadas foi objeto de expressiva iniciativa no âmbito da Cia. Paulista de Estradas de Ferro, sob a responsabilidade de Navarro de Andrade, quando se empreendeu esforço continuado de adaptação às condições do Brasil, de florestas homogêneas de eucaliptos, esforços esses intensificados depois da viagem de Navarro aos países de origem, especialmente a Austrália (1913), possibilitando a obtenção de coleções que deram início à experimentação sobre a sua adaptabilidade às condições do Brasil.

É importante lembrar que muito antes, ao tempo de D. Pedro II, foi criada a Floresta da Tijuca, cuja motivação principal era a de proteger os mananciais que abasteciam a cidade do Rio de Janeiro. No entanto, acabou por se constituir no primeiro e bem-sucedido esforço de reflorestamento. No início, foram utilizadas mudas de espécies da região; mais tarde a seleção tornou-se eclética, com espécies de outras regiões do país, bem como as espécies exóticas. Trata-se de experiência de valor inestimável, que se desenvolveu principalmente no decênio 1862-1872, abrangendo área de 600 ha (Apêndice 2-B).

Antes, ainda ao tempo de D. João VI, estabeleceu-se o Jardim Botânico do Rio de Janeiro, com o objetivo inicial de testar e propiciar a aclimação de espécies provenientes da Índia.

Carvão mineral importado

A importação de carvão realizava-se de forma regular até que, no início da Primeira Guerra Mundial, reduziu-se a capacidade de transporte marítimo proveniente do Reino Unido. Entre 1900 e 1913 as importações haviam crescido, com certa regularidade, ao ritmo de 8% ao ano (IBGE, 1987, v. 3). Nesse intervalo já corriam produções eventuais de carvão no sul do país. Não há informação estatística sobre essa atividade, então conduzida em escala diminuta por empresas privadas. Apesar da posição que essa matéria-prima havia adquirido no cenário nacional, o nível de consumo era insignificante se comparado ao papel representado pelo carvão no cenário mundial. As estatísticas estão disponíveis desde 1868-1869, quando foram produzidos 230 milhões de toneladas. No princípio do século XX, o consumo brasileiro de 900 mil toneladas representou apenas 0,1% da produção mundial de 900 milhões. Por volta de 1915, essa proporção aumentou para 0,14%, o que não alterou a posição secundária do carvão na economia brasileira (COAL, 1946).

Quanto às providências governamentais, limitaram-se, desde o tempo do presidente Prudente de Morais, ao fomento da mineração baseado na isenção de impostos de importação para equipamentos e na variação das taxas incidentes sobre o carvão importado. No governo Rodrigues Alves, o ministro Lauro Müller contratou missão técnica chefiada por Israel Charles White, para investigar as possibilidades do carvão nacional no sul do país. Relatório correspondente foi publicado em 1908, dando origem a longas discussões. As medidas relacionadas com o transporte e armazenamento ocorreram em 1912, no governo Hermes da Fonseca, contemplando o porto do Pará.

Primeiros passos da energia elétrica

Na ausência de legislação específica, os serviços de eletricidade, desde a geração até a distribuição, eram firmados pelos atos de concessão e no correspondente contrato entre o concessionário e o poder público. Esse poderia ser representado indistintamente pelo governo federal ou pelos governos estaduais e municipais, dependendo da natureza e abrangência do objeto do contrato. Diferia conforme o caso, podendo, portanto, o sistema admitir variadas soluções. Houve tentativa de regulamentação no governo Rodrigues Alves, mas de pequena abrangência e pouco efeito prático (Decreto nº 5.407/1904).

Na virada do século XIX para o XX, estavam em curso várias iniciativas de caráter privado e local, de geração de energia elétrica, especialmente nos estados de São Paulo, Rio de Janeiro e Minas Gerais. A maioria era promovida por empresários cujas atividades agrícolas, comerciais, industriais ou financeiras estavam vinculadas às comunidades a serem beneficiadas pela introdução desse serviço. Foram pioneiros, no interior de São Paulo, a partir de Rio Claro, em uma dezena de municípios; outros tantos se iniciaram nos estados de Minas Gerais e Rio de Janeiro. No nordeste e no norte as iniciativas se limitaram às capitais, sendo que em Manaus, Belém e Recife as respectivas concessionárias eram companhias inglesas. No Rio Grande do Sul havia também uma companhia inglesa, na cidade de Pelotas, além de uma companhia municipal e outra estadual.

Surgiram também nessa época empresários e promotores de grandes negócios, vindos do exterior, que se interessavam pela participação, desde o princípio da fase de modernização e industrialização, que se presumia iminente na capital da República e principalmente em São Paulo. Entre tais interessados encontravam-se alguns que, reunidos a partir de 1897, dariam início ao empreendimento de maior relevância no desenvolvimento da energia elétrica e da área a ser por ela servida: a Light, de São Paulo. Foram pessoas importantes nessa montagem empresários e técnicos sediados no Canadá, aos quais se associaram paulistas de prestígio no mundo dos negócios e na política (Apêndice 2-C). Esse grupo obteve, da Câmara Municipal de São Paulo, concessão do serviço de transporte urbano em veículos elétricos e promoveu a criação, em Toronto, Canadá, da São Paulo Railway Light and Power Co. Ltd., Com participação de outros capitalistas canadenses. Frederick Pearson, como principal executivo do projeto, foi responsável pela vinda para o Brasil do advogado Alexander Mackenzie, do engenheiro hidráulico Hugh Cooper, esse para fazer os estudos, e do engenheiro Robert Brown, principal executivo local (Eletrobras, 1988b). Seriam eles que levariam avante a missão, com sucesso, nos seus anos decisivos. A empresa foi autorizada a operar no país por decreto do presidente Campos Sales, de 1895.

A fim de atender às necessidades dos serviços que acabava de contratar, a nova companhia constituiu a usina hidrelétrica de Parnaíba, no rio Tietê (mais tarde denominada Edgard de Souza), inaugurada em 1901, com potência de 2.000 Kw, logo duplicada. A Light encontrou em São Paulo interesses concorrentes, que foram em parte adquiridos e, em parte, derrotados em controvérsias jurídicas ou políticas. Em poucos anos estava consolidado o seu domínio no município da capital.

Em 1904, o mesmo grupo de empresários internacionais, então representado por Alexander Mackenzie, entrou em entendimento com o prefeito do Rio de Janeiro, Pereira Passos, e com o presidente Rodrigues Alves, sobre empreendimento equivalente ao de São Paulo, a ser implantado no Rio. Com a reação favorável das autoridades formou-se, em Toronto, no mesmo ano, a Rio de Janeiro Tramway Light and Power Co. Ltd.

Tal como havia acontecido no caso da Railway Light and Power Co. Ltd., a autorização para a nova empresa funcionar no país foi dada pelo governo federal (presidente Rodrigues Alves) e as concessões para o fornecimento de eletricidade no Distrito Federal e para o aproveitamento da força hidráulica do ribeirão das Lajes e do rio Paraíba do Sul foram outorgadas pelos respectivos governos. Em 1905, iniciou-se a construção da hidrelétrica de Fontes, concluída em 1908, com potência de 12 mil kw, logo ampliada para 24 mil kw. Era a maior usina do Brasil, e das maiores hidrelétricas do mundo.

Questão importante em tais contratos dizia respeito à necessidade de prever a atualização tarifária, em face de continuada, embora em geral modesta, desvalorização da moeda. Uma solução foi a introdução da Cláusula Ouro, de especial relevância para as empresas de capital estrangeiro, que tinham interesse em adquirir divisas para cobertura de encargos financeiros externos e remessa de dividendos. Por esse mecanismo, as tarifas eram definidas parcialmente em papel-moeda e em ouro, o valor desse atualizado pelo câmbio médio mensal (Apêndice 2-D).

A entrada da Light nos dois principais centros urbanos do país não foi sempre pacífica. Ocorreram vários conflitos de interesse com grupos nacionais congêneres. Em Toronto, no entanto, unificava-se o grupo com a constituição, em 1912, da *holding* Brazilian Traction.

Enquanto as duas Light acabavam por ocupar efetivamente os principais mercados e executavam projetos de grande envergadura para a época, como a usina de Fontes, iam surgindo inúmeras iniciativas de caráter local e de menor porte. Cada uma tratava, em geral, do fornecimento de energia a uma localidade definida, decorrente de concessão municipal. Logo se verificou que era conveniente organizar empresas de maior porte e abrangência territorial. Resultou daí um movimento de fusões e incorporações que seria reforçado na década de 1920.

Por esses vários caminhos, o crescimento da capacidade de geração de eletricidade e a abrangência dos serviços foi notável. Ao mesmo tempo, consolidava-se a primazia da hidreletricidade em quase 80% do total, o que mais uma vez diferenciava a evolução da economia da energia no Brasil da verificada nos países da vanguarda industrial, onde predominava a termeletricidade com base no carvão mineral.

Mesmo se se considerar apenas, como sinal de partida, o fortíssimo crescimento no primeiro decênio, de 1885-1895, a expansão foi firme e continuada nos períodos subsequentes. A potência instalada multiplicou-se sete vezes entre 1895 e 1905 e outras sete vezes entre 1905 e 1915 (Apêndice 2-E).

A pesquisa do petróleo desperta pouco interesse

A evolução no Brasil da economia do petróleo difere bastante da que ocorreu com os serviços de eletricidade. Enquanto esses já estavam em pleno desenvolvimento no princípio do século XX, a produção local de petróleo e a sua industrialização só vieram a ser objeto de preocupação objetiva na década de 1930. Antes disso, tiveram significado histórico debates teóricos provocados pela publicação do relatório da Missão White, contratada pelo ministro Lauro Müller, que dizia respeito às perspectivas do carvão no sul do país, mas que fazia referência negativa quanto ao petróleo: "(...) As possibilidades são todas contra a descoberta de petróleo em quantidade comercial em qualquer parte do sul do Brasil." Por coincidência, um dos contestadores dessa teoria foi Euzébio de Oliveira, que viria a ser, mais tarde, o responsável pelo programa de sondagens para petróleo do governo federal. A par dos debates, foram muito limitados os trabalhos de campo.

Na falta de produção nacional, todos os derivados de petróleo foram importados. O registro oficial de importações (IBGE, 1987, v. 3) tem início em 1901, com o querosene. Em 1907, aparece na pauta a gasolina, para abastecer os primeiros automóveis. Só em 1913 começa a entrar o óleo combustível, que passa a concorrer com o carvão. O óleo diesel surgiria mais tarde, em 1938, época condizente com a da entrada em operação das primeiras três locomotivas diesel-elétricas de 450 CV, na Viação Férrea Leste Brasileiro, na Bahia (Moura, 1958).

No período 1905-1915, o consumo de derivados de petróleo multiplicou-se quatro vezes. Em 1915, o consumo total Brasileiro era da ordem de 355 mil metros cúbicos e correspondia a 0,6% do consumo mundial de 62 milhões de metros cúbicos (Yergin, 1993). Embora pequena, já era posição relativamente mais significativa do que a ocupada pelo país no mercado do carvão (0,14%).

Deslocam-se as posições relativas

Não tendo o carvão assegurado no Brasil posição preponderante no século XIX e no princípio do século XX, em face da esmagadora presença da lenha, passou ele a sofrer a concorrência crescente da energia hidráulica (desde 1890) e do petróleo (desde 1905). O deslocamento das posições relativas há de ser visto sem contar com informações quantitativas sobre a lenha, já que o primeiro quadro confiável do suprimento global de energia primária no país refere-se ao ano de 1941 (Wilberg, 1974). Ainda, então, a lenha, que vinha perdendo terreno, representava 73% do total. É provável que em 1915 o papel da lenha ainda fosse maior. Representação gráfica da evolução no período 1905-1915 só pôde ser feita, portanto, com base no carvão, na energia hidráulica e no petróleo, cobrindo menos de 25% do total (Apêndices 2-F e 2-G).

- Carvão mineral
- Derivados de petróleo
- Hidreletricidade

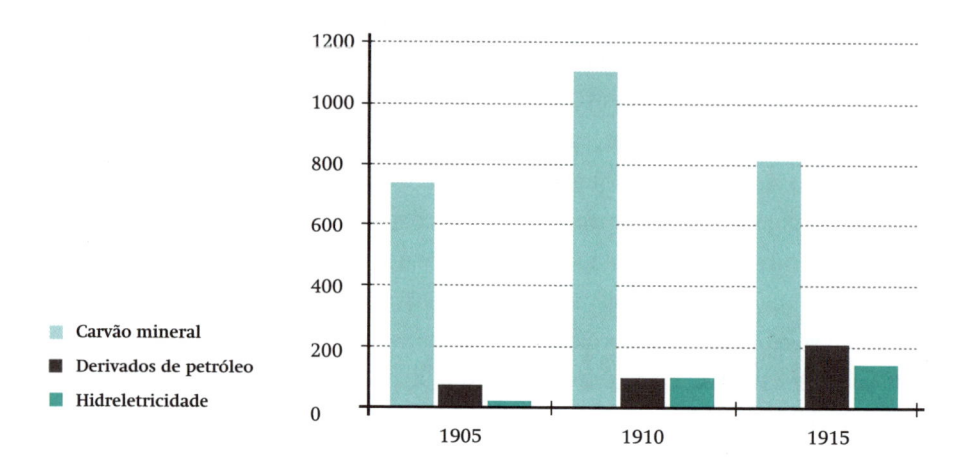

Figura 3 – Estimativa do consumo de energia no país, excluída a lenha.

Fonte: IBGE, 1987. V. 3 (Ver tb. Apêndice 2-G).

Como se vê, o carvão mineral, cuja importação atingiu um máximo, declinou e só voltaria a aumentar muitos anos mais tarde, em função da implantação da siderurgia a coque mineral (Volta Redonda, RJ). Os derivados de petróleo e a energia hidráulica conquistaram, continuamente, participações relativas crescentes.

Capítulo III
Da Primeira Guerra Mundial até a crise (1915-1930)

Guerra, industrialização e petróleo

O ano de 1915 pode, por diversas razões, ser considerado marco na história da economia da energia no Brasil e, por isso, foi escolhido como início do século que se quer analisar.

Esta história começa com a intensa importação de equipamentos industriais ocorrida até 1914. Com ela vieram novas tecnologias que requeriam, quase sempre, e de forma crescente, outras formas de energia. Com a eclosão da Primeira Guerra Mundial tornou-se repentinamente precária a importação de carvão mineral que provinha do Reino Unido, da cidade de Cardiff. A construção de usinas elétricas ficou, por um período, prejudicada, em virtude da equivalente dificuldade de importação de equipamentos.

Antes e durante o conflito mundial verificou-se novo surto de industrialização do país. O movimento teve três suportes: a migração para as cidades do capital de fazendeiros, resultante de atividades agrícolas; a substituição de importações tornadas difíceis e, por fim, a entrada de imigrantes, na sua maioria sem grandes recursos financeiros, mas depositários de cultura industrial já consolidada nos países de origem. A produção industrial cresceu 44% no quinquênio 1915-1920 e, respectivamente, 35% e 9% nos subsequentes, incluindo-se no último os efeitos da crise de 1929-1930.

Com a guerra ocorreu deficiência momentânea no suprimento de carvão a partir de 1914, situação resolvida pela recém-iniciada importação de óleo combustível dos Estados Unidos e, provavelmente, também pela reativação do consumo de lenha, cujo suprimento continuava abundante. Houve ainda aqui no Brasil, nessa época, grande preocupação com a falta de querosene.

Antes do início do conflito, acontecia na Inglaterra a revolução tecnológica na Armada Real, sob a liderança de Churchill e do almirante Fisher, motivada pela substituição do carvão pelo óleo combustível (1910-1914). Logo depois chegavam notícias da Europa com indicações da importância, provavelmente crescente, dos derivados do petróleo nas operações de guerra, confirmadas na evolução subsequente: o óleo diesel nos submarinos alemães e nos tanques aliados; a gasolina nos aviões de observação e combate de ambos os lados; e, em particular, a gasolina para os táxis mobilizados por Gallieni para a defesa de Paris (Yergin, 1993). O petróleo se impunha.

Surgiram então os Estados Unidos da América como primeira potência industrial e única detentora de reservas substanciais de petróleo no seu próprio território, capazes de assegurar dois terços da produção disponível no mundo. Isso levou as outras potências à intensa busca de áreas promissoras, em especial no Oriente Médio. Iniciava-se verdadeira corrida, compreendendo alianças e conflitos, e maior envolvimento de empresas petrolíferas privadas nos negócios internos dos países potencialmente detentores de grandes reservas de petróleo, registrando-se, então, episódios de extrema violência.

A conjugação desses acontecimentos fez com que, a partir da guerra, o suprimento de energia passasse a constituir, no Brasil, preocupação nacional e de governo, embora com muita discussão e pouca ação prática. Estávamos com razoável atraso em relação aos países de vanguarda, e até mesmo em relação à América Latina, onde já havia produção de petróleo no México, na Argentina e no Peru.

Política e manifestações nacionalistas

A política econômica continuava, em princípio, liberal, ao longo dos governos de Venceslau Brás e Epitácio Pessoa. Predominavam os interesses da agricultura e da exportação do café. No campo político reafirmava-se o presidencialismo. Mantinha-se a política dos governadores iniciada pelo presidente Campos Sales e sustentada por São Paulo e Minas Gerais, embora com oposição crescente, que provocou exatamente a escolha de um terceiro para o período 1918-1922: Epitácio Pessoa, do nordeste. Novas e revolucionárias ideias políticas ganharam corpo no início da década de 1920, em particular durante o governo de Artur Bernardes, culminando com a deposição do presidente Washington Luís. As manifestações nacionalistas, esparsas, também se fortaleciam. Nesse sentido dois episódios são relevantes e representativos: um na esfera dos negócios e outro, na militar.

No mundo dos negócios, grande debate nacional decorreu da proposta da Itabira Iron para exploração do minério de ferro de Minas Gerais para exportação (Apêndice 3-A). A concessão da mina, estrada de ferro e porto já vinha sendo discutida no estado ao tempo em que Artur Bernardes era governador e a controvérsia viria com ele para a Presidência da República. Antes disso, porém, foi assinado no governo Epitácio Pessoa, sendo ministro da Viação e Obras Públicas José Pires do Rio, o contrato com a Itabira Iron, contrato esse que não viria produzir efeitos práticos. Constituir-se-ia ele, no entanto, no centro das controvérsias: admitir ou não a exploração do minério que resultaria, na opinião de muitos mineiros, em meras escavações; impor ou não a instalação da siderurgia; escolher tecnologia independente do exterior, baseada no carvão de madeira; utilizar a energia elétrica, ou admitir a importação de carvão mineral; e, finalmente, a grande questão política de apoiar empreendimentos com capitais privados nacionais ou admitir o capital estrangeiro (Silva, 1972).

Na esfera militar, o movimento conhecido como tenentismo foi publicamente iniciado em 1922, com a participação preponderante da oficialidade jovem do exército. Em termos políticos, o pensamento dominante desse grupo era provocar o fim da oligarquia, que vinha desde o início da República, e estabelecer a verdade eleitoral. No campo econômico, defendiam a proteção do governo aos produtos nacionais, em especial às indústrias, e a redução da dependência externa representada pelos capitais estrangeiros e pelas dívidas.

Foram possivelmente essas discussões que motivaram a inclusão, na emenda constitucional votada em 1926, pela primeira vez, de uma restrição nacionalista às atividades econômicas, ao se estabelecer que "(...) As minas e jazidas minerais necessárias à segurança e à defesa nacionais e as terras onde existem não podem ser transferidas a estrangeiros". Era a primeira vez, também, que se ligava formalmente a questão econômica à segurança e à defesa nacionais. A posição viria fortalecer-se no governo Getúlio Vargas e assumiria aspectos dramáticos no debate sobre política do petróleo.

A fraqueza da iniciativa privada nacional diante do desafio da expansão necessária de novas formas de energia – petróleo e eletricidade – reforçava as teses nacionalistas e de intervenção do Estado. Na energia elétrica, as empresas nacionais pioneiras passaram rapidamente ao controle de capitais estrangeiros. No tocante ao petróleo, as iniciativas eram de dimensão medíocre diante das tarefas a realizar.

No domínio das discussões genéricas e por ocasião das comemorações do centenário da independência, realizou-se no Rio de Janeiro, entre os dias 22 de outubro e 8 de novembro de 1922, o primeiro Congresso Brasileiro de Carvão e Outros Combustíveis Nacionais, sob a presidência de honra de José Pires do Rio, então ministro da Viação e interino da Agricultura, e efetiva de Ildefonso Simões Lopes (ex-ministro da Agricultura). Na relação dos participantes estavam praticamente todos os que teriam algo a dizer sobre energia nos 15 anos subsequentes. Foi um balanço geral. Entre as inúmeras recomendações (mais de cinquenta) encontram-se algumas de significado histórico:

> VIII – que o governo mande proceder a sondagens na região de Campos, Rio de Janeiro, para averiguar da existência de petróleo; e,
>
> (...)
>
> X – que se chame a attenção dos poderes publicos e dos industriaes para a vastissima extenção em que occorre o folhelho bituminoso do Iraty, que será uma fonte productora de petroleo da mais alta importancia, desde que as condições economicas dos seus productos o permittam.

A primeira se evidenciaria positiva cinquenta anos depois, e a segunda seria ainda apenas uma promessa, setenta anos depois.

Com a pouca interferência direta do Estado, do período de 1915 até antes da crise de 1929, a economia nacional cresceu continuadamente, acompanhada de inflação moderada. No período do presidente Washington Luís ocorreu declínio de preços, em função de um plano de estabilização que então se instituiu e da crise mundial de 1929. A dimensão da economia nacional cresceu também em termos relativos no cenário internacional, quando comparada ao paradigma dos Estados Unidos da América.

Indicadores – 1915-1930

I. GOVERNO: PRESIDENTES E MINISTROS DA FAZENDA

1914-1918 Venceslau Brás/ Sabino Barroso, Pandiá Calógeras
1918-1919 Delfim Moreira/ Amaro Cavalcanti, João Ribeiro
1919-1922 Epitácio Pessoa/ Homero Batista
1922-1926 Artur Bernardes/ Sampaio Vidal, Aníbal Freire

II. ECONOMIA[1]

PIB antes e no fim do período, em bilhões de dólares[3]	11,6/24,4
Taxa média anual de crescimento da população	2,2%
Taxa média anual de crescimento do PIB	5%
Taxa média anual de inflação	5,9%

III. OFERTA INTERNA DE ENERGIA[2]
(TAXA MÉDIA ANUAL DE CRESCIMENTO)

Petróleo	8,8%
Carvão mineral	4,3%
Hidráulica	7,6%
Lenha	–
Cana-de-açúcar	–
Outros	–
Total (exclusive lenha, cana e outros)	**5,7%**

IV. REFERÊNCIA INTERNACIONAL (ESTADOS UNIDOS)

PIB antes e no fim do período, em bilhões de dólares[3]	623/635
Taxa média anual de crescimento do PIB	0,1%
Taxa média anual de inflação	17,2%

V. RELAÇÃO PIB ESTADOS UNIDOS

Antes e no fim do período	54/26

Notas
1. Estimativas relativas à economia brasileira provêm de: Goldsmith, R. W. *Brasil, 1850/1984*. Editora Harper & Row, São Paulo: 1986.
IBGE. *Estatísticas históricas do Brasil*. Rio de Janeiro, 1987. v. 3.
2. Estimativas relativas à energia: IBGE. *Estatísticas históricas do Brasil*. Rio de Janeiro, 1987. v. 3.
3. Os valores do PIB Brasil e EUA estão em dólares de 1995.

Acelera-se a expansão da energia elétrica

As novas instalações de usinas elétricas prosseguiram durante a Primeira Guerra Mundial, embora em ritmo contido pelas dificuldades do momento. Retomaram velocidade logo após o término do conflito.

Tabela 7 – Capacidade instalada das usinas elétricas

CAPACIDADE	1915	1920	1925	1930
Número de empresas	-	306	-	1.009
Capacidade (MW)	310	367	507	779
Crescimento	-	18%	38%	54%
Capacidade/hab (watts)	13	13	17	23

Fonte: Conselho, 1965.

A proporção das instalações hidrelétricas se manteve entre 80% e 82% do total. O número de empresas multiplicou-se mais de três vezes no período 1920-1930, apesar da importância adquirida pela Light, do agrupamento de muitas pequenas empresas e do surgimento da American & Foreign Power.

O domínio da Light no cenário elétrico do país era nítido em 1915, compreendendo cerca de 40% da capacidade total, proporção essa que se manteve até 1930 e que subiria para 46%, em 1945 (McDowall, 1988, p. 406). Os serviços estavam concentrados em uma área territorial mínima, onde se localizavam as duas cidades mais populosas do país e a maior parte da indústria. As obras de geração de energia se sucediam, com a concepção e execução do engenheiro Asa Billings: hidrelétrica Ilha dos Pombos, no rio Paraíba do Sul, inaugurada em 1924, atingindo a potência de 73.000 Kw em 1929 e duplicando a capacidade de atendimento ao Rio de Janeiro; e hidrelétrica de Cubatão, a mais importante iniciativa, inaugurada em 1926, com a potência inicial de 28.000 Kw logo ampliada para 76.000 Kw (Eletrobras, 1988a, p. 58-60).

No interior de São Paulo e em menor escala no Rio de Janeiro, bem como em Minas Gerais, foram surgindo numerosas empresas locais. No nordeste, norte e no Rio Grande do Sul predominavam empresas inglesas (Apêndice 3-B).

A American and Foreign Power – Amforp, sediada nos Estados Unidos, já operava em outros países da América Latina quando iniciou atividades no Brasil, em 1927. Constituiu aqui uma subsidiária, a Empresas Elétricas Brasileiras, depois denominada Companhia

Auxiliar de Empresas Elétricas Brasileiras. A orientação adotada foi a de adquirir empresas instaladas nos principais centros urbanos, fora do domínio da Light. Dessa forma, assumiu o controle de 11 concessionárias no período 1927-1928. Além de grande parte do interior de São Paulo, as aquisições compreenderam os serviços de Recife, Salvador, Natal, Maceió, Vitória, Niterói–Petrópolis, Belo Horizonte, Curitiba e Porto Alegre–Pelotas (Apêndice 3-C).

É interessante registrar que em um período de tantas transformações na estrutura do setor, ficou invariável a distribuição da capacidade instalada pelas várias regiões do país e do correspondente consumo de eletricidade, já que não existiam interligações. A região sudeste ficou com cerca de 80% da capacidade, mais da metade em São Paulo. A região nordeste tinha 10%, o sul 8% e o norte ficava com 2%. A participação do Centro-Oeste era insignificante (Apêndice 3-D).

Carvão nacional vinculado à siderurgia

Em função das dificuldades de manter o nível de suprimento do carvão mineral importado, iniciaram-se, timidamente, algumas ações do Estado visando ao fomento da mineração do carvão nacional. As providências do governo Venceslau Brás referiam-se à construção de ramais ferroviários para atender às minas, e à definição de critérios de preços relativos para o carvão nacional, de modo que esse preço se tornasse comparável, sob o ponto de vista econômico, ao de Cardiff (Lei nº 3.347/1917). Mas a grande questão era a possibilidade do seu uso na siderurgia.

Até então, a pequena siderurgia do Brasil estava assentada no carvão vegetal e não havia, portanto, mercado apreciável para a fabricação de coque metalúrgico a partir do carvão mineral. O contrato da Itabira Iron Ore Co. não prosperou mas abriu caminho para várias iniciativas. Estimulavam-se pesquisas sobre o carvão mineral nacional e sua capacidade de produção de coque. Defendia-se a concentração de esforços na tecnologia dos fornos para carvão vegetal e retomavam-se os trabalhos de adaptação, para esse fim, da cultura do eucalipto. Em 1921 entrou no país a Arbed, sediada em Luxemburgo, que adquiriu o controle da Companhia Siderúrgica Mineira para formar a Belgo-Mineira, trazendo a tradição metalúrgica da Europa e aplicando-a à usina de Sabará, e mais tarde à de Monlevade, mudando a escala da siderurgia a carvão vegetal (Silva, 1972, p. 62).

Entre 1920 e 1922, o prof. Fleury da Rocha se dedicou a aprofundar os conhecimentos sobre as características físicas e químicas dos carvões minerais brasileiros. Foram viagens à Europa e remessa para análises e experimentos de partidas de carvão de Butiá, São Jerônimo e Gravataí no Rio Grande do Sul, e de Tubarão, Criciúma e Uruçanga em Santa Catarina (Gomes, 1983, p. 169). Paralelamente a esse esforço realizado nos laboratórios europeus, foi criada em 1921, no governo Epitácio Pessoa, a Estação Experimental de Combustíveis e Minérios, anexa ao Serviço Geológico e Mineralógico do Brasil (Decreto nº 15.209/1921).

Da maior importância seria, no entanto, o relatório dos resultados dos trabalhos de Fleury da Rocha, que concluía pelo possível beneficiamento dos carvões de Santa Catarina, apesar de seu conhecido alto teor de cinzas e enxofre, prestando-se ao fabrico de coque metalúrgico utilizável para a produção de gusa. Os carvões do Rio Grande do Sul mostravam-se impróprios para a fabricação do coque (Gomes, 1983). Nesse estado, seu principal emprego se concentrava nas locomotivas da Viação Férrea do Rio Grande do Sul e nos vapores de cabotagem.

O assunto permaneceria em debate com poucas realizações no campo prático, tanto na mineração do carvão e do ferro como na siderurgia. A produção local de carvão mineral teve crescimento modesto, de 307 para 385 mil toneladas entre 1920 e 1930. As importações retornaram ao nível de antes da guerra, atingindo 1,7 milhão de toneladas.

No intervalo, propôs-se o governo Artur Bernardes a amparar a instalação de três usinas siderúrgicas de 50.000t anuais de capacidade e as minerações de ferro e carvão a elas correspondentes (Lei nº 4.801/1924). A iniciativa não teve, todavia, nenhum resultado prático. O contrato da Itabira Iron estava politicamente bloqueado e no governo Washington Luís foi de novo avaliado. Por fim, a crise de 1929 trouxe dificuldades financeiras insuperáveis para novos empreendimentos.

Timidez em matéria de petróleo

Na agitação mundial da busca e da exploração do petróleo, desde o fim da guerra até a crise de 1929-1930, o território brasileiro constituiu-se exceção. Nada de relevante aconteceu, tanto por ação oficial como pela iniciativa privada. É motivo de perplexidade o desinteresse das grandes empresas externas. Duas explicações têm sido apresentadas. Uma de ordem técnica, fundada na experiência internacional até então acumulada, que não reconhecia aqui formações geológicas favoráveis a descobertas notáveis. Outra de ordem política, que tem origem nas disposições da Constituição de 1891, que importavam discussões descentralizadas e dispersas com os Estados e proprietários de terras, para obtenção de uma área de pesquisa e, eventualmente, de sua exploração.

A disposição constitucional que assegurava aos proprietários de terras o direito sobre os bens minerais existentes no respectivo subsolo (princípio da acessão) foi, com certeza, fator de atraso nas pesquisas minerais em geral, até que fosse modificada pela Constituição de 1934, que estabeleceu que "(...) As minas e demais riquezas do subsolo, bem como as quedas de água, constituem propriedade distinta da do solo". Desde 1915, se faziam tentativas de agilizar o processo de pesquisa, sem maiores resultados. Na vigência da regulamentação restritiva, entre diversas iniciativas privadas sem consequência, solicitou o conselheiro Antônio Prado, presidente da Companhia Paulista de Estradas de Ferro, a favor da Companhia Paulista de Petróleos, de Rio Claro, concessão para pesquisa. Em 1918, essa companhia requereu subvenção para continuar os serviços, mas foi recusada pelo governo federal.

Se, de um lado, surgiam poucas iniciativas privadas com recursos suficientes para a pesquisa, mantinha-se, de outro, a controvérsia em torno das áreas prioritárias para a busca de petróleo, ainda sob a influência do relatório da comissão técnica norte-americana sob a chefia de Israel Charles White sobre o sul do Brasil. No governo Epitácio Pessoa, sendo ministro da Agricultura Simões Lopes, iniciou-se programa de maior intensidade na pesquisa de petróleo, no âmbito do Serviço Geológico e Mineralógico do Brasil – SGMB; tal programa ficou a cargo exatamente de Eusébio de Oliveira, que se mantinha em posição oposta ao já famoso Relatório White, em relação às possibilidades da citada região. Em 1922, dizia ele: "encontram-se em vários pontos do Brasil indícios de existência do petróleo, sendo, porém, mais notáveis nos estados de São Paulo e Paraná."

Os recursos orçamentários do governo federal eram bastante limitados. Não havia pessoal adequadamente preparado para as tarefas de sondagem. Os equipamentos utilizados estavam muito aquém do que existia no mundo naquela época. Os trabalhos oficiais se desenvolviam em toda a década de 1920 com muita lentidão, na média de quatro poços por ano.

No campo político, durante o governo Artur Bernardes, havia mais preocupação em evitar a presença de estrangeiros na pesquisa e exploração do petróleo do que em acelerar os trabalhos de campo. Estavam muito presentes os acontecimentos do México e a sua Constituição Nacionalista de 1917.

Em 1928, foi criado em São Paulo, por iniciativa do então secretário de Agricultura, Fernando Costa, o Serviço de Pesquisa de Petróleo, que teve como consultor o geólogo americano Chester Washburne. Foram abertos apenas alguns poços, sem resultado.

Durante o governo Washington Luís houve a elaboração, no âmbito do SGMB, sob a chefia de Eusébio de Oliveira, projeto de lei específico para o petróleo, projeto esse enviado à Câmara dos Deputados em 1927. Na Comissão de Agricultura foi profundamente apreciado e extensamente debatido. Simões Lopes e Marcondes Filho apresentaram o principal parecer. Surgiram também vários substitutivos, o último em agosto de 1930 (Brasil, Câmara dos Deputados, 1957). Poucos dias depois ocorreu a revolução e o assunto ficou, por um período, relegado a segundo plano.

Refletindo as tendências de uso dos derivados de petróleo, as importações de querosene, entre 1915 e 1930, ficaram estacionárias, em torno de 130 mil metros cúbicos, enquanto as de gasolina passaram de 28 para 345 mil metros cúbicos, e as de óleo combustível subiram de 80 para 355 mil metros cúbicos (Apêndice 2-F).

Continua perdendo terreno o carvão

Seguindo a tendência verificada no princípio do século, o carvão mineral continuou a perder terreno para os derivados do petróleo e a hidreletricidade. Tal tendência, observada até 1930, se reforçaria no decênio seguinte, como se confirmou no levantamento da matriz energética feito para o ano de 1941 (Wilberg, 1974).

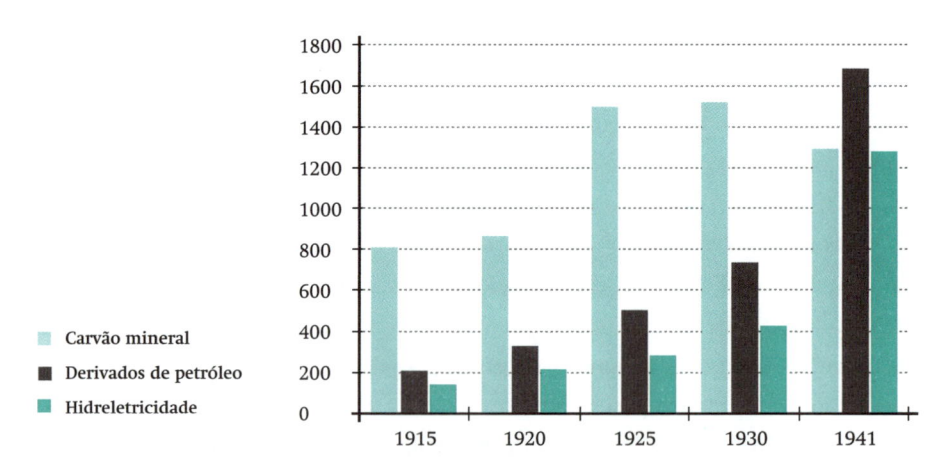

Figura 4 – Estimativa do consumo de energia no país, de 1915 a 1941, excluída a lenha.

Fonte: IBGE, 1987, v. 3.

O consumo de energias novas, hidreletricidade e derivados do petróleo cresceu de forma significativa no Brasil. A avaliação que se pode fazer é de que tenha aumentado 55% entre 1915 e 1920 e, respectivamente, 44% e 48% nos quinquênios subsequentes. Enquanto isso, o consumo de carvão aumentava apenas 87% nos 15 anos.

Capítulo IV
A Era Vargas (1930-1945)

Revolução na política nacional

A crise econômica de 1929 e a Revolução de 1930 trouxeram profundas modificações na estrutura política e econômica do país e foram, por sua vez, acompanhadas de importantes reformas da administração pública. Fortaleceu-se o poder central em detrimento do dos estados e, no âmbito do governo federal, na presidência de Getúlio Vargas, houve forte centralização administrativa, especialmente depois de 1937.

A reforma da administração pública foi ampla e ao mesmo tempo minuciosa, com profundo efeito positivo sobre a máquina de governo. A coordenação ficou a cargo de Luís Simões Lopes, por meio do Departamento Administrativo do Serviço Público – Dasp, organismo que demonstrou grande dinamismo. Quanto ao processo decisório, no âmbito do Poder Executivo, o presidente instituía uma série de órgãos colegiados de composição eclética, abrangendo chefes de repartições públicas e representantes de entidades privadas, principalmente de associações de classe. Durante o governo provisório (1930-1934) foram, entre outras iniciativas, definidas diretrizes para a política de recursos hídricos, minerais e florestais, bem como de empresas concessionárias de serviços públicos de eletricidade.

A radical mudança política trouxe ao poder, com grande influência, os tenentes de forte orientação nacionalista. O assunto energético estava sob a administração do Ministério da Agricultura, exercido, no início do governo, por Assis Brasil, homem dessa área. Em fins de 1932, foi para o ministério o ex-tenente Juarez Távora. A ele ficaram subordinados os problemas mineral e energético, até julho de 1934, quando se deu sua substituição por Odilon Braga. Na administração Juarez Távora foram elaborados os códigos de águas e de minas que trouxeram, como principal inovação, a separação entre o direito de propriedade do solo de um lado, e, de outro, o dos recursos hídricos e das riquezas minerais existentes na sua superfície e respectivo subsolo. Essas seriam exploráveis mediante concessão e fiscalização do poder público. Por coincidência ocasional ou intencionalmente provocada, o decreto relativo ao código florestal, elaborado na mesma época, foi referendado por Navarro de Andrade, expoente do reflorestamento no Brasil, então encarregado do expediente da Agricultura na ausência do ministro.

O Congresso reaberto votou a Constituição de 1934, de curta permanência, já que em 1937, com o golpe de Estado do presidente Getúlio Vargas apoiado nas Forças Armadas, foi outorgada nova Constituição. No que se refere às minas e quedas de água, os textos das duas Constituições são bastante próximos, contendo ambas o princípio da nacionalização progressiva, que só viria a ser removido na Constituição de 1946 (Apêndice 4-A).

O processo de mudança com ênfase nacionalista se desenvolveu, assim, formalmente, ao contrário do que havia ocorrido na etapa anterior, de fechamento da economia nacional ao capital externo, conduzida pelo presidente Artur Bernardes, que se utilizou de um caso concreto de proposta da Itabira Iron, de investimento externo na mineração, a fim de demonstrar a direção do governo (Apêndice 3-A).

O planejamento das atividades econômicas no âmbito do Estado – conceito novo – e a elaboração de propostas de políticas setoriais ficaram a cargo, desde a Constituição de 1937, do Conselho Federal de Comércio Exterior. Esse órgão colegiado, de composição eclética, se constituiu então em grande fórum de debates nacionais. Ali se desenvolveram ideias fundamentais sobre a exploração de recursos minerais e, em particular, do petróleo. Tratava-se, à época, de regular e controlar as atividades privadas que atuassem nessas áreas. A ação direta do Estado, como agente econômico, só viria mais tarde.

Durante a Segunda Guerra Mundial ocorreram duas iniciativas de diagnóstico da economia nacional. A primeira resultou da colaboração do governo dos Estados Unidos da América, então exercido pelo presidente Roosevelt, que enviou ao Brasil missão técnica chefiada por Morris Cooke, em 1942. A segunda decorreu da instituição, no âmbito do Conselho de Segurança Nacional, de órgão colegiado, a Comissão de Planejamento Econômico, de composição também eclética, com o objetivo principal de pensar no pós-guerra. Foi ali que se travou o importante debate entre Roberto Simonsen e Eugênio Gudin em torno da planificação da economia e dos limites da intervenção do Estado, que tive o privilégio de acompanhar, na qualidade de assistente da comissão. Foi ali também que se tornou nítida a deficiência de estudos quantitativos básicos sobre a economia brasileira, que pudessem dar sustentação a projetos de desenvolvimento do país. Diante de tal constatação, ficou determinado que caberia à recém-criada Fundação Getúlio Vargas a atribuição de promover os levantamentos necessários. Coordenaram os trabalhos, respectivamente: Jorge Kingston, quanto a um novo e sistemático índice de preços; Guilherme Augusto Pegurier, quanto ao balanço de pagamentos; e o autor deste livro, quanto a uma primeira estimativa da renda nacional (Leite, 1947 e 1948).

Na área tributária, foram introduzidas modificações que tiveram ampla repercussão na evolução do setor de energia e dos transportes, passando os impostos sobre o carvão mineral e sobre combustíveis líquidos à alçada exclusiva da União. Era o início dos impostos únicos, depois estendidos à energia elétrica, e que duraram até a Constituição de 1988 (Apêndice 4-B).

No domínio político, a não ser no caso da revolução constitucionalista de 1932, as outras manifestações de força contra o governo foram rapidamente liquidadas: a comunista de 1935 e a integralista de 1937. Foi um governo discricionário, com apoio dos múltiplos conselhos, evitando ligações de exclusividade com qualquer das correntes de opinião que debatiam o melhor caminho para o desenvolvimento do país. A administração financeira era ortodoxa; a vida econômica era regulamentada pelo governo, de inspiração profundamente nacionalista, o que identificava o presidente com grande parte das Forças Armadas.

No final do governo foram marcadas eleições gerais, prometidas desde que se aproximava o fim da guerra, concedida anistia política, que beneficiava, em particular, o Partido Comunista do Brasil – PCB, abrindo-se o caminho para novas alianças e movimentos políticos e o lançamento de candidaturas à sucessão do presidente Getúlio Vargas. O período foi tumultuado, especialmente em função do movimento queremista que propugnava pela convocação de uma assembleia constituinte com Getúlio. O PCB apoiava. A impressão geral era de que o presidente acreditava na possibilidade de continuísmo, e esse foi um dos motivos da união de forças políticas e militares em torno da ideia de sua deposição.

Em clima emocional, bastante influenciado pelos acontecimentos da América Latina, importante debate se iniciou nessa época, embora sem conclusão, em torno do regime a ser estabelecido para a exploração do petróleo no território nacional.

Entre 1928 e 1935 ocorreram conflitos armados, seguidos de guerra entre o Paraguai e a Bolívia, na região contestada do Chaco Boreal. As possibilidades de petróleo constituíam-se motivo predominante, inclusive pelo envolvimento direto da Standard Oil, do lado boliviano. A guerra resultou em grandes perdas humanas e materiais para os dois países e em ganho territorial para o Paraguai. Aparentemente, as reservas de petróleo e gás ficaram do lado boliviano. Depois do tratado de paz, o novo governo da Bolívia nacionalizou o petróleo em 1938 e fundou a Yacimentos Petroliferos Fiscales Bolivianos – YPFB.

No México, depois de longo período de declínio de produção e de desentendimentos crescentes entre governo e companhias petrolíferas externas, foram essas desapropriadas, estabelecendo-se o monopólio estatal.

Durante o longo período dos vários governos do presidente Getúlio Vargas, a economia nacional cresceu, em média, em ritmo satisfatório, mantendo-se também a posição relativa do Brasil em face dos Estados Unidos da América. A inflação foi moderada. O consumo de energia hidrelétrica e derivados do petróleo aumentou bem mais que a economia nacional como um todo, mas a lenha sustentava a posição preponderante.

Indicadores – 1930-1945

I. GOVERNO: PRESIDENTES E MINISTROS DA FAZENDA

1930-1945 Getúlio Vargas/ José Maria Whitaker, Osvaldo Aranha, Artur de Souza Costa

1945 José Linhares/ Pires do Rio

II. ECONOMIA[1]

PIB antes e no fim do período, em bilhões de dólares[3]	24,4/46,1
Taxa média anual de crescimento da população	2,3%
Taxa média anual de crescimento do PIB	4,3%
Taxa média anual da inflação	7,9%

III. OFERTA INTERNA DE ENERGIA[2]
(TAXA MÉDIA ANUAL DE CRESCIMENTO)

Petróleo	7,5%
Carvão mineral	–0,2%
Hidráulica	6,3%
Lenha	–
Cana-de-açúcar	–
Outros	–
Total (exclusive lenha, cana e outros)	4,3%

IV. REFERÊNCIA INTERNACIONAL (ESTADOS UNIDOS)[3]

PIB no início/fim do período, em bilhões de dólares	635/1293
Taxa média anual de crescimento do PIB	4,9%
Taxa média anual de inflação	0,9%

V. RELAÇÃO PNB ESTADOS UNIDOS/PIB BRASIL

Início/fim do período	26/28

NOTAS
1. Estimativas relativas à economia brasileira provêm de: Goldsmith, R.W. *Brasil, 1850/1984*. Editora Harper & Row, São Paulo: 1986; IBGE. *Estatísticas históricas do Brasil*. Rio de Janeiro, 1987. v. 3.
2. Estimativas relativas à energia provêm de: IBGE. *Estatísticas históricas do Brasil*. Rio de Janeiro, 1987. v. 3.
3. Os valores do PIB Brasil e dos EUA estão em dólares de 1995.

O governo federal intervém na energia elétrica

Os serviços de geração, transmissão e distribuição de energia elétrica, organizados sob a forma de sistemas independentes e isolados, atendendo preferencialmente às maiores concentrações urbanas, a cargo de concessionárias privadas, tinham-se desenvolvido sem muita interferência do Estado, na base de contratos específicos, até a aprovação, em 1934, do código de águas (Decreto nº 24.643/1934). Antes do código e logo no início do governo provisório, foram suspensos todos os atos relativos ao aproveitamento de quedas de água, como passo preliminar do domínio da União que iria ser estabelecido. Foi também extinta a Cláusula Ouro que prevalecia nos contratos desde o princípio do século e protegia as concessionárias contra os efeitos sobre a tarifa da desvalorização da moeda e dava também origem a suspeitas de eventuais ganhos indevidos (Apêndice 4-C).

O código baseou-se no anteprojeto de 1909. Os aproveitamentos dependeriam, a partir daí, de concessão ou autorização do governo federal, reconhecidos os direitos de empresas estrangeiras já em atividade no país. Quanto ao regime econômico, foi adotado o princípio do custo histórico, no qual se basearia o cálculo da tarifa. Esse princípio, que sofreu várias adaptações, vigorou por cerca de sessenta anos, tendo sido formalmente revogado em 1994.

Além do objetivo de regulamentação e no intuito de promover o desenvolvimento do setor elétrico, foi criado o Conselho Nacional de Águas e Energia Elétrica – CNAEE (Decreto-lei nº 1.285/1939, modificado pelo Decreto-lei nº 1.699/1939). O CNAEE ficou diretamente subordinado à Presidência da República, nos moldes de inúmeros organismos criados após 1937. Tinha como funções organizar planos, regulamentar o código e dirimir dúvidas entre concessionárias e o poder concedente, que continuava sendo exercido pela Divisão de Águas do Ministério da Agricultura.

Apenas bem lentamente e com grandes dificuldades administrativas e políticas e ainda fortes controvérsias jurídicas, foi sendo regulamentado e aplicado o código. Basta lembrar que o levantamento sistemático dos bens vinculados aos serviços das concessionárias, indispensável ao reconhecimento do investimento, base da tarifa pelo custo, só viria a ser feito, na Light, maior concessionária do país, na década de 1970. Logo a seguir adveio a Segunda Guerra Mundial e os serviços de eletricidade, em lugar de progredir, deterioraram-se. Foram motivos principais:

1. a mudança do quadro institucional, que resultou da nova legislação de 1934 e da Constituição de 1937;

2. o longo período de dificuldade de importações e a fraqueza do parque industrial nacional no sentido de suprir os equipamentos necessários à manutenção e expansão dos serviços;

3. a inflação crônica que, no período da guerra, resultou em aumento de preços da ordem de 100% (correspondendo à média de 12% ao ano, valor esse modesto quando comparado ao alçado desde a segunda crise do petróleo, em 1979).

As tarifas não eram reajustadas a tempo, nem nos níveis adequados à correção dos desgastes provocados pela inflação. Não se falava ainda na hipótese de atualização monetária dos ativos, sobre os quais deveria vir a basear-se o cálculo da remuneração das empresas concessionárias. Com o passar do tempo, a questão tarifária deu origem à disputa permanente entre poder concedente e concessionárias, acabando por criar problema político, no qual estavam envolvidas não só questões de princípio quanto à melhor forma de organizar os serviços de utilidade pública, como também aspectos demagógicos, agravados pelo predomínio das empresas estrangeiras. Acentuavam-se as campanhas contra a Light, apelidada de polvo canadense que, em 1940, detinha 44% da capacidade instalada no Brasil e, subsidiariamente, contra as empresas da Amforp, detentoras de cerca de 14% da capacidade. A parcela remanescente, um terço do total, estava pulverizada entre grande número de empresas privadas nacionais e alguns serviços de âmbito municipal.

Em virtude do impasse tarifário, os recursos internos gerados pelas empresas eram insuficientes até mesmo para os investimentos destinados a atender à população já abastecida e, portanto, totalmente inadequados para sustentar o programa demandado de expansão territorial dos serviços. Excetuava-se, mas de modo provisório, o caso da Light que, pela sua competência, dimensão e localização na área mais desenvolvida do país, conseguia não só sobreviver como também obter empréstimos para os investimentos necessários. Excluía-se ainda a Companhia Paulista de Força e Luz – CPFL, do grupo Amforp, cuja concessão compreendia o rico interior de São Paulo.

O ritmo de crescimento da capacidade instalada reduziu-se drasticamente.

Tabela 8 – Crescimento da capacidade instalada
das usinas elétricas – média anual (%).

1910-1920	1920-1930	1930-1940	1940-1945
8,4	7,8	4,9	1,1

Fonte: Centro, 1988[a].

No entanto, a demanda continuava a crescer, tornando crítica a situação de suprimento de eletricidade nas áreas já servidas. Nos anos da década de 1940, o desatendimento da demanda e o racionamento ocorreram no interior de São Paulo, notadamente na área da CPFL, e no Distrito Federal e interior do Rio de Janeiro, nas áreas da Rio Light e da Companhia Brasileira de Energia Elétrica – CBEE. No Rio Grande do Sul e na área da Companhia Estadual de Energia Elétrica – CEEE houve racionamento em áreas de Porto Alegre e na zona industrial. Crescia, todavia, o apelo, sem resposta possível, para a extensão de serviços regulares às áreas não atendidas.

Sob a pressão da demanda, o Estado Novo, em especial entre 1940 e 1943, recuou de suas posições extremadas e fez várias tentativas de remoção dos obstáculos legais, por ele próprio criados, à expansão dos serviços:

- autorizando novos investimentos nas instalações existentes, independentemente da revisão dos contratos (Decreto-lei nº 2.079/1940);
- permitindo, por meio de modificação da Constituição de 1937, que o governo consentisse no aproveitamento de novas quedas de água por empresas estrangeiras, que já fizessem uso desse recurso na data daquela Constituição (Lei constitucional nº 6/1942);
- sancionando contratos e admitindo o reajustamento de tarifas, a título precário (Decreto-lei nº 5.674/1943).

Mas, com tudo isso, as tarifas efetivas permaneceriam congeladas até 1945.

Era esse o quadro dos serviços de energia elétrica ao término do governo do presidente Getúlio Vargas, quando se instalou a Assembleia Constituinte de 1946 e foram definidos outros rumos da regulamentação.

Antes das redefinições políticas que viriam em 1946, surgiram iniciativas isoladas, visando à solução de problemas localizados e específicos de escassez de energia, algumas sem maior significado e outras que indicavam caminhos a serem subsequentemente seguidos. A iniciativa frustrada foi do governo do Estado do Rio de Janeiro que, desde 1937, se propôs a construir a usina hidrelétrica de

Macabu, com o objetivo de atender ao norte fluminense, empreendimento que, além de insuficiente, se constituiu em reconhecido insucesso técnico, organizacional e econômico, e cuja operação apenas teve início em 1950, com a potência de 7,5 MW, já de pequeno significado para a época.

No Estado do Rio Grande do Sul foi realizado, com dedicação e competência, o primeiro Plano Regional de Eletrificação (1943-1944) e instituída a Comissão Estadual de Energia Elétrica – CEEE, depois transformada em companhia. O plano teve aprovação do governo federal (Decretos nº 18.318 e nº 18.899/1945). Essa iniciativa pioneira não foi bem-sucedida, e deu lugar, mais tarde, à insolvência da CEEE e à sua incapacidade de traduzir os objetivos iniciais, em tese até louváveis, em resultados práticos significativos para a sociedade e a indústria do Rio Grande do Sul (Apêndice 5-A). No âmbito da União, o governo Getúlio Vargas tomou a primeira iniciativa da ação direta do Estado, mediante a formação, proposta pelo ministro da Agricultura, Apolônio Sales, da Companhia Hidrelétrica do São Francisco – Chesf, cujo objetivo era construir uma usina em Paulo Afonso para suprimento, em grosso, às concessionárias do Nordeste (Decreto-lei nº 8.031/1945).

Debates iniciais sobre a política do petróleo

Por volta de 1930, de um total de reservas mundiais de petróleo de 24.400 bilhões de barris, a América Latina participava com cerca de 12%, destacando-se, pela ordem de grandeza, Venezuela, Colômbia, México, Argentina, Peru e Equador (Braga, 1936). Na Bolívia havia indícios e no Brasil nada havia sido descoberto. Aqui não havia também legislação específica para o petróleo, já que o projeto Eusébio de Oliveira e os correspondentes pareceres ficaram retidos na dissolvida Câmara dos Deputados. Até os primeiros anos da década de 1930, a questão do petróleo estava concentrada na controvérsia técnica sobre áreas possíveis e promissoras para pesquisa. Discutia-se, a partir de então, como organizar a pesquisa, e a matéria passava a ter conteúdo político.

Desde 1932, acentuava-se o interesse pelo petróleo e empreendedores nacionais, com poucos recursos técnicos e financeiros, acusavam o Ministério da Agricultura, principalmente na administração Odilon Braga, de inoperante e de obstáculo à pesquisa, conforme relata Jesus Soares Pereira (Lima, 1975). Essa disputa foi objeto, inclusive, de autodefesa do ministro, em 1936, por meio de exposição ao presidente Getúlio Vargas, na qual propôs a abertura de "(...) um amplo e rigoroso inquérito sobre a atuação oficial e privada desenvolvida pelo Brasil, para a descoberta daquele combustível (...)". (Apêndice 4-D) (Braga, 1936).

Os estudos geológicos básicos, necessários à pesquisa do petróleo, estavam a cargo do Serviço Geológico e Mineralógico do Brasil que foi transformado, em 1934, durante a gestão Juarez Távora, em Departamento Nacional da Produção Mineral – DNPM. Não atingiu intensidade suficiente para localizar áreas preferenciais nas quais se pudessem desenvolver pesquisas objetivas. Desde 1918, sob a direção de Gonzaga de Campos até a descoberta de Lobato, haviam sido feitas 162 sondagens, todas de reduzida profundidade. Utilizavam-se equipamentos limitados, em quantidade e eficiência de que se dispunha. A iniciativa privada se restringia também a estudos preliminares e superficiais, e alguns empreendedores privados que se lançaram em projetos de pesquisa o fizeram sem muita base técnica. Eram pouquíssimos, aliás, os profissionais especializados em petróleo. Dentre os interessados pelo tema, destacou-se Oscar Cordeiro, presidente da Bolsa de Mercadorias da Bahia, que por volta de 1932 tomou conhecimento da emanação de óleo em Lobato. Nesta oportunidade, contratou ele o engenheiro Manoel Ignácio Bastos para perfurar um poço de 5m de profundidade, do qual foi recolhido óleo para exame.

Depois de pareceres técnicos contraditórios de reconhecidos profissionais e de anos de debates exaltados, e graças à insistência de Oscar Cordeiro, o governo, por meio do DNPM, então sob a direção de Avelino de Oliveira, decidiu-se por perfurar na região de Lobato. O poço, localizado por Irnack Amaral, recebeu o número 163 e resultou produtivo. O petróleo jorrou no dia 21 de janeiro de 1939 e logo a seguir foi estabelecida, por proposta do recém-criado Conselho Nacional do Petróleo, a constituição de uma reserva petrolífera nacional delimitada por uma circunferência de 60km de raio em torno do famoso poço de Lobato (Decreto nº 3.071/1939). Iniciava-se então, embora em escala diminuta, a produção de petróleo em território nacional.

No campo prático, da descoberta e produção, tornava-se claro, independentemente de posições ideológicas, que a questão do petróleo não evoluía de modo satisfatório. Atenção maior do governo federal sobre o assunto seria precipitada pelo memorial do general Horta Barbosa, diretor de engenharia do Ministério da Guerra, ao respectivo ministro, Eurico Gaspar Dutra, em 1936 (Brasil, Câmara dos Deputados, 1957). Era um documento *sui generis* que tratava, do ponto de vista da defesa nacional, da importância crescente do petróleo na sua disputa com o carvão mineral pela primazia mundial. O terceiro parágrafo, pelo seu conteúdo e estilo, é altamente esclarecedor e não pode ser resumido:

Companhias formidáveis se organizam, capitais fabulosos se investem, trustes poderosíssimos açambarcam o negócio e os diferentes grandes Estados, algumas vezes sem o perceberem, saem a campo, protegendo com sua autoridade a avançada dos magnatas do petróleo sobre os pequenos Estados, fracos, indefesos, sem grande projeção internacional. E a humanidade assiste, estupefacta, à luta gigantesca motivada pelo predomínio dos campos petrolíferos. Debalde, vozes sensatas denunciam o perigo a que a espécie humana está sujeita com a eclosão de novas e sangrentas lutas, tendo por escopo único a volúpia de se acumularem mais alguns milhões às colossais fortunas dos Rockefeller, Deterding, ou dos soviets de Baku.

Interessante é que, após longo arrazoado, a proposta do memorial era, tão somente, de que fossem postos à disposição do 4º Batalhão de Sapadores, localizado em Mato Grosso, técnicos e recursos para que, por seu intermédio, fossem iniciados estudos em área que se mostrava promissora para a produção de petróleo. Esse memorial foi encaminhado pelo presidente da República ao Conselho Federal de Comércio Exterior, onde teve início longo processo de discussão.

Cerca de seis meses depois da Constituição de 1937, foi incorporado ao Código de Minas extenso capítulo, quase regulamentar, relativo às condições especiais da pesquisa e da lavra das jazidas da classe X, que compreendia o petróleo e os gases naturais (Decreto-lei nº 366/1939). Tratava-se de regular a concessão e a fiscalização da pesquisa e da lavra do petróleo, a ser realizada por brasileiros ou empresas constituídas por brasileiros, já que assim determinava a Constituição. O documento era nacionalista mas não estatizante. Admitia apenas que a União pudesse reservar zonas presumidamente petrolíferas, dentro das quais não se outorgassem autorizações de pesquisa nem concessões de lavra, e que a União pudesse pesquisar e lavrar jazidas de petróleo, industrializar, comerciar e transportar os respectivos produtos. O parágrafo único desse artigo era um embrião dos controvertidos contratos de risco: a União poderia "(...) outrossim contratar com empresas especialistas, de reconhecida idoneidade técnica e financeira, nacionais ou estrangeiras, a perfuração de poços para pesquisa e extração de petróleo, correndo por conta e risco das empresas contratantes todas as despesas a serem efetuadas, contra uma participação, que for convencionada, nos produtos da exploração". Esse instrumento legal teve curta duração e nenhum efeito prático, sendo revogado, três anos depois, por novo código de mineração (Decreto-lei nº 1.985/1940).

Antes que aqui melhor se definissem as regras internas, o governo da Bolívia procurou a cooperação do Brasil para o desenvolvimento do seu potencial de petróleo. Os presidentes German Bush e Getúlio Vargas decidiram pôr um ponto final em antigas divergências, que vinham desde o Acre, e abrir nova época de colaboração. Em fevereiro de 1938, os ministros Pimentel Brandão e Alberto Ostia Gutierrez assinaram dois tratados, respectivamente sobre vinculação ferroviária e saída e aproveitamento do petróleo boliviano. O primeiro deu origem à construção da E. F. Brasil–Bolívia, entre Corumbá e Santa Cruz de La Sierra. O segundo estabeleceu área reservada a trabalhos conjuntos dos dois países, de pesquisa de petróleo, trabalhos esses que não viriam a ser realizados.

Foi logo após essa ação externa que, em abril de 1938, declaravam-se de utilidade pública as atividades relacionadas com o petróleo e criava-se o Conselho Nacional do Petróleo – CNP para coordenar as atividades nessa área (Decreto-lei nº 395/1938). As atribuições do novo órgão eram amplas. A sua estrutura inicial, sob a forma de órgão da administração direta, era bastante modesta quando comparada à extensão da tarefa a executar: fixação de preços dos derivados de petróleo, autorização de instalações de refino e execução direta de trabalhos de pesquisa no território nacional, entre outras de menor relevo. Além disso, a nova legislação estabelecia, de forma extremada, que:

> Art. 3º – Fica nacionalizada a indústria da refinação do petróleo importado ou de produção nacional, mediante a organização das respectivas empresas nas seguintes bases:
> I – Capital social constituído exclusivamente por brasileiros natos em ações ordinárias nominativas;
> II – Direção e gerência confiadas exclusivamente a brasileiros natos com a participação obrigatória de empregados brasileiros, na proporção estabelecida pela legislação do país.

Ao ser organizado o Conselho Nacional do Petróleo (Decreto-lei nº 395/1938), foi também estabelecido o princípio, que depois se alastraria para outros energéticos, da equalização de preços finais dos derivados de petróleo em todo o território nacional. Entre as incumbências do Conselho constava:

> Art 10, c) – estabelecer, sempre que julgar conveniente, na defesa dos interesses da economia nacional e cercando a indústria da refinação de petróleo de garantias capazes de assegurar-lhe êxito, os limites, máximo e mínimo, dos preços de venda de produtos refinados – importados em estado final ou elaborados no país – tendo em vista, tanto quanto possível, a sua uniformidade em todo o território da República.

Aos poucos, e na prática, essa norma foi resultando na equalização tarifária.

O CNP, como novo órgão específico para o petróleo, tinha poderes para se dedicar integralmente ao seu objetivo. Não eram criadas, todavia, fontes de recursos para que pudesse exercer, a contento, a sua custosa e arriscada tarefa de pesquisa geológica, nem tinha a autonomia para operar, com eficiência, unidades industriais de refino de petróleo. Era uma repartição pública.

O primeiro presidente do CNP foi o general Horta Barbosa, que esteve no posto até 1942, já em plena guerra mundial. A parte técnica ficou com Avelino de Oliveira. Foram contratadas duas assessorias internacionais, a Drilling and Exploration Co. para perfurações e a United Geophysical Co. para prospecções sísmicas (Campos, 1995).

Nessa gestão foi possível dar continuidade, de forma modesta, às perfurações na reserva em torno do poço de Lobato. Foi possível também dar início à construção da refinaria de Mataripe, com capacidade de 2.500 barris por dia, o que correspondia à produção de menos de 10% dos derivados consumidos no país nessa época.

Em 1940, ocorreu manifestação concreta de interesse de uma companhia internacional pelo petróleo do Brasil, no caso, a Standard Oil. A proposta não trazia grandes novidades na sua forma e a concessão solicitada não podia ser aceita na vigência da Constituição de 1937 e das leis nacionalistas de 1938. Tratava-se, enfim, de proposta conflitante com a legislação vigente e o pensamento dominante (Brasil, Câmara dos Deputados, 1957).

Cabe registrar, nesta oportunidade, a atitude do presidente do CNP em relação a aspectos relevantes da estrutura econômica do setor de petróleo, já que o seu memorial deu início ao debate no seio do governo, e as suas teses eram representativas de grande segmento da opinião pública. As referências são um pouco contraditórias e prefiro, por isso, me louvar primordialmente na própria palavra do general Horta Barbosa na sua conferência no Instituto de Engenharia de São Paulo (Barbosa, 1947). Há insistência na relação entre petróleo e defesa nacional, com predomínio sobre o aspecto econômico. Como referência política, o paradigma é o México do princípio do século XX, com todas as suas vicissitudes, que, na realidade, nem sempre estiveram associadas ao petróleo e às empresas internacionais, mas que compreendiam um condenável regime de concessões para exploração do petróleo. Dizia ele:

> No regime das concessões, o Estado outorga uma atividade pública ao favorecido, que a exercerá, não em nome do Estado, qual o funcionário, mas em nome próprio e por sua conta. Nesse sistema, só por ficção se dirá pertencer ao Estado a jazida que o concessionário vai esgotar em nome e por conta própria. Jazidas de petróleo são bens exauríveis. A sua concessão não é arrendamento, mas alienação.

Condenava ele também propostas alternativas. Em particular, a da criação de sociedades mistas das quais participassem os trustes com 40% e com igual parcela os brasileiros, reservando-se o restante ao Estado: "Um dos principais fins da indústria da refinação é o controle do preço dos refinados para a produção da energia barata. Com esse programa, não se conformaria o capital privado, senhor de 80% das ações" (Barbosa, 1947).

Na parte econômica, a argumentação de Horta Barbosa era insustentável e girava em torno do lucro das atividades petrolíferas. Ao condenar proposta que se baseava na dissociação das atividades de pesquisa, lavra e de refinação, acentuava o resultado da parte lucrativa da refinação, como instrumento capaz de propiciar os recursos para os investimentos de risco na pesquisa. As diversas fases da indústria do petróleo seriam indissociáveis. Deduz-se, portanto, que o organismo estatal, a empresa pública ou a empresa privada que exercer a função tríplice há de buscar uma margem de lucro na atividade industrial e comercial e, quanto maior essa, mais investimentos poderão dela fluir para a atividade de risco. Esse mecanismo não teve, aliás, confirmação na equação financeira da Petrobras nos seus primeiros anos.

De outro ponto de vista, à semelhança de tese contemporânea e equivalente para a energia elétrica no Rio Grande do Sul, desenvolvida por Noé de Freitas, acentuava-se a importância de se obter energia barata. E isso exigiria baixa remuneração do capital investido, o que, no caso da energia elétrica, significava que os novos investimentos deveriam ser sustentados por recursos orçamentários da União ou dos estados. No caso do petróleo, no entanto, a equação é mais complicada: se não houver lucro, dificilmente podem ser sustentados pela empresa os investimentos de risco. Tanto a construção de refinarias como as pesquisas teriam de se basear em recursos orçamentários. Cai por terra a tese da necessidade de unir as três fases principais do ciclo do petróleo. A questão do lucro é tratada com detalhes por Jesus Soares Pereira, que relata entrevista com Horta Barbosa. Para ele, o general "(...) era infenso ao lucro de uma maneira geral (...) Na sua opinião, o CNP devia atuar no sentido de criar uma empresa capaz de operar pelo custo". Interpelado sobre "as dificuldades que resultariam desse comportamento para com os novos investimentos (...) já que não sobraria nada para investir, respondia dizendo-me que o Tesouro devia custear a expansão da empresa (...) com recursos da tributação do próprio petróleo". Insistindo Soares Pereira sobre o tema e a complicação desnecessária que tal solução introduzia, respondia o general simplesmente: "É uma questão de princípio" (Lima, 1975, p. 73).

Fechava-se assim o raciocínio econômico que era contra o lucro para se ter energia barata, e que instituía imposto sobre o petróleo para alcançar capacidade de investir, o que, por sua vez, elevava o preço final para o consumidor. Essa tese é importante também pela sua extensão ao setor de energia elétrica. Tive a oportunidade de observar, anos mais tarde, que, mesmo quando numerosos componentes das Forças Armadas brasileiras se inclinavam pelo predomínio da iniciativa privada nas atividades produtivas, era frequente a ojeriza ao lucro.

O CNP lutou para alcançar uma estrutura operacional eficaz, dentro do quadro da organização das repartições públicas estabelecido pelo Dasp, e da rigidez do código de contabilidade da União. As dificuldades foram agravadas, no campo prático, pela eclosão da Segunda Guerra Mundial, que tornava quase impossível a importação de sondas e outros equipamentos indispensáveis à aceleração dos trabalhos de pesquisa. À semelhança do que ocorreu com o carvão mineral importado, quando da Primeira Guerra Mundial, a questão do suprimento de petróleo viria a tornar-se, pela primeira vez, materialmente crítica, no início da década de 1940, em virtude da precariedade do suprimento que se efetuava apenas por via marítima. O racionamento de combustíveis durante a guerra foi intenso e generalizado, prejudicando inclusive atividades econômicas vitais, o que acentuava a debilidade da estrutura energética nacional.

Em 1943, estava na presidência do CNP o coronel João Carlos Barreto, de orientação política diversa da de Horta Barbosa. Segundo Jesus Soares Pereira, era ele "(...) contrário à condução da política petrolífera pelo Estado, achava que devia confiar na iniciativa privada, tanto nacional como estrangeira. Particularmente nessa última, pois na sua opinião só ela dispunha de recursos, de experiência e de meios para bem conduzir a exploração, o refino e a distribuição do petróleo" (Lima, 1975, p. 78). Duas autoridades da empresa DeGloyer & MacNaughton foram convidadas, mas sua colaboração se limitou a uma proposta de organização dos serviços de pesquisa, a qual se mostrou adequada para a época (Campos, 1995).

Nessa linha, com a aproximação do fim da guerra, intensificavam-se discussões sobre os novos rumos do país no campo específico do petróleo, e o CNP aprovou importante resolução, publicada um dia após a deposição do presidente Getúlio Vargas e do fim do Estado Novo. Tratava-se de conceder autorização para a instalação de duas refinarias particulares de 10.000 barris por dia de capacidade, uma no Distrito Federal, RJ, e outra em São Paulo (Resolução CNP nº 1/1945, *Diário Oficial da União*, 30.10.1945). Ficaram conhecidas, respectivamente, como Manguinhos (Drault Ernany e Peixoto de Castro) e Capuava (Soares Sampaio). Os esforços de pesquisa realizados no período 1938-1945, já na era do CNP, foram diminutos. Compreenderam a perfuração de um total de 55 poços pioneiros e exploratórios, com 74 mil metros de extensão.

A produção de petróleo continuava insignificante, tanto em termos absolutos como se comparada às necessidades de consumo de derivados, atendida quase exclusivamente pelas importações.

O consumo sofreu, no período 1930-1945, dois impactos: o da crise financeira internacional de 1929 e o das restrições ao transporte transoceânico durante a Segunda Guerra Mundial. Indicação quantitativa do que ocorreu pode ser obtida a partir da evolução das importações desde antes (1929), até depois desses acontecimentos (1947), compreendendo intervalo de 18 anos. Apesar dos tropeços e restrições, o consumo evoluiu como se tivesse crescido ao ritmo anual, da ordem de 6% ao ano.

Tabela 9 – Importação de derivados de petróleo, em mil metros cúbicos ao ano

PRODUTO	1929	1947	CRESCIMENTO MÉDIO ANUAL
Gasolina	410	1.324	6,7%
Diesel	123	323	5,5%
Óleo combustível	339	1.072	6,6%
Querosene	148	248	2,9%

Fonte: IBGE, 1987. v. 1.

Renovado interesse pelo carvão nacional

Renovou-se, no início do governo provisório de Getúlio Vargas, o interesse pelo carvão mineral nacional, relegado a segundo plano em anos anteriores. Surgiu uma iniciativa de fomento da produção, mediante decreto que regulava "(...) as condições para o aproveitamento do carvão nacional" (Decreto nº 20.089/1931). Impunha-se a obrigatoriedade da aquisição, pelo importador, de quantidade de carvão nacional correspondente a 10% da que pretendesse importar[1]. Isentavam-se também por dez anos as empresas de mineração, de qualquer tributo estadual ou municipal. Os vapores a serviço exclusivo do carvão nacional passavam a poder dispor de tripulação reduzida e equiparada à dos navios estrangeiros.

Na frente siderúrgica as discussões prosseguiram até 1938, dentro dos dilemas que vinham da década de 1920, mas levando-se em consideração a alternativa do uso do carvão de Santa Catarina como redutor. Os estudos se intensificaram em 1938. O Conselho Federal do Comércio Exterior constituiu comissão especial para esse fim. O correspondente relatório, datado de 1939, concluía pela exportação de minério de ferro e manganês, mediante monopólio do Estado; construção da almejada usina siderúrgica estatal com base em recursos financeiros obtidos com a exportação de minério; adoção de soluções paraestatais; e criação do Instituto Brasileiro do Aço, com o propósito de regular, como entidade pública, os setores interessados no aço e na mineração (Silva, 1972).

Mas foi no início de 1939 que se realizaram, em Washington, importantes reuniões oficiais sobre problemas que se arrastavam há muito tempo, entre os quais

---

[1] Decreto nº 1.828/1937 eleva de 10% para 20% a cota obrigatória de consumo do carvão nacional e o Decreto nº 4.880/1939 fixa as características do carvão nacional destinado à fabricação de gás.

os atrasados comerciais do Brasil. Havia a preocupação dos Estados Unidos da América com possível inclinação brasileira para o lado alemão no conflito mundial que se iniciava, e no qual eles se preparavam para entrar. A convite do presidente Roosevelt, para lá viajou Osvaldo Aranha, que havia sido embaixador na capital norte-americana e ocupava, então, a pasta das Relações Exteriores. A reunião abrangeu vários aspectos das relações entre os dois países, que ficaram conhecidos como os acordos de Washington de 1939 (Bandeira, 1973). No campo econômico-financeiro, foram abertos dois créditos pelo Export-Import Bank: um de 19,2 milhões de dólares para saldar as dívidas atrasadas, e outro de 50 milhões de dólares para compras financiadas a médio prazo, com juros de 5% ao ano.

A seguir, tiveram início conversações com a United States Steel relativamente a uma participação, no programa siderúrgico, ainda a ser definida. Para dar prosseguimento aos trabalhos, foi instituída a Comissão Preparatória do Plano Siderúrgico, que apresentaria, junto à comissão americana, o seu relatório em outubro de 1939. Da contribuição da comissão americana consta a preocupação com a questão do carvão:

> Achamos que as matérias-primas existem, do tipo e da abundância que justificam uma indústria siderúrgica, com a possível exceção da qualidade do carvão. Achamos que o carvão existe em abundância suficiente e acreditamos que a qualidade seja tal que os problemas técnicos envolvidos para seu uso possam ser resolvidos (Silva, 1972).

A comissão brasileira compartilhava essa preocupação. No relatório específico de Arrojado Lisboa, "(...) recordava-se tudo o que se sabia sobre o assunto (...)" e se notava a necessidade de organizar planos de lavra e preparação das minas. Havia dois outros problemas que teriam de ser resolvidos: "(...) o da produção de energia elétrica na região e o da construção de uma grande usina de lavagem do carvão" (Silva, 1972). Começava a delinear-se a questão do lavador para produção do carvão metalúrgico, tendo como subproduto o "carvão vapor" e o uso desse na termeletricidade, o que iria possibilitar a mecanização das minas e a operação do próprio lavador.

Quanto à estrutura empresarial para a siderurgia, continuava o governo federal pretendendo uma associação com a United States Steel, com a qual a comissão brasileira mantinha seguidos entendimentos. Em janeiro de 1940, a U.S. Steel comunicou a sua desistência. As decisões do governo brasileiro estavam, a essa altura, tomadas e, em março de 1940, o presidente Getúlio Vargas instituiu a Comissão Executiva do Plano Siderúrgico Nacional (Decreto-lei nº 2.054/1940). As providências se sucederiam rapidamente daí por diante e, em setembro de 1940, seria resolvido o problema dos recursos externos para a importação de equipamentos e serviços de engenharia. Assinava-se em Washington, com o Eximbank, o acordo de financiamento para a instalação da siderúrgica por uma empresa do Estado brasileiro, no valor de 20 milhões de dólares.

Entre 1930 e 1940, e ao contrário do que ocorrera na década anterior e ainda sem a influência da demanda siderúrgica, a produção nacional de carvão cresceu fortemente, atingindo 1,3 milhão de toneladas.

A tentativa de definir uma política de longo prazo e de regular a produção, os tipos e a sistemática de preços veio com a criação do Conselho Nacional de Minas e Metalurgia, órgão consultivo, sob a presidência do ministro da Viação e Obras Públicas, com atribuições específicas no domínio das indústrias de mineração e metalurgia "(...) que, pela sua natureza, exijam a coordenação de um órgão especializado" (Decreto-lei nº 2.667/1940). Da mesma data, dispôs-se "(...) sobre o melhor aproveitamento do carvão nacional" (Apêndice 4-E). Entre 1940 e 1946 foi construído o lavador de Capivari e criada a siderúrgica de Volta Redonda, ocorrência essa relatada, com detalhes, por Macedo Soares (Silva, 1972). A usina foi inaugurada em 1946, já no governo Eurico Gaspar Dutra. O lavador de carvão de Capivari funcionava desde 1945. Trata-se de um marco na história do carvão de Santa Catarina, onde operavam várias pequenas empresas mineradoras particulares e a Companhia Siderúrgica Nacional – CSN iniciava a sua própria mineração em Siderópolis.

Nessa época existiam em operação, no Rio Grande do Sul, as minas de São Jerônimo e Butiá, de empresas privadas, que forneciam carvão para a Viação Férrea do Rio Grande do Sul, para a navegação de cabotagem e para a usina termelétrica de Porto Alegre, da Companhia Rio-grandense de Eletricidade, subsidiária da Amforp. Em 1936, as duas empresas que mineravam carvão no Rio Grande do Sul entenderam ser do seu mútuo interesse econômico estabelecer o acordo de exploração industrial e comercial, formando um consórcio de comunhão de lucros e administração conjunta constituído por uma sociedade civil denominada Consórcio Administrador de Empresas de Mineração – Cadem, o precursor da Copelmi (1937).

O governo do Rio Grande do Sul decidiu, nessa época, pela criação de um Departamento Autônomo do Carvão Mineral e pela construção, pela CEEE, de pequena usina em São Jerônimo, com 10 mil kW de potência, destinada ao consumo do carvão local.

Álcool como combustível

No Brasil, o emprego sistemático do álcool proveniente da cana-de-açúcar, como combustível, teve origem antes da Segunda Guerra Mundial. Nessa primeira fase, que se estendeu até 1975, tratava-se de produzir álcool anidro para ser adicionado à gasolina automotiva. Era o álcool motor. O processo tecnológico compreendia a transformação do álcool hidratado, produto normal das destilarias anexas às usinas de açúcar, em álcool anidro (graduação mínima de 99%), de forma a possibilitar a sua mistura com a gasolina automotiva comum. A intervenção do Estado ocorreu, então, de modo direto. O Instituto do Açúcar e do Álcool foi criado como órgão regulador de atividades econômicas privadas e como agente econômico. Construiu três destilarias centrais, respectivamente no Cabo, PE, Campos, RJ, e Rio Branco, MG. A cultura da cana não tinha ainda grande expressão em São Paulo. A adição do álcool na gasolina foi compulsória.

Essa primeira fase da promoção e do incentivo à indústria do álcool relacionava-se mais com a conjuntura agrícola e do mercado de açúcar, que variava de ano para ano, do que com a substituição de energia importada. A proporção entre o consumo de álcool e o de gasolina foi, no decênio 1935-1945, em média, de 5,5% (IBGE, 1987, v. 3). O álcool representou, em 1941, menos de 1% do consumo nacional de energia. Era insignificante, mas ganhava-se experiência com o seu uso; só muito mais tarde representaria papel significativo no quadro.

Matriz energética de 1941

A avaliação da importância relativa, no Brasil, de cada uma das principais formas de energia só se tornou possível a partir de 1940. Até então, algumas das informações desejáveis, relativamente confiáveis, estavam disponíveis (eletricidade e derivados de petróleo e carvão mineral); outras formas eram, e continuam a ser, de coleta e análise mais difícil (lenha e bagaço de cana). De qualquer forma, são muito precárias as tentativas de avaliação global para datas anteriores a 1941, referência essa utilizada em consagrado trabalho de recuperação histórica (Wilberg, 1974).

A evolução anterior a 1940, com números incompletos, e excluída a lenha, está representada na Figura 4, Capítulo III, com base nas estimativas possíveis (Apêndice 2-F). Ali se mostra que o carvão perdeu a primeira posição para os derivados do petróleo entre 1930 e 1940. Os números, agora abrangentes, em toneladas equivalentes de petróleo tep, referentes ao ano-base de 1941, apontam para uma ainda esmagadora predominância da lenha no panorama energético brasileiro. As energias renováveis, no seu todo, correspondiam a 84% do consumo nacional.

Tabela 10 – Consumo de energia primária

ORIGEM DA ENERGIA		MIL tep	%
Energia convencional	Carvão mineral	1.295	7
	Derivados do petróleo	1.687	9
	Hidreletricidade	1.282	7
	Subtotal	4.264	23
Outras formas	Lenha	13.393	73
	Carvão vegetal	470	3
	Bagaço de cana	240	1
	Subtotal	14.103	77
Total geral		18.367	100

Fonte: Wilberg, 1974.

Na elaboração dessa matriz de 1941, não se encontraram dados suficientes para avaliar a destinação da energia produzida.

Em meados do século XX, a situação do impressionante domínio da lenha inspirava uma crescente preocupação com o desmatamento indiscriminado. Isso provocou a elaboração de um código florestal (Decreto nº 23.793/1934) quase simultaneamente com os de minas e de águas. Nele se definiram: a preservação de determinados maciços florestais, as florestas remanescentes, as artificiais (modelo), as de conservação perene e de rendimento, e as que integram parques nacionais. Tratava-se de decreto regulamentar com 111 artigos que, para ser posto em execução, exigiria grande estrutura administrativa. Afora o mérito de iniciar a definição legal das várias situações possíveis de florestas, quase não teve efeito sobre a continuidade da exploração florestal predatória nos moldes anteriores. Pouco dizia também sobre reflorestamento. Não foi possível, nos anos seguintes, instalar um serviço florestal à altura das responsabilidades que o novo código impunha ao governo. A participação decrescente da lenha nos anos subsequentes não decorreu de política governamental alguma, mas tão somente da evolução natural e da exaustão de recursos florestais próximos aos grandes centros consumidores de energia.

Capítulo V
O pós-guerra (1946-1955)

Fim da guerra e advento da arma atômica

O fim da Segunda Guerra Mundial coincidiu com o lançamento da bomba atômica, cujo desenvolvimento deu origem a uma revolução no campo da energia e a uma reordenação do poder militar, econômico e político em escala mundial. Alteraram-se, de forma profunda, as relações econômicas entre as nações, que se dividiram, por um período, em dois blocos comandados, respectivamente, pelos Estados Unidos e pela URSS. Um grupo remanescente constituiu-se no Terceiro Mundo.

Como parte desse último, o Brasil sofreu forte influência da conjuntura externa, que contribuiu para o término dos 15 anos do governo, quase sempre discricionário, do presidente Getúlio Vargas.

Nas eleições de 1945 concorreram dois militares: um apoiado pelo governo, Eurico Dutra, ex-ministro da Guerra do presidente deposto; e outro, Eduardo Gomes, lançado pela oposição, além de um civil, Iedo Fiuza, apoiado por forças menores e pelo Partido Comunista, sob a liderança de Luís Carlos Prestes. A escolha de Dutra tinha a concordância de Getúlio Vargas, que esperava continuidade. O novo governo foi discreto, iniciando-se com a discussão e a promulgação da Constituição de 1946. A ação governamental tornou-se menos centralizadora e intervencionista. Evoluiu também dos planos setoriais, que caracterizaram o Estado Novo, para uma era de diagnósticos e tentativas de planejamento econômico global. O governo Eurico Dutra caracterizou-se como um interregno de tranquilidade.

Análises da situação do país e planos se sucederam e se entrelaçaram: o Plano Salte (Lei nº 1.102/1950) e o relatório da Missão Abbink (1948), além de sugerirem objetivos de caráter nacional, enfatizaram a necessidade de expansão da infraestrutura e, em particular, dos serviços de energia elétrica. Não se traduziram, todavia, em consequências práticas significativas.

Durante o governo Dutra, Getúlio Vargas organizou-se pacientemente para um retorno por via eleitoral. Estruturou, para esse fim, o Partido Trabalhista Brasileiro – PTB em torno de um trabalhismo paternalista e associou-se ao populismo do então governador de São Paulo, Ademar de Barros, de cujo partido sairia o candidato a vice, Café Filho.

Vencida a eleição contra os candidatos do Partido Social Democrático – PSD e da União Democrática Nacional – UDN, iniciou-se o governo constitucional de Getúlio Vargas, em janeiro de 1951. Formaram-se então duas correntes de pensamento divergentes no seio do governo: a da Comissão Mista Brasil–Estados Unidos e a da assessoria econômica da Presidência da República. A da comissão mista se originou em ideia promovida pelo Ministério das Relações Exteriores no final do governo Eurico Dutra, cuja instalação se deu em 1951, sob a coordenação do ministro da Fazenda Horácio Lafer e que prosseguiu com seus trabalhos até 1953. A da assessoria econômica, instituída em fevereiro de 1951 sob a coordenação de Rômulo de Almeida, contou com a participação de Jesus Soares Pereira na área da energia, e se transformou no principal órgão de formulação de política econômica do governo Getúlio Vargas.

Com a Comissão Mista Brasil–Estados Unidos sob a direção de Ari Torres e tendo entre seus colaboradores Lucas Lopes e Roberto Campos, os planos de eletrificação passariam a ter objetivos realistas, conjugando necessidades físicas e instrumentos financeiros para sua efetivação. Quanto ao petróleo, a seção americana da comissão mista firmara a posição de que o setor não envolvia problemas de financiamento, uma vez que, em sua opinião, as empresas transnacionais estariam dispostas a realizar investimentos de risco, se o monopólio estatal não fosse questão fechada no Brasil.

O setor de energia elétrica era parte significativa do programa aprovado pela comissão mista, compreendendo projetos de várias empresas públicas e privadas, na proporção de 60% para as primeiras e 40% para as últimas, dos quais 30% para as empresas sob controle externo. Era uma atitude pragmática. Os financiamentos previstos no programa aprovado pela comissão mista e concedidos pelo Banco Internacional de Reconstrução e Desenvolvimento – Bird e pelo Eximbank, dos Estados Unidos, tinham condições excepcionalmente favoráveis no prazo, na carência e nas taxas de juros.

A contrapartida dos financiamentos internacionais destinados à importação dos equipamentos foi consubstanciada no Programa de Reaparelhamento Econômico, que teve origem em um fundo criado pela Lei nº 1.474/1957, com os aperfeiçoamentos da Lei nº 2.354/1954, na qual se instituiu o Banco Nacional para Desenvolvimento Econômico – BNDE, como órgão aplicador do fundo e gestor do programa.

A comissão mista teve o grande mérito de compelir os responsáveis pelos projetos específicos de desenvolvimento econômico a demonstrar sua exequibilidade técnica e a estudar sua viabilidade econômica e financeira. Afirmou-se, nesse momento, o conceito de que não era suficiente a necessidade econômica ou social de um projeto se não fosse analisada sua exequibilidade financeira.

Na segunda metade do governo constitucional de Getúlio Vargas surgiram dificuldades crescentes, tanto no campo externo como no interno, culminando nesse último com a exigência, de grande parte da opinião política e militar, da demissão do seu ministro do Trabalho, João Goulart. A causa imediata foi uma tentativa de aumento do salário mínimo, considerado exagerado. Na frente externa, acentuava-se a inclinação do presidente na direção de um nacionalismo radical. Parecia também que ele não mais demonstrava a sua proverbial capacidade de administrar conflitos. A feroz campanha da oposição comandada por Carlos Lacerda e as ocorrências subsequentes relacionadas com o atentado da rua Tonelero levaram ao impasse, que resultou no suicídio do presidente Getúlio Vargas.

A sucessão de governos temporários – Café Filho, Carlos Luz e Nereu Ramos –, desde agosto de 1954 até janeiro de 1956, tornou impossível qualquer iniciativa de política econômica de longo prazo.

No período pós-guerra, a economia brasileira teve bom e regular ritmo de crescimento, melhorando sua posição relativa no cenário internacional. A inflação foi, no entanto, aumentando, embora não de forma alarmante. As contas externas estiveram razoavelmente equilibradas.

Indicadores – 1946-1955

I. GOVERNO: PRESIDENTES E MINISTROS DA FAZENDA

    1946-1951 Eurico Dutra/Gastão Vidigal, Corrêa e Castro, Guilherme da Silveira

    1951-1954 Getúlio Vargas/Horácio Lafer, Osvaldo Aranha

    1954-1955 Café Filho, Carlos Luz, Nereu Ramos/Eugênio Gudin, José Maria Whitaker, Mário Camara

II. ECONOMIA[1]

    PIB antes e no fim do período, em US$ bilhões[3] 46,1/91,1

    Taxa média anual de crescimento da população 2,7%

    Taxa média anual de crescimento do PIB 7,9%

    Taxa média anual da inflação 13,9%

III. OFERTA INTERNA DE ENERGIA[2]
(TAXA MÉDIA ANUAL DE CRESCIMENTO)

    Petróleo 19,4%

    Carvão mineral 2,8%

    Hidráulica 8,7%

    Lenha 2,5%

    Cana-de-açúcar 9,6%

    Outros .... –

    Total 4,9%

IV. REFERÊNCIA INTERNACIONAL (ESTADOS UNIDOS)

    PIB antes e no fim do período, em US$ bilhões[3] 1.293/1.933

    Taxa média anual de crescimento do PIB 4,6%

    Taxa média anual de inflação 5,4%

V. RELAÇÃO PIB ESTADOS UNIDOS/PIB BRASIL

    Antes e no fim do período 28/21

NOTAS

1. As informações sobre a economia brasileira provêm do IBGE.
2. As informações relativas à oferta interna de energia provêm do Balanço Energético Nacional – BEN.
3. Os valores do PIB Brasil e dos EUA estão em dólares de 1995.

Ação direta do Estado, como agente econômico, na energia elétrica

A primeira intervenção direta do governo federal no setor de energia elétrica foi decidida no final do primeiro governo do presidente Getúlio Vargas, com a criação da Companhia Hidrelétrica do São Francisco – Chesf, pelo Decreto-lei nº 8.031/1945, cujo propósito era construir uma usina em Paulo Afonso e transmitir a energia ali produzida para a região Nordeste. Tratava-se, de fato, de gerar energia para uma região que não havia sido bem-atendida pelas empresas do grupo Amforp, nem pelas empresas locais, que serviam as cidades de Aracaju e João Pessoa. Não se considerava então viável atingir Fortaleza com a energia de Paulo Afonso, objetivo que só viria a ser cogitado vinte anos mais tarde.

A constituição efetiva da Chesf ocorreu em 1948, com a construção de pequena hidrelétrica de 2 MW, para atender às necessidades do canteiro de obras. A construção da usina propriamente dita teve início em 1949 e a inauguração ocorreu em 1955. A sua potência, de 180 MW, mais do que duplicava a capacidade total disponível no Nordeste, então da ordem de 110 MW.

Em Minas Gerais, em 1949, legislação proposta pelo governador Milton Campos antevia a formação de empresas de economia mista no setor de energia elétrica e o planejamento correspondente era concluído em 1950. No ano seguinte, foram criadas as empresas previstas e, em 1952, constituída, como empresa holding, a Centrais Elétricas de Minas Gerais S.A. – Cemig, já no governo Juscelino Kubitschek.

As quatro iniciativas pioneiras no domínio da ação direta do Estado, três estaduais e uma federal, se organizaram segundo modelos distintos e concepção econômica diversificada.

A Chesf, talvez por influência de sua localização no Nordeste, região em que sempre predominou a prestação de serviços, teoricamente gratuitos, pelo governo, organizou-se com o objetivo de suprir energia barata. Não se cogitou de geração de recursos pela própria empresa para seus investimentos futuros. A continuada expansão da Chesf foi, apesar disso, possível, graças às extraordinárias condições naturais da queda do rio São Francisco, em Paulo Afonso, e pela feliz concepção de engenharia de Marcondes Ferraz, que propiciou obras de reduzido investimento unitário, o mais baixo do país. Durante muitos anos, a expansão da Chesf se deu com pouco peso sobre o orçamento federal.

A Comissão Estadual de Energia Elétrica – CEEE, do Rio Grande do Sul, organizou-se também sob o signo da prestação de serviço público com investimentos por conta do orçamento do estado. A sua inserção no âmbito da administração pública direta e a relutância posterior à sua transformação em empresa refletiam a concepção de um serviço fora do contexto das atividades economicamente produtivas e rentáveis. Não se encontravam, todavia, condições favoráveis para a geração de energia hidro ou termelétrica na sua área de influência. A CEEE representava ônus considerável para o orçamento estadual. O socorro federal e externo teria de vir mais tarde. Só vinte anos depois, em 1963, ocorreu a sua transformação em empresa, que permaneceu claudicante, do ponto de vista econômico e financeiro (Apêndice 5-A).

A Cemig foi fundada para tornar abundante a energia e, por essa via, promover o desenvolvimento industrial e agroindustrial de Minas Gerais. Organizou-se como empresa produtora economicamente autônoma, e capaz de gerar os recursos que pudessem servir de base para a sustentação de um processo de crescimento continuado. A manutenção intransigente desses princípios consolidou a empresa. Trata-se, sem dúvida, da mais bem-sucedida história dentre todas as experiências de âmbito estadual. Dela partiriam, aliás, elementos decisivos para a constituição, em 1956, da Central Elétrica de Furnas que, por sua vez, e durante muito tempo, representou o melhor exemplo possível de eficácia da ação governamental como agente econômico direto no campo da energia.

Pouco mais tarde, ocorreu a iniciativa do estado de São Paulo de promover a elaboração de um plano de eletrificação (concluído em 1956), no qual se previa a convivência das duas grandes empresas estrangeiras que lá possuíam as suas principais instalações, a Light e a CPFL, com pequenos sistemas privados nacionais e duas empresas estatais recém-criadas, a Usinas Elétricas do Paranapanema – Uselpa (1953) e a Companhia Hidrelétrica do Rio Pardo – Cherp (1955). Essas últimas tinham a função específica de construir usinas geradoras e linhas de transmissão, respectivamente, no vale do rio Paranapanema e do rio Pardo.

Excetuadas essas iniciativas, aconteciam dois processos distintos e paralelos, no plano da política global:

- persistia, na prática, mesmo depois do Código de Águas, de 1934, e da Constituição de 1946, a indefinição quanto à questão central do regime econômico das empresas de energia elétrica;
- iniciavam-se as tentativas do planejamento econômico nacional, nas quais se evidenciava a escassez de energia, e a contradição essencial entre a necessidade de rápida expansão da capacidade produtiva e a dificuldade de assegurar o seu financiamento.

O início da década de 1950 foi, ao mesmo tempo, contraditório e construtivo quanto à expansão e ao aperfeiçoamento do sistema elétrico. A par da controvérsia ideológica, somavam-se experiências. A tendência de intervenção crescente de empresas sob controle do Estado se apoiava na tradição técnica gerada no âmbito das empresas sob controle estrangeiro. E os organismos financeiros americanos e internacionais apoiavam indiscriminadamente esses diversos componentes do eclético sistema elétrico que se ia consolidando.

Se se fizer uma pausa sobre essa época da evolução do país, ter-se-á de reconhecer a importância da contribuição da Light, que deu grandeza ao sistema elétrico brasileiro com projetos que poderiam ser classificados, então, como ousados, mesmo em comparações internacionais, e que asseguraram, principalmente em São Paulo, o adequado e confiável suprimento de energia que suportou o surto industrial do período 1955-1962. A figura do engenheiro Asa Billings é representativa dessa época. Estabeleceram-se elevados padrões de serviço para um país ainda em fase inicial de desenvolvimento econômico. No domínio político, soube a Light, quase sempre, manter-se à tona dos acontecimentos, nas controvérsias que se sucederam sobre a presença de empresas dominadas pelo capital estrangeiro (ainda não se falava em multinacionais), das quais era exemplo óbvio. Pode ela ser criticada, nesse domínio, por ter sido algumas vezes até truculenta na defesa política de sua posição e de seus direitos, como no famoso caso da desapropriação e inundação de São João Marcos, para a ampliação do reservatório de Lajes, no Rio de Janeiro.

Importante também, principalmente do ponto de vista da formação profissional, a contribuição da Amforp, cuja empresa de serviços no Brasil, a Cia. Auxiliar de Empresas Elétricas Brasileiras – CAEEB, foi um celeiro de engenheiros e administradores dotados de rígida disciplina profissional, e que viriam a ter papel relevante, mais adiante, na estruturação das empresas criadas pelo Estado, a Cemig, Furnas e a própria Eletrobras, em particular. Destacaram-se os engenheiros Léo Penna e John Cotrim, formados na escola da Amforp.

Por fim, é essencial registrar o esforço empreendido pelas empresas beneficiadas pelo programa oriundo da comissão mista, a fim de satisfazer os requisitos, de alto nível, dos agentes financiadores quanto à justificativa técnica e econômica dos projetos em cogitação. De todos os projetos aprovados, apenas um, embora aceito tecnicamente, não foi executado: o da CEEE, por iniciativa da própria comissão, que prosseguiu na sua linha de recusar, para o setor de energia elétrica, o conceito de atividade econômica rentável requerido pelos financiadores internacionais.

Cabe relembrar a controvérsia que resultou nesse equívoco, de graves consequências para a história econômica do Rio Grande do Sul, e confrontá-la com o desenvolvimento da Cemig, em Minas Gerais, que escolheu uma atitude empresarial nos serviços de eletricidade (Apêndice 5-A).

Apesar do alto significado dos financiamentos internacionais contratados nessa época e destinados exclusivamente à cobertura das importações de equipamentos, o programa de desenvolvimento do setor elétrico ainda sofria sérias dificuldades, já que faltavam recursos para os financiamentos em moeda nacional e a questão tarifária permanecia indefinida.

De modo geral, o setor dispunha de uma base física que se deteriorava e enfrentava demanda crescente, não só nas áreas já abastecidas como em outras que reivindicavam atendimento. As deficiências começavam a se tornar crônicas; havia-se sofrido racionamento no início da década de 1940, que ressurgiu na área do Rio de Janeiro em 1950 e 1952 e em 1952-1955, em São Paulo. Também em Santa Catarina a situação se tornou grave. Mesmo nas áreas que dispunham de serviços regulares, inúmeras indústrias foram forçadas, nos primeiros anos da década de 1950, a instalar usinas geradoras privativas, na sua maior parte com motores diesel, que não constaram das estatísticas oficiais. Estimou-se à época, em função do consumo de óleo diesel e óleo combustível, que no triênio 1952-1954 a capacidade instalada de tais usinas evoluiu de 666 para 743 e cerca de 1000kW, o que representava um quarto da capacidade de geração das concessionárias de todo o país (Robock, 1957, p. 57, 103).

É nesse ponto que confluem esforços de orientação diversa.

A assessoria econômica que, ao contrário da comissão mista, inclinava-se pelo predomínio da solução estatal para a expansão do setor de energia elétrica propunha, em maio de 1953, a criação de um Fundo Federal de Eletrificação, cujos recursos proviriam do imposto único sobre a energia elétrica, previsto na Constituição de 1946 (Art. 15), correspondendo a uma extensão do que já existia desde 1940 para o carvão e o petróleo. Esse projeto, que foi objeto de longas discussões, só seria aprovado pelo Congresso após o término do governo Getúlio Vargas. O imposto único era fixado em termos monetários e não *ad valorem* sobre a tarifa (pela Lei nº 2.308/1954, que institui também o Fundo Federal de Eletrificação). Os critérios de distribuição dos recursos só seriam regulamentados em 1956, por decreto do Executivo, a seguir confirmado pelo Congresso Nacional (Lei nº 2.944/1956). Reservava-se para a União 40%, para os estados 50% e para os municípios 10% da arrecadação. A entrega das parcelas ficava condicionada à apresentação dos planos estaduais de energia elétrica. Cabia ao recém-criado BNDE a administração do fundo e a repartição do imposto.

Consolidavam-se assim os recursos fiscais para os investimentos do setor elétrico, e compelia-se os estados a participar ativamente do esforço financeiro em consonância com o programa nacional. Em consequência, além das empresas de eletricidade constituídas pelos estados pioneiros, foram sendo organizadas empresas equivalentes, com projetos ambiciosos ou modestos, em outras unidades da federação.

Apesar de todas as dificuldades, a capacidade instalada crescia, tanto no setor público como no privado, embora em ritmo inferior ao da demanda potencial.

Tabela 11 – Crescimento médio anual da capacidade instalada (%)

	1945-1950	1950-1955	1955-1960
Total	7,0	10,8	8,3
LIGHT	5,0	8,2	1,5

Fonte: Centro, 1988; Mc Dowall, 1988.

A participação da Light, que se mantivera em torno de 45% a 50% da potência total instalada no Brasil, começou a declinar após 1955, quando a empresa passou a dedicar-se exclusivamente à distribuição, adquirindo parcelas crescentes da energia de Furnas.

Quanto ao planejamento nacional e à organização dos serviços de eletricidade, ocorriam, quase simultaneamente, duas elaborações distintas: uma no Conselho Nacional de Economia – CNE; outra no âmbito da assessoria econômica da Presidência da República.

O CNE aprovava, em setembro de 1952, documento intitulado "Organização dos serviços e diretrizes para o desenvolvimento da eletrificação do país", que servia de introdução e justificativa para projeto de lei sobre a mesma matéria. A posição aí adotada era favorável ao planejamento no âmbito regional e contrária a sua extensão em escala nacional. No domínio econômico e financeiro, acentuava-se a insuficiência das tarifas e criticava-se o princípio do custo histórico do capital investido, sobre o qual devia incidir a taxa de remuneração. Falhava o CNE, todavia, na questão crucial do custo histórico, descartando a hipótese de sua atualização monetária, propondo apenas correções da depreciação e das reservas de reversão e expansão, com o objetivo de possibilitar a reposição das instalações. Quanto ao imposto único, a proposta do CNE adotava o critério *ad valorem* em substituição ao dos valores nominais deterioráveis com a inflação.

O planejamento nacional, ao qual se deveriam adaptar os programas estaduais, era objeto de significativo trabalho pioneiro, elaborado pela assessoria econômica da Presidência da República e enviado ao Congresso Nacional, em abril de 1954. O documento, denominado Memória Justificativa do Plano Nacional de Eletrificação, se de um lado representava grande esforço de abrangência, de outro tomava posição nítida contra a justa remuneração do capital, já que ignorava a corrosão inflacionária do valor do patrimônio, do qual dependia a remuneração legal de 10%. Reacendia-se a controvérsia e ficava pendente, mais uma vez, a questão objetiva do regime econômico das empresas. Aparentemente, não se via claro, na época, a distinção entre a remuneração nominal e a remuneração real, descontada a desvalorização da moeda, nem se pensava em uma fórmula de correção do valor nominal dos ativos que mantivesse intacto o respectivo valor real. A ideia que prevalecia era a da possibilidade de reavaliação do ativo, sujeita à tributação.

O Plano Nacional de Eletrificação, não obstante o mérito da sua amplitude, deixava sem solução a questão do equilíbrio econômico das empresas e conduzia o governo a contornar a questão central da capacidade de investir apenas por via fiscal, o que, ao mesmo tempo, se coadunava com uma atitude de descrença na iniciativa privada e na necessidade de instituição e fortalecimento de empresas sob o controle da União e dos estados.

Complemento lógico do plano era a proposta de criação da Centrais Elétricas Brasileiras S.A – Eletrobras. O projeto enviado ao Congresso, também em abril de 1954, era, todavia, de excessiva amplitude, abrangendo vários aspectos não diretamente relacionados com a coordenação do plano de eletrificação. Ficaria no Congresso por muitos anos.

Os projetos receberam muitas críticas do setor privado, entre as quais as do Instituto de Engenharia de São Paulo, conforme parecer de uma comissão especial de julho de 1954, aprovada pelo Conselho Diretor em agosto. A acusação fundamental era o excessivo poder atribuído ao presidente da República e a administração centralizada dos recursos fiscais, na Eletrobras e no Conselho Nacional de Águas e Energia Elétrica – CNAEE. Propuseram, como alternativa, um projeto bastante sucinto, que criava uma comissão nacional de energia com independência assegurada.

O tema energia elétrica estava assim bastante discutido, quando ocorreu o trágico fim do governo do presidente Getúlio Vargas.

Da discussão à ação no domínio do petróleo

O governo do presidente Eurico Dutra deu início, em 1947, à elaboração de uma legislação do petróleo já baseada na nova Constituição, mais liberal que a de 1937, e que suprimia a disposição desta, contida no seu artigo 146, que determinava "(...) a nacionalização progressiva das minas, jazidas minerais (...)". Criou-se, para esse fim, uma comissão especial no CNP, sob a presidência do ex-ministro Odilon Braga, de cujos trabalhos resultou proposta denominada Estatuto do Petróleo.

Foi ouvida a respeito a Comissão de Investimentos, presidida pelo ministro da Agricultura, e da qual foi relator Juarez Távora com votos divergentes de Eugênio Gudin, Oscar Wainschenk e outros, e aprovado o projeto final no plenário do Conselho Nacional do Petróleo. Por último, ouviu-se o Conselho de Segurança Nacional e, após, o presidente Dutra enviou-o ao Congresso.

Com uma proposta concreta, acirrou-se o debate, mas agora em âmbito nacional. Organizou-se a Campanha de Defesa do Petróleo, que significava, de fato, a defesa da tese do monopólio estatal. Marco inicial da discussão foi a conferência de Juarez Távora no Clube Militar, em maio de 1947, à qual se seguiram outras duas, respectivamente no Clube Naval, em setembro, e de novo no Clube Militar, em junho de 1948 (Távora, 1955). Horta Barbosa também estabeleceu sua posição em palestra no Instituto de Engenharia de São Paulo, em outubro de 1947 (Barbosa, 1947).

Observada a controvérsia à distância de mais de quarenta anos, parece agora que o debate no plano interno se estabelecia muito mais no âmbito das correntes nacionalistas e/ou estatizantes do que entre essas e os liberais e/ou internacionalizantes, que também compreendiam diversas variantes.

No plano internacional e no ambiente da Guerra Fria, esse último então predominante, e com o risco de simplificação excessiva, poder-se-ia situar, de um lado, os comunistas e suas linhas auxiliares e, de outro, os que desejavam a integração do Brasil ao mundo ocidental. Havia ainda os que se filiavam à corrente da defesa do continente americano, alinhando-se, portanto, intransigentemente, à política internacional dos Estados Unidos. A dispersão das ideias se ampliava com a diversidade das atitudes, ora emocionais, ora pragmáticas.

Uma das teses em discussão era a de que, na abundância de campos produtores de petróleo de alto rendimento, então em plena exploração em várias partes do mundo, não seria do interesse das empresas internacionais a abertura de outra área de produção no Brasil. Na realidade, essas companhias, excetuado o caso isolado e sem maior significado da Standard Oil, não haviam demonstrado, até então, maior empenho na realização de investimentos de risco no Brasil, embora batalhassem para que fossem deixadas abertas as portas a uma eventual futura incursão na pesquisa. Outra tese era a de que a iniciativa privada nacional não teria disposição e capacidade financeira para se aventurar, pelo menos na fase pioneira, em grandes investimentos de risco, necessários à pesquisa de petróleo no país. Nem carta geológica básica existia.

A associação dessas teses com a convicção de que se tornava urgente assegurar a autossuficiência do país em petróleo, formava a base racional da posição dos que defendiam o monopólio do Estado, satisfazendo, ao mesmo tempo, a fortes correntes ideológicas.

Além da proposta do monopólio, que terminaria por predominar, numerosas outras se apresentavam como alternativas ao projeto do estatuto do petróleo. Filiavam-se elas a duas correntes principais que admitiam variantes: a do clássico regime de concessões, puro e simples ou atualizado, e a das sociedades de economia mista, com maioria do Estado e participação minoritária de capitais privados nacionais e/ou estrangeiros.

A posição de Horta Barbosa vinha de 1936 e de sua passagem pelo CNP. A de Juarez Távora, também nacionalista mas mais aberta, vinha desde o seu período no Ministério da Agricultura e da elaboração do Código de Minas. Colocava ele a questão, de forma racionalmente elaborada, em termos teóricos e práticos:

> (...) a solução mais adequada seria a entrega, desde o início, de toda a exploração petrolífera ao Estado, sob a forma de monopólio. Praticamente, convém permitir e mesmo estimular o concurso da iniciativa particular – nacional e estrangeira – ao lado da estatal até que se haja alcançado o primeiro objetivo da solução proposta (...) esse objetivo era o de (...) obter, quanto antes (se possível em 5 anos e, no máximo, em 10), o petróleo de que necessitamos para a satisfação de nossas necessidades normais de paz e eventuais de guerra (Távora, 1955).

Esse objetivo viria a caracterizar-se como excessivamente otimista. Dez anos depois, o Brasil produzia menos de 20% das necessidades. A proposta estaria condicionada ainda a "(...) medidas cautelares contra exploração exaustiva das reservas e evasão excessiva de lucros resultantes da exploração". Deveria ainda ser deixado "(...) aberto o caminho prático ao estabelecimento progressivo do monopólio do Estado".

A posição de Juarez Távora era realista quanto à equação econômica, já que estimava improvável pudesse o lucro da refinação e transporte propiciar sobras suficientes para se custearem as pesquisas na escala necessária. Considerava até que, uma vez estabelecido o complexo inicial de refinação e transporte, poder-se-ia dele esperar, no máximo, a autossustentação da própria expansão. Realista era também a sua convicção da dificuldade do Estado de reunir recursos financeiros e profissionais em escala suficiente e na velocidade adequada, tendo em vista alcançar o objetivo da autossuficiência no curto prazo que julgava necessário. Considerava ele ainda ser de alta conveniência, para acelerar o processo de descoberta, que concorressem para esse fim várias concepções diferentes de pesquisa, decorrentes da abertura a várias empresas com experiência internacional. Tive oportunidade de voltar a esses temas em longa conversa com o próprio Juarez Távora, na véspera da inauguração da usina de Boa Esperança, PI, em abril de 1970, sem qualquer preocupação de extrair conclusões. O argumento da diversificação da experiência seria por mim retomado na defesa dos contratos de risco, em 1972.

A posição de Juarez Távora na década de 1950 continha, no entanto, uma contradição: Como atrair o capital privado, nacional ou estrangeiro, para investimento na área de risco com prazo de maturação potencialmente muito longo anunciando-se, *a priori*, que o objetivo final era o monopólio?

No domínio da realidade, os resultados dos trabalhos realizados pelo CNP, ao se completarem seus primeiros dez anos de existência, continuavam extremamente modestos. Não havia, aliás, indício algum de existência de reservas que justificassem a alegada cobiça estrangeira.

No Congresso prosseguiam os debates em torno do projeto do estatuto do petróleo, embora com menor intensidade do que nas campanhas públicas, mas sempre com forte conteúdo emocional. O projeto acabou em ponto morto.

O governo Dutra não ficou, todavia, parado em função da derrota do seu projeto de estatuto e propôs ao Congresso um plano de investimentos em petróleo, compreendendo a construção de refinaria em Cubatão, com capacidade de 45 mil barris por dia, duplicação da refinaria de Mataripe, aquisição de equipamentos de sondagem e constituição da Frota Nacional de Petroleiros – Fronape, com a compra, de uma só vez, de um conjunto de navios. Tudo continuava até aí sob a coordenação do Conselho Nacional do Petróleo.

Com o início do governo constitucional de Getúlio Vargas, em 1951, foram retomados os estudos sobre a política de petróleo no âmbito da assessoria econômica da Presidência da República. "Ficou assentado que caberia ao Estado enfrentar o problema do petróleo, já que não se confiava e nem se depositava esperança no setor privado" (Lima, 1975, p. 91).

O problema tinha crescido de dimensão desde o término da guerra. Os orçamentos iniciais para execução de um programa eficaz no domínio da pesquisa e do refino eram de grande vulto para a dimensão do orçamento da União.

Segundo o relato de Jesus Soares Pereira (op. cit.), ao ser elaborado o orçamento para os cinco primeiros anos da empresa a ser criada, verificou-se que os recursos necessários eram bem superiores aos previstos inicialmente. Daí a decisão do governo de elaborar dois projetos de lei: um que se destinava a criar, como sociedade por ações, a Petróleo Brasileiro S.A.; e outro que viesse assegurar recursos tributários essenciais à sustentação dos investimentos.

Sem relação com a questão do monopólio e da criação ou não de empresa pública para exercê-lo, e diante de uma arrecadação cadente do imposto único sobre combustíveis, foi proposto pela assessoria econômica que se vinculasse 25% da correspondente arrecadação a empreendimentos ligados à indústria do petróleo permanecendo o restante destinado ao programa rodoviário, conforme legislação anterior. Os novos recursos passaram a fluir no exercício de 1953 (Lei nº 1.749/1952).

O projeto da Petrobras foi, depois de consultas a várias pessoas fora do governo, enviado ao Congresso em 3 de outubro de 1951, data do aniversário da Revolução de 1930. O presidente Getúlio Vargas o endossava.

No Congresso e fora dele a controvérsia prosseguia. Mantinham-se dois focos importantes de debate: o Clube Militar e o Centro de Estudos e Defesa do Petróleo, entidade civil fundada em 1948, de composição eclética porém favorável à tese do monopólio estatal. O projeto demandaria dois anos de tramitação no Congresso e mostrou-se mais difícil do que os seus autores imaginaram.

A ideia-chave era a constituição de uma sociedade de economia mista "(...) em bases que lhe assegurem condições para se consolidar e desenvolver, em curto prazo e na escala suficiente (...)", conforme se declara textualmente na mensagem assinada pelo presidente Getúlio Vargas, por meio da qual se encaminhou o projeto de lei ao Congresso. Optava-se pela solução empresarial (Soares Pereira) e procurava-se fugir da ação direta do Estado como serviço público (Horta Barbosa) e do correspondente risco burocrático. O projeto não previa o estabelecimento de monopólio e dava-se ênfase à participação do público:

> A tarefa da conquista do petróleo pelo nosso povo, sob a direção do Governo Nacional, torna indispensável não só um considerável esforço técnico, mas um vigoroso esforço financeiro do país. Os cidadãos são convocados a participar da solução do problema dos combustíveis líquidos minerais, mediante captação tributária e subscrição de títulos da Petróleo Brasileiro S.A. que será o eficaz instrumento para enfrentar decisivamente o problema (Vargas, 1951).

A garantia do controle da União sobre a nova empresa era estabelecida mediante os seguintes dispositivos: mínimo de 51% das ações, com direito a voto, em poder da União; máximo de 15% das ações em poder do capital privado; e máximo de 0,1% das ações com direito a voto para empresa estrangeira. A formação do capital era definida de modo detalhado (Apêndice 5-B).

Nos termos da mensagem do presidente Getúlio Vargas, a tese nacionalista era assim colocada:

> O Governo e o povo brasileiros desejam a cooperação da iniciativa estrangeira no desenvolvimento econômico do país, mas preferem reservar à iniciativa nacional o campo do petróleo, sabido que a tendência monopolística internacional dessa indústria é de molde a criar focos de atritos entre povos e entre governos.

Antes mesmo que o projeto chegasse ao Congresso e fosse plenamente conhecido, e considerado o clima emocional existente, já se iniciava o debate. Na aparência, pelo que relatam os testemunhos da época e historiadores mais recentes, o governo ficou surpreendido com a reação negativa ao seu projeto.

Parece, inclusive, que "(...) a ideia de participação de acionistas privados na empresa, nos termos propostos, no clima emocional que se criou, terminou por dificultar a marcha do projeto do ponto de vista político" (Lima, 1975, p. 96). Os adeptos de uma solução mais liberal condenavam o projeto por estrita ideologia ou por pragmatismo baseado na convicção da insuficiência de recursos internos para desenvolver o grande programa de pesquisa, transporte e refino de que o país carecia. Os nacionalistas jacobinos encontravam no projeto muitas brechas, por meio das quais os terríveis trustes estrangeiros poderiam penetrar.

Na Câmara dos Deputados foram apresentados dois substitutivos: o do deputado Eusébio Rocha, do PTB, e o do deputado Bilac Pinto, da UDN. Recorde-se que, em princípio, o presidente Getúlio Vargas era sustentado no governo pelo PTB e pelo PSD e que a UDN era sua adversária intransigente. A oposição ao projeto vinha, portanto, não só do partido que tradicionalmente era oposição, como também de um dos partidos que apoiavam o governo.

No substitutivo Eusébio Rocha, a empresa que ficaria encarregada da execução da política do petróleo seria constituída exclusivamente com recursos da União, dos estados e municípios. Não haveria subsidiárias, exceto no ramo de distribuição, desde que a empresa do estado nelas detivesse 51% do capital com direito a voto, e o restante pertencesse a cidadãos brasileiros.

De forma surpreendente, partidários da UDN, então sob a presidência de Odilon Braga, mas sob a liderança, no caso, de Bilac Pinto, de tendência anterior liberal no que se refere à exploração dos recursos minerais – contrários todos, politicamente, à pessoa de Getúlio Vargas – apresentaram substitutivo estatizante ao projeto do governo. Tratava-se de constituir uma empresa nacional de petróleo que teria o monopólio sobre a exploração, produção, refino e transporte do óleo. Essa empresa, nos moldes da resultante do projeto Eusébio Rocha, seria formada, apenas, com recursos públicos.

Após penosos entendimentos políticos, o projeto do Executivo, que havia recebido dezenas de emendas além dos substitutivos já mencionados, foi votado na Câmara dos Deputados e enviado ao Senado. Instituía-se o monopólio, exceto sobre a distribuição, que compreendia, na época, a única atividade organizada, em escala nacional, a cargo de empresas estrangeiras. Incluíam-se ridículos dispositivos sobre os acionistas casados com estrangeiros.

No Senado, aparentemente, as opiniões ainda mais se dispersavam. Ao final, foram aprovadas algumas modificações no projeto originário da Câmara: participação de estrangeiros, permissão para ampliação da capacidade das refinarias particulares e, em especial, permissão à Petrobras para contratar companhias estrangeiras na execução de serviços de exploração e produção de petróleo, a serem pagos em moeda ou em petróleo. O projeto voltou à Câmara com essas e outras emendas.

A Câmara instituiu comissão especial para examinar as emendas do Senado, cujo parecer foi conhecido em agosto de 1953. Depois de novos debates, a redação final do projeto voltou, praticamente, aos termos da que havia sido enviada ao Senado. O presidente Getúlio Vargas sancionou a Lei nº 2.004, a 3 de outubro de 1953, dois dias depois de receber o projeto do Congresso e, mais uma vez, no dia do aniversário da Revolução de 1930.

Ao ser constituída, a Petrobras ficou com responsabilidade sob dois grupos distintos de atividade: de um lado a pesquisa do petróleo e, de outro, todas as operações de produção, transporte, refino e comércio do petróleo e seus derivados.

No primeiro grupo de atividades, passou a Petrobras a exercer algumas funções que caberiam normalmente ao próprio Estado, como a da atividade geológica geral do país, quase inexistente. As iniciativas de alto risco no domínio da pesquisa tinham, além do mais, caráter pioneiro, sendo justificável a atribuição de recursos públicos, a fundo perdido, para essas finalidades, pelo menos nos primeiros anos, já que se havia decidido pelo monopólio. Para o segundo grupo de atividades, desde logo com caráter empresarial potencialmente rentável e sem grande risco, seria adequado prever o emprego de recursos de capital, e dos resultados da própria atividade empresarial, além de financiamento às taxas e condições de mercado (Apêndice 5-B)

A solução financeira adotada a princípio para a Petrobras durou nove anos, até 1961, já que, a seguir, os recursos provenientes do imposto único passaram a ser supridos de forma direta, para cobertura de despesas. A nova situação perdurou até 1966, quando passou o imposto único a ser, de novo, destinado à formação do capital da Petrobras. A segunda mudança estava coerente com o que se vinha realizando, paralelamente, no setor de energia elétrica, e durou cinco anos, com alterações apenas das quotas-partes destinadas à empresa. A solução empresarial para o desenvolvimento da energia do petróleo ocorreu quando, no domínio da energia elétrica, mantinha-se forte divisão de opiniões com relação ao regime econômico a adotar; ora predominavam as vantagens de uma estrutura empresarial, ora as conveniências de programas de eletrificação com recursos orçamentários da União e dos estados.

Quando da instalação da Petrobras, em maio de 1954, a produção de petróleo realizada exclusivamente na região do Recôncavo Baiano havia atingido 2% do consumo nacional, e a capacidade de refino limitava-se a 5% da demanda. A empresa compreendia uma refinaria particular, a Ipiranga, e uma estatal, a de Mataripe. Havia dois outros empreendimentos de refinarias em fase de construção.

Os trabalhos de pesquisa a cargo do CNP permaneciam modestos, já que, entre 1946 e 1955, só foram perfurados 143 poços pioneiros e exploratórios com 167 mil metros de extensão. É de se registrar a contribuição do CNP, no período de sua ação exclusiva, na formação de pessoal, na sua especialização em áreas de conhecimentos novos para o país e na experiência de aquisição e operação de equipamentos nunca antes utilizados. Tudo isso iria favorecer uma partida rápida da Petrobras. O último presidente do CNP, antes da constituição da Petrobras, Plínio Cantanhede, profissional de organização e administração, contratou um especialista americano, A. I. Levorsen, que teve papel destacado nas recomendações que serviram de ponto de partida para a conformação do futuro departamento de exploração da empresa recém-criada.

O presidente Getúlio Vargas escolheu, em maio de 1954, para primeiro presidente da Petrobras um udenista, o coronel Juraci Magalhães, ex-governador da Bahia. Formou ele a diretoria com três técnicos: Artur Levi, Irnack Amaral e Neiva de Figueiredo. Fato relevante, logo no início dessa gestão, foi a surpreendente contratação – depois de tanto nacionalismo – de especialista estrangeiro e americano, para organizar e chefiar o departamento de exploração; Walter K. Link, ex-geólogo da Standard Oil of New Jersey, ficou responsável pela operação desse departamento durante seis anos. Sob o seu comando foram feitas tentativas diversificadas em muitas áreas, quase todas com informação geológica básica insuficiente ou inexistente. Os achados foram poucos mas, em compensação, adquiriram-se valiosos conhecimentos de ordem geral sobre o território nacional. Acontecimento espetacular foi a descoberta do poço de Nova Olinda, na Bacia Amazônica, que só correspondia a um mínimo depósito, fato confirmado pelas perfurações subsequentes na mesma área. A precipitação de certas autoridades e da imprensa aumentou a decepção.

Coube a Link, principalmente, montar uma organização moderna, estabelecer o treinamento sério dos geólogos e geofísicos brasileiros, incorporados, pouco a pouco, à empresa, e assegurar elogiável disciplina de trabalho (Campos, 1995).

O Relatório Link, correspondente às pesquisas, viria criar grande celeuma mais tarde, ao tempo do governo Jânio Quadros (1960).

Primeiro plano global para o carvão nacional

A mineração do carvão era atividade exercida por empresas privadas, excetuada apenas a mina de Siderópolis, SC, da Companhia Siderúrgica Nacional. No Rio Grande do Sul, por proposta de José Batista Pereira, foi criado pelo governador Walter Jobim o Departamento Autônomo de Carvão Mineral, que seria a origem da futura Companhia Rio-grandense de Mineração – CRM.

No governo Eurico Dutra foram dados alguns passos, com uma programação de médio prazo no Plano Salte (Lei nº 1.102/1950), que continha verbas destinadas a estudos e instalação de beneficiamento de carvão nacional e pesquisa de novas jazidas.

Mas foi no retorno de Getúlio Vargas à Presidência que seriam elaborados e enviados ao Congresso, em 1951, a exposição e o projeto de lei sobre o Plano do Carvão Nacional que, após longas discussões, se transformou em lei; seu extenso memorial justificativo, de autoria de Mário da Silva Pinto, então do DNPM, traça o panorama da indústria carbonífera em 1950, e esclarece os motivos principais das medidas propostas. Define, enfim, a estratégia do plano. É difícil resumi-lo, mas é importante recapitular alguns pontos fundamentais, já que se tratou de plano global e consistente para o desenvolvimento de recurso energético do país.

O consumo de carvão nacional e importado estava concentrado nas estradas de ferro (50%) e na Companhia Siderúrgica Nacional (16%). As companhias de gás canalizado do Rio de Janeiro, São Paulo e outras menores consumiam 5% e as usinas termelétricas de Porto Alegre, Pelotas, Rio Grande do Sul e Tubarão, outros 8%. O consumo restante era reduzido e disperso. Não havia perspectiva de rápido crescimento da demanda.

O produto nacional continuava a não competir com o importado, nem no preço nem na qualidade; a não ser nas áreas próximas das minas. Não competia também com o óleo combustível utilizado em muitas indústrias para produção de calor. Em torno de 1955-1956 entraram em circulação, nas ferrovias do Sul, as locomotivas diesel-elétricas que já operavam com sucesso em outras regiões do país onde as locomotivas a vapor perdiam terreno. Justificava-se assim que num plano racional de abastecimento, o carvão dos estados do Sul devia atender preferencialmente aos próprios estados e apenas o de Santa Catarina, após beneficiamento, poderia ser transportado para os portos situados entre Santos e Vitória a fim de abastecer a siderurgia. Admitia-se – e a evolução subsequente mostrou ser isso extremamente otimista – que o carvão metalúrgico de Santa Catarina pudesse vir a ser empregado na proporção de até 1:1 na mistura com o carvão importado, no caso da siderurgia, e de até 1:2 no das usinas de gás. Na realidade, nunca se tornou viável, sob o ponto de vista econômico, na siderurgia, e nas usinas de gás o carvão acabou por ser totalmente substituído pela nafta.

Ainda segundo o memorial justificativo, os métodos de mineração eram de rendimento baixo em virtude da ausência de mecanização. Os valores então observados da produtividade homem/dia eram ridículos quando comparados aos dos Estados Unidos e mesmo da França, onde também se realizava, no pós-guerra, um plano de modernização. A questão do mais eficiente beneficiamento do carvão extraído era indispensável não só para melhorar suas condições de utilização, mas também para reduzir o ônus do transporte do produto útil. Esperava-se que a ampliação e construção de usinas termelétricas locais, capazes de utilizar carvão de baixa qualidade, facilitasse o processo de beneficiamento.

O transporte e o manuseio do carvão parecia ser o elo mais precário da economia do carvão nacional: "(...) deficiente, irracionalmente planejado e que a margem de melhoria é enorme". Além da precariedade de cada um dos elementos – ferrovia, porto, navegação fluvial, navegação marítima e respectiva descarga –, não havia entrosamento algum entre as partes, impossibilitando fluxo regular, como narrado por Silva Pinto no seu memorial justificativo.

A importância do transporte explica por que, na especificação das dotações do plano, ele absorvesse 45%, enquanto à mineração eram destinados apenas 24% do total. A previsão geral de gastos com o plano era de 342 milhões de cruzeiros, mais 18,9 milhões de dólares total (equivalentes a cerca de 700 milhões em moeda americana, de poder aquisitivo de 1990). O plano compreendia, de forma discriminada, vários projetos complementares (Apêndice 5-C).

Os autores do plano produziram estimativas de uma possível redução do preço do carvão bruto, do frete marítimo e do custo do transporte interno no Rio Grande do Sul. Em função dos melhoramentos previstos, seria factível atender um mercado em expansão, embora modesto. A previsão, feita aliás com certa cautela, infelizmente não se confirmou até o fim do período de execução do plano.

De acordo com Silva Pinto, confiava-se que: "(...) a mudança do tipo de trabalho permitiria, também, substancial melhoria de salário, pois o trabalhador deverá ter conhecimentos técnicos muito superiores aos dos atuais mineiros (...)", além de tornar possível "(...) dispensar melhor assistência social (...)".

Julgava-se que o plano "(...) em que o Tesouro agirá como um Banco de Investimento (...)" propiciaria o retorno da quase totalidade dos recursos, no prazo de 15 anos.

A lei mantinha o predomínio das empresas privadas de mineração do carvão nos três estados do Sul e previa a extinção da comissão executiva em 31 de dezembro de 1957. Tratava-se de intervenção com prazo determinado, um pouco inferior a cinco anos. Todavia, essa disposição não iria prevalecer (Apêndice 5-D).

Início da era nuclear

Após o dia 6 de agosto de 1945, data da bomba, houve uma fase em que se pensou que o emprego da energia nuclear para fins pacíficos abriria novas e espetaculares oportunidades para a humanidade, especialmente para os países em desenvolvimento. No Brasil, foi intenso o interesse pela matéria tanto nos meios relacionados com a física teórica como no das relações internacionais. Buscava-se definir política interna coerente com uma posição internacional que assegurasse o acesso do país à nova tecnologia, dominada pelas pouquíssimas nações de vanguarda. Era natural, portanto, que o próprio Ministério das Relações Exteriores e vários diplomatas de carreira tivessem posição relevante, ao lado dos físicos, no cenário nacional e internacional da energia nuclear, na década de 1950.

O meu envolvimento com o assunto iniciou-se, de forma inesperada, no próprio dia em que chegou a notícia da bomba de Hiroshima. Reunira-se, na manhã daquele dia, um grupo da Comissão de Planejamento Econômico para a qual eu fazia o papel de secretário. Pertenciam ao grupo três das poucas pessoas que, no Brasil, naquele momento, tinham condições de comentar cientificamente o evento: o almirante Álvaro Alberto da Motta e Silva e os professores Ignácio Azevedo do Amaral e José Carneiro Felipe. Não houve a reunião prevista e os três discutiram e avaliaram, durante cerca de três horas, à vista dos telegramas publicados nos jornais, a essência e as consequências do que ocorrera, para enorme benefício do reduzido número de leigos presentes.

Passar-se-iam mais de dez anos entre a primeira bomba e a tradução dos desejos de aproveitamento pacífico da nova forma de energia, por meio de equipamentos e instalações adequados. Nesse intervalo, a tecnologia nuclear lembrava o horror da bomba e acenava com promessas de benefícios.

O envolvimento prático do Brasil se deu em consequência de acordo com os Estados Unidos (julho de 1945), pelo qual o país se comprometia à consulta prévia na exportação de materiais nucleares. No caso prático, tratava-se das areias monazíticas que, além de outros minerais, continham o tório, elemento capaz de se transformar em urânio, isto é, em combustível, e portanto denominado fértil, e de interesse para a tecnologia nuclear (Alves, 1990). O tório, então, parecia fadado a ter maior importância do que na realidade teve.

As exportações, caracterizadas como contrabando, geraram discussões imediatas. No Brasil, com o mesmo nacionalismo que prevaleceu em outros setores relacionados com os recursos naturais, logo se criou (1946) uma Comissão de Fiscalização de Minerais Estratégicos, com a proibição de exportação de minerais atômicos.

Só mais tarde é que o país se interessou pelas pesquisas em torno da nova forma de energia, criando-se, então, o Centro Brasileiro de Pesquisas Físicas, no Rio de Janeiro (1949). Já existia, há algum tempo, e por outros motivos, o Instituto de Física, da Universidade de São Paulo – USP, dirigido por Gleb Wataghin (1934), que se dedicava a estudos afins e constituía também um primeiro embrião científico.

Cinco anos depois do advento da utilização da energia nuclear, deu-se a fundação do Conselho Nacional de Pesquisas – CNPq (Lei nº 1.310/1951), sob a liderança do almirante Álvaro Alberto, que consignava, entre os seus objetivos, a pesquisa e a prospecção de minerais de interesse nuclear. O conselho dependia diretamente do presidente da República e se responsabilizava pela política de energia nuclear.

No domínio internacional, até 1948 os Estados Unidos detinham o monopólio da tecnologia completa da energia nuclear. Sabia-se que, em vários outros países, empreendiam-se esforços, às vezes inauditos, para alcançar o nível dos Estados Unidos nesse campo, o que viria a trazer realizações práticas na União Soviética (1949), na Inglaterra (1952), na França e na China (1960) (Academia Brasileira de Ciências, 1986, p. 13).

Nos primeiros anos da era nuclear, o predomínio dos Estados Unidos trouxe ao seu governo três preocupações: de manter a sua posição ímpar, de controlar as reservas mundiais de minerais atômicos e de evitar a proliferação das armas nucleares. Instalou-se nesse clima (1946) a primeira Comissão de Energia Nuclear das Nações Unidas, da qual faziam parte os países detentores da tecnologia e os países com reservas de minerais radioativos, entre eles o Brasil. Entre aqueles que detinham tecnologia figuravam, além dos Estados Unidos, a União Soviética, a Inglaterra e a França, apesar de os três últimos não terem ainda explodido as respectivas bombas (Archer, 1967).

Com o conhecimento do terrível poder da energia nuclear e dos riscos inerentes à sua proliferação, surgiu, nos Estados Unidos, em 1946, o Plano Baruch, que propunha uma entidade supranacional para controlar as atividades nucleares e continha a ideia da internacionalização das áreas potencialmente produtoras de minérios nucleares. A oposição da União Soviética inviabilizou o plano. O Brasil era representado nessas conversações por Álvaro Alberto, que se opôs com obstinação à ideia. Mais tarde, proporia ele, por meio de memorando de novembro de 1947 ao governo do presidente Eurico Dutra, uma linha de ação que consistia na "(...) venda de materiais físseis e por preços justos e só em troca de assistência nuclear em termos de treinamento, tecnologia e equipamentos" (Archer, 1967). É interessante lembrar que, à época, o Brasil não havia identificado suas reservas de urânio, base da tecnologia comprovada, mas sim as reservas de tório, cuja função ainda estava para ser definida.

Com o insucesso do Plano Baruch, os Estados Unidos partiram para a promulgação do Atomic Energy Act, de 1946, que disciplinava, com extrema rigidez, qualquer cooperação com outros países no domínio da energia nuclear. No entanto, entre 1949 e 1960, avançavam os programas da União Soviética, da Inglaterra, da França e da China, que acabaram por compor um grupo fechado, denominado Clube Atômico. Apesar das divergências políticas, buscava esse grupo evitar a disseminação dos conhecimentos que pudessem conduzir à fabricação da bomba.

Reconhecendo essa situação de fato, os Estados Unidos evoluíram para a busca de um controle mediante cooperação, na forma do novo Atomic Energy Act, de 1954, com ele iniciando o Programa de Átomos para a Paz, do presidente Eisenhower (Häfele, 1990). Daí se caminharia para instituições e tratados internacionais.

Consumo de energia entre 1940 e 1955

As informações básicas sobre o consumo de energia continuaram incompletas mesmo após o levantamento inicial de 1941. Tornou-se possível, todavia, fazer comparações entre os anos de 1941-1946, logo após o término da guerra e 1954.

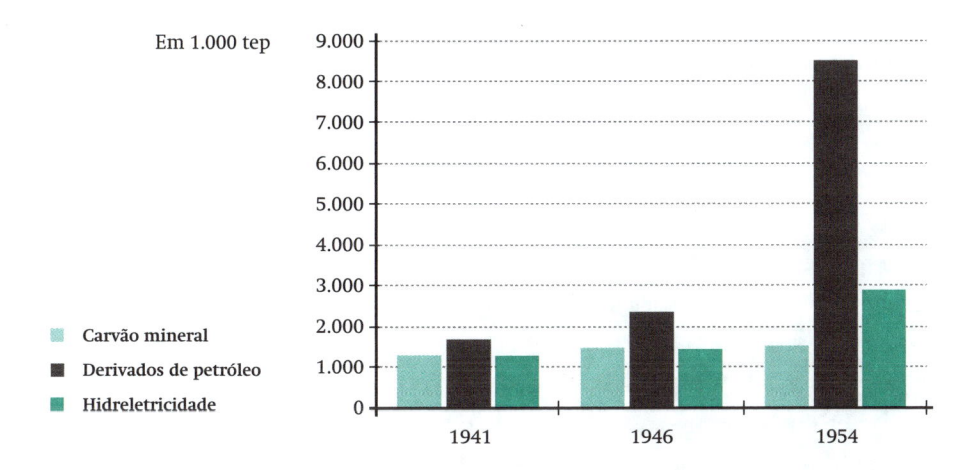

Figura 5 – Estimativa do consumo de energia, de 1941 a 1954, excluída a lenha.

Fonte: Wilberg, 1974 (ver tb. Apêndice 5-D).

Não houve muita alteração no período 1941-1946. No entanto, nos anos subsequentes, o consumo de derivados de petróleo disparou; o da biomassa, representado nessa época de forma preponderante pela lenha e secundariamente pelo bagaço de cana-de-açúcar e carvão vegetal, começou a cair em termos absolutos e o da lenha, apesar de altíssimo, declinou em termos absolutos, de 13.393 mil tep, em 1941, 12.354, em 1946, e 11.791, em 1954. A participação total da biomassa decresceu dos 71%, em 1946, para 50%, em 1954 (Wiberg, 1974).

Capítulo VI
Desenvolvimentismo e crise
(1956-1964)

Mudanças sucessivas no quadro político

Juscelino Kubitschek venceu Juarez Távora e Ademar de Barros nas eleições de 1955, em clima de inquietação causado por longo período, 17 meses, de instabilidade política e descontinuidade administrativa, subsequentes à morte do presidente Getúlio Vargas. Houve também contestação, no início do novo governo, nos meios políticos, sob a liderança de Carlos Lacerda na UDN, baseada na tese da reduzida votação obtida pelo candidato vencedor em pleito de três candidatos principais. Sob o impacto dos acontecimentos antes da posse, ainda ocorreu movimento, limitado, de rebeldia de militares extremados (Jacareacanga). Com a anistia, declarações formais anticomunistas e contínuo diálogo político, o presidente conseguiu recuperar a tranquilidade e pôde lançar o projeto de desenvolvimento econômico com a promessa de "(...) cinquenta anos de progresso em cinco de governo". O caminho a seguir contemplava soluções pragmáticas com a participação da iniciativa privada, nacional e estrangeira, e de empresas sob o controle do Estado, evitando posições ideológicas radicais.

Do ponto de vista organizacional, no último governo do presidente Getúlio Vargas, a função de planejamento cabia à assessoria econômica da Presidência da República. No governo do presidente Kubitschek, instituiu-se um Conselho de Desenvolvimento, cuja secretaria funcionava no BNDE, ambos sob a direção de Lucas Lopes, principal responsável pela elaboração do plano de metas relativo ao quinquênio que se iniciava. O setor energético absorveu quase metade do orçamento global desse plano, e o da energia elétrica cerca de 50% dessa metade. Na sua execução, a energia elétrica teve prioridade. No domínio administrativo e ao final do governo, a importância atribuída à energia justificou a criação do Ministério de Minas e Energia (Lei nº 3.782/1960). O primeiro titular foi João Agripino, designado para o cargo já ao tempo do presidente Jânio Quadros (Apêndice 6-A).

A implantação das fábricas de automóveis foi um marco na industrialização do país a qual, associada à construção e modernização das estradas de rodagem, deu origem a forte aumento da demanda de derivados de petróleo.

A construção de Brasília estava incluída no plano de metas e representou parte importantíssima e controvertida do governo Juscelino Kubitschek; sua execução ocorreu durante o seu mandato. Ali foi feita a transmissão do governo para o presidente seguinte, Jânio Quadros.

A preocupação central, não só no governo como na sociedade, com o desenvolvimento econômico se manifestava em vários estudos, debates e cursos, inclusive a respeito da interessante cooperação entre o BNDE e a Comissão Econômica para a América Latina – Cepal.

Em termos de promoção do desenvolvimento com abertura de oportunidades, os objetivos estabelecidos foram, em grande parte, alcançados. Nas finanças públicas, especialmente no final do governo, houve forte desequilíbrio, em função dos gastos com a construção de Brasília.

Na sucessão houve pouca interferência do governo. O candidato oficial, marechal Henrique Lott, foi derrotado. Ao contrário da divisão de votos que ocorrera na eleição de 1955, o presidente Jânio Quadros foi eleito com grande maioria. Com ele foi escolhido, como vice-presidente, João Goulart. O novo governo não tinha maioria equivalente no Congresso. Aparentemente não sabia também para que direção iria. Apesar disso, no domínio administrativo, foi possível concluir o longo processo de criação da Eletrobras (Lei nº 3.890/1961).

Por motivos não explicados de modo satisfatório, o presidente renunciou, lançando o país em nova crise institucional. Foram oito meses perdidos. A sucessão foi também tumultuada e contestada. Seguiram-se vários ministérios sob a presidência de João Goulart, compreendendo um interregno parlamentarista e o retorno ao presidencialismo. Foram dois períodos de pouca ação no domínio econômico, vivendo o país do impulso dado pelo governo anterior.

No domínio político, renovou-se a pressão nacionalista, dessa vez muito associada ao populismo de objetivos estritamente eleitorais e bem próxima das posições radicais de esquerda. Do lado construtivo, propugnava o governo por reformas de base, infelizmente não muito bem definidas, visando à redução das desigualdades sociais.

As esquerdas, que vislumbravam oportunidade de chegar ao poder, agiam, por sua vez, no sentido de desorganizar a vida econômica do país e de desestabilizar instituições tradicionais, em atitude que San Tiago Dantas, nos cinco meses que passou no Ministério da Fazenda, classificou de esquerda negativa. Tive a oportunidade, nesse período crítico, de acompanhar a extrema dificuldade de se assegurar um mínimo de racionalidade no processo decisório.

No domínio econômico, baseava-se o governo no Plano Trienal elaborado sob a coordenação de Celso Furtado, que vinha de importante missão na Superintendência de Desenvolvimento do Nordeste – Sudene. A par das reformas de base, o plano era surpreendentemente ortodoxo em matéria de finanças públicas, incompatível mesmo com a inclinação populista do presidente João Goulart. Cabia contudo ao ministro da Fazenda, San Tiago Dantas, executá-lo. Como seu subsecretário para assuntos econômicos, tinha eu a função de controlar os poucos números de que se dispunha e o terrível aperto, especialmente das contas do Banco do Brasil.

Derrotado San Tiago, a missão de Carvalho Pinto, seu sucessor no Ministério da Fazenda, foi também minada pelas mesmas forças negativas comandadas à época por Leonel Brizola, resultando na escolha de Nei Galvão, que muito contribuiu para a inviabilização do governo João Goulart.

No Ministério de Minas e Energia houve, no período dos presidentes Jânio Quadros e João Goulart, intensa substituição de titulares, os quais permaneceram, em média, cinco meses cada um (Apêndice 6-A).

Os acontecimentos públicos do princípio de 1964 davam a impressão, em março, que o presidente João Goulart, espontaneamente, em função do seu próprio populismo simplista, ou sob pressão de elementos radicais, dentre eles seu cunhado e governador do Rio Grande do Sul, Leonel Brizola, pendia para a derrubada das instituições vigentes, sem que se soubesse para onde o país seria levado. Esse movimento não tinha maioria no Congresso. Poderia direcionar no sentido da almejada justiça social dentro do quadro de uma social-democracia ou, mais provavelmente, de uma ditadura de esquerda, nos moldes do que existia, com prestígio àquela época, sob a proteção da "cortina de ferro". Essa dúvida mobilizou forças da sociedade civil e dos meios militares. A ameaça de quebra da disciplina militar foi a gota d'água que induziu outro golpe de Estado que derrubou o presidente João Goulart e provocou a formação de novo governo, pelo Congresso, sob pressão de significativas manifestações públicas e da maioria do comando dos quartéis.

O que esteve em jogo, naqueles dias, foi a escolha entre duas ditaduras potenciais: a da esquerda ou a militar. Procurou-se dar, no Congresso, legitimidade ao ato que, de fato, foi discricionário, e resultou em ditadura militar.

No período Kubitschek, foi forte o desenvolvimento econômico, que declinou logo após. A inflação sempre crescente, tornou-se explosiva – na percepção da época – no período Quadros-Goulart, em especial em 1964. Apesar de tudo o Brasil cresceu economicamente em comparação com os países industrializados. As reservas externas e a situação cambial terminaram críticas.

Indicadores – 1956-1964

I. GOVERNO: PRESIDENTES, MINISTROS DA FAZENDA E DE MINAS E ENERGIA

1956-1961 Juscelino Kubitschek/José Maria Alkimin, Lucas Lopes, Sebastião Paes de Almeida

1961 Jânio Quadros, Ranieri Mazzilli/Clemente Mariani/João Agripino, João Goulart/Walter Moreira Salles, Miguel Calmon, San Tiago Dantas, Carvalho Pinto, Ney Galvão/Gabriel Passos, João Mangabeira, Eliezer Batista, Oliveira Brito

II. ECONOMIA[1]

PIB antes e no fim do período, em bilhões de dólares[3] 96,1/148,9
Taxa média de crescimento da população 2,7%
Taxa média anual de crescimento do PIB 6,3%
Taxa média anual da inflação 38,8%

III. CONSUMO DE ENERGIA[2]
(TAXA MÉDIA ANUAL DE CRESCIMENTO)

Petróleo 8,0%
Carvão mineral .... -0,3%
Hidráulica 8,3%
Lenha 1,9%
Cana-de-açúcar 5,9%
Outros .... –
Total 3,6%

IV. REFERÊNCIA INTERNACIONAL (ESTADOS UNIDOS)

PIB no início/fim do período, em bilhões de dólares[3] 1.933/2.758
Taxa média anual de crescimento do PIB 4,8%
Taxa média anual da inflação 1,6%

V. RELAÇÃO PIB ESTADOS UNIDOS/PIB BRASIL

Antes e no fim do período 21/19

NOTAS
1. As informações relativas à economia brasileira são do IBGE.
2. As informações relativas à oferta interna de energia provêm do Balanço Energético Nacional – BEN.
3. Os valores do PIB Brasil e dos EUA estão em dólares de 1995.

Energia elétrica no centro do processo de desenvolvimento

O governo Juscelino Kubitschek firmou-se na busca do desenvolvimento econômico e, em especial, dos investimentos em infraestrutura, tendo em vista eliminar os pontos de estrangulamento da economia nacional e, em particular, os existentes no sistema de energia elétrica. Já se percebia, aliás, um sentimento de cansaço com as deficiências e os racionamentos que se repetiam; o de Belo Horizonte, em 1959, e nas áreas da Light, em 1963-1964, ambos de grandes proporções e, no caso das áreas da Light, coincidentes com hidrologia extremamente desfavorável.

Do ponto de vista conceitual e nos longos debates sobre os resultados das análises técnico-econômicas, ganhava consistência a concepção de que um sistema nacional de desenvolvimento do setor de energia elétrica deveria fundamentar-se:

a) em uma visão de longo prazo, fixando-se, em princípio, um horizonte mínimo de dez anos;
b) na convicção de que os projetos alternativos deviam ser comparados em função de seu potencial intrínseco de contribuir para a produção de energia ao menor custo.

Essa opinião dominante não era, todavia, universalmente aceita, já que significativas correntes insistiam em não se separar o aspecto econômico das empresas do social, referente ao suprimento de energia elétrica a todos os que dela necessitassem, independente do respectivo custo.

Antes e depois da transição Vargas/Kubitschek, foram criadas taxas de eletrificação sob várias denominações, em muitos estados, com o objetivo de reforçar a capacidade financeira das respectivas empresas de energia elétrica. Permaneciam sem definição a questão tarifária e o projeto da criação da Eletrobras, esse paralisado no Congresso Nacional desde 1954.

Diante da grave crise de suprimento de energia elétrica e da enorme quantidade de grupos diesel-elétricos instalados pelos próprios consumidores entre 1952 e 1954, organizou-se, por iniciativa do Instituto de Engenharia de São Paulo, então sob a presidência de Plínio de Queirós, a Semana de Debates Sobre Energia Elétrica, em abril de 1956; foi um encontro de alto nível, durante o qual se examinaram as principais questões pendentes e se balizou o campo das proposições a considerar (Apêndice 6-B).

O estado de espírito dominante na reunião era contrário ao que se fizera desde o Código de Águas e às iniciativas recentes do Plano Nacional de Eletrificação e da criação da Eletrobras. Mas era geral a convicção de que as condições de suprimento de energia, já difíceis, iriam se agravar.

A base física do sistema existente foi apresentada por Carlos Berenhauser, sem que surgissem grandes controvérsias. Já a análise do Código de Águas, feita em termos de crítica exacerbada por Gama e Silva, motivou várias manifestações. Censuras ponderadas foram feitas pelo pioneiro Eloi Chaves e pelo então diretor da Divisão de Águas, Waldemar de Carvalho. Apontaram correções e adaptações necessárias além da inadequação do órgão regulador para o exercício de sua missão nos termos do Código. Plínio Branco, falando como parte do órgão regulador, levantou a questão da inter-relação entre o custo histórico e a inflação crônica no país, matéria de importância crescente à medida que se eternizou a desvalorização da moeda. Defendeu ele também o projeto original de Alfredo Valadão, que sofreu enxertos, na sua maioria negativos, no âmbito do Ministério da Agricultura, quando era titular da Pasta Juarez Távora.

A palestra sobre as perspectivas de outras fontes de suprimento, apresentada por Barros Barreto, gerou menos controvérsias e resultou, principalmente, em proposições complementares sobre carvão, petróleo e energia nuclear, além de questões de detalhe sobre determinadas bacias hidrográficas.

A região Centro-Sul, onde se configurava a mais grave crise potencial de suprimento de energia, teve a análise de seus recursos hídricos feita por John Cotrim, que viera da direção técnica da Cemig para a função de coordenador da meta de energia elétrica no Conselho do Desenvolvimento, presidido por Lucas Lopes. Estava em gestação o projeto de Furnas, e a exposição e os comentários acabaram por se concentrar no papel-chave que o aproveitamento do potencial do rio Grande teria no suprimento e na interligação dos sistemas da região. Furnas acrescentaria 1 milhão de kW a um sistema de 3 milhões. Algumas objeções fizeram época e ficaram conhecidas: as desvantagens das grandes usinas com seus reservatórios (Peixotos, Três Marias e Furnas) diante de usinas de menor porte, e os malefícios decorrentes do deslocamento da população e respectivas atividades agrícolas produtivas. Ocorreram também manifestações de sub-regionalismo.

A última reunião sobre caminhos a percorrer, a cargo de Marcondes Ferraz, foi uma espécie de recapitulação de todos os problemas.

Nessa grande reunião estavam presentes, além de presidentes, orientadores de debates e secretários das cinco mesas, pessoas com papel relevante nas discussões públicas, por parte do setor privado. Estavam lá também alguns servidores públicos que exerciam funções em órgãos do poder concedente e ainda representantes da nova categoria de dirigentes de empresas sob controle do Estado, então designadas de economia mista. Não participaram dos debates nem representantes do grupo da antiga assessoria do presidente Getúlio Vargas, nem membros dos poderes legislativos federal e estadual.

É de se registrar, em particular, a participação de Otávio Bulhões, Roberto de Oliveira Campos e Mauro Thibau que, anos depois, como ministros do governo Castello Branco, iriam desenvolver grande parte da revisão requerida na estrutura do setor de energia elétrica (Apêndice 6-B).

No âmbito do governo, a questão tarifária seria novamente abordada pelo Grupo de Trabalho de Energia Elétrica – Getene, organizado no Conselho do Desenvolvimento, que concluiu os seus estudos em 1956 com a proposta de um projeto de lei. As novidades fundamentais eram: a elevação da taxa de remuneração de 10% para 12% e a previsão de correção monetária do investimento, que serviria de base para a remuneração do capital da empresa, a realizar-se de três em três anos. O reajuste tarifário seria automático, sempre que houvesse aumento do custo da energia comprada e quando ocorressem reajustes superiores a 10% nos combustíveis ou na taxa de câmbio ou nos salários ou ainda nos encargos da Previdência Social. Era o reconhecimento da inflação crônica no país e dos seus efeitos sobre o custo de uma empresa de serviços públicos sujeita a tarifas aprovadas pelo Estado.

O projeto do Getene não foi aprovado pelo Congresso, em virtude da oposição nacionalista que nele via a proteção aos lucros julgados exagerados e indevidos das empresas estrangeiras (Light e Amforp).

O governo Kubitschek aprovou, então, em 1957, por decreto, levando em consideração o projeto de lei do Getene e minuta elaborada no âmbito do CNAEE, extensa e abrangente regulamentação dos serviços de eletricidade, em 190 artigos. Esse documento visava não só preencher as lacunas do código de águas mas ainda atualizar conceitos e inserir disposições que correspondessem a situações novas, posteriores ao código. O trabalho foi realizado no Conselho do Desenvolvimento sob a principal responsabilidade de José Luís Bulhões Pedreira e de Benedito Dutra e finalmente aprovado por Lucas Lopes, que o levou ao presidente Kubitschek (Decreto nº 41.019/1957).

O simples fato de estar esse decreto substituindo um projeto de lei mostra a provável ousadia legal de algumas de suas disposições. No entanto, foi aceito tacitamente, sem maiores questões de ordem jurídica. Vários dos seus dispositivos demandaram, todavia, muito tempo para ser introduzidos. Permanecia a remuneração em 10% e não se adotava a correção monetária.

Com modificações apenas tópicas, o Decreto nº 41.019 acabou por se transformar na espinha dorsal normativa para os serviços de eletricidade, até o atropelamento imposto pela legislação relativa à equalização tarifária de 1974. Contudo, a discussão no Congresso do projeto de constituição da Eletrobras não chegava a seu término.

Em atitude pragmática e considerando indispensável uma grande solução para a crise de energia da região Sudeste – nos moldes da que havia sido adotada para o Nordeste, com a criação da Chesf, em 1945 –, o governo Kubitschek aprovou a fundação da Central Elétrica de Furnas, em 1957, sem solicitar autorização do Congresso.

Os estudos do aproveitamento do potencial de energia hidráulica do médio curso do rio Grande, em Minas Gerais, tiveram início no âmbito da Cemig em 1954. A essa época já estava em construção, no mesmo rio Grande, a usina de Peixotos, última grande obra de subsidiária da Amforp. Em Minas Gerais, os projetos técnicos de Furnas e Três Marias tiveram início ao tempo que o governador Kubitschek se lançava candidato à Presidência da República. Quando ele assumiu, em janeiro de 1956, o projeto de Furnas estava em condições de ser lançado. A principal dificuldade era definir a estrutura empresarial. Tratava-se de empreendimento do governo federal com o objetivo de suprir energia a diversos estados da federação, localizado em um estado (Minas Gerais) que tinha o seu próprio projeto para executar em Três Marias. São Paulo também tinha seu projeto em Urubupungá. Cogitava-se de interligar sistemas até então isolados e, por fim, de suprir concessionários de capital estrangeiro que distribuíam a maior parte da eletricidade de toda a região de influência de Furnas, a Light, que a esse tempo ainda detinha mais de 50% do mercado e três subsidiárias da Amforp.

A penosa montagem realizada por Lucas Lopes e John Cotrim com o decisivo apoio do presidente foi contada em detalhes (Cotrim, 1995). A solução, que demandou um ano de negociação, veio pela participação da Cemig, do DAEE de São Paulo, da Light e da Amforp na empresa que seria mantida sob controle federal. No mês de fevereiro de 1957, precipitaram-se os atos constitutivos: exposição de Lucas Lopes ao presidente Kubitschek, aprovação do presidente e constituição da empresa por escritura pública.

Com fundamento no conceito de desenvolvimento integrado de bacias hidrográficas, foi constituída a Comissão Interestadual da Bacia do Paraná-Uruguai, que ficou conhecida apenas como CIBPU. A ela foi concedida autorização para realizar estudo preliminar do potencial hidrelétrico das Sete Quedas, no rio Paraná. Um primeiro relatório foi apresentado em 1957, em função do qual foi autorizado o prosseguimento dos estudos. A seguir, foi o Serviço de Navegação da Bacia do Prata encarregado da construção de usina piloto em Sete Quedas (600 kW), a cuja inauguração compareceu o presidente Kubitschek que, na oportunidade, participou também de um congresso de energia elétrica em Guaíra, cujo objetivo era a exploração das Sete Quedas.

O presidente Jânio Quadros se interessou por um primeiro e pequeno anteprojeto, e o presidente João Goulart, por intermédio de seu ministro de Minas e Energia, Gabriel Passos, convidou Otávio Marcondes Ferraz para que iniciasse, no seu escritório técnico, os estudos para a exploração das Sete Quedas. O relatório correspondente, de 1962, dava a verdadeira dimensão do potencial: 10 milhões de kW! (Caubet, 1991). Tratava-se, todavia, de uma solução exclusivamente brasileira, que mereceu imediata contestação no Paraguai. Havia ainda uma pequena disputa territorial entre os dois países, que envolvia o local das Sete Quedas, e que se originava no tratado de limites do fim da guerra do Paraguai. O governo brasileiro separou essa questão da do aproveitamento do salto das Sete Quedas por meio de nota do então ministro das Relações Exteriores, Afonso Arinos de Mello Franco: "(...) governo Brasileiro estará disposto a examinar oportunamente a possibilidade da República do Paraguai participar da utilização dos recursos energéticos e outros mais a explorar no referido salto, se assim for solicitado pelas autoridades paraguaias (...)". A resposta do governo do Paraguai foi afirmativa: "(...) encontra-se na melhor disposição para estudar conjuntamente com o governo do Brasil as bases de um acordo (...)". A matéria só ganharia objetividade no início do governo Castello Branco.

Enquanto o governo federal se encaminhava para a conciliação de interesses com o exemplo da montagem de Furnas, e na aprovação dos estudos interestaduais da bacia do Prata, RS, prosseguiam as decisões radicais em linha emocional. A concessão da Companhia de Energia Elétrica Rio-Grandense – CEERG do grupo Amforp expirara em 1948. Em 1957, uma comissão do governo avaliava o patrimônio e a remuneração anual, fixando *a posteriori* uma base para a última, como se estivesse sendo aplicado o Código de Águas, embora jamais houvesse sido feito o necessário tombamento dos bens e a implantação do serviço pelo custo. Concluíra a comissão que, em caso de encampação, a Amforp teria ainda que indenizar o Estado pelo excesso de remuneração já recebido. Em 1959, o governo Leonel Brizola, em ato espetacular, efetuou a encampação da empresa, que passou à administração da CEEE. A questão judicial decorrente dessa decisão só teria solução mediante a aquisição, pelo governo federal, do grupo da Amforp, em 1964, incluindo-se no acervo o valor da CEERG, aceito por ambas as partes, sem audiência do governo do estado.

A partir da criação de Furnas, prosseguia o governo na organização do setor energético, com a criação do Ministério de Minas e Energia, em 1960 (Lei nº 3.782/1960), a ele incorporando o CNAEE e a Divisão de Águas do Ministério da Agricultura. A Eletrobras, cujo projeto estava no Congresso há sete anos, só teria a sua criação autorizada, com grandes simplificações, em 1961, já no governo Jânio Quadros (Lei nº 3.890/1961). A ela se incorporaram a Chesf e Furnas, e para lá também se transferiram atribuições do BNDE, referentes ao financiamento do setor elétrico e à gestão do Fundo Federal de Eletrificação.

A organização da Eletrobras processou-se de forma bastante lenta. Dois temas eram cruciais: 1) o das perspectivas de sua autossuficiência econômico-financeira, e 2) o da integração física do sistema elétrico, que ainda viria demandar muito tempo para ser definida.

Para solução do primeiro problema foi instituído, em 1962, o empréstimo compulsório, a favor da Eletrobras, e reformulada a cobrança do Imposto Único sobre Energia Elétrica – IUEE (Lei nº 4.156/1962). O primeiro seria *ad valorem* sobre as contas dos consumidores, a partir de 1964. O consumidor receberia obrigações da Eletrobras, resgatáveis em dez anos, vencendo juros de 12% ao ano, sem correção monetária, já que a inflação continuava a ser ignorada na legislação econômica. Essa disposição tornaria a obrigação da Eletrobras um dos títulos mais depreciados do mercado de capitais. Quanto ao IUEE, passou a ser calculado *ad valorem* sobre uma tarifa fiscal correspondente à média nacional das tarifas cobradas.

Apesar da cessação dos investimentos privados em geração de energia elétrica, a capacidade instalada crescia em torno de 8,8% a cada ano entre 1955 e 1960 e a 8,3% entre 1960 e 1965 (Conselho, 1991).

Enquanto não se pensava na integração nacional, ou pelo menos regional, dos serviços de eletricidade, a questão crônica da duplicidade de frequências utilizadas no país, de 50 e 60 ciclos (Hz), era, até certo ponto, irrelevante. Quando, com Furnas no Sudeste e Chesf no Nordeste, a interligação de importantes sistemas isolados passou a se tornar iminente, a diversidade de frequências constituía-se obstáculo técnico a exigir solução. O Conselho Nacional de Águas e Energia Elétrica criou então a Comissão para Unificação de Frequência – CUF (1961). A execução do plano de unificação, no padrão de 60Hz, só tomaria impulso, todavia, no final da década, já sob a coordenação da Eletrobras. Antes do período de intensas adaptações, haviam sido convertidas, em 1955, de 50Hz para 60Hz, as instalações das áreas de distribuição do Nordeste, em decorrência da interligação com a usina de Paulo Afonso.

Os sistemas remanescentes em 50Hz, nessa época, compreendiam o Rio de Janeiro, o Rio Grande do Sul e o Espírito Santo, além de localidades menores. Nas discussões intermináveis, apresentavam-se à opinião pública dificuldades intransponíveis, entre as quais avultava a da usina siderúrgica de Volta Redonda. No entanto, tudo correu sem maiores inconvenientes e em prazo razoável.

A integração física dos sistemas elétricos, nas regiões Norte e Centro-Oeste, era ainda inimaginável, àquela época. No Nordeste, ao contrário, pelas próprias condições naturais, a questão estava definida e a geração ficaria exclusivamente a cargo da Chesf, à qual caberia a execução da rede de integração. Na região Sudeste, a responsabilidade da integração seria encargo natural de Furnas. Havia, porém, disputa entre as empresas da região pela concessão dos aproveitamentos hidrelétricos possíveis. Na região Sul, não havia empresa sob o controle da União com posição relativa equivalente à de Furnas.

Por iniciativa da Cemig, depois transformada em empreendimento de amplitude regional, foi solicitado financiamento ao Fundo Especial das Nações Unidas, a fim de se realizar levantamento dos recursos hídricos da região Sudeste. O Banco Mundial, agente executor do fundo no caso, concedeu para esse fim um financiamento de 2,5 milhões de dólares. Foram selecionadas firmas internacionais de engenharia para a execução dos trabalhos, que se consorciaram sob a sigla Canambra.[1] Foi criado, no início de 1963, o Comitê Coordenador de Estudos Energéticos da região Centro-Sul (denominação então adotada para o que depois passou a chamar-se Sudeste), constituído por Furnas (Eletrobras) e pelos estados da Guanabara, Minas Gerais, São Paulo e Rio de Janeiro, e contratados consultores nacionais como contrapartida da equipe externa.[2]

Na avaliação do mercado potencial, procurou-se fugir da simples extrapolação estatística do passado, buscando projeções da estrutura econômica futura ou de variáveis macroeconômicas, traduzindo-as depois em requisitos de energia elétrica. Um sumário da metodologia utilizada e dos principais resultados foi apresentado à Conferência Mundial de Energia realizada em Tóquio (Leite; Robock; Hassilev, 1966). É curioso observar que a demanda verificada no ano-limite de 1980 foi de 85,2 milhões de MWh, muito próxima do máximo de 86 milhões e longe do mínimo de 66 milhões.

No estabelecimento da sequência e oportunidade das obras a realizar, optou a Canambra por comparar o resultado do inventário das usinas hidrelétricas propostas pelas diversas concessionárias, com uma usina térmica consumindo óleo combustível importado. A sequência se estabelecia em função da estimativa de investimento resultante do inventário e da taxa de juros de referência, que era, então, de 10% ao ano, valor compatível com os juros extremamente baixos dos financiamentos externos oficiais disponíveis. Como os projetos inventariados eram econômicos, não se justificava, à época, nenhuma usina térmica. Essa situação perduraria por mais de um decênio.

O primeiro relatório da Canambra foi concluído em dezembro de 1963, e o segundo, em 1966, com as diretrizes do planejamento de longo prazo. Abandonavam-se projetos isolados de usinas para se adotar proposta de programa integrado. Os relatórios foram mais adiante aprovados pelo governo federal, nas administrações dos presidentes Castello Branco e Costa e Silva. Mas, antes que a conclusão desses documentos e a respectiva aprovação ocorressem, seguia, paralelamente, a controvérsia nacionalista.

No domínio da política de energia elétrica, e independentemente da preferência pessoal, havia um sentimento crescente entre muitos dos que se preocupa-

---

[1] Três empresas formavam a Canambra: Montreal Engineering e Crippen Engineering Co., do Canadá, e Gibbs and Hill, dos Estados Unidos.
[2] A Coordenação da empresa Economia e Engenharia Industrial S.A. – Ecotec, uma das participantes da contrapartida nacional, era a empresa onde o autor deste livro trabalhava.

vam com o equilíbrio econômico dos serviços de eletricidade, de que seria difícil, sob a ótica política, resolver o impasse da questão tarifária, se permanecessem no cenário as empresas estrangeiras. Foi quando se fundou a Comissão de Nacionalização das Empresas de Serviços Públicos – Conesp (maio 1962). É necessário lembrar que, em 1963, a proporção da capacidade instalada das empresas sob controle externo ainda era elevada, correspondendo a 46%, sendo 38% da Light e 8% do grupo Amforp. A criação da Conesp estava intimamente ligada à questão da Cia. Telefônica Brasileira e à das subsidiárias da Amforp.

O acordo, quanto à Amforp, foi alcançado em abril de 1963, ainda no governo João Goulart, segundo o qual a União federal adquiriria o acervo por 135 milhões de dólares, 75% dos quais deveriam ser reinvestidos em outras atividades no Brasil e 25% pagos em moeda. Logo a seguir, porém, o presidente, sob a pressão do então governador do Rio Grande do Sul, Leonel Brizola, que se opunha a qualquer pagamento pela compra do que denominava de ferro-velho, determinava a suspensão das negociações. A ideia da encampação da Light, cuja situação econômica era bem superior à das subsidiárias da Amforp, não passou de uma conversa preliminar entre o governo e a direção da empresa, em 1963. San Tiago Dantas encarregou-me dessa conversa, que ocorreu na casa de campo de Antonio Galloti, por ocasião de uma visita de Henry Borden ao Brasil, e que não passou de reconhecimento da situação e das perspectivas de ambas as partes.

O ministro da Fazenda San Tiago Dantas, e o embaixador em Washington, Roberto Campos, embora em posição oposta à do governador Brizola, eram defensores da ideia de que não seria viável uma grande revisão tarifária com a presença das empresas estrangeiras nos serviços de eletricidade e telefone.

Essa era a situação quando a conjuntura nacional, econômica e política, interna e externa, como um todo, se deteriorava até o ponto de ruptura no dia 31 de março de 1964. Após essa mudança, tornou-se possível a recuperação progressiva das tarifas com a reestabilização da Light. A compra da Amforp era contudo irreversível.

Novos tumultos no petróleo

A oportunidade aberta para o Brasil, pelo tratado de 1938, visando à pesquisa de petróleo na Bolívia sob a forma de cooperação entre os dois governos, não teve seguimento por vários motivos. Já o tratado de vinculação ferroviária foi cumprido pelo Brasil na parte que lhe cabia, e a E. F. Brasil-Bolívia contou com a presença dos presidentes Paz Estensoro e Café Filho para sua inauguração, em janeiro de 1955.

Modificações no quadro político boliviano culminaram com a promulgação, naquele país, de novo código do petróleo, em 1956, que abriu novamente o caminho para empresas privadas estrangeiras. Mantinham-se as disposições do tratado de 1938. Entre as várias tentativas de dar início às pesquisas, propôs o Brasil que a Petrobras e a YPFB constituíssem empresa para esse fim, o que foi recusado pela Bolívia com base em dispositivos do novo código. Essa proposta tinha aparente semelhança com a que seria mais tarde montada para a Itaipu Binacional. Diferia profundamente, todavia, quanto ao objeto, que no primeiro caso era a exploração de recurso natural em território boliviano e, no último, tratava-se de recurso natural compartilhado entre Brasil e Paraguai.

Passados vinte anos, em 1956, sem nenhuma ação prática no domínio da pesquisa de petróleo, chegaram os dois governos a mais uma tentativa de encaminhamento de solução, em duas reuniões realizadas, respectivamente, em Corumbá e em Roboré. Nessa última foram assinadas, pelos ministros José Carlos de Macedo Soares e Manuel Barrau Peláez, "notas reversais", que ficaram conhecidas como Acordo de Roboré e que desencadeariam novos surtos de manifestações, em geral emocionais, nos dois países. A zona de estudos prevista em 1938 foi aí dividida em duas partes, ficando uma a cargo da YPFB e outra reservada a empresas privadas brasileiras, com prazo certo e relativamente curto para se credenciarem.

No Brasil, o exame e o credenciamento de firmas ou consórcios nacionais interessados ficou a cargo do BNDE. Os trabalhos prosseguiram e o relatório final foi enviado pelo Conselho Nacional do Petróleo ao presidente Juscelino Kubitschek, que o aprovou em março de 1959.

Corriam paralelamente dois debates no Congresso. O primeiro, na Comissão de Relações Exteriores da Câmara, sendo relator o deputado Gabriel Passos que, em seu parecer, extremado e contorcido, considerava as notas reversais um tratado e como tal deveria ter sido submetido ao Congresso. Propôs, em novembro de 1959, um projeto de resolução que considerava a matéria das notas objeto de tratado e se negava à sua ratificação. O parecer não foi aprovado (Guilherme,1960). O segundo se referia aos trabalhos do BNDE, cuja direção era acusada de favoritismo e aberturas traiçoeiras ao capital estrangeiro. Foi criada comissão parlamentar de inquérito com impacto político e nenhum efeito prático.

Tudo isso repercutiu internamente nos órgãos do setor do petróleo, ampliando o tumulto que ali se armara desde o início do governo Juscelino Kubitschek. A história administrativa do petróleo no Brasil esteve sempre associada a crises de autoridade e de disputa do poder. O presidente da Petrobras, coronel Janari Nunes, que agia com grande independência, entrou em conflito com o coronel Alexínio Bittencourt, presidente do Conselho Nacional de Petróleo, nomeado em 1958. Antes já havia provocado dissidências na própria diretoria da empresa, resultando no pedido de demissão de dois de seus membros, Neiva de Figueiredo e Irnack Amaral. Quando surgiu o debate político sobre Roboré, as diretorias dos dois órgãos ficaram com opiniões divergentes. Por fim, o presidente Kubitschek designou uma comissão de alto nível e, após receber o parecer, optou pela demissão simultânea dos dirigentes dos dois órgãos. Dentre as queixas do segundo, constava a sonegação, pela Petrobras, de informações requeridas pelo CNP, fato que tornaria a se repetir (Carvalho, 1976, p. 106).

No importante departamento de exploração e no domínio das pesquisas sob a orientação de W. Link, com grande equipe de técnicos estrangeiros, à qual se incorporavam, de forma crescente, equipes nacionais, realizavam-se, por atacado, programas diversificados em várias regiões do país. Foi introduzido o mapeamento geral das bacias sedimentares e iniciou-se a pesquisa no mar, com uma perfuração na foz do rio São João, em 1954, a 2,5 km do litoral. Em 1959, principiaram os levantamentos sísmicos em águas interiores na Amazônia e depois em oceano aberto, em 1961. Coube a Link também uma primeira sugestão para pesquisas no exterior (Campos, 1995).

Com o surto de desenvolvimento econômico iniciado na época do presidente Kubitschek, cresceu fortemente o consumo do petróleo, em ritmo médio anual de 17%, entre 1956 e 1963. A produção nacional, que apenas começava, cresceu também e muito, até 1960, quando atingiu 44% do consumo; baseava-se exclusivamente na área do Recôncavo, na Bahia, e daí por diante a sua participação no suprimento ao país passou a declinar.

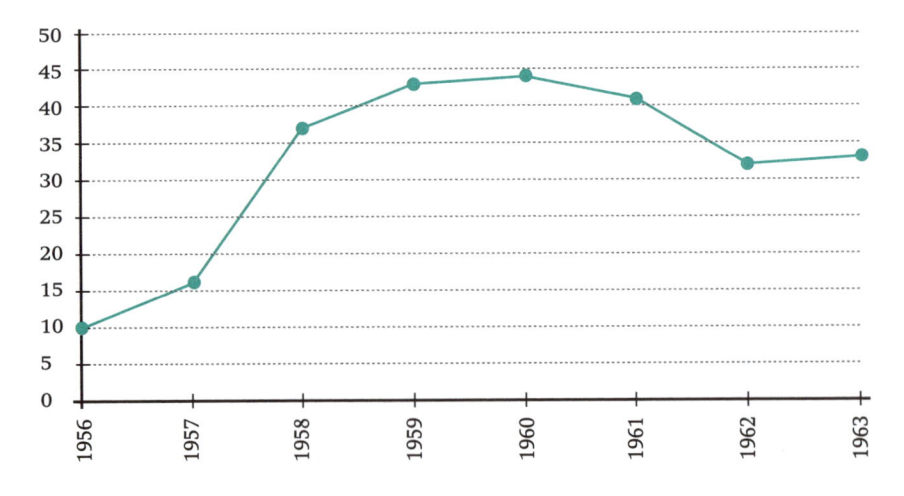

Figura 6 – Relação entre produção e consumo de petróleo.

Fonte: IBGE, 1987. v. 3 (ver tb. Apêndice 6-C).

Com a posse do presidente Jânio Quadros e a nomeação de João Agripino para o recém-constituído Ministério de Minas e Energia, escolheu-se também o primeiro presidente civil para a Petrobras, retirado do próprio quadro da empresa: Geonísio Barroso. A escolha resultou, aparentemente, de pressões por parte de associações profissionais e dos sindicatos da Bahia, enquanto o presidente da República teria outro candidato. Era o início da ingerência das forças sindicais na administração da empresa, que se manteria, com intensidade crescente até a queda de João Goulart.

Antes de começar o declínio da produção, no início do governo Jânio Quadros, em 1960, foi apresentado e divulgado o Relatório Link, com número considerável de informações técnicas e apreciação pessimista sobre o potencial de descobertas de petróleo no território. Provocou grande celeuma, reabrindo questões políticas e propiciando manifestações demagógicas. Quase ao mesmo tempo, surgiam pressões do Sindicato dos Petroleiros sobre a direção da Petrobras, inclusive em assuntos técnicos, e se abriam comissões parlamentares de inquérito. Em 1961, Link encerrou o contrato e deixou o país. Formou-se um grupo de trabalho composto por Pedro Moura e Décio Odone com o propósito de reavaliar o Relatório Link (Dias; Quaglino, 1993, p.118). Embora fugindo do pessimismo, essa revisão não contestou a essência da maioria das teses de Link. Anos mais tarde (1979), o próprio Link reafirmaria os termos do seu relatório, lembrando que:

> Julgo não poder acrescentar nada de importante ao relatório que apresentei em 1960, uma vez que, ao que eu saiba, nenhum campo comercial de petróleo foi descoberto nas imensas bacias paleozoicas brasileiras. Gostaria de destacar, contudo, que o relatório sugeria a exploração em alto-mar. No orçamento de 1961, elaborado antes de minha partida, estava prevista uma turma de sísmica no mar. Infortunadamente, nenhuma turma de sísmica no mar foi posta em operação até 1967-1968 (Dias; Quaglino,1993, p.139).

A atividade específica de pesquisa de petróleo sofreu consequências com a saída de Link, conjugada às mudanças na direção do país e da empresa. A chefia da pesquisa passou por Frederico Lange, Pedro de Moura e Franklin Gomes, e só se estabilizaria novamente em 1967, com a designação de Carlos Walter Marinho Nunes, que nela permaneceu por dez anos. Despendeu-se muito tempo e energia nas discussões sobre o Relatório Link.

Depois da renúncia de Jânio Quadros, foi para o Ministério de Minas e Energia Gabriel Passos, líder político nacionalista extremado, que afastou Geonísio Barroso da direção da Petrobras e colocou em seu lugar Francisco Mangabeira, primeiro presidente civil escolhido fora dos quadros da empresa. Importante greve de protesto paralisou os trabalhos nos campos de produção e na refinaria da Bahia (Carvalho, 1976, p. 136). O clima de agitação política e de descontinuidade administrativa no primeiro nível de governo, com cinco ministros que permaneceram, em média, apenas seis meses no cargo, e o poder crescente dos sindicatos provocaram efeitos nefastos na administração da empresa. Além disso, havia a presença predominante da esquerda negativa a que se referia San Tiago Dantas. Lembro-me de ter recebido, como seu assistente direto, incríveis mensagens por telex, novidade da época, enviadas por Mangabeira a San Tiago, com protestos contra quase todas as medidas de política econômica – infelizmente das quais não retive cópias.

Apesar de tudo, a estrutura montada na Petrobras foi capaz de multiplicar o esforço de perfurações em terra que compreenderam, no período 1956-1963, quase setecentos poços com 1.270 mil metros de extensão, cerca de cinco vezes o que já havia sido feito. Iniciaram-se, timidamente, trabalhos geofísicos no mar. Os investimentos desejáveis foram, todavia, limitados pela crise cambial por que passava o país. Em 1963, ocorreu a descoberta do campo de Carmópolis, SE.

Revisão e prorrogação do plano do carvão

Por ocasião da elaboração do plano de metas do governo Juscelino Kubitschek, foram revistos os objetivos constantes do plano do carvão, que completara quatro anos de execução, e estabelecida outra meta do carvão mineral para o período 1956-1961.

No fim do ano de 1957, deu-se a prorrogação da vigência do plano do carvão, com adaptações (Lei nº 3.353/1957, que prorrogava a Lei nº 1.886, do Plano do Carvão Nacional). A extinção da Comissão Executiva do Plano de Carvão Nacional – Cepcan, prevista para dezembro de 1957, foi transferida para 1960, com prazo adicional, portanto, de três anos. Outra prorrogação ocorreria ainda no governo Kubitschek, desta vez por dez anos. Coube-me, como ministro de Minas e Energia, providenciar a sua extinção.

No Rio Grande do Sul, com a redução do consumo do carvão pela ferrovia, em decorrência da entrada das locomotivas diesel-elétricas, a Cia. de Estrada de Ferro e Minas de São Jerônimo buscou consumidores alternativos na geração de eletricidade, para o que iniciou os estudos da usina termelétrica de Charqueadas, com potência de 72 MW, e fundou, em 1956, empresa para esse fim. Nas negociações para a formação do capital e financiamento, a Sul América, companhia de seguros, adquiriu debêntures da companhia de mineração, cujo produto foi por essa empregado para a integralização do capital exigida pelo BNDE. A assinatura dos contratos ocorreu em 1959, e a construção da usina principiou logo a seguir, tendo entrado em operação em 1962, ano de forte racionamento de energia elétrica no Rio Grande do Sul.

Por volta de 1961, o Departamento Autônomo de Carvão Mineral – DACM operava pequenas reservas a céu aberto, e estava com dificuldades de atender à viação férrea. O governador Leonel Brizola e Roberto Faria, pela Companhia Carbonífera Minas de Butiá, entraram em entendimento, concluído com a cessão, por essa, de poço equipado, para que nele o DACM pudesse operar sem necessidade de investimento.

Em Santa Catarina e no campo tecnológico, contando com iniciativa de Álvaro de Paiva Abreu, então diretor da Cepcan, decidiu-se realizar investigação a fim de chegar a uma solução mecanizada para a lavra do carvão local. Foram contratadas para esse fim duas equipes técnicas do exterior. Ambas tiveram seus trabalhos dificultados pela deficiente infraestrutura das mincrações, pela pouca familiaridade do respectivo pessoal com operações mecanizadas, e pela natureza e constituição do próprio carvão.[3] Reconheceu-se, depois, que o relatório conclusivo abriu caminho para uma possível mecanização da lavra, indicando as providências que complementariam a mecanização das frentes de mineração, especialmente o transporte interno e o beneficiamento na boca da mina.

Em 1957, antes do término do prazo estabelecido de início para o plano do carvão, o governo federal decidiu-se pela construção de duas usinas termelétricas. A primeira, em Capivari, SC, organizada sob a forma de empresa autônoma com a designação de Sotelca, contava com a participação da Cia. Siderúrgica Nacional, do estado e do plano do carvão; as obras tiveram início em 1962, com potência de 100 MW, e sua inauguração se deu pelo presidente Castello Branco. A segunda, localizada em Figueira, PR, organizada também sob a forma de empresa autônoma com o nome de Utelfa e potência de 20 MW, foi concluída pouco antes da primeira.

A produção total de carvão tinha permanecido estável de 1943 até 1958, em torno de 2,0 a 2,2 milhões de toneladas anuais; a partir de 1959, começa a subir, impulsionada principalmente pela expansão siderúrgica. As novas usinas, Companhia Siderúrgica Paulista – Cosipa e Usinas Siderúrgicas de Minas Gerais – Usiminas, estavam subordinadas às mesmas normas aplicadas à CSN quanto ao consumo de carvão nacional de Santa Catarina, em mistura com carvão importado de melhor qualidade.

O aspecto curioso de Charqueadas foi o reequilibro entre oferta e demanda de energia elétrica no Rio Grande Sul, alcançado com a construção de usina cuja utilidade não era reconhecida pela CEEE, concessionária de distribuição então dirigida por Noé de Freitas, que assumira posição extremada nacionalista e estatizante. Antes da sua inauguração havia ocorrido, aliás, a encampação, pelo governo Leonel Brizola, da subsidiária da Amforp que atendia à cidade de Porto Alegre (1959).

---

[3] Foram duas as firmas contratadas: uma americana, especializada na técnica conhecida como de câmaras e pilares; outra alemã, que trabalhou em função do processo Longwall. A primeira foi, por fim, adotada.

Ainda no Rio Grande do Sul, e independentemente de ações ou decisões governamentais, a Companhia de Pesquisas e Lavras Minerais Usinas Siderúrgicas de Minas Gerais – Copelmi, que promovera a construção de Charqueadas, incorporou, em outubro de 1963, as minas de carvão pertencentes às companhias Estrada de Ferro e Minas de São Jerônimo e Carbonífera Minas de Butiá, empreendimentos provindos de iniciativas pioneiras de 1889, a primeira, e de 1917, a última.

Energia nuclear toma impulso moderado

O governo Juscelino Kubitschek instituiu a Comissão Nacional de Energia Nuclear–CNEN, diretamente subordinada ao presidente da República, que absorveu as funções até então exercidas nesse domínio pelo Conselho Nacional de Pesquisas (Decreto nº 40.110/1956).

Com o passar do tempo, tornava-se nítido que eram remotas as possibilidades de utilização das explosões controladas para escavações destinadas a grandes obras públicas. Parecia também que a própria geração de energia elétrica, por via termonuclear, se fazia a custos mais elevados que nos aproveitamentos de recursos hídricos.

Ainda dessa vez, nova fonte de energia interessava mais aos países intensamente industrializados, já com o seu potencial energético renovável esgotado, do que aos países em desenvolvimento como o Brasil, que até então dispunha de amplo horizonte de recursos hidráulicos aproveitáveis, sob o aspecto econômico.

Por encomenda da National Planning Association, dos Estados Unidos, foi preparada, por Stefan Robock, economista e professor de longo convívio com o Brasil, uma avaliação do aproveitamento possível e provável da energia nuclear no país, na qual tive pequena participação e que me deu, todavia, a oportunidade de acompanhar a análise, e de reavaliar a situação em termos objetivos. O estudo resultou pessimista em relação ao futuro imediato, prevendo a possibilidade, em termos econômicos racionais, de utilização de energia nuclear somente após duas décadas, em particular, por causa das possibilidades hidrelétricas[4] (Robock, 1957). Esse estudo não teve repercussão no Brasil, talvez porque a opinião dominante continuasse entusiasmada com as possibilidades da energia nuclear. Anos mais tarde, o próprio Robock, interpretando o relativo desinteresse pelas deduções do seu livro, atribuía o fato à conclusão relativamente negativa. Na realidade, no entanto, a utilização prática só viria mais tarde ainda do que a data considerada pessimista.

---

[4] "In 1965-75 the prospects for nuclear power should improve steadily because of increasing costs for new hydro projects" (...) "The economic significance of nuclear power to Brazil would therefore be greyest in about two decades".

Na frente geológica, ao contrário, havia otimismo, e relativo consenso, de que o território do Brasil se configurava potencialmente promissor como detentor de reservas de minerais físseis. De aparência desfavorável a grandes estruturas petrolíferas, a geologia apresentava características que prometiam descobertas de urânio, além das reservas de tório já então conhecidas.

Na área científica e tecnológica surgiam, aos poucos, variadas iniciativas: da fundação do Instituto de Pesquisas Radioativas – IPR, em Belo Horizonte (1953); dos cursos de energia nuclear na Escola Nacional de Engenharia da então Universidade do Brasil, depois UFRJ (1954), e do Instituto Militar de Engenharia; da criação do Instituto de Energia Atômica, de São Paulo – IEA (1956) e, finalmente, nos anos de 1957-1960, a inauguração do primeiro reator de pesquisas do Brasil, no próprio IEA. Ao mesmo tempo, fundava-se o Laboratório de Dosimetria, onde nasceriam as bases para um primeiro controle ambiental associado à nova tecnologia, nos moldes do que vinha acontecendo nos Estados Unidos. Inaugurava-se o reator Triga Mark I, do IPR, de Belo Horizonte. Preparava-se continuamente uma elite científica, que não só absorvia os avanços realizados nos países de vanguarda como produzia trabalhos originais de valor inquestionável (Biasi, 1979).

A definição de natureza política viria em 1962, vinte anos depois de Hiroshima, por meio da Política Nacional de Energia Nuclear, que estabeleceu o monopólio estatal para as atividades nucleares (Lei nº 4.118/1962). Durou apenas cinco anos e foi redefinida em 1967.

No Brasil, e no longo período de 1950 até 1967, as atividades se desenvolveram simultaneamente em três direções: a do domínio da tecnologia em si, mediante programa de aperfeiçoamento de pessoal; a da pesquisa geológica, visando aos minerais atômicos; e, por fim, a das especulações sobre a utilização pacífica, ainda na linha da esperança do quanto a energia nuclear poderia contribuir para a aceleração do processo de desenvolvimento econômico e social do país.

No âmbito internacional, o primeiro organismo criado foi a Agência Internacional de Energia Atômica – AIEA, em 1957, com sede em Viena, cujo objetivo era promover e disciplinar os usos pacíficos da energia atômica. Dela participou, desde a sua fundação, grande número de países, inclusive o Brasil. O estatuto da agência foi aqui promulgado pelo Congresso durante o governo Juscelino Kubitschek (Decreto nº 42.155/1957). A agência ocupou-se principalmente da elaboração e aplicação de salvaguardas contra o mau uso – de segurança e de desvio militar – das instalações nucleares para fins pacíficos.

O efetivo emprego, em escala e condições comerciais, da energia nuclear para a geração de energia elétrica teve início nos Estados Unidos, em 1958, com a inauguração da Yankee Atomic Power Plant, no Estado de Massachusetts. Tratava-se de reator de água pressurizada e urânio, enriquecido a 3% (PWR), de 175 MW, projetado e executado pela

Westinghouse, o qual tinha origem, por sua vez, no projeto do almirante Rickover, de um reator de propulsão para submarinos (1954). Muitas usinas desse tipo foram instaladas nos Estados Unidos na década de 1960. A partir de 1969, foi introduzido pela General Electric o projeto de água fervente e urânio enriquecido a 3% (BWR), que também se confirmou como instalação comercial. Eram reatores de potência da ordem de 100 MW, capacidade essa que seria, em seguida, ampliada para o nível de 1.000 MW por unidade.

A instalação de uma primeira usina termonuclear no Brasil foi incluída no programa de metas do presidente Juscelino Kubitschek, sem maiores compromissos, na aparência e, provavelmente, para atender às comunidades científica e diplomática brasileiras. Havia o empenho de seguir de perto o que se fazia nos Estados Unidos. A possibilidade foi também examinada pela American & Foreign Power, em 1956, que apesar de já estar em declínio dedicou tempo e recursos para avaliar a viabilidade de uma usina nucleoelétrica de 10 MW, a ser localizada na região norte–fluminense.

No âmbito do governo federal e por iniciativa da CNEN, sob a direção do almirante Otacílio Cunha e do embaixador Dias Carneiro, principiaram os estudos para a primeira usina nuclear, com potência da ordem de 100 MW, entre o Rio de Janeiro e Santos, estabelecendo-se como área inicial a investigar a foz do rio Mambucaba, na baía de Angra dos Reis. Instituiu-se na CNEN uma Superintendência do Projeto Mambucaba, a cargo do embaixador Dias Carneiro. Com o propósito de examinar a localização dessa primeira usina, organizou-se também uma comissão profissionalmente eclética, da qual fiz parte.[5] Os estudos de localização se baseavam na convicção de que uma usina experimental, da qual era razoável esperar-se baixa confiabilidade operativa, teria de estar situada próxima aos maiores centros de carga elétrica, em relação aos quais o seu suprimento representasse parcela não relevante. Não se discutiu muito, nesse estudo de localização, o tipo de reator a ser utilizado, cuja escolha deveria ser objeto de outra etapa do projeto.

Cogitava-se de usina nuclear possivelmente associada à usina hidrelétrica de alta queda e de bacia de acumulação na baixada, destinada a suprir as necessidades de refrigeração por água doce da primeira; não se pensava, então, em empregar água salgada para esse fim. Os resultados dos trabalhos confirmavam a sugestão inicial do lugar, em Mambucaba. O projeto não teve, no entanto, prosseguimento. Por mera coincidência, ou não, a poucos quilômetros dali, no mesmo litoral, se proporia a localização, 15 anos mais tarde, da usina de Angra.

Por volta de 1962, intensificaram-se discussões, principalmente nos meios científicos, sobre o tipo de reator nuclear mais adequado ao país e começaram a

---

[5] Os trabalhos foram executados por Henrique Brandão Cavalcante, A. Dias Leite, pelo geólogo Pischler, do IPT, e Flávio Costa Rodrigues, da Hidrologia Comercial, sob a coordenação da empresa Economia e Engenharia Industrial S.A. – Ecotec; o apoio técnico e logístico coube à Marinha, sob o comando do então capitão de fragata Paulo Moreira da Silva, a bordo do navio hidrográfico *Orion*.

delinear-se várias correntes de pensamento. Uma valorizava o uso do tório, abundante no território brasileiro, e se encaminhava, por isso, na direção do desenvolvimento de um ciclo específico até então inexistente na prática. Outra se preocupava com a autonomia e, em função disso, recusava o uso do urânio levemente enriquecido, que dependia do monopólio exercido pelos Estados Unidos, dando preferência ao urânio natural. Esse requeria, todavia, a tecnologia da água pesada, dominada apenas por poucos produtores. Uma terceira corrente considerava que a tecnologia americana dos reatores a urânio levemente enriquecido e água leve prevaleceria no mercado, e propugnava para que fosse seguido esse caminho, apesar da dependência que envolvia. As decisões só viriam a partir de 1965.

Produção de minério de urânio no Brasil

A ocorrência de radioatividade na chaminé alcalina de Poços de Caldas foi detectada desde 1948. Durante a vigência do acordo de 1952 com os Estados Unidos, foram realizadas investigações preliminares nessa área. Segundo o relatório da missão americana (White; Pierson, 1974, p. 14):

> O programa de prospecção de urânio no Brasil foi iniciado em outubro de 1952, com trabalhos de campo nos depósitos zircono-uraníferos de Poços de Caldas. Estes são os mais bem conhecidos depósitos uraníferos do Brasil e os que têm atraído a maior atenção das autoridades brasileiras por causa de sua acessibilidade e do teor de urânio no minério de zircônio.

A começar dessa observação, já se definia a dificuldade do complexo minério de Poços de Caldas, de zircônio e molibdênio com urânio secundário. Por volta de 1960, a CNEN contratou com a Société des Terres Rares, da França, anteprojeto de tratamento desse minério, no intuito da produção de urânio e zircônio. Teve importante papel, no encaminhamento das investigações, o prof. Maffei, do IPT, São Paulo, membro do Conselho da CNEN. A Economia e Engenharia Industrial S. A. – Ecotec foi selecionada para avaliar economicamente o anteprojeto técnico, elaborado pela empresa francesa citada.

Concluía-se, na época, pela inviabilidade da produção do urânio, se não fosse conjugada à do zircônio, cujo futuro era, então, promissor, mas ainda não bem definido. Fundamentalmente, porque o minério era refratário aos tratamentos químicos. Não havia também determinação da reserva explorável. O assunto da mineração em Poços de Caldas ficou, por um período, estacionário.

A partir de 1962, buscou a CNEN ampliar os seus conhecimentos da área de Poços de Caldas, tendo em vista, em particular, as ocorrências de urânio não subordinadas ao zircônio; foram definidas as reservas do Campo do Agostinho (1966-1970) e do Cercado (1971-1975). Com o minério do Campo do Agostinho, realizaram-se interessantes experiências de tratamento biológico, a cargo de Saião Lobato.

O petróleo ultrapassa a lenha

Com o novo período de industrialização decorrente da política desenvolvimentista do presidente Juscelino Kubitschek, e a ênfase dada pelo seu governo ao programa da indústria automobilística e de construção de rodovias, cresceu, de forma dramática, o consumo de derivados de petróleo, com impulso que perdurou no período dos presidentes Jânio Quadros e João Goulart. Paralelamente, acentuou-se o processo de urbanização. Em consequência, os derivados de petróleo igualaram a lenha em 1964, para logo após surgirem como principal insumo energético em 1969.

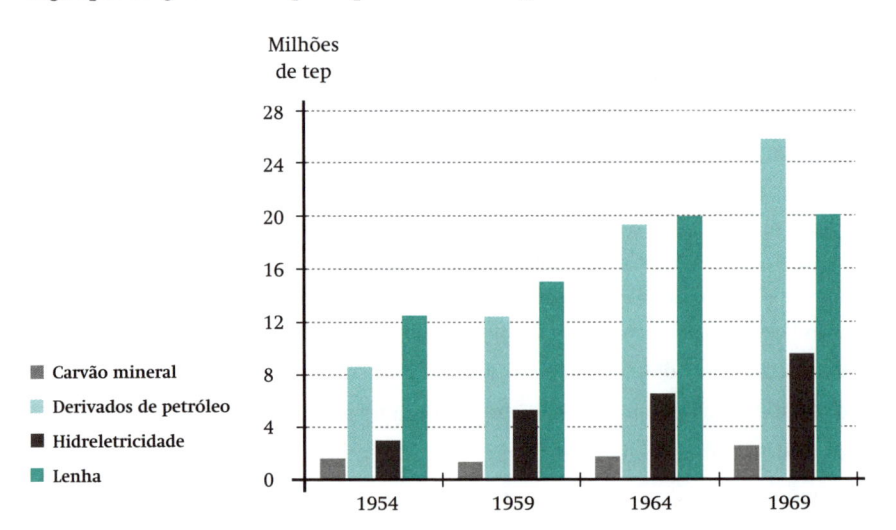

Figura 7 – Estimativa do consumo de energia no país de 1954-1969.

Fonte: Wilberg, 1974 (ver tb. Apêndice 5-D).

É surpreendente que o consumo da lenha voltasse a crescer até 1964, estabilizando de novo, apenas, entre esse ano e 1969. Em termos relativos, a sua participação caiu nesse último quinquênio, de 40% para 32%.

Capítulo VII
Reforma econômica (1964-1974)

Governos militares

É importante distinguir duas fases dos governos militares: a primeira, de 1964 a 1974, é a da estabilização financeira, das reformas econômicas e administrativas, e da retomada do desenvolvimento, fundamentada principalmente em poupança interna, contudo é a época da primeira crise dos preços do petróleo; na segunda fase, procura-se manter intenso o ritmo de crescimento, apesar das consequências das crises do petróleo, com gigantesco programa de investimentos em infraestrutura, com endividamento externo e substituição de importações, a qual se prolongou, com grandes dificuldades, até 1985.

O período se inicia com o vácuo de poder deixado pelo presidente João Goulart, que não se dispôs a lutar pela continuidade do seu governo diante da pressão civil e militar que sobre ele se exerceu no fim de março de 1964. Não cabe aqui entrar no mérito dessa decisão.

O fato é que o presidente da Câmara dos Deputados, Ranieri Mazzilli, preencheu o posto, em caráter interino, substituindo de imediato os ministros militares por outros – com o general Costa e Silva à frente – que assumiriam o comando da situação dispostos a revidar qualquer reação que surgisse. Surpreendentemente, não houve reação que preocupasse e a reorganização do poder político e do governo se completou em dez dias. O ato institucional do supremo comando revolucionário, baixado no dia 9 de abril (depois conhecido como Ato Institucional nº 1), foi redigido por Francisco Campos, principal redator da Constituição de 1937, do tempo do presidente Getúlio Vargas. Eram assegurados amplos poderes ao governo, alguns com prazo limitado a três meses, a exemplo das cassações de direitos e mandatos. Com base nesse ato, e nesse clima, dá-se a eleição, pelo Congresso, do presidente Castello Branco, tendo como vice José Maria Alkimim, no dia 11 de abril.

Na iminência de uma hiperinflação – na apreciação da época – foi atribuída prioridade absoluta a esse problema, sob o comando do ministro da Fazenda, Otávio Bulhões. Ocorreu amplo debate público, com manifestações de variadas origens, tanto no plano técnico como político, do qual participei ativamente. Foi nessa época que fiz, pela primeira vez, uma revisão das políticas econômicas que vinham sendo adotadas pelo país, cujas considerações expus em artigos de jornal, depois reunidos por mim no livro *Caminhos do desenvolvimento* (Leite, 1965). Nele defendo a tese de que, naquela época, a promoção do desenvolvimento econômico dependia de um núcleo de empresas sob controle do Estado, atuando em alguns poucos setores básicos e que pudesse arrastar no processo de crescimento, e por intermédio de suas encomendas regulares de bens e serviços, número considerável de empresas privadas, às quais devia ser assegurada grande liberdade de ação. Acredito que isso tenha de fato acontecido nos anos seguintes, embora, mais tarde, com exagero e ineficiência crescentes, tanto na extensão como no tempo de duração.

No campo específico da energia, sendo ministros, além de Otávio Bulhões na Fazenda, Roberto Campos no Planejamento, Mauro Thibau, de Minas e Energia, e Marcondes Ferraz na presidência da Eletrobras, reuniam-se pessoas que haviam participado, do mesmo lado, dos debates anteriores sobre a reestruturação do setor de energia elétrica (Apêndice 6-3). Foi um raro momento da história inflacionária do país em que não ocorreram desentendimentos sérios entre os ministros da área econômica e o de Minas e Energia sobre tarifas, já que havia então o propósito comum de assegurar a viabilidade empresarial das concessionárias.

O mesmo não ocorreu quanto ao petróleo. A direção da Petrobras, exercida pelo marechal Ademar de Queirós, voltava a estar, na prática, diretamente subordinada ao presidente da República e vinculada à tese da intocabilidade não só do monopólio como também da empresa que o exerce. Nenhuma atualização ou modificação essencial pôde ser feita nesse domínio.

A reforma da administração pública consubstanciou-se no Decreto-lei nº 200, que propiciou intenso processo de descentralização no âmbito do governo federal.

Sendo prioridade a defesa da moeda nacional e o restabelecimento da confiança no funcionamento da economia nacional, é natural que pouco tenha sido feito no sentido dos investimentos, em particular na área energética. Preparava-se, todavia, o terreno para que isso pudesse acontecer a seguir.

No final do governo Castello Branco promulgou-se a Constituição de 1967, cujo principal relator foi o ministro Carlos Medeiros Silva.

A sucessão de Castello Branco não foi tranquila. Já haviam ocorrido divergências quando da prorrogação do mandato, justificada pela necessidade de assegurar-se tempo suficiente ao saneamento financeiro, e criticada, do ponto de vista político, como capaz de desfazer a credibilidade pública nos propósitos do governo de restabelecer o regime democrático. A autoescolha do general Costa e Silva como candidato à sucessão não foi aceita com facilidade pelo grupo diretamente ligado ao presidente Castello Branco.

Com o presidente Costa e Silva, diante de conjuntura econômica externa muito favorável e contando com os resultados da austeridade financeira do governo anterior, chegava a hora de se lançar o país, com base no equilíbrio alcançado, em outra etapa de crescimento econômico autossustentado. A minha transferência da presidência da Companhia Vale do Rio Doce para o Ministério de Minas e Energia ocorreu em 27 de janeiro de 1969, em consequência da súbita passagem do ministro Costa Cavalcante para a Pasta do Interior, provocada pelo desentendimento do governo com o ministro Albuquerque Lima. No governo Costa e Silva voltou a não existir conversação fácil entre os ministros da área econômica, Delfim Netto e Hélio Beltrão, e os de Minas e Energia, Costa Cavalcante e depois eu próprio, em relação às condições da recuperação dos serviços de energia elétrica. Uma nova transição foi também complicada, com a enfermidade de Costa e Silva, a intervenção dos três ministros militares, sob a forma de uma junta de governo, e a transferência, pouco depois, da Presidência para o general Emílio Médici, escolhido pelo alto-comando das Forças Armadas. Médici aceitou a Presidência como missão a cumprir, nas condições e regras em vigor.

A convite dele permaneci como titular da Pasta de Minas e Energia durante todo o seu período na Presidência, com a colaboração direta de vários membros das diretorias das entidades vinculadas ao MME.[1] No governo E. Médici ressurgiu, em sua plenitude, a dificuldade entre a administração civil e a Petrobras, cuja direção foi entregue, com plenos poderes, ao general Ernesto Geisel, expoente da tradição militar em assuntos do petróleo, o qual – além de passar a ser porta-voz da monolítica corporação – teve participação ativa em eventos anteriores da história do petróleo. Continuou impossível qualquer abertura para ideias novas, apesar da qualificação pessoal da diretoria da empresa.

No setor de energia elétrica, em compensação, e graças à presença de Mario Bhering na presidência da Eletrobras com uma competente equipe, houve esforço considerável e bem-sucedido, a fim de assegurar planejamento racional, condições de rentabilidade e capacidade de investir das concessionárias. Realizou-se, ainda, talvez a maior operação de descentralização da administração pública, com a transferência, da União para os estados, de quase todos os serviços de distribuição de energia elétrica que se encontravam sob controle da primeira.

No âmbito do Ministério de Minas e Energia, procurou-se evitar preferências, dando atenção equitativa a seus diversos setores, objetivo esse que só foi possível graças à dedicação inigualável de Benjamim Mário Batista, que ocupou o cargo de secretário-geral, substituindo a qualquer hora o ministro.

Foi nessa fase dos governos militares que se iniciou a instalação da indústria petroquímica, segundo modelo tripartite, e se ampliou a indústria siderúrgica. Fez-se novo esforço para melhorar a produtividade na mineração do carvão. Na

---

[1]Da Eletrobras, além de Mário Bhering, Léo Amaral Pena, Manoel Pinto de Aguiar, Maurício Schulman e Lucas Nogueira Garcez; da Petrobras, Fabiano Peixoto Faria Lima, Haroldo Ramon da Silva e Leopoldo Miguez de Melo; da CNEN, Hervásio G. de Carvalho, Otacílio Cunha e Raimundo Andrade Ramos; e do DNAEE, José Duarte Magalhães.

energia nuclear, procurou-se integrar as atividades de pesquisa tecnológica e mineral, preservando-se a identidade das organizações existentes. A questão florestal voltou a merecer atenção do governo federal, que promoveu a aprovação de novo código e de incentivos ao reflorestamento.

A economia nacional duplicou em dez anos, atingindo o mais forte ritmo sustentado de crescimento de todos os tempos (10,9% ao ano, em média, no quinquênio 1969-1974). Também a taxa da inflação, que vinha explosiva desde 1963, não só foi contida como declinou até atingir o nível de 16% ao ano, em 1973. O valor do comércio exterior quadruplicou, com relativo equilíbrio entre importações e exportações. A dívida externa líquida duplicou em valor absoluto, mas reduziu-se quando comparada às exportações. O cenário exterior era favorável e além disso a posição da economia nacional subiu em comparação internacional. Esse sucesso indiscutível, quando posto em termos globais e quantitativos, tem sido, todavia, discutido quanto a seus efeitos negativos sobre a já tradicionalmente insatisfatória repartição da renda.

Este capítulo, com o respectivo anexo contendo documentos inéditos, de difícil acesso, é mais extenso que os demais porque o texto assume caráter de depoimento pessoal, de quem exerceu o cargo de ministro de Minas e Energia durante cinco anos, com a confiança e o apoio dos presidentes Costa e Silva e Emílio Médici.

Indicadores – 1964-1974

I. GOVERNO: PRESIDENTES, MINISTROS DA FAZENDA E DE MINAS E ENERGIA
1964-1967 Castello Branco/Otávio Bulhões/Mauro Thibau
1967-1969 Costa e Silva/Delfim Netto/Costa Cavalcante/Antonio Dias Leite
1969-1973 Emílio Médici/Delfim Netto/Antonio Dias Leite

II. ECONOMIA[1]
PIB antes e no fim do período, em bilhões de dólares 148,9/318,8
Taxa média anual de crescimento da população 2,6%
Taxa média de crescimento do PIB 7,9%
Taxa média anual da inflação 26,4%

III. CONSUMO DE ENERGIA[2]
(TAXA MÉDIA ANUAL DE CRESCIMENTO)
Petróleo 9,2%
Carvão mineral 4,5%
Hidráulica 11,3%
Lenha .... -0,6%
Cana-de-açúcar 8,6%
Outros .... –
Total 4,3%

IV. REFERÊNCIA INTERNACIONAL (ESTADOS UNIDOS)
PIB antes e no fim do período, em bilhões de dólares[3] 2.758/3.762
Taxa média anual de crescimento do PIB 3,1%
Taxa média anual da inflação 5%

V. RELAÇÃO PIB ESTADOS UNIDOS/PIB BRASIL
Início/fim do período 19/12

NOTAS
1. As informações relativas à economia brasileira provêm do IBGE.
2. As informações relativas à economia interna de energia provêm do Balanço Energético Nacional – BEN.
3. Os valores do PIB Brasil e dos EUA estão em dólares de 1995.

Reformulação da energia elétrica

O governo instaurado em abril de 1964 e seus sucessores mantiveram, no que diz respeito à energia elétrica, atitude nítida e coerente ao longo de dez anos, até março de 1974.

Dirimiu-se, nesse momento, a dúvida entre as correntes favoráveis e contrárias à organização das empresas de energia elétrica como entidades econômicas rentáveis e capazes de sustentar o próprio desenvolvimento com autonomia financeira. O governo federal, presidido pelo presidente Castello Branco, buscaria, de forma progressiva, apesar de alguns tropeços, alcançar estrutura econômica empresarial para o setor de energia elétrica, contando com a ação coerente dos ministros de Minas e Energia, da Fazenda e do Planejamento. A nítida definição dos rumos da política de energia elétrica foi feita pelo ministro Mauro Thibau, com aprovação do presidente, em 5 de julho de 1964 (Apêndice 7-A).

Do ponto de vista institucional, estabeleceu-se norma tarifária em busca da efetiva implantação do serviço pelo custo e com reconhecimento da existência da inflação, de modo que assegurasse adequada rentabilidade real para as empresas. Medida-chave foi a extensão às concessionárias de energia elétrica, e adaptação a elas, das normas de correção monetária do ativo imobilizado e da periódica atualização da expressão monetária do custo histórico do investimento.[2]

Deu-se continuidade às negociações com a Amforp, que já haviam sido formalmente iniciadas com a assinatura de memorando de entendimento, em abril de 1963. Houve ainda uma tentativa de rever a decisão do governo anterior, mas do lado da empresa as decisões e providências tomadas eram irreversíveis (Apêndice 7-B).

A diretoria da Eletrobras autorizou, em agosto de 1964, o seu presidente, Marcondes Ferraz, a estabelecer as negociações finais com a Amforp e, em setembro, o presidente Castello Branco enviava mensagem ao Congresso com a documentação necessária ao exame da transação proposta. A lei que autorizou a Eletrobras a adquirir as ações foi publicada em outubro com as assinaturas de Otávio Bulhões e Mauro Thibau (Lei nº 4.428/1964). A operação de compra foi concluída em nome da Eletrobras pelos seus diretores Marcondes Ferraz e Ronaldo Moreira da Rocha, em novembro de 1964, mediante abertura de crédito, por parte da Amforp à Eletrobras, e sob a forma de empréstimo, a ser pago em 45 anos, a uma taxa média de 6,5% de juros anuais (Eletrobras, 1988a, p. 199).

---

[2] Decretos nºs 54.936 e 54.937, ambos de 1964, baseados na Lei nº 3.470/1958 e, posteriormente, Lei nº 4.357/1964; conceituação da expressão monetária do custo histórico do investimento, de José Luis Bulhões Pedreira.

Quanto à estrutura da administração federal, recomendava-se a simplificação, já que faziam parte do Ministério de Minas e Energia três organismos com funções parcialmente superpostas: a Eletrobras, o CNAEE e o DNAEE. A solução adotada foi a da extinção do Conselho, distribuindo-se as suas funções em parte à Eletrobras e em parte ao DNAEE (Lei nº 4.904/1965, que dá nova estruturação ao MME). A ideia central que então prevaleceu foi a de atribuir à empresa (Eletrobras) funções de planejamento e coordenação que demandassem maior agilidade, retendo na administração direta (DNAEE) apenas as atribuições inerentes ao poder concedente da União. Como exemplo marcante da dificuldade para se extinguir instituições da administração pública, cabe lembrar que o ato inicial, de transferência das responsabilidades do CNAEE, datado de dezembro de 1968, não logrou encerrar as atividades do órgão, já sem funções. Apenas no ano de 1969, e depois de ingentes esforços, a extinção se completou (Decreto nº 63.951/1968 e Decreto nº 689/1969).

Em face da expansão dos sistemas elétricos e da extensão territorial das linhas de transmissão, tornava-se previsível a sua interligação, em futuro próximo, com grandes benefícios para a eficiência do conjunto.

Adquiria especial importância, nesse contexto, o empecilho técnico representado pela dualidade da frequência das redes de distribuição: 60 ciclos na maioria do país e 50 ciclos em algumas áreas definidas, notadamente no Rio de Janeiro, Espírito Santo e Rio Grande do Sul. Foi então sugerida ao Congresso a unificação da frequência, proposta essa transformada em lei, em 1964 (Lei nº 4.454).

Do ponto de vista da organização empresarial, havia que consolidar a Eletrobras e aperfeiçoar as relações dessa com as suas duas importantes subsidiárias (Chesf e Furnas), além de tornar efetiva a incorporação das empresas estrangeiras recém-adquiridas da Amforp. Duas delas, no Rio Grande do Sul e em Pernambuco, já vinham sendo objeto de processos específicos (Apêndice 7-B). Além do mais, essas empresas necessitavam de rápido programa de recuperação e expansão dos serviços, há muito estagnados, inclusive em virtude da própria controvérsia anterior quanto ao seu destino.

Sobre o planejamento global do setor, encaminhou-se à apreciação do presidente da República o relatório final do Comitê Coordenador dos Estudos Energéticos da região Centro-Sul, cujos trabalhos vinham sendo realizados desde 1963 (o Decreto nº 53.958/1964 foi o de sua aprovação). Com base em renovado apoio do Fundo das Nações Unidas, administrado pelo Banco Mundial e com a contrapartida do Comitê Coordenador de Estudos Energéticos da Região Sul, e utilizando-se do mesmo grupo de consultores, foi feita a avaliação para a região Sul do potencial hidro e termelétrico, e do correspondente mercado, de forma equivalente à que havia sido desenvolvida para a região Sudeste. O relatório final foi aprovado em 1970 (Decreto nº 66.737/1970). Repetiam-se nessa região os conflitos entre empresas ocorridos na região Sudeste, e que diziam respeito à alocação dos aproveitamentos hidrelétricos recomendados.

Enquanto isso, voltava à tona, ao tempo do presidente Costa e Silva, a questão tarifária, configurando nova batalha na luta permanente entre o ponto de vista de longo prazo – em que se colocavam os responsáveis pela política energética, preocupados com o equilíbrio econômico e financeiro das empresas concessionárias – e as atitudes mais imediatistas e conjunturais da política macroeconômica, concentradas no combate aos surtos inflacionários, envolvendo providências quase sempre baseadas no controle de preços e, portanto, também das tarifas de serviços públicos.

Comissão técnica formada por membros dos ministérios de Minas e Energia e do Planejamento havia elaborado, em 1968, relatório infeliz que, sem qualquer análise das condições de equilíbrio possíveis de um sistema de serviços públicos de um país em desenvolvimento, necessariamente em forte e continuada expansão, propunha que a remuneração do ativo imobilizado fosse reduzida dos habituais 10% previstos e discutidos, embora quase nunca praticados, para uma faixa variável de 8% a 10%. Enquanto isso a convicção dos que estavam do lado da concepção empresarial para o setor de energia elétrica era de que, ao contrário, a remuneração deveria passar a ser, àquela época, de 10% a 12% sob as taxas de juros prevalecentes. Os ministros Hélio Beltrão e Delfim Netto aprovavam o relatório. Na expressão de Leo Pena, a bola já estava, então, na linha do gol quando, de forma inesperada, assumi, a convite do presidente Costa e Silva, o Ministério de Minas e Energia. Cabia-me, antes de mais nada, evitar o gol contra o sistema elétrico do país.

Por várias vezes, eu havia estudado as condições de equilíbrio financeiro, a longo prazo, das empresas de crescimento regular e continuado. A primeira versão, apresentada em simpósio no Clube de Engenharia do Rio de Janeiro, fora sobre o problema da energia elétrica no estado da Guanabara.[3] Participava eu do grupo, convicto da importância decisiva da remuneração adequada para a evolução de um sistema elétrico economicamente sadio, e capaz de acompanhar o surto de desenvolvimento econômico nacional que se delineava.

O citado estudo de equilíbrio financeiro a longo prazo, em sua versão revista, aplica-se aos setores de atividade que se caracterizem por elevada relação capital/produto, que cresçam com relativa regularidade e continuidade, e cujos produtos ou serviços prestados tenham demanda difusa e generalizada. É o caso dos serviços

---

[3] Trabalho elaborado em 1962, revisto em 1970 e publicado sob o título "Equilíbrio financeiro das empresas de crescimento regular e continuado", na *Revista Brasileira de Energia*, Rio de Janeiro n. 34, abr./set. 1976.

de eletricidade nas condições brasileiras (Leite, 1976). O modelo leva em consideração, como fatores relevantes: o ritmo anual requerido de expansão física, o período de maturação dos investimentos, a taxa de remuneração dos investimentos em operação, a quota anual de depreciação, a taxa de juros e o prazo de amortização dos financiamentos. O resultado que se obtém na sua aplicação é a relação entre o saldo ou déficit de caixa anual, antes do pagamento do imposto de renda e da distribuição de dividendos, e o investimento a realizar no ano para atender à expansão desejada. Cabe lembrar que, na época, o imposto de renda sobre as empresas concessionárias era irrelevante. Funda-se o modelo ainda na hipótese de que os valores considerados estejam periodicamente corrigidos dos efeitos da desvalorização da moeda; quando essa for elevada, mister se faz introduzir correção adicional relativa ao desgaste inflacionário durante cada exercício.

Na publicação feita com os resultados correspondentes a inúmeras hipóteses sobre o conjunto de parâmetros anteriormente mencionados, cabe destacar a diferença das condições de equilíbrio do sistema elétrico em função do ritmo de expansão e das taxas de remuneração e juros.

Tabela 12 – Saldo ou déficit de caixa, em % do investimento a realizar

RITMO DE EXPANSÃO FÍSICA REQUERIDA	LENTO (7% a.a.)	REGULAR (10% a.a.)	FORTE (13% a.a.)
Caso A – Juros de 10% a.a.			
Remuneração 8%	–10	–34	–44
Remuneração 10%	+16	–17	–32
Remuneração 12%	+41	–1	–20
Caso B – Remuneração 10%			
Juros 7%	+22	–9	–25
Juros 10%	+16	–17	–32
Juros 13%	+6	–26	–40

Fonte: Leite, 1976.

No caso A, mostra-se que, para um ritmo de expansão dos serviços de 10% ao ano, próximo ao valor que ficara convencionado como referência, o equilíbrio só se daria (–1%) se todo o sistema estivesse recebendo a remuneração de 12% sobre o investimento. Na realidade, nem essa remuneração seria possível, porque há sempre empresas impossibilitadas por condições peculiares de atingi-la, e os valores teóricos, mesmo sujeitos à correção monetária anual, são desgastados pela inflação que se verifica durante o ano. Nessa situação fica evidente também que a remuneração mínima de 8%, admitida pela comissão de 1968, antes referida, tornaria inviável a autonomia financeira do sistema, mesmo que só tivesse de crescer a 7% ao ano. No caso B, são mostrados os efeitos das taxas de juros médias dos financiamentos obtidos.

O modelo aponta, por fim, para a situação catastrófica em que viria a ser colocado o sistema, a partir de 1978, com a taxa de remuneração insuficiente, juros crescentes, superiores a 10%, e mantida forte taxa de expansão física. Nessas condições, os recursos para investimento gerados internamente pelas empresas não cobririam nem metade dos recursos exigidos pelos investimentos a realizar no ano; os financiamentos teriam que tender para cobrir dois terços deles.

Por todos os ângulos e evidentemente sem poder prever, à época, a forte elevação da taxa de juros, ficava claro que seria preciso lutar, como se lutou, pela remuneração entre 10% e 12% e a correção regular e frequente dos efeitos da desvalorização da moeda, a menos que o governo se dispusesse a sustentar todo o sistema elétrico com recursos fiscais, competindo, nesse campo, entre outras, com as necessidades sociais de educação e saúde.

Desde a exposição inicial feita em março de 1969, em defesa da remuneração real indispensável ao setor de energia elétrica, passaram-se três meses de novos debates, até que a tese mereceu apoio do presidente Costa e Silva e foi mantida a remuneração de 10%. O instrumento legal então emitido, além dessa afirmação, alterou também dispositivos do imposto único e do empréstimo compulsório, sobre os quais havia, aliás, concordância (Decreto-lei nº 644/1969 e Decreto nº 68.419/1971). Mas a batalha pela tarifa não estava ainda concluída.

Em setembro de 1969, e após a enfermidade do presidente Costa e Silva, por meio do decreto-lei assinado pela junta militar, sem anuência do MME, sujeitavam-se as alterações de tarifas e dos preços dos derivados do petróleo à aprovação preliminar do Conselho Interministerial de Preços – CIP, vinculado ao Ministério da Fazenda. Essa iniciativa foi objeto de meu protesto formal em 10 de setembro, como ministro de Minas e Energia. Daí resultou sua modificação, de modo que a tarifa e os preços, em vez de submetidos previamente, seriam comunicados e justificados ao CIP *a posteriori* (Apêndice 7-C).

A consolidação econômica dos serviços de eletricidade só se completaria, entretanto, no governo Emílio Médici:

- com a aprovação de decreto de regulamentação geral do imposto único, do empréstimo compulsório e do Fundo Federal de Eletrificação, além de outros aspectos de sistemática fiscal;
- com a aprovação da exposição de março de 1971 (Documentos Inéditos, 1) e a remessa ao Congresso do projeto que viria a transformar-se na Lei nº 5.655, de maio de 1971, que estabeleceu o rendimento das empresas concessionárias de energia elétrica entre 10% e 12% sobre o investimento remunerável, reiterando disposições que reforçavam o que a esse respeito constava do Decreto nº 41.019, de 1957. Instituía-se também a Reserva Global de Reversão – RGR, cuja contribuição era fixada em 3% sobre o ativo imobilizado, além de reformular, em segunda aproximação, o imposto único, o empréstimo compulsório e o Imposto de Renda.

Essa última lei, que continha apenas nove artigos, teve papel relevante na sustentação do processo de investimento requerido pelo setor, diante da demanda fortemente crescente, originária do surto de desenvolvimento econômico do país. Dava também flexibilidade em face das desigualdades regionais e das peculiaridades da variada gama de empresas de energia elétrica. Simplificava, com realismo, a questão do Imposto de Renda, reduzindo a alíquota por prazo determinado, considerado necessário à recuperação, de 1972 a 1975, e cancelava a faculdade das empresas de aplicarem, nesse período, sob a forma de incentivos fiscais, recursos dedutíveis do mencionado imposto.

Ocorria ainda, pela sistemática anterior à da RGR, que os recursos recolhidos dos consumidores eram reaplicados pelas concessionárias a um custo de 6% ao ano, ao passo que o custo corrente do dinheiro, à época, já era da ordem de 10%. As grandes beneficiárias eram: o grupo Light que, em tese, deveria trazer recursos privados externos para a sua própria capitalização, e a Cesp, controlada pelo estado mais rico da Federação.

A partir das novas condições econômicas fundamentais para o desenvolvimento dos serviços, passou-se a cuidar, com maior intensidade, de outra fase da reestruturação empresarial, iniciada em 1964. Grande esforço de reorganização ainda estava por se fazer e dependia, primordialmente, das negociações para a transferência de todas as ex-empresas do grupo Amforp para o âmbito dos estados, tornando realidade a diretriz política de descentralização executiva, em contracorrente à arraigada tradição brasileira de centralização. No caso específico, essa política significava conter a atividade executiva da Eletrobras, por meio de suas empresas subsidiárias, nos limites da geração de energia e das grandes linhas de integração regional e nacional dos sistemas elétricos. Mas significava também conter, até certo ponto, ambições de alguns estados de construírem, indefinidamente, usinas geradoras sem correlação com os respectivos mercados. Por isso mesmo, foi uma operação desgastante, sob o ponto de vista administrativo, que implicou, em alguns casos, fortes reações políticas e, em outros, dificuldades entre o governo federal e os administradores das próprias empresas envolvidas.

A marcha, no caso da transferência do acervo da Amforp e de outras empresas e serviços menores, foi, apesar de tudo, inexorável, não obstante alguns tropeços que adiavam sua conclusão. Na sequência, foram consumadas, entre 1967 e 1973, várias operações de transferência de controle da União para os estados, de forma direta ou indireta (Apêndice 7-D).

Em contrapartida a esse esforço de descentralização dos serviços de distribuição e subtransmissão de eletricidade, havia não só que consolidar os meios de ação da Eletrobras, por meio da Chesf no Nordeste, como criar instrumentos equivalentes nas Regiões Sul e Norte.

No Nordeste, a Chesf absorveu a usina de Boa Esperança (Cohebe) e respectivo sistema de transmissão, construídos de forma isolada para atender exclusivamente os estados do Maranhão e Piauí (Decreto nº 71.311/1972). Diluía-se, por esse caminho e com outras providências paralelas, o elevado investimento unitário dessa pequena usina.

No Sul, à Eletrosul, constituída em dezembro de 1968 durante a administração do ministro Costa Cavalcante, foram incorporadas as usinas de geração térmica sob controle federal no Rio Grande do Sul e em Santa Catarina. Em 1971, incorporou-se a hidrelétrica de Passo Fundo, excluído o sistema de transmissão das primeiras, que permaneceu com a CEEE. Foram adicionadas as ações que a Eletrobras detinha na empresa privada Termelétrica de Charqueadas, mediante avaliação dos respectivos ativos e subsequente compra com pagamento em espécie. Não houve compromisso formal de continuidade da compra de combustível da Copelmi Mineração Ltda. À Eletrosul foram confiados os encargos dos novos projetos hidrelétricos e das linhas de integração regional, resultantes dos estudos concluídos em 1969 pelo Comitê Coordenador de Estudos Energéticos da Região Sul – Enersul.

No Norte, à Eletronorte, constituída em Brasília em junho de 1973, coube a continuação dos estudos e a coordenação dos programas deles decorrentes, para o suprimento de energia elétrica aos polos isolados de consumo, existentes ou previstos na região Amazônica. Era uma empresa cujas atividades se iniciavam sem capacidade de geração de energia e com obras a serem definidas. O relatório do

Comitê Coordenador de Estudos Energéticos da Amazônia – Eneram foi concluído em janeiro de 1972 e por mim aprovado no mesmo ano (Portaria MME nº 793/1972); constituía-se no roteiro inicial de trabalhos.

No despacho de aprovação, recomendei à Eletrobras que:

a. mediante convênio com a CPRM, com interveniência do DNAEE, assegure a continuidade da operação e a paulatina ampliação da rede de postos hidrológicos montada pelo Eneram;
b. continue os estudos de viabilidade de aproveitamentos hidrelétricos que interessem às áreas da Amazônia para as quais até agora só tenham sido identificadas soluções de alto custo, considerando também a alternativa de suprimento por meio de usinas termelétricas;
c. dê prosseguimento ao estudo dos aproveitamentos hidrelétricos da bacia do rio Tocantins, em toda a sua extensão, investigando as possibilidades de regularização, a fim de definir projeto economicamente viável na próxima década;
d. promova a elaboração do projeto do aproveitamento do rio Cotingo, no Território Federal de Roraima (Eletrobras, 1972, p. 11).

Havia, nesse despacho ministerial, o reconhecimento tácito do resultado negativo dos estudos preliminares relativos aos aproveitamentos de Samuel (Rondônia) e Balbina (Manaus), e afirmativo quanto a Cotingo (Roraima). Infelizmente, foram os dois piores projetos que passaram a ser executados pela Eletronorte (Apêndice 7-E). Quanto aos grandes projetos do Tocantins, coube-me propor ao presidente Emílio Médici, em setembro de 1973, a alocação de recursos para levantamento hidrológico, estudos e anteprojeto que permitissem decisões seguras nas épocas oportunas (Documentos Inéditos, 3).

Itaipu e suas consequências

Desde a troca de notas entre os governos do Brasil e do Paraguai, em 1962, e do projeto Marcondes Ferraz, para aproveitamento brasileiro de Sete Quedas, tomaram corpo tanto as discussões sobre a antiga questão de limites nessa área como a da grande hidrelétrica. O longo processo de viabilização do projeto conjunto Brasil-Paraguai, de aproveitamento da energia no rio Paraná, pertencente em condomínio aos dois países, se concluiu com a decisão formal de 22 de junho de 1966, quando foi assinada a ata das cataratas, entre os ministros das Relações Exteriores, Juraci Magalhães, e Raul Sapena Pastor.

Na parte dessa ata relativa à energia, afirma-se a intenção de:

(...) estudo e levantamento das possibilidades econômicas, em particular dos recursos hidráulicos, pertencentes em condomínio aos dois países (...) e que a energia elétrica eventualmente produzida desde e inclusive o salto grande de Sete Quedas ou salto de Guairá até a foz do rio Iguaçu, será partilhada em partes iguais entre os dois países (...) com o direito de preferência para a aquisição, a preço justo, de toda a energia que não seja necessária para atender às necessidades de consumo do outro.

Persistiam os ressentimentos originados na Guerra do Paraguai e também uma disputa de fronteira, considerada como ponto de honra nacional tanto no Paraguai como em círculos militares do Brasil, quando, no fim de 1966, Gibson Barboza foi designado para a embaixada de Assunção. Depois de difícil começo das negociações, acabou ele por transmitir ao governo do Paraguai a ideia de que o importante era a construção da hidrelétrica de Sete Quedas, diante da qual a questão fronteiriça poderia ser esquecida, sobretudo porque a área de litígio seria provavelmente inundada pelo reservatório da usina. Tendo avançado nesse terreno com o ministro Sapena Pastor e com o próprio presidente Stroessner, transmitiu Gibson o teor do entendimento verbal ao ministro Juraci Magalhães, que autorizou os passos seguintes. Essa fase das negociações foi concluída com a criação da Comissão Técnica Brasileiro-Paraguaia, em fevereiro de 1967. Encomendou-se então o estudo de viabilidade do aproveitamento a um consórcio de empresas externas independentes, formado pela International Engineering Company Inc., de São Francisco nos EUA, e a Electroconsult S.A., de Milão. Os trabalhos foram concluídos em janeiro de 1973, com a análise de várias soluções alternativas e apenas uma proposta: a de uma única grande barragem no canyon do rio Paraná, no local denominado Itaipu.

Antes desse resultado, o governo da Argentina entrou formalmente em cena para ampliar o escopo dos entendimentos e envolver toda a bacia do Prata. A convite de Buenos Aires, realizou-se a primeira reunião dos ministros das Relações Exteriores dos cinco países, em fevereiro de 1967. A segunda reunião ocorreu em Santa Cruz de La Sierra, em maio de 1968, quando foi criado o Comitê Intergovernamental Coordenador, cuja sede seria em Buenos Aires. A terceira reunião, que completou a formalização inicial dos entendimentos, aconteceu em Brasília, em abril de 1969, ocasião em que foi assinado o tratado da bacia do Prata. Na esteira desses eventos, a Argentina procurava consolidar a sua tese de que uma obra como a de Itaipu requereria uma consulta prévia ao país a jusante da barragem, no caso a própria Argentina. Em função de inúmeras conversas bilaterais, chegava-se no Brasil à convicção de que, no fundo, se tratava de uma questão geopolítica e que o governo do país vizinho procurava inviabilizar a obra.

Ao término da quarta reunião dos cinco ministros das Relações Exteriores, realizada em junho de 1971, o ministro De Pablo Pardo apresentou, como chefe da delegação argentina, projeto de resolução que revelava a base sobre a qual deveriam prosseguir os estudos sobre o recurso água. No relato de Gibson Barboza, já então ministro das Relações Exteriores do governo Emílio Médici:

> Quando vi o projeto, não acreditei no que li. Eu não faria um melhor que este, que mais atendesse aos nossos interesses. Quando a Argentina apresentou a resolução à votação (...) Pedi a palavra e disse: Senhor Presidente, não só adiro completamente a este projeto do meu colega argentino como peço que seja aprovado por aclamação (...) e proponho que se chame Declaração de Assunção (Barboza, 1992).

Eram dois os pontos fundamentais dessa declaração:

1. nos rios internacionais contíguos, sendo compartilhada a soberania, qualquer aproveitamento de suas águas deverá ser precedido por um acordo bilateral entre ribeirinhos;
2. nos rios internacionais de curso sucessivo, não sendo compartilhada a soberania, cada estado pode aproveitar as águas conforme suas necessidades sempre que não causar prejuízo sensível a outro estado da bacia.

As relações entre Brasil e Paraguai estavam previstas no primeiro ponto e entre Argentina e Brasil estavam contidas no segundo. Mas continuou a controvérsia porque, para o governo argentino, os termos da resolução obrigavam à consulta prévia, devendo ser-lhe submetidos todos os planos para que se apurasse se esses causariam ou não, àquele país, algum prejuízo sensível.

Desde a regionalização da controvérsia sobre o uso das águas da bacia do Prata, a matéria começou a interessar, como caso concreto, à comunidade internacional e, em particular, à Comissão de Direito Internacional das Nações Unidas, que se ocupava, na mesma época, do estatuto jurídico dos recursos naturais compartilhados. A tese da consulta prévia foi levada, depois da reunião de Estocolmo, à própria assembleia da Organização das Nações Unidas. Diante do impasse que se estabelecera em Buenos Aires sobre a ideia de uma declaração conjunta entre o embaixador Azeredo da Silveira e a chancelaria argentina, decidiu o governo brasileiro que a negociação passasse para os ministros Gibson Barboza e brigadeiro MacLaughlin, em Nova York, antes do início da assembleia da ONU. Após vários dias de conversação, resultou uma ideia que evitaria o esperado espetáculo da divergência aberta entre Brasil e Argentina. Obtida também a concordância do Paraguai, procurou-se o apoio dos outros países da América Latina e daí surgiu um projeto de resolução, aprovado por unanimidade com apenas abstenções (Barboza, 1992).

A questão específica de como executar o aproveitamento de Sete Quedas veio em 1970, sob a forma de um acordo de cooperação entre a Eletrobras e a Administración Nacional Electricidad – ANDE, visando à conclusão dos estudos. Essas duas empresas detiveram, em partes iguais, o capital da Itaipu Binacional, empresa responsável pela execução da obra, criada pelo tratado celebrado entre os governos do Brasil e do Paraguai em abril de 1973.

Anexo a esse tratado, estavam determinadas as regras pelas quais se deveria pautar a gestão econômica da nova e original empresa, cuja ideia central era o reconhecimento do caráter não repetitivo do empreendimento. Tratava-se da construção de uma única usina hidrelétrica e da sua operação durante longa vida útil previsível. A solução, originalmente proposta por um grupo de jovens assessores da Eletrobras, fugia da tradição tarifária interna do Brasil e baseava-se no estabelecimento de um regime de caixa. Itaipu teria apenas que equilibrar receitas e desembolsos (Apêndice 7-F).

Com o tratado e seus documentos anexos, ficava resolvida uma questão que envolvera pelo menos quatro controvérsias de desigual relevância e repercussão na opinião pública, mas que contribuíram para a dificuldade da decisão.

A controvérsia técnica fora gerada pela proposta Marcondes Ferraz, que trazia consigo a autoridade de quem havia concebido o bem-sucedido projeto de aproveitamento energético da queda do rio São Francisco, em Paulo Afonso. Essa proposta era, todavia, politicamente inviável, já que barrava o rio Paraná em território brasileiro, desviava as suas águas através de um canal também em território brasileiro e gerava energia elétrica no Brasil, devolvendo as mesmas águas ao curso do rio Paraná, no trecho em que esse coincide com a fronteira histórica entre Brasil e Paraguai.

A controvérsia estratégica interna era relativa ao suprimento de energia elétrica às Regiões Sudeste e Sul, nos últimos vinte anos do século XX: construir as últimas usinas hidrelétricas correspondentes aos aproveitamentos disponíveis nessas regiões, enquanto se discutia um acordo energético internacional ou construir Itaipu, antes de esgotar o potencial interno do Brasil. Venceu a tese de que era preferível negociar Itaipu, desde logo, de modo que não se tornasse a única opção de energia hidrelétrica. Não se falava ainda no potencial da Amazônia. Uma variante era a da construção, exclusivamente pelo Brasil, da usina de Ilha Grande, no rio Paraná, antes da divisa com o Paraguai.

Controvérsia menor envolvia a comparação entre a solução binacional Brasil–Paraguai, à revelia da posição argentina e referente exclusivamente ao aproveitamento de Itaipu, e uma solução multinacional e multienergética, envolvendo eletricidade e gás (Brasil e Paraguai, Argentina, Uruguai e Bolívia). Defensor dessa última, em círculo restrito, fiquei, como ministro de Minas e Energia, em posição isolada. Não havia como insistir na tese da participação múltipla, que, é preciso reconhecer, demandaria muitos anos de negociação. O Mercosul só passaria a atuar vinte anos depois.

A controvérsia maior e fundamental, de âmbito internacional, estava amortecida, se não inteiramente resolvida.

Tomada a decisão de Itaipu, a necessidade de prever a forma de escoamento da energia proveniente dessa usina, a qual nos obrigávamos a comprar, trouxe a oportunidade histórica de se completar o longo percurso de organização do setor elétrico brasileiro. Era o momento de definir, de forma sistemática, a repartição de obrigações e responsabilidades entre as várias entidades nacionais interessadas, o que foi feito por meio de longo relato e de um projeto de lei enviado pelo presidente Emílio Médici ao Congresso Nacional (Documentos Inéditos, 2). Para expor a questão do tratado e do projeto de lei, compareci, como ministro de Minas e Energia, ao plenário da Câmara dos Deputados, no final de junho, quando, após extensa exposição, respondi a interpelações de 15 deputados (Brasil, 1973, p. 373). Foram, então, aprovados os textos legais de Itaipu (Decreto legislativo nº 114-A; Lei nº 5.899/1973).

A concepção fundamental da lei consistia em confirmar à Eletrobras as funções de coordenação técnica, financeira e administrativa, e de orientação geral do programa de expansão dos serviços de energia elétrica; reter para o DNAEE, órgão da administração direta do MME, a competência inerente ao poder concedente, ou seja, a concessão de instalações, a fiscalização técnica e financeira dos serviços concedidos e a aprovação de tarifas; e, finalmente, descentralizar a atividade executiva, de produção, transmissão e distribuição de energia elétrica, tendo em vista a diversidade e a dimensão geográfica do país. Definia-se com precisão o âmbito de atuação das quatro subsidiárias regionais da Eletrobras.

Visando a garantir a eficiente operação dos sistemas interligados das regiões Sudeste e Sul, institucionalizaram-se os dois Comitês Coordenadores da Operação Interligada – CCOI, que vinham operando experimental e satisfatoriamente desde 1969, na região Sudeste, e desde 1971, na região Sul. Os novos organismos, designados como Grupo Coordenador para Operação Interligada – GCOI, incorporavam representantes da Eletrobras e de suas subsidiárias, bem como das concessionárias estaduais de cada região, essas últimas em maioria (Decreto nº 73.102/1973). Bem mais tarde seria instituída e depois ampliada a coordenação do Nordeste e do Norte (Portaria MME nº 1008/1974, modificada em junho 1982).

Os objetivos da coordenação prevista na lei de Itaipu compreendiam a utilização prioritária da energia produzida, de acordo com os compromissos assumidos pelo Brasil no tratado firmado com a República do Paraguai; o rateio entre as concessionárias dos sistemas integrados do Sudeste e do Sul, dos ônus e vantagens decorrentes das variações hidrológicas críticas; e o rateio equivalente aos ônus e vantagens derivadas do consumo dos combustíveis fósseis nas usinas termelétricas existentes.

Foram então instituídas duas Contas de Consumo de Combustíveis – CCC, a fim de atender ao rateio do custo dos combustíveis fósseis. Essas contas constituíam-se reservas financeiras. Tratava-se de regulamentação válida para um sistema quase totalmente estatal, com uma única usina térmica privada (Piratininga, da Light).

Estima-se, embora não haja quantificação exata dos resultados, que o sistema dos GCOI tenha evitado a construção de termelétricas de apoio e propiciado significativa redução das necessidades de aumento da capacidade global de geração nas regiões interligadas.

A lei estipulava ainda que a Eletrobras deveria coordenar a elaboração de um plano de expansão dos sistemas Sul e Sudeste para o horizonte de 1990, o que foi feito até o final de 1974.

Código de águas e regularização do rio Paraíba do Sul

Fazia-se necessária a atualização do Código de Águas. A ideia fundamental era de evoluir no sentido da sua substituição por dois diplomas jurídicos distintos – água e energia – com a incorporação do que de relevante permanecia do Decreto nº 41.019.

A parte referente à água foi objeto dos trabalhos de comissão especial, de alto nível, interministerial, instituída por proposta do ministro Costa Cavalcante (Decreto nº 62.529/1968; Portaria MME nº 817/1968). No período de outubro de 1968 a junho de 1971, foram realizadas 164 reuniões com a presença assídua da maioria de seus membros, e exceção notável do representante do Ministério da Justiça, que jamais compareceu. O trabalho final dessa comissão, secretariada com dedicação pelo almirante Miguel Magaldi, do CNAEE, era um novo código, com 192 artigos, sendo de se ressaltar que, por fim, apenas uma dúzia deles era ainda objeto de controvérsia entre os membros da comissão.

Ao receber o documento resultante de tão intensa elaboração e discussão, ponto por ponto, pareceu-me necessário fazer um reexame, com a finalidade de obter unidade de conceituação e linguagem. O trabalho de revisão, sob o ângulo técnico das águas e do saneamento, coube ao prof. Ataulfo Coutinho, e o prof. Temístocles Cavalcante, ex-consultor geral da República, fez sua avaliação sob o ponto de vista jurídico. O documento final foi de novo enviado a todos os ministérios envolvidos, em julho de 1973.

As reações, na maioria positivas, se converteram em aprovação do documento com poucas ressalvas, o qual foi distribuído, mais uma vez, em setembro do mesmo ano. O ministro da Justiça, Alfredo Buzaid, cujo representante havia sido o único omisso durante todo o penoso trabalho de elaboração do código, recusou o seu apoio. O Ministério das Relações Exteriores, de seu lado, tinha receio de que o código, embora interno, pudesse interferir na controvérsia internacional, ainda em curso com a Argentina, relativamente ao direito das águas sucessivas no aproveitamento da energia de Itaipu. Era fim de governo. O presidente Emílio Médici resolveu deixar a matéria para o governo subsequente que, ao que eu saiba, não tomou conhecimento do penoso trabalho realizado.

Do ponto de vista da boa utilização da água em vales densamente ocupados – onde existem quase sempre interesses incompatíveis entre si – tomou o MME a iniciativa, quase paralelamente à elaboração do código de águas, de promover os entendimentos e, depois, definições relativas a obras e regras de utilização da água do rio Paraíba do Sul. Esse rio constituía caso exemplar: tinha sido objeto de estudos, projetos e obras sucessivas e, em parte, conflitantes. Participavam dessas iniciativas a Light, então empresa privada, os estados de São Paulo e Rio de Janeiro, os ministérios de Minas e Energia e do Interior (por meio de uma Comissão do Vale do Paraíba).

Historicamente, a discussão se inicia com a autorização, pelo governo federal, de ampliação das instalações da Light, com o desvio para a vertente atlântica da água do rio Paraíba, em Santa Cecília, RJ, até o máximo de 160 metros cúbicos por segundo, desvio esse condicionado à manutenção da descarga mínima permanente no rio a jusante de Santa Cecília, de 90 metros cúbicos por segundo. A fim de assegurar essas condições, obrigava-se a Light a realizar obras de regularização da água formadora do rio Paraíba, em São Paulo. Essas decisões deram origem à construção da usina Nilo Peçanha, destinada basicamente a suprir o Rio de Janeiro. Das obras de regularização previstas, a Light executara apenas a de Santa Branca, SP.

Complicações subsequentes resultaram da construção do reservatório e da usina do Funil, no próprio rio Paraíba, a montante de Santa Cecília, e da captação da água do rio Guandu, a jusante das usinas da Light, na Baixada Fluminense, que veio a se transformar na principal fonte de abastecimento de água do Rio de Janeiro. Com a primeira, a Light se considerava parcialmente desobrigada do volume a ser armazenado nas nascentes do Paraíba, e, com a última, surgia a obrigação de manter o volume do desvio para atender o abastecimento.

Além disso, e por outra via, cogitava-se, tanto no âmbito do governo federal como no do estado de São Paulo, da retificação do rio Paraíba no trecho paulista, com o propósito de recuperar, sob o aspecto econômico, por meio de irrigação e drenagem, as várzeas inundáveis, tornando-se necessário para isso construir reservatórios de regularização do Alto Paraíba. Surge o governo de São Paulo, nessa altura, com plano de realizar novo desvio da água do Paraíba para a vertente atlântica e levantar uma usina em Caraguatatuba. Depois de várias alternativas, foi concluído um Terceiro Plano Reformulado, apresentado formalmente pelo Departamento de Águas e Energia Elétrica do estado de São Paulo ao Departamento Nacional de Águas e Energia Elétrica do MME, em abril de 1966. O estado do Rio de Janeiro entrou, então, em cena, com força, contra o novo desvio que, a seu juízo, poderia concorrer para piorar as condições sanitárias e de abastecimento de água, em particular, a partir de Santa Cecília.

Estava armada a celeuma decorrente do conflito entre as obrigações da Light, o objetivo energético de São Paulo, o projeto agrícola baseado na irrigação e drenagem das várzeas, e o interesse urbano dos municípios ribeirinhos, além da questão política regional de São Paulo e Rio.

O assunto, sempre gerando crescente preocupação, terminou por exigir, em fins de 1970, completa revisão, a qual teve a coordenação direta do ministro de Minas e Energia. Os entendimentos com o governador Abreu Sodré, de São Paulo, foram objetivos e em alto nível, apesar da insistência de parte do corpo técnico paulista na construção da usina de Caraguatatuba. A Light reconhecia os seus compromissos, mas fazia restrições à ideia de ação conjunta. Lembro-me da declaração específica de Antonio Galloti, então presidente da empresa, de que a solução ora encaminhada era juridicamente contestável, mas que a Light não ia se opor à sua execução. Os governadores do estado do Rio, Jeremias Fontes, que terminava o mandato, e Raimundo Padilha, que breve assumiria, não mostravam grande interesse.

Concluída a revisão houve apresentação ao presidente Emílio Médici de um conjunto de decisões que, aprovadas, foram traduzidas em quatro decretos assinados em sessão solene no Palácio do Planalto e postos em prática nos anos subsequentes (Apêndice 7-G).

Equilíbrio financeiro das empresas de energia elétrica

Ao ser concluído, em 1973-1974, o longo processo de reorganização institucional, excetuada a proposta do novo Código de Águas, e se ter regularizado a prática do ajuste sistemático das tarifas, haviam sido alcançadas condições econômicas satisfatórias para o sistema elétrico, em conjunto, embora várias empresas estivessem ainda defasadas em relação às mais rentáveis.

Assim é que, nas 22 maiores empresas, a remuneração média efetiva foi, em 1974, de 10,2%, embora as autorizações tarifárias do DNAEE previssem uma média de 10,9%. De acordo com a distribuição das remunerações efetivas, em dois casos foi alcançado valor acima de 12%, em oito entre 10% e 12% e, em 12 casos, menos de 10% (Apêndice 7-H).

Entre essas últimas empresas figuravam, com remuneração extremamente baixa, a do Rio Grande do Norte (1%) e as de Mato Grosso e Goiás (3%). Das empresas de grande porte, apenas a Eletrosul se situava em nível insatisfatório (6%), o que é compreensível não só pela forma de sua constituição, originada na absorção de outras usinas que apresentavam problemas crônicos, mas também pelo fato de compreender vários projetos, em construção, de instalações hidrelétricas. Estava previsto que a sua economia só poderia vir a se equilibrar a partir de 1976, o que infelizmente não aconteceu.

Se de um lado havia sido alcançado um estágio tão avançado no processo de recuperação da rentabilidade das empresas, é válido, por outro, analisar as consequências da reformulação tarifária empreendida sobre os consumidores de energia.

Estudo de comparação internacional – sistematicamente elaborado pela Eletrobras, baseado em coleta de informações de empresas concessionárias de serviços de eletricidade de um elenco de vinte países, tanto industrializados como em desenvolvimento – mostra a posição relativa das tarifas médias vigentes no Brasil, no ano de 1973.

Tabela 13 – Comparação internacional de tarifas de eletricidade

	RESIDENCIAL	INDUSTRIAL	
	200 kWh/mês	PEQUENO	GRANDE
Posição relativa do Brasil a partir da mais elevada	3º	9º	15º
Tarifa mediana de vinte países com base na do Brasil = 100	59%	95%	108%

Fonte: Eletrobras, 1989.

Enquanto as tarifas industriais no Brasil aproximavam-se dos valores medianos daquele conjunto de países, a tarifa residencial estava sensivelmente mais alta (100 para 59). Havia entendimento generalizado de que no processo de reajuste sistemático tinha-se ido longe demais, nesse último segmento do consumo, e tornava-se essencial proceder a uma revisão para baixo no seu nível real. Estudava-se também o aperfeiçoamento do sistema tarifário, inclusive com modificação necessária no próprio processo de avaliação da eficiência do custo dos serviços. As desigualdades regionais e entre empresas era outro motivo de muita preocupação.

Quanto aos reflexos de todos esses fatores sobre as tarifas, tentou-se, por três caminhos, reduzir as disparidades entre as distribuidoras:

1. pela presença das três empresas geradoras federais, que detinham cerca de um terço da capacidade instalada e forneciam, às várias empresas a ela ligadas, energia a custos uniformes, diferenciados apenas pela tensão de transmissão;
2. pela redução do impacto de alguns investimentos notoriamente exagerados, mediante a utilização da reserva de reversão na respectiva encampação, e subsequente incorporação progressiva às empresas mais fracas;
3. pela alocação de recursos orçamentários da União, como auxílio a fundo perdido às empresas mais fracas, especialmente do Nordeste, para contratação de projetos de engenharia necessários à reforma e à expansão das suas redes de subtransmissão e distribuição.

Embora não estivessem sanadas muitas das disparidades, havia sido alcançada, em conjunto, situação bastante satisfatória pelos que defendiam uma configuração empresarial para o setor de energia elétrica. Tratava-se de aperfeiçoá-la.

Com a crise do petróleo do fim de 1973 e a mudança de governo em 1974, modifica-se toda a conjuntura econômica e política e tem início outra etapa, com novos rumos da evolução do sistema elétrico.

Reconhecimento global dos recursos naturais no território nacional

Por volta de 1970, duas regiões do país despertavam interesse crescente: a Amazônica, cuja terceira onda de ocupação se acentuava com a Belém-Brasília e algumas importantes descobertas minerais; e a plataforma continental, na qual se depositavam renovadas esperanças de descoberta de petróleo, as quais pudessem contrabalançar os resultados medíocres e decrescentes das perfurações em terra firme. Ambas as regiões não tinham sido, até então, objeto de levantamentos físicos sistemáticos: na Amazônia nem mesmo existia uma carta geográfica de precisão aceitável, e, na plataforma próxima ao litoral, havia apenas as cartas batimétricas da Diretoria de Hidrografia e Navegação – DHN, da Marinha.

O Instituto Nacional de Pesquisas Espaciais – INPE havia realizado com a National Aeronautic and Space Administration – NASA, do governo dos Estados Unidos, antes de 1970, projeto-piloto de demonstração do uso do radar de visada lateral (SLAR), em área de 5 mil quilômetros quadrados no quadrilátero ferrífero de Minas Gerais, uma das poucas geologicamente bem conhecidas do país, em função dos trabalhos de campo. Logo a seguir o Departamento Nacional da Produção Mineral – DNPM, sob a direção de Moacir Vasconcelos, propôs-se a executar, com essa tecnologia nova, levantamento de 44 mil quilômetros quadrados na região do Tapajós. O programa estava bem organizado quando ocorreu a decisão do governo de promover o Plano de Integração Nacional – PIN, que previa inúmeras iniciativas na Amazônia, principalmente rodoviárias (Transamazônica), com base em informação geográfica obviamente insuficiente. O SLAR cabia como uma luva nessa programação, porquanto tinha a capacidade de atravessar a espessa e permanente camada de nuvens que sempre dificultou a aerofotografia da região. Após rápida avaliação dos estudos e preparativos até então realizados no DNPM, considerou-se ousado, mas não impossível, propor a extensão do projeto-piloto a toda região ao sul do rio Amazonas, em uma extensão de 1.400 mil quilômetros quadrados. Em exposição de julho de 1970, propus ao presidente Médici a inclusão desse levantamento no PIN, com o que ele concordou. A área foi subsequentemente ampliada até atingir 4.600 mil quilômetros quadrados, ou seja, mais de metade do território nacional.[4]

O consórcio Lasa-Engenharia e Prospecções S.A. e Aero Services Corp., dos Estados Unidos, foi contratado. O avião escolhido, a bordo do qual instalou-se o arsenal de equipamentos, era um Caravelle, que, em menos de um ano, executou os serviços de fotografia aérea. O equipamento principal era um radar de fabricação Good Year, cedido pelo governo americano. Para completar, foram realizadas inúmeras operações de campo, de geólogos e diversos profissionais de botina, repetindo a expressão de Otávio Barbosa, algumas muito difíceis, e infelizmente, com acidentes aéreos fatais para a coleta de amostras que auxiliassem a interpretação das imagens colhidas (Moura, 1971). Os trabalhos de escritório, até a impressão das cartas, demandaram cerca de quatro anos.

O investimento total no projeto de Levantamento Radargramétrico da Amazônia – Radam, em seis anos, elevou-se a cerca de 100 milhões de dólares, inclusive a publicação de cartas e relatórios, o que equivale a 22 dólares por quilômetro quadrado.

Já começavam a ficar disponíveis os resultados, quando se apresentou a oportunidade de um grande trabalho de investigação na plataforma continental, onde a Petrobras vinha fazendo as primeiras e tímidas linhas de levantamento sísmico. Eram vários os órgãos interessados, cada um com seu motivo. Estava indefinida, no entanto, questão fundamental dos direitos de exploração de recursos da plataforma.

---

[4] A implantação e direção inicial dos trabalhos coube a João Maciel de Moura e a condução subsequente a Acir Ávila da Luz. As questões administrativas e financeiras ficaram com Alcindo Maranhão e a parte técnica com Luís Henrique de Azevedo e depois com Antônio Luís Sampaio Almeida.

A plataforma continental

Com diversas designações, a plataforma continental, esteve sempre intimamente relacionada ao mar territorial. Esse último é um conceito jurídico, que evoluiu em função de precaução de segurança das nações marítimas, da preservação da pesca nas águas próximas ao litoral e, só muito mais tarde, em função das possibilidades de exploração dos recursos do solo e do subsolo na plataforma continental. Essa tem, no entanto, conceituação básica de natureza geográfico-geológica, cujos limites se traduzem em definições impostas por alguns países ou acordadas em convenções internacionais. Foram consideradas, em inúmeras reuniões, as definições que se prendem à distância do litoral, à profundidade máxima da água e à possibilidade de exploração dos recursos do solo e do subsolo.

O conceito de plataforma continental é relativamente recente. Do ponto de vista científico e político, a expressão ficou consolidada na Convenção de Genebra, de 1958, realizada no âmbito das Nações Unidas, cujo título foi Convenção sobre a Plataforma Continental. Associou-se a esse nome, na convenção,

> (...) o leito do mar e o subsolo das regiões adjacentes às costas, mas situadas fora do mar territorial, até uma profundidade de 200 metros ou, além desse limite, até o ponto em que a profundidade das águas adjacentes permita o aproveitamento dos recursos naturais das referidas regiões (Melo, 1965).

Antes dessa convenção, o governo dos Estados Unidos, ao tempo do presidente Harry Truman, lançou, em 1945, proclamação concernente aos recursos do subsolo e do leito do mar na plataforma continental, adotando como limite a profundidade da água até 600 pés (pouco menos de 200 metros). Declaravam os Estados Unidos o seu controle e jurisdição sobre essas áreas; outros países marítimos também se definiram sobre as respectivas plataformas continentais.

No Brasil, decisões começaram a ser tomadas em 1950, com a questão essencialmente política e jurídica. Por decreto, bastante vago, do governo Eurico Dutra (Decreto nº 28.840/1950) se declarou que "(...) fica expressamente reconhecido que a plataforma submarina, na parte correspondente ao território continental e insular do Brasil, se acha integrada neste mesmo território, sob jurisdição e domínio exclusivo da União Federal (...)" e que a exploração das riquezas naturais depende de autorização ou concessão federal, permanecendo em vigor as normas de navegação em águas sobrepostas, com referência ainda às que venham a ser estabelecidas em relação à pesca.

No governo Castello Branco e pelo Decreto-lei nº 44/1966, foi alterada a extensão do mar territorial; do limite de 3 milhas, que prevalecia por tradição, em quase todo o mundo, passou para seis milhas. Estabeleceu-se ainda que "(...) uma zona contígua de seis milhas de largura, medidas a partir do limite externo das águas territoriais, está sob a jurisdição (...) do Brasil (...)", mencionando-se mais uma vez a questão da pesca, única aparentemente relevante, nessa ocasião. No governo Costa e Silva, e pelo Decreto-lei nº 533/1969, alterou-se de novo o limite do mar territorial, para 12 milhas, pela incorporação da zona contígua.

Houve mudança, também no governo Emílio Médici (Decreto nº 1.098/1970), no limite do mar territorial com abrangência de 200 milhas de largura, na declaração contida, no artigo 2º, complementando o 1º, de que "(...) a soberania do Brasil se estende ao espaço aéreo acima do mar territorial, bem como ao leito e subsolo deste mar". Submetido esse ato ao Congresso Nacional, obteve, surpreendentemente, aprovação, por unanimidade. Ocorreram, a seguir, os esperados protestos internacionais, em particular dos Estados Unidos. Com essa definição política estavam abertos os caminhos para amplos trabalhos de pesquisa geológica na plataforma continental.

Diante dos vários interesses nacionais, tomei a iniciativa de propor solução cooperativa de pesquisas e, depois de difícil trabalho de coordenação, foi possível reunir tudo em um só projeto, que acabou por ser denominado Reconhecimento Global da Margem Continental Brasileira – Remac; para sua execução, em abril de 1972, foi assinado convênio entre a Petrobras, DNPM, a CPRM, no âmbito do MME, a DHN, do Ministério da Marinha, e o CNPq. Participaram de diversas fases desse programa a Woods Hole Oceanographic Institution, a Lamont-Doherty Geological Observatory e o Centre National pour l'Exploitation des Océans. Apesar dos protestos políticos dos primeiros dias da declaração das 200 milhas, a cooperação internacional para as pesquisas chegava.

O projeto Remac abrangeu a plataforma continental com água de 40 a 180 metros de profundidade (721 mil quilômetros quadrados) e largura variável desde 5 até 100 quilômetros, ampliando-se para 350 na foz do Amazonas e para 230 quilômetros na altura de Santos. Foram cobertos também o talude continental e o sopé continental em águas de profundidade até 3 mil metros, totalizando cerca de 5 mil quilômetros quadrados. Os trabalhos de campo se desenvolveram entre 1972 e 1978, com investimento direto total equivalente a 6,5 milhões de dólares (em moeda de 1979), propiciados na proporção de 95% pelos participantes vinculados ao MME: Petrobras, 46%, CPRM, 26% e DNPM, 23%. Os gastos com os navios das fundações estrangeiras, da nossa marinha e respectiva tripulação, não estão incluídos nesse total, nem as despesas do CNPq com cientistas das universidades. Não há avaliação completa do total de recursos humanos aplicados diretamente ou associados ao projeto, sabendo-se, todavia, que só o pessoal permanente correspondeu a 1.359 homens/mês de nível superior e 366 de nível médio, apenas nos três órgãos do MME. O CNPq foi responsável pelos entendimentos com as universidades e coube à Petrobras a secretaria dos trabalhos, inclusive das publicações subsequentes. A coordenação ficou a cargo de uma comissão de representantes sob a direção de Yvan Barreto de Carvalho.

As operações envolveram 35 cruzeiros, 18 em navios estrangeiros com 480 dias de mar e 17 nacionais com 330 dias de mar. Os relatórios parciais e multidisciplinares ocuparam 12 volumes (Remac, 1983).

Realizações no campo da pesquisa de petróleo

Uma visão retrospectiva da atuação da Petrobras no campo da pesquisa de petróleo mostra que, ao suceder o CNP e assumir a responsabilidade das ações (de exploração, na terminologia própria), a empresa mudou a escala de perfurações, duplicando esse esforço a partir de 1964. Deu início também aos trabalhos de geofísica (levantamento sísmico) em escala crescente.

Tabela 14 – Pesquisa de petróleo

	1930-1945	1946-1955	1956-1963	1964-1973
1. Poços pioneiros e exploratórios (por ano)				
em terra número	3	10	77	85
mil metros	5	11	165	148
no mar número	-	-	23	71
mil metros	-	-	37	212
2. Linhas de levantamentos sísmicos (por ano)				
em terra mil km	-	0,3	4,6	4,2
no mar mil km	-	-	1,0*	10,4*

*Ocorreu interrupção em 1962 e 1966.
Fonte: Queirós, 1995 (ver tb. Apêndice 9-E).

Ao amainarem as discussões de nível técnico e principalmente político sobre as possibilidades do petróleo em terra, começaram a ser reforçados, no âmbito da Petrobras, os estudos e análises preliminares sobre o potencial da plataforma continental.

O presidente Costa e Silva designou Costa Cavalcante e Arthur Candal, respectivamente para o Ministério de Minas e Energia e para a Petrobras. A área de pesquisa ficava com Yvan Barreto de Carvalho na diretoria e Carlos Válter Marinho Campos no comando direto dos trabalhos de campo. Data de 1967 uma primeira exposição sobre realizações e projetos relativos à ida para o mar, apresentada no Conselho de Administração (Carvalho, 1969). Nela se relacionaram levantamentos de pequena monta feitos até 1962 e foram citadas sete locações propostas para as primeiras perfurações. O programa então apresentado só tinha assegurada parte dos recursos, dependendo ainda de complementação externa. Assim mesmo contratou-se, em 1968, a sonda Vinnegaroon, deslocada para o litoral do Espírito Santo, onde atravessou um domo de sal que definia área com características favoráveis, seguindo após para o estado de Sergipe, onde a perfuração resultou na descoberta do campo de Guaricema, o primeiro no mar. No mesmo ano entrou em operação a sonda Petrobras I, construída no Rio de Janeiro. Já em 1969 foram contratadas mais duas sondas, chegando-se a um total de dez, em 1973, e 16, em 1974 (Apêndice 9-E).

Até a crise política provocada pela saída do ministro Albuquerque Lima e subsequente substituição por Costa Cavalcante, não foram boas as relações entre o ministro de Minas e Energia e o general Candal, de difícil trato. Nessa ocasião, fui convidado para o MME, deixando a presidência da Vale do Rio Doce. Ponderei ao presidente Costa e Silva a dificuldade de trabalhar com o citado general, e fui tranquilizado com a informação de que ocorreria a sua substituição pelo marechal Valdemar Levi, então presidente do CNP, e pessoa de extrema distinção. Durou pouco o período de relacionamento cordial MME/Petrobras, durante o qual me foi possível aprofundar relações com vários membros da direção da empresa, notadamente com Ivan Barreto de Carvalho, que convidei, mais tarde, para diretor do DNPM. Quando assumi o ministério já haviam sido lançadas as bases, no âmbito da Petrobras, para os trabalhos de geofísica na plataforma continental. No MME, todavia, tive que dedicar o ano de 1969, predominantemente, à batalha da energia elétrica. A oportunidade de bom entendimento foi perdida porque logo após ocorreu a enfermidade do presidente Costa e Silva, o advento da junta militar e a transferência do governo para o presidente Emílio Médici, que trouxe o general Ernesto Geisel para a presidência da Petrobras; de imediato, foram bloqueados os acessos do MME à empresa. Nessas condições é que comecei a investigar o que me parecia uma situação crítica no domínio do petróleo.

Rediscussão dos conceitos do petróleo

A formação do preço dos produtos finais derivados do petróleo vinha sendo feita pelo Conselho Nacional do Petróleo, em decorrência dos poderes atribuídos, em 1938 (Decreto-lei nº 538). Tratando-se de monopólio, fazia-se necessária a consolidação formal das regras básicas para o cálculo dos preços de venda aos consumidores finais dos derivados, dos critérios de incidência do imposto único, e da destinação dos resultados da arrecadação. O presidente Castello Branco enviou ao Congresso projeto de lei preparado pelos ministros Mauro Thibau e Roberto Campos, o qual resultou em verdadeiro estatuto, que regeu a matéria por trinta anos, com alterações parciais. Entre as várias parcelas que compõem o preço final incluía-se uma que consolidava a ideia da equalização tarifária em todo o território nacional, e que vinha desde 1938: "Art 13 – c) parcela de ressarcimento das despesas de transferência de produtos por vias internas." Essa parcela serviu, talvez, de inspiração para a política de equalização tarifária que viria a ser introduzida, com menos razão ainda, no setor elétrico, no ano de 1975.

Estabelecidas as bases, dava-se a partir daí completa autonomia ao CNP, isentando-se os seus atos de : "(...) homologação de qualquer órgão controlador de abastecimento e preços ou entidades de finalidade análoga" (Apêndice 7-C). Essa autonomia viria a ser contestada em governos posteriores.

Em termos de balanço global da política do petróleo, e já por volta de 1970, produzindo-se um confronto entre o que fora realizado pela Petrobras nos seus primeiros 15 anos, o que deixara de ser feito e o que estava por fazer, a conclusão era preocupante quanto ao objetivo fundamental da sua criação: a busca da autossuficiência no suprimento do petróleo cru. Havia indícios, todavia, de que a estrutura do comércio mundial do petróleo, liderada pelas grandes empresas internacionais e baseada nos jazimentos do Oriente Médio, estava prestes a sofrer perturbações e modificações significativas.

O preço do petróleo importado pelo Brasil, medido em termos da moeda americana com o poder aquisitivo de 1980, baixou, continuamente, desde 1957 até 1970.

Em 1970, fizeram-se sentir, embora de forma tímida, os primeiros indícios de uma reação dos preços. Surgiam, nos países exportadores, reivindicações de aumento de royalties e participações. Havia a certeza de que os preços tinham de subir. Não me lembro, contudo, de ter discutido a questão com alguma pessoa que previsse, à época, que três anos depois ocorreria salto tão grande dos preços como o que ocorreu. Entre 1973 e 1974, o preço médio corrente do petróleo importado pelo Brasil iria elevar-se de US$3,66 para US$12,2 por barril.

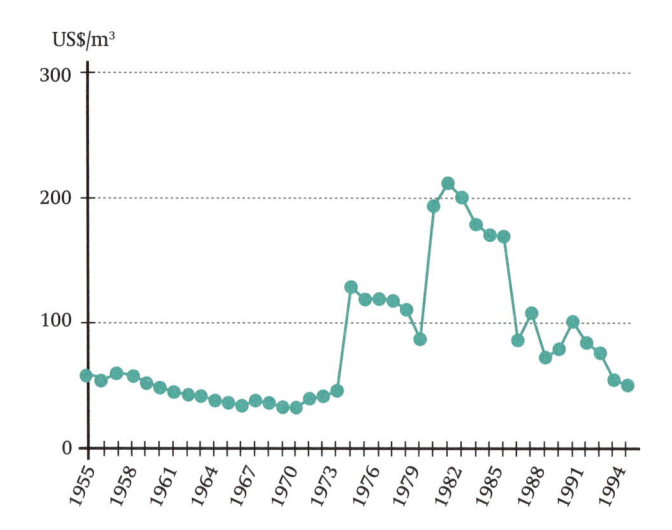

Figura 8 – Variação do preço do petróleo importado, em dólares americanos de 1980.

Fonte: Até 1987 – IBGE, 1987 v. 3; depois: FGV – Conjuntura Econômica.

Era hora de revisão; mormente porque não se sentia, no âmbito da Petrobras, e de lá não provinham ideias de renovação, não obstante a evolução insatisfatória das descobertas da produção e das reservas nacionais de petróleo, no período 1957 a 1969.

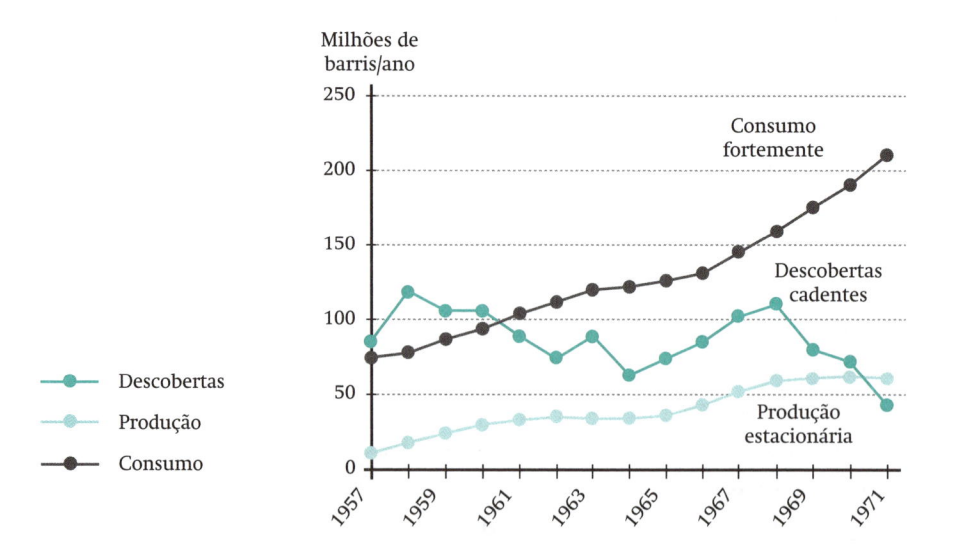

Figura 9 – Panorama das descobertas, da produção e do consumo de petróleo em 1970.

Fonte: Petrobras, 1981 (ver tb. Apêndice 7-I).

O ritmo das descobertas manteve-se impressionantemente estável, em torno do valor médio de 90 milhões de barris por ano. Excetuados períodos excepcionais como 1958 (positivo, 120 milhões), ou 1964 (negativo, 63 milhões), no restante do tempo elas variavam entre os limites de cerca de 20%, em torno dos citados 90 milhões. Já o consumo crescia continuadamente e, a partir de 1967, em ritmo acelerado. As descobertas foram superiores ao consumo até 1960 e, desde então, sempre insuficientes para compensar o consumo. A produção foi, no entanto, mantida em torno de 30% do consumo até cerca de 1965, crescendo nos últimos anos do período (1966-1969) para o nível de 35% do consumo. Em consequência, as reservas totais recuperáveis, que haviam atingido 800 milhões de barris em 1962, estacionaram nesse nível e alcançaram apenas 850 milhões de barris em 1969, o que correspondia à demanda potencial de cinco anos.

Por fim, parecia-nos, ao analisar essa conjuntura de 1970, que a Petrobras não estava reagindo adequadamente em relação ao não crescimento das descobertas e ao aumento de consumo, bem como quanto à elevação de preços, que se prenunciava provável. Os investimentos anuais em pesquisa (exploração), medidos em milhões de cruzeiros, a preços de 1979, permaneceram estáveis no quinquênio anterior.

Tabela 15 – Investimentos em pesquisa (milhões de cruzeiros)

1965	1966	1967	1968	1969
3.719	3.283	3.384	3.686	4.280

Fonte: Petrobras, 1981.

Além do mais, a Petrobras nem estava fazendo uso pleno dos recursos que a ela eram alocados pelo governo para as atividades de busca de outras reservas de petróleo. Com efeito, a comparação entre as aplicações daqueles anos, em pesquisa, e os recursos oriundos do orçamento federal, mediante vinculação do imposto único, mostra que, à exceção do ano de 1969, os gastos variaram entre 80% e 93% dos valores totais disponíveis (Apêndice 7-J).

É possível que a mencionada vinculação de recursos do imposto único ao aumento de capital estivesse concorrendo para induzir a uma atitude de timidez em relação aos investimentos de risco, o que não levava na devida conta a responsabilidade da empresa perante a Nação, já que desde a origem houve estreita ligação entre as ideias do monopólio, da ação do Estado e da autossuficiência ou, pelo menos, da redução da dependência do subsolo externo.

Em função dessa análise, parti para o exame de soluções inovadoras, as quais pudessem concorrer para evitar a situação, perigosa, a meu ver, que se prenunciava. A análise me conduziu a propor iniciativas governamentais em três direções:
- no remanejamento dos recursos fiscais, que induzisse a empresa a correr maiores riscos;
- na criação de condições para que se pudesse dispor de novos recursos técnicos e financeiros de empresas internacionais de grande experiência na pesquisa;
- na simplificação da ação da Petrobras em busca de reservas de petróleo no exterior.

No domínio fiscal ocorrera, logo no início do governo Médici, ampla controvérsia entre vários ministérios em função de uma reivindicação da Aeronáutica, no sentido de ampliar sua quota-parte no rateio dos recursos arrecadados, por meio do imposto único sobre lubrificantes e combustíveis líquidos e gasosos, com o objetivo de sustentar um grande programa de construção de aeroportos. Cabiam, à época, 87,5% desse imposto ao setor de transportes e 12,5% ao setor de geologia geral e energia. O acréscimo de alíquotas se constituía, de fato, em um contrassenso econômico, pois seriam sobrecarregados os setores rodoviário e ferroviário para favorecer o aeroviário, já beneficiado por combustível subsidiado. A questão política interna do governo era, no entanto, mais importante naquele momento – logo após uma sucessão presidencial traumática com a enfermidade e morte do presidente Costa e Silva – do que a racionalidade tributária.

Alterou-se então a repartição dos recursos, com acréscimo de 2% para a Aeronáutica e redução de 2% para a área mineral e energética. Nessa, ampliou-se a participação de geologia geral (+1%) e dos minerais físseis (+1%) e reduziu-se a quota-parte para o aumento de capital da Petrobras (em 4%). Os gastos com pesquisa de outras reservas de petróleo foram contemplados com uma nova alínea (i), de 5%, na estrutura de preços para a respectiva amortização (Decreto-lei nº 1.091/1970). Os resultados quanto à aplicação de recursos federais foram significativos.

Atendia-se assim, com essa modificação de natureza fiscal, o objetivo de reduzir a contribuição para capital e de aumentar a contribuição, a fundo perdido, destinada especificamente à pesquisa. Houve, de fato, forte crescimento dos investimentos em pesquisa a partir de 1972, de forma análoga à nova legislação. A proporção da contribuição da União a fundo perdido, no total, cresceu de 10%, em 1969 para 20% em 1970 e assim sucessivamente até o nível de 70% em 1974, quando ocorreram outras mudanças. Essa última providência justificava-se também pelo fato de que, diante do quadro decepcionante das pesquisas no território firme, iniciavam-se, ainda que de forma tímida, os trabalhos na plataforma continental brasileira. Estava para se começar outra fase pioneira, com técnicas originais e equipamentos específicos, sobre os quais não se tinha experiência. Era preciso induzir a empresa a correr riscos adicionais nesse domínio. Paralelamente, e na convicção de que os trabalhos então programados pela Petrobras para a plataforma continental eram insuficientes, passei a exercer a pressão possível, com o propósito de intensificar os levantamentos básicos de geofísica e ampliar a contratação de sondas. Estavam em operação, em 1969, apenas duas sondas e, a duras penas, colocaram-se mais duas em operação ainda em 1970, ampliando-se o número, a variedade e a capacidade, em especial, a partir de 1972, quando já contávamos com nove sondas operando no mar.

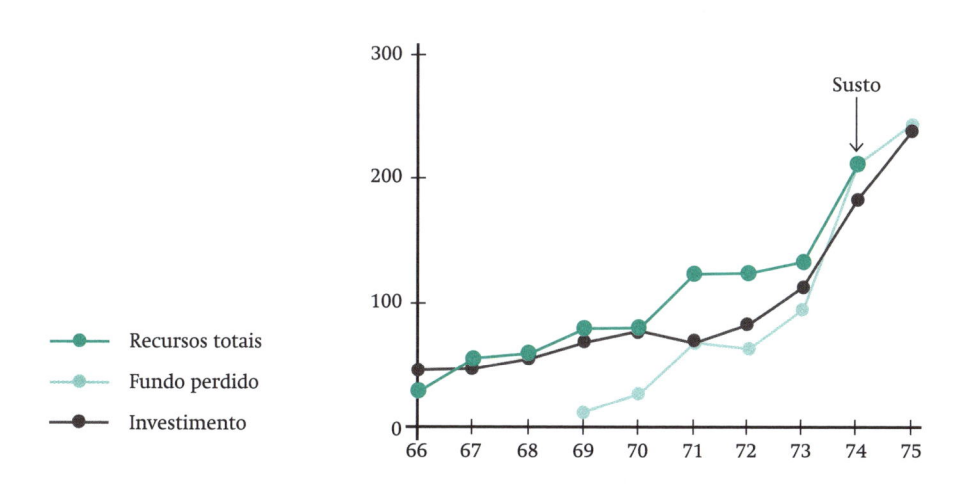

Figura 10 – Investimento da Petrobras em pesquisa de petróleo *versus* recursos do Tesouro Nacional (em milhões de dólares correntes).

Fonte: Petrobras, 1990 (dados fornecidos a pedido do autor).

A proposta de 1970 para reformulação da política do petróleo

A preocupação do governo com a insuficiência de pesquisas se reforçava diante da atitude da direção da Petrobras, que pode ser classificada de fatalista, quanto às possibilidades do país, e que expressava, em parte, a opinião que parecia então dominante no corpo da própria empresa. Essa atitude era, aliás, condizente com o discurso de posse do general Ernesto Geisel, em 14 de novembro de 1969, na presidência da empresa: "(...) o monopólio em si como a própria legislação que lhe é pertinente são meios para assegurar o abastecimento nacional de petróleo (...)" e se referia repetidamente ao "(...) atendimento adequado do abastecimento nacional do petróleo como fim a atingir (...)" sem qualquer menção à origem do produto, se importado ou de produção nacional (Tamer, 1980). Abandonava ele assim o objetivo, incontestado desde 1953, da busca incessante do petróleo no território nacional que tinha em vista a redução da dependência externa, e que constava da mensagem do presidente Getúlio Vargas ao Congresso Nacional, da qual resultou a Lei nº 2.004:

> Ao Poder Executivo afigurou-se imperioso, em face dos interesses nacionais, apelar para os recursos financeiros e humanos da Nação, com o fim de reduzir, em prazo relativamente curto, o grau de dependência em que se encontra o país quanto ao seu suprimento de derivados do petróleo. Esse o objetivo a alcançar com a execução das leis que ora solicito ao Congresso (Vargas, 1951).

No seu depoimento, em reunião conjunta das comissões de Minas e Energia da Câmara e do Senado, o general Geisel defendia extrema cautela nos trabalhos de pesquisa na plataforma e, mais uma vez, diante de congressistas perplexos, descartava a tese tradicional substituindo-a pelo conceito de atendimento adequado (Tamer, 1980).

Esse novo conceito é de difícil compatibilização com a instituição do monopólio. O atendimento adequado de derivados sempre foi conseguido nos países grandes consumidores, em regime de concorrência, por um conjunto de empresas, nacionais, multinacionais e estatais, exceto em tempo de guerra. O monopólio veio para proteger uma empresa estatal brasileira e a ela proporcionar, por meio das atividades sem risco de refino e transporte, condições de executar a atividade de risco na pesquisa, levando em conta que o conjunto de empresas concorrentes não demonstrava interesse de praticá-la no Brasil àquela época.

Cumpre registrar que, nesse período decisivo e crítico de 1970, exacerbavam-se as difíceis relações quase sempre existentes entre os ministros de Minas e Energia e os correspondentes presidentes da Petrobras. Esses últimos, na maioria das vezes oficiais generais designados diretamente pelo presidente da República, foram sempre orientados pela sólida e eficiente estrutura profissional e corporativa da empresa. Tendo a Petrobras se originado no fragor de intenso debate ideológico que não terminou com a sua criação, gerou-se um espírito próprio de autodefesa, que chegou ao fechamento da empresa como uma unidade autônoma, *sui generis*, quase uma multinacional com sede no Brasil.

No domínio estratégico, passei a analisar dados que conduzissem a uma tentativa de avaliação quantitativa do programa a realizar. Como os dados internos não me eram espontaneamente fornecidos, compareci com insistência à sede da Petrobras para obter informação de custos, programas e orçamentos relativos à pesquisa, os quais não eram divulgados pela empresa com regularidade. E, pela escassez do que era fornecido, convenci-me de que, no que dizia respeito à pesquisa e prospecção, não havia plano de longo prazo e que a empresa convivia com um horizonte máximo de três anos. A interpretação alternativa, que em certo momento pareceu plausível embora inadmissível em princípio, é de que os planos existentes estivessem sendo sonegados ao ministro de Estado, e à própria sociedade. Episódio desse tipo já havia ocorrido no tempo do presidente Kubitscheck (conflito Janary/Alexinio). Muitos anos depois, em conversa descontraída com antigos dirigentes da empresa, fiquei com a impressão de que no domínio estratégico e na transição da terra para o mar não havia base para programas muito definidos a médio prazo.

Mas era preciso ter, pelo menos, a ordem de grandeza das cifras físicas e monetárias. Na ausência de um documento estratégico, passei a elaborá-lo; compreendia um exercício aritmético sobre a avaliação do esforço a empreender, a fim de assegurar o domínio sobre uma reserva capaz de satisfazer à demanda interna em prazo que, arbitrária e experimentalmente, estabeleci de dez anos, apenas como base para discussão. Número-chave nas comparações era o das despesas de pesquisa por metro cúbico de reserva medida pela Petrobras nos seus trabalhos anteriores no território nacional. Segundo informações entregues a mim, finalmente, por Geonísio Barroso em documento de uma página, durante uma das minhas visitas ao presidente Ernesto Geisel, tive conhecimento de que o custo para os trabalhos realizados nos dez anos anteriores a 1970 era de 4,38 dólares por metro cúbico, valor que adotei nas minhas comparações. Acredito que a Petrobras não tivesse, à época, boa apropriação de custos e, muito menos, avaliação dos custos prováveis na plataforma continental.

Vejo mais tarde que a mesma Petrobras publicou dados um pouco superiores (Petrobras, 1981, p. 31, 33). Esses novos resultados indicam que os investimentos em pesquisa (exploração, na terminologia da empresa) somaram, no período 1960-1969, o equivalente a 1.166 milhão de dólares, em moeda de poder aquisitivo de 1979, e as reservas descobertas nesse mesmo período alcançaram 654 milhões de barris. Corrigindo-se o valor da moeda americana para 1970 (pelo índice IPC-USA, dividindo-se por 1,87), resulta essa estimativa em um custo direto de 0,95 centavos de dólar o barril de reserva descoberta, ou de 6,03 dólares o metro cúbico. A título de comparação, registre-se que o Brasil pagava, em 1970, pelo petróleo importado, o valor médio de 13,40 dólares o metro cúbico.

Do lado da oferta, a longa tendência de preços médios decrescentes já dava mostras de inversão. Os preços reais subiram de forma lenta ao longo de 1970 e, de fato, subiriam firmemente até o fim de 1973, quando se deu o primeiro choque do petróleo.

A partir dessa conjuntura e da situação de dependência de suprimento externo, naquele ano, na proporção de dois terços do nosso consumo de derivados de petróleo – que se prenunciava crescente –, analisei as hipóteses imagináveis para aumentar a autonomia do país, mediante fórmulas consagradas ou inovadoras. Cabe lembrar que, naquela época, o suprimento de petróleo bruto se fazia de duas formas: importação de produtores localizados em outros países e produção no país, pela Petrobras, com recursos nacionais.

Os caminhos complementares examinados filiavam-se a dois grupos:
- o de empreendimento no exterior, isoladamente por meio de subsidiária da Petrobras ou em associação com empresas externas congêneres, visando à pesquisa em áreas promissoras e ao seu subsequente aproveitamento econômico. Essa solução admitia duas variantes: a de áreas provadas ou de quase certeza, algumas com riscos políticos, e a de áreas ainda sujeitas a alto risco técnico;
- o da contratação, pela Petrobras – segundo fórmula nova –, exclusivamente dos serviços de pesquisa, em áreas do território nacional antes definidas ou da plataforma continental brasileira, assumindo, a contratante, o risco do insucesso e pagando à empresa, a prazo e com juros, um prêmio no caso de sucesso. Essa solução poderia incluir, nas atribuições da contratante, parte dos serviços de desenvolvimento dos campos descobertos, julgada indispensável à avaliação da própria descoberta.

Existiam fórmulas concretas para a pesquisa e a exploração no exterior, e sabia-se de vários países interessados em negociar tais contratos com a Petrobras.

Não se tinha notícia de nenhum contrato de serviço apenas para pesquisa e com risco total, o que colocava essa solução na categoria das hipóteses, cuja viabilidade dependia de entendimentos com empresas petrolíferas potencialmente interessadas.

A comparação das soluções não era simples, já que nem os diversos propósitos de uma política de petróleo, nem o seu peso relativo são quantificáveis, de forma homogênea. Havia, de fato, a reconhecer pelo menos cinco objetivos distintos:
1. reduzir o impacto potencial sobre o balanço de pagamentos do país, de possíveis aumentos do volume de petróleo importado ou de prováveis elevações de preço, embora ninguém esperasse, àquela época, que essas últimas se apresentassem tão fortes como foram, com efeito, nos dois saltos de 1973-1974 e 1979-1980;
2. assegurar a lucratividade da Petrobras, fonte dificilmente substituível de recursos para a expansão das atividades nacionais no amplo domínio do petróleo;
3. minimizar o esforço de investimentos iniciais a serem realizados pelo país, no novo programa de petróleo, tendo em vista as limitações da capacidade de poupança interna e as inúmeras solicitações econômicas e sociais que sobre ela incidem;

4. aumentar a segurança do suprimento nacional de petróleo bruto que era, à época, desnecessária e excessivamente dependente da compra de petróleo externo;
5. ampliar as possibilidades de sucesso da pesquisa de outras reservas.

Sem qualquer pretensão de quantificar os méritos de uma ou outra das soluções, era admissível classificá-las em relação a cada um dos objetivos. Fiz uma avaliação qualitativa na época (Documentos Inéditos, 6).

A busca de soluções externas próprias ou em joint ventures implicava, para mim, a reciprocidade da abertura do país ao capital externo, pelo menos na forma proposta dos contratos de risco.

Foi em função dessa análise que me propus o exame de programa eclético de ataque simultâneo em três frentes.

A avaliação dos investimentos a fazer baseava-se, exclusivamente, na experiência de terra firme, uma vez que não se tinha ainda, no Brasil, ideia precisa dos custos dos serviços na plataforma continental, presumindo-se, apenas, que seriam mais altos. Pelas apurações feitas muito mais tarde e relativas ao período 1978-1987, que compreendeu, predominantemente, trabalhos na plataforma continental, foram investidos pela Petrobras 6.952 milhões de dólares, aos quais correspondeu uma reserva recuperável de 2.753 milhões de barris, equivalentes a um dispêndio de 2,53 dólares por barril ou de 15,58 dólares por metro cúbico. Esse último valor seria, assim, mais de três vezes o das pesquisas em terra firme (4,38 dólares por metro cúbico).

Ao encerrar o documento e em função das conclusões a que havia chegado – na base portanto de informação muito incompleta – passei a formular programa tentativo, cuja essência era evitar a concentração dos riscos inerentes às atividades de pesquisa geológica. Por sorte, minha avaliação do crescimento da demanda, de 30 milhões de metros cúbicos anuais, em 1970, para 62 milhões, em 1980, foi confirmada. O valor real atingiu 63,2 milhões (Brasil, 1994). As demais projeções se afastaram bastante da realidade.

Para os fins desse exercício dividi, com certa arbitrariedade, o esforço a realizar na pesquisa, em três partes aproximadamente iguais em termos físicos: uma era reservada à Petrobras, com recursos próprios, no território nacional e na plataforma continental brasileira, dando maior intensidade aos trabalhos que vinham sendo feitos; outra para ser iniciada de forma modesta, porém progressiva, pela Petrobras em associações no exterior; a terceira parte, a ser efetivada no país, ficaria a cargo de grandes empresas internacionais, mediante contratos de risco.

A ida para o exterior requereria alteração da Lei nº 2.004, o que não parecia difícil se obter do Congresso.

Para que a Petrobras realizasse os investimentos correspondentes à sua parte direta, havia recursos assegurados pelo governo da União, em montante compatível com a experiência anterior. Não seria impossível um aumento desses recursos, na hipótese provável de custos mais altos na plataforma continental.

Houve quem interpretasse a sugestão dos contratos de risco com empresas internacionais como descrença na capacidade do corpo técnico da Petrobras quando, de fato, buscava-se a diversidade de interpretações dos levantamentos geológicos, baseada na gigantesca experiência que adviria da contratação de meia dúzia de empresas internacionais. Esse tipo de contribuição técnica era, a meu ver, mais importante até mesmo que os próprios investimentos de risco que viessem a ser feitos.

Quanto aos contratos por mim propostos, não continham, a meu ver, nada que contrariasse a essência nem o espírito da Lei nº 2.004. É óbvio que os defensores intransigentes de todos os detalhes, bons ou maus para o país, da famosa lei original do monopólio, tendem e tenderão sempre a acusar toda inovação como atentatória à intocabilidade daquele diploma legal. Não há por que insistir no assunto; a controvérsia, de qualquer modo, perdurará.

O documento, manuscrito, que consubstanciava a análise e as proposições de novo programa de longo prazo para o petróleo, foi encaminhado no final de agosto ao presidente Emílio Médici e aos membros do governo diretamente ligados às questões estratégicas nele levantadas: ministros Delfim Netto, Gibson Barboza, Leitão de Abreu, João Figueiredo e Carlos Alberto Fontoura, além dos presidentes da Petrobras e do Conselho Nacional do Petróleo, Ernesto Geisel e Araken de Oliveira. Foi convocada pelo presidente reunião no Palácio das Laranjeiras, no Rio de Janeiro, no dia 1º de setembro de 1970, que resultou na recusa da hipótese do contrato de risco por motivos essencialmente políticos apresentados pelo presidente da Petrobras. Os episódios relacionados com essa proposta de discussão preliminar de um programa de longo prazo para as atividades da empresa, que transcendia de muito a questão específica dos contratos de risco, foram relatados e comentados pelo jornalista Alberto Tamer, em outra época, incluindo versões, por ele colhidas, de várias pessoas que dela participaram. Não se justificaria voltar ao assunto (Tamer, 1980).

É importante registrar, todavia, que uma objeção feita na citada reunião, de que o contrato por mim proposto era apenas uma hipótese porquanto não existia no mundo nenhum empreendimento semelhante, foi refutada dias depois (4 de setembro) por meio de carta proposta da Occidental Petroleum (Documentos Inéditos, 7), que não só se propunha a realizar os trabalhos nos termos por mim sugeridos, como se oferecia para executá-los, mediante um prêmio que me pareceu razoável à época, como início de conversa. Isso motivou o meu retorno ao presidente Médici para registro do fato (Documentos Inéditos, 8). A proposta incluía um royalty de US$0,375 por barril extraído nos primeiros 25 anos da jazida descoberta, o que equivale a US$2,51 por metro cúbico. Descontado esse fluxo à taxa de 10% ao ano, o royalty corresponderia a um valor presente de US$0,91 por metro cúbico, ou seja, a 7% do preço da época do petróleo importado.

A proposta para discussão racional, em alto nível, de uma revisão da política nacional de petróleo, baseada, como se disse em tríplice ação, que incluía o contrato de risco, foi, portanto, fragorosamente derrotada em 1970, pela oposição coordenada dos generais Ernesto Geisel, Araken de Oliveira, João Batista Figueiredo e Orlando Geisel. Os mesmos que, à exceção do último, então falecido, estiveram de acordo, cinco anos depois, na aprovação de contratos de risco em conjuntura e condições muito piores que as da proposta original por mim apresentada. Ocupavam os citados generais, nesse segundo ato, respectivamente, a Presidência da República, a presidência da Petrobras e a chefia do Serviço Nacional de Informações – SNI.

Quase cinco anos após ter condenado os contratos de risco, diria o presidente Geisel em discurso no dia 1º de outubro de 1975:

> A análise meticulosa a que procedemos, inclusive debatendo o assunto com a Petrobras, no âmbito do CDE e, hoje, de todo o Ministério, e levando em conta minha experiência pessoal como presidente da empresa, levou-nos à convicção de que o Governo deve autorizar a Petrobras, sem quebra do regime de monopólio, a assinar contratos com cláusula de risco por conta da empresa executora, em áreas previamente selecionadas.

Missões externas

Fechadas as portas para uma atitude inovadora no território nacional e na plataforma continental, em 1970 lançava-se, todavia, programa mais intenso da própria Petrobras no mar e no exterior. A modificação tributária de março de 1970 produzia efeitos positivos sobre a alocação de recursos destinados à empresa, com vinculação à pesquisa na plataforma continental. O outro apoio do que seria o programa tríplice por mim sugerido não sofria objeções já que ampliava o raio de ação da empresa. Com esse objetivo, e para que se iniciassem os trabalhos no exterior, foi proposto ao Congresso Nacional, pelo presidente Emílio Médici, o projeto de lei que alterava o art. 41 da Lei nº 2.004, referente à exigência de tratado ou convênio que regulasse a participação brasileira em atividades de pesquisa de petróleo no exterior. O requisito tornava praticamente inviável a ação externa da Petrobras. O projeto, convertido em lei (Lei nº 5.665/1971), deu origem à formação da Petrobras Internacional S. A. – Braspetro, instalada em abril de 1972.

Quando da reunião no Palácio das Laranjeiras, ocorreu uma rápida troca de ideias sobre as diretrizes a observar na escolha dos países com os quais seriam iniciados entendimentos para pesquisas da nova empresa. Houve desentendimento entre a Petrobras e o ministro Gibson Barboza quanto a Angola, com quem a empresa já estabelecera contatos preliminares que insistia em continuar. O Ministério das Relações Exteriores considerava a negociação imprudente, em virtude do estágio em que se encontrava a questão colonial portuguesa. Angola foi temporariamente excluída.

Outro problema se apresentava: a Petrobras entrava no mercado internacional no momento em que surgiam os indícios da terminação, nas áreas promissoras, dos contratos clássicos, seja de concessão seja de associação. Havia que inovar lá fora, como eu tentara fazer aqui, com posições trocadas. Logo no início de suas atividades, foi efetivado o primeiro contrato com a Iraq National Oil Co., em agosto de 1972. O governo daquele país havia nacionalizado as atividades relativas ao petróleo e optou pela assinatura de contratos de pesquisa com cláusula de risco com algumas empresas, entre as quais a Petrobras. Vários outros países foram incluídos nas operações iniciais da empresa: Colômbia, Egito, República Malgaxe e, depois, Argélia, Irã e Líbia.

Na reunião no Palácio das Laranjeiras, haviam sido fixados os limites de 10 a 20 milhões de dólares anuais para os investimentos em atividades externas por intermédio da subsidiária recém-criada. Dos relatórios da Braspetro se depreende que o limite máximo foi, aproximadamente, atendido. O saldo das aplicações foi da ordem de 100 milhões de dólares nos cinco primeiros anos.

Independentemente da ação da Braspetro, prosseguiam gestões diretas na América Latina. As eternas conversações entre o Brasil e a Bolívia, que vinham do insucesso de Roboré, foram retomadas na década de 1970, tendo como marco o encontro dos presidentes Emílio Médici e Hugo Banzer em Corumbá, MS. Desta vez, em lugar do petróleo, se discutia a oferta boliviana de suprimento de gás natural. O presidente determinou a ação conjunta dos ministérios das Relações Exteriores, Minas e Energia e Indústria e Comércio nos entendimentos com o governo boliviano. Exposição dos ministros em fevereiro de 1970 considerava, em primeiro lugar, a modesta proposta inicial de 2 milhões de metros cúbicos por dia, para a qual se imaginava o principal uso em complexo industrial dos dois lados da fronteira. A seguir, apresentava-se solução maior, em função da declaração boliviana de poder suprir 8,5 milhões de metros cúbicos por dia. Nesse caso, sugeriam-se várias hipóteses a serem objeto de estudo de viabilidade.

Quanto à comprovação das reservas bolivianas persistiam dúvidas, pois demandaria investimentos em pesquisa a fim de que fosse possível demonstrar a conveniência de se confinar o suprimento na fronteira ou em locais do interior, ou trazer o gás até São Paulo. Difícil era estabelecer a base de preço comparado aos do mercado internacional, já que esses começavam a sofrer fortes alterações.

As negociações, como se sabe, não resultaram em ação prática.

Ainda no campo das relações latino-americanas, tive a oportunidade de comparecer à II Reunião Consultiva de Ministros de Energia e Petróleo da América Latina, realizada em Quito, em abril de 1973. Acompanharam-me, em longa viagem oficial em avião militar através da Amazônia e dos Andes, o secretário Luiz Felipe Lampreia, Porthos Augusto de Lima, do quadro da Petrobras, e José Inácio da Fonseca, da Braspetro. Discutimos horas a fio todos os ângulos da questão da energia entre vizinhos da América Latina, incluindo-se a de Itaipu, que estava no auge.

Na reunião de Quito, preparou-se a formação da Organização Latino-Americana de Energia – Olade, que viria a ser criada no encontro de Lima, em novembro de 1973. Infelizmente não teve papel significativo. Cheguei a delinear também proposição de empresa multinacional, com o objetivo de promover pesquisas, iniciativa essa que não teve seguimento.

Para completar o quadro geral do suprimento de petróleo no início da década de 1970, deveria ser aqui mencionado o estágio em que se encontravam as pesquisas tecnológicas da Petrobras em torno da extração do óleo de xisto pirobetuminoso, então concentradas na estação experimental de São Mateus do Sul, PR. As operações com a usina protótipo do processo Petrosix estavam para começar, como de fato ocorreu, em 1972. Sabia-se, de antemão, que mesmo comprovado sob o ponto de vista técnico, o produto dificilmente competiria com o óleo de poço, pelo menos enquanto perdurasse o baixo nível do preço do petróleo no mercado internacional. Tratava-se, portanto, de pesquisa de importância a longo prazo.

Constituição da CPRM e nova fase do carvão nacional

Durante o ano de 1968, no governo Costa e Silva, o Ministério de Minas e Energia, então exercido por Costa Cavalcante, passou por nova organização (Decreto nº 63.951/1968); nela, previu-se a transferência das atribuições da Comissão do Plano do Carvão Nacional – Cepcan, respectivamente as de caráter normativo, para o Conselho Nacional do Petróleo – CNP, e para o Departamento Nacional de Produção Mineral, as atribuições relacionadas com a pesquisa geológica. A Companhia de Pesquisas de Recursos Minerais – CPRM, quando de sua criação em janeiro de 1970 (Decreto-lei nº

764/1969 e Decreto nº 66.058/1970), teve incorporados os bens da Cepcan correspondentes às instalações e equipamentos vinculados à pesquisa do carvão, e existentes nos três estados do Sul. Formalmente, as atribuições regulamentais da Cepcan foram adaptadas no regimento interno do CNP, em dezembro de 1970 (Decreto nº 67.812/1970), que ficou, em resumo, com as seguintes funções referentes ao carvão mineral:

- fixação das características e preços dos vários tipos e normas de fiscalização;
- fixação de quotas de produção, transporte e consumos obrigatórios;
- autorização para importação e concessão de isenção do imposto de importação.

Consolidava-se assim a política do carvão mineral, baseada na produção por empresas privadas reguladas pelo Estado. Não havia, entretanto, no caso do carvão, regras rígidas de formação de preços como as que eram legalmente estabelecidas para os derivados do petróleo e para os serviços públicos de energia elétrica. A base de cálculo de preços transferida ao CNP vinha da tradição da Cepcan que, por sua vez, se assemelhava à dos outros setores energéticos.

Foi muito difícil transferir os serviços públicos a cargo da Cepcan, na área de Santa Catarina, para outros órgãos de âmbito local (inclusive o Serviço de Águas de Criciúma para a prefeitura correspondente). Mais um exemplo de como é difícil extinguir-se um serviço estatal que, nesse caso, estava previsto para cinco anos, prorrogáveis até dez, e que durou efetivamente 17 anos.

Enquanto se reorganizavam as atividades de produção, comercialização e consumo do carvão mineral, partia também o governo federal para renovado esforço de pesquisa geológica, em busca do melhor conhecimento das reservas nacionais.

Com a criação da CPRM como instrumento executivo de pesquisas e com a alocação de recursos firmes e regulares, os trabalhos se desenvolveram em três direções: uma, de longo prazo, visando a avaliar novos recursos potenciais até então estudados de forma precária (Piauí e Amazônia); outras, de curto e médio prazos, visando aprofundar e levar às últimas consequências o conhecimento geológico das reservas já identificadas, primeiro as de Santa Catarina pela sua importância para a siderurgia e, a seguir, do Rio Grande do Sul, cuja aplicação seria essencialmente energética. As pesquisas foram realizadas entre 1970 e 1974.

Os resultados foram decepcionantes, em termos de novas reservas, no Nordeste e no Norte. Em Santa Catarina, os resultados foram animadores quanto à possibilidade de sustentação de várias explorações de tecnologia moderna em escala econômica. No Rio Grande do Sul consolidou-se o conhecimento de grandes reservas na localidade de Candiota, de baixa qualidade, porém de menor custo de exploração.

Na oportunidade de revisão do problema energético, predominava, em relação ao carvão, a seguinte concepção para a ação imediata:

- era fundamental equacionar programa eficaz em Santa Catarina, tendo em vista no suprimento mínimo e por isso menos oneroso para a siderurgia, do carvão metalúrgico e do correspondente e inexorável uso da parcela remanescente em termelétricas locais, o que significava dar prioridade a trabalhos intensos e de detalhe na definição geológica de jazidas que propiciassem a instalação de minerações modernas;
- era preciso incentivar as empresas mineradoras e lançar planos de eficiência e expansão, que permitissem evolução adequada e racional da produção de carvão mineral.

No entanto, as modificações postas em prática que alcançaram significativos sucessos nas experiências de mecanização total do desmonte da camada barro branco, realizadas em continuação aos trabalhos de 1957 na Carbonífera Próspera, indicavam nova rota de desenvolvimento para o carvão de Santa Catarina, desde que seu empresariado pudesse ser estimulado a implantar outro conceito de mineração, baseado na unidade mineira, totalmente mecanizada e integrada. A receptividade dessas ideias poderia conduzir a indústria extrativa a ter sobrevida própria, sem necessidade de depender do governo federal para sua continuidade operacional e econômica. Tratava-se de buscar estrutura sólida de produção com nível aceitável de confiabilidade, pelo menos por duas décadas, de produção previsivelmente regular.

Os entendimentos no âmbito do governo federal, e entre este e os mineradores, convergiram para que se formalizasse, no fim de 1971, uma política de suprimento de carvão metalúrgico à siderurgia (1972-1976) condizente com o equilíbrio entre esse consumo e o energético e entre esse último e o programa hidrelétrico. A política foi elaborada em estreita colaboração com o ministro Marcus Vinicius Pratini de Moraes, da Indústria e Comércio (Documentos Inéditos, 9).

O conhecimento das reservas e a redução das incertezas do mercado possibilitavam a definição, na área do governo, de empreendimentos considerados, à época, ideais para a consolidação e expansão da produção do carvão de Santa Catarina. As informações de sondagens levantadas pela CPRM, que complementaram os dados das várias minerações, permitiram a localização preliminar de nove, ou no máximo, dez unidades mineiras integradas e totalmente mecanizadas, do tipo padrão, caso fosse seguido o novo conceito de mineração para a camada barro branco. Houve, portanto, considerável redução de expectativas referentes à reserva minerável, sob o ponto de vista econômico do carvão catarinense.

Após demorados estudos coordenados por Camilo Sollero, da Companhia Siderúrgica Nacional – CSN, preparou-se o edital de licitação para a implantação de unidades mineiras integradas de mineração mecanizada de carvão na bacia carbonífera de Santa Catarina, aprovado em maio de 1973 (Documentos Inéditos, 10).

O mencionado edital previa a possibilidade de estabelecimento de unidades mineiras pelo empresariado de carvão de Santa Catarina. Uma delas estava em fase adiantada de planejamento e de implantação pela Carbonífera Próspera, da CSN. Concorreram, além dessa, as empresas de mineração Criciúma, Metropolitana, Araranguá e Uruçanga, perfazendo a possibilidade de introdução de cinco unidades mineiras, com produção potencial de cerca de 3 milhões de toneladas de carvão pré-lavado por ano, resultando ainda na capacidade de produção de cerca de 1,5 milhão de toneladas de carvão tipo metalúrgico. Pouco antes do final do governo Emílio Médici, o secretário-geral do MME, Benjamin Batista, responsável pela coordenação do projeto, trouxe-me o relatório da comissão de licitação com o parecer favorável à sua aprovação, sob o ponto de vista técnico. Em fevereiro encaminhei o assunto para exame sob o ponto de vista financeiro, ao ministro João Paulo dos Reis Velloso, do Planejamento. A documentação chegou com recomendação favorável para discussão final no BNDE, no governo seguinte, em novembro de 1974. Foram contemplados, com financiamentos equivalentes desde 1 milhão até 4 milhões de dólares, os projetos da Carbonífera Próspera, da Cia. Brasileira Carbonífera de Araranguá, da Cia. Carbonífera de Uruçanga e da Carbonífera Criciúma. O total dos financiamentos alcançou cerca de 11 milhões de dólares. A Metropolitana, que montou o maior projeto, obteve financiamento do Banco do Brasil para a parte de importação e de banco privado para os investimentos em moeda nacional.

Na frente rio-grandense tratava-se de saneamento, a curto prazo, da balbúrdia que lá se havia instalado em decorrência de ações do governo do estado. É interessante observar que o problema é paralelo ao caso local de energia elétrica.

A Copelmi, depois da venda da usina termelétrica de Charqueadas, começou estudos para nova iniciativa industrial que ampliasse o consumo do carvão de suas minas. Constituiu em 1971 empresa que realizou anteprojeto de siderurgia pelo processo de ferro-esponja, que resultou na criação da Aços Finos Piratini.

Demoradas foram as negociações entre o governo federal, o estadual e as empresas para uma reorganização da atividade carbonífera do Rio Grande do Sul fora da mina de Candiota; consumiram os anos de 1972 e 1973. Em maio desse último ano, foi o assunto sintetizado em exposição enviada pelo ministro de Minas e Energia ao governador Euclides Triches (Documentos Inéditos, 11).

Do lado da energia, tratava-se de encerrar a operação da pequena usina de São Jerônimo (20 milkW) instalada em 1950 e de baixa eficiência, construída com o objetivo precípuo de consumir o carvão local e que, em parte, operava com óleo combustível. Havia também de assegurar maior liberdade de operação à usina de Charqueadas. Do lado da mineração, tinha-se o objetivo de fechar as precárias minas de Alencastro e Leão, cujo único consumidor era a usina de São Jerônimo. Realizada a transação, ficariam operando apenas aquelas razoavelmente bem equipadas, de Candiota (CRM) e Charqueadas (Copelmi), e as usinas termelétricas por elas atendidas. A parte trabalhista da transação envolvia cerca de setecentas pessoas. Houve grande esforço, de todas as partes, para que se chegasse a bom termo. Por volta do segundo semestre de 1973, terminavam os entendimentos no sentido da redução progressiva e equitativa de quotas de suprimento, como também a indenização trabalhista devida, com recursos a fundo perdido do orçamento da União.

Firmado o acordo entre o ministério e o governo do estado, foi baixado o decreto de encampação dos bens e instalações da usina térmica de São Jerônimo (Decreto nº 72.546/1973). Cerca de três anos depois, o assunto foi reconsiderado pelos sucessores no estado, governador Sinval Guazelli, e no Ministério de Minas e Energia, e a usina mais ineficiente do país continuou a funcionar, com consumo específico três vezes superior ao de uma usina tecnologicamente atualizada (Decreto nº 77.130/1976).

Além do esforço interno, procurou-se reduzir a dependência das importações de uma única origem, dos Estados Unidos. Para esse fim, mantiveram-se prolongadas negociações com a Polônia, mediante ação conjunta do MME e do MIC, que culminaram em acordo envolvendo carvão e minério de ferro (Documentos Inéditos, 12).

Primeira usina nuclear

O tratado para proscrição das armas nucleares na América Latina, conhecido como tratado de Tlatelolco, com o qual não concordaram muitos países, foi assinado no México em 1967, com a presença do Brasil, e posteriormente ratificado pelo Congresso Nacional. A sua implantação ficou prejudicada pela ausência de alguns países e pelas reservas demonstradas por outros que o assinaram.

Entre 1968 e 1969 foi elaborado, negociado e concluído o Tratado de Não Proliferação das Armas Nucleares – TNP. Esse tratado se inicia, nos seus artigos 1º e 2º, por dividir o mundo em estados militarmente nucleares e estados militarmente não nucleares, declarando adiante, para maior clareza, que para os fins do tratado, "um Estado militarmente nuclear é aquele que tiver fabricado ou feito explodir uma arma nuclear ou outro artefato explosivo nuclear antes de 1º de janeiro de 1967" (Apêndice 7-K).

O Brasil se recusou a assinar esse tratado, que considerou discriminatório, notadamente porque envolvia a proscrição, nos territórios dos signatários, de todas as atividades que pudessem ensejar aplicações militares, ao mesmo tempo que eximia de inspeção internacional os países então fabricantes de artefatos bélicos. Tratava-se de uma atitude de força dos países do clube atômico. A posição oficial brasileira pode ser assim resumida:

> Com efeito, o TNP pretende legitimar uma distribuição de poder inaceitável porque decorrente do estágio em que se encontravam os estados, no que respeita à aplicação da tecnologia nuclear bélica, na data da sua assinatura. Como resultado dessa estratificação, o Tratado exige estrito controle da AIEA sobre a difusão da utilização pacífica do átomo, enquanto, em relação aos países militarmente nuclearizados, nenhuma barreira cria à proliferação vertical dos armamentos nucleares, do que é prova o continuado crescimento e refinamento dos seus arsenais nucleares. Além disso, quanto ao aspecto de segurança, não prevê o TNP qualquer sistema de proteção eficaz para os países militarmente não nucleares. Essa desproteção não se refere, apenas, aos perigos de ataque nuclear. Como os países nuclearmente armados continuam a aumentar aceleradamente os seus arsenais atômicos, a quantidade de rejeitos de alta radioatividade por eles produzidos passou a constituir um considerável perigo coletivo (Brasil, República, 1977, p. 109).

A partir de então, passou a ser exercida pressão política sobre o Brasil para a assinatura do TNP, por meio da sua inclusão entre as exigências de salvaguardas requeridas pela Agência Internacional de Energia Atômica – AIEA. As negociações internacionais do Brasil no campo nuclear foram marcadas pela recusa, não obstante terem sido assinados, entre 1956 e 1969, vários convênios de cooperação internacional, entre os quais cumpre registrar aqueles contratados com os Estados Unidos, França, e Alemanha.

A questão de uma primeira usina nuclear foi discutida no âmbito de um grupo de trabalho sobre reatores de potência, o Comitê de Estudos de Reatores de Potência, criado pela CNEN em janeiro de 1965 e extinto em julho do mesmo ano. Foi ao tempo do governo Costa e Silva que o empreendimento tomou consistência. Por meio de dois decretos, subordinava a CNEN ao Ministério de Minas e Energia (Decreto nº 60.900/1967) e constituía grupo de trabalho especial,[5] com o objetivo de propor mecanismo de cooperação entre a CNEN e a Eletrobras (Cotrim,1969).

O correspondente relatório, de setembro de 1967, sugeria as diretrizes para a cooperação CNEN-Eletrobras e continha anexo com os fundamentos essenciais à implantação de centrais nucleares, sua inter-relação com o quadro da energia elétrica, além de apresentar, sobre esse mesmo tema, um panorama internacional (Brasil, MME, 1967).

Prosseguiam, todavia, as grandes discussões do princípio da década entre os defensores dos diversos tipos de reatores. No exterior, abriam-se várias opções, algumas ainda em estágio de pesquisa, e poucas consolidadas como comercialmente operacionais. Um resumo dessas questões técnicas foi elaborado pela Nuclen (Apêndice 7-L).

---

[5] O grupo era composto por: Henrique Brandão Cavalcanti, José R. da Costa, Mauro Moreira, Paulo S. de Toledo, David N. Simon, Horácio A. Ferreira Jr., Joubert Diniz, Jair C. de Melo, Geraldo Boson e Carlos E. O. de Paiva.

A decisão do governo federal de partir para a aquisição do primeiro reator no exterior era fortemente criticada e classificada, por grande parte da comunidade científica, como compra de caixa preta. Na evolução das usinas hidrelétricas, o Brasil havia começado pela importação de conhecimentos e experiência, antes que aqui se tomasse a iniciativa de agir independentemente, o que se fez logo a seguir, com indiscutível sucesso. O intervalo entre as grandes usinas da Light, com engenharia externa, e a de Paulo Afonso, com engenharia nacional, foi de apenas vinte anos. No entanto, havia quem acreditasse na ação autônoma nesse complexo campo da energia nuclear.

A proposta autóctone estava então em andamento no Grupo do Tório, instituído pela CNEN (1965) no âmbito da divisão de engenharia de reatores, do Instituto de Pesquisas Radioativas, de Belo Horizonte. Tratava-se de desenvolver reator apropriado à utilização do tório, baseado no emprego inicial de urânio natural e água pesada como moderador e resfriador. Esses reatores, em uma primeira fase, de dez a vinte anos, gerariam plutônio, para em seguida operar com a mistura tório/plutônio.

Estimava-se um prazo de dez anos, a partir de 1968, durante o qual os dispêndios estimados eram equivalentes a 40 milhões de dólares, moeda da época. Pelo que se via no mundo, essa estimativa parecia extremamente baixa. Falava-se inclusive em gastos prováveis da ordem de grandeza de 1 bilhão de dólares.

No outro campo, as principais objeções ao programa de aquisição de um primeiro reator de potência vinham, todavia, de grupamentos distintos de cientistas, que também divergiam entre si sobre o melhor caminho, inclusive e sobretudo, quanto ao tipo de reator (Apêndice 7-M).

O governo federal, ao tempo do presidente Costa e Silva, prosseguiu na sua decisão de construir a primeira central nuclear do país, com base em aquisição, no exterior, de equipamentos já comprovados. Tendo em vista esse objetivo, foi assinado, em abril de 1968, o convênio entre a CNEN e a Eletrobras, nos termos da proposta do grupo especial, ficando Furnas responsável pelas providências executivas.

Os passos subsequentes deram continuidade ao projeto, compreendendo viagens ao exterior com o objetivo de identificar os possíveis fornecedores dos equipamentos principais da primeira usina do país, e a busca de assessoria técnica externa.

Dentro do primeiro programa foram realizadas, no período 1968-1969, as seguintes viagens de inspeção e discussão:
- missão técnica ao Canadá, Inglaterra, Suécia e Alemanha, além de visita à AIEA em Viena;[6]

---

[6] Participaram: os engenheiros David N. Simon, Sérgio S. de Brito e Norberto F. Medeiros que estavam no Canadá, de 31.8 a 14.9, na Inglaterra, de 15.9 a 8.10, na Suécia, de 9 a 13.10, na Alemanha, de 14 a 24.10 e na Áustria, sede da Agência Internacional de Energia Atômica, em 28.10. O relatório correspondente é datado de 29.11.1968.

- missão governamental chefiada pelo ministro de Minas e Energia, Costa Cavalcante, à Alemanha, França, Grã-Bretanha, Canadá e Estados Unidos;[7]
- missão técnica aos Estados Unidos.[8]

Do lado da assistência externa, foi solicitada, por meio da ONU, a assessoria de um grupo de especialistas indicados pela AIEA, chefiado por J. A. Lane. O relatório em que se apreciava o projeto brasileiro da primeira central nuclear, daí por diante conhecido como Relatório Lane, foi entregue em novembro de 1968.

Em função dessas viagens e das consultorias contratadas, definiram-se os reatores que poderiam ser objeto de licitação que o Brasil se preparava para realizar, e os fabricantes aptos a concorrer. Decidida também a localização na região de Angra dos Reis e dimensionada a usina em padrão condizente com o estágio tecnológico da época, organizou-se o processo de concorrência internacional. Foram recomendados certos tipos de reatores e feita uma lista de potenciais fornecedores; alguns desses declinaram de sua participação.

Em junho de 1970, estavam prontos os convites, e as especificações a sete empresas e consórcios que deveriam apresentar as suas propostas em janeiro de 1971 foram expedidas. Antes dessa data ocorreram três desistências: da Atom da Suécia, da Combustion Engineering, dos Estados Unidos, e do Canadá, que seria o único fornecedor potencial de um reator a urânio natural e água pesada. O protótipo canadense, Candu, ainda revelava dificuldades operacionais, mais tarde resolvidas, mas que, naquele momento, levaram os respectivos fabricantes a comunicar, dias antes da concorrência, sua desistência. Portanto, Furnas recebeu apenas cinco propostas:

PWR	urânio levemente enriquecido, refrigerado a água pressurizada – Westinghouse (EUA) e Siemens (RFA);
BWR	urânio levemente enriquecido, refrigerado a água fervente – General Electric (EUA) e AEG (RFA);
SGHWR	urânio levemente enriquecido, moderado a água pesada e refrigerados a água leve – NPG (Inglaterra).

Após exame sob vários ângulos, a proposta da Westinghouse foi considerada a mais adequada, técnica e economicamente, e no mês de maio principiaram as negociações com essa empresa, concluídas em abril de 1972 com a assinatura do contrato (Simon; Wilberg, 1972).

A preocupação do governo federal, na oportunidade do julgamento, era a da confiabilidade da primeira instalação, que serviria, principalmente, para que o pessoal

---

[7]Participantes da missão: da CNEN, Hervasio G. de Carvalho; da Eletrobras, Leo A. Pena; de Furnas, John R. Cotrim; do DNPM, Moacir de Vasconcelos, e o tenente-coronel Osvaldo M. Oliva, da secretaria-geral do CNS. O relatório apresentado foi datado de 27.1.1969.
[8]Composta por John R. Cotrim, Flavio H. Lira, David N. Simon e Sérgio de S. Brito, a missão técnica esteve nos Estados Unidos no período de 17.3 a 2.4.1969.

técnico local se familiarizasse com a nova tecnologia de construção, montagem e operação. A opção tendeu assim a favorecer a proposta da Westinghouse, que demonstrava significativa experiência tanto na área tradicional do ciclo do vapor (caldeiras, turbinas), como do ciclo nuclear, com o seu pioneirismo no reator de água pressurizada em sucessivas instalações desde a da Yankee Atomic Power Plant, de 1957.

O governo americano assegurou, nessa oportunidade, o suprimento de urânio levemente enriquecido para o abastecimento da usina de Angra dos Reis.

A tarefa da construção da usina foi atribuída a Furnas, tendo em vista a localização em sua área de atuação e a excelente e disciplinada equipe técnica, responsável por notáveis obras hidrelétricas, que já vinha, há algum tempo, incorporando especialistas da área nuclear.

As obras da usina de Angra se iniciariam efetivamente em abril de 1971. Tratava-se de usina com a potência de 620 MW, com custo estimado equivalente a 308 milhões de dólares, a preços da época, dos quais cerca de 100 milhões de dólares provinham de financiamento externo, cujo contrato havia sido assinado com o Eximbank. A parte nacional dos equipamentos para essa primeira obra era bem reduzida, ainda dentro daquele espírito de acumular experiência mínima de construção e operação nesse novo campo tecnológico.

Constituição da Companhia Brasileira de Tecnologia Nuclear

Antes das decisões sobre a primeira usina nuclear e no domínio da pesquisa mineral em torno de minerais atômicos, pareceu-me, em 1971, que a solução já adotada para ativação da pesquisa e da tecnologia mineral em geral, por meio do estabelecimento da Companhia de Pesquisa de Recursos Minerais, poderia servir de modelo para o desenvolvimento tanto da pesquisa científica e tecnológica como na parte geológica no domínio nuclear. Propus então ao presidente Emílio Médici a criação da Companhia Brasileira de Tecnologia Nuclear – CBTN (Documentos Inéditos, 13), à qual se incorporavam dois dos grandes laboratórios de pesquisa vinculados ao governo federal: um no campus universitário em Belo Horizonte, Instituto de Pesquisas Radioativas – IPR, e outro no Rio de Janeiro, Instituto de Engenharia Nuclear – IEN, além do Laboratório de Dosimetria. O IEA, da Universidade de São Paulo, já havia sido formalmente desligado da administração federal em setembro de 1970. O laboratório de Piracicaba, localizado na Escola Superior de Agricultura Luis de Queirós – Esalq, nunca estivera vinculado à Comissão de Energia Nuclear. Na formação da CBTN, a ela se incorporava a bem-treinada equipe de pesquisa geológica existente na CNEN, além dos equipamentos especificamente ligados à sua atividade (Lei nº 5.740/1971, resultante de projeto enviado ao Congresso Nacional com a Exposição de motivos nº 238/1971).

Os objetivos definidos para a CBTN (Art. 3º) compreendiam:
- a pesquisa e a lavra de jazidas de minerais nucleares e associados;
- o fomento ao progresso da tecnologia nuclear mediante a realização de pesquisas, estudos e projetos referentes ao ciclo do combustível e a componentes de reatores e outras instalações nucleares;
- a promoção da gradual assimilação da tecnologia nuclear pela indústria privada nacional;
- a construção e operação de instalações nucleares;
- a negociação de equipamentos, materiais e serviços de interesse da indústria nuclear; e finalmente
- o apoio técnico e administrativo à CNEN.

Na exposição de motivos de junho de 1971, não fugi ao otimismo que então prevalecia quanto ao futuro próximo da energia nuclear no Brasil, e coloquei sua expansão provável na década de 1980. A fim de assegurar a capacidade financeira da CBTN na sua função de promoção do desenvolvimento nuclear, foi incluída na lei a destinação de parte dos dividendos que coubessem à União na Petrobras e na Eletrobras, na proporção de 0,5% dos respectivos capitais sociais. Na exposição de motivos, justificava-se essa proposição: "(...) que corresponderia, efetivamente, à utilização de recursos gerados pelos investimentos do governo federal nas duas fontes predominantes da energia do presente, para desenvolver a fonte de energia cuja importância será crescente a partir da década de oitenta".

A perspectiva, então, era de que o país poderia alcançar no cenário nuclear internacional uma posição forte, enquanto se preparava tecnologicamente, se descobrisse e desenvolvesse o seu potencial de minerais físseis e a correspondente capacidade tecnológica no ciclo do combustível. Dispondo-se já de equipe treinada, de organização estruturada para os trabalhos de campo, faltava tão somente a alocação de recursos regulares e suficientes para a arrancada definitiva.

A vinda ao Brasil do então ministro das Relações Exteriores da Alemanha, Walter Sheel, para a inauguração do prédio da embaixada em Brasília, em abril de 1971, propiciou a oportunidade de se fazer uma proposta até certo ponto ousada, elaborada de comum acordo pelos ministros das Relações Exteriores e de Minas e Energia. A nota entregue, de uma página, propunha que se estudasse a cooperação entre a Alemanha e o Brasil no campo da pesquisa geológica, da mineração e do enriquecimento isotópico, e da fabricação dos elementos combustíveis. A contribuição da Alemanha seria no domínio de tecnologias pioneiras, e a do Brasil, no campo do conhecimento geológico do seu território, de um potencial de energia hidrelétrica capaz de abastecer uma eventual usina de enriquecimento de urânio, sabidamente intensa consumidora. Não se tratava, na ocasião, de construção de usinas nucleoelétricas.

A reação alemã, além da surpresa, não foi entusiástica; tiveram início algumas verificações sobre as possibilidades hidrelétricas oferecidas para eventual suprimento de usina de enriquecimento a ser construída.

Prospecção de minerais nucleares

A prospecção de urânio começou em 1952. Os trabalhos realizados até 1974 estão sumariamente descritos nas publicações da Comissão Nacional de Energia Nuclear; um resumo geral consta da publicação de número 4. Nesse se indica que, em uma fase preparatória, de 1952 a 1970, devem ser distinguidos três períodos (Ramos; Maciel, 1974).

O período da cooperação norte-americana teve início em um acordo informal entre o Ministério das Relações Exteriores e o Departamento de Estado dos Estados Unidos. Em 1956, o acordo foi formalizado com o título Programa Conjunto de Cooperação para o Reconhecimento dos Recursos de Urânio do Brasil. Os entendimentos sobre a condução dos trabalhos envolveram, do lado americano, a Comissão de Energia Atômica e, do lado brasileiro, o Conselho Nacional de Pesquisas e, depois, a Comissão Nacional de Energia Nuclear. A assistência técnica foi prestada por profissionais do U.S. Geological Survey. O apoio nacional coube ao DNPM, na fase inicial.

O relato específico desse período foi elaborado em 1970, pelo último chefe da comissão e grande colaborador (White; Pierson, 1974).

> Durante os oito anos de duração das pesquisas no Brasil, a maioria dos distritos minerais e inúmeras localidades minerais foram testadas para radioatividade. Cerca de setenta relatórios foram preparados, condensando estudos de campo e de laboratório, e apresentados como relatórios oficiais a ambos os países.

O período da cooperação francesa se inicia em 1960, com a assinatura de um convênio de cooperação técnica entre a CNEN e o Commissariat à l'Énergie Atomique – CEA. A existência de cerca de quarenta geólogos brasileiros, saídos das primeiras turmas formadas no país, servia de base para a organização, dentro da CNEN, do Departamento de Exploração Mineral – DEM, sob a orientação de três geólogos do CEA. O acordo propiciou, a essa equipe de geólogos, estágios, cursos de especialização e visitas a jazidas de urânio na França. Realizou-se, em seguimento e complementação aos trabalhos do período anterior, "(...) uma investigação sistemática de todas as ocorrências de urânio conhecidas àquela época (...)". A contribuição principal da equipe do CEA consistiu no estabelecimento da metodologia do trabalho de prospecção e no aperfeiçoamento técnico da equipe brasileira. O relato específico foi feito em 1966 pelo chefe da missão (Gerstner, 1974).

Com a saída dos geólogos franceses, o grupo nacional assumiu a integral responsabilidade do DEM. Abriu-se também o leque de visitas a outros países. O relatório específico do período 1966-1970 foi feito pelo então diretor daquele departamento (Ramos, 1974).

Poços de Caldas continuava sendo o ponto com maiores probabilidades de definição de jazida de urânio, apesar da complexidade do minério de zircônio e urânio (caldasita), que já havia sido objeto de estudos sobre a possibilidade de tratamento e economicidade (ver Capítulo VI). O resultado mais importante foi, todavia, a avaliação do volume da primeira reserva brasileira de urânio, no Campo do Agostinho, onde o minério era uma associação de zircônio, molibdênio e urânio, de tratamento mais simples que o anterior. Eram 700 toneladas de U_3O_8 medidas.

Em 1970, foram destinados mais recursos financeiros para a prospecção de minérios nucleares, na base de 1% do Imposto Único sobre Lubrificantes e Combustíveis Líquidos e Gasosos – IUCLG (Decreto-lei nº 1.092/1970). Na nova estruturação, cabia à CNEN, por meio do DEM, a elaboração dos projetos de pesquisa e o seu acompanhamento, e à CPRM sua execução. Objetivava-se aproveitar as características empresariais da CPRM para acelerar e flexibilizar os trabalhos de campo realizados, na maioria dos casos, em regiões difíceis e de poucos recursos. Com a vinculação do imposto único, os recursos foram multiplicados por quatro. O ano de 1970 foi de transição e adaptação à nova estrutura e à nova dimensão do programa de prospecção. Os recursos continuaram a crescer nos anos seguintes, tendo sido aumentada, em 1973, a base da arrecadação para 2% do IUCLG (Decreto-lei nº 1279/1973). Os trabalhos de campo que puderam ser executados acabaram por situar o Brasil em segundo lugar, à época e no mundo ocidental, em termos de gastos com prospecção de urânio.

Em 1972, a constituição da CBTN provocou alguns problemas internos na administração, os quais dificultaram a transição. As atribuições e parte do pessoal do DEM passaram para a nova empresa, até o advento do programa nuclear brasileiro, que envolveu outra transformação, em 1974. Configuravam-se como positivas as ocorrências de Poços de Caldas e da bacia carbonífera do rio do Peixe, e negativas as áreas sedimentares do Parnaíba, do Jatobá e de Tucano, bem como o quadrilátero ferrífero de Minas Gerais. Considerava-se promissora a ocorrência do Seridó. O Brasil não tinha ainda, em 1974, nenhuma reserva de urânio economicamente explorável. As reservas de tório permaneciam como uma esperança, para quando se desenvolvesse um reator que pudesse utilizá-las.

Capacidade de construção de equipamentos nucleares

Tendo em vista os desdobramentos futuros do programa de usinas nucleares, foi decidido, no princípio de 1973, que era oportuno amplo exame sobre a capacidade existente na indústria nacional para produzir componentes de instalações nucleares, observadas as estritas especificações requeridas em tais instalações. Para esse fim, a CBTN contratou a empresa Bechtel Overseas Corporation, associada à Montor S. A., para avaliar a capacidade industrial do país, na hipótese do lançamento de um programa sustentado de construção de centrais nucleares.

O relatório desses trabalhos, concluído em fins de 1973, apontava para significativa e crescente capacidade (incluindo-se montagens, trabalhos civis e estruturais, e instalações e equipamentos de construção):
- da ordem de 48% a 51% do valor de uma central a ser encomendada entre 1973-1974;
- da ordem de 55% a 58% do valor de uma central a ser encomendada entre 1975-1977; e
- da ordem de 58% a 61% do valor de uma central que se seguisse às anteriores e fosse encomendada a partir de 1980-1982.

Considerando-se apenas os custos dos equipamentos, a capacidade líquida da indústria local, nos três estágios hipotéticos da evolução, seria, respectivamente, de 15% a 20%; de 26% a 23% e de 45% a 47%.

A capacidade revelada da indústria brasileira foi surpreendente para a maioria dos observadores. Principalmente pelo fato de que o inquérito fora feito após a contratação, no exterior, de uma usina pronta (Angra I), na qual a participação da indústria nacional de fabricação de equipamentos ficou com 8%. Não havia, portanto, imediatismo nas respostas dos industriais, que sabiam tratar-se de avaliação básica para programa futuro de construções, e ainda não definido em termos quantitativos.

Buscava-se nessa época tanto a construção de uma primeira usina comprada como caixa preta, na expressão dos críticos, como avaliar as condições que prevaleceriam para construções subsequentes. A comissão encarregada, em 1985, de avaliação do Programa Nuclear Brasileiro, não entendeu, pelo menos na aparência, o interesse simultâneo pela solução imediata (usina pronta) e pela solução de médio e longo prazos (participação da indústria nacional). Afirmava: "Paralela e contraditoriamente a nova empresa (referindo-se à CBTN) aprofundou estudos sobre a participação da indústria nacional na construção da Central de 500 MW, cuja implantação fora anteriormente decidida." (Academia Brasileira de Ciências, 1986, p. 16).

Novo código florestal e incentivos ao reflorestamento

Apesar da redução da importância relativa da lenha proveniente de florestas nativas, no Balanço Energético Nacional, ela ainda representava cerca de 40% do consumo total, em 1965. O desmatamento preocupava. Em contrapartida, eram significativos os resultados dos experimentos de reflorestamento com essências exóticas, e estavam em pleno curso numerosos plantios de eucalipto. Começava-se a considerar as energias renováveis, entre as quais a biomassa. Em outro campo, preocupava a dependência do país em celulose e papel, quando aqui existiam as condições naturais e de experiência florestal para até inverter o respectivo balanço comercial com o exterior. Foi nesse clima que surgiram interessantes iniciativas no domínio florestal.

O governo Castello Branco preparou novo código florestal, mais compacto do que o anterior, contendo apenas 47 artigos. Foi bastante exigente na regulamentação do uso das florestas (Lei nº 4.778/1965).

No intervalo de trinta anos entre os dois códigos, desenvolviam-se, espontaneamente, no domínio privado, dois processos distintos de manejo florestal, enquanto continuava sem qualquer obstáculo o desmatamento tradicional de outras áreas conquistadas para a agropecuária: o reflorestamento com eucalipto e regeneração espontânea das matas secundárias.

O sucesso técnico e econômico de introdução da floresta homogênea se espalhou a partir do trabalho pioneiro de Navarro de Andrade, em Rio Claro, SP, primeiro no próprio estado e depois em Minas Gerais, para fabricação de carvão vegetal destinado à siderurgia, sob a liderança da Belgo-Mineira e depois da Acesita. A Companhia Melhoramentos de São Paulo experimentava outra espécie exótica (*cunninghamia*). O Instituto Nacional do Pinho testava em hortos próprios, e em grande escala, o plantio da araucária, embora sem muito sucesso.

Em 1965, quando dos estudos do novo código coordenados por Vítor Abdenur Farah, com quem mantive subsequentemente entendimentos construtivos, Heládio do Amaral Melo, da Esalq de Piracicaba, apresentou proposta de dispositivo, incorporada ao projeto de lei, que assegurava benefícios fiscais aos investidores em reflorestamento, pessoas físicas e jurídicas, mediante dedução no Imposto de Renda.

Depois da promulgação do código, que, aparentemente, não havia merecido muita atenção do Ministério da Fazenda, promoveu-se a hierarquia fazendária, por meio de legislação específica do imposto de renda, retificação que visava a anular os incentivos recém-instituídos. A matéria ficou, no entanto, confusa. Como há algum tempo me dedicava ao estudo de fórmulas que conduzissem ao desenvolvimento das atividades florestais, procurei o ministro Otávio Bulhões, a quem expus as contradições legais e dele recebi o pedido, com a simplicidade que lhe era característica, de elaborar uma solução que atendesse simultaneamente os requisitos da promoção do reflorestamento e os de natureza tributária, que fossem por ele definidos. O trabalho resultou em projeto que, aperfeiçoado, obteve, por fim, aprovação do ministro, que o enviou ao Congresso.

Após algumas alterações transformou-se na Lei nº 5.106/1966. Contudo, havia a consciência de que a principal fraqueza do código anterior era a ausência de organismo responsável por sua execução. Com a criação, na mesma época, do Instituto Brasileiro de Desenvolvimento Florestal – IBDF (Decreto-lei nº 289/1967), passou-se a dispor de três instrumentos de ação: o código, o incentivo e o IBDF.

Ao contrário de outros incentivos fiscais, o benefício da Lei nº 5.106 era concedido após o investimento feito, e deveria constar da declaração do imposto de renda do ano seguinte. Esse princípio afugentou alguns investidores, que buscavam no incentivo, em primeiro lugar, a dedução no Imposto de Renda, e apenas acessoriamente, o respectivo objetivo fundamental, o reflorestamento, no caso. Induzia, em contrapartida, sério esforço na condução de projetos sujeitos à verificação mais fácil de sua efetiva realização.

Mais tarde, infelizmente, a legislação seria modificada (Decreto-lei nº 1.134/1970) na parte relativa às pessoas jurídicas, de forma que o reflorestamento passasse a ser feito com recursos provenientes de destinação e dedução registrada na declaração de renda do exercício anterior. Os recursos passavam assim a transitar pelo caixa do Tesouro Nacional, e sua entrega às empresas reflorestadoras de escolha dos investidores ocorria antes que essas tivessem realizado os investimentos. Retardou-se o processo, aumentou-se a possibilidade de descaminho dos recursos e a fiscalização foi dificultada. É possível que se tenha ampliado o universo dos aplicadores potenciais mas, certamente, à custa de mais fraudes e do desperdício de recursos. Qual terá sido o resultado efetivo líquido da alteração em termos de quantidade e qualidade dos maciços florestais?

Recursos humanos e tecnologia

Estava estabelecida, desde a origem das empresas de energia sob o controle do Estado, a preocupação com o treinamento de pessoal em todos os níveis. Várias escolas profissionalizantes especializadas foram sendo constituídas por essas mesmas empresas. Cursos de especialização de nível superior receberam patrocínio em muitas universidades. O aperfeiçoamento no exterior foi intensamente aproveitado.

Diante da velocidade do progresso científico e tecnológico mundial e da rapidez que o desenvolvimento econômico do Brasil adquiria no início da década de 1970 e, além disso, da grandeza e variedade das iniciativas nacionais no campo da energia, acentuou-se a preocupação com a limitada capacidade de pesquisa e a escassez de pessoal habilitado para que se pudesse levar a bom termo o processo iniciado. Ocorreu-me então, em 1971, formular e apresentar ao presidente Emílio Médici, como reforço ao que já vinha sendo feito, proposta decenal de desenvolvimento tecnológico setorial (Leite, 1971), que mereceu aprovação e, portanto, luz verde para que se prosseguisse na direção sugerida. Quase simultaneamente submeti à apreciação do presidente consolidação do programa em curso, de forma experimental, abrangendo o aperfeiçoamento e a reciclagem do pessoal de nível superior, com a participação tanto da administração direta como das empresas vinculadas ao MME, o qual havia sido denominado Plano de Formação e Aperfeiçoamento de Pessoal de Nível Superior – Planfap (Documentos Inéditos, 15). A maioria das empresas já mantinha centros de treinamento e reciclagem profissional apropriados aos respectivos quadros técnicos especializados.

Na apresentação da questão tecnológica procurei acentuar a importância da "(...) conciliação entre duas atitudes até certo ponto contraditórias: confiança na grandeza futura e humildade em face do duro caminho a percorrer (...)" e sublinhei: "A confiança é indispensável ao preparo do terreno para a autonomia do processo, mas a falta de humildade poderá conduzir-nos a um programa pretensioso e à frustração dos próprios objetivos colimados." A recomendação de prudência me parecia necessária, em face do sentimento de euforia que começava a predominar no país em consequência dos primeiros resultados da retomada do desenvolvimento econômico.

Analisei a seguir, na citada exposição, as relações possíveis e a repartição da missão entre as universidades, as indústrias e, em particular, as grandes empresas sob controle da União, no âmbito do MME, para concluir:

> (...) necessário que parte do processo de desenvolvimento relacionado à assimilação do progresso já consagrado, com a adaptação da tecnologia externa às condições e peculiaridades

nacionais, bem como com a pesquisa criadora no domínio da tecnologia e da ciência aplicada, seja realizada em instituições organizadas para esse fim e dedicadas, especificamente, a essas tarefas, sob os auspícios das entidades industriais diretamente vinculadas ao poder público.

No contexto dos programas de aperfeiçoamento do pessoal de nível universitário, bem como das instalações de pesquisas relacionadas com o progresso tecnológico – e no caso específico do MME – parecia-me nítido que o caminho recomendável poderia ser resumido nos seguintes objetivos:

1. associação íntima, com as universidades, buscando a organização de cursos específicos e descentralizados conforme as especializações já existentes, com contrapartida de apoio técnico e financeiro do MME, e duração mínima de três meses e máxima de 15;
2. realização pelo Planfap, em instalação própria, de cursos, seminários e conferências de alto nível, atendendo, de preferência simultaneamente, vários órgãos e empresas do MME e de entidades externas, com a duração máxima de três semanas, o que na prática viria a reduzir-se a uma semana;
3. formação de centros próprios de pesquisa tecnológica voltados para as especialidades atinentes ao MME e às unidades a ele jurisdicionadas, localizados em um único campus a fim de propiciar intercâmbio entre especialidades.

O primeiro objetivo já era praticado pelas empresas, em graus diferentes de extensão e variedade. O Planfap veio ampliar e sistematizar a ação conjunta. O segundo objetivo motivou a construção de sede própria, para a qual foi escolhida área adequada em Itaipava, município de Petrópolis, a uma hora do Rio de Janeiro, e designado Centro de Estudos e Conferências – Centrecon. Enquanto não existia essa instalação modelar, foram alugados diversos hotéis para cada evento específico. O sistema funcionou intensamente e com sucesso durante quase vinte anos, sob a dedicada direção de Paulo G. de Paula Leite e, depois, de Pedro B. Franco Neto até seu cancelamento, na voragem da reforma administrativa Zélia/Santana, no governo Fernando Collor (ver Capítulo IX).

Para a consecução do terceiro objetivo, já se contava com o Centro de Pesquisas e Desenvolvimento – Cenpes criado pela Petrobras, e que operava em instalações limitadas, faltando consolidar a sua posição em outras instalações na ilha do Fundão. Contava-se também com o Instituto de Engenharia Nuclear – IEN instalado na ilha. Os novos institutos foram o Centro de Pesquisas em Energia Elétrica – Cepel (Lei nº 5.833/1972) e o Centro de Tecnologia Mineral – Cetem. A primeira ideia havia sido a de construir outro campus de instituições exclusivamente de pesquisa na baixada de Jacarepaguá. A seguir, e graças à ação do sub--reitor de desenvolvimento da UFRJ, Alfredo do Amaral Osório, propôs-se, e o presidente Médici aprovou, a localização de todos os institutos de pesquisa na ilha do Fundão. A única exceção foi o laboratório de alta tensão, cujo local de funcionamento foi determinado pela proximidade de uma subestação de grande porte, como a de Furnas, instalada em Adrianópolis, RJ.

Matriz energética de 1970

Em junho de 1968, os ministros de Minas e Energia, Costa Cavalcante, e do Planejamento, Hélio Beltrão, iniciaram a elaboração de "(...) estudo integrado das diversas fontes de energia, desde a geração até o consumo final e em especial das repercussões econômicas das suas condições de preços sobre a produção dos principais setores e sobre o nível geral de preços" (Portaria interministerial nº 145/1968).

Várias providências conjuntas dos dois ministérios se sucederam, incluindo a consulta a empresas com capacitação adequada aos levantamentos e análises a realizar, até que em maio de 1970 foi formalizado grande contrato com um consórcio de seis companhias, já ao tempo do presidente Emílio Médici, sendo ministros João Paulo dos Reis Velloso e este autor. Os resultados desse trabalho, que viria a ser conhecido como Matriz Energética Brasileira – MEB, foram publicados em 1973.

Na apresentação que então me coube fazer, procurei mostrar a necessidade de se dar continuidade ao processo de levantamento sistemático com vistas no seu aperfeiçoamento (Documentos Inéditos, 4). Infelizmente, foi o oposto que ocorreu, na transmissão de governo Médici/Geisel. A distribuição do relatório foi interrompida e os trabalhos suspensos.

De qualquer forma, a MEB constitui marco de referência entre os trabalhos pioneiros feitos com escassos recursos materiais por Wilberg e os subsequentes, muito menos abrangentes, iniciados em 1976, sob a denominação de Balanço Energético Nacional – BEN. Esses documentos focalizam o ano de 1970, surgindo daí a possibilidade de comparação. Tendo em vista o tempo entre as diversas estimativas e as diferenças de critérios de avaliação, os resultados globais são bastante próximos.

Tabela 16 – Consumo de energia primária – 1970 (em milhões de tep)

CONSUMO	WILBERG (1)	MEB (2)	BEN (3)
Total	64	61	64
Sem lenha	43	40	44

Fonte: (1) Wilberg, 1974; (2) MME – IPEA, 1973; (3) MME, 1975.

É interessante observar que as estimativas dos balanços energéticos posteriores, como os publicados em 1978 e 1983, causaram variação na estimativa do consumo de 1970, sem lenha, respectivamente para 42 e 45 milhões de tep.

A MEB ofereceu, pela primeira vez, dados sobre a destinação dos recursos energéticos e as perdas na sua transformação, empregando quadros em que a energia de várias origens é mostrada pelos setores de consumo. A título de exemplo, observe a seguinte estimativa de destinação:

Industrial 36%
Rural 25%
Transportes 22%
Residencial urbano 12%
Serviços e governos 6%

Na área rural situava-se a grande parte do consumo de lenha.

Capítulo VIII
Os dois choques do petróleo e suas sequelas (1974-1985)

Brasil tenta manter crescimento econômico

A segunda fase dos governos militares passa à responsabilidade dos generais Ernesto Geisel e João Figueiredo. Persistem dúvidas na interpretação dessa transferência do poder, sob a condução direta do presidente Médici e sob a égide do alto comando das forças armadas. Geisel e Figueiredo foram convidados por Médici para o seu governo, mas os dois generais, em seus respectivos mandatos, deixaram evidente, de certa forma, uma postura anti-Médici.

O presidente Geisel assume anunciando abertura política, como um processo gradual em busca de uma democracia relativa. Solicita todavia, expressamente de Médici, por ocasião da confirmação da sua escolha que lhe foi transmitida por Leitão de Abreu, chefe do Gabinete Civil, que não revogasse o AI-5. E de fato lançou mão dos poderes discricionários desse ato em várias oportunidades, sobressaindo as do recesso parlamentar de 1977, da imposição da reforma do Poder Judiciário e da nomeação de um terço do Senado.

No campo econômico, o novo governo assume quando, diante da crise mundial decorrente do primeiro choque dos preços do petróleo, a maioria dos países industrializados procurou adaptar-se, tão rapidamente quanto possível, aos novos preços relativos da energia, com os seus reflexos sobre a economia interna de cada um e suas relações com o exterior. O Brasil adota a tese de prosseguir no esforço de desenvolvimento acelerado com ênfase na substituição de importações. O forte desequilíbrio da balança de pagamentos, provocado em grande parte pelas importações de petróleo, seria compensado por operações de crédito externo, a taxas de juros flexíveis, com o sistema bancário privado que, por sua vez, se baseava em recursos propiciados pela reciclagem das receitas provenientes do petróleo.

A sabedoria ou a imprudência dessa atitude do governo do Brasil, consubstanciada no II Plano Nacional de Desenvolvimento Econômico – PND, tem sido objeto de várias análises e será certamente assunto para novos estudos. A tese, que tem sido defendida pelo ex-ministro João Paulo dos Reis Velloso e por vários autores que sobre o assunto têm discorrido, é a de que seriam duas as alternativas disponíveis após o primeiro choque dos preços de petróleo, de 1973:

1. uma, de médio prazo, com adaptação recessiva da economia – ou pelo menos a estagnação temporária – a uma nova estrutura de preços relativos, com a absorção imediata do impacto da elevação do preço real do petróleo;
2. outra, de longo prazo, buscando-se reequilibrar no futuro o balanço de pagamentos do país, mediante o prosseguimento dos planos de desenvolvimento acelerado, que vinham do governo Emílio Médici, baseando-se

principalmente em uma política de intensa substituição de importações, implantação de outros setores industriais e de fortalecimento da infraestrutura econômica. O financiamento externo desse plano seria mais tarde amortizado com os resultados, em renda e divisas, dos novos empreendimentos produtivos.

A maioria dos países industrializados adotou o primeiro caminho. O Brasil partiu em direção oposta e procurou manter o clima de prosperidade. Em particular, não restringiu, de forma eficaz, o consumo de derivados de petróleo nem conservou energia, de modo geral. No entanto, a perturbação econômica causada pelo choque do petróleo tinha uma trajetória de difícil previsão, e recomendava-se prudência nas projeções, inclusive no campo interno, quanto à evolução da demanda de energia elétrica. Mesmo assim, lançou o governo, simultaneamente, não só as grandes usinas de Itaipu e Tucuruí, duas das maiores do mundo, mas também gigantesco programa nuclear. Isso ocorria enquanto importantes projetos industriais ficaram a cargo da iniciativa privada, nacional e estrangeira, mas em parte financiados com recursos do orçamento público (incentivos, subsídios e financiamento do BNDE). Iniciavam-se também, de forma direta, pelo setor público, outras obras bilionárias fora do campo energético, que iriam concorrer na solicitação de recursos da União: a Ferrovia do Aço, a Açominas e a usina siderúrgica de Tubarão.

A avaliação dos efeitos que teve sobre a economia do país a opção de política econômica adotada, à época, requer que se separem as teses da ação prática. Os estudos feitos no âmbito acadêmico tendem a discutir as teses. No entanto, certas ou equivocadas as teses de política econômica, foi desastrosa sua consequência prática no lançamento dos projetos gigantescos, alguns inoportunos e outros ineficazes.

O último dos presidentes militares, general João Figueiredo, que participou de variadas funções nos governos anteriores, recebeu o posto sob a expectativa da conclusão da abertura política nos termos anunciados pelo seu antecessor. Na maioria da opinião pública o mérito da abertura política foi do presidente Geisel. As grandes dificuldades de sua implantação couberam, no entanto, ao presidente Figueiredo, sem a proteção do AI-5, revogado pelo presidente Geisel em dezembro de 1978, dias antes do término de seu mandato.

A herança compreendia também dificuldades no domínio econômico: enormes obras de infraestrutura inacabadas, o inexequível programa nuclear de mais de 10 bilhões de dólares, formidável dívida externa decorrente do esforço de manter elevado o nível de investimento, balanço desfavorável de transações correntes com o exterior, em função das despesas com a importação do petróleo e de elevadas taxas de juros no mercado internacional, e inflação interna em renovado ritmo ascendente.

A entrega da política econômica e financeira a Delfim Netto se deu com grande centralização de poderes decisórios que envolveram, no campo específico dos serviços públicos e da energia, em particular, a submissão das respectivas tarifas aos objetivos de curto prazo da política antiinflacionária. Complementarmente, o próprio planejamento, o orçamento e as decisões das empresas sob controle do Estado eram submetidos a novo órgão supervisor, a SEST (Decreto nº 84.128/1979). Por fim, as empresas estatais, neologismo do momento, foram utilizadas – as que eram sob o aspecto financeiro sadias – para a captação de recursos no exterior. A dívida externa líquida total do país multiplicou-se por seis.

A economia nacional continuou, todavia, a crescer, embora em ritmo cada vez menos forte, e a taxa de inflação se elevou incessantemente.

Indicadores – período 1974-1984

I. GOVERNO: PRESIDENTES, MINISTROS DA FAZENDA E DE MINAS E ENERGIA

    1974-1979 Ernesto Geisel/Mário Henrique Simonsen/Shigeaki Ueki

    1979-1984 João Figueiredo/Mário Henrique Simonsen, Delfim Netto, Karlos Richbieter, Ernane Galvêas/César Cals

II. ECONOMIA[1]

    PIB antes e no fim do período, em US$ bilhões[3] 318,8/512,2

    Taxa média anual de crescimento da população 2,2%

    Taxa média de crescimento do PIB 4,4%

    Taxa média anual da inflação 78%

III. CONSUMO DE ENERGIA[2]
(TAXA MÉDIA ANUAL DE CRESCIMENTO)

    Petróleo 1,6%

    Carvão mineral 9,7%

    Hidráulica 9,8%

    Lenha .... –0,1%

    Cana-de-açúcar 13,3%

    Outros 15,1%

    Total 3,5%

IV. REFERÊNCIA INTERNACIONAL (ESTADOS UNIDOS)

    PIB antes e no fim do período, em US$ bilhões[3] 3.762/5.310

    Taxa média anual de crescimento do PIB 3,2%

    Taxa média anual da inflação 7,1%

V. RELAÇÃO PNB ESTADOS UNIDOS/PIB BRASIL

    Antes e no fim do período 12/10

NOTAS
1. As informações relativas à economia brasileira provêm do IBGE.
2. As informações relativas à oferta interna de energia provêm do Balanço Energético Nacional – BEN.
3. Os valores do PIB Brasil e dos EUA estão em dólares de 1995.

Petrobras vai para a plataforma continental

A lentidão com que a Petrobras deslocou as suas pesquisas para a plataforma continental, desde que se generalizou a opinião de que não eram boas as perspectivas em terra, tem tido várias explicações e justificativas. Quase todas se iniciam no período dos governos Jânio Quadros e João Goulart.

O pessimismo do Relatório Link, os debates internos provocados pela penetração da política populista na empresa e o tumulto administrativo causado durante o governo João Goulart, por uma designação extremamente infeliz para a Presidência, dificultaram sobremodo o trabalho do corpo técnico. A reorganização da administração, a partir de 1964, foi demorada. A par disso havia compreensível prudência, em função das novidades que a exploração no mar trazia. Mas, de qualquer forma, o fato é que a entrada na plataforma foi mais lenta do que poderia ter sido. O primeiro choque dos preços do petróleo deu o empurrão que faltava para que a empresa ousasse enfrentar o risco do mar. Os investimentos em pesquisa cresceram entre 1973 e 1976, estabilizando-se a partir daí até o segundo choque de preços quando, já no governo João Figueiredo, tiveram eles forte aumento, até que fosse atingido o máximo histórico de 3 bilhões de dólares, no ano de 1982. O número de sondas móveis que, a duras penas, havia alcançado o total de dez em 1973 foi aumentando até chegar ao máximo de 34, em 1983 (Apêndice 9-E).

Com um atraso, portanto, da ordem de três a quatro anos, e a partir de 1974, o esforço preparatório das pesquisas no mar passou a produzir resultados seguidos. Depois do campo de Guaricema, no litoral de Sergipe, teve início uma sucessão de descobertas, com o campo de Garoupa em 1974, as de Namorado (1975), Cherne e Enchova (1976) e Pampo (1977). As reservas atingiram 622 milhões de barris provados até 1978, montante quase equivalente ao saldo remanescente, em 1973, de todas as descobertas nos vinte anos, desde Lobato (742 milhões de barris).

Entre 1978 e 1980, as sondagens na plataforma, em até 200 metros de profundidade das águas, passaram a oferecer resultados medíocres. Ao mesmo tempo, o conhecimento da geologia regional se ampliava, inclusive com apoio dos resultados do projeto Reconhecimento Global da Margem Continental Brasileira – Remac, desenvolvido entre 1972 e 1978. Indicava-se a possibilidade de estruturas favoráveis de maior porte na região mais profunda (informação verbal)[1]. As perfurações passaram para a faixa de 200 a 500 metros de lâmina de água, abrindo outro ciclo de oportunidades e requerendo novo esforço tecnológico, dessa vez de fato pioneiro, porque não havia

---

[1] Notícia fornecida por Carlos Valter M. Campos na conferência Exploração do petróleo no Brasil, na Universidade Federal de Ouro Preto, em outubro de 1995.

muito a aprender das companhias internacionais. Havia que desenvolver, como verdadeiramente foi feito, instalações e equipamentos apropriados para essas profundidades.

Na nova fase, os resultados das pesquisas tornaram-se mais favoráveis, crescendo sempre até 1985.

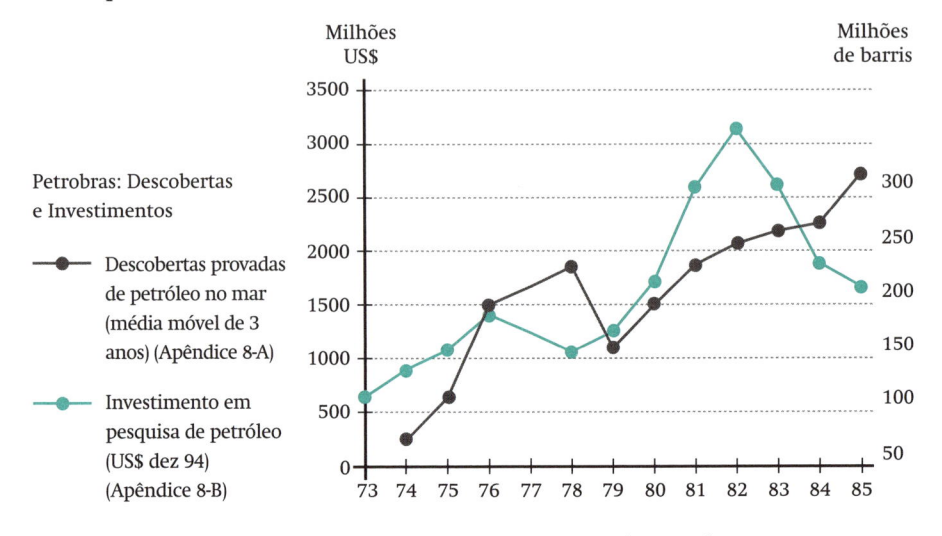

Figura 11 – Descobertas e investimentos da Petrobras.

Fonte: Petrobras, 1995a e 1995b (ver tb. Apêndices 8-A e 8-B).

Petrobras pesquisa no exterior

Nos seus cinco primeiros anos de existência, a Braspetro manteve trabalhos de pesquisa de petróleo em sete países, concentrando-se no Iraque, Argélia, Egito e Líbia. Os trabalhos iniciais na República Malgaxe foram abandonados, o mesmo ocorrendo mais tarde com os programas da Colômbia, Irã, Egito e Filipinas. Iniciaram-se outros na China, Guatemala e Angola (já independente). De todos esses trabalhos, o mais importante foi, sem dúvida, a pesquisa no Iraque, iniciada em 1973 em função do contrato de risco de 1972, e que resultou positiva em prazo muito curto. Em quatro anos faziam-se os testes iniciais da ocorrência de Majnoon, e em janeiro de 1977 confirmava-se a descoberta do que viria a constituir-se em um campo gigante, com reservas acima de 1 bilhão de metros cúbicos. Na sequência dos trabalhos foi logo encontrado outro, de Nahr Umr. Em 1979, era apresentado às autoridades iraqueanas o plano de desenvolvimento das jazidas, prevendo operação comercial em 1982. O investimento total havia sido, até então, de 180 milhões de dólares (Petrobras, 1995).

Junto a essa importante descoberta, a Organização dos Países Exportadores de Petróleo – OPEP impôs limites rígidos ao aumento da produção dos países membros, visando sustentar a alta dos preços. A situação política também se alterou no Iraque, evoluindo no sentido de modelo extremamente nacionalista e fechado aos interesses estrangeiros, o que ocorreu também no vizinho Irã, onde assumira o poder o Aiatolá Komein, anunciando-se ainda desentendimentos entre os dois líderes (Petrobras, 1995).

Os contratos de risco, que não chegaram a ser adotados pelo Brasil em virtude do nacionalismo, tiveram vida curta no Iraque, que solicitou à Petrobras a renegociação do acordo. O governo brasileiro, já na presidência de João Figueiredo, determinou que se fizessem as negociações propostas no sentido de discutir uma compensação pelo trabalho tecnicamente bem-sucedido da Braspetro.

O acordo assinado em dezembro de 1979 estabeleceu:

- reembolso, em petróleo equivalente, dos investimentos feitos até 1979, mediante conversões por trimestre, em função dos correspondentes preços do produto. Com a elevação desses, o valor total da indenização de 11 milhões de barris (1% da reserva provável) passou a 337 milhões de dólares;
- fornecimento, no primeiro trimestre de 1980, de 21 milhões de barris a preços oficiais (menos 4,00 dólares que os de mercado);
- contrato para suprimento adicional de no mínimo 160 mil barris por dia pelo prazo de 13 anos, a preços oficiais.

A Petrobras avaliou o ganho desses contratos de suprimento em 800 milhões de dólares a preços da época. Contornou-se, com algum retorno do capital investido, a perda do campo gigante de Majnoon, que mais tarde ficaria em região onde ocorreram duas guerras.

Contratos de risco, versão de 1975

Em outubro de 1975, o presidente da República Ernesto Geisel instituía contratos de serviço com cláusula de risco, que haviam sido condenados por ele mesmo, quando presidente da Petrobras, em 1972 (ver Capítulo VII).

Na nova versão, a Petrobras retinha, à sua escolha, uma parte das áreas sedimentares brasileiras que ocupam cerca de 4 milhões de quilômetros quadrados. O restante era colocado em licitação. De acordo com um resumo da própria empresa:

> (...) as áreas mais promissoras, ou seja, áreas de menor risco geológico, são prospectadas diretamente pela Petrobras. São áreas localizadas em bacias produtoras ou em fase de pré-

-descoberta. Presentemente a superfície dessas áreas representa cerca de 40% da totalidade das bacias brasileiras (...). Restam, portanto, grandes extensões de bacias, as quais, por não serem prioritárias para a Petrobras, teriam seus trabalhos exploratórios adiados. Essas são as áreas reservadas para contratos de risco, que, em sua maioria, foram objeto de prospecção da Petrobras com resultados desencorajadores (Petrobras, 1988).

Foram assinados 103 contratos, com 32 empresas, trinta estrangeiras. A superfície total envolvida atingiu 684 mil quilômetros quadrados, 181 mil no mar (59 blocos) e 503 mil em terra (44 blocos). Os blocos em terra correspondiam a um quadrado com um grau de lado, e os do mar com meio de lado. Um mapa de 1982 mostra que em toda a plataforma continental a Petrobras se reservou 110 blocos, ou seja, cerca de dois terços da área (Vieira, 1982).

Além dos trabalhos de sísmica, foram iniciadas em 1977 perfurações com uma sonda, mantendo as empresas contratantes entre cinco e sete sondas em operação até 1987, quando os trabalhos foram interrompidos. As contratantes fizeram nas suas áreas 182 poços, enquanto a Petrobras havia feito nessas mesmas áreas 194 poços sem resultado. Nessa nova fase foram oito as descobertas, mas apenas uma considerada comercial nos termos do contrato: o campo de Merluza, no litoral de São Paulo, a cargo da Pecten. Os investimentos realizados pelas empresas contratantes foram, até 1986, de 1,661 milhão de dólares.

Houve também, ao tempo do presidente João Figueiredo, a iniciativa, muito controvertida, do governador de São Paulo, Paulo Maluf, com o apoio do então ministro de Minas e Energia, César Cals, de lançar uma empresa de pesquisa de petróleo em São Paulo, a Paulipetro, que infelizmente não obteve resultados concretos (informação verbal)[2].

Petrobras investe mais no acessório

Desde a administração do general Ernesto Geisel na Petrobras até o final do seu mandato como presidente da República, a política da companhia, como empresa, sempre esteve sob seu comando direto. Nesse longo período, a política de investimentos deu preferência aos aspectos acessórios, relegando a segundo plano a pesquisa e o desenvolvimento da produção de petróleo, objetivos esses que – apesar da opinião pessoal divergente do presidente – constituíam o próprio fundamento do monopólio.

---

[2] Notícia fornecida por Carlos Valter M. Campos na conferência Exploração do petróleo no Brasil, em outubro de 1995, na Universidade Federal de Ouro Preto

Essa política aparentemente se fundou no objetivo de lucro imediato para a empresa, quase sem riscos, que provinham pelas atividades de refino, transporte marítimo, terminais e dutos, na maioria com preços regulados pelo próprio governo.

Na prática, isso resultou em decréscimo da proporção dos gastos de risco na pesquisa, até que o susto dos choques de preços do petróleo provocasse sua revisão, especialmente no governo Figueiredo, que retornou à tradição de maiores investimentos nessa área. Na definição de diretrizes da sua política energética, afirmou o presidente Figueiredo, contrariando a posição do seu antecessor:

> A Petrobras deve seguir a seguinte política: maior ênfase, em seu orçamento, do item "exploração e desenvolvimento da produção de petróleo; ampliação das áreas de contrato de risco; estímulo à empresa privada nacional para que participe dos programas de pesquisa de petróleo; continuidade da exploração em países estrangeiros; avaliação permanente atualizada das reservas comprovadas e recuperáveis do petróleo e gás natural; diversificação das fontes externas de fornecimento de petróleo; otimização e racionalização do transporte de petróleo, com atenção especial à cabotagem" (Tamer, 1980).

Nos anos do Governo João Figueiredo, sendo ministro César Cals, realizou-se efetivamente a maior concentração de esforços na pesquisa e desenvolvimento da produção de petróleo.

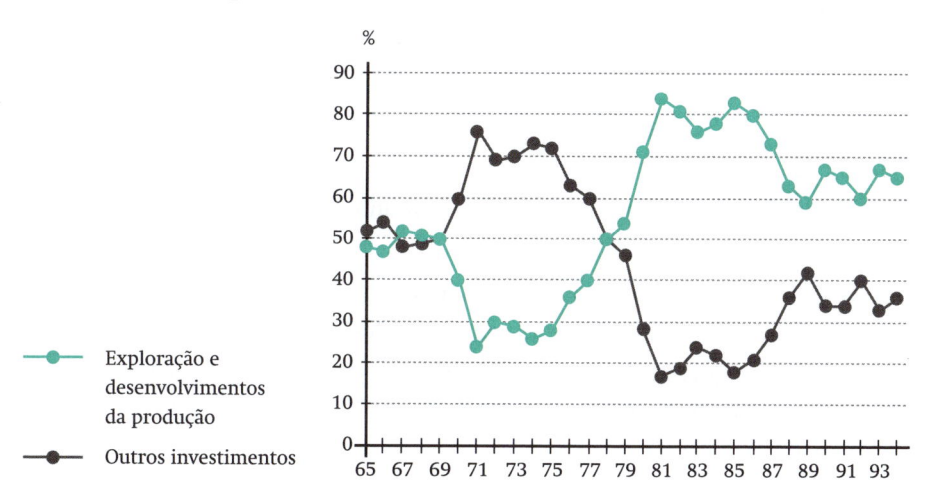

Figura 12 – Investimentos da Petrobras.

Fonte: Petrobras, 1995b (ver tb. Apêndice 8-B).

Entre os outros investimentos da empresa, destaca-se o setor de refinarias, do qual depende também a sua autonomia. A capacidade instalada foi, em geral, satisfatória ou excedente em termos quantitativos.

Consolida-se a tecnologia da exploração do xisto

Vinha de longe a curiosidade em torno do aproveitamento das grandes reservas brasileiras de xisto pirobetuminoso tendo em vista uma produção de óleo de xisto, possível alternativa para o petróleo de poço. A dimensão justifica o investimento: estimou-se que reservas com cobertura inferior a 45 metros continham óleo em quantidade da ordem de 50 bilhões de barris, muitas vezes superiores às reservas de petróleo já descobertas no Brasil.

Os primeiros trabalhos de pesquisa tecnológica haviam começado antes da existência da Petrobras, ainda pelo CNP, em um pequeno laboratório na UFRJ. Seguiram-se outros em Tremembé, com xisto do vale do Paraíba, coroados com importantes instalações, em escala piloto, em São Mateus do Sul, no Paraná, dedicadas ao xisto de Irati, que constitui a mais valiosa jazida do país. Essas instalações, pelo processo que recebeu a denominação Petrosix, entraram em operação em 1972, com o objetivo de comprovar a respectiva viabilidade operacional e comercial. Estimou-se mais tarde que o investimento total para retorta nova do tipo aí construído seria da ordem de 100 milhões de dólares, com capacidade para extrair 3.900 barris de óleo por dia, tendo como subprodutos gás e enxofre. Deduzidos os valores de mercado dos subprodutos, o custo do óleo seria da ordem de 22 dólares por barril, em uma instalação industrial de maior porte, considerando-se uma taxa interna de retorno de 15%, valor equivalente a 138 dólares por metro cúbico, portanto 50% mais caro do que o preço do petróleo importado (de 90 dólares).

A usina manteve suas operações, adquirindo experiência para aperfeiçoamento e eventual utilização se e quando subissem os preços do petróleo no mercado internacional. Como ocorre nas tentativas de aproveitamento de outras formas de energia, o petróleo continuou economicamente imbatível.

A contenção e a equalização tarifárias

Vinha de longe a ideia da utilização do poder de fixação das tarifas como instrumento, ora demagógico, como no caso da equalização, ora de política anti-inflacionária. Essa última foi objeto, aliás, de intensa disputa entre o MME e o Ministério da Fazenda em 1969, que resultou em tão rigorosa quanto possível preservação do poder aquisitivo da tarifa até 1975, quando se deu nova intervenção dos ministérios da Fazenda e Planejamento (Apêndice 7-C), que estabelecia que

> (...) o ato de fixação ou reajuste de qualquer preço, ou tarifa, por órgãos ou entidades da administração federal, direta ou indireta, mesmo nos casos em que o poder para tal fixação seja decorrente de lei, dependerá, para sua publicação efetiva, de prévia aprovação do Ministro de Estado Chefe da Secretaria do Planejamento.

Foi a confirmação da política de intervenção que resultou na redução sistemática e continuada das tarifas reais no governo Ernesto Geisel, política essa acentuada ao longo do governo João Figueiredo. Entre o máximo de 1972 e o mínimo de 1986, a redução da tarifa média foi de 44%. Durante todo esse tempo ocorreu, paralelamente, por determinação das autoridades econômicas, o endividamento externo do setor, crescente e imprudente. Os dois fenômenos estão conjugados.

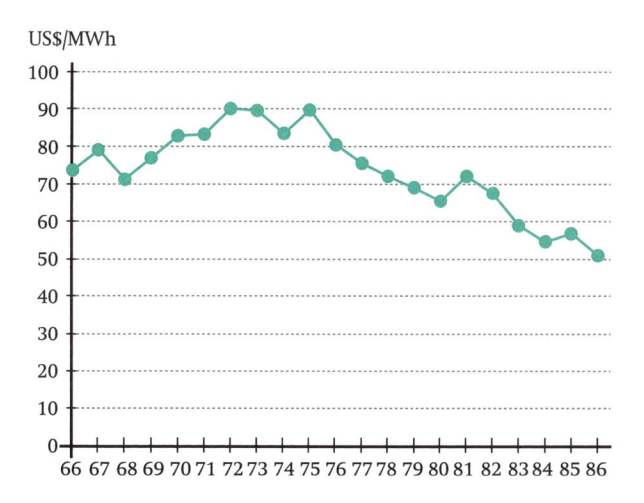

Figura 13 – Tarifa média de energia elétrica (base: dólares jul. 1991, por MWh).

Fonte: Eletrobras, 1993.

A Eletrobras elaborava e publicava sistematicamente o quadro comparativo das tarifas adotadas pelo Brasil e 22 outros países (desenvolvidos e em desenvolvimento), para os quais conseguia obter informações comparáveis (Eletrobras, 1993).

Os dados coletados compreendem, entre outros, os valores típicos de consumo residencial (200 kWh por mês), industrial pequeno (1 MW, FC 60%), e industrial grande (25 MW, FC 90%). A correção monetária foi feita, respectivamente, na base do índice de preços ao consumidor e do índice geral de preços. Os resultados indicam queda dramática das tarifas.

Tabela 17 – Índice das tarifas (1973 = 100)

TIPO/CONSUMO	1973	1979	1985
Residencial	100	64	39
Industrial pequeno	100	71	71
Industrial grande	100	70	81

Fonte: Eletrobras, 1993.

A comparação com os dados ordenados, a partir das tarifas mais altas, relativos aos 22 outros países, constantes desses levantamentos sistemáticos, mostra que a posição do Brasil caiu continuadamente.

Tabela 18 – Posição relativa das tarifas no país

TIPO/CONSUMO	1973	1979	1985
Residencial	3º	14º	23º
Industrial pequeno	9º	21º	23º
Industrial grande	15º	22º	23º

Fonte: Eletrobras, 1993.

Enquanto o Brasil deixava cair as tarifas, a maioria dos países adaptava-se à nova conjuntura, reconhecendo a elevação real do custo da energia e a necessidade de modificação da estrutura de preços relativos dos energéticos em geral. Aqui, os governos Geisel e Figueiredo sinalizavam o barateamento da energia elétrica e desestimulavam, por essa via, os esforços para a sua conservação.

Neste ponto, cabe um comentário sobre a tarifa residencial em 1973, quando se completava o processo de recuperação da remuneração do patrimônio das empresas concessionárias. Ela estava, sem dúvida, exageradamente alta, conforme mostra a Tabela 18, da posição relativa do Brasil no contexto internacional, mormente quando se leva em conta o baixo nível de renda da grande maioria dos consumidores. Justificar-se-ia também como parte de uma política social, alguma redução, em especial para os consumos menores, correspondentes às necessidades mínimas de uma residência. Isto foi feito em dezembro de 1978, quando se estabeleceu o desconto de 30% nas tarifas aplicáveis aos consumidores residenciais nos primeiros 30 kWh. Mais tarde, em 1985, seria fixada uma tarifa social, e os descontos foram significativamente elevados, atingindo consumidores de maior poder aquisitivo, já de difícil justificação na última categoria, de até 500 kWh por mês. Misturavam-se questões econômicas e sociais em linha paralela à da equalização tarifária. Mas antes disso, e dominando todo o período até 1985, ocorreriam: o segundo choque dos preços do petróleo, a alta de juros no mercado internacional, a inflação americana e a inflação brasileira, quase contida até 1973, que cresceria de novo a partir de 1976.

No domínio dos preços dos derivados de petróleo, instituiu a Petrobras, a partir de 1977, comparação internacional envolvendo número variável de países. Procurei selecionar relação mais ou menos regular, nesse conjunto, envolvendo 17 países, pela qual pudesse ser apreciada a evolução da posição relativa do Brasil, considerando-se a ordenação do preço mais alto para o mais baixo.

Tabela 19 – Posição relativa dos preços de derivados no país

TIPO/CONSUMO	1977	1980	1986
Gasolina	5º	6º	12º
Diesel	5º	12º	13º
Óleo combustível	13º	6º	11º

Fonte: Petrobras, 1990.

Aparentemente, os preços dos derivados de petróleo, protegidos ao tempo do presidente Geisel, não tiveram a mesma sorte no governo João Figueiredo, o qual contava com a colaboração do ministro Delfim Netto, que utilizou a contenção dos preços de serviços públicos como instrumento de política anti-inflacionária de curto prazo.

Nos serviços de energia elétrica e independentemente da questão tarifária, fato de graves consequências ocorreu no princípio de 1974. Modificou-se o Art. 4º da lei de Itaipu relativo à quota de reversão e à Reserva Global de Reversão – RGR. Foi, nessa ocasião, desdobrada a destinação da cota em duas partes, reduzindo-se a contribuição para a RGR e instituindo-se uma Reserva Global de Garantia – RGG. O objetivo foi definido, de forma vaga, no parágrafo 4º: "(...) proverá recursos para a garantia do equilíbrio econômico e financeiro das concessões sendo movimentado pela Eletrobras sob expressa determinação do DNAEE". A seguir se esclarece, na mesma lei, que "(...) a garantia do equilíbrio financeiro das concessões será considerada sob os seguintes aspectos: (...) d) progressiva equalização tarifária em todo o território nacional"[3].

Era a transposição, para o setor elétrico, do princípio da uniformidade de preços dos derivados do petróleo, que se fazia por meio de um fundo de equalização de fretes, administrado pela empresa executora do monopólio. Mas o que o governo oriundo da Petrobras não compreendeu é que o sistema elétrico era composto de inúmeras empresas independentes, controladas pela União, pelos estados e por várias entidades privadas. A sistemática que viria a ser adotada para a execução das novas diretrizes foi ainda mais infeliz, e se traduziu na retirada, sob forma de instrumento parafiscal, de recursos gerados por empresas rentáveis para outras menos rentáveis, mal administradas ou economicamente insolúveis.

Com o objetivo de promover exame geral da situação em que se encontrava o setor de energia elétrica, foi organizado, com a participação da Eletrobras e das concessionárias, programa intitulado Revisão Institucional do Setor Elétrico – REVISE. Os trabalhos principais realizaram-se no período 1988-1989, compreendendo levantamentos especializados e análise de propostas parciais e abrangentes (Greiner 1985). O desentendimento foi grande, evidenciando antagonismos, principalmente entre a Eletrobras e as concessionárias dos estados mais fortes da região Sudeste.

Durante as discussões da REVISE, e como membro do seu Conselho Consultivo, procurei obter, de pessoas do setor ligadas à defesa da equalização tarifária, quantificação dos efeitos práticos do programa instaurado em 1974, e que o justificassem. Não consegui. Procurei então Carlos Alberto Amarante, servidor público exemplar, falecido de forma inesperada e prematura, que era coordenador dos trabalhos. Dele recebi coleção de tabelas que me permitiram fazer algumas avaliações para o período 1975-1986, resumidas e convertidas em valores percentuais (Apêndice 8-C).

Ao completar esse resumo, surpreendi-me com o resultado, que me levou a elaborar tabela de valores líquidos por região, obtidos pela diferença entre a contribuição para a RGG e a recepção de recursos dela provenientes.

---

[3] Decreto-lei nº 1.383/1974 e Decreto-lei nº 1.849/1981, relativos à instituição da RGG e à equalização tarifária, substituída, mais tarde, pelo Decreto-lei nº 2.432/1988, que criou a Reserva Nacional de Compensação de Remuneração – Rencor.

Tabela 20 – Reserva Global de Garantia (%)

REGIÃO	1975-1979	1980-1986	1975-1986
Norte +	29	63	49
Nordeste +	2	9	6
Centro-Oeste +	9	8	8
Sul +	33	11	20
Total +	73	91	83
Sudeste –	72	90	82

+ = recebidas; – = pagas
Fonte: Eletrobras, 1988 (ver tb. Apêndice 8-C).

As contribuições líquidas foram, como seria de esperar, do Sudeste. A surpresa foi a constatação de que, no primeiro período, os beneficiários foram as empresas do Norte e do Sul e, no segundo período, esmagadoramente, a região Norte, enquanto os defensores acirrados da equalização, na reunião da REVISE, eram do Nordeste!

O exame por empresa indicaria que, na região Norte, a grande beneficiária, com mais de metade dos recebimentos, foi, a partir de 1984, a Eletronorte, empresa 100% controlada pela União, via Eletrobras, que poderia ter o seu problema financeiro temporariamente resolvido por verbas orçamentárias.

Já na região Sul, a apuração se tornou mais difícil, em virtude de fortes oscilações das contribuições e da distribuição dos recursos da RGG. Considerando-se, todavia, os 12 anos, surge a Eletrosul, com o aproveitamento de cerca de metade dos recursos, que poderiam também ter sido supridos por verbas orçamentárias e ainda, para surpresa, a Copel, do Paraná, com 27%. Esse último caso é o exemplo gritante da impropriedade dessa equalização, já que se tratava de empresa que servia a uma das regiões mais ricas e prósperas do país, beneficiária do subsídio durante oito anos.

O que mais choca no exame dessas tabelas é, sobretudo, a incessante variação, aparentemente errática, das parcelas de contribuição e distribuição. Acentua-se assim a convicção da arbitrariedade a que ficou submetida a economia do sistema elétrico, em decorrência da política de equalização tarifária que, além de constituir-se em tentativa de trazer, para o sistema elétrico, prática antiga dos preços do petróleo, partiu de diagnóstico errado.

O problema a resolver, em 1973, era limitado. Tratava-se, de fato, de atender empresas que tinham dificuldades intrínsecas para suprir os seus consumidores tradicionais e potenciais, com tarifas compatíveis com os valores mais comumente praticados no país. Na Amazônia, os custos de produção eram e são significativamente mais altos, como todos e quaisquer custos naquela região, mas a demanda total era diminuta. O consumo não ultrapassava os 624GWh. Algumas áreas do Centro-Oeste, com demanda dispersa e rarefeita, tinham custos de transmissão elevados, mas o consumo total não passava de 634GWh. No Nordeste, a geração e a grande transmissão estavam a cargo da Chesf e os seus custos eram bem competitivos. As empresas distribuidoras estaduais tinham, todavia, de atender a muitas áreas de baixa densidade econômica e seus serviços tornavam-se, na maioria, onerosos. O problema econômico-social a resolver, nesse caso, originava-se, portanto, da parte dos custos da subtransmissão e da distribuição, o que correspondia a menos da metade do preço da energia ali consumida (4.794GWh). A soma dos consumos críticos aqui enumerados, contando-se apenas metade do Nordeste, alcançava 3.655GWh, equivalente a 7% do consumo nacional no ano de 1973.

Não se justificaria mudar substancialmente todo um sistema tarifário para resolver deficiências localizadas que atingiriam 7% do mercado total de energia elétrica.

Com o propósito de tentar diminuir a confusão estabelecida nos serviços, alterou-se, por duas vezes, a sistemática da equalização: a primeira vez no início do ano de 1981 e a segunda, em 1988. Instituiu-se então a Rencor (ver nota 19), que, após ser contestada por várias concessionárias, terminou não sendo recolhida. Só seria formalmente liquidada depois de produzir estragos irremediáveis, em 1993, na reforma de legislação proposta por Eliseu Resende, quando presidente da Eletrobras (ver Capítulo IX).

A estrutura das tarifas e o custo marginal

Entre 1977 e 1981, desenvolveu-se cooperação entre DNAEE, Eletrobras e principais concessionárias, com o objetivo de estudar e propor revisão da estrutura de tarifas de energia elétrica. Nos trabalhos preliminares "(...) evidenciava-se substancial afastamento das tarifas de demanda e de consumo em relação aos custos incorridos". Era fundamental obter melhores "conhecimentos sobre os custos de fornecimento localizado em posições diversas da rede, nível de tensão e localização geográfica, bem como das horas do dia e das estações do ano em que o mesmo era consumido" (DNAEE, 1985). Os dados disponíveis, além de mostrarem insuficiente detalhamento, resultavam da contabilização de custos históricos. Considerava-se necessário evoluir para o conhecimento dos custos marginais, correspondentes aos acréscimos de demanda e consumo, além do que podia ser atendido pelas instalações existentes. Esses trabalhos, que compreendiam intensa discussão, deram lugar, desde logo, a uma racional gradação das tarifas de alta tensão, e culminaram com a decisão de implantar, progressivamente, a tarifa diferenciada em alta tensão (tarifa horo-sazonal). Modificava-se, por essa via, parte do durável Decreto nº 41.019/1957, com definições mais precisas correspondentes à diversidade de situações da época. A implantação se deu a partir de 1982, e elaborou-se para esse fim complexo programa de progressão.

Todavia, o prosseguimento do trabalho na direção das tarifas de baixa tensão não foi possível, principalmente por motivos de ordem política.

O Plano 1990 da Eletrobras

Antes de ser criado, em caráter permanente, o Grupo Coordenador de Planejamento dos Sistemas Elétricos – GCPS, de âmbito nacional, com participação abrangente das entidades interessadas, foi elaborado o Plano de Atendimento aos Requisitos de Energia Elétrica, até 1990, em obediência ao que dispunha a lei de Itaipu (Eletrobras, 1974). Até então perduravam as recomendações dos relatórios Canambra, seguidas nos dez anos anteriores. A disposição da lei vinha assim dar continuidade ao processo de seleção e ordenação das usinas a construir e dos correspondentes sistemas de transmissão.

O início da elaboração do Plano 1990 se deu após o primeiro choque do petróleo, coincidindo a seguir com o processo de formulação do II PND. O ano de 1974 principiava com perplexidade, e especialmente difícil para quem tivesse o encargo de elaborar planos de longo prazo. O que predominaria: o impulso que a economia brasileira trazia, desde 1969, reforçado pela disposição de agir no mesmo sentido adotado na elaboração do II PND, ou o impacto negativo dos preços do petróleo, inclusive por meio dos efeitos das políticas de ajuste econômico restritivo que, em consequência, iam sendo assumidas pelas nações industrializadas. A importância para o país das decisões decorrentes desse Plano 1990 justificam uma revisão de suas premissas e conclusões.

Em relação ao mercado (Apêndice 8-D), fez-se projeção única até 1979, compatível com o II PND. Para o período posterior, elaboraram-se duas projeções: uma baixa, compatível com o crescimento da economia a 8% ao ano até 1990, e outra alta, que supunha taxa média de 11% ao ano.

Como fontes geradoras potenciais, foram consideradas, basicamente, as usinas hidrelétricas sobre as quais se dispunha de estudos preliminares. Como referência de custo, empregavam-se, desde o tempo dos inventários da Canambra, os de usina térmica convencional, queimando óleo combustível. Descartava-se agora a usina a óleo, pela incerteza de suprimento e de preço. Descartava-se a usina a carvão, pelo seu alto custo, excetuada a solução local de Candiota, RS. Adotava-se, por fim, como referência, a usina nuclear, a cujo custo teórico se adicionava margem de segurança de 25%, justificada pela incerteza das estimativas.

Em função dessas premissas e avaliações, o potencial hidrelétrico economicamente utilizável seria de 20,5 mil MW médios. O mercado máximo, de 1990, seria de 24,3 mil MW médios, e justificaria a inclusão, no programa, de potência nuclear da ordem de 9,6 mil MW de capacidade instalada, correspondendo a oito unidades de 1.200 MW.

Todo esse raciocínio sobre o desenvolvimento econômico do país e sobre o crescimento da demanda nas regiões Sudeste e Sul – que se baseava na hipótese máxima, considerando-se a hipótese mínima apenas como ocorrência acidental – conduziu à forte justificativa complementar do gigantesco programa nuclear, cujos fundamentos, de outra natureza, serão examinados mais adiante, neste mesmo capítulo.

A economia do país teve evolução efetiva de acordo com a hipótese de crescimento máximo até 1979, e as previsões de demanda de energia para 1980 foram praticamente confirmadas. Os investimentos imprudentes, o segundo choque do petróleo, associado à súbita elevação das taxas de juros no início da década de 1980 além de outras causas, iriam frustrar as projeções da demanda de energia elétrica de 1980 em diante.

É interessante assinalar que, em 1982, quando da publicação do plano subsequente, com previsões até 1995, não se pressentisse então a intensidade da tendência de queda no ritmo de expansão da demanda e se admitissem metas ainda mais ambiciosas.

A demanda real de energia se afastaria da previsão, em 1985, ficando inferior inclusive à estimativa baixa. Em 1990, já era de cerca de 20% menor que a projeção baixa feita em 1974, e cerca de 30% menor que a projeção média feita em 1982. Aplicando essas diferenças relativas às previsões de ponta de carga correspondentes, respectivamente, a 49 mil MW e 53 mil MW, teríamos uma redução das necessidades de construção de outras usinas, entre 1975 e 1990, da ordem de 10 mil MW e 16 mil MW. A não construção das oito usinas nucleares, com a potência total de cerca de 10 mil MW, não faria, e nem fez falta.

É oportuno comparar as projeções de demanda relativas ao mercado integrado Sudeste/Sul/Centro-Oeste feitas pela Eletrobras nos anos subsequentes até a elaboração do Plano 2010 inclusive. Apesar das estimativas terem sido sistematicamente reduzidas, à medida que se consolidava a estagnação econômica do país, o consumo efetivo foi, ainda assim, sempre inferior ao previsto. Em 1995, a diferença entre a projeção máxima e a realidade chegou a 44%.

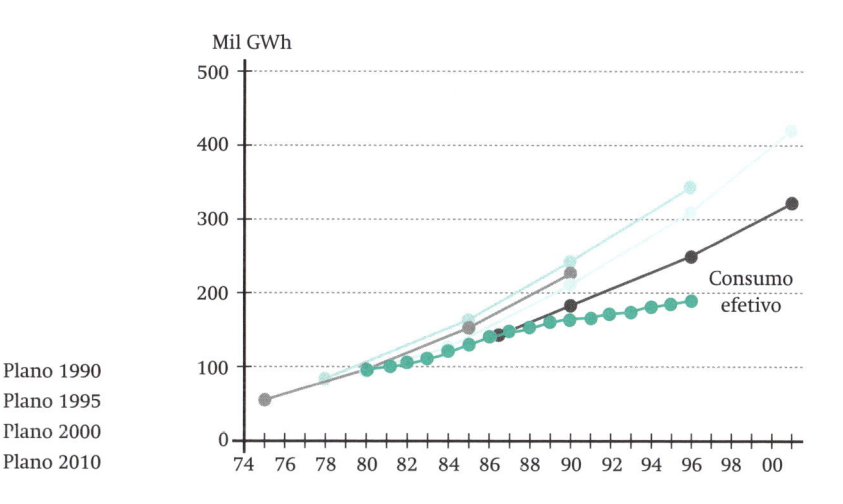

Figura 14 – Projeções da demanda de energia elétrica.

Fonte: Eletrobras, GCPS, 2002 (ver tb. Apêndice 8-D).

Em relação à forma de atendimento e principalmente em decorrência da plena interligação Sudeste, Sul e Nordeste, a metodologia utilizada, seguindo os conceitos Canambra, inovava, ao considerar nas regiões Sul e Sudeste um mercado global que poderia, em princípio, ser abastecido por usinas localizadas em qualquer ponto da malha de integração regional. A sequência aconselhável das obras decorria da ordenação de custos crescentes avaliados segundo critérios uniformes. A metodologia de dimensionamento energético das hidrelétricas, originariamente introduzida pela Canambra, foi sendo aperfeiçoada no âmbito do GCPS e vigorou por muitos anos (Daher, 1994). A concepção integrada não encontrava receptividade nas concessionárias estaduais mais fortes e/ou dos respectivos governos controladores, que pretendiam estabelecer sua prioridade no próprio território (Camozzato, 1995); por vezes, com fundamento defensável e por outras em função de variados interesses.

A discussão técnico-econômica acirrada, no âmbito do GCPS, foi depois desvirtuada pela pressão política exercida pelo estado de São Paulo no governo Paulo Egidio, que desejava, e conseguiu antecipar, para execução pela Cesp, as usinas de Porto Primavera e Três Irmãos, reconhecidamente mais caras do que outras disponíveis na região (Camozzato, 1995). Tratou-se também de antecipar a compra de equipamentos, ao tempo do governo Paulo Maluf. Por incrível que pareça, Porto Primavera não só teria sido a usina mais cara da época como assumiria posição ímpar pelo maior tempo de construção.

Afora as decisões que decorreriam – ou motivaram – o Plano 1990, que tratou com prioridade das Regiões Sudeste e Sul, optou-se também pela construção da maior usina possível do rio Tocantins, em Tucuruí, quando havia projetos mais modestos no próprio Tocantins.

Em consequência da política do II PND, da falta de recursos para todas as obras e do desequilíbrio do balanço de pagamentos, foram as empresas do setor elétrico, entre outras, por ordem do governo, lançadas como instrumento na busca de financiamento externo privado a juros mais altos e flexíveis, e a prazos mais curtos que aqueles para os quais o sistema havia-se estruturado. O mercado financeiro internacional, sob o influxo dos dólares que fluíam para os países exportadores de petróleo, ficou ansioso por canalizá-los para investidores carentes e o fez, por meio de oferta insistente e de forma extremamente imprudente. Países como o Brasil aceitavam as ofertas, a taxa de juros era flexível, dispositivo também imprudente para os devedores, numa época de profundas alterações em escala mundial, cujos desdobramentos eram imprevisíveis.

Isso ocorria ao mesmo tempo em que voltava a prevalecer, como instrumento de combate à inflação, o controle de preços e tarifas, a critério das autoridades econômicas e à revelia da administração do setor elétrico (Apêndice 7-C). Diminuía-se a rentabilidade e os recursos próprios para investimento e aumentava-se o endividamento a custos mais altos. O quadro negativo seria agravado pela implantação da equalização tarifária.

Itaipu e Tucuruí

Os maiores aproveitamentos hidrelétricos de todos os tempos foram iniciados quase simultaneamente: Itaipu com 12.600 MW e Tucuruí com previsão, nas obras civis principais, para 7.000 MW e instalação inicial de 3.960 MW.

Depois de longa fase de discussões internacionais, as obras de Itaipu principiaram em 1975, e a operação da hidrelétrica em 1983. A instalação da última unidade geradora só ocorreu em 1992, e o cronograma inicial foi alongado principalmente em consequência da falta de recursos financeiros. No meio da construção ocorreram o segundo choque dos preços do petróleo e a crise financeira de 1980.

No desenvolvimento da obra surgiram, entre outras, duas grandes dificuldades no relacionamento com o Paraguai.

A expectativa do lado brasileiro, sob a presidência de Costa Cavalcante, era de seguir, com direção técnica de John Cotrim, as práticas consagradas nos grandes projetos hidrelétricos brasileiros e na subdivisão da obra em concorrências parciais. No entanto, logo no julgamento da primeira concorrência, entre cinco empreiteiras, para a construção do vertedouro, estabeleceu-se um impasse: para a representação do Brasil, a proposta de menor custo era da Andrade Gutierrez e, para a paraguaia, devia ser contratada a Camargo Corrêa. O Ministério das Relações Exteriores, então sob o comando do ministro Azeredo da Silveira, insistia na importância de se evitar um conflito, tendo em vista outros interesses internacionais. Surgiu, então, solução conciliatória com a formação de um consórcio dos cinco postulantes, sob a sigla Unicon, que passou a executor único de todas as obras até o final.

O segundo episódio ocorreu quando se preparava a concorrência para os equipamentos principais da usina. O Paraguai relutava em converter o seu sistema elétrico de 50 para 60 ciclos, adotado pelo Brasil. O preço do Paraguai para a concordância com a conversão pareceu, à época, muito alto. No Brasil se sabia do custo e dos inconvenientes de uma conversão porque acabara de ser feita a do sistema da Light do Rio de Janeiro, que era maior que o do Paraguai. O assunto foi levado ao presidente Ernesto Geisel, que tomou a decisão final de dividir-se a usina em duas partes de igual potência, uma em 60 ciclos e outra em 50 ciclos. Como consequência, foi necessário montar todo um sistema inútil, sob o ponto de vista econômico, de converter a energia gerada em 50 ciclos e de transmiti-la separadamente. Cumpre lembrar que dez anos depois da inauguração, a ANDE do Paraguai só absorvia 4,2% da energia total gerada por Itaipu.

Compra da Light

Depois da compra da Amforp e das conversações com a Light em 1963, sem prosseguimento, restabeleceram-se as condições de equilíbrio financeiro das concessionárias de serviços públicos de energia elétrica, com continuidade até 1974. Principiando o governo Geisel, e mais uma vez algumas manifestações de volta da corrosão inflacionária das tarifas, a Brascan, controladora da Light, manifestou novamente sua disposição de se retirar do país.

A primeira tentativa de compra foi feita (1976) por um grupo de empresários brasileiros de prestígio, cuja proposta envolvia, todavia, garantia do Tesouro Nacional. O governo rejeitou essa hipótese de participação. A seguir, a Cia. Cataguases-Leopoldina fez uma oferta à holding Brascan, que se declarou aberta ao início de negociações, sob condição de ser obtida a concordância do governo federal. A comunicação dessa possibilidade feita ao governo ficou sem resposta, mesmo após ser reiterada. Pouco depois, em 1978, o presidente Ernesto Geisel aprovou exposição de motivos dos ministros de Minas e Energia, Fazenda e Planejamento, na qual se propunha a compra pelo governo. A operação, concluída em janeiro de 1979, ao preço de 380 milhões de dólares por todo o acervo, incluindo Rio e São Paulo, sofreu fortes críticas quanto à sua oportunidade. As críticas se baseavam na convicção de que o contrato de concessão terminava, com reversão sem indenização, em 1990 (Eletrobras, 1988b). No entanto, não havia um contrato, mas inúmeros contratos, de diversas épocas, e as questões jurídicas deles decorrentes eram muito mais complexas do que se poderia imaginar à primeira vista.

Subsequentemente, os ativos correspondentes ao segmento de São Paulo foram, ao tempo do governador Paulo Maluf, vendidos ao estado, que os incorporou à empresa, antes constituída para esse fim, a Eletropaulo. O pagamento foi efetuado de duas formas: em ações preferenciais e debêntures da própria empresa, e com a absorção de dívidas e pequena parcela em moeda corrente. Esse procedimento criou situação extremamente desconfortável para a Light Serviços de Eletricidade, responsável pelo segmento Rio de Janeiro, que passou a ter como subsidiária uma empresa maior que ela própria e sem direito a voto. Para finalizar, o governo Orestes Quercia deixou de cumprir todos os compromissos assumidos nessa transação, no que foi seguido pelo seu sucessor Antônio Fleury Filho.

Em decorrência da política de privatização de empresas sob controle da União, que se iniciou em 1990, a Light foi vendida, em 1996, por 2,2 bilhões de dólares, depois de várias providências para desatar os nós cegos, sem ressarcimento dos débitos de São Paulo, transferidos para a União federal. Dentre as medidas preparatórias para a venda, a mais importante foi a cisão da empresa, segundo a qual permaneceu com a União (Eletrobras) a participação que a Light possuía no capital da Eletropaulo.

Vicissitudes da usina Angra I

A modificação radical de orientação na área da energia, que ocorreu na transferência de governo em 1973-1974, fez com que se modificasse a estrutura profissional de Furnas, responsável pela dificílima tarefa de construção da primeira usina nuclear brasileira. Os transtornos dessa mudança, a par do desastre técnico da Westinghouse, não só aqui como em usinas semelhantes da mesma época, concorreram para vários desacertos, que culminaram com a temporária não confiabilidade da usina e a desmoralização da própria iniciativa pioneira.

Foram vários os defeitos de fabricação dos equipamentos da Westinghouse. O mais significativo foi o dos geradores de vapor, equipamento intermédio no fluxo de calor, de forma a circunscrever, no interior do vaso de contenção, a recirculação da água proveniente do reator nuclear. Nesse equipamento transfere-se o calor para o fluxo de vapor que supre as turbinas situadas fora do vaso de contenção. O objetivo essencial desse esquema, que representava um trunfo do conceito de tipo de usina adquirido pelo Brasil, no qual se baseava o projeto Westinghouse, era a maior segurança contra a contaminação radioativa fora do vaso de contenção. No entanto, o ponto fraco do projeto ficou aí caracterizado de forma indiscutível.

Antes que entrasse em operação o reator de Angra I, já surgiam, em outubro de 1981, problemas nos geradores de vapor do mesmo fabricante, nas instalações de Ringhals, na Suécia, e Almaraz, na Espanha. Assim, e por prudência, e ainda em virtude desse fato, a licença para operação inicial de Angra I foi fixada no máximo de 30% da sua potência nominal. Até 1990, 44 geradores de vapor com projeto Westinghouse, operando em usinas nucleares norte-americanas, apresentaram defeitos semelhantes aos de Angra. Desses, 25 foram trocados por novos e 19 foram consertados. Os geradores de vapor substituídos estavam instalados nas usinas de: D. C. Cook, Indian Point, Point Beach, Robinson, Surrey e Tinkey Point. Geradores iguais defeituosos, com projeto Westinghouse, operando em usinas nucleares de vários outros países, também apresentaram defeito, tendo sido necessário substituí-los ou repará-los: Suíça (Beznall), Suécia (Obrigheim), além da França, Japão e Bélgica.

No caso brasileiro, foram realizadas adaptações e substituições de componentes pela Westinghouse, com várias paralisações da usina motivadas pelo gerador de vapor e também por outros componentes. Furnas julgou-se no direito de reclamar indenização pelos graves inconvenientes operativos a que foi submetida. No entanto, as tentativas de entendimento com a Westinghouse foram infrutíferas e Furnas entrou com reclamação formal claim. Após tentar obter o julgamento na Justiça americana, onde já corriam processos semelhantes, Furnas e Westinghouse apresentaram-se à Corte Internacional de Arbitragem de Paris. Sucessivos memoriais de ambas as partes foram mostrados entre setembro de 1989 e agosto de 1991, até a audiência frente ao Tribunal de Arbitragem e, em dezembro, foram prestados esclarecimentos complementares. A causa atingia cerca de 130 milhões de dólares e envolvia a substituição dos geradores de vapor. Durante o longo processo ocorreram tentativas, por parte da Westinghouse, de acordo bilateral. Furnas insistiu em levar o processo até o fim na Corte Internacional, cujas decisões são inapeláveis. Infelizmente, a solução final veio em 1994, com ganho de causa para a Westinghouse. Dada a grande repercussão das interrupções da usina de Angra I, a opinião pública foi levada a crer que o problema decorria de seleção malfeita pelo governo brasileiro. Na verdade, houve pouca sorte; o mesmo aconteceu também com empresas dos Estados Unidos e de vários outros países, que confiaram na competência e responsabilidade da Westinghouse.

Gigantesco programa nuclear

Logo no início do governo Ernesto Geisel, surge proposta oriunda do núcleo central do próprio governo ou da área específica do Ministério das Relações Exteriores, por intermédio do embaixador Paulo Nogueira Batista, que envolvia ambicioso plano de desenvolvimento nuclear em cooperação com o governo da Alemanha. Ao contrário da proposta de 1971 ao ministro Walter Scheel (ver Capítulo VII), da qual o embaixador fora testemunha, e que compreendia apenas a pesquisa de minerais físseis e a implantação do ciclo do combustível, o novo programa, por ele coordenado, abrangia também a construção de oito usinas nucleoelétricas e a montagem de um parque industrial destinado especificamente à construção de equipamentos para tais usinas. A ideia era autárquica e tinha por objetivo estabelecer o ciclo completo da energia nuclear, desde a fabricação das instalações até a pesquisa mineral e a produção do combustível. O aspecto estranho dessa concepção ampla consistia no fato de partir do mesmo governo, que declarou formalmente como não relevante a auto-suficiência no domínio do petróleo, objetivo esse para o qual já batalhávamos há um quarto de século.

O governo que se instalava em 1974, depois, portanto, do primeiro choque de preços do petróleo, decidira prosseguir com a política de crescimento acelerado, independentemente da crise mundial. Nesse contexto, o programa Brasil-RFA é logo aprovado. Fundou-se, para sua execução, a Usinas Nucleares Brasileiras S.A. – Nuclebrás, nela incorporando a maior parte da CBTN (Lei nº 6.189/1974). Em junho de 1975 foi assinado o tratado de cooperação com a Alemanha, e manteve-se a decisão de não subscrever o Tratado de Não Proliferação de Armas Nucleares – TNP. O conjunto representava, intencionalmente ou não, um desafio aos países do clube atômico.

A criação da Nuclebrás, embora antecedendo ao acordo com a RFA, nele se baseava. Foram formadas e instaladas as seguintes subsidiárias:
- Nuclebrás Auxiliar de Mineração – Nuclam, com o objetivo de prospecção, pesquisa e lavra de urânio em área definida pelo governo, previstos 51% para a Nuclebrás e o restante para o capital estrangeiro (Urangesellshaft);
- Nuclen Engenharia e Serviços S.A. – Nuclen, com o objetivo de realizar serviços de engenharia para usinas nucleares, previstos 75% para a Nuclebrás e 25% para a participação estrangeira (Kraftwerk Union AG);
- Nuclebrás Equipamentos Pesados S.A. – Nuclep, com o objetivo de realizar projetos e fabricação de componentes pesados para usinas nucleares, previstos 98,2% para a Nuclebrás e pequenas parcelas para diversas entidades estrangeiras;

- Nuclei Enriquecimento Isotópico S.A., com o objetivo de realizar serviços de enriquecimento isotópico, prevista a participação da Nuclebrás com 75% e estrangeira com 25% (Interatom 15% e Steag 10%). Depois incorporada à Indústrias Nucleares do Brasil – INB.

O presidente Ernesto Geisel, ao explicar mais tarde à nação o programa nuclear, dissera:

> Aos Brasileiros: Todos nós – povo e governo – temos responsabilidade na promoção do desenvolvimento econômico, social e político do Brasil. Para assegurar esse desenvolvimento, necessário ao bem-estar geral, é imprescindível dispor de adequadas fontes energéticas, dentre as quais sobressai, nos dias de hoje e no futuro próximo, a utilização do átomo.
>
> O presente documento visa a proporcionar esclarecimento público sobre o Programa Nuclear do Brasil, que conta com o apoio unânime da vontade nacional e se baseia no nosso esforço próprio, conjugado com a cooperação externa, e na aceitação de salvaguardas, que garantem sua estrita aplicação pacífica (Brasil, República, 1977, p. 5).

A iniciativa, por diversos motivos, resultou no mais desastrado investimento público de toda a história do Brasil.

O próprio fundamento do programa era, no mínimo, imprudente. Já se tratou da impropriedade e do perigo de se estabelecer programas de investimento de longo prazo em uma única projeção de mercado de demanda, especialmente no caso da energia elétrica, que depende de previsão da evolução econômica interna e internacional, e no pressuposto da continuidade de forte ritmo de crescimento econômico (II PND e demanda máxima do Plano 1990, da Eletrobras). Essa decisão se tornou mais crítica, pois foi tomada após ruptura evidente do ritmo de evolução da economia mundial com o choque dos preços de petróleo de 1974, o que exigiria atenta e continuada revisão de programas de investimento. Além disso tratava-se, no caso do programa nuclear, de um conjunto monolítico de empreendimentos inter-relacionados com cronograma de execução bem-definido, e que representava parte substancial do suprimento de energia elétrica do país. Bem diferente do programa tradicional de energia elétrica, baseado em grande número de usinas hidráulicas com complementações térmicas convencionais, constituindo-se cada uma projeto independente, cujo cronograma pode ser facilmente adaptado à evolução da conjuntura.

A justificação resultava de interação de três diretrizes: a do esgotamento da capacidade de geração hidrelétrica; a da elevada autonomia na construção das usinas nucleoelétricas; e a da escala mínima das encomendas de equipamentos, capaz de sustentar a indústria local, que para esse fim se instalasse.

O programa não se ajustava às conclusões do inquérito de 1973 sobre a capacidade então existente da indústria brasileira, e que a situava no nível de 50% do investimento das primeiras usinas, podendo alcançar até 60% para encomendas de

1980-1982. Pretendia, de imediato, maior participação local e instituía, para isso, a Nuclep que, em parte, competia com a indústria pesada em atividade, requerendo, inclusive, a assinatura de protocolo de não concorrência.

A demanda de energia cresceu muito menos do que previam as projeções. A economia perdia o ímpeto de crescimento. O governo da União entrava em dificuldades financeiras e faltavam recursos para investimentos, principalmente pela simultaneidade de cinco programas gigantes, cujos gastos totais, da ordem de 50 bilhões de dólares, superavam a capacidade do país, mesmo que não tivesse ocorrido a crise de acomodação internacional aos novos preços do petróleo.

Sobre tudo isso se colocou ainda a descontinuidade administrativa no âmbito de Furnas, responsável pela construção das usinas, e cuja equipe, penosamente preparada, foi em parte dissolvida, na hora crítica do início da construção de Angra I, com o quase simultâneo começo da construção da usina Angra II. Em seguida ocorreu o problema técnico das fundações de Angra II, muito agravado pela exploração política.

O resumo aqui apresentado baseia-se no relato (Nuclen, 1990) feito ao grupo de trabalho sobre o Programa de Energia Nuclear, instituído em 1990.

A construção de Angra I fora iniciada em 1971, com conclusão prevista para fins de 1976. Furnas recebeu o encargo de construir Angra II e III em fins de 1974. Os contratos entre Furnas e a Siemens-KWU foram assinados em 1976, prevendo-se a entrada em operação das usinas, respectivamente, em 1983 e 1984. Os programas II e III atropelaram o primeiro programa a meio curso. Além disso, à Nuclen, recém-constituída, caberia, desde logo, a responsabilidade de engenharia pelos novos projetos.

Logo no princípio da obra civil das fundações para Angra II surgiram imprevistos que iriam atrasar, de forma irrecuperável, o cronograma inicial. Tornavam-se necessários reforços de estaqueamento, bem como a relocação de Angra III.

O assunto do acordo em geral, e de Angra II em particular, e expressamente das "(...) supostas irregularidades, erros ou equívocos denunciados pela revista *Der Spiegel*, reproduzidos pela imprensa brasileira (...)" motivaram a instalação, em outubro de 1978, de Comissão Parlamentar de Inquérito, no âmbito do Senado Federal, com prazo de noventa dias. O relatório concluído, entregue com atraso, incluiu 43 depoimentos, e foi votado em termos finais no Senado, apenas em maio de 1983 (Brasil, 1983).

Todavia, prosseguia a luta pela construção das usinas até que, em 1980, já no governo João Figueiredo e na administração César Cals no MME, ocorreu outra alteração institucional, atribuindo-se, com exclusividade, à Nuclebrás, a construção de usinas nucleares compreendidas no Acordo Brasil-RFA, por intermédio da recém-criada Nuclebrás Construtora de Centrais Nucleares S.A. – Nucon, formada com tal objetivo. Na sequência lógica, foram transferidas de Furnas para essa nova empresa as responsabilidades pelas usinas em construção. Era o segundo choque administrativo na condução de um programa crítico. Nessa época, cada uma das usinas estava com atraso de quatro anos: Angra I, de 1976 para 1980; Angra II, de 1983 para 1987; e Angra III, de 1984 para 1988. A usina Angra I ficou pronta em 1980 e entrou em operação comercial em 1982.

Caberia à Nucon entregar à Furnas as duas últimas usinas prontas para operar. Durante os meses que se seguiram e em 1982, houve o maior ritmo de desenvolvimento na obra civil, cuja tarefa de construção foi dividida entre dois empreiteiros: à Oderbrecht coube Angra II e à Andrade Gutierrez, Angra III. Foram também assinados inúmeros contratos de fornecimento.

Em 1985, ao final do governo, não havia nenhuma usina do programa nuclear alemão concluída, nem com perspectiva de conclusão.

Programa autônomo de tecnologia nuclear

Ao término do governo Ernesto Geisel (12 de março de 1979), houve a decisão de promover um programa autônomo, independente do Programa Nuclear Brasileiro, que era vinculado ao Acordo Brasil-Alemanha e no qual não se incluía a transformação do urânio em UF_6 (hexafluoreto de urânio), operação indispensável aos processos de enriquecimento então conhecidos. Aparentemente, essa decisão justificava a iniciativa, bem-sucedida, da produção, no Instituto de Pesquisas Energéticas e Nucleares – IPEN, São Paulo, em escala de laboratório, de UF_6 a partir de matéria-prima *yellow cake* proveniente de Poços de Caldas, MG. A decisão visava consolidar esse importante passo no sentido do domínio da tecnologia do combustível (Alves, 1990, p. 86). O Programa Nuclear Autônomo – PATN não foi formalmente instituído. Apenas uma parte dele ficou a cargo de nova entidade, a Copesp, vinculada ao Ministério da Marinha. Definiu-se, em termos de cooperação de trabalho e economia de despesas, uma matriz em que se encontravam, de um lado, os três laboratórios civis e, de outro, as três instituições militares.

Além do desafio essencial da construção de um reator nuclear, havia outros nem por isso mais simples. De um lado, o enriquecimento isotópico do urânio, do qual derivam, de certo modo, as decisões baseadas nos reatores a urânio enriquecido. De outro, o da produção de água pesada, do qual dependem também os reatores à base de urânio natural. Havia ainda à época outros projetos de reatores, em fase de desenvolvimento. A repetida ressalva de certo modo refere-se à dúvida quanto à definição política dos objetivos nacionais no que se refere ao grau de autonomia a ser alcançado no ciclo dos combustíveis e equipamentos necessários às usinas nucleares. A decisão dos Estados Unidos, ao tempo do presidente Carter, de impedir o fornecimento de combustível a quem não assinasse o Tratado de Não Proliferação foi outro complicador, que influenciou as discussões do governo brasileiro. Até hoje, há ainda questões tão complexas que mesmo nos países de vanguarda, que já atingiram avançado estágio de utilização da energia nuclear, persiste o desafio tecnológico do reprocessamento do combustível utilizado e da destinação dos rejeitos.

A preocupação com o domínio da tecnologia da produção dos elementos combustíveis para usinas nucleares vinha desde o tempo do almirante Álvaro Alberto e de suas aventuras com as ultracentrífugas alemãs. O primeiro *yellow cake* do minério do campo do Agostinho havia sido produzido, em escala de laboratório, em 1972. Desde a inauguração da usina de Poços de Caldas está em produção industrial. A segunda etapa, que corresponde à sua transformação em UF_6, foi desenvolvida em usina-piloto, no IPEN, São Paulo.

A terceira etapa, do enriquecimento isotópico a 3%, do hexafluoreto de urânio, foi conduzida por dois caminhos distintos: dentro do acordo de cooperação Brasil-Alemanha e, de forma autônoma, com recursos locais, por meio do PATN.

Na negociação do acordo estavam presumivelmente abertos os canais do processo de jato centrífugo, então em desenvolvimento pela própria Alemanha, e o das ultracentrífugas, também instalado pela Alemanha em cooperação com a Holanda e a Inglaterra (Urenco Enrichment Group). Essa empresa recusou, todavia, a transferência de tecnologia ao Brasil, alegando nossa recusa em assinar o Tratado de Não Proliferação – TNP. Os executores do acordo encaminharam-se, assim, no sentido da tecnologia alternativa disponível, do jato centrífugo, ainda em estágio de desenvolvimento e, portanto, sem comprovação econômica. O projeto-piloto compreendeu a implantação da primeira cascata, com 24 estágios, que pretendia elevar o teor do isótopo U235 de 0,7% (natural) para 0,8% (Alves, 1990, p. 86). Na realidade, o projeto não foi bem-sucedido, o que provocou a desativação das instalações.

Independente do acordo, equipes do IPEN e da Marinha desenvolveram, até a escala de minicascatas, um projeto nacional de ultracentrífuga, que, mais adiante, ficou a cargo de instituição vinculada ao Ministério da Marinha. A primeira unidade funcionou em 1982, e a primeira minicascata em 1984. Os resultados permitiram a construção, no Centro Experimental de Aramar, de outra cascata inaugurada mais tarde. A partir daí, deu-se início à construção de uma usina de demonstração em Iperó, São Paulo (Alves, 1990, p. 87). Trata-se de trabalho pioneiro, gerenciado com persistência pelo almirante Oton Pinheiro da Silva.

A quarta etapa corresponde à produção de elementos combustíveis, cuja fábrica foi construída dentro do acordo, pela Indústria Nuclear Brasileira, de Resende, RJ. O projeto, que conta com a colaboração técnica da KWU, da Alemanha, foi desenvolvido em etapas.

Com as dificuldades de condução do programa das usinas II e III, tornavam-se altamente improváveis as usinas subsequentes, assim como seria menor a necessidade de elementos combustíveis. Não se justificava, sob o ponto de vista econômico, a instalação completa da fabricação desses elementos. Decidiu-se que o empreendimento ficaria restrito à fase de montagem, com base em componentes importados. No programa paralelo, o IPEN desenvolveu, associado ao Ministério da Marinha, capacitação técnica na fabricação de elementos combustíveis para usinas de pequeno porte e de pesquisa. Simultaneamente, foi projetado e construído um reator com núcleo do tipo PWR, mas com potência zero, composto de peças de fabricação nacional.

No campo do enriquecimento, com o domínio nacional da tecnologia da ultracentrifugação, foi abandonado o projeto do jato-centrífugo e considerada uma união de esforços na unidade industrial de Resende, RJ.

A quinta etapa, a do reprocessamento do combustível retirado dos reatores, é a mais crítica do ponto de vista político, e de aplicação de salvaguardas internacionais, pois que dela resulta a recuperação do terrível plutônio, utilizável na produção de artefatos militares. Em 1986, no programa do acordo com a Alemanha, houve interrupção das atividades relativas ao reprocessamento dos elementos combustíveis para a recuperação do urânio e do plutônio. O projeto de engenharia, feito mediante contrato com o consórcio alemão Uhde-Interhude, estimava o investimento em 340 milhões de dólares, dos quais já haviam sido investidos 60 milhões de dólares. Pelas mesmas razões que determinaram a redução do programa de fabricação de elementos combustíveis não se justificaria, economicamente, o reprocessamento. Além disso, tratava-se de projeto que, desde o início, atraía incômodas pressões políticas internacionais, uma vez que trazia consigo a recuperação do plutônio.

A evolução tecnológica relativa aos diversos usos não energéticos não será aqui apreciada, por fugir ao escopo central deste livro.

Água pesada continua em segundo plano

A questão da água pesada teve, no Brasil, duas fases: a primeira, de 1964 a 1977; a segunda vai até o início de 1988. O interesse pelos reatores que empregavam a água pesada motivou modestas iniciativas de incorporação da tecnologia de sua produção, desde 1964, mas perdeu força a partir de 1975.

Os trabalhos iniciais foram conduzidos pelo Grupo de Pesquisa e Desenvolvimento da Água Pesada, instituído em janeiro de 1964 no âmbito do Instituto Militar de Engenharia – IME, que tinha como missão projetar, construir e operar usina-piloto com capacidade de 2 a 3 toneladas por ano, empregando tecnologias conhecidas mas não vulgarizadas. Os recursos eram insuficientes. O programa viria, mais tarde, a ser incluído no 1º PBCT, para 1973-1974. Em 1973, foram realizadas viagens à Índia e a Israel que concorreram para a proposição de uma linha de ação que compreendia uma sucessão de processos, e que serviu de base para a assinatura de convênio entre o IME e a recém-criada CBTN, prosseguindo os trabalhos embora em ritmo lento. (Chagas; Makay Jr.; Ribeiro, 1990).

Com a opção do Brasil pelos reatores a urânio levemente enriquecido e água leve, previstos no acordo com a Alemanha, reduziu-se o interesse pela água pesada. No entanto, essa matéria-prima poderá vir a recuperar importância, caso sejam bem-sucedidos novos projetos de reatores que nela se baseiem. A CNEN retomou o assunto em 1988, com o objetivo de começar outro projeto, tentando somar esforços com a iniciativa industrial privada, dedicada a processos conexos: a Peróxidos do Brasil e o Centro de Tecnologia Promon. O acordo foi firmado em 1990 (Chagas; Makay Jr.; Ribeiro, 1990).

Ampliação das reservas de urânio

Com a adição de novos recursos para a pesquisa mineral, em 1973, mediante a ampliação de 1% para 2% da parcela vinculada do imposto único sobre combustíveis (ver Capítulo VII), as pesquisas minerais tomaram outro impulso. Assim é que os investimentos situados abaixo de 1 milhão de dólares até 1969, e da ordem de 7 milhões de dólares anuais no período 1970-1975, passaram ao nível de 19 milhões de dólares no período 1976-1982. Em 1983, ocorreu redução drástica, paralisando-se a seguir a prospecção e a pesquisa do urânio no país (Apêndice 8-E).

Houve, felizmente, continuidade de orientação desde a fase de exploração pioneira do acordo CNPq/CNEN-USGS (United States Geological Survey) da sistematização metodológica do acordo CNEN-CEA e da intensificação dos trabalhos, resultante do convênio CNEN/CBTN/CPRM antes da criação da Nuclebrás (Ramos, 1974, e Javaroni; Maciel, 1985).

Tabela 21 – Prospecção de minerais nucleares

PERÍODO	52/70 CNEN	70/74 CBTN	75/82 NUCLEBRÁS
Anos	18	4	8
Aerogeofísica (1.000 km)	342	540	613
Sondagens (1.000 metros)	58	418	336

Fonte: Ramos, 1974; Javaroni, 1985.

Foi a acumulação de informações e a sucessão coerente de programas de pesquisa, fato raro na administração pública brasileira, que acabaram por propiciar significativas descobertas, já na fase em que a CBTN estava transformada em Nuclebrás. São desprovidas de justificação declarações semi oficiais dessa última época, como a de que:

> (...) com a criação da Nuclebrás em dezembro de 1974 e a estruturação de sua Diretoria de Recursos Minerais, teve início, em janeiro de 1975, um programa de prospecção e pesquisa de minerais nucleares que elevou o país, após 9 anos de trabalhos intensivos, à categoria de detentor de quinta reserva mundial de urânio (...) (Javaroni; Maciel, 1985).

Na verdade, a maior intensidade de trabalhos de geofísica e de sondagens ocorreu no período 1970-1974, e não no período da Nuclebrás; 60% das pesquisas foram anteriores a ela. Pelo lado econômico, as reservas geológicas só têm significado se avaliadas em função de seu custo provável de produção. Em termos estritamente geológicos, as reservas do Brasil somariam 300 mil toneladas de urânio.

Tabela 22 – Reservas de urânio

REGIÃO	1.000 t DE U_3O_8
Planalto de Poços de Caldas	27
Itataia	143
Lagoa Real	93
Outras menores *	39
Total	302

* Figueira, Quadrilátero Ferrífero, Amorinópolis, Rio Preto, Espinhais.
Fonte: Alves, 1990.

Não foi tornada pública documentação sobre a economicidade da exploração dessas jazidas. O critério mais frequente utilizado para a avaliação da potencialidade das reservas tem sido o de separar, como exploráveis, sob o aspecto econômico, de imediato, as que resultem em custo possível de 80 dólares por quilo de urânio, e de futuramente exploráveis as que se encontrem na faixa de 80 a 130 dólares por quilo. Na realidade, os preços praticados têm sido bem inferiores a 80 dólares por quilo de urânio que corresponde, na escala mais empregada nas publicações sobre mercado, a 30 dólares por libra de U_3O_8.

A única jazida de urânio em exploração no Brasil continuava a ser em Poços de Caldas. Em 1975, simultaneamente à assinatura do Acordo Nuclear Brasil-Alemanha, foi decidida a implantação do Complexo Minero-Industrial de Poços de Caldas, a partir da determinação do processo de extração e cubagem de reservas da jazida do Cercado, visando cumprir as necessidades de combustível do Programa Nuclear Brasileiro. Em 1976, foi contratada com a firma francesa Pecheney-Ugine-Kuhlmann – PUK a elaboração do projeto básico da mina e da unidade de beneficiamento. Em 1977, teve início a decapagem da mina, ao mesmo tempo que começava a construção das plantas industriais. A pré-operação do complexo ocorreu em 1981 e sua entrada na fase comercial em 1982 (Fraenkel *et al.*, 1985).

A exploração da mina envolveu a remoção de 85 milhões de metros cúbicos de material estéril e minério, o que corresponde, em face da reserva de 21.800 toneladas de U_3O_8, a um rendimento bruto de 260 gramas por metro cúbico. A usina tem a capacidade de processamento de 2.500 toneladas/dia de minério, com a produção prevista de 550 toneladas/ano de diuranato de amônio (*yellow cake*), além de subprodutos.

Em termos estritamente econômicos, o empreendimento nunca foi defensável. O custo de produção terá atingido, em Poços de Caldas, 40,50 dólares por libra de U_3O_8 (Alves,1990). O preço de mercado spot era da ordem de 6 dólares no início da década de 1970 e atingiu o máximo de 43 dólares, em 1978. Daí tornou a declinar até o nível de 7 a 12 dólares, no início da década de 1990. Para contratos de longo prazo, os preços oscilaram menos e foram, em geral, mais altos. Não existe, na realidade, mercado efetivamente livre de urânio ou combustível nuclear, predominando ainda razões políticas na fixação de preços e condições de fornecimento.

Mais uma vez, como aconteceu com o carvão mineral e o álcool, buscou-se a redução da dependência externa à custa de subsídios ou grandes incentivos governamentais. No caso do urânio houve a agravante de, ao se iniciar a decapagem da mina e a instalação industrial em 1977, já serem conhecidas outras duas grandes reservas, Itataia e Lagoa Real. A decisão deveria ter sido adiar o empreendimento de Poços de Caldas até que pudessem ser analisadas as descobertas, já que se sabia que o projeto minero-industrial em curso era antieconômico, quando comparado ao valor-limite internacionalmente aceito, de 30 dólares por libra de U_3O_8.

Capacitação profissional e tecnológica

A capacitação científica e técnico-profissional de pessoal foi, felizmente, preocupação continuada dos programas nacionais de energia, mesmo antes de principiar o desenvolvimento de tecnologias nucleares. Logo após o Acordo Brasil-Alemanha inaugurou-se programa de formação de recursos humanos para o setor nuclear, com a participação do CNPq, DAU-MEC, CNEN e Nuclebrás, sob a coordenação da Secretaria-geral do MME, então exercida por Arnaldo Barbalho. O esforço principal concentrou-se na Nuclen, que investiu pesadamente em treinamento no país e no exterior; realizaram-se treinamentos de longa duração de 175 engenheiros nas instalações da KWU. Além disso, 97 engenheiros foram cedidos à KWU para participar de serviços de engenharia em projetos alemães de centrais nucleares. Trata-se, nesse caso, de treinamento em serviço. Além disso, outros 18 engenheiros foram habilitados pela própria Nuclebrás.

> A capacitação adquirida pela Nuclen, que se deve fundamentalmente a esse programa de treinamento de pessoal, permitiu-lhe, já para as duas primeiras usinas do Acordo Brasil-Alemanha, Angra II e III, assumir cerca de 77% dos homens-hora de serviço de engenharia, distribuídos entre ela própria (48%) e firmas de engenharia privadas nacionais (29%) (Nuclen, 1990).

O setor de energia nuclear seguiu, nesse domínio, a tradição bem-estabelecida no país, tanto do setor de energia elétrica como no do petróleo, de patrocínio, em termos empresariais, de intensos e continuados programas de preparação profissional em todos os níveis.

No campo da capacitação empresarial, quando se deu o início do programa de promoção do desenvolvimento industrial para atender à construção das centrais nucleares, o relatório do inquérito de 1973 era, felizmente, bastante recente e as informações nele contidas podiam servir de base para a retomada de levantamentos e entendimentos com as indústrias. Apenas os componentes identificáveis como de caldeiraria pesada – o vaso de pressão, os geradores de vapor, as estruturas internas do vaso de pressão e alguns outros de mesma natureza – foram previstos para fabricação na Nuclep. O restante, ou seria importado ou fabricado por indústrias locais privadas.

O cadastramento das indústrias interessadas alcançou quase mil firmas, das quais pouco menos de 50% foram pré-selecionadas como supridoras potenciais, dentro dos critérios rígidos de qualidade estabelecidos em comum pela KWU-Siemens, Nuclen e CNEN, tendo em vista as exigências de segurança das centrais. Para muitas das indústrias, o comprometimento com o projeto resultou em grande esforço de aperfeiçoamento técnico e controle de qualidade. Com a desativação do programa de construção de centrais nucleares, parte desse esforço corre o risco de ser desperdiçado.

Nos contratos de fornecimento de equipamentos para Angra II e III, determinou-se como metas do índice de nacionalização os valores de 30%, visando tornar possível 47% para a usina IV. Na realidade, foi atingido o valor de 34,5% para Angra II e III (Nuclen, 1990).

Política de substituição de petróleo e de conservação de energia

Diante das duas crises de preços do petróleo, e especialmente depois da segunda, os países importadores procuraram tornar-se menos dependentes, diminuindo o consumo de derivados e substituindo-os, onde fosse possível, por formas de energia autóctones.

Do lado da demanda era clara a existência de desperdícios. Governos de muitos países combateram essa prática com políticas de conservação de energia, compreendidas essas como resultado de aumento de eficiência na produção, transformação e consumo. Exemplos de medidas adotadas foram a observância, com rigor, da limitação de velocidade dos veículos, a exigência de aumento de isolamento térmico de prédios em lugares frios, a criação de incentivos à cogeração e à informação e o esclarecimento dos consumidores. Mesmo países de forte tradição liberal, como os Estados Unidos, que tendem a deixar a solução de tais questões para as forças de mercado, criaram padrões de consumo para diversos equipamentos.

No Brasil, importante medida de conservação foi tomada antes das crises, quando se constatou a dificuldade que tinham as concessionárias dos sistemas elétricos interligados de usarem bem a energia hidráulica disponível, agindo independentemente umas das outras. Pela lei de Itaipu foram criados, em 1972, os Grupos Coordenadores de Operação Interligada – GCOI, como entidades que promovem a operação do sistema de forma otimizada, e a distribuição, entre as concessionárias, dos ônus e benefícios dela decorrentes. Esse mecanismo evitou aumentos significativos de capacidade a instalar para atender à demanda.

Mais tarde, formou-se o Grupo Executivo de Racionalização do Uso dos Combustíveis – Gerac, que não chegou a ser implantado. Foram também adotadas medidas de efeito duvidoso, como o fechamento dos postos de gasolina nos fins de semana, bem como a proposta de elevação de preço por meio da cobrança de um empréstimo cujos títulos foram apelidados simonetas e que, pelas dificuldades práticas encontradas, não chegaram a entrar em vigor.

Medida drástica obrigava a uma redução de 10% no uso do óleo combustível nas instalações industriais. Embora constituindo-se em racionamento, despertou a atenção das empresas, e resultou em ações de redução de consumo sem prejudicar a produção. Preparou ainda o terreno para o programa CONSERVE.

Em 1979, com o agravamento dos desequilíbrios, o governo João Figueiredo empenhou-se no sentido de melhorar a coordenação intersetorial e formou a Comissão Nacional de Energia, cujo secretário-executivo foi o vice-presidente da República, Aureliano Chaves. A finalidade era de "(...) estabelecer diretrizes e critérios visando à racionalização do consumo e o incremento da produção nacional de petróleo bem como à substituição dessa por outras fontes de energia" (Decreto nº 83.681/1979). Reiterava-se o conceito de energia como instrumento de segurança nacional. As diretrizes básicas para a comissão se referiam à racionalização "(...) da utilização da energia obtendo a diminuição dos insumos energéticos e substituir progressivamente os derivados de petróleo por combustíveis alternativos" (Decreto nº 87.079/1980). O documento principal de governo foi o Programa de Mobilização Energética (Resolução CNE nº 4/1980).

Essas iniciativas deram origem a desdobramentos específicos, entre os quais:
- proposta do ministro César Cals de normas operacionais do PME, na parte relativa aos investimentos em Projetos de Desenvolvimento do Carvão e Outras Fontes Alternativas de Energia (Portaria MME nº 2.320/1979;
- proposta do ministro João Camilo Pena de um Programa de Conservação de Energia no Setor Industrial (CONSERVE), que representou a consolidação de experiências anteriores de assinatura de protocolos específicos com as indústrias de cimento, siderurgia e celulose e papel (Portaria MIC nº 48/1981);
- proposta do Departamento Nacional de Águas e Energia Elétrica de um Programa de Substituição de Energéticos Importados por Eletricidade, no qual se estabelecia um incentivo para a introdução da eletricidade na produção de vapor ou de calor industrial. Ficou conhecido como programa de eletrotermia. Como havia excesso temporário de capacidade instalada em usinas hidrelétricas essa seria uma forma de economizar petróleo (Portaria DNAEE nº 140/1983);
- reformulação do Programa do Álcool, inaugurando outra fase do Proálcool (Decreto nº 76.593/1975), com execução a cargo da Comissão Nacional do Álcool – Cenal, e coordenação superior da Comissão Nacional de Energia (Decreto nº 83.700/1979, que também modifica o anterior).

É importante não perder de vista que esses programas visavam tanto a simples substituição de energéticos importados por outros nacionais, como o aumento da eficiência no uso da energia, objetivos nem sempre coincidentes.

O primeiro objetivo atendia a uma condição de emergência, já que o peso dos gastos de divisas com a importação do petróleo haviam se aproximado, no Brasil, de 50% do total das exportações ou importações.

A ideia da substituição se assentava, obviamente, na situação dos preços relativos dos energéticos que se haviam alterado profundamente. O petróleo importado estava quatro vezes mais caro do que antes dos choques de 1974 e 1979. O preço médio da eletricidade para as indústrias havia caído, em virtude da política de contenção tarifária, para 70% do valor prevalecente em 1973, quando era assegurada situação econômica satisfatória do sistema elétrico. O custo de produção do álcool para veículos automotores não se alterara significativamente, ficando menos distante da competitividade com o da gasolina. Pela mesma razão o custo da caloria do carvão nacional passava a ser inferior ao preço do óleo combustível nas regiões de produção do primeiro. Além dessas condições econômicas, a forte expansão anterior do sistema elétrico assegurava boa margem de produção de energia de origem hidráulica.

Predominava a ideia, após o susto do segundo choque, que os preços do petróleo não retornariam ao patamar anterior a 1974. O governo direcionou a sua política de energia para a substituição de derivados de petróleo por energia hidráulica, carvão e álcool, sem, contudo, restabelecer o nível tarifário na eletricidade.

O segundo objetivo, de conservação de energia, esteve em posição secundária diante da emergência e arrefeceu depois que passou o primeiro impacto da crise. Com a gradual redução dos preços do petróleo, e mais modesta dos preços da eletricidade, a preocupação com a conservação ainda perdeu ímpeto ao final da década de 1980.

Os aspectos específicos da eletrotermia, do carvão mineral nacional e do álcool são revistos a seguir.

Eletrotermia

A partir de 1979 foram sendo introduzidos mecanismos tarifários e incentivos que propiciassem o uso da eletricidade em substituição a derivados do petróleo. Essa orientação se fundava na

> (...) possibilidade de ocorrerem, anualmente, em várias regiões do país, períodos de condições hidrológicas favoráveis, que permitiam elevar a geração hidrelétrica a valores predefinidos que não alterem significativamente o nível de risco de déficit de energia do sistema elétrico interligado (...), e que, (...) a utilização por consumidores industriais, da energia elétrica decorrente dessa geração adicional, pode proporcionar a substituição de combustíveis derivados do petróleo (Portaria DNAEE nº 140/1983).

Sob algumas condições, foram criadas tarifas de eletricidade favorecidas:

- Energia Sazonal Não Garantida – ESNG 1979;
- Energia Garantida por Tempo Determinado – EGTD, com vigência até 1986 (1981);
- Energia Elétrica Excedente para Substituição em Baixa Tensão – ESBT, com vigência até 1985 (1982);
- Energia Excedente para Produção de Bens Exportáveis – EPEX, com vigência até 1985 (1982).

As duas primeiras pressupunham a permanência de instalações térmicas *stand by* nos usuários.

Com o propósito de viabilizar o programa, foi instalada no DNAEE, em 1983, uma comissão especial de substituição de energéticos importados por eletricidade, que realizou amplo estudo compreendendo aspectos técnicos e econômicos. O resultado foi a seleção hierárquica das substituições recomendáveis e a definição de duas formas de energia a serem empregadas nos suprimentos e fornecimentos necessários ao atendimento do programa (DNAEE, 1984).

Duas outras tarifas foram então instituídas:
- Energia Firme para Substituição – EFST; e
- Energia Temporária para Substituição – ETST.

A sua comercialização se deu a partir de 1985, segundo condições estabelecidas pelo DNAEE.

A ideia da temporariedade da eletrotermia estava presente, considerando-se os prazos de vigência inicialmente fixados. Houve intenso programa de substituição de caldeiras a óleo por caldeiras elétricas, cujo investimento, em alguns casos, se pagava em poucos meses com a economia do valor do combustível. Ao se alterarem de novo os preços relativos, muitas dessas instalações foram desativadas.

Reativa-se o carvão nacional

Apesar da mudança de governo em 1974, prosseguiram as atividades de pesquisa geológica de detalhamento das jazidas de carvão em Santa Catarina e, em caráter pioneiro, em áreas ainda desconhecidas do Rio Grande do Sul, com recursos públicos a fundo perdido. Os trabalhos se desenvolveram segundo dois impulsos, de orientação diferente: o primeiro (1973-1977), no qual foram investidos 42 milhões de dólares, e o segundo, já vinculado ao Programa de Mobilização Energética (1980-1983), no qual foram investidos 84 milhões de dólares.

Em termos administrativos, coube à Companhia Auxiliar de Empresas Elétricas Brasileiras – CAEEB, em 1975, as funções de coordenação de estoques, manuseio, transporte e distribuição do carvão energético.

Passada a primeira crise dos preços do petróleo, e com a finalidade principal de viabilizar o uso do carvão mineral nacional como substituto do óleo combustível, foi instituído, em 1975, subsídio ao transporte do carvão para fora do estado onde se realiza a produção (Decreto-lei nº 1.420/1975, regulamentado pela Resolução CNP nº 11/1975).

Diante do segundo choque de preços do petróleo, em função do PME, e com base nos novos conhecimentos sobre as reservas de carvão no sul do país, estabeleceu-se, em 1980, no governo João Figueiredo, política ambiciosa de expansão da produção de carvão. Mantinha-se o princípio de que a ação executiva ficaria a cargo de empresas privadas, com a presença de apenas uma empresa sob controle da União, a Prospera, subsidiária da CSN, e uma estadual, a CRM, vinculada ao governo do Rio Grande do Sul.

As definições da política do carvão mineral, nessa segunda fase, constavam de resolução da Comissão Nacional de Energia, de 1980 (Resolução CNE nº 4). Aí se estabelecia a regra básica dos preços relativos. O objetivo principal da política de energia era, naquele momento, a substituição do petróleo, de forma gradual, por outros energéticos, incluindo-se, portanto a substituição do óleo combustível pelo carvão mineral. O carvão energético não poderia ter, assim, um preço por quilocaloria fora do estado da respectiva produção, superior a 70% do preço do óleo combustível de menor preço. A relação efetivamente aplicada era de 62%. Admitia-se subsídio que cobrisse parte das despesas de frete, de forma a tornar o carvão energético competitivo com o óleo combustível em vários centros consumidores. Mantinha-se aproximadamente o diferencial de preço entre o carvão metalúrgico de Santa Catarina e o equivalente importado. A cobertura dos subsídios, que vinha desde 1975, passou a ser feita a partir de um fundo especial de reajuste ligado à estrutura de preços do petróleo.

No período 1979-1987 foram despendidos, com o subsídio à comercialização do carvão, 653 milhões de dólares, sendo 48 milhões de toneladas transportadas por meio desse mecanismo (agosto 1988).

Estudo realizado com o objetivo de avaliar as condições de competitividade dos carvões nacionais (Leite, 1986) concluiu que era diversa a situação nos dois principais campos tradicionais de aplicação: siderurgia e termeletricidade. A comparação de custos em dólares/toneladas de carbono efetivo cif usinas siderúrgicas indica diferença para mais do carvão nacional da ordem de 40%, no período 1983-1986, sabendo-se que ineficiências portuárias e de transporte marítimo eram responsáveis por boa parte dessa diferença. Para um preço final da ordem de 53 dólares por tonelada de carvão metalúrgico nacional cif usinas, o ônus imposto à siderurgia nacional, que então consumia 1 milhão de toneladas, na proporção de 12% desse carvão na mistura com o importado, elevava-se a 15 milhões de dólares anuais. Na hipótese de se elevar a proporção do carvão nacional para o máximo tecnicamente recomendável de 20%, o ônus subiria para 25 milhões de dólares anuais.

No que se refere ao uso do carvão na termeletricidade, os preços por unidade de poder calorífico, no período 1981-1985, eram sensivelmente inferiores aos do óleo combustível. Essa situação se mantinha em 1986, para consumidores localizados nos estados de Santa Catarina (Tubarão) e Rio Grande do Sul (Candiota). Já para as antigas usinas da região de Jacuí, Rio Grande do Sul, o custo do carvão para geração térmica era mais elevado que o correspondente valor do óleo combustível (a preços internacionais).

Estudo de novas usinas termelétricas mostrava resultados equivalentes e favoráveis, portanto, ao carvão energético quando comparado ao óleo combustível, no sul do país (Eletrobras, 1985). Segundo esse estudo, o mesmo não pode ser dito quanto ao confronto entre as usinas termelétricas novas constantes do programa de 1985 até 1990, e as alternativas hidrelétricas já avaliadas para a região Sul (Leite, 1986). A aquisição no exterior dos equipamentos para essas usinas, todas em operações que envolviam interesse da administração financeira do país pelos créditos em si, deveu-se também a um estado de espírito que prevaleceu em certo momento no setor energético, de que o crescimento da demanda prosseguiria em ritmo intenso, e que haveria risco de insuficiência de energia elétrica. O programa exagerado representava custo adicional de combustível até 1995, custo que desapareceria a seguir em função do esgotamento, que então se considerava provável, dos potenciais de energia hidrelétrica. Cumpre observar, todavia, que em todo o planejamento da Eletrobras no confronto de custos entre a hidreletricidade e a termeletricidade, a taxa de desconto adotada (10%) favorecia a primeira, já que, sabidamente, o custo do dinheiro devia ser computado a 12% ao ano ou mais.

A forte expansão da produção de carvão mineral do Sul visava, contudo, a conquista de consumidores industriais não tradicionais: cimento, cerâmica e outros. Para esse fim, foi adotada política de preços que seguia o padrão tradicional de uniformidade em todo o território nacional, generalizando o princípio adotado há muito tempo para os derivados do petróleo e, depois, para a energia elétrica com a equalização tarifária iniciada em 1974. Limitava-se apenas um paralelo, ao Norte do país, do qual não se sustentaria a diferença de fretes.

Multiplicação do Programa do Álcool

No Brasil, o emprego sistemático do álcool proveniente da cana-de-açúcar como combustível, que teve origem antes da Segunda Guerra Mundial, compreende três fases bem distintas:
1. de 1934 até 1975 – Fase do álcool motor anidro, adicionado à gasolina automotiva;
2. de 1976 até 1980 – Primeira fase do Proálcool, com ênfase no álcool hidratado como substituto da gasolina, com objetivos modestos;
3. de 1981 até 1986 – Intensificação do Proálcool.[4]

---
[4]Decreto nº 83.700/1979, que modificou o de nº 76.593/1975, que instituiu o Proálcool.

No primeiro período, tratava-se de transformar o álcool hidratado, produto normal das destilarias anexas às usinas de açúcar, em álcool anidro (graduação mínima de 99%), de forma a possibilitar o seu emprego, como aditivo, à gasolina automotiva comum (ver Capítulo IV). A produção variava de ano para ano. Mas, em cada década, subia o consumo médio anual de álcool combustível e a proporção entre consumo de álcool e consumo de gasolina manteve-se relativamente estável, em torno de 4% a 6% (Apêndice 8-F).

Após a primeira crise dos preços do petróleo, em 1974, instituiu o governo federal o programa denominado Proálcool, baseado na expansão do álcool anidro como aditivo à gasolina, tal como se fazia nos quarenta anos anteriores. A meta agora era de passar de 500 mil metros cúbicos para 3 milhões anuais, em 1980, a qual foi superada. Ampliava-se a proporção do álcool na mistura procurando atingir 20%, percentual considerado tecnicamente possível, sem requerer modificações substanciais nos motores dos veículos. Essa proporção atingiu, de fato, cerca de 17%, em 1979. Em termos de instalações físicas, o programa firmou-se, de início, na capacidade existente no setor açucareiro, ao qual foram anexadas destilarias de álcool.

Simultaneamente com o segundo choque do petróleo, em 1979, começou a outra fase do Proálcool, cuja execução ficou a critério da Cenal, no âmbito do Ministério da Indústria e do Comércio[20], com soluções novas e metas bem mais ambiciosas. Baseava-se em destilarias autônomas, contemplando também a expansão dos canaviais para outras áreas, e visava a produção de álcool hidratado para ser usado como substituto e não como aditivo à gasolina, na forma habitual. Requeria esse programa significativas modificações nos motores, o que demandou algum tempo para que os fabricantes alcançassem atendimento satisfatório aos usuários dos veículos movidos pelos novos carburantes.

No combustível tradicional, as proporções na mistura gasolina/álcool foram variando até atingir 22%, valor esse consagrado pelo CNP (Portaria CNP nº 144/1984) e pelo Programa de Controle da Poluição Veicular – Proconve, baixado pelo Conama (Resolução Conama nº 18/1986). Mais adiante, esse número seria impropriamente estabelecido em lei.

A produção e a participação das destilarias anexas às usinas de açúcar e autônomas evoluiu bem rápido. Em termos quantitativos e de capacidade executiva, o sucesso do programa é evidente.

Tabela 23 – Evolução da produção e da participação das destilarias anexas e autônomas

SAFRA	1975-1976	1980-1981	1986-1987
Produção (milhões de m^3)			
Álcool anidro	0,2	2,1	2,2
Álcool hidratado	0,3	1,6	8,3
Destilarias (%)			
Anexas	90	84	59
Autônomas	10	16	41

Fonte: Comissão Nacional de Energia, 1987.

Os números são significativos, tanto os da expansão da produção do álcool (anidro e hidratado), como os da respectiva participação no consumo final, em confronto com o da gasolina, que passou de 1%, em 1975, para 41%, em 1985 (Apêndice 8-F).

Para alcançar esses objetivos, lançou mão o governo de uma série de instrumentos; além do apoio creditício ao plantio da cana-de-açúcar e às destilarias de álcool, procurou incentivar a demanda do álcool. Fez isso por meio de um conjunto de medidas fiscais e parafiscais: redução do Imposto sobre Produtos Industrializados – IPI, relativo aos veículos a álcool; redução das alíquotas da Taxa Rodoviária Única – TRU, depois substituída pelo Imposto sobre Veículos Automotores – IPVA; não incidência do Imposto Único sobre Combustíveis Líquidos – IUCLG nas vendas de álcool carburante; fixação de uma relação constante de 65% entre o preço de venda do álcool hidratado e a gasolina automotiva, com base em estudos inicialmente feitos sobre o poder energético dos dois combustíveis, quando usados pelos motores existentes, relação essa modificada para 67% em virtude de novos estudos sobre a eficiência dos motores mais modernos, além de outras de menor importância (Comissão Nacional de Energia, 1987, p. 38-40).

A controvérsia central sobre o Proálcool versava, contudo, a respeito das relações entre o custo de produção, o preço de venda e a equivalência energética entre o álcool e o petróleo, já que a superioridade do primeiro sobre a gasolina, em termos ambientais, adquiriu importância aos poucos e à medida que as discussões a respeito se acirravam.

Dúvidas não existiam quanto à necessidade de subsídios para o lançamento do programa. Mas havia maior dúvida sobre o potencial intrínseco de competitividade futura do álcool, na hipótese de não vir a ocorrer continuada alta do preço do petróleo. O cálculo oficial da época, julho de 1981, indicava custo interno do barril de álcool equivalente ao de um barril de petróleo, de 39,9 dólares. Eliminando-se o erro então cometido, de dupla correção cambial, esse valor passava a 50,3 dólares. Suprimindo-se por completo a desvalorização cambial, de caráter subjetivo, para se determinar o custo para o produtor, chegava-se ao valor de 62,5 dólares por barril equivalente. O primeiro cálculo deixava uma impressão altamente favorável. O último seria 70% superior ao do barril de petróleo importado (Apêndice 8-H). Esperava-se, à época, que o preço do petróleo continuasse a subir, e que a produtividade da agroindústria canavieira propiciasse redução de custos.

Tendo em vista que a motivação inicial do Proálcool foi o desequilíbrio do balanço de pagamentos, provocado pela dependência externa da energia, torna-se indispensável avaliar o efeito útil alcançado. A avaliação compreende certas dificuldades decorrentes das peculiaridades do sistema de refino do petróleo. A estrutura técnica das refinarias é relativamente rígida e foi estabelecida quando se desejava maximizar a produção de gasolina em cada barril de petróleo. Mesmo com reformas substanciais nas instalações existentes, há limites para a produção de cada um dos derivados. Com a drástica redução da participação relativa da gasolina, a demanda de óleo diesel pelos transportes de massa tornou-se determinante do volume de petróleo cru a ser processado nas refinarias nacionais. Passou-se a ter excedentes compulsórios de gasolina, cujo único destino era a exportação. O valor da exportação de álcool era, por sua vez, desprezível. Considerando-se como efeito externo do Proálcool apenas o valor da gasolina exportada, ter-se-ia alcançado, no período 1975-1986, total da ordem de 3,5 bilhões de dólares (Comissão Nacional de Energia, 1987). Considerando-se o valor da gasolina substituída pelo álcool, o efeito, no mesmo período, teria sido da ordem de 6,8 bilhões de dólares, entre 1979 e 1986 (Universidade de São Paulo, 1996, p. 40).

Na execução do Proálcool, tal como aconteceu com o programa de reflorestamento, foram bastante variados os resultados úteis, tanto em termos do aproveitamento do potencial intrínseco de cada região, como da inovação tecnológica e da eficiência empresarial; centenas de agentes econômicos privados realizaram o programa. O aumento global de eficiência foi significativo.

A produtividade da agroindústria aumentou, em média, cerca de 4,3% ao ano a partir da safra 1977-1978 até à de 1985-1986, dependendo da região e da fonte de informação (Apêndice 8-G).

Essas tendências de progressos na eficiência se traduzem em redução de custos, que se realizaram ao ritmo de 3,1% ao ano, ao longo de vinte anos (Copersucar, 1995). A margem das melhorias é nitidamente demonstrada na pesquisa em amostra, sobre a produtividade de 44 usinas da Copersucar em novas safras (1979-1988); por hectare colhido, as cinco melhores atingiram 94 toneladas e as cinco piores 41, com a média de 71 toneladas.

A avaliação de benefícios e custos do programa, em termos econômicos e ambientais, é bem mais difícil, e é preferível fazê-la para todo o período, até 1989. Uma tentativa de avaliação encontra-se no Capítulo IX.

Complica-se o incentivo ao reflorestamento

No final do ano de 1974, os ministros Mário Simonsen e Reis Velloso propuseram profunda modificação dos incentivos fiscais, entre os quais, o do reflorestamento, que foram reunidos em um fundo global (Fiset) (Decreto-lei nº 1.376/1974), sob a administração do próprio governo federal, responsável, então, por alocar quotas aos vários setores e projetos incentivados. No caso específico dos projetos florestais, afastava-se o investidor do executor; era o segundo passo na redução da iniciativa e da responsabilidade dos investidores.

Em 1975, o IBDF elaborou extensa regulamentação sobre condições de exploração e reposição florestal, incluindo todas as espécies e tipos de florestas naturais e artificiais. Além dos seus quase cem artigos, continha 11 anexos com descrição de inúmeros formulários. Tudo isso para ser coordenado por um órgão burocrático, sem a menor condição material de exercer a sua função. Obviamente muito pouco do que se estabeleceu na regulamentação foi observado. Outra modificação veio com a definição de prioridades pelo IBDF, a cujo critério ficava a destinação de recursos dos investidores. Aumentava, mais uma vez, a intervenção do instituto. Uma disposição que viria a ter consequências positivas, muito mais tarde, foi a que determinou critérios de reposição florestal pelos consumidores de madeira. Definiu-se uma separação entre grandes consumidores, com mais de 4 mil metros cúbicos de carvão vegetal ou 12 mil estéreos de lenha por ano, os médios e pequenos. Os primeiros ficaram obrigados a manter ou formar, diretamente ou com a participação de terceiros, florestas próprias destinadas ao seu suprimento. Aos outros, foram abertas duas opções: executar o próprio reflorestamento ou participar de programas de fomento florestal ou recolher ao órgão federal, que viria a ser o Ibama, valor equivalente à reposição florestal. Essa última opção seria utilizada na década de 1990 de forma inovadora.

Novos balanços energéticos na década de 1980

Os trabalhos de coleta e elaboração de dados para a Matriz Energética Brasileira – MEB foram cancelados em 1973, e a distribuição interrompida em 1974. No entanto, diante da crise do petróleo, algumas decisões essenciais nessa matéria mostraram-se evidentes, dentre elas a importância das atividades de coleta e preparo de dados.

A partir do segundo choque do petróleo, em 1979, a necessidade premente de informações sobre produção e uso da energia, acentuada pela precisão de situar no conjunto o novo programa de álcool como substituto da gasolina, provocou a retomada das avaliações estatísticas mais completas, nos moldes das que haviam sido reunidas ao tempo da matriz energética brasileira de 1970. A primeira publicação do Balanço Energético Nacional, em novo formato, foi de 1981.

Em 1976 (Portaria MME nº 574), instituiu-se o sistema do Balanço Energético Nacional – BEN. As primeiras publicações, muito pobres, tinham por base os dados da MEB e procuravam recuperar as informações a partir de 1973, já que haviam sido perdidos os anos de 1971 e 1972. Em termos de continuidade e possível aperfeiçoamento de levantamentos sistemáticos integrais, perderam-se dez anos. Felizmente, daí por diante, houve continuidade e aperfeiçoamento da publicação.

A partir do balanço de 1983, foi reintroduzida a apuração de destinação e transformação de energia em quadros denominados balanço energético consolidado, que seriam mantidos com continuidade.

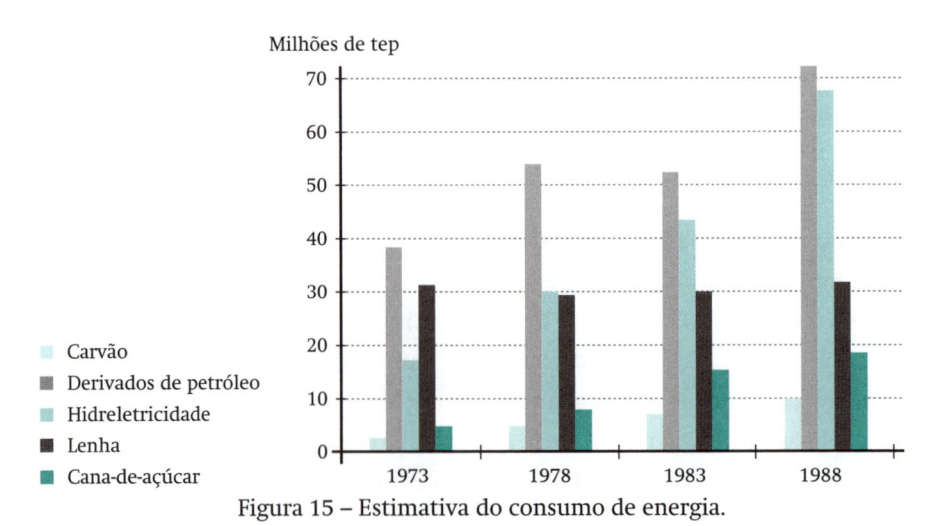

Figura 15 – Estimativa do consumo de energia.

Fonte: Brasil, MME, 1989.

Ao ser publicado em 1988 o BEN, relativo ao ano-base 1987, mostrou importantes alterações nos critérios de apuração, com especial ênfase nos dados primários da lenha, bagaço de cana e carvão vegetal, retroativos à década de 1970.

Com o choque dos preços do petróleo de 1979, a crise financeira e as providências governamentais da época, foi temporariamente contido o crescimento do seu consumo (1983 menor que 1979). Em contrapartida, a parcela do carvão aumentou com subsídios. A cana-de-açúcar cresceu muito em decorrência do Proálcool; a lenha ficou quase estacionária; a energia hidráulica manteve-se em sólida ascensão, com base nas grandes obras de usinas e na extensão da rede de atendimento.

Capítulo IX
Transição para uma nova república (1985-1994)

Grandes mudanças políticas e econômicas

No processo de abertura política houve, em 1985, eleição indireta para presidente e vice-presidente da República, mediante assembleia especialmente constituída, composta pelos membros do Congresso Nacional e por representantes das assembleias legislativas estaduais. Mais uma vez se fez uma aliança de forças políticas pessoais, sem muita correspondência no campo das ideias, para a composição da chapa vencedora: Tancredo Neves–José Sarney. A morte súbita do presidente eleito, além da crise institucional momentânea dela decorrente, não prevista explicitamente na Constituição de 1967 quanto à substituição no caso de não ter ocorrido a posse do presidente eleito, fez recair no vice-presidente a responsabilidade de governo, o qual não havia participado nem da escolha do ministério, nem da elaboração das diretrizes de um programa de ação imediato. A própria cerimônia de posse foi prejudicada pela recusa do comparecimento do ex-presidente João Figueiredo. Os primeiros meses foram difíceis, até que o governo assumisse feição própria.

Uma das decisões requeridas à nova administração relacionava-se com a forma de elaboração de uma Carta Magna que correspondesse ao compromisso político de reformar o regime autoritário e, em especial, a Constituição de 1967. A primeira deliberação do governo, em entendimento com a liderança do Congresso, determinou o início do processo para depois das eleições parlamentares de novembro de 1986. A segunda iniciativa foi a de formar comissão de alto nível a fim de preparar um anteprojeto.

Os trabalhos se desenvolveram no período de julho de 1985 a setembro de 1986, quando foram concluídos sob a coordenação de Afonso Arinos de Melo Franco[1]. O presidente Sarney enviou todo o material ao Congresso como subsídio e não como proposta de governo.

A nova Constituição foi então elaborada pelo Congresso, instituído como Assembleia Constituinte. Não houve compromisso com o anteprojeto enviado pelo Executivo. A experiência foi desastrosa em todos os sentidos: rejeitou-se o texto de 1967-1969, bem como a tradição conservadora de 1934 e 1946, sem, no entanto, colocar em seu lugar outra concepção compatível com a dimensão do Brasil e sua posição no mundo em transição. Em reação contra os temidos excessos de um poder central, caminhou-se na direção do parlamentarismo, mas na última hora voltou-se ao regime presidencialista com grandes poderes do Congresso, sem a correspondente responsabilidade. Ampliou-se, exclusivamente, mas

---

[1] A Comissão Afonso Arinos, como ficou conhecida, foi instituída pelo Decreto nº 91.450/1985.

por meio de inúmeras declarações na sua maioria inócuas, a figura do Estado tutelar, cuja validade já estava sendo posta em dúvida em muitos países. No domínio da economia, e em particular dos recursos naturais, atingia-se o nível mais exacerbado do nacionalismo, desde que a matéria passou a constar dos textos constitucionais na década de 1920. Na elaboração do texto final prevaleceu a mediocridade, fugindo-se das definições essenciais sob um dilúvio de detalhes casuísticos e regulamentares. Falava-se sobre a necessidade de remover o entulho discricionário. Em seu lugar, firmou-se o compromisso de preparar dezenas de leis complementares que não puderam, na prática, ser discutidas e votadas e, muito menos ainda, concluídas em tempo hábil. A Constituição de outubro de 1988 resultou em obstáculo ao desenvolvimento, qualquer que seja o significado que se dê a essa expressão. O próprio presidente Sarney, que se manteve até certo momento à margem dos acontecimentos conduzidos por Ulysses Guimarães, declarou que a Constituição de 1988 tornara o país ingovernável. No momento de sua promulgação, boa parte da opinião pública sabia ser irreversível sua revisão.

Os próprios constituintes reconheceram contradições intrínsecas e a fragilidade da Carta ao aprovarem, em 5 de outubro de 1988, o Ato das Disposições Constitucionais Transitórias. No artigo 2º fixou-se a data de 7 de setembro de 1993 para que o eleitorado definisse, mediante plebiscito, a forma (republicana ou monárquica constitucional) e o sistema de governo (parlamentarismo ou presidencialismo). No artigo 3º estabeleceu-se que "(...) a revisão constitucional será realizada após cinco anos, contados da promulgação da Constituição".

No domínio econômico, o presidente Sarney, de acordo com suas próprias palavras, afirmou, com exagero em alguns aspectos e talvez em parte como retaliação ao ex-presidente Figueiredo, que:

> Eu, sem o desejar, sem ter tido tempo para preparar-me, tornei-me o responsável pela maior dívida externa sobre a face da terra, bem como da maior dívida interna. Minha herança incluiu a maior recessão de nossa história, a mais alta taxa de desemprego, um clima sem precedentes de violência, desintegração política potencial e a mais alta taxa de inflação da história de nosso país: 250 por cento ao ano, com perspectiva de 1.000 por cento.

A política econômica do governo Sarney foi inicialmente conduzida sob a direção ortodoxa do ministro da Fazenda, Francisco Dornelles, com discordância do ministro do Planejamento, João Sayad. Em uma segunda etapa, houve o Plano Cruzado, elaborado por economistas acadêmicos, sob a responsabilidade executiva do ministro Dilson Funaro. O programa era, em grande parte, adequado à situação, porém incompleto. O sucesso inicial e o apoio da sociedade davam condições para que se tomassem as providências complementares que se faziam necessárias (Leite, 1987). Essas não foram, todavia, adotadas, nem mesmo quando da famosa reunião da serra de Carajás, onde, aparentemente, prevaleceu o objetivo político de capitalizar os resultados positivos alcançados, embora já se soubesse que não seriam sustentáveis, para a vitória do PMDB nas eleições no fim do ano. O sucesso eleitoral foi de fato espetacular. O desastre econômico veio logo após. Depois disso, o governo se limitou a administrar a sobrevivência do governo, sob a coordenação de Maílson da Nóbrega, no Ministério da Fazenda.

Na passagem do governo em 1991, a primeira desde 1960 com eleição direta, o eleitorado voltou a sufragar alguém sem condições de exercer o cargo, Fernando Collor de Mello, que obteve maioria absoluta de votos, superior à alcançada por Jânio Quadros (48% dos votos válidos). Ambos foram eleitos sem apoio majoritário no Congresso, surgindo daí boa parte das dificuldades que enfrentaram. O efêmero governo Collor foi destituído em outubro de 1992, por um processo de impedimento provocado pela institucionalização, no âmbito do governo federal, de esquema abrangente de corrupção; tal processo tornou-se possível pelo grau de diferença entre os votos recebidos pelo candidato e os daqueles que o apoiavam no Congresso.

O governo Collor deixou duas consequências duradouras: uma positiva, que foi o empurrão definitivo no sentido contrário ao da Constituição de 1988, com a suspensão de artifícios, a redução do protecionismo tradicional, o estímulo à competição econômica; outra negativa, representada pelo cataclismo decorrente da ação conjunta de seus ministros que destruíram, sem nada colocar no lugar, o que restava da administração pública federal.

O impedimento gerou outra crise política com a transição para o vice-presidente Itamar Franco. Embora grande parte da opinião política considerasse extremamente difícil o longo período de 26 meses do novo presidente, coube a ele implantar, com forte apoio de seus ministros da Fazenda, Fernando Henrique Cardoso e Rubens Ricupero, a austeridade financeira prometida oito anos antes por Tancredo Neves.

No domínio da política de energia, situada em segundo plano diante da gravidade dos problemas globais da época, consumou-se a liquidação final do sistema elétrico, iniciada no governo Ernesto Geisel e mantida por seu sucessor, João Figueiredo. Em relação ao petróleo, decresceu o investimento em pesquisa, para depois estabilizar-se em patamar inferior. No governo Fernando Collor continuaram as descobertas de petróleo, em função de trabalhos anteriores. Os incentivos fiscais ao reflorestamento, ao álcool e ao carvão mineral foram encerrados.

No período Itamar Franco reiniciavam-se as tentativas de recuperação da estrutura energética remanescente. No campo do petróleo, consolidou-se o sucesso das atividades no mar, mas na energia nuclear, ao contrário, consumou-se a liquidação do programa Geisel.

Em função do crescimento desmedido de empresas sob controle do Estado, de alguns desmandos verificados, da deterioração financeira decorrente do controle indiscriminado das tarifas de serviços públicos, do endividamento excessivo e, por fim, das disposições constitucionais que apontavam na direção da perda de autonomia administrativa, inclusive das grandes empresas, tomou corpo a ideia da privatização, independentemente de posições ideológicas. Já em 1986, tive a oportunidade de sugerir ao presidente José Sarney uma forma de privatização. A meu ver, as grandes empresas estatais haviam preenchido a contento o papel que lhes coube no processo de crescimento econômico que, aliás, eu havia exposto e defendido (Leite, 1966). Entre as grandes empresas de infraestrutura econômica, apenas uma, a Rede Ferroviária Federal, não exerceu, a contento e na época própria, o papel a ela determinado. O potencial do sistema havia-se, de certa forma, esgotado no meio da década de 1980.

Indicadores – 1985-1994

I. GOVERNO: PRESIDENTES, MINISTROS DA FAZENDA E DE MINAS E ENERGIA

1985-1989 José Sarney/Francisco Dornelles, Dilson Funaro, A. C. Bresser Pereira, Maílson da Nóbrega/Aureliano Chaves, Vicente Cavalcante Fialho

1989-1991 Fernando Collor de Mello/Zélia Cardoso de Melo, Marcílio Marques Moreira, Marcos Vinícius Pratini de Moraes

1992-1994 Itamar Franco/Gustavo Krause, Paulo Haddad, Eliseu Resende, Fernando Henrique Cardoso, Rubens Ricupero, Ciro Gomes, Paulino Cícero de Vasconcelos, Alex Stepanenko.

II. ECONOMIA[1]

PIB antes e no fim do período, em bilhões de dólares[3]	512/677
Taxa média anual de crescimento da população	1,8%
Taxa média de crescimento do PIB	2,8%
Taxa média anual da inflação	850%

III. CONSUMO DE ENERGIA[2]
(TAXA MÉDIA ANUAL DE CRESCIMENTO)

Petróleo	4,9%
Carvão mineral	3,7%
Hidráulica	6,5%
Lenha	–3,5%
Cana-de-açúcar	4,5%
Outros	7,8%
Total	3,1%

IV. REFERÊNCIA INTERNACIONAL (ESTADOS UNIDOS)[2]

PNB antes e no fim do período, em bilhões de dólares	5.310/7.054
Taxa média anual de crescimento do PNB	2,9%
Taxa média anual da inflação	3,2%

V. RELAÇÃO PNB ESTADOS UNIDOS/PIB BRASIL

Antes e no fim do período	10/10

NOTAS
1. Informações relativas à economia brasileira provêm do IBGE.
2. Informações relativas à oferta interna de energia provêm do Balanço Energético Nacional – BEN.
3. Os valores do PIB Brasil e PNB dos EUA estão em dólares americanos de 1995.
Inclui cargas periódicas de urânio.

Consuma-se a destruição financeira do setor elétrico

Com o advento de novo governo civil, em março de 1985, em meio ao tumulto político causado pela morte do presidente eleito Tancredo Neves, passaram-se meses sem que fosse possível alguma definição nítida da política econômica. O ministro Francisco Dornelles, na Fazenda, parecia dar continuidade à linha tradicional dessa Pasta quanto à contenção das tarifas como instrumento de controle da inflação, ao passo que o ministro João Sayad, no Planejamento, se preocupava com o início do restabelecimento da saúde econômica das concessionárias de serviços de eletricidade e de outras empresas sob controle da União. Para essas, a situação permaneceria dramática ao longo do ano de 1985.

A situação econômica e financeira do sistema elétrico se agravara de tal forma que, mesmo fora da sua administração, havia preocupação com seu destino. Foi então elaborado um Plano de Recuperação Setorial, com a participação de vários organismos do MME, Seplan e Ministério da Fazenda. Esse plano foi aprovado em novembro de 1985 e submetido ao Banco Mundial, que se prontificou a apoiar a sua implantação, desde que cumpridas, pelo Brasil, algumas das disposições nele contidas.

Entre os objetivos relevantes estavam a capitalização das concessionárias, a redução do nível de endividamento, em parte realizados pelo governo federal, e a regular e progressiva elevação da remuneração do investimento de 7% para 10%, entre 1986 e 1989.

Com o Plano Cruzado, em março de 1986, e mais uma vez em função de atitude parcial e incompleta no comando da política econômica, as tarifas foram congeladas em um nível incapaz de assegurar a remuneração estabelecida para as concessionárias, limitando, portanto, sua capacidade de gerar recursos para investir. A correção feita em novembro de 1986 foi, novamente, insuficiente. Como resultado, a remuneração média real reduziu-se de novo, para atingir 4,2% do patrimônio, quando havia sido de 6,3% em 1985, e programada para 7% em 1986.

O setor de energia elétrica foi, assim, uma das maiores vítimas do erro fundamental cometido pelos autores do Plano Cruzado, pois não entenderam que seria necessária, antes ou pouco depois do choque, uma operação de reequilíbrio de preços relativos, em particular daqueles controlados ou administrados primeiro pelo governo. Já estava disponível, no entanto, e não foi utilizado, nem talvez sequer considerado, instrumento analítico elaborado pouco antes, com o objetivo de avaliar repercussões de um processo deliberado de reequilíbrio de preços relativos (Leite; Sant'ana; Sidsamer, 1985).

Após esse novo golpe sobre a estrutura econômica do setor de energia elétrica, um passo concreto para a recuperação econômica do sistema só viria em 1987, pelas mãos do ministro Bresser Pereira, que se preocupava com a questão do desequilíbrio de preços relativos.

Para se avaliar o dano causado entre os anos de 1978 e 1986, dois caminhos podem ser adotados.

O primeiro compreende os seguintes passos:

1. calcular as perdas em função da diferença entre a remuneração média de 11% e a rentabilidade média efetivamente praticada a cada ano;
2. não tentar reavaliar o investimento remunerável, sabendo-se que este também foi mais de uma vez afetado pela impropriedade dos índices de preços;
3. admitir que, na falta de receita suficiente, os recursos necessários teriam sido captados no exterior, junto ao sistema financeiro privado.

A estimativa de perda, acrescida dos correspondentes juros de mercado, eleva-se, por esse método de avaliação, a cerca de 15 bilhões de dólares, em dezembro de 1986 (Apêndice 9-A).

O segundo caminho teria por base de cálculo os valores negativos levados à Conta de Resultados a Compensar. O resultado é menor em decorrência, em particular, do fato de que as deficiências de remuneração aprovadas nessa conta têm origem na diferença entre a remuneração legal estabelecida pelo governo e a efetivamente alcançada. A partir de certo momento, o poder concedente fixou, como teto de remuneração, o valor de 10%, em vez dos 11% possíveis, como foram, ou dos 12% estabelecidos por lei, como máximo. A perda consequente de uma avaliação da Conta de Resultados a Compensar é, portanto, subestimada. No cálculo efetuado por mim, a perda total, acrescida dos juros, elevava-se a 11 bilhões de dólares, em dezembro de 1986.

De acordo com a primeira estimativa, que envolve menos hipóteses de cálculo, a cobertura da deficiência de 15 bilhões de dólares, feita com recursos de empréstimos, resultou no endividamento excessivo e na inversão da posição do exigível e do não exigível na estrutura de capital, conforme se verá adiante.

Se a expansão do sistema tivesse sido realizada com o mesmo nível de endividamento unitário das empresas observado em 1973, o acréscimo da dívida teria atingido 6 bilhões de dólares. Ocorreu, no entanto, significativa desvalorização da moeda em vários países industrializados de onde se adquiriam equipamentos, insumos e partes para equipamentos produzidos no país. Estimou-se um acréscimo da ordem de 2 bilhões de dólares.

A dívida total, de 22 bilhões de dólares, alcançada no final de 1986, teria assim a seguinte explicação possível: 1,8 bilhão de dólares pelo acréscimo de capacidade instalada e de gastos correspondentes em divisas, corrigidos pela inflação média dos países industrializados; e 2,15 bilhões de dólares pela necessidade de cobertura da perda tarifária (Apêndice 9-A).

Esse endividamento extraordinário seria representado, de forma nítida, de outro modo, por meio da evolução do balanço consolidado do setor elétrico, na qual a relação entre o exigível e o passivo total cresceu violentamente de 1974 a 1980. Em 1974, o setor operava com dois terços de capital próprio e um terço de dívida. Em 1980, a situação se invertera.

Tabela 24 – Endividamento do setor elétrico

ANOS	1974	1976	1978	1980
Exigível/passivo total (%)	38	48	62	70

Fonte: Eletrobras, 1988.

Modifica-se o quadro institucional da energia elétrica

Os fundamentos do quadro institucional do setor de energia elétrica mantiveram-se relativamente estáveis durante longo período que compreendeu, todavia, uma fase de aperfeiçoamento e consolidação, e outra de deterioração. Um processo de intensas modificações, ainda longe de estar concluído, iniciou-se com a Constituição de 1988, ela própria em fase de revisão de fundo. Algumas disposições constitucionais, citadas adiante, tiveram intensa repercussão no quadro institucional do setor de energia elétrica.

> Art. 175. Incumbe ao Poder Público, na forma da lei, diretamente ou sob regime de concessão ou permissão, sempre através de licitação, a prestação de serviços públicos.
> Parágrafo único. A lei disporá sobre:
> I – o regime das empresas concessionárias e permissionárias de serviços públicos, o caráter especial de seu contrato (...).

A disposição motivou o cancelamento, por atacado, de concessões para aproveitamento hidrelétrico (Decreto s/nº, de 15 de fevereiro de 1991). A mesma disposição deu início à longa discussão sobre a regulamentação das concessões, concluída apenas em julho de 1995, com caracterização também do produtor independente.

Os artigos 153 e 155 determinaram o fim dos impostos únicos, que estavam vinculados à aplicação dos recursos arrecadados em setores definidos de atividade. Esse mecanismo tinha uma tradição de quase meio século, e a sua eliminação veio modificar, profundamente, a equação financeira das empresas estatais do setor de energia, cujo equilíbrio já estava prejudicado pela contenção tarifária e pelo endividamento imprudente.

Por fim, o artigo 176 estabeleceu que a concessão para o aproveitamento dos recursos minerais e dos potenciais de energia hidráulica só poderia ser dada a "(...) brasileiros ou empresas brasileiras de capital nacional".

No fim da década de 1980, começa a tomar corpo a ideia de privatização de serviços até então a cargo de empresas sob controle do Estado. Seu fundamento ideológico era reduzir a presença do Estado como agente econômico direto, e o pragmático, que decorria da interferência política na administração das empresas depois do semiparlamentarismo da Constituição de 1988, e da incapacidade de os governos proverem os recursos para os investimentos necessários. Por todos esses motivos, e diante do profundo desequilíbrio financeiro do setor de energia elétrica, sucederam-se atos que vão configurar, adiante, o novo quadro institucional desses serviços.

Havia nessa época, inclusive, o receio de que se intensificasse o processo de destruição do sistema, muito embora o setor fosse ainda o responsável pelo mais abrangente atendimento de serviço público no país. Alcançava, em 1990, 87% das residências com um máximo de 97% no Sudeste e um mínimo de 71% no Nordeste, entre as regiões servidas por redes de distribuição. Apenas a região Norte apresentava índices precários (58%), em parte explicáveis pela grande dispersão da população (Eletrobras, 1991d).

Ao se iniciarem os debates no Congresso sobre a revisão institucional dos serviços de eletricidade, passados dois anos das discussões do REVISE no âmbito do próprio setor, parecia que os ânimos se acirravam, ao invés de terem procurado, no intervalo, a convergência. Corria-se o risco de que prevalecessem o jogo de forças regionais e as vaidades pessoais na defesa de projetos divergentes, e que a solução daí resultante fosse ainda fator de maior deterioração do sistema. Como parte do longo processo de construção, Mauro Thibau e eu, na qualidade de ex-ministros de Minas e Energia, publicamos artigo intitulado "Apelo ao setor elétrico". Ambos acreditamos que tenha induzido um pouco à reflexão construtiva (Leite; Thibau, 1991).

Na revisão geral a partir de março de 1993, o primeiro e mais importante ato, de iniciativa de Eliseu Resende, então presidente da Eletrobras, e aprovado pelo ministro Paulino Cícero, modificou o sistema tarifário, determinou a extinção do serviço pelo custo com remuneração garantida e o fim da equalização tarifária, a assinatura obrigatória dos contratos de suprimento (prevista na lei de Itaipu mas que deixara de ser cumprida), a extensão do rateio de despesas com combustíveis aos sistemas isolados, além do acerto de contas referente aos resultados a compensar, com várias consequências sobre a estrutura econômica e financeira das concessionárias (Lei nº 8.631/1993, regulamentada pelo Decreto nº 744/1993). A reforma atendia também a um objetivo casuístico. A dívida de empresas concessionárias estaduais, correspondente ao suprimento de energia de Itaipu e de Furnas, assumia proporções assustadoras. No comando da fila vinha o Estado de São Paulo, especialmente depois que o governador Fleury Filho resolveu dar continuidade à inadimplência deliberada do governador Orestes Quércia, determinando que a Eletropaulo e a Cesp não pagassem pela energia recebida, embora cobrassem o seu valor dos consumidores finais. Depois da lei, as dívidas das concessionárias foram jogadas contra o saldo das respectivas Contas de Resultados a Compensar – CRC e a diferença foi levada à conta do Tesouro Nacional, por meio de complexo processo contábil-financeiro.

A contenção tarifária então praticada pelo poder concedente federal pouco tinha a ver com a questão descrita, que se limitava a simples repasse do valor de energia comprada. No entanto, a regulamentação vigente previa os resultados a compensar, na qual deviam os concessionários lançar as diferenças, para mais ou para menos, entre a receita a que tivessem direito e a decorrente da tarifa aprovada. A intenção do legislador era a de propiciar ajustes entre períodos tarifários. Com a contenção permanente e arbitrária das tarifas, sempre existiam deficiências, e acumularam-se saldos crescentes.

O artifício que então se propôs, a fim de zerar essas situações e começar vida nova, foi o de fazer encontro de contas entre os débitos das empresas estaduais pela energia comprada e os valores da CRC, aí considerados como de responsabilidade da União Federal.

O acerto foi feito. Ocorreu, porém, que o governo de São Paulo, novamente como cabeça de fila, continuou a não pagar as contas de Furnas e Itaipu.

O rateio do custo de combustíveis (Art. 8º da lei) veio em contracorrente da diretriz privatizante e nitidamente com o objetivo de subsidiar a produção de energia termelétrica na região Norte do país (Decreto nº 791/1993). Prejudicou a aplicação do conceito que deu origem à criação da Conta de Consumo de Combustíveis – CCC na lei de Itaipu (Decreto nº 73.102/1973). O objetivo fundamental era então o de cobrir e ratear despesas de operação de usinas termelétricas dos sistemas integrados, beneficiando a todos os concessionários em épocas de hidraulicidade desfavorável.

O novo regulamento (Lei nº 8.631/1993) estabelecia que, além das CCC de rateio entre as concessionárias dos sistemas interligados (Sul/Sudeste/Centro-Oeste e Norte/Nordeste), fosse criada conta relativa aos sistemas isolados: CCC-Isol. Essa conta era "(...) destinada a cobrir os custos dos combustíveis da geração térmica constantes dos Planos de Operação dos Sistemas Isolados e terá como contribuintes todos os concessionários do país que atendam os consumidores finais" (Art. 22). Todas as empresas participavam dos benefícios e dos ônus. A contribuição em favor dos sistemas isolados tem um só sentido e assumia, assim, as características de um imposto criado sub-repticiamente.

Com a equalização tarifária cancelada, estabeleceu-se outro subsídio aos sistemas isolados, onerando os consumidores de todo o país. Para implantação do subsídio foi criado o conceito (Art. 23) de:

> (...) Energia Hidráulica Equivalente para cada concessionário dos sistemas isolados a ser usado para definir o montante que será descontado das despesas de combustíveis, a serem rateadas pela CCC-Isol (...) e (...) A Energia Hidráulica Equivalente de cada concessionário é a que poderia substituir a totalidade da geração térmica, caso os sistemas estivessem completamente interligados.

É difícil imaginar que tal sistema pudesse funcionar quando fosse concretizada a privatização das concessionárias das Regiões Nordeste, Sudeste e Sul.

É pertinente lembrar que a revisão das CCC voltou à tona, não só no caso dos sistemas isolados, mas também com a entrada de maior número de usinas térmicas no sistema interligado, dentro do quadro da subdivisão provável de muitas empresas estatais e da respectiva privatização.

Além dessa legislação fundamental, foi autorizada, em setembro de 1993, a formação de consórcios entre concessionários e autoprodutores para exploração de aproveitamentos hidrelétricos e construção de usinas (Decreto nº 915/1993). Também em 1993 instituiu-se o Sistema Nacional de Transmissão de Energia Elétrica – Sintrel com a finalidade de facilitar o intercâmbio de energia entre concessionários e produtores independentes, afetando, todavia, apenas os sistemas sob controle federal, o que reduziu sobremaneira a sua validade (Decreto nº 1.009/1993 e Portaria nº 337/1994). De novo não houve colaboração entre o setor elétrico federal e as principais empresas estaduais, apesar dos esforços despendidos pelo então presidente da Eletrobras, José Luiz Alqueres. Estabeleceu-se, contudo, o princípio do livre acesso à transmissão e da liberdade de escolha de fornecedor pelos consumidores, de forma progressiva, a partir dos que demandam mais de 10 MW em tensão superior a 69 kV. Ficou sem definição, temporariamente, a questão da tarifa de transporte de energia pelas redes estaduais.

O problema de atendimento às pequenas comunidades afastadas das redes de energia elétrica, embora de escala muito limitada, permanecia de solução difícil. Foi objeto, a partir de 1994, de uma tentativa de coordenação pelo governo federal. As atividades só se iniciaram, de forma modesta, em 1996, podendo beneficiar, a longo prazo, algumas dezenas de milhares de vilas e povoados.

No ano de 1995, concluiu-se nova etapa legislativa com a Lei nº 8.987/1995 (complementada pela de nº 9.074/1995), que "dispõe sobre o regime de concessão e permissão de prestação de serviços públicos previsto no art. 175 da Constituição Federal", e outra, que estabelece "(...) normas para outorga e prorrogação das concessões e permissões de serviços públicos". Nesta última se encontra, nos artigos 11 a 16, a caracterização de "produtores independentes", da maior relevância para a abertura de oportunidades no setor energético. Também nela se consolida (Art. 18) a ideia de formação de consórcios de geração e de livre acesso aos sistemas de transmissão.

Fato perturbador nessa sequência foi a inclusão, na lei do Plano Real (Lei nº 9.069/1995), de dispositivo em parte contraditório quanto à fixação de tarifas, o qual deixa dúvidas no espírito do empresariado (Art. 70), pois estabelece que: "O reajuste e a revisão dos preços públicos e das tarifas dos serviços públicos far-se-ão (...) conforme atos, normas e critérios a serem fixados pelo Ministério da Fazenda". Insiste-se, ainda, que o disposto "(...) aplica-se, inclusive à fixação de tarifas para o serviço público de energia elétrica, reajustes e revisões de que trata a Lei nº 8.631 de março de 1993". Durou esta última, portanto, cerca de dois anos apenas, e prossegue a já longa história do condicionamento das tarifas à política monetária (Apêndice 7-C). Trata-se de matéria que gera dúvidas no espírito dos potenciais investidores em concessionárias de energia elétrica.

O efeito da aplicação das leis sobre concessões foi de grande impacto. Por meio de decreto de abril de 1995, foram extintas 33 concessões, entre as quais dez com a potência de 2.045 MW programadas no Plano Decenal de Expansão 1995-2004. Quanto às concessões correspondentes a usinas em atraso, foram consideradas cinco usinas com plano de conclusão aprovado, sendo duas grandes (Tucuruí I e Angra II). À época da formulação do Plano 1996-2005, 22 projetos de usinas com a potência de cerca de 10 mil MW estavam dependendo de novo plano de conclusão.

De modo geral, o quadro institucional veio favorecer outras oportunidades para projetos de usinas térmicas, inclusive de produtores independentes e consórcios que poderiam se conectar ao Sintrel. Aliem-se a isso o provável esgotamento, a médio prazo, dos aproveitamentos hidráulicos competitivos nas regiões Sudeste e Sul e as esperadas dificuldades de inserção de usinas hidrelétricas na região Amazônica (inundações, deslocamentos, de povoados indígenas, e transmissão a longas distâncias), que confluirão para a adoção de soluções termelétricas.

A modificação das condições de equilíbrio financeiro das empresas concessionárias de serviços de energia elétrica compreendeu: a supressão dos recursos tributários vinculados à sua expansão e a elevação da tributação do imposto de renda ao nível dos demais setores industriais. Teve profundas consequências no processo de seleção entre projetos alternativos de geração de energia elétrica. Antes da crise do setor, com a remuneração do capital próprio, teoricamente entre 10% e 12%, as comparações se faziam na base de taxa de remuneração dos ativos de 10%.

Nas condições atuais, pensa-se na necessidade de uma remuneração do capital próprio entre 15% e 18%, para que o empreendimento seja atraente no mercado de capitais. Conjugando-se essa com as de financiamentos de longo prazo, resulta que a taxa média de desconto, para comparação de projetos, deve passar para níveis mais altos, acima de 12%. A modificação tende a favorecer usinas termelétricas de menor investimento e mais rápida construção. Tornou-se necessária, por consequência, a revisão de prioridades.

Também a se considerar, do ponto de vista econômico, é que, a médio prazo e à medida que forem ocorrendo privatizações e instituídos produtores independentes de energia elétrica, passará a existir um mercado de energia de curto e curtíssimo prazos, entre empresas predominantemente de base hídrica e de base térmica. Em particular, deverão ocorrer negócios com a venda de excedentes temporários de energia hidrelétrica e de venda de energia termelétrica em momentos de deficiência estacional ou aleatória de energia hídrica. Essas hipóteses são novidade para nós, brasileiros, e afetarão também o cálculo econômico de novos projetos, que requerem tempo para ser definidos.

Surge com força a questão ambiental

Desde 1973, tornou-se oficial a preocupação com o meio ambiente, como matéria interdisciplinar, com a criação, pelo governo Emílio Médici, no âmbito do Ministério do Interior, com Costa Cavalcante como ministro e Henrique Brandão Cavalcanti como secretário-geral, de uma Secretaria Especial do Meio Ambiente – Sema "(...) orientada para a conservação do meio ambiente e o uso racional dos recursos naturais" (Decreto nº 73.030/1973). A Conferência das Nações Unidas sobre o Meio Ambiente Humano, realizada em Estocolmo em 1972, havia colocado em foco a questão, envolvendo países desenvolvidos e em desenvolvimento. No Brasil, foram muito difíceis os primeiros tempos da nova secretaria, pela sua inevitável ingerência em matérias antes da alçada exclusiva de outros órgãos da administração pública. O trabalho pioneiro foi realizado com paciência por Paulo Nogueira Neto.

Em contraste com essa primeira tentativa cautelosa para introduzir a questão ambiental nos processos decisórios nacionais e privados, promulgou-se, em agosto de 1981, ao tempo do presidente João Figueiredo, uma lei abrangente, imprudente e, além do mais, mal redigida, que deu origem a uma série de desentendimentos. Foram aí instituídos a Política Nacional do Meio Ambiente e o Sistema Nacional do Meio Ambiente, e criado o Conselho Nacional do Meio Ambiente – Conama (Lei nº 6.938/1981). A Sema continuou, temporariamente, como o órgão executivo dessa política. Só em 1989 é que seria criado, por medida provisória do presidente José

Sarney e promulgada pelo presidente do Congresso Nacional, o Instituto Brasileiro do Meio Ambiente e dos Recursos Naturais Renováveis – Ibama (Lei nº 7.735/1989). Esse organismo substituiu a Sema, que foi extinta, como aconteceu também com a Superintendência do Desenvolvimento da Pesca. O Ibama absorveu ainda a Superintendência da Borracha e o Instituto Brasileiro de Desenvolvimento Florestal (Lei nº 7.732/1989, alterada pela Lei nº 7.804/1989). Todos esses órgãos tinham dupla função, de controle e fomento nas respectivas áreas de atuação, e foram incorporados a um órgão cuja função predominante passou a ser a de controle.

Apesar desses desacertos iniciais desnecessários, uma política nacional do meio ambiente passou, aos poucos, a ser implantada no país, por meio de resoluções do Conama, aceitas como se tivessem força de lei.

Como parte do domínio genérico das instalações industriais capazes de acarretar danos ambientais, as usinas de geração e transformação de energia e as refinarias de petróleo, e outras instalações auxiliares, ficaram sujeitas, antes de sua construção, à apresentação de Relatório de Impacto Ambiental – RIMA (Decreto nº 88.351/1983).

Ainda com sentido amplo, foi instituído o Programa Nacional de Qualidade do Ar – Pronar, como:

> (...) um dos instrumentos básicos da gestão ambiental para proteção da saúde e bem-estar das populações e melhoria da qualidade de vida com o objetivo de permitir o desenvolvimento econômico e social do país de forma ambientalmente segura, pela limitação dos níveis de emissão de poluentes por fontes de poluição atmosférica (...) (Apêndice 9-B).

No domínio específico da qualidade do ar e das fontes de poluição atmosférica, que têm relação íntima com as emissões decorrentes da queima de combustíveis para produção de energia, foram considerados separadamente os processos relativos à combustão interna (motores) e externa (caldeiras e fornalhas).

A regulamentação relativa aos automóveis veio em 1986, por meio de Programa de Controle de Poluição do Ar por Veículos Automotores – Proconve, e de normas complementares. Em 1993, aprovou-se a lei que consolidou o sistema de controle. A diretriz foi de impor, de forma gradual, limites mais rígidos. Foram, em consequência, mobilizados os fabricantes e a Petrobras para uma ação conjunta no sentido de se cumprirem as metas estabelecidas. É importante registrar que a lei geral sobre as emissões, visando especificamente o monóxido de carbono (CO), fixou, no seu artigo 9º, "(...) em 22% o percentual obrigatório de adição de álcool etílico anidro combustível à gasolina em todo o território nacional (...)", dando origem a discussões intermináveis sobre seus aspectos técnicos e gerenciais (Apêndice 9-B). A sistemática adotada provocou também interpretações distorcidas. Perdeu-se, em parte, o objetivo fundamental, a qualidade do ar, e se deu prioridade ao controle de emissões, que é apenas um instrumento para o atingimento daquele objetivo.

A regulamentação relativa à combustão externa, em caldeiras e fornalhas, foi elaborada mais tarde, em clima de controvérsia entre as partes interessadas. No sistema adotado, como já se disse, os padrões de qualidade do ar seriam alcançados mediante controle das emissões, considerando-se: partículas totais em suspensão, fumaça, partículas inaláveis, dióxido de enxofre, monóxido de carbono, ozônio e dióxido de nitrogênio (Apêndice 9-B).

Na implantação dos relatórios de impacto ambiental, como em outros aspectos do programa brasileiro de meio ambiente, o início foi tumultuado, principalmente por não haver preparo prévio dos profissionais responsáveis pela avaliação de documentos apresentados pelas empresas. Para melhor inserir o setor de energia nesse programa, importantes iniciativas foram tomadas no âmbito do MME, depois de 1986:

- constituição do Comitê Coordenador das Atividades de Meio Ambiente do Setor Elétrico – Comase (Portaria MME nº 511/1988);
- constituição de órgãos específicos da estrutura administrativa da Petrobras e da Eletrobras;
- constituição do Comitê Consultivo do Meio Ambiente – CCMA, colegiado interdisciplinar cujos membros não pertencem aos quadros da Eletrobras.

Com tantas inovações, houve também superposição de ações e alguns desentendimentos que, com o passar do tempo, se reduziram.

Paralelamente a essas ações governamentais e pela primeira vez em grande escala no Brasil, criaram-se organizações não governamentais voltadas para a defesa do meio ambiente, que passaram a ser conhecidas pela sigla ONGs. De modo geral, atuam em domínio ou área geográfica definidos. Foram muitas, agindo de forma autônoma ou como subsidiárias de congêneres estrangeiras já com tradição e reconhecimento público. Também aí tornava-se necessário aprendizado para superar posições iniciais extremadas e, na maioria das vezes, sem fundamento científico ou técnico.

Tanto do lado das agências de governo como das ONGs, faltou clareza por muito tempo e só aos poucos foi-se delimitando o campo de ação de cada uma dessas instituições, e aceita a ideia de que é impossível alcançar benefícios ambientais sem impor ônus a alguém ou prejudicar outros objetivos. Exemplo marcante da tentativa de se regular tudo em função do meio ambiente foi o documento preparado como subsídio técnico para o relatório do Brasil para a Conferência das Nações Unidas sobre Meio Ambiente e Desenvolvimento. Esse relatório, em sua versão preliminar, menciona a participação de duas centenas de pessoas, das mais variadas especialidades, ou de representatividade política. Ocupa 170 páginas em formato de diário oficial, e trata de tudo com ênfase política[2].

A conferência, realizada no Rio de Janeiro em 1992, foi, sem dúvida, um sucesso, com a consagração formal do conceito de desenvolvimento sustentável. Os princípios e as ações então propostos, teoricamente indiscutíveis, têm-se mostrado de difícil aplicação prática. Os seus efeitos, tanto sobre os empreendimentos humanos, como os que se referem às medidas de controle, são de quantificação complicada em termos de benefícios econômicos e sociais e de danos ao meio ambiente. Surgem daí inúmeras controvérsias.

Outro extenso documento, elaborado no âmbito do Ibama nessa época de grandes comissões, foi o anteprojeto de Consolidação das Leis Federais sobre o Meio Ambiente, que continha quatrocentos artigos e foi publicado (suplemento do Diário Oficial da União, fev. 1992) com o objetivo de receber comentários e propostas de emendas. Consta que foram recebidas milhares de propostas, mas não saiu desse estágio.

Essa atitude não foi exclusiva do Brasil. Na própria conferência, e em função de propostas oriundas dos mais diversos cantos da Terra, em vários estágios de desenvolvimento, o documento fundamental, conhecido como Agenda 21, sofre do mesmo defeito de ambição e abrangência, que tornaram difícil a sua implantação. No cenário internacional, tem sido também trabalhoso compatibilizar posições extremadas, mesmo em questões de interesse global, como a do efeito estufa e das emissões de dióxido de carbono.

O que tem sido também penoso para os países mais pobres como o Brasil, nesse contexto, é encontrar níveis adequados de controle ambiental compatíveis com a respectiva responsabilidade pelas emissões potencialmente poluentes e os limitados recursos disponíveis. Uma comparação da intensidade de emissões de dióxido de carbono decorrente do consumo de energia mostra que é mínima a parcela de responsabilidade brasileira.

---

[2]Comissão interministerial para a preparação da Conferência das Nações Unidas sobre Meio Ambiente e Desenvolvimento. *Subsídios técnicos para elaboração do relatório nacional*. Brasília, 1991. Não publicado.

Tabela 25 – Emissões de CO_2 provenientes do consumo de energia primária, 1990 (total em Gt e *per capita* em toneladas)

REGIÃO	TOTAL Gt	P/ CAPITA t/HAB	REGIÃO	TOTAL Gt	P/ CAPITA t/HAB
Estados Unidos e Canadá	1,55	5,62	Pacífico (inc. Japão, China)	1,27	0,70
Federação Russa	1,08	3,74	América Latina/Caribe	0,26	0,58
Europa Central/Leste	0,25	2,50	Ásia Sul	0,20	0,17
Europa Ocidental	1,00	2,20	África sub-Saara	0,11	0,22
Oriente Médio/África do Norte	0,22	0,81			

Fonte: WEC, 1993.

Não se pode perder de vista, diante desse quadro, a impropriedade e a impossibilidade material de realizar investimentos no mesmo nível dos correntemente feitos, e justificados nos países ricos, onde a intensidade da queima de combustíveis fósseis é muitas vezes superior à que se verifica no Brasil.

Também não se pode perder de vista o íntimo relacionamento entre os aspectos ambiental e energético do desenvolvimento nacional, que têm em comum o longo prazo de maturação dos respectivos programas e projetos, em momento crítico de sua história, quando se procura concluir o processo de estabilização da moeda e partir para novo impulso de desenvolvimento econômico e social.

Não obstante, para dar passos mais ambiciosos, é razoável esperar pelos resultados de significativos investimentos feitos pelos países ricos, a fim de desenvolver tecnologias limpas de queima de combustíveis fósseis, algumas delas ainda em fase de comprovação, mas que poderão ser empregadas, em futuro próximo, por países como o Brasil.

Cabe também lembrar, nesse contexto, que tem sido objeto de debate, sem conclusão prática, o papel das florestas no sequestro do dióxido de carbono. O Brasil tem importante potencial de espaço e tecnologia que poderia ser incentivado se se tornassem disponíveis compensações financeiras oriundas dos queimadores de combustíveis fósseis. O assunto não passou, todavia, das discussões. A ele vai-se voltar ainda neste capítulo.

As usinas hidráulicas no cenário ambiental

Desde as grandes construções hidrelétricas da era Franklin Roosevelt, nos Estados Unidos (Boulder, em 1937, e Grand Coulee, em 1942), e da União Soviética (Kuibyshev, em 1955, e Irkutsk, em 1958), foram realizados outros aproveitamentos energéticos de recursos hídricos semelhantes, em diversos países em desenvolvimento, entre os quais o Brasil (Furnas, em 1963).

As obras hidráulicas de porte tiveram, a partir de então, época de extraordinário prestígio internacional, com especial repercussão técnica e política dos planos de uso múltiplo das águas do rio Tennessee, no sul dos Estados Unidos, associado à promoção econômica e social de uma região inferiorizada diante do enriquecimento global do país. A instituição de uma entidade estatal, a Tennessee Valley Authority – TVA, e sua incursão nos serviços de energia elétrica, até então de domínio privado, foram inclusive tema da campanha eleitoral pela Presidência da República entre Wendell Willkie e Franklin Roosevelt. Em termos de engenharia, o principal mérito da concepção de bacia hidrográfica e da ideia de construção de grandes reservatórios de regularização era o atendimento simultâneo das necessidades de geração de energia elétrica, de controle de inundações que causam mortes e danos materiais ao longo dos vales, de irrigação que valoriza a agricultura, e de melhoria das condições de navegação. A importância do controle das cheias foi dramatizada pelas inundações da China, com 140 mil vítimas no rio Yang-tse, em 1931, e 80 mil no rio Han (Han Kiang), em 1935 (Pircher, 1992).

No Brasil, a constituição da Comissão do Vale do São Francisco marca a época inicial das grandes barragens, com objetivos calcados no modelo TVA, bem como a construção das usinas de Paulo Afonso e Três Marias. A presença de Lucas Lopes ficou registrada no cenário nacional exatamente pela sua participação nos primeiros projetos de desenvolvimento dos recursos energéticos por bacias hidrográficas e pelos planos regionais de eletrificação de Minas Gerais e São Paulo. Lucas Lopes tomou parte ainda da formação da Cemig, que se transformou em modelo, e de Furnas, que seria o núcleo do aproveitamento de quase 10 milhões de kW do rio Grande. Contou-se aí com a feliz coincidência de ter sido responsável no DNAE pela hidrologia desse rio, o maior e mais dedicado hidrógrafo que o país já teve, Tasso Costa Rodrigues. Não havia rio tão pesquisado como o rio Grande, e foi por meio dessas pesquisas que se tornou possível estabelecer padrões técnicos para o estudo dos demais.

Quando se intensificaram as discussões sobre os danos causados pelo homem ao meio ambiente, começou a ser apontada à opinião pública, como de especial relevância negativa, a construção de reservatórios de acumulação de água com o objetivo de geração de eletricidade. Na mesma época, foram apresentadas à execração pública outras atividades industriais entre as quais, com destaque, a siderurgia, as termelétricas a carvão e o uso do automóvel. Com o passar do tempo, procura-se trazer a análise para uma comparação entre os benefícios econômicos de cada projeto e os ônus específicos que provocam a deterioração do meio ambiente local, regional ou universal. Organizações de renome como o Banco Mundial persistem em considerar, com reservas e por princípio, os aproveitamentos hidrelétricos, abrindo apenas exceção para os de pequeno porte (com menos de 30 MW) como solução ainda aceitável.

A condenação que alguns fazem aos grandes e novos aproveitamentos hidrelétricos tem, aparentemente, quatro fundamentos: a necessidade de deslocamento da população e de atividades econômicas rurais; os danos à flora e à fauna, especialmente em áreas onde se encontram reservas biológicas de valor; as modificações que se processam na água dos próprios reservatórios em função da vegetação remanescente submersa; e a alteração do regime dos rios a jusante da barragem.

No caso particular do Brasil, o principal questionamento decorreu do erro da usina de Balbina, em um afluente do rio Negro, no Amazonas. Sobre a inadequação do projeto, bem como de outro, menor, da usina de Samuel, em Rondônia, manifestei-me, como ministro de Minas e Energia, na época oportuna (Apêndice 7-E). Em Balbina, concluída em 1989, mais que em qualquer outro projeto, evidenciou-se a importância da avaliação prévia do *trade off* entre os benefícios da produção de energia e os correspondentes danos ao ambiente, comparando-os aos balanços relativos a soluções energéticas alternativas. Embora a matéria não possa ficar restrita a cálculos aritméticos, cabe lembrar que, no caso desse aproveitamento, a potência instalada era de 250 MW e, em virtude de equívocos do próprio projeto e de erros subsequentes, a área efetivamente inundada elevou-se a 2.360 quilômetros quadros, com potência específica de 0,1 MW por quilômetro quadrado. Também inadequado era o outro projeto menor, da usina de Samuel, da mesma época.

Segundo esse critério básico de energia *versus* área inundada, há projetos excepcionais, como o de Paulo Afonso com 187 MW por quilômetro quadrado, Pehluenche, no Chile, com 125, e Guavio, na Colômbia, com 107. Mas são exceções. Levando-se em conta aproveitamentos de maior extensão e tendo em vista o efeito dos reservatórios sobre usinas sucessivas, é mais interessante tomar como base de comparação os resultados alcançados por bacias hidrográficas. No Brasil, os números variam entre o mínimo de 0,8 MW por quilômetro quadrado no rio Tietê e o máximo de 10,7 no rio Iguaçu, com média, para as grandes bacias, de 2,47 MW por quilômetro quadrado (Apêndice 9-C). Segundo o IBGE, em um total de sessenta usinas com grandes reservatórios, a relação entre a potência final e a área inundada era de 2,07 MW por quilômetro quadrado (IBGE, 1992).

Em confronto com esses números, o disparate de Balbina torna-se nítido. Convém não esquecer, no entanto, que, para não construir essa usina hidrelétrica, haveria que se construir uma termelétrica com a sua poluição atmosférica. Cabe registrar também que o assunto Balbina tem sido extrapolado pela imprensa, com informações incompletas, como se os seus defeitos fossem inerentes aos projetos hidrelétricos com reservatórios.

O segundo critério a contribuir para a rejeição de projetos hidrelétricos com grandes reservatórios é relativo à população a ser deslocada. Trata-se de problema frequente nas regiões de maior concentração humana, como a China, o Paquistão e o Egito, onde se tornou necessário o deslocamento de mais de 100 mil pessoas em determinados projetos, e onde se fala em 500 mil a um milhão de pessoas na usina Three Gorges, China.

No Brasil, tivemos apenas dois casos significativos: o da cidade de Guadalupe, que foi submersa pela represa de Boa Esperança, no Piauí, e o do grande deslocamento provocado pela construção da represa de Sobradinho, na Bahia (cerca de 60 mil pessoas). Todavia, não se deve esquecer que, nos projetos amazônicos, pode ocorrer a presença de pequenos grupos indígenas estáveis, envolvendo outro tipo de questionamento.

Conservação da energia

Com a crise de 1980 e o desequilíbrio financeiro das empresas produtoras de eletricidade, passou a fazer parte das preocupações de governo, com maior força, a questão do desperdício do lado da demanda. Foi na administração Aureliano Chaves no MME que se deu a criação do Programa Nacional de Conservação de Energia Elétrica – Procel (Decreto nº 99.250/1990). O objetivo era combater o desperdício na produção e no consumo, mediante esforço coordenado de governos, empresas concessionárias, consumidores, fabricantes de equipamentos e instituições de pesquisa tecnológica. A secretaria executiva do programa ficou a cargo da Eletrobras. A partir de 1990, o Procel passou a atuar também do lado da oferta dos sistemas isolados de geração termelétrica e, em 1991, transformou-se em programa de governo (Portaria interministerial nº 1.877/1985). Na lei geral de 1993, que entre outras medidas modificou parcialmente as normas relativas à Reserva Global de Reversão – RGR, foi prevista a sua utilização para o suprimento de recursos destinados a combater o desperdício de energia elétrica. Esses atos foram complementados em 1993 por uma série de medidas que compuseram verdadeira campanha contra o desperdício.

Ao se fazer um balanço após dez anos de existência, o programa havia ganhado renovada vitalidade em decorrência da experiência adquirida e de dois fatos relevantes: o aumento de recursos financeiros com os suprimentos da RGR, a partir de 1994, e a estabilização da moeda nacional, alcançada por meio do Plano Real, que tornou mais nítida a comparação entre custos e benefícios das operações de conservação de eletricidade.

Como consequência do programa, segundo estimativas da secretaria do Procel, apenas no ano de 1995 houve redução de 0,3% no consumo de eletricidade. Em termos de relação custo/benefício durante o período 1986-1995, os investimentos diretos foram da ordem de 67 milhões de reais e resultaram em uma redução de consumo que, para ser atendida, requereria capacidade de geração da ordem de 400 MW, cujo investimento poderia ser avaliado em 800 milhões de reais. A relação custo/benefício teria sido, assim, de 1/12! (Apêndice 9-D). A expectativa era então de ampliação significativa de investimentos e resultados em 1996-1997.

No governo Collor de Mello foi instituído, no âmbito da Petrobras, Programa Nacional de Racionalização do Uso de Derivados de Petróleo e do Gás Natural – Conpet, que congregou entidades públicas e iniciativa privada, com sua secretaria executiva exercida por órgão específico da empresa. Os projetos desenvolvidos estavam relacionados com: a motivação dos caminhoneiros no sentido de economizar combustível mediante a divulgação de informações em postos de abastecimento, sob a sigla Siga-Bem; o entendimento com fabricantes em torno de procedimento padrão para avaliação de desempenho energético de veículos leves; a implantação progressiva da cogeração, através de ciclo combinado nas refinarias da própria empresa; e finalmente o projeto Urucu, cujo objetivo é substituir outros combustíveis por gás natural, nas usinas elétricas de Manaus. Com a implantação do Conpet estimava-se que, a curto prazo, fosse possível economizar 30% do consumo de derivados apenas no setor de transporte de cargas e passageiros, eliminando-se desperdícios e introduzindo-se tecnologias de maior eficiência energética (Petrobras, 1996, p. 26).

A iniciativa de particulares de constituir entidade privada, sem fins lucrativos, visando promover a eficiência no uso de todas as formas de energia ocorreu em 1992, no Rio de Janeiro, no mesmo ano em que se realizava a Conferência das Nações Unidas sobre Meio Ambiente e Desenvolvimento. O Instituto Nacional de Eficiência Energética – INEE vem, desde então, exercendo papel singular no cenário nacional, tendo sido responsável por um primeiro *workshop* realizado no Centro de Pesquisas de Energia Elétrica – Cepel, sob o título *Política de Conservação de Energia*. A intenção era provocar discussão entre os 33 participantes nacionais e estrangeiros, predominantemente especialistas em energia elétrica (INEE, 1992).

Bem mais tarde, em março de 1994, propôs o INEE novo *workshop* que contou com o patrocínio, inclusive no custeio, do Energy Sector Management Assistance Program, iniciativa conjunta do Programa de Desenvolvimento das Nações Unidas e do Banco

Mundial, com a participação da Coppe–UFRJ. Ampliaram-se, nesse segundo encontro realizado no Cepel, tanto o número de participantes como a abrangência dos assuntos tratados, embora ainda com pouca presença de temas relacionados com o petróleo.

Ao lado da convicção predominante de que em matéria de conservação não era suficiente contar unicamente com as forças de mercado, em virtude de suas imperfeições e do longo prazo dos horizontes a considerar, também se evidenciava o pouco que havia sido feito, no Brasil, em termos de promoção da eficiência e da busca da conservação de energia de forma organizada.

Dessa reunião surgiu um programa que vem sendo seguido de forma consistente, cujo propósito é o de instituir ações autossustentáveis de conservação de energia. Duas foram consideradas mais importantes: 1. a incorporação de maior número de unidades de cogeração ao parque de usinas de energia elétrica e aproveitamento de resíduos agroindustriais; 2. o desenvolvimento de empresas que tenham por objetivo contratos de risco para reduzir o consumo de terceiros (Energy Service Companies – Esco).

Para atender à primeira, o INEE lutou, a partir de 1992, pela criação do conceito de Produtores Independentes de Energia Elétrica – PIE, propondo discussões pioneiras que muito ajudaram à elaboração dos correspondentes diplomas legais em 1995-1996. Quanto à segunda, esforços estão sendo concentrados no sentido de propiciar o surgimento de Escos que, embora não constitua atividade regulável, requer articulação entre agentes financeiros, empresas de engenharia e empreendedores.

Sucesso na exploração de petróleo no mar

Logo nos primeiros anos do governo José Sarney, encaminharam-se as perfurações para águas profundas e ocorreram importantes descobertas. Atingiu-se o máximo esforço de levantamentos sísmicos e de sondas operando no mar (Apêndice 9-E), além de se completarem, sucessivamente, as instalações no fundo do mar para o início da produção. Descobriu-se o campo gigante de Marlim, que pouco depois entrou em produção comercial sob lâmina de água de mil metros. Também foi encontrado o campo, provavelmente gigante, Albacora, embora em profundidade superior àquela para a qual existia tecnologia adequada disponível. Sem contar com essa última reserva, cresceu muito o ritmo de descobertas provadas no mar e exploráveis de imediato que, de 2 milhões de barris em 1985, chegaram a 5,5 milhões em 1994 (Apêndice 8-A). Vale confrontar esses números com o total das descobertas em terra, que não chegaram a 2,5 milhões em quarenta anos de pesquisa.

Também o bom resultado em termos econômicos foi considerável. No período

1975-1994, quando 84% das descobertas foram no mar, os investimentos em pesquisa atingiram 29.600 milhões de dólares (moeda de dezembro de 1994) e as reservas comprovadas foram de 6.424 milhões de barris, o que correspondeu ao gasto de 4,62 dólares/barril ou 29,11 dólares/metro cúbico. É interessante confrontar esses resultados com as informações da década de 1980 (ver Capítulo VIII), relativas a trabalhos em terra, e com os preços do petróleo importado, convertendo-se tudo para moeda de dezembro de 1994[3].

No que se refere à exploração tem-se:

- 1960-1970 (segundo Barroso), US$16,90/$m^3$ (em terra)
- 1960-1970 (segundo Petrobras), US$23,28/$m^3$ (em terra)
- 1975-1994 (segundo Petrobras), US$29,21/$m^3$ (no mar)

Já os preços do petróleo importado foram, respectivamente, 51,72 dólares o metro cúbico em 1970 e 90,37 dólares o metro cúbico em 2004, mantendo-se, por acaso, a relação de três vezes entre o valor da importação e o custo direto das reservas descobertas.

Esses resultados auspiciosos foram acompanhados, em contrapartida, e infelizmente, por novo decréscimo dos investimentos em pesquisa, o que pôs em risco o desenvolvimento da produção na passagem do século.

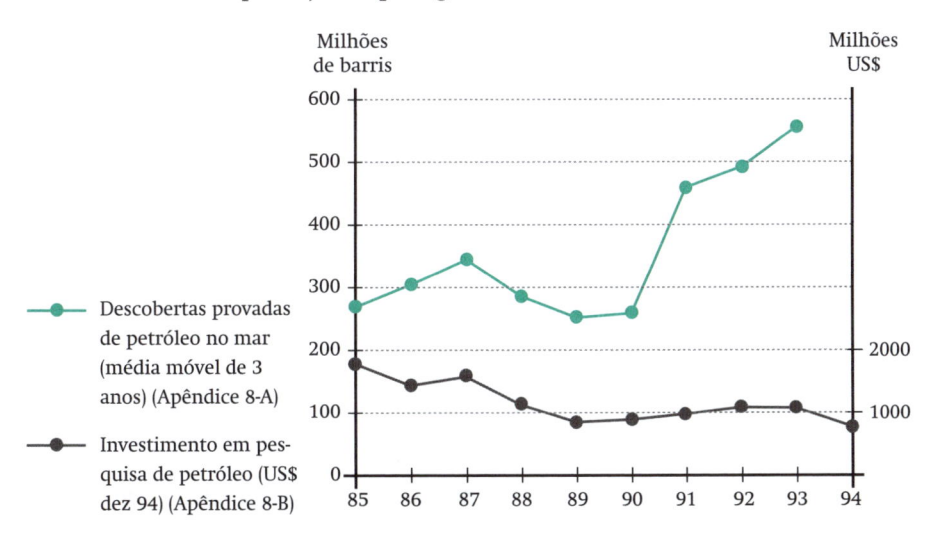

Figura 16 – Descobertas e investimentos da Petrobras.

Fonte: Petrobras, 1995 (ver tb. Apêndices 8-A e 8-B).

---

[3] Os valores originais provieram de: 1) informação prestada por Geonísio Barroso, relativa aos dez anos anteriores a 1970 (4,38 dólares por metro cúbico, em moeda de 1970); 2) informações divulgadas pela Petrobras referentes ao período 1960-1969 (1,78 dólar por barril ou 6,03 dólares por metro cúbico, em moeda de 1970; 3) informações fornecidas pela Petrobras em dez.1995 (29,11 dólares por metro cúbico, em moeda de 1994). A correção monetária para dezembro de 1994 foi feita pelos índices de preço dos Estados Unidos: média de 1970 = 29,7; de 1979 = 55,6; e dez. 1994 = 114,6.

Os medíocres resultados econômicos da Braspetro

Passados vinte anos de investimento na pesquisa de petróleo no exterior e apesar das várias modalidades dos contratos assinados, não foram significativos os resultados, excetuado o sucesso técnico de Majnoon, no Iraque, quando comparados à demanda interna e à produção de petróleo no país.

A maior produção da Braspetro, nas suas operações externas, atingiu, em 1995, média diária de 35 mil barris, correspondendo a cerca de 3% da demanda nacional. As reservas aproveitáveis da empresa no exterior somavam 140 milhões de barris (21 milhões de metros cúbicos), correspondendo também a apenas 3% das reservas provadas em território nacional e na plataforma continental. A subsidiária não trouxe, infelizmente, contribuição significativa para o atendimento das necessidades do país. No entanto, sob o aspecto empresarial, o contato com outros ambientes deve ter propiciado aperfeiçoamento técnico.

A par disso, os investimentos em pesquisa, no período 1991-1995, ultrapassaram a média de 100 milhões de dólares anuais, em torno de 10% daquelas realizadas pela Petrobras no país (Braspetro, 1994). A subsidiária alcançava resultados proporcionais aos investimentos menores do que os da casa matriz. Ficou para a história a descoberta de Majnoon, em área de baixo risco técnico e de alto risco político.

Dificuldades do programa nuclear

Com as crescentes demonstrações de que o programa de usinas resultante do acordo com a República Federal da Alemanha não ia bem, acirravam-se novamente, no começo da década de 1980, as controvérsias.

Em 1985, por iniciativa do presidente José Sarney, sendo ministro de Minas e Energia Aureliano Chaves, foi instituída a Comissão de Avaliação do Programa Nuclear Brasileiro, presidida por Israel Vargas, no âmbito da Academia Brasileira de Ciências (Decreto nº 91.606/1985).

Essa comissão de 17 membros, predominantemente composta de cientistas e técnicos, foi constituída para, no prazo de 180 dias, avaliar o Programa Nuclear Brasileiro e oferecer recomendações à ação futura do governo federal. Como ocorre em qualquer grande comissão, não é fácil interpretar a posteriori o que de fato houve durante os trabalhos, investigações, deliberações e redação final. O relatório foi entregue em abril de 1986.

Aparentemente, nesse relatório prevaleceu compreensível emoção dos que participaram de projetos pioneiros, quase heroicos, que não prosseguiram: alguns acabaram sendo abandonados pela constatação de sua inviabilidade prática no momento ou no futuro previsível, e outros foram sufocados ou atropelados pela descontinuidade da administração pública.

Sobressaiu ainda no relatório a atitude dos físicos, com maior interesse pelo desafio científico e menor interesse pelo desafio tecnológico da engenharia de projeto. Há uma tendência, por isso, de colocar em pé de igualdade – em termos de contribuição para o suprimento, com segurança, das necessidades energéticas do país – projetos comprovados e outros em estágios diversos de elaboração.

O relatório voltava, além de tudo, para temas precedentes da política energética nacional, como o do confronto entre o reator de urânio enriquecido a água leve pressurizada e o reator de urânio natural a água pesada, além do projeto do Grupo do Tório, de Belo Horizonte.

Desse modo, envolveu-se a comissão em controvérsias, como a do desenvolvimento de projeto autônomo que, à época de sua proposição, na década de 1960, estimou-se que exigiria recursos da ordem de 1 bilhão de dólares, valor muito superior aos recursos que, então, o país aplicava no seu programa energético global. Em 1966, somando-se os investimentos em petróleo e energia elétrica, chegava-se ao total de 600 milhões de dólares (Calabi *et al.*, 1983). A partir daí, a estimativa de custo subiu consideravelmente e foi dito que: "O desenvolvimento de um tipo de reator radicalmente novo requereu no passado vinte anos, 10 mil homens/hora e US$10 bilhões (números aproximados só para dar uma ideia)" (Häfele, 1990, p. 23).

Em termos de definição de política, recomendou a comissão:
- a manutenção do Programa Nuclear Brasileiro "(...) face à importância estratégica que o domínio pleno e autônomo da tecnologia nuclear deverá desempenhar (...)";
- a manutenção "(...) das relações de cooperação sobre os usos pacíficos da energia nuclear com a República Federal da Alemanha (...)";
- a intensificação da cooperação nuclear bilateral Brasil-Argentina, além de outras proposições mais ou menos óbvias.

Quanto a decisões específicas sobre centrais nucleares, recomendou a comissão:
- postergar "(...) a decisão sobre a construção de uma nova central nuclear (III) até 1989" (...) e que (...) "(...) a Nuclebrás, em articulação com a Eletrobras, deveria iniciar de pronto os trabalhos de seleção do local da próxima usina nuclear";

- continuar "(...) os trabalhos de construção de Angra II e III, com términos previstos para 1992 e 1995, respectivamente".

A lista de recomendações era extensa, abrangendo, além da questão das centrais e da fabricação de componentes, quase todos os aspectos, segmentos e estruturas da administração pública relacionados com a utilização pacífica da energia nuclear. Foram enumerados 43 itens, boa parte contendo modificações estritamente administrativas, propondo-se a instituição de nada menos que cinco comissões e conselhos. Cumpre registrar que várias das recomendações foram acatadas e postas em prática pelo governo da União. O programa como um todo permanecia inalterado, embora com continuado declínio de atividades durante o governo do presidente José Sarney, porque não havia recursos no orçamento federal.

As obras perderam velocidade; contudo, havia que preservar os equipamentos já fabricados. Iniciou-se a respectiva inspeção mediante contrato com a Siemens-KWU. Daí por diante, o programa se caracterizaria pela grande desproporção entre os recursos necessários, em moeda nacional, e os que o governo podia ou se dispunha a destinar ao empreendimento. Simultaneamente a crise financeira atingia o sistema elétrico como um todo.

Além de tudo isso, ocorreria nova mudança institucional. Um grupo de trabalho interministerial, criado em maio de 1988, propôs a revogação da decisão de 1980, transferindo novamente para o setor elétrico (Eletrobras e concessionárias) a construção e operação de usinas nucleoelétricas. A Nuclen, responsável pela engenharia dos projetos, passou de subsidiária da Nuclebrás para a Eletrobras. As atividades já estavam, a essa época, em ritmo lentíssimo.

O drama da construção das usinas Angra II e III não se refletiu, de forma tão negativa como se poderia esperar, nas demais atividades do Programa Nuclear Brasileiro. Assim é que foram satisfatórios os resultados no domínio da pesquisa mineral, da formação de pessoal, de capacitação técnica da indústria nacional para a produção de componentes de instalações nucleares e do desenvolvimento do ciclo do combustível.

Logo no início do governo subsequente, foi instituído o grupo de trabalho GT Pronan cujo relatório oficial não veio a público. Em termos do programa de centrais nucleares, uma decisão viria a ocorrer pouco mais tarde, no contexto amplo da geração de energia elétrica, estabelecendo-se o prosseguimento das usinas I e II.

Suspende-se o incentivo ao reflorestamento

O programa de incentivos ao reflorestamento vinha mal desde 1983. Entre 1986 e 1987, estabeleceu-se verdadeiro tumulto em decorrência de inúmeros decretos e normas que nem merecem ser analisados. Em agosto de 1987 e dezembro de 1988 acabou, em duas etapas, o incentivo fiscal ao reflorestamento, que havia durado cerca de vinte anos, com significativa contribuição para a reposição da cobertura florestal do país (Apêndice 9-F). A seguir, foi extinto o IBDF, incorporando-se seus serviços ao recém-criado Ibama.

Dois assuntos ficaram pendentes nessa ocasião: a função do Ibama no fomento ao reflorestamento e à reposição de florestas plantadas e consumidas. Desde antes da política de incentivos e paralelamente a essa, ia-se tentando, por meio de legislação e regulamentação específica, implantar no país a obrigatoriedade da reposição das árvores abatidas, por parte dos usuários de madeira. Essas tentativas tiveram origem à época da criação do Instituto Nacional do Pinho e resultavam da preocupação com a extração excessiva da araucária nos estados do Sul. O Código Florestal, de 1965, no seu artigo 21, fixava o prazo de cinco a dez anos para que as empresas siderúrgicas e outros usuários de lenha cumprissem a obrigação, que ali se estabelecia, de manter florestas próprias destinadas ao respectivo suprimento. Como ocorre com muitas leis e regulamentos no Brasil, essa foi mais uma que só em parte foi cumprida.

Mas persistiu a ideia da obrigatoriedade da reposição da cobertura florestal por quem a explora ou utiliza os produtos dela decorrentes; as tentativas de tornar efetiva essa obrigatoriedade não foram poucas.

Em 1988, constatava-se que, apesar de regulamentação e incentivos, o objetivo de reposição ainda estava longe de ser cumprido. Além disso, extinguia-se o incentivo ao plantio. O governo federal ausentava-se da atividade de fomento à silvicultura. Em São Paulo e Minas Gerais consolidava-se, aos poucos, o empenho de particulares, iniciado no período 1986-1987.

O Estado de Minas Gerais, maior consumidor de lenha para a produção de carvão vegetal, elaborou, em mais uma tentativa de conseguir a reposição, o Plano Integrado Floresta-Indústria, no qual se estabelecia que as empresas siderúrgicas e outras atividades à base de carvão vegetal, lenha ou outra matéria-prima vegetal deveriam apresentar plano integrado próprio, obedecendo a cronograma que assegurasse o respectivo abastecimento por florestas particulares ou vinculadas, em proporção crescente, começando por 40%, em 1989, e completando-se em 1995. A seguir veio uma lei estadual.

Em São Paulo fundou-se, em 1986, a primeira Associação de Recuperação Florestal, em Penápolis (Flora Tietê), por iniciativa de pequenos e médios consumidores de madeira, obrigados à reposição, mas que não tinham escala, aptidão, nem mesmo terras para realizar esse tipo de reflorestamento. Surgiram outros 11 empreendimentos em todo o estado até 1993, quando, por iniciativa da superintendente local do Ibama, Nilde Lago Pinheiro, aprovada pelo ministro Henrique Brandão Cavalcanti, do Meio Ambiente, foram reconhecidos formalmente pelos governos estadual e federal. Estima-se que existam no Estado de São Paulo cerca de 20 mil pequenos e médios consumidores, contribuintes potenciais, portanto, de fundos para reflorestamento por intermédio de associações especializadas. Essas associações, por sua vez, se entendem com milhares de agricultores proprietários de terras adequadas ao reflorestamento e lhes repassam, sob a forma de mudas e assistência técnica, os fundos arrecadados dos consumidores. O estado só intervém na fiscalização das atividades e na fixação do valor básico das contribuições (seis árvores por metro cúbico de madeira em tora e dez árvores por metro cúbico de carvão), bem como do valor do investimento admissível por árvore plantada. Até 1995, haviam sido plantados 13.500 hectares em cerca de 5 mil projetos, com dimensão média de 2,7 hectares (Silvicultura, 1996).

Em Minas Gerais, as empresas siderúrgicas são responsáveis pela maior parte do reflorestamento de reposição, mas são significativos os resultados do programa Fazendeiro Florestal. Entre 1987 e 1993 foram plantados pelos próprios consumidores 430 mil hectares e 61 mil pelos pequenos reflorestadores.

O governo federal formalizou novamente a reposição, desta vez por meio de decreto, na mesma linha do que vinha sendo feito pelos estados. Foi separada a obrigação direta de reposição pelo grande consumidor – que deve apresentar o respectivo Plano Integrado Florestal, visando assegurar a plena sustentação da sua atividade – da obrigação de pequenos e médios consumidores sob formas indiretas. O decreto, proposto pelo ministro Henrique Brandão Cavalcanti ao presidente Itamar Franco, não só regulou, de forma mais realista, a reposição como definiu condições específicas da atividade florestal na Amazônia (Decreto nº 1.282/1994).

Tratando-se de todos os usos da exploração florestal e segundo trabalho apresentado ao 6º Congresso Florestal Brasileiro, o consumo de madeira alcançou, em 1989, 348 milhões de metros cúbicos que, convertidos à razão de 300 kg por metro cúbico, correspondem a 105 milhões de toneladas, valor compatível com os 106 milhões apresentados no correspondente Balanço Energético Nacional – BEN. Esse consumo provinha na proporção de cerca de 75% das florestas nativas e 25% das florestas plantadas. No que se refere ao consumo energético, as proporções eram um pouco diferentes.

Tabela 26 – Consumo energético (em milhões de toneladas)

CONSUMO	NATURAL	PLANTADA	TOTAL
Energia industrial	8,5	15,5	10,2
Energia rural	52,6	13,9	42,8
Total	61,1	29,4	53,0

Fonte: Siqueira, 1990.

Os reflorestamentos no período 1967-1989 teriam alcançado, segundo a citada avaliação, 5,7 milhões de hectares com recursos do incentivo fiscal e 0,9 milhões de hectares com recursos próprios das empresas, estes últimos principalmente no período 1980-1989.

Um revés na política de reflorestamento ocorreu no Pará e no Maranhão, com o desenvolvimento da produção de gusa a carvão vegetal no projeto Grande Carajás. Em dez anos, a partir de 1984, instalaram-se em torno da ferrovia nove usinas de gusa com os incentivos daquele projeto, com capacidade de produção próxima a 1 milhão de toneladas. A atração inicial, além dos incentivos, era a disponibilidade de biomassa proveniente de resíduos de serrarias e materiais remanescentes de projetos agropecuários. Estudo da Companhia Siderúrgica do Pará – Cosipar indica que, com as operações em curso, seriam necessários reflorestamentos de 200 mil hectares, requerendo área dupla, a serem realizados em 13 anos. Nessa estimativa, além de terras, estariam envolvidos investimentos da ordem de 100 milhões de dólares.

A Companhia Vale do Rio Doce deu início, em 1980, a um Programa de Pesquisa Florestal de Carajás, com a instalação de estações experimentais compreendendo várias espécies de eucalipto e essências nativas, a fim de definir as que melhor se adaptavam ao reflorestamento na região e com o objetivo de produção de carvão vegetal e celulose. Grande dificuldade na extensão dos resultados a plantios comerciais foi encontrada na regulamentação e aplicação. Apenas o Decreto nº 1.282 veio esclarecer pontos críticos da ação governamental na Amazônia.

Termina o Proálcool como programa de benefícios e incentivos

O Proálcool, como programa de benefícios e incentivos fiscais do governo federal, foi praticamente desativado em 1988-1989. Permaneceram em vigor as normas relativas à adição de álcool anidro à gasolina, na proporção de 22% (Lei nº 8.723/1993).

O consumo do álcool passou por um máximo de 50% do total da gasolina mais álcool, em 1988, declinando depois para 40%, em 1994. Nessa evolução, a grande variação ocorreu no álcool hidratado, já que o álcool anidro manteve-se relativamente estável, exceto durante a crise de suprimento de 1989-1990, quando o teor teve de ser baixado a 18% e a 13%. Do ponto de vista técnico, essa variação do teor trouxe grandes dificuldades para o desempenho dos motores e causou problemas para usuários e fabricantes.

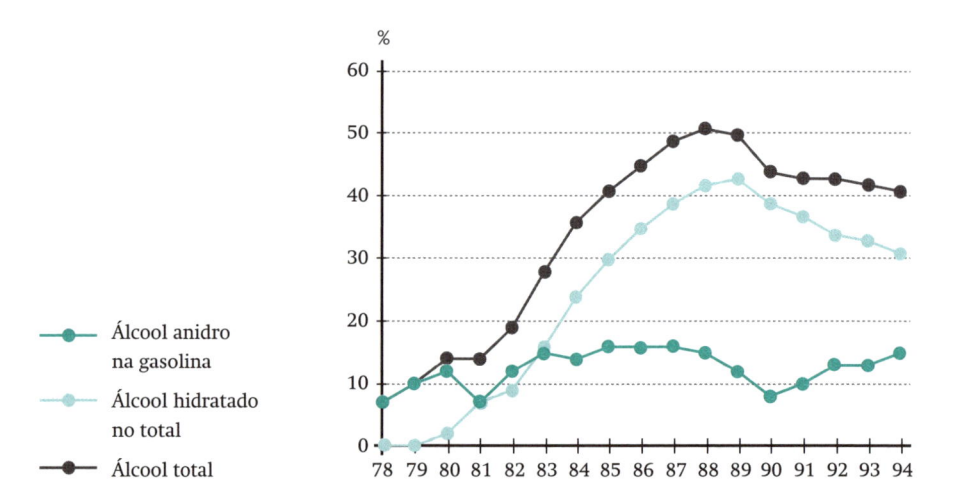

Figura 17 – Proporção de álcool no consumo do combustível automotivo.

Fonte: Brasil, MME, 1995.

A produção total depois do crescimento sustentado estacionou, por volta de 1987, em torno de 12 milhões de metros cúbicos anuais. As importações se tornaram necessárias a partir de 1990, variando bastante de ano para ano, com a média, no quinquênio, de 1,2 milhão de metros cúbicos, na proporção, portanto, de 10% da produção local (Brasil, 1995).

A exportação compulsória de gasolina, consequência de sua substituição pelo álcool no mercado interno, foi crescendo ao longo do programa. Atingiu o pico de 5,2 milhões de metros cúbicos em 1988, oscilando em torno de 2,7 milhões nos seis anos seguintes. Como a produção esteve no nível de 12 milhões até 1992, a exportação representou mais de 20%.

O Programa do Álcool hidratado resultou em substituição, temporária, de veículos a gasolina por veículos a álcool. Nos dez anos da década de 1980 foram vendidos no país 4.523 mil veículos a álcool (70%) contra 1.907 mil a gasolina (Petrobras, 1996). Na frota em circulação, a presença dos carros a álcool continua, no entanto, significativa e demandará vários anos para que desapareça ou se torne insignificante, se a política energética apontar no sentido de minimizar a presença do álcool hidratado, apesar de suas vantagens ambientais.

Ao se concluir o período de 15 anos de vigência do programa, tal como formulado em 1975, não é fácil refazer um balanço dos investimentos realizados. Algumas parcelas podem ser, no entanto, avaliadas de forma aproximada.

Durante a primeira fase do Proálcool, as condições de financiamento em vigor até setembro de 1979 foram bastante favoráveis; para a agricultura da cana-de-açúcar não diferiam muito da sistemática então vigente para os créditos de agências oficiais à agricultura em geral. A grande novidade era o financiamento à construção de destilarias. A partir de 1979, intensificaram-se os incentivos e subsídios (CNE, 1987, p. 36-37).

O instrumento específico mais importante foi o subsídio creditício à construção de destilarias. Considerando-se as condições estabelecidas para uma operação concluída em 1975, o prazo de 15 anos e a desvalorização da moeda, estima-se que esse subsídio possa ter alcançado 71% do valor do financiamento concedido. Nas condições ainda mais favoráveis de 1979, essa proporção pode ter atingido 96%. Foi pequena, portanto, a contribuição financeira da iniciativa privada. A importância despendida pelo Estado com essas operações teria sido da ordem de 1,5 bilhão de dólares (Apêndice 9-G).

Os outros dispêndios, ou renúncia de impostos, foram estimados em 7 bilhões de dólares em moeda corrente, compreendendo: redução da arrecadação do IPI sobre veículos a álcool; redução da arrecadação do IUCLG sobre o álcool hidratado; e cobertura da diferença da conta álcool pelo governo e pela Petrobras (Apêndice 9-H).

A controvérsia central sobre o Proálcool continuava a versar sobre a competitividade do álcool como combustível automotivo. Foram publicados numerosos trabalhos de avaliação. Ao passar por uma revisão, dez anos depois da instituição do programa, permanecia mais acesa do que nunca a luta entre a Petrobras e as associações de usineiros de cana-de-açúcar. Uma interpretação imparcial é difícil. Além disso, as fortes oscilações da economia mundial do petróleo e da economia nacional apenas permitem comparações de ordem de grandeza entre preços e custos do petróleo e do álcool nos 15 anos do Proálcool.

Ao contrário do que se receava, o preço do petróleo caiu. De acordo com o esperado, houve aumento de produtividade e redução de custos na produção do álcool.

O preço pago ao produtor pelo litro de álcool, em termos de dólares de 1996, baixou de 1,01 dólar, em 1981, para 0,44 centavos de dólar, em 1995. E o preço do litro equivalente de petróleo caiu de 0,47 para 0,11, em 1995 (Apêndice 9-I). Para os usineiros, o preço vigente em 1996 não deixou margem para prosseguir os investimentos no ritmo exigido em novas instalações e pesquisas. Para o país, o equilíbrio econômico só se daria se o barril de petróleo subisse substancialmente, o que à época não se poderia prever.

Tanto na área agrícola como na industrial, verificaram-se os trabalhos valiosos de investigação e experimentação, especialmente em torno do Centro de Tecnologia Copersucar – CTC, da Cooperativa Central dos Produtores de Açúcar e Álcool do Estado de São Paulo, localizado em Piracicaba, SP. Os cooperados da empresa teriam investido, em programas de desenvolvimento tecnológico agrícola e industrial promovidos pelo CTC, cerca de 110 milhões de dólares, no período 1984-1990 (Copersucar, 1989).

Mercado livre de carvão

Desde 1975, estava em plena execução a política de tutela das atividades carboníferas pela Companhia Auxiliar de Empresas Elétricas Brasileiras – CAEEB, vinculada ao MME, quando se julgou necessária nova revisão, em 1986, a partir da edição de duas portarias do ministério: a primeira constituindo grupo de trabalho (Portarias MME nº 139/1986 e nº 161/1986) para apresentar relatório circunstanciado sobre o aproveitamento do carvão mineral do Rio Grande do Sul, em decorrência de protocolo de intenções celebrado com o governo do estado; e a segunda estendendo o campo de ação a toda a região Sul (Portaria Minfra nº 801/1990 e Portaria MF nº 462/1991, que exclui o carvão da sistemática da Lei nº 8.178/1991).

Os trabalhos foram realizados com a participação de setores e entidades interessadas, abrangendo questões relativas às melhorias essenciais na exploração das jazidas e na infraestrutura de transporte, bem como as perspectivas do mercado até o ano 2000, as alternativas de ação e os resultados econômicos e sociais esperados para os estados do Sul, em consequência da expansão da produção. Desdobraram-se as tarefas por vários subgrupos que prepararam relatórios independentes. Tratou-se, principalmente, da coleta e sistematização de informações e de estudos existentes. As previsões de demanda foram baseadas em dois cenários quanto ao crescimento econômico do país, adotando-se para o longo prazo taxas equivalentes às escolhidas pela Eletrobras:

- 8,5% ao ano de 1987-1992 e 6% de 1993/2000 (BNDES, máxima);
- 4,9% ao ano de 1987-1989 e 5,1% de 1990/2000 (Bird, mínima).

De acordo com os planos da Eletrobras, estimava-se o consumo de carvão para termeletricidade em função das seguintes usinas: Presidente Médici, Bagé, RS, 320 MW, jan. 1987, efetivamente construída e inaugurada; e três outras, cuja construção não havia então se iniciado: Candiota III, Bagé, RS, 335 MW, para 1992; Jacuí I, RS, 335 MW, para 1992; e J. Lacerda III, Tubarão, SC, 335 MW, para 1991. Quanto às usinas existentes, pensava-se em efetivar a desativação de São Jerônimo, ainda operando, embora essa decisão já tivesse sido tomada pelos governos federal e do Estado do Rio Grande do Sul, em 1972. Supunha-se grande crescimento do consumo de carvão pela indústria de cimento que, de fato, ocorreu. Sobre cada um dos setores de consumo, foram produzidas várias hipóteses, conforme tive oportunidade de resumir (Leite, 1986). Os grupos de trabalho chegaram, em termos de carvão bruto, a projeções máxima e mínima, que ficaram muito distantes do que houve.

Tabela 27 – Metas e produção de carvão bruto, em mil toneladas

	1985	1990	1995	2000
Máxima	24.300	37.800	58.500	69.300
Mínima	24.300	27.800	38.100	43.200
Efetiva	24.300	11.482	9.126	-

Fonte: Leite, 1986.

Tratava-se de construir entre sete e 15 minas de 3 milhões de capacidade anual. No entanto, nenhum projeto foi executado. A produção máxima efetiva de *run of mine* foi a do ano de 1985.

A rigor, as reuniões e discussões de 1986 encontravam as pessoas em momento de perplexidade sobre o futuro econômico do país. Novos debates sobre a política do carvão mineral teriam lugar a partir de setembro de 1987, quando a Comissão de Coordenação Financeira, do Ministério da Fazenda, preocupada com o ônus para o orçamento federal da União, que resultava do subsídio ao carvão mineral, deliberou fosse criado grupo de trabalho específico para estudo da matéria, constituído por representantes do MME e do MF (Portarias MME nº 139/1986 e nº 161/1986). O relatório foi concluído em novembro de 1987. Trata-se de documento organizado e, em linhas gerais, coerente (Conselho Nacional do Petróleo, 1987).

No importante tópico comercialização, apontou o relatório para a diferença entre o carvão metalúrgico (consumido apenas pelas siderúrgicas) e o energético, de amplo e variado consumo, e mostrou ainda que o carvão do Paraná, todo absorvido no próprio estado dentro de limitado raio de ação e por poucos consumidores, não envolvia intermediação do governo da União, nem subsídios ao transporte. Apenas o preço era então fixado pelo Conselho Nacional do Petróleo – CNP.

No Rio Grande do Sul, era pequena a parcela destinada a consumidores fora do estado, que envolvia, portanto, diretamente a CAEEB. As transações com as demais parcelas destinadas à termeletricidade e consumidores industriais também prescindiam de intermediação oficial, sendo apenas o preço F.O.B.-mina fixado pelo CNP.

No caso de Santa Catarina, as siderúrgicas compravam o carvão pré-lavado (CPL) nas minas, ao preço fixado pelo CNP. O CPL era levado por via férrea para o lavador de Capivari, do qual resultavam a fração metalúrgica, a energética CE-4500 e a energética CE-5200. As siderúrgicas ficavam com o metalúrgico e vendiam os energéticos à CAEEB, que repassava o CE-4500 à Eletrosul, para geração termelétrica; o carvão CE-5200 era também objeto de revenda, nos moldes do Rio Grande do Sul.

A diferença entre o preço F.O.B.-mina, acrescido do frete, e o preço pago pelo consumidor era o subsídio bancado pelo Tesouro Nacional. Os recursos provinham de arrecadação da estrutura de preços do petróleo desde 1980 e, a partir do exercício de 1985, passaram a ser previstos no orçamento geral da União (Apêndice 9-J).

A comissão mista propunha: a supressão do subsídio ao transporte para fora do estado de produção dos carvões de menor poder calorífico; a alteração da metodologia do cálculo da taxa de administração paga à CAEEB; a elevação do limite entre os preços relativos de carvão e óleo combustível dos 62% já praticados para os 70% então autorizados; e a modificação subsequente desse próprio limite para reduzir ou eliminar a necessidade do subsídio (CNP, 1987).

Pouco mais tarde realizavam-se, no âmbito do MME, novos estudos para o estabelecimento de uma política de longo prazo para a produção e uso do carvão mineral nacional. Apesar dos sinais de crise econômica nacional, de redução da produção por três anos sucessivos desde o máximo alcançado em 1985 e da ausência de projetos concretos de outras minas, a tônica do relatório ainda foi a de forte expansão da economia carbonífera (Brasil, MME, 1988).

Do ponto de vista da política energética, dois aspectos se destacam: o da liberação dos produtos para comercialização do carvão energético para fora dos estados produtores, e o da fixação dos preços, pelo governo, apenas para os carvões com consumo cativo, o da termeletricidade e o da siderurgia. Discutia-se, inclusive, a validade da equação adotada para a fixação dos preços, a de comparação com o óleo combustível também fixado pelo governo e possivelmente não representativo do preço de mercado livre.

O relatório abordava as questões do meio ambiente e da pesquisa tecnológica, acentuando a importância de uma instalação experimental de combustão em leito fluidizado, que estaria apenas em cogitação, em 1995, de geração de gás de baixo poder calorífico, e de prosseguimento de pesquisas sobre gás de médio poder calorífico, ambas a cargo da Consultoria de Desenvolvimento de Sistemas – Cientec. Tratava, ainda, dos necessários experimentos em torno do controle da poluição ambiental.

Em janeiro de 1989, resolveu o governo eliminar, de uma vez por todas, o subsídio, fixando como limite do preço da quilocaloria (kcal) do carvão energético 80% do preço kcal do óleo combustível. Com o achatamento, que também vinha ocorrendo com o preço dos derivados do petróleo, a regionalização do comércio do carvão energético foi-se acentuando. Em Santa Catarina, em virtude da grande parcela de consumo compulsório, ou cativo, na siderurgia e na termeletricidade, criou-se o problema de formação de estoque de carvão energético. Por causa da crise do Tesouro Nacional, os recursos que vinham sendo postos à disposição da CAEEB foram cancelados, ficando a companhia impossibilitada de adquirir carvão dos produtores, que passaram a buscar contratos diretos com consumidores e transportadores. O carvão energético não destinado à termeletricidade perdeu rapidamente terreno em 1989.

Logo após a passagem do governo José Sarney para o de Fernando Collor de Mello, ocorreu relativa atualização das tarifas de energia elétrica e derivados de petróleo, com o consequente acompanhamento do preço do carvão (março 1990). A retomada da inflação e a contenção do preço do óleo combustível voltaram a perturbar o mercado do carvão.

Em setembro de 1990, por decisão do recém-criado Ministério da Infraestrutura, o comércio e os preços de carvão nacional foram finalmente liberados para negociação direta, acabando sua administração pelo CNP (cujo nome foi modificado para Departamento Nacional de Combustíveis), terminando também a ação da CAEEB, que foi extinta. O Ministério da Fazenda deixou de interferir na questão dos preços do carvão (Portaria MF nº 462/1991). O carvão metalúrgico nacional confirmou-se inviável, tal a diferença entre o seu preço efetivo, útil, posto nas usinas siderúrgicas, e o preço equivalente do carvão importado. Ruiu por terra o esquema tradicional de beneficiamento do carvão de Santa Catarina. A partir de 1991, estabilizou-se a produção das minas, tanto de Santa Catarina como do Rio Grande do Sul.

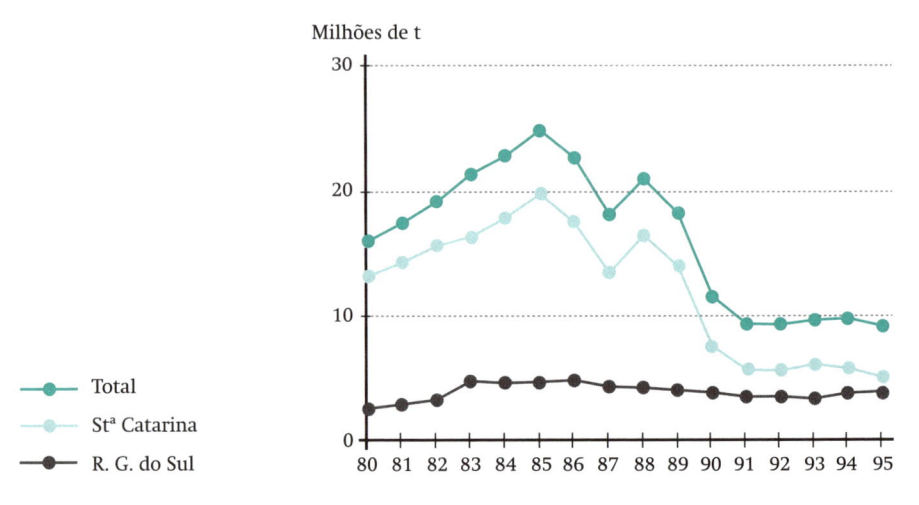

Figura 18 – Produção de carvão bruto em Santa Catarina e no Rio Grande do Sul.
Fonte: Sindicato Nacional da Indústria de Extração do Carvão, 1996.

Encerrou-se a longa fase de intervenção do governo da União, iniciada em 1940, com ênfase no carvão metalúrgico para a siderurgia. Agiu depois o governo como investidor, financiador e regulador de quotas de produção e preços, e mais tarde ainda, com o subsídio direto, a partir de 1980, visando alargar o mercado para o carvão energético fora dos estados produtores e com destaque para a substituição de óleo combustível.

Os gastos com a comercialização no período 1979-1988, convertidos em moeda americana da época, somaram 663 milhões de dólares. Ao final desse período de dez anos, a economia de óleo combustível obtida pelos usos industriais do carvão, excluído, portanto, o consumo tradicional da termeletricidade, havia atingido 12,2 milhões de toneladas (Apêndice 9-J).

Destruição do Plano de Formação e Aperfeiçoamento de Pessoal de Nível Superior no âmbito do MME

De novembro de 1970 a abril de 1989 passaram pelos programas do Plano de Formação e Aperfeiçoamento de Pessoal de Nível Superior – Planfap, 12.826 profissionais de nível superior, em 73 cursos de pós-graduação cumpridos em várias universidades, tais como UFRJ, UFRGS, PUC/RJ, UFOP, UFBA, IME, CENA, UFPE, e 301 cursos de aperfeiçoamento realizados no Centrecon e em diversas localidades.

A abrangência e a variedade de temas chamavam a atenção: economia mineral, economia energética, planejamento energético, administração de energia, hidrologia, geologia econômica, geoquímica, geofísica, geoestatística, engenharia do carvão, administração financeira, avaliação econômica de jazidas, pesquisa mineral e diversos outros. Todos esses cursos aconteceram sem prejuízo de atividades no país e no exterior de interesse específico e exclusivo de cada uma das empresas.

Os seminários e conferências de curto prazo que tiveram lugar no Centrecon, de 1978 até 1990, compreenderam cerca de 1.200 atividades com mais de 41 mil participantes, segundo padrões reconhecidos em grau de excelência.

A ideia do presidente Collor de simplificação da máquina administrativa do governo federal, meritória e necessária, à época, atingiu em cheio a CAEEB, e foi aplicada, no caso, com incompetência. O Centrecon, posto em licitação, não encontrou comprador. Em exposição ao governo, os responsáveis pela instituição mostraram que prosseguir as atividades como as que ali se realizavam teria custos, a preços de 1990, sensivelmente superiores àqueles efetivados em hotéis preparados para a hospedagem de grupos de estudo, embora sem os instrumentos e instalações existentes em Itaipava. Apesar de não ter mais ligação alguma com o centro, procurei ajudar na busca de comprador que mantivesse a mesma ideia de utilização para a qual fora construído, e nesse sentido mantive conversações com a Fundação Getulio Vargas, também com dificuldades decorrentes da necessidade de reordenação financeira. A época era de liquidações a qualquer preço mas não sei por qual caminho o centro passou à administração do Ministério do Exército, permanecendo, portanto, no patrimônio e no orçamento da União. Foi destruído o objetivo anterior, sem que se alcançasse o novo objetivo de economia do governo como um todo.

Balanço energético no início da década de 1990

A evolução do consumo de energia primária no Brasil, sob suas diversas formas, foi bastante irregular e esteve em torno de crescimento anual de 4,6%.

Tabela 28 – Crescimento do consumo de energia primária

	1940-1952	1952-1962	1962-1970	1970-1975	1975-1980	1980-1985	1985-1990	1990-1995
Taxa média anual %	2,2	5,9	5,2	7,1	5,8	3,5	4,3	2,4

Fonte: Wilberg, 1974; MME, 1996.

A partir de 1970, há informações disponíveis de maior confiabilidade.

O consumo final da energia no Brasil, sob suas diversas formas, sofreu também significativas modificações durante vinte anos, no período 1970-1994, para os quais estão disponíveis informações estatísticas relativamente uniformes:

- reduziu-se a quota-parte do consumo residencial;
- cresceu fortemente a participação da indústria;
- ficou mais ou menos estável a participação do setor de transportes;
- cresceram, moderadamente, setores menores como agropecuária, comércio e serviços públicos.

No consumo residencial houve forte declínio do significado da lenha, compensado pelo crescimento do GLP, mesmo nas áreas rurais. Os transportes foram regular e preponderantemente representados pelo setor rodoviário, responsável por cerca de 85% da energia consumida.

Na indústria caiu a participação de setores tradicionais (alimentos e bebidas, têxtil, cimento e cerâmica), e cresceu a quota-parte das indústrias de consumo intensivo (ferro e aço, ferroligas, metais não ferrosos, química, pelotização de minérios, papel e celulose). Os demais setores continuaram a absorver cerca de 12% da energia total consumida na indústria.

Se, na estrutura do consumo, o Brasil do fim do século XX não se afasta muito do que ocorre nos países mais desenvolvidos, o mesmo não se verifica quanto à evolução das fontes de energia.

A evolução da oferta entre 1970 e 1995 reflete, em grande parte, os efeitos da política de substituição do petróleo adotada pelo país. A partir de 1979, agiu o governo federal, deliberadamente, no sentido de reduzir o consumo de petróleo. Esse objetivo foi alcançado em parte com o Proálcool. Mas declinou também, e com intensidade, o uso da lenha. Acelera-se a expansão da hidreletricidade e ampliou-se, de forma modesta, o papel do carvão e do gás natural. Chegou-se, assim, a 1994 com um perfil de consumo de energia bem diferente daquele prevalecente na maioria dos países desenvolvidos e da média mundial.

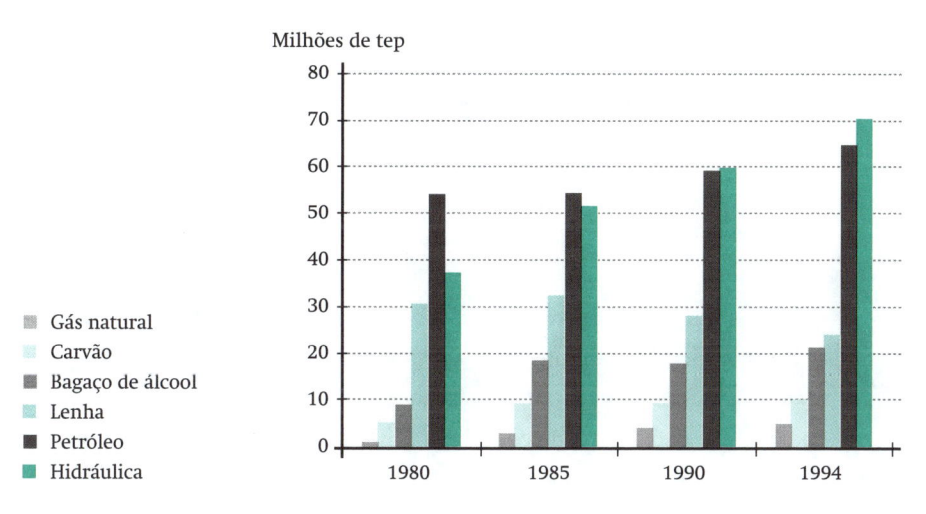

Figura 19 – Estimativa do consumo de energia, por fontes.

Fonte: Brasil, MME, 1995.

Nos anos da década de 1990, o gás natural surgiu na matriz energética do país e a lenha declinou. O petróleo e a energia hidráulica continuaram crescendo; reafirmando a posição singular do Brasil no cenário mundial, a energia hidráulica passou a ocupar o primeiro lugar em 1994.

Do lado do consumo, fato relevante é o crescimento da participação das indústrias eletrointensivas, compreendendo alumínio, aço, ferroligas e soda-cloro, no total das indústrias, que passou de 27%, em 1970, para 35%, em 1990.

Capítulo X
Reforma institucional e econômica (1995-2002)

Deterioração e recuperação do Estado

O final do século XX ficou marcado, no Brasil, pela falência da União Federal e dos estados e, com honrosas exceções, da maioria dos municípios. Registra-se nessa época o início das reformas do Estado e da economia, que se deu no governo Collor de Mello, cuja consequência foi a desmontagem de uma já combalida estrutura administrativa do governo federal. Ocorreu também deterioração generalizada dos serviços públicos.

Apesar das dificuldades acumuladas no campo financeiro, inclusive as decorrentes do confisco da poupança privada, da desorganização da administração e dos traumas no campo político, a segunda eleição direta para a Presidência da República transcorreu em clima tranquilo com a vitória nítida, no primeiro turno, de Fernando Henrique Cardoso. Não houve dificuldade de transição, na política econômica, porquanto a equipe executiva que vinha do governo Itamar Franco fora definida, na sua maior parte, pelo próprio presidente Fernando Henrique, quando de sua passagem pelo Ministério da Fazenda.

O processo reformista adquiriu feição mais sistemática. No domínio das ideias, desde a década anterior, fortalecia-se a tese, oriunda dos principais centros econômicos do mundo, de que, independentemente do estágio de sua evolução econômica, os países deveriam orientar-se no sentido de rigorosa economia de mercado, o que trazia, como corolário, proposta de redução da dimensão do Estado e de sua intervenção na economia.

A mudança da forma de pensar ocorreu simultaneamente com a globalização da economia, o predomínio das transações estritamente financeiras sobre as do comércio de bens e serviços, fantástica aceleração das comunicações, introdução da informática e da automação nas atividades produtivas. No quadro político interno, verificou-se uma avalanche de obrigações legislativas despejada sobre o Congresso Nacional, em função da Constituição de 1988, cheia de ambiguidades e com caráter regulamentar. Com seus 245 artigos, por vezes contraditórios, com propostas em contracorrente das tendências dominantes à época de sua promulgação, a Constituição contém ainda a singular previsão de sua própria revisão no prazo de cinco anos. Essa revisão aconteceu, com efeito, a partir de 1995, e se baseou no triplo objetivo da retirada do Estado de atividades empresariais, da supressão de restrições ao capital estrangeiro e do estabelecimento de mercados competitivos em áreas antes ocupadas por monopólios, de direito ou de fato. Tal orientação decorreu também de motivos pragmáticos: correção de deficiências flagrantes na capacidade de ação prática do governo, por si ou por suas empresas, dificilmente sanáveis de outra forma, e necessidade de caixa dos tesouros federal e estaduais. A revisão compreendeu ainda a abertura econômica nas áreas do petróleo e do gás natural, da mineração e dos recursos hídricos, dos transportes, das telecomunicações, todas de grande significado para os rumos do desenvolvimento do país. Tiveram tramitação mais lenta as propostas de reforma da administração pública e da previdência, de mérito aliás discutível, que não chegaram a bom termo no Congresso. A da previdência não foi proporcional à gravidade do desequilíbrio.

Infelizmente não foram reformuladas as regras de política partidária estabelecidas a partir da Constituição de 1988, o que resultou na proliferação de partidos sem significado. Perdeu-se uma oportunidade de assegurar o encaminhamento no Congresso de questões relevantes para o país, com grandeza e maior responsabilidade.

Além de dar sequência às revisões políticas do governo anterior, o presidente Fernando Henrique Cardoso, que ocupou dois mandatos, de 1995 a 2002, dedicou-se, de início, prioritariamente, à consolidação da vitória sobre a inflação.

Os fundamentos do Plano Real, lançado em 1994, mostraram-se eficientes na erradicação efetiva do processo inflacionário, conduzindo a taxas do INPC de 66% ao ano, em 1995, para 16%, em 1996.

Nos anos subsequentes a inflação foi contida, atingido um mínimo de 3,8%, em 1998. A mediana do período 1995-1998 situou-se no patamar de 8% e o crescimento médio manteve-se no modesto nível de 2,3% ao ano.

A estratégia adotada teve como princípios a abertura comercial e uma taxa de câmbio administrada e supervalorizada, que propiciavam a importação de bens de consumo e bens duráveis, com o objetivo de intensificar a concorrência no mercado interno e, por essa via, conter a elevação de preços. Produziu resultados compensadores. A importação de bens de capital a preços módicos contribuiu para a modernização da indústria.

No entanto, a permanência do câmbio cada vez mais supervalorizado em consequência da inflação residual produziu, como corolário, o desequilíbrio crescente do balanço comercial. O saldo negativo das transações com o exterior foi muito forte, desde 1995, saldo esse que foi compensado pela continuada entrada de capitais externos, os quais, sob regime de liberdade financeira, assumiram principalmente a forma de curto prazo. Tornou-se frágil a situação externa.

Em clima geral de incertezas financeiras, preparou-se a reeleição do presidente da República. Nesse ambiente, e depois das crises do Sudeste Asiático, em 1997, e da Rússia, em 1998, deu-se o ataque externo ao real, com rápidas e graves consequências. Na política cambial foram tomadas decisões, de forma tumultuada, em meio a desentendimentos no âmbito do governo federal, que culminaram com a troca da equipe do Banco Central. A desvalorização aceita e reconhecida como inevitável vinha corrigir o equívoco da permanência, por tempo demasiado, da âncora do câmbio valorizado. Passava-se ao regime de câmbio flexível que, ao lado do seu mérito, teve também consequências negativas sobre as empresas recém-adquiridas por investidores externos. O país recebeu então significativo apoio financeiro do Fundo Monetário Internacional

– FMI, assumindo, em contrapartida, sério compromisso de bom comportamento fiscal. No que se refere aos efeitos desse acordo sobre a economia da energia, cumpre registrar a inclusão, no cálculo do superávit primário, dos investimentos da Eletrobras e da Petrobras, o que cerceou a liberdade de ação dessas empresas no processo da reforma.

Do lado positivo, a abertura comercial e o câmbio flexível tornaram mais realista a estrutura econômica nacional, exigindo reajustes de preços relativos, além de novas bases para as exportações, às quais o país se adaptou rapidamente.

No campo interno, ao longo de oito anos, realizou-se ampla operação de saneamento financeiro, tanto no âmbito da União como no dos estados. Eram inúmeros os passivos acumulados ao longo da década de 1980. Alguns foram resolvidos, enquanto outros surgiram de forma intempestiva e outros, ainda, permaneceram ameaçadores. Mas não foram alcançadas todas as reformas institucionais então consideradas necessárias, nem na área tributária nem na previdência, onde o déficit, naturalmente crescente, era previsto há tempos, em função da mudança da pirâmide etária, agravado por disposições legais inadequadas.

Retirou-se o Estado de atividades que não lhe diziam respeito, venderam-se os perigosos bancos estaduais e implantou-se a responsabilidade fiscal na administração pública. Esta última obteve aceitação popular, apesar da sempre antipática restrição, que dela resulta, aos administradores de recursos do Tesouro, referente à liberdade de gastar. Trata-se de profundo aperfeiçoamento na administração de orçamentos públicos.

Já na privatização, ressalvas foram feitas quanto aos métodos utilizados no processo e à precipitação de algumas decisões.

Na energia elétrica, a simultaneidade da desestatização com o início do processo de formulação de um modelo radicalmente novo, seguida de estratégia de implantação imprudente, contribuiu para a crise de abastecimento de 2001. Essa, por sua vez, cortou qualquer possibilidade de crescimento econômico, que só alcançou 1,3% em 2001 e 1,92% em 2002.

No campo social foi realizado, pela primeira vez, esforço para universalizar o ensino fundamental, embora não houvesse tempo para significativa melhora de sua qualidade. No campo econômico foi cumprido, com grande mérito da equipe responsável, e em prazo relativamente curto, o que havia sido estabelecido para que se liquidasse a hiperinflação, restaurasse a moeda nacional e fossem recuperadas as condições de funcionamento regular da economia. No entanto, em função do caminho escolhido, trocou-se a hiperinflação pela vulnerabilidade externa, decorrente de uma abertura e um endividamento imprudentes. No início do século XXI, o Brasil apresentou, entre os países insuficientemente desenvolvidos, a mais alta relação dívida/exportações e a pior relação serviço da dívida/dívida.

Indicadores – 1995-2002

I. GOVERNO: PRESIDENTES, MINISTROS DA FAZENDA E DE MINAS E ENERGIA

Fernando Henrique Cardoso/Pedro Malan/Raimundo Brito

1998-2002 Fernando Henrique Cardoso/Pedro Malan/Rodolpho Tourinho, José Jorge V. de Lima, Francisco S. Gomide.

II. ECONOMIA[1]

PIB antes e no fim do período, em bilhões de dólares	677/813
Taxa média anual de crescimento da população	1,4%
Taxa média de crescimento do PIB	2,3%
Taxa média anual da inflação	16,4%

III. OFERTA INTERNA DE ENERGIA[2]
(TAXA MÉDIA ANUAL DE CRESCIMENTO)

Petróleo	3,2%
Carvão mineral	1,8%
Hidráulica	2,1%
Lenha	–0,6%
Cana-de-açúcar	1,4%
Outros[3]	,5%
Total	2,9%

IV. REFERÊNCIA INTERNACIONAL (ESTADOS UNIDOS)[4]

PIB antes e no fim do período, em bilhões de dólares	7.054/9.591
Taxa média anual de crescimento do PIB	3,9%
Taxa média anual da inflação	2,4%

V. RELAÇÃO PIB ESTADOS UNIDOS/PIB BRASIL

Antes e no fim do período	10/11

NOTAS
1. As informações relativas à economia brasileira provêm do IBGE.
2. As informações relativas à oferta interna de energia provêm do Balanço Energético Nacional – BEN.
3. Inclui cargas periódicas de urânio.
4. Os valores do PIB Brasil e dos EUA estão em dólares de 1995.

Nova política econômica e reformas administrativas

A nova política econômica, associada à ampla reforma do Estado no final do século XX, teve profundas consequências sobre a economia nacional, notadamente sobre o setor energético. Defendia-se a extensão máxima de mercados competitivos e propugnava-se pela extinção de monopólios. A palavra-chave era desregulamentação.

Apresentava-se nítida a necessidade de reforma modernizante da administração pública que, infelizmente, ficou em grande parte limitada ao discurso, de acordo com a tradição nacional.

O governo Collor de Mello havia adotado o Programa Nacional de Desestatização (Lei nº 8.031/1990), com o objetivo de "(...) reordenar a posição estratégica do Estado na economia, contribuir para redução da dívida pública (...)", além de outros. Simultaneamente realizou reforma administrativa simplista, com a alteração da estrutura dos ministérios e órgãos subordinados, causando tumulto e efeitos deletérios, de caráter duradouro, sobre a máquina administrativa.

Cabe lembrar que, em épocas anteriores e na esfera do governo federal, reforma abrangente e coordenada só ocorreu na primeira fase do Departamento Administrativo do Serviço Público – Dasp, na década de 1930, sob a liderança de Simões Lopes, que contava com total apoio do presidente Getúlio Vargas (ver Capítulo IV). Mais adiante, viria um Dasp centralizador e essencialmente burocrático.

De forma segmentada, tratou-se de novo de matéria administrativa e fiscal, nos governos militares. Em primeiro lugar, com a Constituição de 1967 promulgada no governo Castello Branco, que se baseou no federalismo fiscal, realizando grande avanço na qualidade do sistema tributário, com a introdução, no âmbito dos estados, de moderno Imposto de Circulação de Mercadorias – ICM, que substituía o antigo IVC, e, no dos municípios, do Imposto sobre Serviços – ISS. Mantinham-se os impostos únicos sobre combustíveis, energia e minérios. Em segundo lugar, também em 1967, com a proposta descentralizadora e simplificadora de Hélio Beltrão, consubstanciada no Decreto-lei nº 200, cuja implantação se iniciou no governo Costa e Silva. No governo Médici, o processo de reorganização se aprofundou, com ênfase na simplificação da estrutura administrativa e no treinamento e na formação de pessoal adequado às funções a exercer. Mais tarde, em 1979, no governo João Figueiredo se estabeleceu o Programa de Desburocratização, a cargo de Hélio Beltrão.

Com a Constituição de 1988, terminava o regime autoritário e restabeleciam-se os princípios democráticos. Sob o aspecto administrativo, no entanto, o artigo 23 definiu as ações de competência comum da União, dos estados e dos municípios, e o artigo 24 determinou a competência da União e dos estados para legislar concorrentemente sobre várias matérias, criando-se situações de conflito e indefinição. No campo fiscal, verificou-se um retrocesso em relação à Constituição de 1967. Eliminaram-se os impostos únicos sobre combustíveis, energia elétrica e minérios, cujos setores passaram a ser tributados pelo ICM, com sua designação alterada para ICMS. Propiciou-se o aumento da presença de tributos cumulativos e, em consequência, ampliou-se a carga fiscal sobre insumos essenciais.

Situação dos setores de energia

Diante do quadro geral da nova política econômica, havia que considerar, no caso específico da energia, uma variedade de situações, sendo de especial relevância, no Brasil, o aproveitamento dos recursos hídricos, o sistema de energia elétrica e a economia do petróleo. Dentro do espírito da economia de mercado, estabeleciam-se como diretrizes gerais a privatização, sem distinção da origem do capital, e a extinção dos monopólios, sem maior atenção à existência de monopólios naturais. Não figurava explicitamente, entre as preocupações dos reformistas no governo, a questão da responsabilidade pelo adequado suprimento de energia, a longo prazo.

Na transferência de atribuições de empresas sob o controle do Estado para empresas privadas, requereu-se outra concepção dos correspondentes órgãos reguladores, que teriam que zelar, ao mesmo tempo, pela eficiência da nova estrutura, qualidade dos serviços e proteção dos consumidores. Os órgãos antecessores já haviam praticamente deixado de existir como organismos eficazes. Era, aliás, inaceitável a simbiose que se estabelecera entre empresas a fiscalizar e órgãos fiscalizadores, de modo que as primeiras, com mais liberdade e recursos, suprissem pessoal técnico para que as segundas exercessem sobre elas a fiscalização.

A definição das regras de concessão dos serviços de utilidade pública e de objetivos e funções dos diversos órgãos reguladores não resultou de diretriz única. Cada segmento da reforma foi sendo proposto e discutido separadamente.

O processo teve início com abrangente lei de concessão dos serviços públicos (Lei nº 8.987/1995), de prolongados debates no Congresso. Estabeleceram-se aí as regras fundamentais das concessões, que haveriam de ser feitas mediante licitação, na modalidade concorrência. Em sequência, foram instituídos os órgãos reguladores de energia elétrica e petróleo. Apenas bem mais tarde, viria a ser constituída a agência responsável pela água, incluindo-se aí os aproveitamentos hidrelétricos.

Dentro do espírito da nova política e da reforma administrativa não havia, necessariamente, o que propor quanto à estrutura dos setores do carvão e do álcool. No primeiro caso permanecia inalterado o quadro, com a extinção dos órgãos que, antes, nele tinham ingerência. Os empreendimentos da agroindústria sucroalcooleira sempre foram privados e os correspondentes incentivos e benefícios fiscais também haviam sido suprimidos.

O que se propunha então como tarefa à iniciativa privada nacional, que há muito só se envolvia com carvão, cana-de-açúcar e lenha, era, portanto, penetrar em campos desconhecidos. A entrada de capital externo, por sua vez, estava intimamente relacionada ao risco Brasil, fator determinante do nível de remuneração esperado pelos investidores e da confiança na estabilidade das regras e condições da regulação, ainda aguardando definição.

As reformas se desenvolveram de forma distinta no domínio da energia elétrica, que compreendeu o desmonte da Eletrobras, e do petróleo e gás natural, que resultou no fortalecimento da Petrobras. Tudo isso requer exame por partes; primeiro, a Eletrobras, o caso mais complexo.

Antecedentes do processo de planejamento e operação do sistema elétrico

Até a contratação dos trabalhos da Canambra relativos ao Sudeste, então denominado Centro-Sul (consórcio formado pela Montreal Engineering Co, G. E. Crippen and Associates, canadenses, e Gibbs and Hill, norte-americana, oriundas, portanto, de países com grande base hidrelétrica), e a criação do Comitê Coordenador de Estudos Energéticos da região Centro-Sul em 1963 (ver Capítulo VI), os estudos e a programação de usinas geradoras eram feitos de forma individualizada, projeto por projeto. A Canambra trouxe a ideia do inventário dos projetos possíveis, cujos custos eram comparados aos de uma usina térmica a óleo combustível, de capacidade equivalente. Feito o inventário de aproveitamentos possíveis, esses eram ordenados pelo seu mérito econômico, a partir do menor custo da energia firme, definida como aquela que pudesse ser produzida nas piores condições hidrológicas verificadas no passado, no local do aproveitamento. Mais tarde o projeto Canambra foi estendido à região Sul.

A elaboração dos projetos, seu desenvolvimento e a subsequente operação ficavam sob a responsabilidade de cada concessionária. Eram muito fracas as interligações e, portanto, limitadas as possibilidades de transferência de energia de uma para outra área. Não obstante essa restrição, os estudos da Canambra se baseavam na previsão de uma próxima integração elétrica entre as principais empresas da região Sudeste. Justificava-se o planejamento integrado de longo prazo. Com a inauguração de Furnas (1965), completaram-se, fisicamente, São Paulo, Rio de Janeiro e Belo Horizonte. A incorporação da usina termelétrica de Santa Cruz (1967) mostrou para Furnas a necessidade de examinar a operação hidrotérmica, que compreendia também a usina térmica de Piratininga, de propriedade da Light, então empresa privada.

Em continuidade ao projeto Canambra foram-se constituindo, primeiro em Furnas e a seguir no âmbito da Diretoria de Planejamento e Engenharia da Eletrobras, grupos permanentes de estudo e planejamento, de caráter informal, que ganharam consistência especialmente ao tempo do diretor Leo Penna. Nesse período, separaram-se as missões de planejamento e engenharia e operação. Esta última ficou a cargo dos Comitês de Coordenação da Operação Interligada – CCOI, atuantes nos sistemas Sudeste (1969) e Sul (1971).

A função de planejamento evoluiu com modificações estruturais, passando, finalmente, a ser exercida pelo Grupo Coordenador do Planejamento do Sistema Elétrico – GCPS, criado em 1980. Dele participavam dez concessionárias, federais e estaduais, e uma de natureza privada (Light). Distinguiam-se as Regiões Norte/Nordeste, Sudeste/Centro-Oeste e Sul.

A separação das funções planejamento e operação não impediu que os dois comitês mantivessem íntima ligação, embora fossem frequentes as controvérsias.

A concepção dos programas de operação interligada ganhou corpo no âmbito da Eletrobras, desde que foi tomada a decisão de construir Itaipu, que demandaria forte interligação Sul/Sudeste (ver Capítulo VII). Na lei de Itaipu surgia, com nitidez, a ideia da operação hidrotérmica, a ser orientada segundo o princípio de "(...) rateio de ônus e vantagens decorrente do consumo de combustíveis fósseis para geração de energia elétrica (...)", viabilizado financeiramente mediante a Conta de Consumo de Combustíveis – CCC (Lei nº 5.899/1973 e Decreto n° 73.102/1973). Constituía-se, no âmbito da Eletrobras, o Grupo de Coordenação da Operação Interligada – GCOI, que substituiu os CCOIs, inclusive com a atribuição de definir os suprimentos de potência e energia a serem contratados, a cada ano, pelas empresas integrantes dos CCOIs Sudeste e Sul, junto a Furnas e Eletrosul, respectivamente.

A partir daí ganhava importância o aproveitamento da diversidade hidrológica entre as bacias Sul e Sudeste, atitude que só muito mais tarde se estendeu às Regiões Norte/Nordeste, com a correspondente interligação.

Na lei de Itaipu atribuía-se à Eletrobras a responsabilidade pela elaboração de dois planos: o primeiro, a ser desenvolvido em seis meses, correspondente ao atendimento, respectivamente, das regiões Sul e Sudeste até 1981 (apresentado pela Eletrobras em outubro de 1973); e o segundo, no prazo de 18 meses com extensão até 1990. Esse Plano 90 incluiu, pela primeira vez de forma conjunta, a expansão dos sistemas Sul/Sudeste, abrangendo parte da região Centro-Oeste; sua elaboração contou com a cooperação das empresas estaduais e foi publicado em dezembro de 1974.

A Eletrobras já praticava, internamente, planejamentos globais, o último dos quais foi concluído em 1972, com o título Revisão do Balanço Energético, 1972-1985. Entretanto, o Plano 90 viria a ser o primeiro elaborado, de modo formal, com caráter impositivo e levando em conta a interligação física gerada com a construção de Itaipu. Seguiram-se, com esse caráter, planos equivalentes, com intervalo de cinco anos, sempre aperfeiçoados. Tanto o Plano 90 como os dois outros posteriores incluíram projeções de demanda feitas sob a influência da perspectiva de intenso crescimento econômico do país contida no II PND do governo. Acabaram por se tornar superdimensionados, quando o processo de crescimento se enfraqueceu (ver Capítulo VIII). Como corolário, a programação e a realização dos investimentos resultaram em excesso de capacidade, que tornou possível a sobrevivência do sistema por alguns anos após o início das dificuldades financeiras que o atingiram. O último planejamento preparado pelo GCPS foi o de 2000-2009. Desde 1996, com a privatização e as reformas da década, os planos passaram a ter caráter indicativo para as decisões de expansão das empresas, e caráter determinativo para a transmissão.

Na parte operacional, cabia ao GCOI, no âmbito da Eletrobras, fazer a programação anual das operações, coordenar o despacho das usinas do sistema integrado e administrar a CCC, mediante a qual pagava-se às usinas térmicas o valor do combustível utilizado, na proporção de dois terços para carvão e um terço para derivados de petróleo. Distribuía-se o custo por todos os consumidores do sistema integrado. Como instrumento de otimização física, esse procedimento trouxe ganhos significativos e dispêndios moderados. Cabia ao GCOI, ainda, contabilizar e liquidar os correspondentes acertos de contas, tanto da transferência entre usinas como da que resultava do mecanismo da CCC. Tratava-se de processo complexo que evoluiu ao longo do tempo, no qual diferentes estruturas tarifárias foram aplicadas (ver Capítulo IX).

Revisão dos debates sobre o setor de energia elétrica

O sistema elétrico que vigorou no Brasil por mais de trinta anos ainda estava de pé, na sua essência. Tinha origem nas ideias expressas no Código de Águas, de 1934 (ver Capítulo IV) e no Decreto nº 41.019, do tempo do governo do presidente Kubitschek (ver Capítulo VI). Legislação subsequente introduziu alterações tópicas de adaptação aos novos ambientes, que evoluíram no sentido de uma estrutura estatal e federativa predominante. As grandes empresas sob controle federal eram exclusivamente geradoras e não participavam da distribuição. As grandes empresas estaduais eram verticalizadas. As empresas privadas e as estaduais, de menor porte, se atinham à distribuição. A operação dos sistemas integrados e o planejamento da expansão se mantinham sob o comando do governo federal por intermédio da Eletrobras. Desde 1975, foi-se configurando, de modo progressivo, uma estrutura menos consistente, que vinha preocupando os meios responsáveis (ver Capítulos VIII e IX). Valioso trabalho de levantamento de informações e de discussão dos aperfeiçoamentos necessários foi realizado em 1986-1988, no âmbito do próprio setor no projeto REVISE, mas sem consequências práticas (ver Capítulo IX).

Desentendimentos ocorriam entre a União, representada pelo Departamento Nacional de Águas e Energia Elétrica – DNAEE, e os estados econômica e politicamente mais influentes. Já vinha de alguns anos a tradição de desobediência civil iniciada pelas concessionárias de São Paulo, em relação ao cumprimento da legislação federal, das decisões do órgão regulador e das obrigações financeiras delas decorrentes (ver Capítulo IX).

Seguiram-se várias tentativas de promover a revisão, entre as quais proposta conjunta do jurista José Luis Bulhões Pedreira e minha. O primeiro, como principal responsável pela parte jurídico-institucional do Decreto nº 41.019, que dominou o cenário por três décadas. O segundo havia coordenado, como ministro de Minas e Energia, aperfeiçoamento do modelo, principalmente com a lei de Itaipu, na qual se consolidou a sistemática das operações do sistema interligado. A proposta foi apresentada em junho de 1992 ao BNDES, então responsável pelo programa de desestatização, em uma tentativa de dar nova consistência ao sistema vigente. Considerou o BNDES que seria necessário licitação, efetivada em 1992, à qual não nos apresentamos. Foi escolhida a proposta de menor preço, cujo relatório não foi utilizado e nunca veio a público, que se saiba.

No fim do século XX era nítida a crise financeira e administrativa nas grandes empresas do setor elétrico, decorrente de uma conjunção de eventos que levou à paralisação das obras de usinas geradoras e à insuficiência dos sistemas de transmissão e distribuição, fatos que apontavam para o risco de crise de abastecimento a médio prazo.

A situação era a seguinte:

1. o tripé de sustentação havia sido quebrado: um terço de recursos gerados pela tarifa, arbitrariamente contida desde 1976 (ver Capítulo VIII), um terço de recursos de tributos e empréstimos vinculados, eliminados pela Constituição de 1988, e um terço de empréstimos de agências internacionais reduzidos. O Banco Mundial reviu a sua posição de apoio aos investimentos em infraestrutura a cargo de empresas estatais, considerando que essas já não estavam exercendo com eficiência as respectivas funções, e recomendou novo modelo que provocasse concorrência (World Bank, 1993). Surgia em seu lugar, do lado externo, o sistema de financiamento privado conhecido como *project finance*, de prazo em geral inadequado para os investimentos em geração de energia elétrica. Evidenciava-se a incapacidade financeira do Estado de sustentar a expansão, que o levou a buscar formas de atrair a iniciativa e o capital privado;

2. não existia mais a confiança na qualidade da administração das grandes empresas estatais. De início isso se sentia apenas no circuito restrito das pessoas que participavam ou haviam participado, de uma ou outra forma, dessas administrações. Sucessivas ocorrências negativas fizeram com que a deterioração viesse ao domínio público. Um dos marcos da desmoralização registrou-se em São Paulo, no período 1983-1991, nos governos de Orestes Quércia e Antonio Fleury. Além dos desvios notórios de recursos da Cesp e da Eletropaulo para fins não conhecidos, no primeiro dos dois governos formalizou-se ostensivamente a inadimplência no setor, com o não pagamento das contas de suprimento de energia proveniente de Furnas e Itaipu. Esse ato provocou atitudes semelhantes em muitos outros estados. Mais ou menos à mesma época, a Cemig, origem e modelo para tantas empresas, foi invadida por interesses subalternos e fortemente prejudicada no governo Newton Cardoso. Mais tarde, no governo Collor de Mello ocorreu notável interferência na obra de Xingó, sob administração da Chesf, levada a efeito pelo seu agente P. C. Farias. Por fim, para não alongar essa dolorosa sequência, na própria Furnas, carro-chefe do sistema elétrico, introduziu-se o favorecimento político eleitoral.

Por todos esses motivos a estrutura estava ferida de morte, quando se configurou nova legislação proposta por Eliseu Resende, então presidente da Eletrobras, tentando desfazer o nó cego criado pelas tarifas insuficientes e inadimplência generalizada, além de procurar dar um passo no sentido de retirar a rigidez do sistema (ver Capítulo IX). Cancelou-se a sistemática inflexível de elaboração das tarifas em função do custo histórico e do patrimônio reconhecido, sem instituir, no entanto, outro conjunto completo de regras.

Em tramitação no Congresso estava a abrangente lei, prevista na Constituição, na qual se regulavam, entre outras, as licitações para concessão de recursos hídricos e de petróleo, a qual viria a ser promulgada já no governo Fernando Henrique (Lei nº 8.987/1995). O seu principal efeito no setor elétrico foi a supressão do direito exclusivo dos concessionários na exploração de potenciais hídricos localizados nas respectivas áreas de concessão, que passaram a ser objeto de licitação. Também originada no governo anterior, se promulgava a lei que criou a figura do produtor independente de energia elétrica, que abriu oportunidades de venda de energia, calor ou frio, provenientes de instalações de cogeração (Lei nº 9.074/1995).

Concomitantemente ressurgia, na lei que instituiu o Plano Real (Lei nº 9.069/1995), a incerteza para as empresas concessionárias, causada pelo restabelecimento do arbítrio do ministro da Fazenda nos reajustes tarifários (Apêndice 7-C).

Conceitos essenciais sobre o sistema elétrico brasileiro

Antes de apreciar a reforma do fim do século XX e suas consequências, é conveniente passar em revista conceitos originais do setor elétrico brasileiro, que o distinguiam, à época, de todos os outros grandes sistemas nacionais. Infelizmente, essas particularidades não foram levadas na devida conta ao se estabelecerem as diretrizes da reforma:

1. sistema nacional, com 90% de capacidade hidráulica e 95% de geração dessas usinas, é essencialmente distinto do sistema de base térmica, como o empregado na maioria dos países industrializados;
2. muitas das grandes usinas, com os respectivos reservatórios, se localizavam em sequência no curso de um mesmo rio;
3. o país ainda tenta alcançar (tenha ou não sucesso nessa pretensão) crescimento econômico em ritmo intenso, equivalente ao que já teve em décadas anteriores, o que pode requerer fortes taxas de expansão dos serviços de eletricidade;
4. as usinas hidrelétricas demandam muito mais tempo (>cinco anos) que as usinas térmicas (<três anos), para sua construção.

Os sistemas vigentes nos países industrializados, de onde chegaram, à época, as ideias de reforma, são essencialmente térmicos e neles quase não há possibilidade de novos aproveitamentos hidrelétricos. Nesses sistemas, a otimização operacional se faz em função da demanda física de energia e da capacidade de geração contemporâneas, bem como do valor da energia em um mesmo momento, com visão de curto prazo. As usinas podem ser escalonadas segundo os seus custos, e o respectivo despacho é feito sucessivamente, a partir da de menor custo.

Nos sistemas dominantemente hidráulicos, a operação está vinculada, de forma íntima, ao afluxo dos reservatórios das usinas que, por sua vez, dependem da meteorologia, com ciclos anuais e plurianuais. Nessas condições, o processo de otimização a longo prazo dos recursos hídricos requer confronto entre valores presentes e futuros, em particular quanto à água acumulada nos reservatórios. As usinas térmicas e hidráulicas têm aqui papel complementar no melhor uso dos recursos hídricos e na redução dos riscos decorrentes de hidrologia adversa. Para que as usinas térmicas possam exercer, de modo integral, sua missão complementar, são necessárias unidades operacionalmente flexíveis, o que restringe a escolha de projetos. Essas características influenciam de forma decisiva a programação da expansão.

No caso brasileiro, além disso, a preocupação nacional com o crescimento econômico continuado (item 3) e o consequente aumento da demanda de energia requer um leque de estimativas, entre otimistas e pessimistas, em um plano inevitavelmente subjetivo, por mais eficazes que sejam os procedimentos adotados. A faixa entre as projeções se amplia com o horizonte de tempo. Com o mais longo período demandado para a expansão da capacidade de geração hidrelétrica e aumento de oferta (item 4), acentua-se a dificuldade de definir programas de expansão e operação do sistema, e cresce a responsabilidade de que se revestem as decisões dos responsáveis pela execução desses programas. Torna-se complexo o processo de detecção do risco de racionamento a longo prazo.

Surgiram daí continuados esforços de construção de procedimentos e, depois, de modelos matemáticos para lidar com as diversas variáveis envolvidas no processo de otimização do sistema elétrico.

Na reforma, o planejamento da expansão e as regras de operação do nosso sistema hidrotérmico haveriam de ser estabelecidos, levando em conta essas peculiaridades. E o Brasil tinha, nessa ocasião, a maior experiência (com acertos e erros), entre os grandes sistemas do mundo, em planejamento e operação basicamente hidráulica, com geração térmica apenas complementar, baseado no despacho centralizado das usinas. Esse acontecia em função das necessidades técnicas de substituição de unidades, da segurança do sistema, bem como do melhor uso, a longo prazo, dos recursos hídricos. Nesses modelos, a entrada em operação das usinas térmicas se fazia pelo sistema da referida CCC, e que correspondia, não obstante seus defeitos, à cobrança, da sociedade, de um prêmio de seguro contra risco de racionamento, como parcela adicionada à conta de todos os consumidores.

Por tudo isso, é importantíssimo situar, de forma adequada, as usinas térmicas no cenário nacional, pelo menos até o momento em que novas hidrelétricas se tornem de difícil construção ou apenas menos competitivas, o que não deve, necessariamente, ocorrer no Brasil antes de 2015-2020.

Papel das térmicas

Razões tecnológicas tornam as usinas nucleares inflexíveis e, portanto, com pouca participação no processo de otimização, não obstante sua relevância na base do sistema.

Usinas a carvão, por seu turno, podem operar com maior variação estacional, graças à possibilidade de estocagem temporária de combustível em depósitos a céu aberto, desde que respeitado limite mínimo de compra de carvão que viabilize a operação econômica das minas. Da mesma forma, as usinas a óleo combustível podem contar com depósitos de reserva em tanques.

Usinas a gás, quando supridas por combustível baseado em contratos *take-or--pay* no suprimento e de *ship-or-pay* no transporte por gasodutos, como ocorre com o gás importado da Bolívia, têm reduzida flexibilidade. A parcela de pagamento obrigatório, especialmente do transporte, torna-se mais onerosa quando, na ausência de reservatórios de regularização, é baixa a utilização da capacidade instalada. Ainda na utilização do gás, há que se ter presente o tipo de equipamento: as turbinas de ciclo aberto, de menor investimento e eficiência, se inserem melhor na função complementar, enquanto as de ciclo combinado, de maior investimento e eficiência, são mais apropriadas para operação na base do sistema.

No Brasil, a capacidade instalada em usinas térmicas não foi suficientemente desenvolvida em consequência, de um lado, da falta de carvão de qualidade e baixo custo de extração e, de outro, inexistência de reservas de gás natural. Em contrapartida, o país dispõe de excelentes aproveitamentos de energia hidráulica. O planejamento da expansão do sistema, a cargo da Eletrobras, privilegiou as usinas hidrelétricas. Em consequência, a participação das usinas térmicas na capacidade nacional de geração, nela incluída a quota-parte de Itaipu, que cabe ao Brasil, foi decrescente desde 1972, até chegar a um mínimo de 12,6%, em 1996, passando então a crescer lentamente, com o reforço da consistente entrada de usinas a gás natural, a partir de 2001.

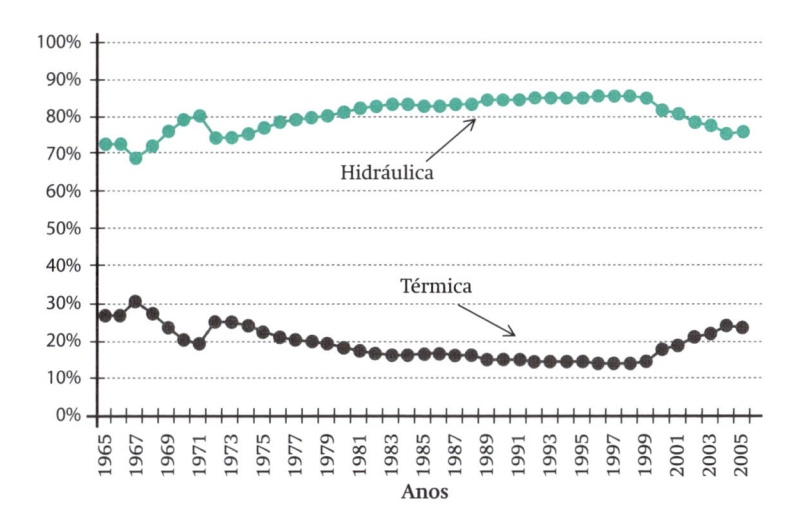

Figura 20 – Capacidade instalada do sistema elétrico brasileiro (%).
Inclui a metade da capacidade de Itaipu que cabe ao Brasil.

Fonte: Até 1984 (Conselho, 1991); dados posteriores (Brasil, MME, 2005).

Na época em que a reforma começou a ser pensada, sentia-se, com nitidez, que a proporção de usinas térmicas havia caído a um nível excessivamente baixo e que seria necessário, de um ponto de vista operacional, ampliá-lo de forma substancial. Embora não se tivesse feito estudo aprofundado sobre a proporção ideal de térmicas flexíveis, conjeturava-se da conveniência de dispor, a médio prazo, de capacidade da ordem de 20%. Em estudo posterior, com base na experiência de 1970-2002 e na configuração do sistema integrado no início do século, sugere-se que o nível ótimo de térmicas estaria em torno de 23% da capacidade total nacional (Tendências Consultoria Integrada, 2003). Esse nível seria estatisticamente alcançado em 2005 (24%), cumprindo ter presente, no entanto, que se trata de número ilusório, sob o ponto de vista da contribuição para o equilíbrio do sistema hidrotérmico, pois que o acréscimo se deu, quase integralmente, sob a forma de usinas a gás que, nesse ano, atingiram mais de 10% da capacidade total instalada. Em virtude de uma série de coincidências negativas, que serão analisadas adiante, essas usinas não disporiam, por algum tempo, de combustível para o exercício de sua missão.

Até a época da reforma, a presença das térmicas a carvão e a óleo era sustentada pelo sistema da CCC, criado na lei de Itaipu. Análise da sustentação da CCC, representada pela despesa com todos os combustíveis em relação à receita bruta do sistema Sul/Sudeste/Centro-Oeste, entre 1992 e 1997, mostra que as estimativas anuais variaram entre 1,2% e 2,3% e as despesas efetivas variaram entre 1% e 1,6%. O sistema CCC sofria contestação da parte dos que o consideravam um subsídio ao carvão bem como das maiores empresas estaduais, que defendiam a tese de que em seu lugar bastava sustentar um excesso na capacidade instalada em usinas hidráulicas em relação à demanda esperada, para assegurar o suprimento do mercado, mesmo em situação de hidrologia crítica.

Infelizmente, a inserção das térmicas no sistema, em função complementar, se complicou quando os consultores caracterizaram o mecanismo da CCC como subsídio aos produtores de carvão, ao aceitar um preço que não correspondia ao que poderia ser alcançado em uma operação eficiente, tanto das minas como das usinas. O sistema compreendia, de fato, um subsídio. Não houve, durante as discussões da reforma, disposição para considerar o argumento de que o sistema poderia ser mantido com a avaliação do preço julgado competitivo (óleo combustível, por exemplo) e a consequente supressão da parcela do custo do carvão coberto pela CCC, que correspondesse ao subsídio. Recomendavam, de forma simplista, que "(...) a CCC fosse descontinuada para usinas do sistema integrado porque não proporcionava incentivos ao comportamento eficiente". Foi mantida, no entanto, a inclusão, sob o mesmo título de CCC, da parcela (ver Capítulo IX) correspondente à despesa com combustíveis nos sistemas isolados, principalmente da Amazônia, na qual Manaus responde por mais de metade. Neste caso, introduziu-se subsídio cujos ônus caíram sobre todos os consumidores do país (ver Capítulo VIII). Grande parte da oposição crescente à cobrança da CCC adveio dessa nova carga na tarifa.

Concepção do novo modelo

O governo Fernando Henrique Cardoso principiou com propostas de privatização e de mudança no sistema elétrico. Oficializou-se o preceito do livre acesso ao sistema básico de transmissão e instituiu-se a Agência Nacional de Energia Elétrica – Aneel, como autarquia vinculada ao MME, com "(...) a finalidade de regular e fiscalizar a produção, transmissão, distribuição e comercialização da energia elétrica, em conformidade com as políticas e diretrizes do governo federal" (Lei nº 9.421/1996). Caberia a essa agência promover a articulação com os estados para o aproveitamento energético dos cursos de água, em compatibilização com a política de recursos hídricos, que ainda estava em estudo. A agência ficou responsável pelo cumprimento da lei de concessão de serviços públicos na parte que diz respeito à exploração da energia elétrica, bem como ao aproveitamento dos potenciais hidráulicos, promovendo as necessárias licitações.

Quando essa última lei ainda estava em tramitação final no Congresso, o MME lançou licitação para o estudo abrangente sobre a reforma do setor elétrico. O edital compreendia quatro áreas genéricas: novos arranjos comerciais para o setor, medidas legais e regulamentares necessárias, mudanças institucionais no governo e no setor, para complementar os arranjos comerciais e o quadro regulamentar e, finalmente, análise sobre mecanismos de financiamento e alocação de riscos. O edital mencionava ainda um elenco de 34 questões-chave para as quais eram solicitadas propostas de solução.

Para executar esse estudo, foi selecionado o consórcio liderado pelo consultor inglês Coopers & Lybrand (com a colaboração de Latham & Watkins, e as organizações brasileiras Ulhôa Canto Advogados, Engevix e Main Engenharia). Os trabalhos se desenvolveram entre agosto de 1996 e o final de 1997.

Simultaneamente constituía-se, no âmbito da Secretaria de Energia do MME, organização que ficou conhecida como RE-SEB, para discussão e troca de opiniões com quatro grupos de trabalho correspondentes às áreas definidas no edital e adotadas pelos consultores. Dela participaram, em várias condições e oportunidades, cerca de duzentos profissionais nacionais.

O trabalho dos consultores e do RE-SEB se desenvolveu em quatro fases:
- diagnóstico e opção (agosto/dezembro 1996);
- concepção do modelo (janeiro/junho 1997);
- elaboração de documentos regulamentares (julho/dezembro 1997);
- processo de implantação (janeiro/agosto 1997).

Realizaram-se inúmeras reuniões especializadas no âmbito dos grupos de trabalho e 11 reuniões plenárias, com frequência aproximadamente mensal.

A comunicação entre o consultor e os grupos de trabalho se fazia mediante *working papers*, que iam sendo produzidos pelo primeiro. Foram preparados, ao longo desse processo interativo, numerosos pareceres e propostas (Paixão, 2000).

Paralelamente a esses trabalhos sistemáticos, o ministro Raimundo Brito procurou colher impressões sobre aspectos específicos da reforma, de três consultores independentes: Nuno Ribeiro da Silva, engenheiro e ex-ministro de Energia de Portugal, à época em que lá se fez uma reforma e que vinha ao Brasil em função de um contrato de cooperação entre a Comissão Europeia, o MME e o Fórum de Secretários de Estado para Assuntos de Energia; e, por contrato com a Eletrobras, o professor Adilson de Oliveira, da UFRJ, e o autor deste livro (entre junho 1997 e novembro 1998).

Os comentaristas convidados, bem como outros que se manifestaram por vontade própria, estavam diante do que lhes parecia uma decisão de governo, dominantemente político-ideológica, de reduzir o Estado às suas atribuições essenciais, de privatizar empresas públicas e de institucionalizar abrangentes mercados competitivos. Partindo desse pressuposto, tanto os que se identificavam com a posição do governo como aqueles que tinham divergências pontuais fizeram propostas construtivas. Havia, no entanto, outros grupos de opinião que, por motivos diversos, discordavam da própria essência da reforma e que se declararam nesse sentido. Na análise da proposta preparada pelos consultores, as principais discordâncias se reportavam à sua inadequação à realidade brasileira.

Em dezembro de 1997, o consultor apresentou relatório consolidado com 247 páginas, que serviria de base para os trabalhos subsequentes de implantação (Coopers, 1997). Ao reunir as questões de ordem jurídica e regulamentar, fazia nada menos de 19 recomendações sobre leis, regulamentos e contratos. Para acompanhar a nova etapa, os grupos do RE-SEB foram devidamente remanejados.

Do lado do MME, foi cogitada e abandonada a ideia de se traduzir a reforma que viesse a ser aprovada no âmbito do Executivo em projeto de lei único, para ser enviado ao Congresso, possivelmente por importar em prazo indeterminado de tramitação. E havia ingerência do BNDES, com a sua preocupação dominante de precipitar a privatização a fim de fazer caixa para o governo. Ocorreu a ideia, então, de aproveitar uma medida provisória, a MP nº 1.531, que estava na sua 15ª edição e se transformara, de certo modo, em um processo legislativo permanente. Na sua 16ª versão, de março de 1998, foram nela incluídos vários dispositivos do novo modelo.

Também teve formato eclético a Lei nº 9.648/1998, que alterou topicamente inúmeros dispositivos da legislação anterior e que, entre outras disposições, determinou a nítida separação entre preços de geração e transmissão. Por fim, como único instrumento estruturado, foi publicado decreto (Decreto nº 2.655/1998), com a feição de um pequeno código, tratando: da exploração dos serviços, da geração, da transmissão, da distribuição e comercialização, do mercado atacadista, do Operador Nacional do Sistema Elétrico e das disposições finais, onde se definiram as diretrizes para os contratos iniciais entre geradores e distribuidores.

O problema de uma reforma ampla era complexo. A posição de mudança radical exigiria redefinição integral. A legislação parcelada tornou difícil a visão de conjunto do processo. Pareceu-me adequado evitar neste livro o histórico das discussões, desde as ideias originalmente apresentadas pelos consultores, procurando concentrar a atenção naquilo que concorreu para o resultado, fazendo isso de forma tão sintética como possível, nos próximos parágrafos.

Privatização

Quando se iniciavam estudos e providências para a reforma do setor elétrico, apesar das incertezas que ainda envolviam o sistema em transição, precipitou-se, surpreendentemente para muitos, a aplicação, ao setor, do Programa Nacional de Desestatização, que vinha do governo anterior; foram feitas, no âmbito do governo federal, as licitações para venda de duas empresas distribuidoras sob controle da União, a Escelsa e a Light. A primeira era pequena e envolvia riscos limitados, e a segunda só se concretizou na última hora, em maio de 1996, graças à presença da BNDESPAR, que além de vendedora compareceu como compradora complementar. Entre as empresas estaduais, apenas a Cerj foi vendida no primeiro impulso. Na ausência de marco regulatório, que ainda estava sendo construído, voltava-se ao regime de contratos negociados entre cada concessionário e o poder concedente, como os da própria Light no princípio do século XX, sem todavia adotar salvaguarda para o concessionário, que então existia sob a forma da Cláusula Ouro (Apêndice 2-D).

Simultaneamente, vários estados se preparavam para a privatização de empresas sob seu respectivo controle, com maior interesse daqueles em situação financeira complicada.

As vendas se iniciavam, assim, antes de configurar-se novo marco regulatório. A antecipação em relação à regulamentação pode ter contribuído para que nos leilões se mantivesse, na definição da capacidade de contratação das usinas hidrelétricas, o critério tradicional de admitir risco hidrológico de deficiência de suprimento no nível de 5%.

O processo foi conduzido, a princípio, com predominância do aspecto financeiro, não se levando na devida conta a diversidade de situações. Na estrutura do sistema elétrico existem segmentos que podem, com relativa facilidade, se transformar em atividades independentes, como se se tratasse de qualquer outra indústria operando em economia de mercado. Incluem-se nessa circunstância empresas de produção de energia e seus consórcios, que possam contratar livremente a venda de energia em grosso com grandes consumidores e concessionários de serviços públicos. Inserem-se também nesse grupo os autoprodutores.

No extremo oposto situam-se segmentos intrinsecamente monopolistas, como é o caso da distribuição, que envolve extensas linhas urbanas induplicáveis e constitui atividade natural, por tradição, privativa de concessionário único de serviços públicos.

Em posição intermédia estão empresas que detêm grandes usinas-chave do sistema, linhas de transmissão e troncos de interligação regional. Eram quatro as empresas sob controle federal: Furnas, Chesf, Eletrosul e Eletronorte; três empresas sob controle estadual: Cesp, em São Paulo, Cemig, em Minas Gerais, e Copel, no Paraná, tinham em parte, em particular a primeira, função semelhante às geradoras federais. O empreendimento binacional de Itaipu ocupa posição singular nesse contexto. Segmento essencialmente distinto é o da produção e transmissão de energia hidrelétrica na Amazônia, em virtude de seus grandes espaços com povoamento escasso e a presença da floresta. A Eletronorte foi concebida com o objetivo fundamental de coordenar os estudos de longo prazo relativos aos empreendimentos que visem ao suprimento da própria região e possíveis transferências para outras regiões do país, bem como promover a respectiva implantação. Trata-se de missão que dificilmente se coaduna com a concepção de um mercado competitivo.

Em termos de abertura de mercados e ao mesmo tempo integração regional no âmbito da América do Sul, e no rastro do projeto de Itaipu, reforçaram-se as ideias dos projetos de importação de energia elétrica: da usina de Guri, na Venezuela, para Manaus, através de linha de transmissão de 1.600 km, com a capacidade de 1.000 MW, e da Argentina para o Rio Grande do Sul, com a respectiva conversora de frequência e com capacidade de 1.000 MW. Esta última terá ainda papel relevante no intercâmbio corrente de energia elétrica entre os dois países. Tiveram andamento também estudos para um outro projeto binacional, dessa feita com a Argentina, em Garabi.

Em função da dupla diretriz do programa de desestatização e de revisão do setor de energia elétrica, o BNDES coordenou a venda de empresas sob controle federal e estadual.

Não obstante a determinação legal, a privatização de Furnas, da Chesf e da Eletronorte continuou sendo contestada por forças políticas influentes. Das grandes geradoras federais, apenas a Eletrosul foi privatizada. Esse desvio das diretrizes do projeto resultou na necessidade de convívio de geradoras estatais e privadas.

No âmbito das empresas de grande porte, sob controle dos estados, a Cemig e a Copel não foram privatizadas, em função de decisões dos respectivos governos. Dentre os sistemas de vulto, manteve-se apenas o da Cesp, que foi desmembrado segundo as recomendações dos consultores. Três segmentos foram postos à venda, no entanto as três grandes usinas do rio Paraná continuaram estatais, com o mesmo nome Cesp. Desmembrou-se uma Cesp transmissão que também ficou com o estado. À época da privatização, a Eletrobras assumiu o controle de empresas estaduais das quais participava e que não estavam em condições de ser vendidas. Não foram postas à venda, de imediato, as empresas de Alagoas, Piauí, Amazonas, Roraima e Acre. Excetuadas essas, o processo de venda foi intenso e continuado, nos anos 1997 a 2000, compreendendo vinte distribuidoras estaduais, com significativo resultado financeiro. A receita da venda foi de 24,7 bilhões de dólares e as dívidas transferidas somaram 7,5 bilhões de dólares, com resultado total de 32,2 bilhões de dólares.

Tabela 29 – Programa de desestatização do setor elétrico (em milhões de dólares)

DISCRIMINAÇÃO	NÚMERO EMPRESAS	RECEITA DA VENDA	DÍVIDAS TRANSFERIDAS	RESULTADO TOTAL
Governo federal	3	3.908	1.670	5.578
Governos estaduais	20	18.330	5.840	24.170
Particip. minoritária	......	2.438	....	2.438
Total	23	24.676	7.510	32.186

Fonte: UFRJ, 2005 (ver tb. Apêndice 10-A).

Desde a privatização, o BNDES tomou parte ativa no financiamento de novos investimentos no setor elétrico no período 2000-2005. O montante total foi equivalente a 10 bilhões de dólares, repartido entre empresas privadas (87%) e públicas (13%).

Tabela 30 – Desembolsos do BNDES com financiamentos ao setor elétrico
(em milhões de reais)

NATUREZA	2000	2001	2002	2003	2004	2005	NÚMERO
Privada	1.338	950	7.790	3.734	5.031	4.435	343
Pública	2	181	920	1.312	1.471	158	12
Total R$ milhões	1.340	1.131	8.705	5.046	6.502	4.592	495
Em %*	6	5	23	15	16	8	
Em US$ milhões **	732	481	2.981	1.728	2.145	1.905	

* Em % dos desembolsos totais do BNDES;
** Total convertido para dólares.
Fonte: Siffert, 2006. Dados Depto. de Energia Elétrica, área de Infraestrutura/BNDES: por solicitação do autor.

Na prática, o projeto de privatização total tomou três rumos diferentes: em um extremo, houve a privatização quase completa da distribuição e, em outro, permaneceu estatal quase toda a transmissão. Entre as geradoras a venda foi parcial, mantendo-se a maior parte da capacidade então existente sob domínio estatal.

Licitação de aproveitamentos hidrelétricos e de linhas de transmissão

Na sequência lógica da privatização parcial do que já existia sob controle do Estado, foi posto em prática o processo de licitação de possíveis aproveitamentos de recursos hídricos para a geração de eletricidade e de construção de linhas de transmissão, ambas previstas em lei (Lei nº 8.987/1995). Coube à Aneel, a partir de 1996, promover essas licitações que se desenvolveriam entre 1997 e 2002.

Foram 31 usinas com capacidade total presumida de 12 mil MW (Apêndice 10-B).

Nas licitações, a Aneel fixa o lance mínimo do pagamento pela concessão em reais/ano e do correspondente total relativo à duração da concessão (35 anos). A proposta vencedora é aquela que oferecer o maior pagamento.

É de se registrar a importância da participação de empresas industriais, fortes usuários de eletricidade que, visando assegurar autossuficiência em energia, alcançaram cerca de 42% da capacidade total contratada, sob a forma direta ou mediante consórcios. Foi expressiva a presença desses grandes consumidores.

Tabela 31 – Usinas elétricas licitadas pela Agência Nacional de Energia Elétrica

ANO	NÚMERO	POTÊNCIA TOTAL MW	POT. GRANDES CONSUMIDORES	
			MW	%
1997	4	1.517	112	7
1998	4	1.866	-	0
1999	2	810	690	85
2000	5	1.252	450	36
2001	13	4.415	2.785	63
2002	3	1.350	1.242	92
Total	31	12. 307	5.179	42

Fonte: Aneel, 2005.

A contribuição potencial desses empreendimentos para a expansão do sistema, considerando-se prazo de maturação de no mínimo cinco anos, se situa na média anual de 1.842 MW, na hipótese de que todos se concretizem. Confrontando-se esse acréscimo com a potência instalada, de 69.910 MW, nas hidrelétricas em operação em 2002 (inclusive 90% de Itaipu), o resultado é de modestos 2,6% anuais.

Na prática será menos que isso, já que alguns contratos não tiveram o andamento previsto, notadamente o grande projeto de Santa Isabel, no rio Araguaia, por motivos socioambientais. No Capítulo XI será indicada a evolução desses empreendimentos.

Quanto às licitações das linhas de transmissão da rede básica, em tensão igual ou superior a 250 kV, eram realizadas em função das propostas de receita anual desejada para disponibilização do uso da linha durante o período da concessão. Os resultados foram expressivos e variados na sua composição acionária, com predomínio da iniciativa privada.

Tabela 32 – Licitações de linhas de transmissão com contratos assinados

EMPRESA CONTRATADA	2000		2001		2002	
	Nº	KM	Nº	KM	Nº	KM
Privada	3	2.833	4	1.691	6	1.536
Consórcio	2	828	-	-	1	180
Estatal	1	6	4	606	1	127
Total	6	3.667	8	2.297	8	1.843

Fonte: Aneel, 2005.

Esse segmento do processo de privatização foi o que mais perto chegou dos objetivos originais, atraindo a iniciativa privada, possivelmente por se basear em regras muito simples. Empresas estatais continuaram construindo por conta própria.

Instituição e organização do mercado

O princípio diretor da nova concepção de mercado competitivo, a ser alcançado por etapas, foi a livre comercialização, entre geradores e distribuidores, mediante contratos bilaterais de longo prazo.

Para estabelecer competição seria necessária, no modelo proposto pelos consultores, não apenas a privatização, mas também duas modificações profundas na estrutura do setor elétrico: a desverticalização das empresas integradas com a separação nítida das atividades de geração, transmissão e distribuição, além da determinação de limite máximo, para empresas vendedoras e compradoras de energia, de acordo com a parcela de mercado que possam deter.

As empresas desverticalizadas seriam subdivididas a fim de atender o segundo objetivo. Algumas propostas, relativas às geradoras, eram excessivamente artificiais do ponto de vista geográfico e logístico.

Quanto aos consumidores finais, foram eles classificados em cativos, aos quais só é permitido comprar energia do concessionário a cuja rede esteja conectado, e livres, aqueles autorizados a escolher o seu fornecedor.

Na transição, os contratos então vigentes, correspondentes ao plano de operação para 1998, do GCOI, serviram de base para a assinatura de contratos iniciais que envolviam quantidades de energia decrescentes ao longo do tempo, à medida que se fosse implantando a livre negociação das energias liberadas.

Como as empresas assim divididas teriam inevitavelmente produção ou demanda que não correspondem com exatidão ao que contrataram, havia que definir outra forma de negociação dessas energias secundárias, que substituísse a prática vigente ao tempo do GCOI. As novas contratações deveriam ocorrer em ambiente denominado Mercado Atacadista de Energia – MAE, no qual todos os compradores e vendedores pudessem negociar e definir o preço *spot* da energia elétrica (Lei nº 9.648/1998).

Para maior abertura do mercado, criavam-se, finalmente, agentes comercializadores independentes, com autorização para vender energia elétrica a consumidores finais.

O MAE foi instituído mediante acordo de mercado firmado em agosto de 1998, do qual participaram quase todas as empresas que operavam no setor elétrico, acordo esse devidamente aprovado pela Aneel (Resolução nº 18/1999). No órgão deliberativo superior do MAE, a assembleia geral, os votos foram subdivididos em proporções definidas entre as várias categorias de membros. Criou-se o Comitê Executivo – Coex também com representação por categoria de membros, sete escolhidos pelos agentes da categoria produção, e outros sete pela categoria consumo, além de dois conselheiros sem direito a voto, representando o Operador Nacional do Sistema – ONS e o Administrador do Sistema de Contabilização e Liquidação – ACL, cuja contratação era então prevista, com a missão de contabilizar, liquidar e manter os registros correspondentes. O acordo contemplou ainda a criação da Administradora de Serviços do MAE. A ASMAE, pessoa jurídica de direito privado, era prestadora de serviços administrativos, técnicos e jurídicos, além de proceder ao rateio dos custos administrativos das respectivas atividades. Era uma estrutura complicada, modificada mais tarde.

Entre as atribuições do MAE, houve previsão para se definir um preço de mercado *spot* que refletisse, a cada período, o custo marginal da energia no sistema, a ser utilizado como base das transações entre geradores e distribuidores, em ambiente multilateral. O preço seria determinado para cada submercado, Norte, Nordeste, Sudeste e Sul, e classificado em três patamares de carga: pesada, média e leve. O MAE operou, de início, observando os métodos antes adotados pelo GCOI; sua entrada oficial em operação se deu em setembro de 2000.

Antes disso já se acentuava a atenção por certas formas de geração de energia elétrica, que poderiam ser de interesse nacional desenvolver, mas que não eram competitivas no mercado então em organização. A Aneel, tendo em vista a disposição legal que contempla o repasse do custo de compra de energia elétrica para as tarifas de fornecimento e a quem compete estabelecer limites para repasse e zelar pela modicidade tarifária, resolveu fixar Valores Normativos para as várias fontes de energia, sujeitos a revisão periódica, seguindo critérios e fórmulas bastante complexos. A primeira apresentação de critérios e valores, em maio de 1988, foi objeto de audiência pública em julho de 1999, à qual se seguiu nova resolução (Resolução Aneel nº 266/1998 e Resolução Aneel nº 233/1999, modificadas posteriormente pela de nº 022/2001). Houve sucessivas revisões regulamentares dos valores.

Tabela 33 – Valores Normativos (VN) em reais por MWh

FONTE	RES. Nº 233/1999	RES. Nº 488/2002*
Competitiva	57,20	72,35
Termelétrica carvão nacional	61,80	74,86
Pequena central hidrelétrica (PCH)	71,30	79,29
Termelétrica biomassa	80,80	89,86
Usina eólica	100,90	112,21
Usina solar fotovoltaica	237,50	264,17

* Valores referidos a jan. 2001.
Fonte: Aneel, 2006.

Após a crise de suprimento de energia de 2001, foi instituído valor normativo único, correspondente ao que se havia denominado fonte competitiva, valor esse situado no nível de 72,35 reais. Mais tarde, o Conselho Nacional de Política Energética propôs, e obteve aprovação do presidente da República, que se voltasse, no caso das empresas em implantação, aos critérios anteriores à definição do VN único, o que originou outras duas resoluções da Aneel (nº 248/2002 e nº 488/2002).

Essa cansativa sequência serve como ilustração da complexidade do sistema que se tentou implantar.

Operador Nacional do Sistema

Paralelamente à formação do MAE foi criado o Operador Nacional do Sistema Elétrico – ONS, com o objetivo de promover a otimização da operação do sistema elétrico, visando ao menor custo, mas respeitando os padrões técnicos, os critérios de confiabilidade e as regras do mercado, de modo a garantir a todos os agentes acesso à rede de transmissão, além de contribuir para que a expansão do sistema também se faça ao menor custo e em melhores condições operacionais futuras. Destacam-se ainda, entre as suas atribuições, a contratação e a administração de serviços de transmissão e a proposição, à Aneel, de ampliação da rede básica de transmissão a ser licitada ou autorizada.

O ONS foi instituído como pessoa jurídica de direito privado, integrado pelos titulares de concessão, permissão ou autorização e pelos consumidores livres. Sucedeu ao Grupo Coordenador da Operação Interligada – GCOI e ao Comitê Coordenador da Operação Interligada Norte/Nordeste – CCON, unidades extintas da Eletrobras.

A Assembleia Geral do ONS é constituída por representantes dos associados subdivididos em três categorias: de produção, transporte e consumo. O ONS dispõe de um Conselho de Administração composto de representantes das três categorias em proporção predefinida e um representante do poder concedente, indicado pelo MME. Este último tem direito de veto às deliberações que conflitem com as diretrizes e políticas governamentais para o setor de energia elétrica. Conta ainda com uma Diretoria Executiva de quatro membros; o seu estatuto e eventuais modificações dependem de aprovação da Aneel. Criou-se uma parcela dos encargos sobre a tarifa de uso da transmissão, a fim de cobrir seus custos administrativos.

Mudanças estruturais – Eletrobras

Na análise empreendida por consultores sobre as múltiplas funções que vinham sendo exercidas pela Eletrobras, em confronto com as diretrizes da reforma, identificaram-se cinco papéis principais:
- controladora das subsidiárias regionais: Furnas, Chesf, Eletronorte, Eletrosul e da parte brasileira de Itaipu, além da Nuclen e de posições acionárias minoritárias em empresas sob controle estadual. A Light, grande distribuidora, já fora vendida;
- financiadora do setor elétrico e administradora da Reserva Global de Reversão - RGR;
- operadora dos sistemas integrados, pelo GCOI e CCON;
- responsável pelo planejamento da expansão da geração e transmissão, de forma determinativa, com base nos estudos do Grupo Coordenador do Planejamento dos Sistemas – GCPS;
- executora de serviços variados, tais como pesquisa no Cepel, eficiência energética no Procel e meio ambiente no Comase.

Quanto à privatização, no âmbito do governo federal, foi determinado (pelo art. 5 da Lei nº 9.648/1998) que o "(...) Poder Executivo promoverá, com vistas à privatização, a reestruturação da Centrais Elétricas Brasileiras S/A e de suas subsidiárias (...) ficando autorizada a criação (...)". Segue-se a discriminação de vinte entidades distintas, de geração e transmissão, assim consideradas as linhas de tensão 230 kV ou superiores, para propiciar a privatização por partes. As operações de reestruturação societária deviam ser previamente autorizadas pelo Conselho Nacional de Desestatização. Admitia-se que pudessem ficar como subsidiárias às redes de transmissão. Propunha-se ainda a criação de entidade para atuar como agente para comercialização da energia de Itaipu, que não foi constituída.

Os consultores apresentaram numerosas recomendações, a maioria das quais girava em torno da hipótese da privatização das empresas de geração. Essas recomendações ficaram quase todas prejudicadas, porque grandes subsidiárias federais de geração bem como importantes segmentos estaduais de geração não foram privatizados. Essas matérias foram objeto de intensa discussão no âmbito do RE-SEB e da própria cúpula do MME, especialmente quanto à responsabilidade pela administração dos recursos financeiros do setor, destinados a empréstimos ao próprio setor, envolvendo ainda luta pelo poder do BNDES, que desejava assumir essa administração.

No que se refere à estrutura interna da Eletrobras, são as seguintes as modificações essenciais, propostas e aceitas: 1. a extinção, em 1999, do GCOI, cujo quadro de pessoal e acervo passaram ao novo ONS, para o qual foram transferidos também o Centro Nacional de Operação do Sistema – CNOS e os centros regionais; 2. a supressão do GCPS, cujas funções passariam, segundo recomendação dos consultores, a um novo organismo, o Instituto para o Desenvolvimento do Setor Elétrico – IDSE, ao qual caberia realizar estudos setoriais direcionados pela Aneel, bem como o planejamento indicativo da expansão do sistema. Esse organismo não foi instituído.

A tarefa de planejamento de longo prazo ficou a cargo da Secretaria de Energia do MME, onde se criou, em 1999, o Comitê Coordenador do Planejamento da Expansão – CCPE, sem que fosse possível constituir estrutura técnica capaz de levar a bom termo essa tarefa. Anos mais tarde, em 2004, fundou-se a Empresa de Pesquisa Energética (ver Capítulo XI) com algumas das funções previstas para o CCPE, embora com outra abrangência e outro espírito.

Ao reunir as questões de ordem jurídica e regulamentar, os consultores fizeram 19 recomendações sobre leis, regulamentos e contratos, a maioria das quais se situava além da capacidade administrativa do MAE para colocá-las em prática.

Métodos de otimização

A busca de uma forma de otimização do sistema hidrotérmico, tanto nos planos de expansão de longo prazo, como nos programas de operação, evoluiu com o tempo e a experiência adquirida. O ponto de partida foi o projeto Canambra, relativo à região Centro-Sul (hoje Sudeste), voltado para a elaboração de plano integrado de expansão do sistema. Faziam-se simulações alternativas de comportamento futuro, baseadas em previsões de demanda e de diferentes conjuntos de usinas em análise. A metodologia adotada era a do período crítico e do conceito de energia firme, que correspondia à geração possível, na hipótese de ocorrência de período hidrológico seco, equivalente à pior experiência registrada, a do período 1952-1956. Ao se iniciarem estudos probabilísticos sobre o futuro, com base nos mesmos dados hidrológicos, constatou-se que essa metodologia correspondia a assumir risco da ordem de 3%.

O mérito desses estudos advinha do fato de que serviam de base para o programa de obras a realizar, bem como para definição de diretriz operacional, sintetizada em uma curva limite inferior de armazenamento e que mostrava, para cada reservatório de regularização ou cada conjunto hidrelétrico na mesma bacia, o nível mínimo que devia ser respeitado na operação em cada período. A queda abaixo desse limite dava origem ao despacho da geração térmica. A unidade de tempo utilizada era o mês. Essas condições gerais continuaram a ser observadas em programas subsequentes. No despacho centralizado das usinas que, em número crescente, iam sendo conectadas ao sistema integrado, buscava-se, portanto, a otimização física dos recursos hídricos.

O fator de carga do sistema era relativamente baixo e os projetos de usinas hidrelétricas previam a potência a instalar no dobro da respectiva capacidade de geração firme. Tendo em vista o grande investimento em potência e o baixo custo corrente, as tarifas binárias em uso tinham forte componente de demanda e baixa proporção da parcela de energia. Com a crescente industrialização do país, o fator de carga foi-se elevando, e a parcela "energia" ganhou importância na programação das operações do sistema, cuja integração se fortalecia, especialmente na região Sudeste.

No domínio das tarifas, o DNAEE não dispunha, nessa época, de informação contábil suficiente para distinguir os custos de forma a permitir seu aperfeiçoamento. Iniciou-se então período de intensa análise, juntamente com a Eletrobras e os principais concessionários, visando introduzir no país o conceito de custo marginal (ver Capítulo VIII). O deslocamento parcial das tarifas, nesse sentido, foi sendo implantado de forma progressiva, tornando mais complexas as operações entre empresas e mais difícil a programação global coordenada pela Eletrobras, sob a responsabilidade do GCOI.

No plano comercial, mantinham-se contratos bilaterais de suprimento de energia entre empresas geradoras, ou predominantemente geradoras, e as distribuidoras. A energia despachada, em função dos objetivos de otimização, era diferente da contratada, havendo registro central, na Eletrobras, para permitir o acerto de contas entre os participantes. Estabeleciam-se, para tanto, duas tarifas: uma relativa a desvios aleatórios de várias naturezas e outra relativa à otimização.

Essas práticas, com aperfeiçoamentos, se mantiveram nas décadas de 1960 e 1970.

A complexidade crescente do setor, inclusive com a iminência da entrada em operação de Itaipu, com suas linhas de interligação regional, levou a Eletrobras a constituir, em 1985, grupo de trabalho misto GCOI/GCPS, com o propósito de reexaminar os métodos de programação e operação e definir próximos rumos. Iniciaram-se aí de modo sistemático a formulação e o aperfeiçoamento de modelos probabilísticos que pudessem substituir, com vantagem, o determinismo anterior. O primeiro, denominado Modelo de Despacho de Sistemas Hidrotérmicos – MODDHT, começou a ser empregado em estudos de planejamento da expansão, em 1990. A nova orientação, aprovada internamente na Eletrobras, admitia risco de 5%, ao qual correspondia o conceito de energia assegurada das usinas e do sistema.

Na década de 1990, o Centro de Pesquisas de Energia Elétrica – Cepel começou a participar do estudo de modelos operacionais construídos especificamente para as condições brasileiras do sistema hidrotérmico, com diversidade entre bacias hidrográficas. Surgiu primeiro o modelo Dinâmica, baseado em programação estocástica, cuja aplicação, com aperfeiçoamentos, estendeu-se até 1998. Durante anos de estudos foram progressivamente desenvolvidos outros modelos computacionais, que ficaram conhecidos como Decomp e Newave.

As simulações operacionais visavam encontrar o caminho que assegurasse o atendimento do mercado, pelo mínimo custo total para um período definido, admitindo-se risco predeterminado de não atendimento. Para seguir esse objetivo, o modelo realiza também o cálculo da taxa de variação do custo futuro em relação ao nível de armazenamento nos reservatórios, nas vizinhanças do ponto de menor custo, relação essa conhecida também como valor da água, que é comparado ao custo de geração termelétrica que possa substituir o uso da água. A capacidade térmica é despachada se o seu custo for inferior ao valor da água.

O modelo Newave passou a ser utilizado, oficialmente, em 1999. Mantinha-se o horizonte de dez anos, com etapas mensais. Esse prazo era considerado necessário para a decisão e construção de usinas térmicas que pudessem superar o risco de racionamento, na hipótese desse se apresentar como provável. O modelo foi sendo aplicado para o nível de risco de 5%, embora permita a adoção de outros critérios mais rígidos. Em lugar da utilização pura e simples da hidrologia histórica, presumindo a possibilidade de sua repetição, adotou-se modelo probabilístico, baseado nos mesmos dados hidrológicos, levando em conta, no entanto, duas premissas:

1. que as afluências em determinado mês e local dependem dos afluvios de "p" meses anteriores; e
2. que, em virtude da sazonalidade do regime hidrológico, para cada mês de um ciclo, varia o número "p" de meses anteriores que sobre ele têm influência significativa.

Nos estudos de prazo médio, para um horizonte de cinco anos, buscam-se índices plurianuais de atendimento do consumo, que sejam suficientes para orientar os administradores na condução do cronograma das obras de geração e transmissão.

Em sequência ao Newave preparava-se a aplicação do modelo Decomp, com horizonte de alguns meses mediante o qual são vistas, em detalhe, as usinas e os principais troncos de transmissão em etapas semanais. A partir dos resultados desses modelos, abria-se o caminho para contemplar horizonte de uma semana, incluindo informações para o efetivo despacho diário por usina geradora.

Na construção dos modelos, tendo presente a extensão territorial do Brasil, faz-se necessário não apenas subdividir o mercado, como também levar em conta as restrições da rede de transmissão, que limitam a capacidade de transferência entre submercados.

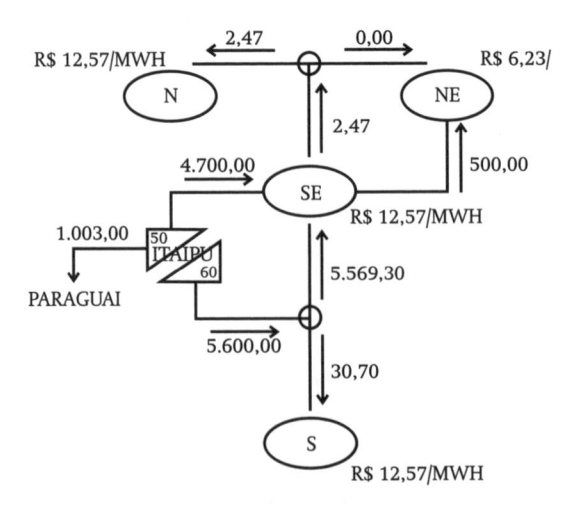

Figura 21 – Esquema dos fluxos inter-regionais do sistema integrado (em MW médio).

Fluxos em MW, valores em reais por MW/h. A energia de Itaipu está dividida entre as partes de 50 e 60 ciclos. Exemplo de uma semana escolhida ao acaso (semana 1 de outubro de 2004).

Fonte: ONS, 2007.

Considerou-se adequado, para o fim a que se destina o modelo, simplificação, que consiste na agregação de todos os reservatórios de cada região em um único equivalente, no qual os volumes de água armazenada são convertidos em energia (MWh), observando-se em cada caso a respectiva queda útil e os efeitos da cascata de usinas em uma mesma bacia hidrográfica.

A utilização prática do modelo de otimização, assim construído, requer definições prévias em relação a quatro fatores fundamentais: previsão da demanda, expansão do sistema (parque gerador e linhas de transmissão), custos variáveis da geração térmica e custos correspondentes a eventual racionamento futuro. Nessa simulação, os custos imediatos referentes a despesas correntes são de avaliação simples e bem conhecidos, e decorrem de decisões contemporâneas. É muito mais difícil a avaliação de custos futuros que envolvem, além dos gastos com combustíveis, perdas econômicas provocadas pelo racionamento incerto de energia. Essas perdas são estimadas em termos macroeconômicos, com base, em geral, na relação entre as variações de renda e de consumo de energia, que se traduzem no valor da elasticidade-energia. Na realidade, haveria que levar em conta também a diferença dos efeitos negativos conforme a profundidade dos cortes de energia, e fazê-lo de forma segregada para os diversos grupos de consumidores, o que é ainda mais complicado. Por último, para serem somados aos custos correntes a fim de se obter o custo total, torna-se necessário calcular o valor atual dos custos futuros, o que envolve a escolha de uma taxa de desconto, inevitavelmente arbitrária. Tem-se adotado a taxa de 10%.

O modelo Newave entrou em uso junto com a discussão das reformas do setor, num momento em que já se apresentava quadro de declínio continuado no armazenamento nos reservatórios, apontando para um horizonte de insuficiência de capacidade de atendimento do mercado. Complementarmente, o modelo Decomp passou a ser utilizado a partir de maio de 2002, com a introdução da programação semanal. O modelo Dessem, voltado para a programação diária, ficou para mais tarde.

À época da elaboração da reforma do setor elétrico, os consultores Coopers & Lybrand tomaram conhecimento do modelo Newave e seus complementos. Julgaram eles que esses instrumentos, construídos para orientar a operação e a expansão do sistema, poderiam ser também empregados para a definição do preço da energia no mercado *spot* do MAE. Essa proposta fez parte dos procedimentos acordados entre os membros do MAE e aprovados pela Aneel. Preferiram esse caminho em lugar de oferta competitiva de preços (*competitive bidding*) entre geradores no mercado *spot*, procedimento adotado em várias situações de coordenação de geradores, há muito tempo. Em 1960, tive a oportunidade de presenciar, nos Estados Unidos, o funcionamento prático de tal sistema (Apêndice 10-C).

A decisão teve "(...) como base a dificuldade em descentralizar o cálculo do valor da água em um sistema grande, predominantemente hidrelétrico e com um número limitado de plantas termelétricas" (Projeto RE-SEB, 1997). O tema foi objeto de divergência de opiniões no seio do RE-SEB e, mais tarde, no Comitê de Revitalização do MME. A tese que prevaleceu se assenta na convicção de que, em decorrência de um leilão, as cargas e as disponibilidades de geração negociadas não refletiriam os custos que incidiriam em seu atendimento, pois esses, de fato, seriam consequência do despacho centralizado realizado pelo ONS.

Nesse debate não se deve perder de vista que, para um projeto de longo prazo, as incertezas são muitas: pluviométricas, preço de combustíveis, atual e futuro, datas de entrada em serviço de centrais geradoras, sem esquecer os efeitos sobre a demanda do ritmo de crescimento da economia e da mudança de hábitos dos consumidores de energia.

Muitos dos que acompanhavam a evolução da reforma se manifestaram no sentido de que a extensão do uso de modelos matemáticos à definição do preço de mercado não era apropriada, sabendo-se, todavia, que a modalidade do leilão exigiria, necessariamente, outras modificações no processo de otimização que não haviam sido debatidas.

Os algoritmos foram desenvolvidos para um mercado constituído por empresas estatais monopolistas em regime tarifário de custo de serviço. O novo mercado seria operado por empresas privadas em regime concorrencial, sendo prevista ainda a liberdade de grandes consumidores se desligarem do sistema quando o preço do mercado *spot* lhes parecer excessivo. Os parâmetros técnicos e econômicos desses agentes refletirão expectativas distintas das concessionárias estatais, particularmente no que se refere à taxa de desconto, que será diferente na concepção de cada agente (Oliveira, 1997).

De qualquer forma, perdeu-se em parte a importância dessa discussão diante das transformações que, a partir de 2004, vieram a ocorrer no sistema, quando se estabeleceu a obrigação de plena contratação prévia de carga entre distribuidores e geradores.

Tal como tradicionalmente acontecia, a execução dos programas, definidos em função dos novos modelos, dava origem a desvios em relação aos fluxos contratados, seja por motivos ocasionais, seja em virtude de requisitos do processo de otimização, o que requeria o registro e a contabilização dos valores transacionados.

Prática e contabilização das operações

Mesmo antes da entrada em operação de Itaipu, ampliava-se a malha de transmissão Sudeste, e em menor extensão a malha Sul, com inúmeras variantes de transferência física de energia e de uso da capacidade disponível. Realizaram-se então significativos investimentos em telemedição e em instrumentação de subestações, que permitiram melhor conhecimento do que se passava e despacho mais eficiente das usinas, além da utilização das linhas de transmissão no sistema que se havia constituído. E já se sabia que viria a interligação Sudeste/Sul com o advento de Itaipu. Além da construção dos modelos de otimização, fazia-se necessário aperfeiçoar os registros e a contabilização das operações.

Na prática anterior, havia sido estabelecido no GCOI um mecanismo de apuração e contabilização da diferença entre as energias contratadas ou combinadas entre empresas e as que eram utilizadas em função do despacho centralizado; ficava a cargo da Comissão de Contabilização e Programação de Energia e durou até 1999, quando da transição para a implantação das regras de mercado do MAE.

Até a privatização, não era relevante o exato valor do acerto de contas entre empresas, todas estatais. Essa visão se modificaria com a reforma privatizante, depois da qual o despacho centralizado incorporou empresas de propriedade distinta, e o acerto entre o valor de energias contratadas e energias efetivamente transferidas ganhou novo e maior significado.

Com a entrada do MAE, passou para ele a responsabilidade da contabilização das transações do mercado, registrando-se os montantes de energia contratada e de energia efetivamente transferida, segundo informação das empresas. As diferenças, em cada caso, se liquidam no MAE, ao preço do próprio MAE, estabelecido para cada submercado e cada patamar de carga. Esses valores são submetidos a procedimentos complementares, com o objetivo de ratear perdas verificadas em todo o sistema e encargos de serviços do sistema, bem como aplicação de penalidades.

Sobre todo esse processo incide ainda o Mecanismo de Relocação de Energia – MRE, sugerido pelos consultores da reforma e adotado pelo governo (MP nº 1.531/1998 e Decreto nº 2.655/1998). O MRE é um mecanismo financeiro do qual fazem parte as usinas hidrelétricas despachadas centralizadamente, com o objetivo de compartilhamento de risco hidrológico que afeta seus participantes, decorrente, em particular, dessa operação. Considera-se energia assegurada de cada usina hidrelétrica participante do MAE a fração a ela alocada da energia assegurada do sistema. Subsequentemente se estabeleceu para os contratos iniciais, da fase de transição de 1998-2005, que a energia assegurada das usinas hidrelétricas "(...) deve ser considerada como igual a 95% da energia garantida calculada pelo GCOI" (Resolução Aneel nº 244/1998).

Todos os aproveitamentos hidrelétricos têm direito a essa mesma proporção da produção para efeito de contabilização, e para tanto, dependendo dos valores efetivamente despachados, são feitas alocações de energia entre os aproveitamentos, de forma que os geradores com excedentes coloquem energia para os geradores com falta. A compensação financeira dessas alocações é feita mediante tarifa de otimização energética, estando os geradores, entretanto, sujeitos a diferenças de preço entre os respectivos submercados.

O processo de contabilização é realizado mensalmente (mais tarde semanalmente) e compreende:

- compra e venda de energia ou diferença entre a energia gerada ou consumida e os valores contratados;
- encargos e serviços do sistema;
- compensação de custos de geração no MRE, envolvendo apenas produtores;
- outras parcelas complementares.

A seguir se indicam as dificuldades do sistema de contabilização das transações no MAE, na fase de implantação de modelo inédito.

Implementação do modelo de energia elétrica com alto risco hidrológico

A introdução da complexa reforma se iniciou sem que tivessem sido formalizadas todas as suas componentes relevantes, previstas no modelo, em particular a desverticalização das grandes geradoras e sua subdivisão, para que se pudesse constituir mercado competitivo. Essa providência, não obstante constar de lei, já era nitidamente contestada por significativas forças políticas. E de fato não se concretizou.

No início da implantação se apresentavam também duas condições adversas. A primeira era a perspectiva de custos crescentes, em função da redução progressiva do número de locais adequados, conhecidos e avaliados, para construção de hidrelétricas, e da necessidade de entrada de usinas térmicas a custos mais elevados do que os praticados no sistema existente. A segunda era o pressentimento do sério risco de insuficiência de suprimento. A situação contrastava com a recomendação dos próprios consultores, que alertavam para a necessidade de abundância de oferta de energia no momento de implantar um projeto de competição entre geradores (Coopers, 1997).

Desde o plano 1996-2005, elaborado pelo GCPS da Eletrobras, já se apontava provável a ultrapassagem do critério de 5% como risco máximo de insuficiência de suprimento da demanda, entre 1997 e 2000. Estudavam-se alternativas para reduzir esse risco no sistema Sudeste/Centro-Oeste/Sul. No plano seguinte (1998-2007) mantinha-se a previsão de risco que poderia superar os 5% no triênio 1998-2000, atingindo o altíssimo nível de 15% em 1998. Havia esperança de que pudesse ser coberto com a interligação Norte/Sul, a geração térmica com gás boliviano a ser empregado em usinas ainda por construir e a integração energética com a Argentina. No Norte/Nordeste surgia também a previsão de risco elevado a partir de 2004.

O Plano 1999-2008, aprovado pelo MME em maio de 1999, revelava riscos projetados para o ano 2000 em 9,7%, na região Sudeste/Centro-Oeste, e 9,9%, na região Sul.

Análise retrospectiva mostra crescente insuficiência da capacidade total do sistema hidrelétrico. Na Figura 22 são indicadas duas curvas representativas da sua evolução no período 1965-2005.

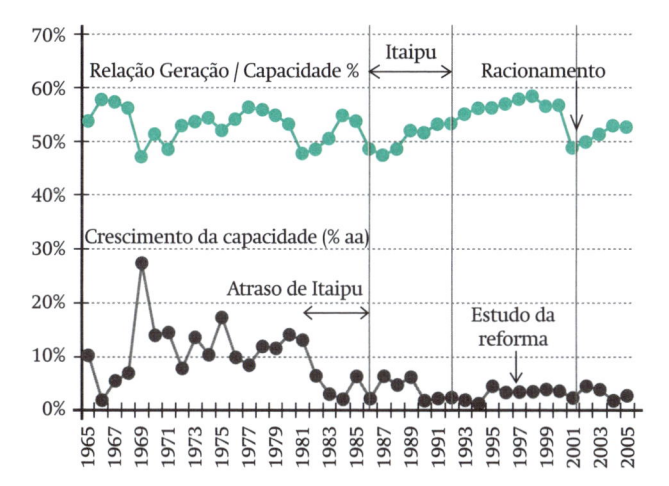

Figura 22 – Energia elétrica: relação entre geração e capacidade e crescimento anual da capacidade
Incluída a metade da geração de Itaipu que cabe ao Brasil.

Fonte: Até 1988 (Conselho, 2003); a seguir MME, 2005.

A primeira curva mostra o insistente e forte ritmo de construções, com crescimento de capacidade quase sempre superior a 10% ao ano, até 1981. Essa tendência se manteria um pouco mais se não tivesse ocorrido o atraso de Itaipu. Com outros atrasos no programa, o crescimento ficou sempre abaixo de 5% ao ano, desde 1990.

A segunda curva corresponde à relação geração/capacidade, que ficou sempre abaixo de 55% no período 1968-1983, o que explica em parte a situação de folga operativa no período. A entrada progressiva das primeiras unidades da usina de Itaipu assegurou a redução desse nível, que chegou a menos de 50% no período 1986-1988. A partir daí, com a estagnação das construções, a relação aumentou continuadamente até chegar ao nível de 58,6%, em 1998. Verificou-se, desde então, seguido aumento da relação até o máximo de 58,7%, alcançado em 1998, concorrendo para o enfraquecimento progressivo da confiabilidade do sistema integrado, o que viria a ser confirmado com o racionamento de 2001. A par disso, foi insuficiente a construção de capacidade térmica complementar, cuja participação na capacidade total do país registrou queda constante desde 1972, para atingir o mínimo de 12,6%, em 1996. O crescimento subsequente, depois do racionamento, é ilusório como respaldo da operação hidrotérmica, pelo menos temporariamente, pois que as novas usinas a gás não têm combustível assegurado para exercer a sua missão complementar no sistema integrado, caso ocorra ano hidrológico crítico.

A par do aumento insuficiente da geração, era modesta a expansão da transmissão em alta tensão, segundo fator de confiabilidade do sistema.

Tabela 34 – Extensão das linhas de transmissão

ANO	EXTENSÃO KM	CRESCIMENTO %
1995	61.571	
1996	62.486	1,5
1997	63.109	1,0
1998	63.971	1,4
1999	67.954*	4,8
2000	69.034	1,6
2001	70.033	1,5
2002	72.506	3,5
2003	77.642	1,1
2004	80.008	3,0
2005	83.049	3.8

* Houve pequena diferença de critério (94 km) entre as duas séries em 1999.
Fonte: ONS, 2005.

Cientes da evolução perigosa da crescente deficiência de capacidade, já em maio de 1997, antes da entrada das térmicas, os consultores (Coopers, 1997) haviam proposto, no Relatório IV-2, que se voltasse a pensar no plano de ação urgente, de outubro de 1996, que teve andamento insuficiente no que concerne a obras de geração e transmissão, programadas e não executadas, ou com grande atraso nos respectivos cronogramas. A situação era por eles classificada como *unusually high level of risk*, diante do qual reapresentavam ou propunham 16 linhas de ação que, por sinal, estavam muito além dos recursos humanos, materiais e de organização disponíveis, tanto nos órgãos centrais do MME, praticamente desmontado na reforma destrutiva do presidente Collor de Mello, como nos organismos novos, que davam seus primeiros passos. A maioria das ações propostas não se concretizou.

No fim de 1998, no âmbito do governo federal, outras preocupações se sobrepunham à tarefa de introduzir a reforma do setor de energia elétrica. No campo econômico, a crise de liquidez demandou solicitação de auxílio do FMI, o que, a seu turno, resultou em rígido controle das finanças públicas, com a inclusão dos investimentos da Eletrobras e da Petrobras no cálculo do superávit primário. Restringiam-se os recursos financeiros públicos para as obras a cargo de empresas estatais, que já estavam atrasadas. No campo político, com os entendimentos interpartidários para a sustentação da reeleição do presidente FHC, ganharam força, no Congresso, posições contrárias à privatização das grandes empresas sob controle federal. Boa parte da reforma se esvaía em atrasos e indecisões.

Cumpre relembrar ainda que na passagem (1998-1999) para o segundo mandato do presidente FHC houve troca de comando no MME. Os consultores já se retiravam, a organização do RE-SEB se encerrava, quando a implantação apenas se iniciara, inclusive no que se refere às instituições-chave da reforma, como o MAE.

Não obstante a existência do MAE, desde o acordo de mercado de agosto de 1998, faltavam regras operacionais detalhadas, especialmente no que concerne às responsabilidades a serem assumidas no mercado pelas empresas geradoras.

Essas definições só vieram no bojo de três resoluções da Aneel: 1. a que estabelece os critérios de cálculo dos montantes de energia e demanda de potência, a serem considerados nos contratos iniciais; 2. a que homologa os montantes de energia e potência asseguradas das usinas hidrelétricas da região Sul; e 3. a que homologa os montantes referentes às regiões Sudeste, Centro-Oeste, Norte e Nordeste (nº 244/1998, nº 268/1998 e nº 453/1998). Por meio dessas resoluções, a Aneel conceituou a energia assegurada de cada usina e definiu os seus valores mediante a emissão de Certificados de Energia Assegurada – CEA, que ficaram conhecidos como capacidade de placa, correspondendo àquela que poderia ser suprida pela usina, a qualquer tempo, independentemente da hidrologia favorável ou desfavorável, com risco máximo preestabelecido. Na escolha do critério de risco, o MME e a Aneel foram condescendentes, mantendo o nível (de risco) de 5%, que vinha sendo utilizado ao tempo da propriedade estatal das usinas; deviam tê-lo feito em nível mais baixo, tendo em vista aumentar a responsabilidade de cada empresa na sua relação com as demais, agora de propriedade distinta. Completando essa regulamentação, a Aneel definiu os critérios para a contabilização e faturamento da energia elétrica a curto prazo (Resolução Aneel nº 222/1999).

Em estudo posterior, fez-se a comparação entre a soma das energias asseguradas e a das energias firmes, levando em conta limitações de transmissão, evaporação nos reservatórios, irrigação, defluências mínimas e perdas hidráulicas, para as diversas regiões do país. A comparação está sumarizada na Tabela 35.

Tabela 35 – Energia firme e energia assegurada (GW médios)

CRITÉRIO	SUDESTE	SUL	NORDESTE	NORTE	TOTAL
Certif. energia assegurada	24,1	5,0	6,0	3,0	38,1
Energia firme	21,8	6,0	5,5	3,6	36,9
Diferença	-2,3	1,0	-0,5	0,6	-1,2
Razão firme/assegurada %	90	120	92	118	97

Nota: A partir de dados de 2002.
Fonte: Kelman, 2004.

A região crítica, o Sudeste, onde a crise viria a ser mais intensa, apresenta-se, nesse estudo, com excesso de capacidade assegurada sobre a energia firme de 2,4 GW médios.

Considerando-se a capacidade instalada de usinas hidrelétricas em 2002, as energias asseguradas e firme indicadas correspondem, respectivamente, a 59% e 57% da capacidade nominal de geração. Esses valores são coerentes com os resultados do gráfico anterior da evolução histórica dessa relação, no qual se mostra que a insuficiente expansão da capacidade levou à imprudente relação real de 58,6%, em 1998, imediatamente anterior à crise.

O tema não é acadêmico. O excesso de Certificados de Energia Assegurada contribuiu para insuficientes contratações na implantação da reforma. Uma explicação que tem sido dada é que isso decorreu do fato de que a privatização se antecipou à nova regulamentação. Não poderiam ser alterados parâmetros que determinaram o valor pelo qual as empresas foram licitadas e vendidas. No entanto, cabe também lembrar que uma eventual renegociação com o setor privado se restringiria às empresas AES-Tietê, Duke e Tractebel, cuja capacidade total em hidrelétricas providas de reservatório de regularização corresponderia a 21% do total nacional. Além disso, a Tractebel dispunha de forte capacidade termelétrica.

Tabela 36 – Usinas hidrelétricas do sistema integrado

ESPECIFICAÇÃO	TOTAL	C/RESERVATÓRIO	ESTATAIS	PRIVATIZADAS
Capacidade MW	57.910	33.183	26.285	6.898

Nota: Os dados são de março de 2005.
Fonte: ONS, 2005 (ver tb. Apêndice 10-D).

Cabe reconhecer que em uma revisão histórica torna-se mais fácil a análise das ocorrências do que no calor da crise.

Colapso físico do sistema elétrico

Em 30 de novembro de 1999, os principais reservatórios situados na região Sudeste/Centro-Oeste estavam com 19,7% da capacidade, enquanto os do Nordeste estavam com 15,9% e os do Norte com 24%. Apenas os do Sul conservaram nível aceitável, de 66,2% (Eletrobras, 2002). Os reservatórios do principal submercado do país, da região Sudeste/Centro-Oeste, se esvaziavam de forma inapelável, anunciando a crise que se avizinhava, concretizada em 2001. O ano de 2000 terminou com os reservatórios da região Sudeste/Centro-Oeste com 30% de sua capacidade, menos da metade dos 67% registrados em igual data de 1997. Foram-se os reservatórios, e o ano 2001 começava com a estação chuvosa sem chuvas.

Diante dos contratos iniciais e da complacência com o risco hidrológico influenciado pelo valor da placa superavaliado, as empresas predominantemente hidrelétricas não foram estimuladas a contratar capacidade de energia térmica complementar. No entanto, todos sabiam que o programa de construção de usinas geradoras estava com atraso e que a energia acumulada nos reservatórios do sistema elétrico Sudeste/Centro-Oeste se reduzia, continuadamente, de ano a ano, desde 1997, conforme mostra a Figura 23, da respectiva depleção.

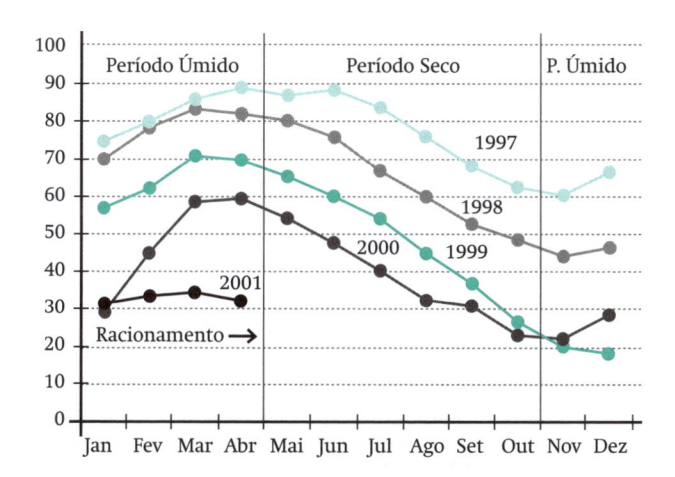

Figura 23 – Depleção dos reservatórios do subsistema SE/CO em %.

Fonte: Losekan, 2003.

Interessante observar que a geração térmica foi pouco utilizada, por antecipação, para sustentar níveis de reservatório e assegurar melhores níveis de segurança de suprimento, ampliando-se, de modo limitado, sua intensidade, depois da entrada em uso do modelo Newave, em 1998.

Tabela 37 – Utilização da capacidade térmica

ANO	CAPACIDADE MW*	PRODUÇÃO MW MÉDIO	FATOR DE CAPACIDADE
1996	6.624	1.816	27%
1997	7.155	2.180	30%
1998	7.415	2.262	31%
1999	7.792	3.258	42%
2000	9.702	3.635	37%
2001	10.639	5.017	47%
2002	11.466	6.240	54%
2003	12.636	7.240	57%
2004	16.883	7.743	51%
2005	16.212	6.944	485

* Adotada 90% da capacidade instalada.
Fonte: Conselho, 2006.

Deve-se ter presente que havia insuficiência de capacidade das linhas de transmissão na direção Sul/Sudeste, o que limitava o socorro térmico das usinas a carvão.

Parece, no entanto, que a utilização do modelo Newave, com o seu objetivo de minimizar custos a longo prazo, acabou por relegar a segurança do abastecimento a plano secundário. Ao se confirmar, em 2001, a deficiência prevista de geração, que conduziu à decretação do racionamento, foram sugeridas várias ações de emergência.

O Programa Prioritário de Termelétricas foi lançado pelo MME em fevereiro de 2000; nele estavam incluídas várias possibilidades de usinas, porém com esforço concentrado em 15 unidades a gás (Decreto nº 3.371/2000). Esse programa esbarrou em vários obstáculos, entre os quais a dificuldade de aquisição das turbinas no mercado internacional, saturado de encomendas, e a dificuldade de entendimento entre MME, Aneel, Petrobras e Ministério da Fazenda, com relação ao preço e ao repasse aos consumidores finais da variação cambial incidente sobre o preço do gás importado. Dessas dificuldades de colocar o programa em marcha, resultaram significativos atrasos nas datas previstas para entrada em operação das usinas. Não foi dada a atenção necessária aos reforços na transmissão, que poderiam ser feitos em prazo mais curto.

Seguiu-se uma série de medidas paliativas, na maioria insuficientes ou malsucedidas. Pensou-se inclusive em geração emergencial, como o aluguel de usinas montadas em barcaças, que não se concretizou, e, depois, em novo Plano Emergencial envolvendo 12 usinas térmicas, quase todas com a participação da Petrobras, conforme se verá adiante.

Em nova mudança no comando, o ministro de Minas e Energia, Rodolpho Tourinho, deixou o cargo em fevereiro de 2001. Em abril, a Aneel apresentou plano de redução do consumo e de aumento da oferta. Em março de 2001, o ONS solicitou à Aneel o contingenciamento de 20% da carga no Sistema Interligado Nacional que, aprovado, entrou em vigor em junho, e se mostrou insuficiente. Sinalizou, no entanto, para industriais e consumidores residenciais, a necessidade de pensar na eficiência energética de equipamentos, bem como na conservação de energia.

Racionamento

Diante do quadro confuso, o presidente Fernando Henrique se viu forçado a intervir na crise, atribuindo ao seu chefe de Gabinete Civil, ministro Pedro Parente, a responsabilidade pela coordenação. Dando início a uma sucessão de ações de natureza variada, foi adotada a medida provisória, que criou, como órgão interministerial, a Câmara de Gestão da Crise de Energia Elétrica – CGCE, a qual, por sua vez, estabeleceu o Comitê de Revitalização do Modelo do Setor Elétrico (MP nº 2.148/2001). Nas discussões realizadas no âmbito dessa Câmara, foi julgado conveniente dispor-se de instrumento complementar, independente dos modelos de otimização, capaz de oferecer guia objetivo de um ponto de vista imediato. Surgiu a Curva de Aversão ao Risco – CAR, que definia níveis mensais de armazenamento necessários em cada região para que, mesmo na ocorrência de cenários críticos de afluência no biênio subsequente, não fosse preciso adotar medidas restritivas de consumo ao longo desse período (Resolução CGCE nº 109/2001). A operação poderia ser acompanhada visualmente em comparação com os níveis da CAR, construída para cada uma das regiões Sudeste/Centro-Oeste, Nordeste, Norte e Sul. A partir do instante em que o estoque de energia nos reservatórios de uma região ficasse igual ou inferior ao valor da CAR, deveriam ser acionados todos os recursos disponíveis para que o armazenamento voltasse àquele nível (Lattari; Klingerman, 2005). De certa forma existia aí aparente contradição entre os princípios dos dois modelos, de natureza idêntica à que foi anteriormente levantada, quanto à compatibilização do modelo Newave com a definição do preço de mercado via leilão.

A CAR seria um instrumento para o futuro e não poderia ter, em nenhum caso, efeito corretivo sobre a crise, já instalada.

O aproveitamento em caráter permanente, em um só modelo, dos objetivos de minimizar os custos de operação com o de aversão ao risco não se mostrou fácil do ponto de vista matemático. Os dois instrumentos, com os seus méritos específicos, passaram a ser utilizados separadamente. A crítica imediata que se pode fazer quanto ao conceito da curva está na presunção da praticabilidade de instalação de usinas de emergência no prazo de dois anos.

Em maio de 2001 foi definido o Programa Emergencial de Redução de Consumo, que entrou em vigor em junho, e teve prevista a extensão de seus efeitos até fevereiro de 2002 (Resolução CGCE n° 1/2001). Instalava-se o racionamento, que determinava cortes diferenciados conforme os grupos de consumidores, além de outras providências, mas com o objetivo central de redução da carga:

- quotas de redução de consumo variáveis entre 15% e 25%, conforme a classe do consumidor, com liberdade de transação entre consumidores comerciais e industriais;
- carga tarifária sobre os consumos excedentes no comércio e nas residências; preço do MAE para as indústrias;
- bônus para residências que reduzissem o consumo além das quotas;
- cortes de três e seis dias se a quota não fosse respeitada.

A operação pode ser considerada, em termos gerais, bem-sucedida, graças, em particular, à reação positiva da sociedade. Indústrias procuraram equipamentos, processos e práticas conducentes ao aumento de eficiência. Criou-se, espontaneamente, um mercado de trocas, mostrando que talvez não tivesse sido necessário montar todo o sistema do MAE.

No caso da Firjan, foi estruturado um mercado com resultados surpreendentes, pois os preços ofertados convergiram, rapidamente, para patamar muito abaixo dos fixados pelo governo para os consumos superiores aos limites das quotas. Foi uma demonstração prática de que é possível ajustar oferta e procura pelo mecanismo do preço.

Os domicílios passaram a controlar o consumo e os desperdícios, inclusive com redução do próprio conforto. A sociedade, como em outras crises, se comportava com maior consciência da situação do que o governo. É importante registrar que muitas das providências adotadas pela sociedade adquiriram caráter permanente, especialmente na região Sudeste. Foi um reforço considerável para a tese de que a busca da eficiência no uso de eletricidade e do controle de desperdícios, buscando a contenção da demanda, deve se transformar em parte integrante de uma política energética nacional.

A queda do nível de consumo de eletricidade, de 15 milhões de MWh em abril de 2001 para 11 milhões em julho, foi seguida de uma recomposição, para estacionar em torno de nível médio, um pouco superior a 12,5 milhões, desde abril de 2002 até o final de 2004.

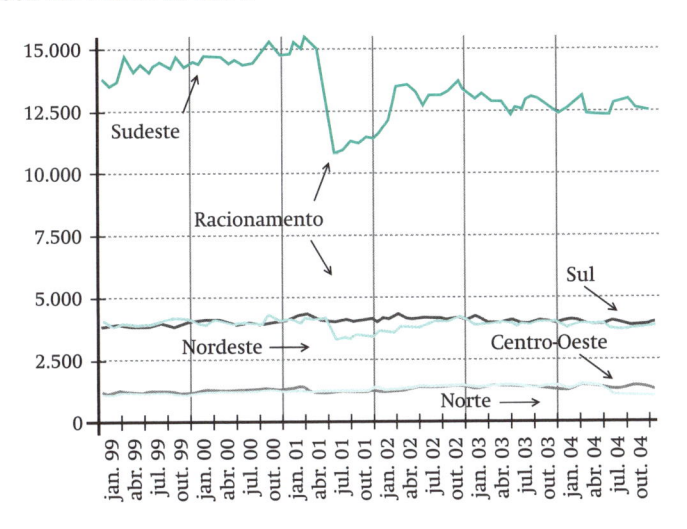

Figura 24 – Consumo mensal de energia elétrica por região (1.000 MWh).

Fonte: Rocha, 2005.

Durante a crise de suprimento, continuaram a ser adotados inúmeros decretos e outras medidas de menor hierarquia, entre as quais a ideia de propiciar a oferta, de curto prazo, de cerca de 2 mil MW de energia térmica na base de usinas diesel, de fácil e rápida instalação. Criou-se, para esse fim, a Comercializadora Brasileira de Energia Emergencial – CBEE, como empresa pública vinculada ao MME, com duração predeterminada até 2006 (MP nº 2.209/2001 e Decreto nº 3.900/2001). Em janeiro de 2002, foram firmados 29 contratos, referentes a 58 usinas, das quais quatro não se concretizaram. As 54 tinham potência total de 1.837 MW. A primeira a entrar em operação foi a Cocal, em São Paulo, mas a grande maioria só começou em meados de 2002.

Crise paralela no mercado – MAE

Com a introdução do novo modelo, a Aneel passou a definir, todo mês, até agosto de 2000, a tarifa marginal de operação, com base no custo marginal de operação informado pelo ONS. As variações eram modestas. Em setembro, finalmente o MAE foi inaugurado, cessando a tarefa da Aneel, nesse domínio, e dando início ao sistema de cálculo do preço *spot* pelo MAE, que passou a oscilar.

Houve a previsão (Resolução Aneel nº 290) de que, já na base do modelo Newave, o novo sistema seria implantado em três fases: com preços mensais no início de 2001; semanais com Decomp, no fim do ano; e horário, a partir de 2002. Apenas a implantação na base mensal foi efetivada. As operações entre empresas eram registradas, mas não ocorria a sua contabilização nem liquidação em virtude de dificuldades de organização.

O mercado já enfrentava embaraços em consequência do atraso, em um ano, da entrada em operação da Usina Angra II (de junho de 1999 para julho de 2000), que obrigou Furnas a adquirir grandes quantidades de energia no mercado *spot* para cobrir os seus compromissos. Essa falha não só afetou a oferta de energia, como abalou também a própria estrutura do MAE, que dava seus primeiros passos. A recusa de Furnas em honrar a conta que chegou aos 600 milhões de reais abalou profundamente a credibilidade da instituição e deu início a inúmeras ações judiciais. A Eletrobras promoveu, como mediadora, um acordo com os credores que haviam vendido energia a Furnas, mas não chegou a bom termo.

Os desentendimentos entre participantes do MAE continuariam com o surgimento de outra discussão entre a Eletrobras, por intermédio de Furnas, e a Eletrosul, comercializadoras da energia de Itaipu, e as concessionárias, respectivamente do Sudeste e Sul, a respeito da energia excedente daquela usina, que seria alocada à empresa *holding* ou, em partes proporcionais, aos concessionários que haviam assinado contratos de energia firme com a binacional. Mais tarde, a Eletrobras assumiu o papel de comercializadora de Itaipu (Decreto nº 4.550/2002). Dentro da própria ASMAE, responsável pela administração do MAE, a situação era confusa.

Tornou-se inevitável a intervenção da Aneel no MAE, alterando sua estrutura operacional; o Coex, que compreendia grande número de representantes das diversas categorias de agentes, foi extinto e instituiu-se o Conselho do Mercado Atacadista de Energia Elétrica – COMAE, com oito membros, dois sem direito a voto representando o ONS e a ASMAE, dois da categoria dos produtores e dois dos consumidores. Outros dois seriam designados pela Aneel. Foram definidos o arranjo de garantias financeiras e penalidades vinculadas à compra e venda de energia elétrica no MAE bem como as atribuições da ASMAE (Resoluções Aneel nºs 160, 161 e 162/2001). A contabilização das transações e a respectiva liquidação se fizeram, então, de forma retroativa. Os preços do MAE, de setembro de 2000 até o início da crise de suprimento, oscilavam de forma compatível com as expectativas, mas não refletiam o risco iminente. Apresentou-se uma explicação: na definição dos parâmetros para aplicação do modelo Newave, teria havido subestimativa do custo do risco de racionamento futuro.

O MAE foi, na prática, um desastre. Começou a existir quando já se sabia da escassez de energia, além do emaranhado de regras e da falta de providências essenciais previstas no modelo original, desfigurado, e ainda sobre o qual incidiram as ocorrências infelizes já mencionadas.

Ao mesmo tempo que se dava o colapso físico do sistema e se procuravam soluções de emergência, os preços do MAE, desde antes do racionamento, apresentavam evolução assustadora; em julho, passaram de mensais para semanais. Em setembro, a Câmara de Gestão interveio no processo fixando preços a serem temporariamente praticados: 336 reais por MWh no Sudeste/Centro-Oeste e no Norte, 582 reais no Nordeste (Resolução Aneel nº 49/201). Pouco mais tarde foram, por fim, definidas "diretrizes e critérios para cálculo do Custo Marginal de Operação e para a política de operação energética e despacho de geração termelétrica (...) bem como para formação de preço no mercado de energia elétrica" (Resolução Aneel nº 109/2002).

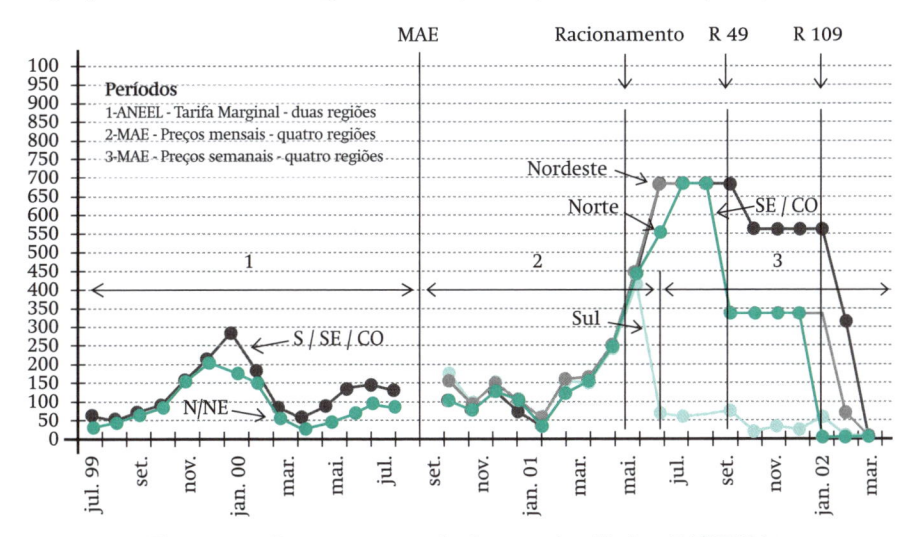

Figura 25 – Preços no atacado de energia elétrica (R$/MWh).

Fonte: CCEE, 2007.

Do lado comercial, o racionamento levou à forte redução do nível de receita das empresas de energia elétrica em 2001. As perdas se mantiveram em 2002, em função da recuperação apenas parcial do consumo faturado, cujo total caiu 7,7%, passando de 307 mil GWh em 2001 para 284 mil em 2002. Adveio daí nova crise, dessa feita de natureza financeira, no âmbito das empresas, cujo impacto foi avaliado pelo Comitê de Revitalização, constatando-se a necessidade de outra intervenção governamental no processo.

Consequências financeiras

A regulamentação em vigor previa três mecanismos de atualização tarifária: 1. reajuste anual; 2. revisão periódica; e 3. revisão extraordinária. Tratava-se, em 2001, obviamente, de aplicar o terceiro mecanismo.

Decidiu-se, então (MP nº 14/2001, convertida na Lei nº 10.438/2002), oferecer compensações aos agentes atingidos pela perda de receita, de duas formas: 1. às concessionárias de serviços públicos de distribuição, uma Recuperação Tarifária Extraordinária – RTE; e 2. às distribuidoras, apoio financeiro a cargo do BNDES, visando compensar parte da redução da receita. O banco instituiu programa emergencial para esse fim.

Apenas mais tarde foi adotado apoio financeiro equivalente em benefício de geradores e produtores independentes (Decreto nº 4.475/2002).

Ocorreu, para maior dificuldade do programa de recuperação financeira no segundo semestre de 2002, desvalorização cambial da ordem de 24%, que afetou o preço da energia de Itaipu, definida em dólares americanos, repercutindo nos custos não gerenciáveis das distribuidoras. Tudo isso se refletia na conta de Compensação de Variação dos Valores – CVA, referente à parcela não gerenciável da tarifa, destinada a registrar as mudanças sucedidas entre reajustes tarifários regulamentares. Visando mitigar o impacto sobre o quadro inflacionário, já no governo seguinte decidiu-se que o valor do reajuste necessário fosse postergado por 12 meses (Portaria Interministerial nº 116/2003). Coube ao BNDES novo apoio financeiro, correspondente a esse adiamento da conversão do saldo da CVA, que seria compensado, via tarifária, nos 24 meses subsequentes ao reajuste que ocorresse entre 2004 e 2005.

Os valores envolvidos em todo esse complexo e demorado processo, que se estendeu pelo governo seguinte, foram significativos.

Tabela 38 – Programas emergenciais com apoio do BNDES
(em milhões de reais)

	2002	2003	2004	2005	TOTAL
RTE – Distribuidoras	5.101	43	-	243	5.387
RTE – Geradoras	897	1.311	-	-	2.208
CVA	-	468	1.081	144	1.692
Total	5.998	1.822	1.081	387	9.287

Fonte: Siffert, 2005.

Enquanto isso acontecia do lado financeiro, o forte corte de consumo, do lado físico, estancou o esvaziamento dos reservatórios que, em setembro de 2001, já davam sinais de reenchimento. Por felicidade, o ano 2002 começou com bom período úmido.

Após a superação da crise e já no final do governo FHC, o processo legislativo, ainda dentro do espírito da reforma que visava estabelecer mercados competitivos e reduzir a presença do Estado, se concluiu com um emaranhado de iniciativas, do Executivo e do Legislativo, que acabaram se transformando no início de uma contrarreforma.

Julgou-se necessário introduzir alterações e complementações na recentíssima legislação, mantendo-se o espírito da reforma. Foi editada, com esse objetivo, medida provisória cuja eficácia foi suspensa pelo Supremo Tribunal Federal, por inconstitucionalidade. O contratempo levou o governo a enviar ao Congresso, em abril de 2000, projeto de lei com os mesmos objetivos (MP nº 1.819/1999, reeditada em abril, e Projeto de lei nº 2.905/2000).

O projeto de lei, que continha casual referência a fontes alternativas, foi objeto de intensa negociação entre o Poder Executivo e várias correntes de opinião e *lobby* presentes no Congresso. Já depois da crise, o governo editou nova medida provisória (nº 14/2001), cuja ementa se referia, explicitamente, à expansão da oferta de energia emergencial, embora tratasse, de forma extensa, da instituição de um Programa de Incentivo às Fontes Alternativas de Energia Elétrica – Proinfa. Das discussões dessas diversas propostas surgiu um projeto substitutivo, de cuja discussão resultou lei abrangente (Lei nº 10.438/2002), que incorporou assuntos diversos e variados, alguns dos quais tinham pouco a ver com o projeto original. Compreendia, de um lado, questões de momento, como regulamentação da recém-criada CBEE e acertos de contas decorrentes da redução da receita durante a crise, inclusive a recomposição tarifária extraordinária e acertos financeiros da mesma origem. Incluía, de outro lado, programas de longo prazo e grande envergadura, como o Proinfa, a Conta de Desenvolvimento Energético – CDE, metas de universalização da energia elétrica, bem como uso dos recursos da RGR. Esses programas de longo prazo não chegaram a ser aplicados até o fim de 2002 e foram profundamente modificados por proposta do governo seguinte, em 2003. Por esse motivo, serão examinados no Capítulo XI.

Lições da crise de suprimento de energia

Com o objetivo de extrair da crise informações que possam contribuir para aperfeiçoamentos futuros, convém deixar de lado ocorrências fortuitas, bem como comportamentos impróprios de agentes envolvidos no processo, alguns dos quais estão relatados neste capítulo.

Vieram a público numerosas análises, umas abrangentes, outras tópicas, com as imperfeições inevitáveis quando escritas no auge da crise. Entre elas, a contribuição de um grupo de pessoas que havia participado da construção e operação do sistema anterior à reforma, com o objetivo de, em conjunto, apreciar o que se estava passando. Foram elaborados dois documentos, em maio e dezembro de 2001, aos quais *O Estado de São Paulo* reservou espaço destacado (Leite *et al.*, 2001).

No intervalo entre essas duas análises foi concluído relatório no âmbito de grupo de trabalho de composição eclética, sob coordenação de Jerson Kelman, organizado pelo presidente FHC (Kelman, 2003). Aí se mostra que o consumo de energia evoluiu, entre 1998 e 2000, de acordo com o previsto no Plano Decenal 1998-2007. As diferenças entre previsão e realidade foram inferiores a 1%. A oferta prevista é que não se efetivou, tanto por atrasos, em obras de geração e transmissão programadas, como pela não construção de obras adicionais incluídas naquele plano e, finalmente, pela demora para entrada em operação das novas termelétricas. Em grande parte, isso se deveu à insuficiência de recursos para investimentos, decorrente das restrições impostas pela área financeira do governo. Essa deficiência se acrescentou aos já precários investimentos no início da década de 1990, que resultaram da deterioração financeira do sistema. No entanto, a grande falha foi a falta de coordenação diante do risco, que já era, há muito tempo, do conhecimento geral, dentro e fora do governo.

Passados quatro anos do racionamento, torna-se mais fácil identificar o que de relevante então ocorreu no domínio do planejamento e operação do sistema, visando assegurar o suprimento adequado de energia elétrica. Contudo, a hierarquia em que se colocam os problemas tem inevitavelmente conotação pessoal.

Não seria aqui o lugar para tratar da complexa matemática empregada na construção dos modelos de otimização, nem este autor tem competência suficiente para tanto, nesse domínio. Não paira dúvida de que os modelos, que vão sendo aperfeiçoados, constituem-se em instrumentos utilíssimos para os responsáveis, em diversos níveis, pela expansão e operação do sistema elétrico, visando assegurar o suprimento adequado às necessidades da sociedade pelo menor custo, seja na estrutura estatal anterior, seja na que passa a incluir forte participação de empresas privadas. Mas é preciso ter presente que o sucesso de sua aplicação, na prática, é inseparável da competência e da sabedoria dos que são obrigados a fazer a escolha de diretrizes que devam ser incorporadas ao modelo para que possa ser operado, junto aos que tomam decisões de investimento na expansão da base física do sistema. Problema central é a gestão do risco.

Algumas decisões dizem respeito a perspectivas de fenômenos futuros, de caráter aleatório, e outras envolvem julgamento de valor. Esses julgamentos de valor incorporam a terrível necessidade de opção entre maiores ou menores gastos presentes, em investimentos ou consumo de combustíveis, e a contrapartida de menores ou maiores riscos de gastos e prejuízos futuros decorrentes de um déficit de suprimento de energia. A responsabilidade pela condução do processo de expansão e operação do sistema elétrico se divide entre todos que dele participam. O grande perigo reside, como a crise de 2001 mostrou, na intervenção de caráter político, do governo, no seu mais alto nível, nos momentos em que se tornam necessárias medidas preventivas antecipadas, mesmo que chocantes para a sociedade.

Entrada do gás natural – Breve histórico

A entrada do gás natural na matriz energética brasileira decorre de dois caminhos diferentes: de um lado, o da sua descoberta, pela Petrobras, em pequeno volume, em 1956, e em volumes comerciáveis, com reservas já significativas, a partir da década de 1980, e, de outro lado, o das negociações com a Bolívia, na década de 1990, que têm origem em longa história de dificuldades, desde 1938.

As reservas descobertas pela Petrobras, no Nordeste, na sua maioria sob a forma de gás associado ao petróleo, foram crescendo em ritmo modesto até o fim da década de 1970. No seu entorno apareceram e receberam atendimento consumidores industriais.

No âmbito do governo federal, a questão do gás natural foi objeto de discussão na Comissão Nacional de Energia, que constituiu grupo de trabalho (1986) para elaborar plano nacional de gás natural, definindo medidas e objetivos, fixando, inclusive, metas para 1991 e 1995. Seguiu-se, em 1991, uma comissão para a viabilização do gás natural. Ambas as iniciativas não passaram de especulação sobre o que fazer.

Na expectativa da entrada do gás natural na economia nacional, os constituintes de 1988 incluíram no Art. 25, §2º que caberia aos estados "explorar diretamente ou mediante concessão a empresa estatal, com exclusividade de distribuição, os serviços locais de gás canalizado". Essa disposição foi mais tarde alterada pela Emenda Constitucional nº 5/1995, suprimindo-se a obrigação da empresa estatal, com exclusividade de distribuição.

Enquanto se discutia o aumento da presença do gás na matriz energética, na expectativa de descobertas, prosseguiam os trabalhos de exploração conduzidos pela Petrobras em duas frentes distintas: em terra, na bacia do Solimões, e no mar, na bacia de Campos.

Na primeira, as descobertas do fim da década de 1970 resultaram em reservas confirmadas de Juruá e Urucu, onde se iniciaram operações produtivas em 1998. Na segunda, sucederam-se descobertas de óleo com a presença de gás associado, em águas cada vez mais profundas, das quais redundou, a partir de 1999, aceleração do volume de reservas provadas.

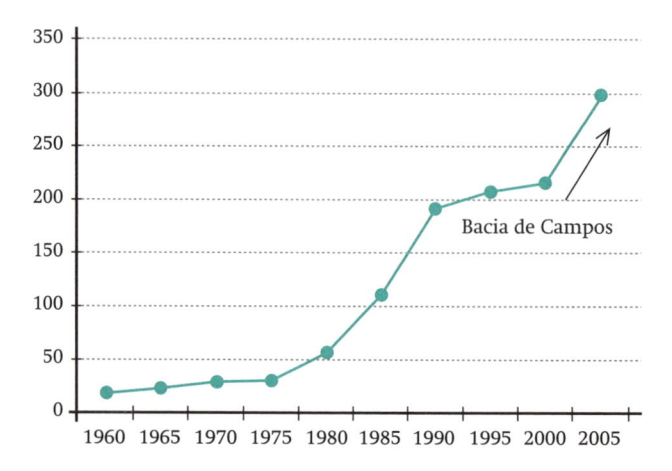

Figura 26 – Reservas brasileiras de gás natural (em bilhões de m³).

Fonte: Petrobras, 2006.

Em 2003, um terço do total das reservas se encontrava em terra e dois terços no mar. A bacia de Campos detinha 148 bilhões de metros cúbicos, ou seja, 42% do total. A segunda maior reserva era a de Urucu, com 49 bilhões (Agência Nacional do Petróleo, Gás Natural e Biocombustíveis, 2002).

Urucu, embora fenômeno isolado, teve significado particular pelo sucesso em plena selva amazônica e pela oportunidade que oferece de suprir a demanda energética de Manaus e outras capitais da região oriental, onde faltam outras fontes de energia. A Petrobras tomou a iniciativa de começar um sistema de acesso ao mercado, mediante a construção, em 1998, de um gasoduto Urucu-Coari, do campo até a localidade situada à beira do rio do mesmo nome, onde seria possível levantar uma planta de liquefação do gás e dar início ao transporte fluvial por barcaças. Mais tarde, optou-se por gasodutos.

As descobertas das bacias de Santos e depois do Espírito Santo abriram a perspectiva de um acréscimo equivalente ou superior a todos que ocorreram anteriormente. Além disso, as correspondentes reservas se encontram a menos de 200 km do litoral da região Sudeste, de maior demanda de gás.

A produção nacional de gás natural associado, pela Petrobras, no Nordeste e no Sudeste, foi acompanhando a produção de petróleo em proporção que variou entre 75% e 78% do total produzido. Assumiu ritmo mais forte, a partir de 1999. No entanto, só a menor parte desse gás foi comercializada, uma vez que a parte restante é consumida pela empresa no próprio processo produtivo.

O destacado interesse do Brasil, na década de 1990, pelo gás natural sofreu a influência de ideias que dominaram a cena nos países industrializados. No entanto, aqui a história do gás era bastante diferente da que ocorreu naqueles países desde o século XIX.

Inglaterra, Estados Unidos, França e Alemanha iniciaram a utilização de gás para iluminação pública e consumo residencial desde a fundação, em Londres, em 1813, da Gas Light & Coke, cujo objetivo era a produção e distribuição de gás manufaturado a partir do carvão. As redes de distribuição se estenderam, de forma continuada, na Europa e na América do Norte durante mais de um século.

No Brasil, o barão de Mauá iniciou, no Rio de Janeiro, em 1854, a iluminação pública a gás manufaturado com carvão importado da Inglaterra (ver Capítulo II). Esse empreendimento sofreu sucessivas mudanças de controle e de nome: Rio de Janeiro Gás Co. (inglesa) depois Société Anonyme du Gaz (belga) e por fim adquirida pela Light (1910), que passou a desenvolver a distribuição do produto paralelamente à da eletricidade. Nos anos subsequentes, não obstante o desenvolvimento das redes, a distribuição de gás para uso doméstico e comercial só alcançou uma parte da cidade. Em São Paulo, a companhia inglesa São Paulo Gás Co, fundada em 1872, com o propósito de fornecer iluminação pública, foi também adquirida pela Light, em 1912. Com a política de controle de tarifas pelo governo, que atingiu tanto a eletricidade como o gás, as concessionárias entraram em dificuldades econômicas, que prejudicaram sobremodo os respectivos processos de expansão. As redes de distribuição estavam confinadas à pequena parte dos dois centros urbanos. Instalações menores se encontravam em outras capitais.

No fim do século XIX, a utilização do gás manufaturado passou a sofrer a concorrência da eletricidade (1880), especialmente na iluminação pública e, a partir de meados do século XX, surgiu e cresceu, de forma ininterrupta, a principiar pelos Estados Unidos, o uso do gás natural, em substituição ao manufaturado. Na Europa, essa substituição tomou impulso com as descobertas de gás no mar do Norte e, a seguir, com a importação da ex-União Soviética, a partir de suas grandes reservas. A substituição da fonte encontrava, nesses países, o hábito do uso do gás e ampla rede de transporte e distribuição que servira ao produto quando manufaturado. No fim do século apareceu a turbina a gás, que então criou demanda dessa matéria-prima.

Contrariamente ao que ocorreu nos países que dispunham de redes provenientes do sistema de gás manufaturado, o Brasil, para passar a usar o gás natural, teria não só que construir gasodutos a partir dos locais de produção ou de entrada de importação, como expandir, de modo substancial, as redes de distribuição, o que requer tempo.

Acordo Brasil-Bolívia

A primeira iniciativa de trazer para o Brasil hidrocarbonetos da Bolívia resultou no tratado de cooperação entre os governos, assinado em 1938, que não teve consequências práticas. A segunda foi a Lei do Petróleo, de 1953, na qual se estabeleceu que a Petrobras "poderá associar-se (...) a entidades destinadas à exploração do petróleo fora do território nacional, desde que a participação do Brasil ou de entidades brasileiras seja prevista, em tais casos, por tratado ou convênio" (Lei nº 2.004/1953, art. 41).

A terceira veio com o Acordo de Roboré, de 1958, novamente com a Bolívia, no qual se pretendeu ativar a associação de interesses com muita discussão política; também não teve consequências práticas (ver Capítulo VI).

No início da década de 1970, quando os resultados alcançados pela Petrobras nas pesquisas em terra eram decepcionantes, estudaram-se formas de incrementar os trabalhos de exploração, incluindo-se a hipótese de alguma atividade no exterior para que a empresa ganhasse experiência em outras áreas e ambientes. Propôs-se, e o Congresso aprovou, a alteração do artigo 41 citado antes, no sentido de permitir a ação empresarial da Petrobras no exterior, independentemente de tratados entre governos (Lei nº 5.665/1971). Em função dessa lei, foi criada a Petrobras Internacional S. A. – Braspetro, com a qual se começou a pensar em limites amplos para as atividades de exploração (ver Capítulo VII).

Quase simultaneamente, novas discussões com a Bolívia tiveram lugar, entre 1971 e 1973, já então se tratando, de forma específica, de gás natural, que era oferecido no nível de 2 milhões de metros cúbicos/dia. As negociações tomaram corpo em reunião entre governos dos dois países, realizada em Corumbá, MS, em abril de 1972. Nela se decidiu a organização de dois grupos mistos de trabalho, com prazo definido, e responsáveis, respectivamente, por:

- examinar a aquisição de gás liquefeito pelo Brasil para abastecimento da região próxima da fronteira (três meses); e
- avaliar o uso industrial do gás natural (seis meses).

Em agosto do mesmo ano, o ministro das Relações Exteriores, Mário Gibson Barboza, propôs que se desse prosseguimento formal de nova etapa das negociações. Em resposta, redigi aviso com apreciação sintética do que havia, até então, sido discutido e observado (Documentos inéditos, 16). Dentre os comentários, transcrevo o que se refere à penetração do gasoduto, pela sua atualidade, três décadas mais tarde:

> (...) reforçou-se a nossa convicção no sentido de que a orientação geral estabelecida no encontro realizado no gabinete de V. Excia. em 23/03/72 deve ser seguida como hipótese única de trabalho. Naquela oportunidade ficou estabelecido que o gasoduto penetraria no território brasileiro apenas com o fim de ser alcançada uma localização adequada para a indústria de

fertilizantes evitando-se a entrega de gás ao centro industrial de São Paulo. Isto, principalmente, por ser inconveniente colocar-se número significativo de indústrias ou de atividades na dependência de suprimento de uma única fonte externa.

O gás inicialmente oferecido era pouco. Nas reuniões subsequentes, o escopo das negociações se ampliou, para admitir uma importação de 8 milhões de metros cúbicos/dia, sujeita à verificação de reservas. Do ponto de vista brasileiro, chegou-se a cogitar de uma diversificação de consumidores industriais isolados, admitindo-se a entrega de gás em São Paulo e Rio de Janeiro, com exclusividade para consumidores residenciais. Na exposição ao presidente da República, os ministros das Relações Exteriores, da Indústria e Comércio e de Minas e Energia observaram que "a dependência de cada um dos dois centros do gás natural boliviano será compensada pela instalação de craqueamento de nafta de São Paulo e Rio de Janeiro que se situariam como reserva" (Exposição de Motivos de 12.02.1973). Essa tentativa de entendimento também não teve continuidade.

Por volta de 1990, a ideia de importar gás da Bolívia foi ganhando, novamente, força, e a negociação entrou em fase decisiva no final do ano de 1991, envolvendo os governos dos dois países e respectivas empresas estatais. O acordo geral Brasil-Bolívia foi efetivado em agosto de 1992, e a assinatura do contrato de compra e venda de gás natural, firmado pelos presidentes da YPFB e da Petrobras, em 1993, originou o projeto do gasoduto Bolívia-Brasil (Apêndice 10-E).

No contrato entre a YPFB e a Petrobras definiu-se a quantidade inicial de 8 milhões de metros cúbicos diários, que deveria crescer progressivamente até alcançar 16 milhões no oitavo ano, contado a partir do início da operação. Dele constava também opção para compra de 14 milhões adicionais. Em consequência desses volumes, o gasoduto foi dimensionado para transportar 30 milhões de metros cúbicos, desde a Bolívia até Campinas. De extrema relevância no contrato de compra do gás foi a cláusula *take-or-pay*, de 80%, e *ship-or-pay*, de 100%, no uso do gasoduto.

A importação do gás da Bolívia colocou em evidência a interdependência das várias formas de energia primária em um balanço energético, que se tornava cada vez mais diversificado. Ficou nítida, nas discussões, a multiplicidade de questões a resolver. De um lado, havia que atingir, com rapidez, a capacidade mínima do gasoduto para torná-lo economicamente viável. De outro, a introdução do gás nas pequenas e médias indústrias de São Paulo – onde seria maior o seu efeito ambiental positivo – dependia da decisão de centenas de empresários e da eficácia do sistema de distribuição. O gás veicular não era visto como uma perspectiva ampla. Cogitava-se, como base de sustentação da economia do gasoduto, de uma grande usina térmica a gás, em São Paulo, a ser levantada por produtor independente. Reforçou-se a seguir a ideia de construir várias termelétricas como âncora. Com a entrada do gás no balanço energético nacional, anunciava-se um deslocamento parcial do óleo combustível, tanto nas indústrias como nas termelétricas. A inserção de tais usinas, que poderiam ser construídas no prazo de três anos, no sistema hidrotérmico interligado, continha, no entanto, uma contradição, em virtude de sua limitada flexibilidade operacional decorrente das condições do contrato de compra de gás.

Em termos quantitativos, no ano da entrada do gás da Bolívia (1999), as vendas do produto natural nacional estavam no nível de 15 milhões de metros cúbicos/dia. O gás da Bolívia trazia a perspectiva de triplicação dessa oferta no país.

Pouco depois, negociações sobre a importação de gás da Argentina deram lugar a outro acordo, de natureza empresarial, sem intervenção explícita dos respectivos governos, em abril de 1996. Não chegou a se concretizar porque a Argentina não tinha, de fato, disponibilidade de gás para exportar.

Simultaneamente aos estudos relacionados com a introdução do projeto do gás importado, elaborava-se no Congresso a outra regulamentação do petróleo e do gás (Lei nº 9.478/1997), bem como a criação do respectivo órgão regulador, a Agência Nacional do Petróleo, Gás Natural e Biocombustíveis – ANP, que iniciou suas operações em 1998 (Decreto nº 2.455/1998).

Implantação do programa do gás

Para o exercício da parte que lhe caberia no programa nacional de gás, a Petrobras formou, em maio de 1998, a subsidiária Petrobras Gás S.A. – Gaspetro. Coube a esta coordenar a organização da Transportadora Brasileira Gasoduto Bolívia-Brasil – TBG[1], na qual detinha 51% do capital, com a participação de vários grupos de investidores estrangeiros, cujo objetivo único era a construção do gasoduto em território brasileiro, com 1.413 km. Constituiu-se, paralelamente, para essa obra com 557 km em território boliviano, a Gás Transboliviano – GTB, composta por vários sócios; ficou a Gaspetro com 11% do capital.

O gasoduto até Campinas, com diâmetro de 32 polegadas e 12 estações de compressão, foi projetado para transportar até 30 milhões de metros cúbicos por dia. O investimento informado foi da ordem de 2 bilhões de dólares.

Incorporou-se ao gasoduto extensão em direção aos estados do Sul, com 1.180 km. Essa decisão foi fortemente influenciada por movimento político dos governos dos três estados da região e respectivas associações empresariais, bem como da Confederação Nacional da Indústria, que, em conjunto, levaram a reivindicação à Comissão do Gás Natural,

---

[1] Grupo BBPP com 29% do capital integralizado em partes iguais pela BHP, cuja participação foi depois comprada pela Total, Tenneco, esta mesma adquirida, mais adiante, pela El Paso, a BG, além da Shell e da Enron, com 4% cada uma, e ainda a Transredes e fundos de pensão bolivianos, com 12%

criada no MME. Esse ramal, com duas estações de compressão, partiu com 24 polegadas de Campinas, SP, para Araucária, PR, e daí para Biguaçu, SC, Siderópolis, SC, e Canoas, RS, com diâmetros decrescentes até 16 polegadas. A capacidade do primeiro trecho é de 6 milhões de metros cúbicos por dia. Essa extensão não seria economicamente viável se tivesse sido incorporada ao projeto principal, trazendo, como se verá, problemas tarifários. O comprimento total do Gasbol é de 3.150 km, portanto, o maior da América Latina.

O gás boliviano chegou a São Paulo em julho de 1999 e a Canoas em março de 2000.

O programa do gás incluía ainda um tramo secundário dirigido a Cuiabá, MT (propriedade de consórcio privado, com 362 km na Bolívia e 282 km no Brasil), partindo do trecho boliviano do gasoduto principal, com capacidade para 2,8 milhões de metros cúbicos por dia, tendo por objetivo específico o suprimento da usina termelétrica da empresa EPE, de 529,2 MW, em ciclo combinado.

Na parte referente à importação da Argentina e no entendimento entre os dois governos, ficou estabelecido que a negociação se faria entre empresas privadas, vendedora e compradora. As instalações do lado argentino foram executadas para entrega do gás em Uruguaiana, RS. Constituiu-se, do lado brasileiro, em 1993, a Transportadora Sulbrasil de Gás – TSB com várias participações acionárias, com o objetivo de construir o gasoduto Uruguaiana-Porto Alegre, de 615 km de extensão, capacidade de 15 milhões de metros cúbicos por dia e custo previsto de 265 milhões de dólares.

Foram executadas as duas pontas, de 25 km cada uma, respectivamente em Uruguaiana e Canoas, para atender a consumidores locais predefinidos. A TSB adiou a construção da parte principal do gasoduto, já que o gás argentino ficou problemático em virtude de condições internas daquele país. A Petrobras participa ainda de vários outros troncos de transporte (Apêndice 10-G).

Gás natural na matriz energética

Com o crescimento da produção nacional e a importação da Bolívia, o gás natural passou a compor, de forma significativa, a matriz energética, e ficou intimamente ligado ao Programa Prioritário de Termelétricas, a ser executado pela iniciativa privada com a cooperação da Petrobras.

As importações da Bolívia vieram com forte ritmo de crescimento desde 2000; as importações da Argentina ficaram limitadas a Uruguaiana.

Em 2003, ao término do quarto ano da inauguração do duto, a importação da Bolívia, de 5.597 milhões de metros cúbicos, correspondeu a 15,3 milhões de metros cúbicos por dia, quase a meta estabelecida para o oitavo ano, nos contratos originais, embora utilizando apenas 50% da capacidade do gasoduto. A sua plena capacidade (30 milhões de metros cúbicos) foi alcançada durante alguns dias de julho de 2005.

A partir de 1995, o balanço conjunto do gás nacional e importado evoluiu conforme mostra a Figura 27, na qual o ano de 1999 aparece nitidamente como o início de outra fase do gás natural no Brasil.

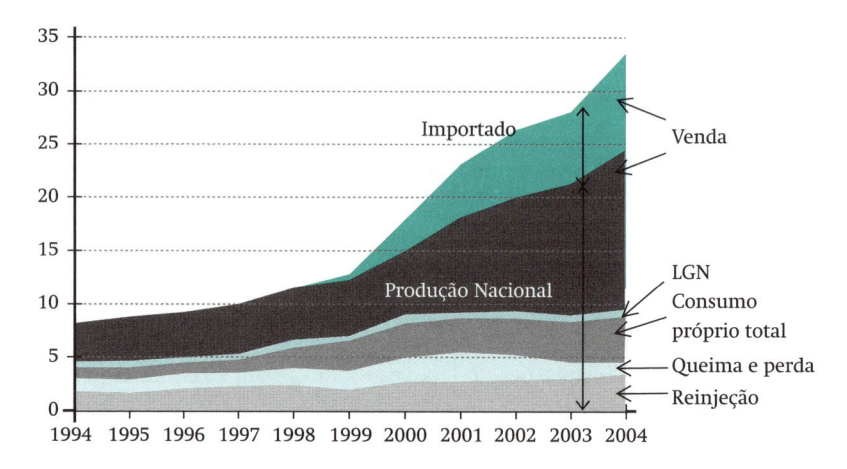

Figura 27 – Evolução do balanço total do gás natural (em bilhões de m³ /ano).

Fonte: ANP, 2005.

As vendas evoluíram de forma bem distinta no Nordeste e no Sul/Sudeste, em virtude da localização geográfica das ofertas de gás. Na primeira região não ocorreu descoberta relevante e a ela não chegou duto de gás importado. O crescimento foi lento. A segunda, ao contrário, recebeu o gás de Campos, a leste, e o gás da Bolívia, a oeste, e teve forte crescimento de vendas. Das vendas totais, em 2003, o Sudeste ficou com aproximadamente 57%, o Nordeste com 28%, o Sul com 10%, e o Centro-Oeste com 6% (ANP, 2005).

Em se tratando da utilização do gás pelos consumidores, é curioso verificar que o comportamento do mercado foi bem diferente do que se pensava antes da entrada do produto da Bolívia. A ideia dominante era que seria difícil colocá-lo em prazo compatível com os compromissos assumidos. Foi esse entendimento que levou à promoção do seu uso por grandes consumidores, escolhendo-se, para esse fim, a construção de usinas termelétricas. No entanto, em escala nacional, a participação das termelétricas, quatro anos depois da chegada do gás, era de modestos 21%. É que as indústrias, espontaneamente, se lançaram, com toda a força, na conversão de óleo combustível para gás. Nas duas tradicionais distribuidoras de gás, do Rio e de São Paulo, o fenômeno pode ser observado com detalhe.

Tabela 39 – Vendas de gás natural da Comgás e da CEG

	1998	1999	2000	2001	2002
Vendas – milhões de m³	2.112	2.441	2.815	3.672	4.357
Indústria % – Comgás/CEG	89/79	88/75	82/72	75/64	74/49
Eletricidade % – Comgás/CEG	0/5	0/8	6/9	14/15	15/31
Veículos % – Comgás/CEG	2/8	2/7	4/10	5/10	7/15
Comerc/Resid % – Comgás/CEG	10/4	10/10	8/10	3/14	2/15

Fonte: Dados fornecidos pelas empresas, por solicitação do autor, por meio de correspondência (ver tb. Apêndice 10-F).

Considerando-se 1999 como o ano anterior à efetiva entrada do gás da Bolívia, o crescimento do consumo nas duas empresas, em três anos, foi de 106%. Levando em conta período mais longo, até 2004 (Apêndice 10-F) alguns aspectos são comuns às duas empresas e outros, divergentes. O crescimento do gás veicular foi explosivo em São Paulo. No Estado do Rio, o produto já existia e a ampliação, em termos relativos, foi menor, atingindo, todavia, o dobro do consumo de São Paulo. A grande diferença entre os dois mercados ocorreu em relação ao consumo industrial, que cresceu 121% em São Paulo, vindo a absorver 80% do total do estado, ao passo que o do Rio de Janeiro cresceu 22%, ocupando menos de 50% do total. As termelétricas que, na sua maioria, entraram em operação só em 2002, depois do racionamento, alcançaram o máximo de 14,5% em São Paulo e de 30,5% no Rio.

Os consumos residencial e comercial, que dependem de grandes investimentos em extensão de dutos de distribuição, cresceram em ritmo menos acentuado, perdendo a posição relativa que ocupavam no mercado total.

A Companhia Estadual de Gás – CEG manteve seu destaque quanto ao número de consumidores, em virtude da maior extensão do antigo serviço de gás manufaturado entre consumidores residenciais e comerciais.

Além das distribuidoras tradicionais, existentes ao tempo do gás manufaturado, a distribuição do gás natural também é feita por novas empresas; no Nordeste são seis, no Sudeste mais duas, no Sul três e no Centro-Oeste uma, sendo que em seis estados sua criação se deu por antecipação à chegada do gás. A Petrobras participa do capital de todas, com exceção da Comgás, Gás Brasiliano e Gás Natural São Paulo Sul, em proporção que varia de 23,5% até 83%, em torno de uma média de 40% (Apêndice 10-G).

Preço do gás e taxa de câmbio

A determinação do preço do gás vendido ao consumidor final não é tarefa simples. São diversos os critérios adotados por outros países com maior tradição no ramo. Aqui, com base principal no gás importado, tudo começa com as condições estabelecidas nos contratos com a Bolívia.

O preço acertado em 1996, para aquisição do gás boliviano, de 2,26 por milhão de dólares de Btu, correspondia, ao câmbio da época, a 2,2 por milhão de reais Btu. O preço do gás na boca do poço, da ordem de 1,00 dólar, seria reajustado trimestralmente, em função do preço de uma cesta de óleos combustíveis no mercado mundial, levando em conta 50% do preço do trimestre anterior. À época, tratava-se de gás barato. A menor parcela do custo final, correspondente ao transporte pelo gasoduto, seria corrigida todo ano pelo valor da moeda americana. Nos dois últimos trimestres de 1999, o preço no *city-gate* variou entre 2,55 e 2,85 dólares por milhão de Btu.

A crise financeira externa que atingiu o país em 1999 levou o governo a adotar outra política cambial, baseada em taxa flutuante. A taxa nominal do dólar americano, que se elevava lentamente, a partir de 0,92 centavos de real, em 1996, saltou, depois da nova sistemática, para 1,91 real no quarto trimestre de 1999. Estava-se diante de uma taxa de câmbio que era o dobro da que vigorara à época dos estudos e dos contratos com a Bolívia. O impacto sobre o custo do gás em moeda nacional foi imediato, passando a 5,44 reais no último trimestre de 1999 e a 6,47 reais no final de 2000. O custo em moeda nacional do gás posto no Brasil subia de 2,26 reais para 6,00 reais (Petrobras, 2001). Irrompeu debate intenso sobre o que fazer, especialmente quanto ao suprimento das termelétricas em construção. O gás ficava caro em moeda nacional no Brasil e, ao mesmo tempo, para a Bolívia, comparado ao mercado internacional, o gás ainda estava sendo vendido barato.

Em 2000 foram estabelecidas regras para o preço interno do gás, distinguindo o valor do produto e do transporte e fixando os respectivos reajustes, condizentes com as condições acertadas com a Bolívia (Portaria MME/MF nº 3/2000).

Do lado institucional, a regulamentação deveria reconhecer nitidamente, no preço final do gás para o consumidor, três parcelas: preço na boca do poço ou no local em que o produtor o torna disponível; serviço de transporte até os pontos de entrega aos distribuidores; e custo de distribuição. A tendência é a de se construir um sistema em que não haja diferenciação por tipo de consumidor e que o transporte seja calculado em função da distância (ANP, 2002). Infelizmente, isso não ocorreu aqui no momento oportuno.

Na metodologia que se foi adotando no Brasil, admitiram-se três situações distintas na definição do preço:

1. gás de produção nacional, cujo preço máximo de *commodity* deve ser ajustado entre a Petrobras e as distribuidoras, ou arbitrado pela ANP, no caso de ser impossível a negociação;
2. gás importado, cujo preço resulta de contrato entre o importador, no caso a Petrobras, e o produtor boliviano, acrescido do custo do transporte até os *city-gates*, onde é entregue às companhias distribuidoras;
3. gás destinado ao Programa Prioritário de Termelétricas, cujo preço seria resultante da média entre o preço do gás importado, na proporção de 20%, reajustado pelo índice de preços dos Estados Unidos, e o preço do gás nacional, na proporção de 20%, reajustado esse pelo IGP-M. O artifício contrariava a proporção da disponibilidade de gás, na sua maior parte, boliviano. Desconsiderando a política de competição então pretendida no setor energético, esse preço seria uniforme no território nacional, independentemente da localização de cada usina. Foi fixado ainda um máximo de 2,58 por milhão de dólares Btu (Portaria interministerial nº 176/2001). Caminhava-se para nova equalização.

Criaram-se mecanismos de grande complexidade para compensação entre as partes envolvidas, como a Contagás na Petrobras, para que nela sejam registrados os valores cobrados das distribuidoras pela tarifa anualmente fixada e as quantias devidas em função dos reajustes trimestrais previstos.

Além desse desvio de grandes consequências práticas, permaneceu a concentração de domínio do mercado pela Petrobras como única produtora, importadora e também única transportadora.

Faltou uma política de preços de gás, de caráter nacional.

No que se refere especificamente ao transporte por gasodutos, são reconhecidos dois tipos: o de transferência entre duas instalações da mesma empresa, no caso do Brasil apenas a Petrobras, e o de transporte, de interesse público sujeito ao princípio de livre acesso (Lei nº 9.478/1997).

No caso dos gasodutos de transporte, adotaram-se duas formas distintas de cobrança pelo seu uso:

1. para o gasoduto Bolívia-Brasil, estabeleceu-se um único preço do gás em qualquer *city-gate* do gasoduto, inclusive nos estados do Sul, supridos pela extensão Campinas-Canoas. Esse preço foi denominado postal, por causa da semelhança com a tarifa dos correios, que é uniforme no território nacional;
2. nos demais casos da ainda incipiente rede, as áreas a serem supridas foram subdividas em zonas; para cada uma se firmou tarifa própria, também do tipo postal.

O sistema de preços assim constituído deixou o mercado suspenso quanto a decisões futuras, especialmente no caso de virem a surgir outros produtores de gás no país, não vinculados à Petrobras.

Abertura no setor de petróleo e gás

Antes da reforma de 1995, o setor de petróleo e gás natural se compunha de um conjunto de distribuidores de derivados, na sua maioria empresas privadas estrangeiras aqui instaladas desde o princípio do século XX, na base de produtos importados, e da concentração de todas as outras atividades em uma única empresa, a Petrobras. Nenhuma iniciativa significativa, de natureza privada e nacional, ocorreu na prática, nem antes nem depois do nacionalismo de 1930, excetuando-se duas refinarias particulares; a mais importante, de Capuava, foi mais tarde adquirida pela Petrobras.

O Conselho Nacional do Petróleo – CNP foi, na maior parte do tempo, exceto na fase heroica inicial, apenas um órgão auxiliar que calculava as planilhas de preço dos derivados e concedia autorizações de menor importância. A tradição, no caso, era de autonomia da Petrobras, com raros momentos de exceção, tanto em relação ao órgão regulador como ao próprio Ministério de Minas e Energia. O único grande conflito entre dirigentes do órgão regulador (CNP) e do executor (Petrobras) levou o presidente Juscelino Kubitschek a demitir ambos (ver Capítulo VI).

Quanto ao petróleo, a sequência de decisões foi diversa da adotada na energia elétrica, embora com o mesmo objetivo declarado de desestatização e instituição de mercados competitivos. No primeiro caso, eram inúmeras e variadas as empresas sob diferentes comandos acionários, todas em processo de deterioração e expansão insuficiente, trazendo o risco de desabastecimento. No segundo caso, uma estrutura quase monolítica, não fosse a distribuição, vivendo momento de sucesso empresarial na consecução do seu objetivo fundamental de descoberta de reservas de petróleo capazes de assegurar a autossuficiência.

Em clima intensamente político, como sempre, foi modificado, por meio da Emenda constitucional nº 9, de novembro de 1995, o artigo 177 da Constituição de 1988, relativo ao monopólio do petróleo. As duas questões-chave eram o monopólio e a privatização da Petrobras. A discussão só entrou em fase decisiva quando o presidente Fernando Henrique garantiu, de forma categórica, em carta encaminhada ao presidente do Senado, José Sarney, que seu governo se comprometia a não privatizar a Petrobras, além de confirmar para a empresa o privilégio da exploração das 29 bacias petrolíferas por ela identificadas no país. No texto final, substituiu-se o parágrafo 1º do artigo 177 que, entre outras coisas, estabelecera o ridículo monopólio do risco, por outro que autoriza a União a "contratar com empresas estatais ou privadas a realização das atividades previstas nos incisos I a IV deste artigo" (pesquisa, lavra, refino, importação e transporte), observadas as condições estabelecidas em lei (E.M. nº 9/1995).

Na sequência dessa modificação constitucional, proposta ao Congresso em julho de 1996, foi apresentado projeto de Lei do Petróleo, que motivou um ano de profundos debates. A legislação resultante foi publicada em agosto de 1997 (Lei nº 9.478/1997).

Nela se tratou da instituição da ANP, da exploração e produção em curso, e da exploração, desenvolvimento e produção em novas áreas. Definiram-se a forma das licitações e as condições de transição da Petrobras, de executora do monopólio para simples concessionária.

À ANP, como órgão regulador da indústria do petróleo, coube implantar a política nacional de petróleo e gás natural "(...) com ênfase na garantia de suprimento de derivados de petróleo em todo território nacional (...)" e na proteção dos interesses dos consumidores; fomentar estudos visando à delimitação das áreas destinadas a concessões; elaborar critérios e promover a licitação para concessão de exploração, desenvolvimento e produção; autorizar a prática das atividades de refinação; além de outras, complementares, no total de 15.

Reafirma-se, nessa lei, que todos os direitos de exploração e produção de petróleo e gás natural pertencem à União, cabendo sua administração à ANP.

Definiu-se o *status* da Petrobras, que passa a ser uma "sociedade de economia mista vinculada ao MME, que tem como objeto a pesquisa, a lavra, (...)", devendo exercer a sua atividade em caráter de livre competição com outras empresas, e em função das condições de mercado. A Petrobras ficou formalmente autorizada a praticar, fora do território nacional, qualquer das atividades integrantes de seu objetivo social.

Tendo em vista que não se modificou a disposição constitucional relativa à distribuição urbana de gás natural canalizado, permaneceram em vigor os respectivos monopólios estaduais, os quais foram aqui referidos.

Execução do plano de privatização no âmbito da Petrobras

O Programa Nacional de Desestatização atingiu, desde logo, a Petrobras, com a liquidação de duas subsidiárias de importância secundária, a Petrobras Comércio Internacional Interbrás e a Petrobras Mineração Petromisa. De grande significado foi, no entanto, o programa de retirada da Petrobras da indústria petroquímica, que se havia desenvolvido, desde a década de 1970, seguindo fórmula tripartida: privado nacional, privado externo e estatal. Esse modelo havia cumprido a missão que lhe cabia, de iniciar a indústria petroquímica no Brasil.

Os leilões se realizaram entre abril de 1992 e setembro de 1996, compreendendo 27 empresas tipicamente industriais das quais a Petrobras era proprietária ou associada a empresas privadas. A venda chegou ao valor equivalente a 2.698 milhões de dólares, com transferência de dívidas no valor de 1.003 milhões de dólares, perfazendo resultado total de 3.701 milhões de dólares (BNDES, 2002).

Nos anos subsequentes a Petrobras manteve, por intermédio da Petroquisa, modesta presença em empreendimentos petroquímicos, obedecendo à diretriz governamental de reservar tais atividades ao domínio privado. A participação no capital das centrais dos polos petroquímicos, Companhia Petroquímica do Nordeste S.A. – Copene, Companhia Petroquímica do Sul – Copesul e Petroquímica União S.A., ficou entre 15% e 18%. Em sete outras empresas dedicadas a produtos variados as participações foram maiores, entre 17% e 40% do capital votante, alcançando 50% na Fábrica Carioca de Catalisadores (Petrobras, 2002, p. 25; Petrobras, 2003, p. 40). Em 2002, reorganizou-se a Copene com a constituição da Brasquem, cabendo à Petrobras 8% de seu capital votante.

Na parte referente às atividades essenciais de exploração e produção de petróleo, foi executada a política de licitação de blocos nas bacias sedimentares, em terra e no mar, segundo preceito legal (Lei nº 8.987/1995).

Coube à recém-criada ANP a condução do processo de licitação. Antes de seu início foram definidos os blocos e campos que permaneceriam a cargo da Petrobras, em virtude do estágio avançado dos trabalhos que neles vinham sendo realizados.

Tabela 40 – Áreas reservadas à Petrobras

ESTÁGIO	NÚMERO	ÁREA, MIL KM^2
Em exploração	115	443,2
Em desenvolvimento	49	2,7
Em produção	233	10,5
Total	397	456,4

Fonte: ANP, 2003.

A licitação de blocos no primeiro quadriênio compreendeu 94 unidades com área total de 144 mil km². As parcelas que ficaram com a Petrobras, somadas às que tocaram a suas parcerias com empresas privadas, foram superiores à metade do que foi oferecido, exceto na primeira rodada. Na de 2002, cresceu a participação direta da Petrobras e diminuíram as parcerias.

Tabela 41 – Resultado das rodadas de licitação de blocos, 1999-2002

EMPRESA/CONSÓRCIO	1999		2000		2001		2002	
	Nº %	ÁREA %	Nº %	ÁREA %	Nº %	ÁREA %	Nº %	ÁREA %
Petrobras	8	1	10	3	24	19	14	34
Parcerias c/ Petrobras	33	43	24	55	24	33	24	23
Empresas privadas	58	56	67	42	53	48	62	43
Área total (mil km²)		54,7		48,6		25,3		21,9
Bônus (milhões de reais)		322		468		585		92

Fonte: ANP, 2003.

Nas atividades de refino realizaram-se significativos investimentos em acréscimo de capacidade nas unidades existentes, com ênfase na adaptação de algumas ao processamento do óleo pesado de produção nacional. Não houve construção ou venda, excetuada parceria com investidores privados na refinaria Alberto Pasqualini.

Na distribuição manteve-se a participação dominante da Petrobras Distribuidora em concorrência com as tradicionais Esso e Shell, verificando-se a entrada de algumas empresas.

No que concerne ao livre acesso de terceiros aos dutos, tanto de petróleo como de gás natural, previsto no artigo 58 da Lei nº 9.478/1997, publicaram-se portarias da ANP referentes, respectivamente, à construção e operação de dutos de transporte e de transferência (Portaria nº 170/1998), e ao livre acesso aos dutos (Portaria nº 98/2001). Poucas mudanças ocorreram na prática, conservando-se tudo sob o controle da Petrobras ou de subsidiárias, com a exceção da presença do capital privado no Gasbol e na sua ramificação para Cuiabá. Continuaram as discussões públicas sobre o livre acesso aos dutos.

O estado de espírito dominante na direção da empresa foi claramente exposto na introdução do relatório de 2001. Além de afirmar que a Petrobras "(...) será uma companhia de energia com forte presença internacional e líder na América Latina. (...)", declara, como visão, que a empresa precisa desfrutar de liberdade de atuação de uma corporação internacional e foco na rentabilidade e responsabilidade social. Essas diretrizes, que deixaram de compreender o objetivo de autossuficiência que justificou a instituição do monopólio, foram condizentes com ações práticas, continuadas na administração seguinte, criando situações difíceis, como se verá no Capítulo XI quando serão abordados os temas: aventura das termelétricas e dificuldades sul-americanas.

Investimentos e sucesso na exploração de petróleo e gás

A Petrobras sempre investiu, como é de sua obrigação, na porção fundamental da Exploração e Produção de Petróleo – E&P, parcela substancial de seus investimentos totais, com significativo aumento depois do choque de preços de 1979. Durante algum tempo a proporção se conservou em torno de 70%. Caiu, depois de 1988, para o nível de 60%. Esses investimentos mantiveram-se no nível de 1,5 bilhão de dólares anuais no período 1993-1996. Foram intensificados em 1998 e ficaram em nível superior a 2 bilhões de dólares daí por diante, com forte pico de 3 bilhões de dólares em 2004. Em proporção ao investimento total da empresa, a parcela dedicada à E&P sofreu fortes oscilações, de 69%, em 2000, para menos de 45%, em 2002. Voltou a crescer na administração seguinte (ver Capítulo XI).

No que diz respeito à parcela "E", referente à fase de exploração, é de se ter presente que parte dos investimentos foi feita no exterior (70 e 256 milhões de dólares, respectivamente em 2001 e 2002). A média dos investimentos entre 1995 e 2002 ficou em 520 milhões de dólares, ou seja, cerca de metade do período de 1988 a 1994, e a quarta parte dos investimentos feitos entre 1980 e 1987, que se situaram no nível de 2 bilhões de dólares por ano, e muito longe do pico de 3 bilhões de dólares em 1982 (Apêndice 8-B e 10-H).

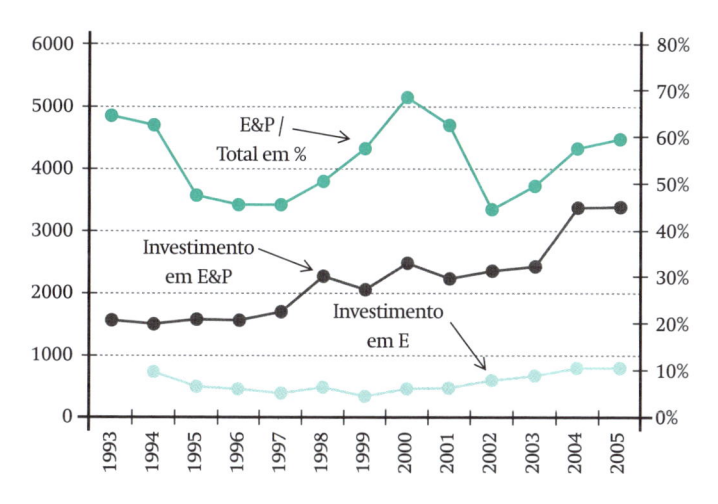

Figura 28 – Investimento em exploração e produção pela Petrobras – E&P
(em milhões de dólares e em % do investimento total).

Notas: 1. dados originais dos investimentos em milhões de dólares correntes, convertidos para a moeda de dez. 1994 pelo *Consumer price index*, do US Bureau of Labor Estatistics; 2. a partir de 1990, investimentos do Sistema Petrobras.
Fonte: Petrobras, 2006.

Depois da abertura institucional, as atividades de exploração tiveram reforço do capital privado estrangeiro nos blocos que lhes couberam nas licitações. Em termos de ordem de grandeza, essa participação pode ser avaliada pela informação existente no Banco Central.

Tabela 42 – Investimentos externos diretos no setor de extração de petróleo
e serviços correlatos (em milhões de dólares)

	2000	2001	2002	2003	2004	TOTAL
Investimento	1.022	1.360	508	365	285	3.540

Fonte: Banco Central, 2006.

É interessante constatar a coincidência desse montante com o dos investimentos da Petrobras, no mesmo período, que somaram 3.670 mil dólares (Apêndice 10-H). Ainda não houve tempo para se fazer uma primeira avaliação da eficácia dos investimentos externos na descoberta de reservas comprovadas.

Nos investimentos da Petrobras, a parcela dedicada à exploração "E" merece a maior atenção porque dela depende a execução dos trabalhos necessários que, juntamente com a competência e a sorte, definem a probabilidade de ampliação das reservas exigidas pela economia do país.

Lançando um olhar para épocas mais distantes nesses cinquenta anos de busca do petróleo, construiu-se a Figura 29, na qual são comparados, em períodos quinquenais, os investimentos em exploração e o aumento bruto de reservas.

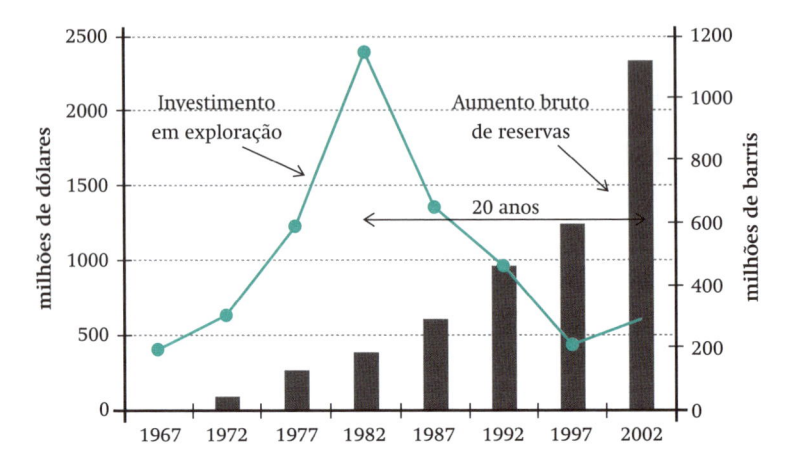

Figura 29 – Investimento em exploração de petróleo *versus* aumento bruto de reservas (valores médios quinquenais).

Fonte: Petrobras, 2006; ANP, 2005.

Investimentos em exploração não produzem efeitos previsíveis e imediatos. Há que se admitir longo período para que seja possível verificar-se descobertas, conforme a sua maturação e avaliação quantitativa.

Fica nítido, na Figura 29, o tempo, em torno de vinte anos, entre os amplos investimentos na bacia de Campos e os grandes acréscimos de reservas provadas. Foi uma sequência impressionante, em águas cada vez mais profundas, com o desenvolvimento simultâneo de tecnologias necessárias: Albacora-Marlim-Barracuda-Espadarte-Roncador.

Causa preocupação, no entanto, o declínio continuado dos investimentos quinquenais, que haviam atingido um máximo acima de 2 bilhões de dólares no período 1980-1984, momento em que eles se situaram no nível anual de meio bilhão. Não se pode perder de vista, em matéria de petróleo, que a tarefa de exploração, de forte componente aleatório, há de ser sustentada, sem esmorecimento, com visão de longo prazo.

A produção de petróleo extraída das reservas nacionais esteve relativamente estável desde 1990 até 1994 e cresceu a partir de 1995, em consequência dos acréscimos de reservas no mar que tomaram novo impulso em 1990 (ver Capítulo VIII) e, em 2003, já representavam 91% do total nacional, sendo importante registrar que o aumento continuado da extração foi acompanhado de aumento das reservas, mantendo-se boa relação reserva/produção.

Tabela 43 – Reservas provadas e produção de petróleo (em milhões de barris)

	1995	1996	1997	1998	1999	2000	2001	2002
Reservas fim de ano	6.223	6.681	7.106	7.367	8.154	8.464	8.496	9.805
Produção no ano	252	287	306	365	401	464	472	606
Aumento bruto de reservas *	100	745	731	626	790	774	504	1.939
Reservas / Produção	24	23	23	20	20	18	18	16

* Cálculo do autor: diferença da reserva em relação à do ano anterior + produção do ano.
Fonte: ANP, 2005.

Em decorrência da bem-sucedida expansão das reservas e de sua utilização prudente, ficou iminente a autossuficiência, em termos físicos, objetivo central da decisão nacional de se constituir a Petrobras. As vicissitudes do programa de autossuficiência física em meio século apontam, com clareza, as características próprias da indústria do petróleo, onde se tem que insistir, sem esmorecimento, no aumento de reservas a fim de atender o mercado interno que não para de crescer. E isso com grande antecedência, acompanhando o longo tempo de maturação dos esforços de pesquisa.

A importação líquida de petróleo e derivados caiu do nível de 47% do consumo nacional, em 1995, para 3%, em 2004. Exportam-se óleos pesados que não podem ser absorvidos pelas refinarias do país e importam-se óleos leves. Importam-se e exportam-se derivados em função de naturais desequilíbrios parciais, e por vezes temporários, entre oferta e demanda interna, ou ainda de características operacionais das refinarias.

Tabela 44 – Dependência física externa de petróleo e derivados (mil barris por dia)

	1995	1996	1997	1998	1999	2000	2001	2002
Produção	772	782	838	972	1.098	1.234	1.293	1.453
Importação petróleo *	496	547	551	523	454	368	295	133
Importação derivados *	151	178	186	146	152	138	40	27
Consumo aparente	1.419	1.507	1.575	1.647	1.704	1.740	1.628	1.613
Dependência externa%	46	48	47	45	36	29	21	10

* Importação líquida = Importação menos exportação
Fonte: ANP, 2005.

A redução da dependência física, que vinha em marcha batida até os 4%, de 2003, sofreu um revés em 2004, quando subiu novamente para 9%.

Em termos de valor econômico, o quadro é menos favorável. Simultaneamente ao aumento da produção nacional de petróleos pesados, cresceu a respectiva exportação a preços inferiores aos da importação de óleos leves. O fenômeno se torna relevante a partir de 2000. A diferença de preço se manteve sempre desfavorável.

Tabela 45 – Preço do petróleo (em dólares/barril)

	2000	2001	2002	2003	2004	2005*
Importado	29,6	26,1	24,6	30,6	40,0	55,9
Exportado	23,2	17,8	19,7	24,1	30,0	41,6
Importado/Exportado	6,5	8,3	4,8	6,7	10,2	14,3
E/I em %	78	68	80	79	75	74

*Dados preliminares de 2005 por informação direta.
Fonte: ANP, 2005.

O descompasso aumentou em 2004 por causa da forte alta de preços no mercado internacional. A evolução positiva do balanço do comércio exterior de petróleo, derivados e gás natural, que evoluía no sentido da autossuficiência econômica, foi interrompida. O país desceu de um déficit de mais de 7 bilhões de dólares em 2000 para menos de 3 bilhões de dólares em 2003, para voltar a quase 6 bilhões de dólares em 2004-2005.

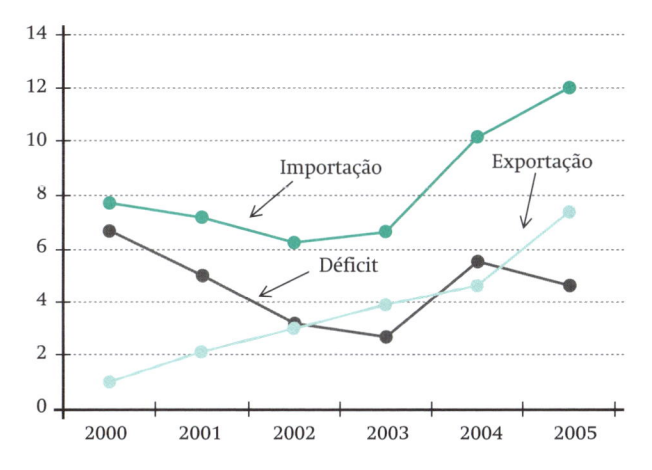

Figura 30 – Importação e exportação de petróleo, derivados e gás natural (em bilhões de dólares).

Fonte: ANP, 2005 (dados preliminares de 2005 por informação direta).

Essa situação traz à tona um questionamento da seleção de investimentos nos programas da Petrobras, tendo em vista que o grande peso negativo do balanço foi o do petróleo pesado exportado. A empresa tem feito investimentos em algumas de suas refinarias, de modo que possam utilizar maior proporção de óleo pesado, esforço esse aparentemente insuficiente para absorção do excesso exportado, que chegou à média de 243 mil barris por dia, em 2004. No entanto, a potencial perda anual de divisas, no presente e no futuro próximo, assume valor significativo. Tomando-se por base o volume exportado no ano de 2004, de 88,7 milhões de barris, e os preços da importação e da exportação, que, na média do quinquênio, resultaram em um diferencial de 8,7 dólares/barril, o saldo negativo alcançaria, no ano citado, a apreciável cifra de 772 milhões de dólares. Esse valor é comparável, como ordem de grandeza, ao investimento em nova refinaria, mesmo que essa venha a ter custo unitário superior a uma refinaria padrão.

Os argumentos a favor de uma nova refinaria são reforçados pela análise da evolução da capacidade e da intensidade de utilização do parque nacional de refino, que mostra claramente que havia lugar para expansão de capacidade.

Tabela 46 – Capacidade e utilização das refinarias da Petrobras
(em mil barris por dia)

	1997	1998	1999	2000	2001	2002	2003
Capacidade de refino	1.741	1.760	1.818	1.853	1.859	1.813	1.942
Fator de utilização %	78	84	85	86	88	86	83
Petróleo processado-total	1.366	1.473	1.547	1.589	1.646	1.607	1.597
Produção nacional	826	943	1.102	1.178	1.225	1.247	1.254
Importado	541	531	445	412	421	360	343
Participação nacional %	60	64	71	74	74	78	79
Exportação de petróleo	3	-	1	19	111	234	243

Nota: Os valores originais das tabelas, em m³/dia calendário, foram convertidos para barris pelo coeficiente: I barril= 0,158987 m³, conforme Balanço Energético Nacional. Os valores originais em barris/ano foram convertidos em barris/dia.
Fonte: ANP, 2005.

O esforço que a empresa vinha realizando na busca de maiores reservas deu origem a trabalhos de exploração no exterior, por intermédio da subsidiária Braspetro, que entrou em operação em 1970 (ver Capítulo VII), com relativo sucesso e bom proveito do convívio com outros ambientes e outras tecnologias. Em 2002, a direção da Petrobras decidiu incorporar a subsidiária e o respectivo quadro de pessoal (Petrobras, 2003, p. 52). Nesse momento, a atividade no exterior correspondia, de um lado, à simples busca de reservas de petróleo e, de outro, à aquisição ou parceria com empresas petrolíferas em operação.

A exploração se localizou em oito países: Angola, Argentina, Bolívia, Colômbia, Estados Unidos, Guiné Equatorial, Nigéria e Trinidad e Tobago. Cinquenta e quatro associações foram efetivadas com outras companhias de petróleo. Em 130 conjuntos, a Petrobras era operadora de 52 (Petrobras, 2002, p. 40). Os investimentos totais realizados no exterior, de 1995 a 2001, oscilaram em torno da média de 590 milhões de dólares anuais. Em 2002, foram muito maiores, atingindo 2.177 milhões de dólares, em função da compra de empresas em operação.

Nos campos produtores provenientes das descobertas no exterior, bem como nas empresas adquiridas na Argentina, a produção de petróleo e gás, em 2004, foi equivalente a 168 mil bep - barris por dia, o que corresponde a cerca de 10% da produção em território nacional. As reservas externas somavam na mesma época 1.250 milhões de barris, ou cerca de 11% das reservas em território nacional.

Quanto à compra de empresas em operação e permutas de ativos, ficaram concentradas na Argentina; a mais importante foi a aquisição de 59% das ações da empresa Perez-Companc S. A., por 1 bilhão de dólares, realizada em 2002. Em seguida foi comprada a participação de 39,7% da Petrolera Perez-Companc S.A., detentora de reservas de óleo leve, de especial interesse para o Brasil, por 50 milhões de dólares, e finalmente pactuou-se a compra da Petrolera Santa Fe S.A., filial de outra empresa estrangeira, por 90 milhões de dólares, também detentora de reservas comprovadas.

Uma última operação do período resultou de troca de ativos entre a Petrobras e a Repsol/YPF, que envolveu a aquisição de uma subsidiária da segunda, proprietária de pequena refinaria e setecentos postos de revenda, enquanto esta adquiriu parte do capital da nova empresa, que se fundou com ativo representado pela refinaria Alberto Pasqualini. O compromisso mútuo foi o de modernizar essa refinaria. (Petrobras, 2003). Trata-se de decisão de duvidosa sabedoria. Por que e para que possuir postos de distribuição na Argentina?

Entrada da Petrobras na geração de energia elétrica

Na segunda metade do governo FHC, estava em plena vigência a política nacional de desestatização, com base na qual se efetivava profunda reforma do setor elétrico, com drástica redução do papel da Eletrobras. A Petrobras foi lançada em direção oposta. Definiu-se, em abril de 1999, o plano estratégico do sistema, com horizonte de dez anos, no qual se estabeleceu, como diretriz, que: "A Petrobras será uma empresa de energia com atuação internacional e líder na América Latina (...)", autorizando-se sua participação em "todos os ramos e segmentos do setor energético" (Petrobras – 50 anos). Essas diretrizes, no que se refere à ênfase na energia, seriam revistas pouco mais tarde, alteradas para atuar no negócio de energia elétrica de forma a assegurar o mercado de gás natural e derivados comercializados pela Petrobras (Petrobras, 2005).

A incorporação da energia como um dos objetivos da empresa foi concomitante com a entrada do gás da Bolívia, cujos contratos de suprimento e transporte continham cláusula de *take-or-pay* do gás e de *ship-or-pay* do duto, o que causava preocupação quanto à possibilidade de rápida abertura de mercados para a sua colocação. Desde a concepção, pensou-se em termelétricas a fim de assegurar o consumo-base e atender os requisitos dos contratos. Elaborou-se ambicioso plano de construção de termelétricas a gás, empreendimento esse a ser encabeçado por empresas privadas.

Quase ao mesmo tempo, se anunciava a crise de suprimento de energia elétrica e, na emergência, o governo lançava o Programa Prioritário de Termelétricas – PPT, baseado no uso do gás importado. No período de crise, muitas decisões foram tomadas com precipitação, sem que estivessem completamente definidos os marcos regulatórios, tanto no que concerne ao tradicional setor elétrico, como no novo campo do gás natural, onde o Brasil tinha pouca experiência.

A Petrobras se inseriu no PPT com forte apoio do MME, que tinha, na ocasião, poucas alternativas para debelar a crise. A entrada da empresa, principalmente como participante de consórcios, daria maior segurança aos possíveis investidores externos das novas termelétricas a gás. Essa presença requereu, da Petrobras, apenas nos anos de 2001 e 2002, investimentos de 450 e 1.510 milhões de dólares, respectivamente. Cifra considerável, tendo em vista que, na sua atividade essencial de exploração e produção, estava investindo pouco mais de 2 bilhões de dólares por ano.

A empresa assumiu também responsabilidade de compra, a longo prazo, de parte da energia produzida por usinas *merchant*, que operam sem contratos com distribuidoras e são chamadas a produzir pelo GCOI, para fornecimento ao preço *spot*, tanto para consumo próprio como para revenda (usinas Macaé e Eletrobolt, no Rio de Janeiro, e MPX, no Ceará). Nesses contratos assumia o compromisso de realizar pagamentos contingentes, a fim de reembolsar despesas operacionais, impostos e custo de oportunidade do capital investido, caso as receitas auferidas com as vendas de energia não fossem suficientes para fazer frente a esses compromissos. O envolvimento da empresa compreendeu ainda o fornecimento de gás natural para produção de energia elétrica em oito usinas (Petrobras, 2003).

Aventura das termelétricas a gás

A participação da termeletricidade na matriz energética brasileira foi matéria central de vários episódios retratados neste livro. Cabe uma retrospectiva unificadora.

As antigas usinas termelétricas a carvão e a óleo combustível se inseriram, sem maiores dificuldades, no sistema integrado Sul-Sudeste, graças ao modelo operacional hidrotérmico e à instituição da CCC.

A energia térmica de usinas antigas ou novas não compete, no Brasil, com a energia hidráulica antiga nem com muitas das novas, que ainda podem ser construídas, se empregada com o fator de carga usual do mercado consumidor final. No modelo da reforma, as usinas térmicas entrariam no mercado de duas maneiras distintas: 1. deixando de consumir combustível e adquirindo energia hidráulica em época de sobra de recursos hídricos; e 2. vendendo energia às de base hidráulica, em época de hidrologia desfavorável ou de depleção dos respectivos reservatórios, administrados, esses, em função de um programa plurianual resultante da experiência hidrológica histórica.

Essa segunda alternativa teria sido reforçada se o MME e a Aneel não cometessem o erro de superestimar a capacidade de energia assegurada de cada usina hidrelétrica, mantendo o nível de risco de não atendimento da demanda, que vigia antes da privatização das distribuidoras. Conforme já se viu neste capítulo quando se tratou da implantação do modelo RE-SEB para o setor de energia elétrica, estudo posterior indicou que, só na região Sudeste, o excesso dos certificados de energia assegurada sobre um cálculo realista da energia firme era de 2.400 MW médios. Como não haviam sido revistas as energias asseguradas de forma prudente, as distribuidoras não se interessavam pela contratação de capacidade térmica; ademais, para entrarem na operação hidrotérmica, teriam que operar com baixo fator de utilização, o que era contraditório com a condição de compra e transporte do combustível.

As usinas termelétricas a gás ficaram, assim, operacionalmente, espremidas entre o PPT, na sua missão emergencial de conter o esvaziamento dos reservatórios das hidrelétricas, e o programa de longo prazo do gasoduto Bolívia-Brasil, tendo que atender os requisitos de ambos os lados. Na dificuldade de atrair empresas que se candidatassem a construir as usinas, o governo lançou mão da Petrobras para constituir parcerias, que se concretizaram graças à absorção dos riscos econômicos pela própria Petrobras.

Foram 22 as usinas construídas (Apêndice 10-I). Dessas, apenas quatro, com 1.986 MW, entraram em operação no ano da crise e, assim mesmo, a partir de setembro, quando os reservatórios já estavam no fundo, com 20% da sua capacidade de armazenamento. Portanto, mal concorreram para o reinício do seu enchimento.

Considerou-se necessária, no começo do programa de gás, a forte presença da termeletricidade a gás, a fim de garantir a base dos contratos de suprimento e de transporte. No meio do caminho, com o agravamento da crise de suprimento de eletricidade, instituiu-se o PPT, cuja capacidade de geração nunca chegou a ser aproveitada de forma integral. Com a evolução incentivada dos outros tipos de consumo, não se dispõe de gás nem mesmo para atender à demanda mínima das usinas do PPT. Não obstante o forte crescimento do consumo industrial, já identificado desde 2002-2003, a Petrobras, no seu relatório de 2004, indicava, surpreendentemente, como um de seus objetivos estratégicos, desenvolver a indústria do gás natural "(...) buscando assegurar a colocação desse produto (...)", quando já se sabia que o que faltava era o gás.

Termelétricas a carvão nacional

A indústria do carvão mineral nacional não se recuperou do baque de 1990-1991, causado pela supressão do consumo obrigatório de carvão metalúrgico na siderurgia e pela liberação de preços. Depois desse choque, a indústria buscou, junto ao governo federal, solução definitiva para a sua inserção na matriz energética, mediante o estabelecimento de uma política nacional do carvão mineral. O governo, envolvido na profunda reforma do setor elétrico, adotou, em relação ao carvão, posição predominantemente passiva.

O foco principal, na visão da indústria, era o direcionamento da produção de carvão para a geração de energia elétrica, que deveria tratar junto a dois outros aspectos: o estabelecimento de bases econômicas sólidas; e a redução, tanto no rejeito das minas como nas emissões das usinas termelétricas, da agressão ambiental, que então se produzia. Tanto a mineração como as usinas termelétricas haviam sido implantadas em período em que não existiam normas que tratassem da preservação da qualidade do meio ambiente. A Resolução Conama nº 008 de dezembro de 1990 fixou limites para a emissão de gases e partículas pelas usinas termelétricas a carvão e a derivados de petróleo. Em consequência, foram intensificados estudos e discussões.

Em fevereiro de 1997, realizou-se no Cepel *workshop* sobre política de carvão, com a participação de equipes brasileiras e americanas. Daí resultou programa de ensaios sistemáticos de carvões nacionais, associados às novas tecnologias disponíveis. Seguiram-se mais três reuniões, em março de 1999, em Florianópolis, onde tive a oportunidade de tratar da necessidade de uma política de carvão nacional, outra em fevereiro de 2000, em Porto Alegre, e a última na Câmara dos Deputados, em Brasília, realizada em maio de 2003. Nessas ocasiões procurei recordar os fundamentos do sistema hidrotérmico brasileiro, que estava sendo desfigurado, e o papel que nele poderiam continuar a desempenhar, com adaptações, usinas a carvão.

No âmbito do governo, o MME tomou a iniciativa de constituir uma comissão (Portaria MME nº 276/1997) para elaborar proposição da política de geração termelétrica a carvão mineral, que acabou por não concluir seu relatório.

Nesse ínterim se discutia, no Congresso, nova legislação (Lei nº 9.648/1998), na qual se definiram também as diretrizes para a transição do regime econômico e operacional das usinas térmicas que faziam parte do sistema integrado Sul-Sudeste. Ficou aí estabelecido que seria mantida, para as usinas existentes, a sistemática da CCC (ver neste capítulo Métodos de otimização) até o ano de 2002, e que daí por diante os ônus e benefícios correspondentes seriam continuamente decrescentes, até o seu total desaparecimento no final do ano de 2005.

Depois dessa lei básica, o MME criou grupo de trabalho, em janeiro de 1999, cujo relatório final foi apresentado em janeiro do ano seguinte, acompanhado de análise econômica quanto à aplicabilidade das medidas propostas. Desse trabalho resultou a instituição do Programa de Incentivo à Utilização de Carvão Mineral (Decreto s/nº de 31.3.00), que criou, inclusive, comissão interministerial para adotar as providências visando à implantação do programa. Não teve nenhuma consequência prática.

A matéria volta à baila em 2002, quando, já sob os efeitos da crise de suprimento de 2001, se cria uma Conta de Desenvolvimento Energético (Lei nº 10.438/2002), com duração de 25 anos. Pensando na regulamentação dessa lei, os sindicatos de carvão voltaram ao MME solicitando para o setor o mesmo tratamento fiscal concedido ao setor concorrente de gás natural (Decreto nº 3.871/2001), além de depreciação acelerada, em dez anos, em novas usinas a carvão mineral.

A CDE capta recursos dos consumidores finais e destina esses recursos a várias finalidades: universalização do consumo de energia, consumidores de baixa renda, reembolso de combustíveis das usinas a carvão e construção de gasodutos nos estados onde não houvesse, por ocasião da publicação da lei. A parcela destinada ao carvão mineral também destina recursos para a expansão da geração termelétrica a carvão, desde que os projetos atendam à legislação ambiental e aos requisitos mínimos de eficiência na queima de carvão.

Durante toda a interminável discussão sobre a inclusão do carvão mineral nacional na matriz energética brasileira, os projetos de Jacuí e Candiota III continuaram paralisados.

Em sequência aos estudos e ensaios relativos à queima limpa, e tendo presentes as novas tecnologias disponíveis, desenvolveram-se, pela iniciativa privada, dois projetos de usinas: uma no Rio Grande do Sul, com a potência de 500 MW, baseada na mina de Seival, e outra em Santa Catarina, com a potência de 440 MW, fundada em remanejamento da mineração existente e em aproveitamento de seus rejeitos, na proporção de 25%, em mistura com carvões oriundos de minas em operação.

O projeto da usina de Seival mereceu aprovação dos órgãos ambientais, em virtude dos equipamentos de controle nele previstos, cujos fornecedores oferecem garantia de emissões máximas de 400 mg/Nm^3 para o dióxido de enxofre e 500 mg/Nm^3 para os óxidos de nitrogênio. Além disso, o precipitador eletrostático, com eficiência superior a 99%, assegura emissão máxima de partículas de 50 mg/Nm^3. A implantação desse projeto ficou dependendo do processo de leilões de energia.

Na falta de novas ou renovadas minerações, a produção de carvão vendável no país estacionou no período 1995-2002, no nível de 5 milhões de toneladas, com um pico de 6,7 milhões de toneladas, em 2000. Durante o racionamento de eletricidade, não foi possível utilizar mais carvão para acionar as usinas térmicas do Sul em virtude de limitações nas linhas de interligação Sul-Sudeste. As importações de carvão destinadas à indústria siderúrgica ficaram em torno de 13 milhões de toneladas anuais. Em 2003, a participação do carvão nacional e importado, na oferta interna de energia, foi de 6,5%.

Considerou-se, em certa época, a hipótese de importação de carvão, particularmente o de origem colombiana, para usinas termelétricas de porte, a serem instaladas em vários locais do litoral. A ideia não teve sequência.

Derivados da cana-de-açúcar

A cana-de-açúcar manteve posição relevante na matriz energética brasileira. A participação dos produtos dela derivados, na produção de energia, compreendendo álcool e a queima do bagaço, ficou relativamente estável, excetuado o ano 2000, no qual ocorreu queda abrupta em função da redução da produção de cana.

Tabela 47 – Produção de energia primária, proveniente da cana-de-açúcar

	1996	1997	1998	1999	2000	2001	2002	2003	2004	2005
Milhões de tep	23,4	26,0	25,2	24,6	19,9	22,8	25,3	28,4	29,4	31,1
% da oferta total	19	20	18	17	13	15	14	14	15	16

Fonte: Brasil, MME, 2003 e 2006.

Em 1995-1996, a área ocupada pela agricultura da cana, a mais antiga do país, correspondia a 9% da área total ocupada pelas lavouras identificadas pelo censo agropecuário nacional daquela época. A partir daí, a área colhida pelo setor teve acréscimo de 17% até 2003-2004, com grande concentração no Estado de São Paulo, cerca de 52% da área e 58% da produção. O Nordeste, que vem perdendo posição relativa, ocupava, naquela ocasião, 24% da área cultivada.

Na fase agrícola, o rendimento médio nacional da cultura cresceu continuadamente, desde o nível de 67 até 73 toneladas por hectare, em 2003-2004. Em São Paulo, o resultado foi mais acentuado, passando de 77% para 82% t/ha, em decorrência das condições de solo, clima e técnica agrícola canavieira desenvolvida, sob coordenação da Embrapa, em ação conjunta das empresas e do Centro de Tecnologia Canavieira – CTC, localizado em Piracicaba (sucedeu ao Centro de Tecnologia Copersucar). A pesquisa e o desenvolvimento tecnológico resultaram em significativo aumento de produtividade, tanto na área agrícola como na industrial. Teve papel relevante, nesse processo, a modernização de práticas administrativas nas empresas. No Nordeste, infelizmente, não foi alcançado resultado equivalente.

Tabela 48 – Indicadores da agroindústria álcool-açucareira

INDICADOR	1996-1997	1997-1998	1998-1999	1999-2000	2000-2001	2001-2002	2002-2003
Área colhida – milhões ha	4,8	4,8	5,0	4,9	4,8	5,0	5,1
Produção de cana – milhões t	287	303	315	307	258	293	326
Rendimento t/ha – Nacional	67	69	69	68	68	69	71
São Paulo	77	79	78	77	76	77	80
Produção de açúcar – mil t	13,7	14,9	17,3	19,4	16,2	19,2	22,6
Exportação de açúcar – mil t	5,4	7,5	8,8	11,2	7,2	10,9	13,5
Preço – US$ /t	290	278	232	158	184	204	157
Produção de álcool – milhões m^3	14,4	15,4	13,9	13,0	10,6	11,5	12,6

Fonte: Única, 2007.

Na fase industrial, o setor conta com estrutura complexa, porque se trata de produção conjunta. Em 2003, metade dos 326 milhões de toneladas de cana foi destinada à fabricação de açúcar, e a outra metade ao álcool. Da mesma cana se extrai, alternativamente, açúcar ou álcool e da queima do bagaço se retira energia, sob a forma de calor ou de eletricidade. Com a eficiência térmica da tecnologia tradicional, a energia extraída do bagaço se situa em igual nível das necessidades energéticas da própria indústria.

A base física da indústria compreende usinas de açúcar com destilaria anexa, bem como destilarias autônomas, de variada dimensão, que se desenvolveram desde o Proálcool. Em conjunto, o setor tem alguma flexibilidade no direcionamento da produção para um ou para o outro de seus produtos principais. Como o açúcar é em grande parte destinado ao mercado externo, que absorve entre 40% e 60% da produção total, a parcela do álcool acaba por ser influenciada não só pelas vicissitudes climáticas da agricultura, como pelo preço internacional do açúcar, que variou, no período considerado na Tabela 48, de 290 dólares por tonelada até 157 dólares por tonelada. A flexibilidade para os produtores traz, em contrapartida, a possibilidade de perturbação do suprimento energético, com o desvio para maior produção de açúcar para exportação, quando ocorrem condições favoráveis no mercado externo. E isso tem acontecido.

Maturidade na produção e uso do álcool

A forte vinculação da cana-de-açúcar à energia teve lugar, no Brasil, no final da década de 1970, com o emprego do álcool hidratado como carburante autônomo em veículos dotados de motor de ciclo Otto (ver Capítulo IX). Anteriormente, já havia utilização em mistura com a gasolina, em proporções modestas. Essa história compreendeu mudanças radicais no comportamento da sociedade e da indústria automobilística, que convém recapitular, utilizando-se para esse fim gráfico representativo (Figura 31) das vendas de automóveis, segundo o combustível usado.

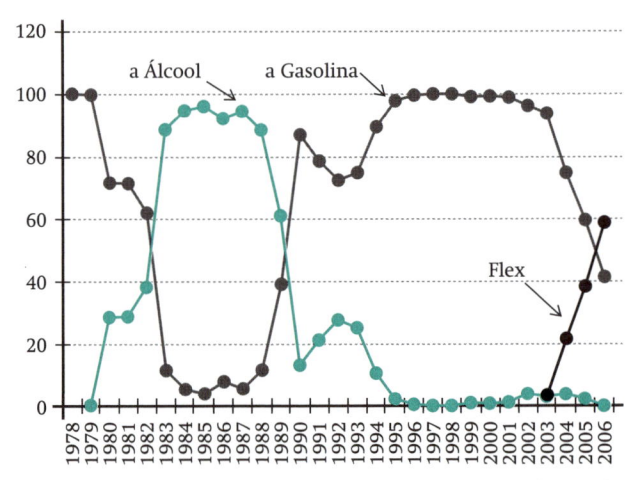

Figura 31 – Venda de automóveis no mercado interno, por tipo de combustível, em %.

Fonte: Anfavea, 2007.

Foi rápida a introdução dos veículos a álcool hidratado, e rápido também o declínio de sua produção, quando se reduziu a ingerência direta do governo federal no setor da agroindústria canavieira e se limitaram os subsídios aos veículos a álcool. Permaneceu, todavia, a obrigatoriedade da adição de álcool anidro na gasolina, fixada na proporção de 22% (Lei nº 8.723/1993).

Em 2003, se iniciou uma terceira etapa da forma de participação do álcool como carburante, com a introdução dos modelos bicombustível *flex-fuel*, equipados com motor controlado por computador de bordo, o que permite a utilização eficiente de gasolina e álcool.

A produção nacional de álcool veio crescendo desde o tempo do Proálcool, tanto sob a forma anidra como hidratada, alcançando cerca de 15 milhões de metros cúbicos em 1996-1997. Com a desregulamentação do setor e a redução dos subsídios aos veículos a álcool, a produção do álcool hidratado, que ficou restrita à frota anteriormente fabricada, sofreu forte redução até o ano 2000, estabilizando-se daí por diante. A produção do álcool anidro continuou a crescer. A produção total decresceu até um mínimo em 2000-2001, voltando a crescer até o nível máximo anterior.

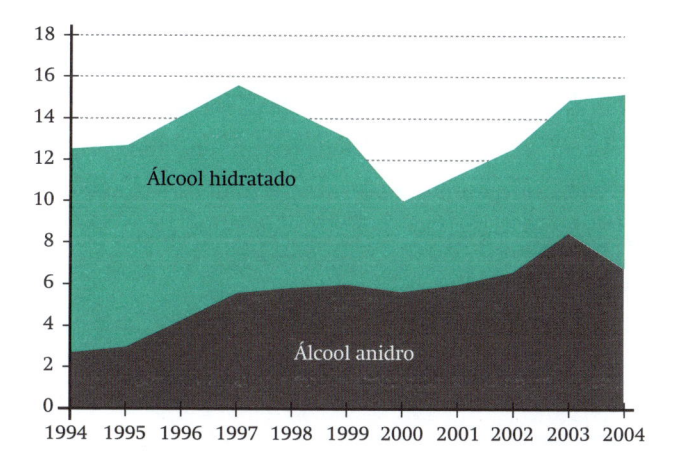

Figura 32 – Evolução da produção nacional de álcool etílico
(em milhões de m^3).

Fonte: ANP, 2005.

O progresso alcançado na agroindústria canavieira, especialmente em São Paulo e regiões circunvizinhas, se refletiu na competitividade de seus produtos. Na ausência dos subsídios que deram inicio à era do álcool, e sem qualquer mecanismo governamental de suporte, os preços, tanto do álcool como do açúcar, atingiram níveis mais competitivos no confronto internacional.

A competitividade do álcool diante da gasolina teve evolução favorável, desde 1980, quando a relação entre preços era quatro. Por volta de 1999, os preços quase se nivelaram e daí por diante ambos subiram, para se igualarem de novo em 2004. Com a alta do preço do petróleo, a gasolina ficou mais cara que o álcool, em 2005. Uma avaliação do custo da produção economicamente sustentável, na região Centro-Sul do país, considerando-se as usinas mais eficientes, resulta bem favorável ao álcool brasileiro, quando comparado ao que é produzido em outras regiões (Macedo, 2005). Os custos, em dólares por litro, se situariam em torno de 0,22/0,31 para gasolina, 0,28 para o álcool (Brasil), 0,33 para o álcool (EUA) e 0,48 (UE).

Confirma-se assim, após muitos anos, o pressuposto do programa Proácool, que contava com progressiva redução do seu custo interno e do aumento do preço do petróleo e de seus derivados no mercado internacional.

Em contrapartida, o melhor aproveitamento do bagaço para produção de energia elétrica ficou em plano secundário, em função da abundância do sistema basicamente hidrelétrico, da falta de regulamentação específica dos autoprodutores e de dificuldades de entendimento com as empresas distribuidoras. Foram feitos estudos e avaliações dos ganhos potenciais de recuperação e eficiência (ver Capítulo XII). É importante se ter presente, quando se discorre sobre geração de eletricidade, que, além de se tratar de fonte renovável, ela se concentra nos meses de maio a dezembro, cobrindo o período de baixos deflúvios nas usinas hidrelétricas, o que contribui para o equilíbrio do sistema hidrotérmico.

Programa nuclear – Retrospecto

Desde o programa nuclear de 1974 e a concomitante constituição da Nuclebrás, que incorporou a Companhia Brasileira de Tecnologia Nuclear – CBTN, foram feitas sucessivas modificações institucionais, que podem ser grupadas em quatro etapas.

Na primeira etapa, diante de um quadro de difícil implantação do programa resultante do Acordo Brasil-Alemanha, persistiu clima de discussão não conclusiva. Ocorreu então a transferência da responsabilidade pela construção de Angra II e III, de Furnas para a Nuclebrás, inicialmente mediante a criação de uma subsidiária específica para tanto, a Nucon (1981), mais tarde incorporada à Nuclebrás (1985).

Na segunda etapa, extinguiu-se a Nuclebrás e suas funções passaram a ter outra divisão, da seguinte forma (Decreto-lei nº 2.464/1988; Lei nº 7.915/1989):

1. as usinas nucleares Angra II e III ficam com o setor elétrico, mediante nova transferência da responsabilidade pela sua construção para Furnas, deslocando-se, simultaneamente, a Nuclen, subsidiária de engenharia da Nuclebrás, para a Eletrobras e a Nuclep, dedicada a equipamentos pesados, para a Comissão Nacional de Energia Nuclear;
2. o ciclo do combustível é atribuído à nova empresa, Indústrias Nucleares do Brasil – INB, como sucessora da Nuclebrás, posteriormente vinculada ao MCT. As subsidiárias Nuclei – Enriquecimento Isotópico e Nuclemon a ela foram incorporadas adiante (Decreto s/nº/1994).

Na terceira etapa (1991), deu-se a redução do programa de construção de usinas nucleares a uma única usina – Angra II – com o adiamento de Angra III para data não definida.

Na quarta etapa, no contexto do programa de desestatização do setor elétrico brasileiro, e em virtude da disposição constitucional de 1988 que atribui à União a exploração dos serviços e de instalações nucleares de qualquer natureza (Art.21, inciso XXIII), foi decidido que o BNDES e a Eletrobras dessem início aos trabalhos, visando à transferência dos ativos e passivos vinculados ao sistema termonuclear de Furnas, cuja privatização estava então prevista para a Nuclen, a qual não estava à venda. Concentravam-se assim, em uma única empresa controlada pela União, as atividades nucleoelétricas (Resolução BNDES-FND nº 15/1996).

No último período dessa etapa, foi feita a cisão de Furnas, alterou-se o objeto da Nuclen, que se limitava a serviços de engenharia, transferindo-se para ela a licença para construção e operação de Angra I, II, e III (Decreto s/nº/1997). Seguiram-se numerosos atos jurídicos para completar essa operação, entre os quais o que autorizou à União assumir os custos excedentes decorrentes da construção e operação de usinas nucleoelétricas por Furnas. Tal providência sanearia os passivos de Furnas e da nova empresa nuclear (Lei nº 9.358/1997). A empresa gerada por essa fusão/cisão tomou a forma de sociedade anônima, subsidiária da Eletrobras, passando a se chamar Eletronuclear, o que requereu várias assembleias de acionistas, em 1997. O seu objeto social ficou definido como:

> (...) a construção e operação de usinas nucleares, a geração, transmissão e comercialização de energia elétrica delas decorrente e a realização de serviços de engenharia e correlatos, entre os quais o de obtenção de tecnologia, de desenvolvimento, no Brasil, da capacidade de projeto e construção de usinas nucleares e a promoção da indústria brasileira para fabricação de equipamentos para as usinas nucleares.

Por fim, em 1999, após várias mudanças de vinculação, a própria CNEN passou para a esfera do Ministério da Ciência e Tecnologia (MCT).

Não obstante essas modificações, a configuração final da INB não ficou muito distante da que se havia concebido para a Companhia Brasileira de Tecnologia Nuclear (CBTN) (ver Capítulo VII).

Tratado de Não Proliferação

No campo internacional, o Brasil manteve a atitude de 1970, quando se recusou a assinar o Tratado de Não Proliferação (TNP) (Apêndice 7-L). As razões dessa atitude foram expostas no Capítulo VII. À medida que numerosas nações assinavam o tratado e o ratificavam, a posição do Brasil e da Argentina ficava mais nitidamente isolada. Entre os dois países foram desenvolvidos intensos esforços de entendimento em torno de ações comuns, dando lugar a um sistema de salvaguardas próprio, que culminou com a assinatura, em junho de 1991, dos atos constitutivos da Agência Brasileiro-Argentina de Contabilidade e Controle de Materiais Nucleares – ABACC. A organização assumiu a responsabilidade de verificar se os materiais nucleares existentes em ambos os países são utilizados para fins exclusivamente pacíficos.

Seguiram-se negociações com a Agência Internacional de Energia Atômica, que resultaram em acordo quadripartite, de dezembro de 1991, mediante o qual os dois países se inseriam no sistema internacional de salvaguardas sem, todavia, assinarem o TNP.

Com o passar do tempo e as adesões de novos participantes ao TNP, os não signatários ficaram reduzidos a um pequeno grupo, no qual se distinguiam países com programas de caráter nitidamente militar. Não era esse, é óbvio, o nosso caso. Depois de longa e profunda análise decidiu-se, em 1997, pela adesão ao TNP, decisão essa ratificada, sem maiores problemas, pelo Congresso Nacional, em 1998. A Argentina já havia tomado decisão idêntica. Tal atitude aliviou muitas críticas que o Brasil recebia por estar alinhado com outros países envolvidos em programas e conflitos militares.

Mais tarde, a situação ainda voltou a se complicar no quadro internacional, em virtude, principalmente, das tensões resultantes de ataques terroristas e do receio crescente de focos de proliferação de armas nucleares, conforme se verá no Capítulo XI.

Usinas termelétricas Angra II e Angra III

Em ambiente de incessante mudança legislativa e administrativa, com as correspondentes trocas de comando, foi possível assegurar, do ponto de vista técnico, na construção de Angra II, planejamento e execução adequados, graças ao trabalho conjunto da Nuclen, Furnas, Siemens e Eletronuclear. A construção da usina se seguiu sem interrupções, possibilitando a sua entrada em operação em julho de 2000. Por improvável que fosse, em virtude do ambiente incerto antes referido, a usina teve, desde o início das operações, desempenho técnico exemplar durante os seus cinco primeiros anos (Lepecki, 2005), devidamente verificado em inspeções de agências internacionais (Agência Internacional de Energia Atômica e World Association of Nuclear Operators).

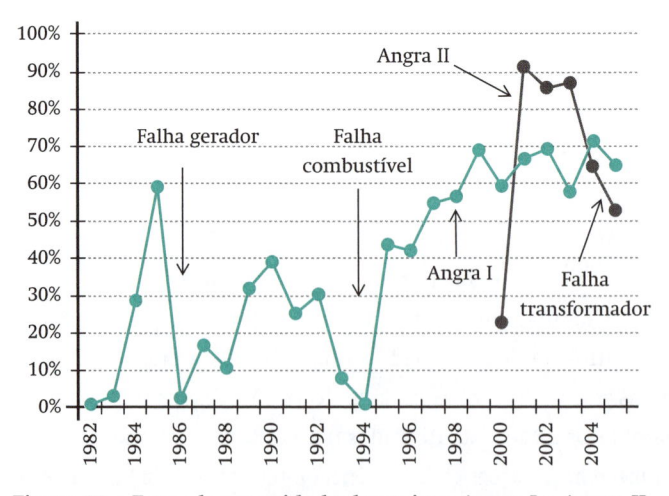

Figura 33 – Fator de capacidade das usinas Angra I e Angra II.

Fonte: Informação fornecida pela Eletrobras Termonuclear, a pedido, em 2006.

A retomada da construção de Angra III, suspensa em 1991, permaneceu objeto de debates infindáveis, no mesmo estilo do que acontecia na década de 1980, não só aqui como em vários países (ver Capítulo IX).

Dez anos mais tarde o CNPE "(...) autoriza a Eletronuclear a retomar ações relativas ao empreendimento de geração termonuclear da usina Angra III" e institui um grupo de acompanhamento das ações (Resolução CNPE nº 05/2001). Foram contratadas várias entidades para a realização de estudos suplementares. Em abril de 2002, a Eletronuclear emite o seu Plano de Atendimento às Exigências e Expectativas do CNPE/Conama. Fundamentado nesses trabalhos, foi preparado o relatório do grupo, encaminhado ao CNPE. Ao final dos governos FHC reuniu-se novamente o CNPE, para discutir Angra III (Resolução CNPE nº 08/2002), estabelecendo-se:

> Art. 1 – A Eletronuclear deverá adotar as medidas necessárias à retomada do empreendimento de Angra III (...) tendo novembro de 2008 como data de referência para a operação da usina (...) Art. 2 – A Comissão Nacional de Energia Nuclear e a Eletronuclear (...) deverão iniciar, de imediato, os trabalhos de seleção do local para a construção do depósito definitivo para os rejeitos radioativos (...) Art. 4 – A Eletrobras deverá formalizar, para deliberação do CNPE, a sua proposta de financiamento (...) Art. 5 – O Grupo de Acompanhamento das Ações da Eletronuclear deverá apresentar ao CNPE, em maio de 2003, relatório sobre o andamento das medidas (...).

Essa reunião não se realizou. Nesse estágio de indefinição, a matéria passou ao governo seguinte.

Reservas e mineração de urânio

Os reconhecimentos e pesquisas geológicas desenvolvidos desde 1952 adquiriram maior intensidade a partir de 1970 quando foram vinculados à CNEN, e destinados à CBTN recursos provenientes de 1% do imposto único sobre combustíveis, depois ampliados para 2% (Decreto-lei nº 1092/1970; Decreto-lei nº 1.279/1973), o que permitiu a continuidade das operações de campo (ver Capítulo VIII).

Depois de meio século de trabalhos, supõe-se que a pesquisa tenha coberto 30% do território nacional. Descontando-se áreas não promissoras da ordem de 20%, restam cerca de 50% ainda por investigar. Nesse período foram identificadas várias áreas que mereceram exame mais aprofundado (Poços de Caldas foi explorada e esgotada). A maior atenção foi dedicada às jazidas de Lagoa Real, BA, e Itataia, CE, nas quais se encontraram reservas lavráveis, medidas e indicadas, respectivamente, com 68.800 toneladas e 38.500 toneladas, de urânio metálico. Essas reservas seriam exploráveis a um preço virtual inferior a 40 dólares/kg de urânio metálico, valor esse adotado nos órgãos internacionais, como critério de Reasonably Assured Resources

– RAR, assim conceituadas em função do conhecimento das jazidas e do urânio contido em depósitos, que possam ser recuperados dentro de tecnologias conhecidas e provadas e dentro de específicos parâmetros de custo (IAEA, 2006).

A província uranífera de Lagoa Real consta de diversas anomalias radioativas já identificadas e, em grande parte, avaliadas.

A outra grande reserva, de Itataia/Santa Quitéria, contém minério de urânio associado ao de fósforo, e a sua exploração conjunta é, naturalmente, mais complexa. A reserva de minério é de 80 milhões de toneladas com teores médios de 11% de P_2O_5 e 0,1% de U_3O_8. O aproveitamento se baseia na movimentação de 1,5 milhão de toneladas/ano de minério. O aproveitamento do urânio dessas reservas requer parceria entre a INB e alguma empresa privada que se dedique ao aproveitamento e comercialização do fosfato.

Também complexa é a reserva do Pitinga, AM, com vários minerais úteis, que há tempos tem sido explorada para extração de cassiterita. O aproveitamento de urânio exige entendimento com a empresa detentora dos direitos minerais relativos ao estanho.

Muitas outras ocorrências ainda não foram investigadas a fundo: rio Cristalino, PA, Espinheiras, PB, Amorinópolis, GO, e Gandarela, MG. A INB não prosseguiu o programa de prospecção porque o volume encontrado era mais do que suficiente para qualquer demanda que se pudesse visualizar e, além disso, com escassos recursos financeiros, haveria que priorizar investimentos em outras fases do ciclo de combustível nuclear.

As reservas brasileiras medidas são certamente suficientes para atender o mercado interno no horizonte previsível, o que nos coloca em situação privilegiada em termos de segurança de abastecimento.

Desde o encerramento da operação de Poços de Caldas, que produziu 1.200 toneladas entre 1982 e 1995, as atenções se concentraram nas reservas de Lagoa Real, considerada a melhor entre as reservas suficientemente estudadas. Em contrapartida, a jazida se situa em região inóspita e de escassos recursos hídricos, necessários na planta de processamento do minério; esses obstáculos exigiram grande esforço de engenharia e organização, mas obtiveram êxito.

A mineração e o correspondente beneficiamento foram iniciados em 1999 em uma das anomalias identificadas, através de lavra a céu aberto, e lixiviação em pilha, o que resulta em baixo custo de tratamento. Esse custo é compatível com aquele de outras minas de configuração semelhante. A capacidade nominal é de 400 toneladas de U_3O_8 por ano, sob a forma de diuranato de amônio (*yellow cake*), o que é aproximadamente suficiente para atender às usinas Angra I e Angra II. Em 2004, a produção de 350 toneladas de U_3O_8/ano foi ultrapassada.

A INB começou projeto de duplicação da produção de Lagoa Real, através da lavra a céu aberto, de outras duas anomalias, bem como de uma lavra subterrânea.

Com essa ampliação será possível atender também Angra III, na hipótese de que venha a se concretizar.

O projeto de mineração em Itataia/Santa Quitéria se apresenta viável com o simples aproveitamento do fosfato. O urânio associado pode ser ali produzido a baixo custo, propiciando inclusive a sua competitividade no mercado internacional. A INB vem negociando com a iniciativa privada, governo da União e do Estado do Ceará, para colocar esse projeto em andamento. A produção de fosfato daria lugar a uma produção de urânio superior às necessidades internas, cabendo se pensar em exportação. O Brasil detém hoje tecnologia para iniciar pela exportação de concentrado de urânio e, gradualmente, passar a exportar produtos de maior valor agregado, como urânio enriquecido, urânio em pastilhas ou mesmo elementos combustíveis completos. A eventual exportação dependeria, no entanto, de revisão da correspondente regulamentação restritiva, originada de outra época e nunca aplicada, porque não havia urânio para exportar.

Reservas e mercado internacional de urânio

Considerando-se os critérios técnicos e econômicos adotados pela Agência Internacional de Energia Atômica para caracterizar os recursos uraníferos, o Brasil se apresenta com reservas geológicas globais significativas de 140 mil toneladas de urânio metálico, recuperável a menos de 40 dólares a tonelada. Ocupa a quinta colocação entre as maiores reservas do mundo, na sequência decrescente de importância: Austrália, Canadá, Cazaquistão, Niger e Brasil. As reservas brasileiras correspondem a 7% do total mundial de 1.947 mil toneladas. É natural que se pense na possibilidade de ocupar posição de destaque no mercado internacional de urânio, sem perder de vista as suas características próprias, com fortes conotações políticas, inclusive ainda influenciadas pela divisão do mundo do tempo da guerra fria.

Estimando apenas o Ocidente, a demanda de urânio cresceu, desde 1970, quase linearmente, até 1988, quando ocorreu quebra de ritmo, tendendo para estacionar no princípio do século XXI. A produção atingiu o máximo em 1979-1980, para depois declinar. Desde 1985, a produção foi inferior à demanda, de forma sistemática, e o mercado tem sido atendido por fontes secundárias, compreendendo inventários acumulados, urânio levemente enriquecido proveniente da Rússia e desmantelamento de ogivas nucleares, decorrentes do desarmamento militar (programa EUA-Rússia). Cerca de metade dos volumes transacionados no início do século XXI ainda provém dessas fontes secundárias, que tendem a se esgotar.

Esse quadro aponta para a necessidade de abertura de outras minas, em ritmo mais ou menos intenso, conforme venha a ser a evolução do número e a potência das novas instalações eletronucleares.

No peculiar mercado internacional de urânio, os preços contêm variedade de qualificações. Primeiro, entre contratos de longo prazo e de mercado *spot*, como em qualquer outro minério ou fonte energética. Mas, além disso, depois de 1992, estabeleceram-se dois tipos de mercado *spot* em função de existirem ou não restrições políticas à sua importação. Finalmente, na presença de estoques que podem ser disponibilizados até que ocorra a sua extinção, o preço é influenciado por outros critérios que não o seu custo atual de produção.

As quantidades produzidas têm sido inferiores à demanda nos últimos anos, sendo a diferença suprida por estoques. O preço é temporariamente definido até que se reduzam as disponibilidades de estoque, por outros critérios que não o seu custo atual de produção. Os volumes transacionados em 2000 decorrem da produção de 41.000 toneladas e de redução de estoques de 32.000 toneladas. Para se situar o Brasil nessa estatística, com a sua produção de 400 toneladas/ano, o país estará contribuindo com cerca de 1% do total mundial.

Feitas essas ressalvas, o exame das informações históricas mostra que, no princípio da década de 1990, os preços subiram de 10 dólares por libra de U_3O_8 para o máximo de 17 dólares em 1996, declinando daí por diante até um mínimo de 7 dólares em 2001. Voltaram a crescer, adquirindo maior velocidade em setembro de 2003, para atingir 30 dólares em meados de 2005.

Ciclo do combustível nuclear

As atividades relacionadas ao ciclo do combustível nuclear se desenvolveram, no âmbito do Estado, de forma continuada, embora em ritmo muito lento, em virtude da falta de recursos financeiros a elas reservados. Foram importantes o programa de treinamento de pessoal e a experiência adquirida na vigência do acordo com a Alemanha, tanto no âmbito da Indústrias Nucleares do Brasil – INB como no dos organismos que a precederam. Cabe registrar também decisivas participações do Instituto de Pesquisas Energéticas e Nucleares – IPEN, da Universidade de São Paulo, e do Ministério da Marinha no seu programa voltado para o desenvolvimento de propulsão nuclear em submarinos, iniciado em 1979 (Centro Tecnológico da Marinha em São Paulo – CTMSP).

As instalações industriais voltadas apenas para o combustível foram progressivamente reunidas nas fábricas da INB em Resende, RJ, compreendendo unidades complementares, porém com diversas escalas de produção.

A primeira etapa do ciclo de combustível, a conversão do *yellow cake* proveniente da mineração em hexafluoreto de urânio (UF_6) no estado gasoso, não é realizada em escala industrial no Brasil. Nos acordos com a Alemanha, esse item não foi incluído porque lá não existia a tecnologia correspondente, que foi desenvolvida a partir de 1979, autonomamente, inclusive no IPEN, unidade piloto bem-sucedida. Na década de 1980, negociou-se, sem conclusão, contrato com empresa francesa para transferência de tecnologia. A incorporação dessa fase no ciclo de combustível nuclear traz, além da dificuldade técnica, a que decorre da diferença entre a escala da operação econômica e a pequena demanda das usinas Angra I e II. A conversão vem sendo efetivada por acordo no exterior. São poucas as organizações que realizam esse serviço, que tem sido contratado, dominantemente, no Canadá.

Está em curso a construção, pelo CTMSP, de unidade de demonstração industrial baseada na tecnologia da usina piloto do IPEN, com operação prevista para 2009.

A reconversão do hexafluoreto em pó de dióxido de urânio (UO_2) e a produção das pastilhas de dióxido de urânio foram objeto de contratos com a Siemens para aquisição das respectivas linhas completas de produção. A de pastilhas foi concluída em 1998, entrando em operação em 1999. A de reconversão foi finalizada também em 1999.

A partir de contratos de 1997, de transferência de tecnologia americana (Westinghouse) para atender Angra I e alemã (Siemens) para Angra II, instalou-se a unidade destinada à construção de partes e montagem dos elementos combustíveis.

A tarefa crítica do ciclo do combustível se situa no enriquecimento isotópico, para promover o aumento da concentração do isótopo físsil U_{235}, de 0,7%, como se encontra na natureza, para 4%.

Esse trabalho no Brasil compreendeu, de início, dois caminhos distintos. O primeiro, previsto nos acordos com a Alemanha, visava desenvolver, em conjunto, o processo de jato centrífugo, que não veio a ser adotado por ela própria. A Alemanha se comprometeu, em consórcio com a Holanda e Inglaterra (Urenco), com a tecnologia da ultracentrifugação. Apesar de o Brasil ter manifestado o desejo de aderir a esse programa, no âmbito do acordo com a Alemanha, isso não foi possível por causa do veto da Holanda.

O outro caminho, voltado para a ultracentrifugação, foi desenvolvido no CTMSP, em Iperó, SP. Isso porque o jato centrífugo, embora viável tecnicamente, não tinha viabilidade econômica. Constituiu-se, em 1998, grupo interministerial para avaliação das possibilidades de se instalar uma planta industrial de enriquecimento de urânio por ultracentrifugação. O sucesso do programa do CTMSP contribuiu para que fosse assinado contrato com a INB, em 2000, para a construção de uma usina em Resende, RJ, de forma modular, ficando a cargo do segundo a construção das ultracentrífugas. Em 2002, foram instalados os primeiros conjuntos de ultracentrífugas componentes da primeira cascata do módulo da unidade de enriquecimento. A usina compreenderá, inicialmente, quatro módulos com dez cascatas, dos quais o primeiro, com duas, entrou em operação experimental em 2005. Quando completada, essa usina terá capacidade para atender 60% das necessidades de Angra I e II. Até que isso aconteça, o enriquecimento continuará a ser feito no exterior, em proporção decrescente, conforme o ritmo dos investimentos nas instalações de Resende.

Com a opção pela ultracentrifugação, o Brasil se situa assim no rumo da tendência mundial (WNA, 2006). De fato, ao lado das instalações que deram início à era atômica, baseadas na tecnologia da difusão gasosa, só se construíram usinas de centrifugação. As primeiras operam nos Estados Unidos e na França, e em pequena escala na China. As segundas foram adotadas pelo consórcio Inglaterra/Alemanha/Holanda, na Urenco, bem como pelo Japão e pela China. A capacidade total está dividida na proporção de 22.400 e 28.200 mil UTS[2], respectivamente. No Brasil, a capacidade prevista na primeira etapa da instalação de Resende, a ser atingida em prazo ainda indefinido, é de 115 mil UTS, equivalente a 0,2% da capacidade instalada mundial, em usinas de ultracentrifugação.

No início do século XXI, o Brasil opera com toda a tecnologia necessária para suprir combustível para suas usinas nucleares, exceto a produção do UF_6, que poderá estar incorporada ao sistema até 2006. Em alguns dos elos, falta escala de produção adequada ao abastecimento das usinas nucleares nacionais, principalmente pela insuficiência de recursos financeiros destinados pelo governo aos respectivos investimentos

Os governos dos presidentes FHC e Lula colocaram à disposição da INB, entre 1995 e 2005, recursos financeiros modestos para completar a autonomia no ciclo de combustível nuclear. O total, em 11 anos, alcançou o equivalente a 160 milhões de dólares em moeda corrente, o que corresponde a uma média anual de 15 milhões de dólares, e valor menor ainda (8,6 milhões de dólares) na média do período 2002-2005.

Tabela 49 – Investimentos da INB no ciclo do combustível nuclear

INVESTIMENTO	1995	1996	1997	1998	1999	2000	2001	2002	2003	2004	2005
RS$ milhões	1,2	8,2	29,6	42,7	42,5	29,2	31,8	23,6	28,3	28,5	18,0
US$ milhões	1,3	8,2	27,4	36,8	22,3	16,0	13,5	8,1	9,7	9,3	7,5

Fonte: Informações da Indústrias Nucleares Brasileiras – INB, fornecidas em 2006, a pedido do autor (ver tb. Apêndice 10-J).

---

[2] Unidade de trabalho separativo é uma medida do esforço realizado para separar isótopos de urânio, em uma usina de enriquecimento. Para produzir 1kg de urânio a 4% de enriquecimento são necessários 9kg de urânio natural e 5,3kg UTS.

Cabe confrontar os valores referentes aos gastos já feitos com as estimativas da ordem de grandeza dos investimentos ainda por realizar em Resende, a fim de completar, de forma equilibrada, as diversas fases da produção de elementos combustíveis no Brasil.

A previsão para o período 2006-2009, de acordo com o Plano Plurianual – PPA vigente, se situa no nível de 135 milhões de reais.

Esse plano não contempla as necessidades financeiras para se incluir programa de expansão equilibrado. Estima-se, em termos de ordem de grandeza, que seriam precisos, só no programa do enriquecimento, 436 milhões de reais adicionais, para se alcançar a capacidade exigida para atender 60% das necessidades provenientes de Angra I e II (114 mil UTS). Outros investimentos ainda são essenciais para instalar capacidade adicional (84 mil UTS) própria para levar o país à autossuficiência. Seriam evitados desembolsos externos de 11 milhões de dólares por recarga dos atuais reatores.

É pelo menos curioso confrontar-se essa penúria de gastos no ciclo do combustível nuclear, enquanto o mesmo governo federal investiu, via Petrobras, no seu programa de exploração, mais de 500 milhões de dólares anuais. Em termos de política energética, trata-se de uma distorção de difícil explicação.

Para concluir esta revisão do que se passa com o ciclo de combustível nuclear no Brasil, cabe registrar que a deposição final de rejeitos de alta atividade (essencialmente combustíveis irradiados) continua sendo matéria controversa, tanto aqui como em outras partes do mundo. A Eletronuclear vem armazenando esses rejeitos nos próprios prédios das centrais nucleares de Angra, como acontece em muitos países. A capacidade de armazenagem existente é suficiente a longo prazo. A deposição final dos rejeitos de baixa radioatividade é menos controversa internacionalmente, havendo países que já construíram depósitos definitivos. No Brasil, no entanto, o assunto ainda não está decidido, e a Eletronuclear os deposita, a título provisório, no próprio local de Angra.

Conselho Nacional de Política Energética

O Ministério de Minas e Energia sempre teve estrutura administrativa pequena, frequentemente até insuficiente para o exercício de suas funções essenciais. Em contrapartida, a ele estavam vinculadas importantes empresas estatais, que supriam, em parte, essa deficiência, seja com a colocação de pessoal à disposição, seja exercendo missões que eram, de fato, de responsabilidade do próprio ministério. Em particular, a tarefa de analisar e propor planos estratégicos de longo prazo para os setores da energia elétrica e do petróleo foi sendo desenvolvida no âmbito, respectivamente, da Eletrobras e da Petrobras. Na primeira, isso era feito com a cooperação das empresas sob controle estadual e na segunda, com feição própria.

Nos governos do presidente FHC, com o processo de esvaziamento da Eletrobras, os estudos de mercado e das formas possíveis de seu atendimento se estiolaram. Na Petrobras, graças à sua independência em relação ao governo central, o planejamento prosseguiu.

A estrutura do ministério se enfraqueceu ainda mais diante de uma política econômica que se assentava na tese central de assegurar o domínio das forças de mercado, com a redução, ao mínimo, da interferência governamental. Contraditoriamente a essa tese, na lei que estabeleceu as diretrizes de organização da indústria do petróleo (Lei nº 9.478/1997), se incluiu, por iniciativa do Congresso, a constituição de um Conselho Nacional de Política Energética – CNPE. Por esse motivo, ou pela coincidência com a época de intenso trabalho, no âmbito do MME, na reforma em curso do setor elétrico, o fato é que essa disposição não foi introduzida.

Só um ano mais tarde, o então secretário de Energia, Peter Greiner, tomou a si a iniciativa de promover a elaboração de uma proposta de regulamentação do CNPE, e de minuta de política de energia a ser apresentada, como documento inicial de trabalho, ao CNPE, quando de sua instalação formal. Estávamos, Adilson de Oliveira e eu, prestando colaboração, na forma de comentários, ao projeto RE-SEB quando fomos solicitados a cooperar na elaboração de uma proposta para esses dois documentos, ajuda essa que se estendeu de agosto a dezembro de 1998 e compreendeu quatro encontros com o secretário.

A parte relativa à política energética não chegou a bom termo. A última de uma sucessão de minutas, que incorporava o resultado das discussões, foi concluída em novembro de 1998. Pouco depois terminava minha missão e do Adilson. Já a parte relativa à regulamentação do CNPE foi finalizada na segunda administração do MME (Decreto nº 3.520/2000). A proposta de regimento interno teve sua aprovação na Resolução nº 1 do próprio CNPE, em novembro de 2000.

Iniciativas no começo do século XXI

Na ausência de uma política abrangente, estavam em curso novos debates e sugestões específicos sobre fontes alternativas de energia, presentes há bastante tempo nas especulações sobre o futuro.

No último ano do governo FHC, foi aprovado pelo Congresso programa destinado a promover a utilização de fontes alternativas na produção de eletricidade, denominado Programa de Incentivo de Fontes Alternativas de Energia Elétrica – Proinfa, compreendendo as fontes eólica, de pequenas centrais elétricas (PCH) e de biomassa, todas voltadas para produção de eletricidade destinada ao sistema interligado. Conjugou-se a esse programa uma Conta do Desenvolvimento Energético – CDE, visando ao desenvolvimento energético dos estados e à competitividade da energia produzida pelas três fontes de que trata o Proinfa, além do gás natural e do carvão mineral nacional. Diferentemente da ideia que prevaleceu durante certo tempo de discussões no Congresso, de obrigar as concessionárias a contratar a energia das fontes alternativas, passou-se a obrigação para a Eletrobras.

A tramitação dessa lei no Congresso foi tumultuada e nela se introduziram, aos poucos, diversas providências requeridas pelo Poder Executivo com o intuito de fechar as contas decorrentes das medidas extraordinárias do tempo da crise de desabastecimento de eletricidade. Independentemente da explicável confusão que daí adveio, cabem reparos quanto aos conceitos originais da parte referente às energias renováveis, nela contidos:

1. a ausência da energia solar térmica para aquecimento de água de uso doméstico, que já tinha ultrapassado a fase de demonstração tecnológica e que necessitava apenas de um empurrão para que se generalizasse, substituindo o chuveiro elétrico;
2. a escolha de subsídios permanentes, proporcionais à venda de energia quando, especialmente na energia eólica e na solar-térmica, não são as despesas correntes que a tornam não competitiva, mas sim seu investimento inicial. O caminho adequado seria o subsídio ao investimento.

Quanto ao estabelecimento desse programa (Lei nº 10.438/2002), não se sucederam grandes passos, tendo em vista o final do governo FHC. A matéria será retomada no Capítulo XI.

Após discussão prolongada no Congresso, foi promulgada também no fim do período a lei das águas, que criou a Agência Nacional de Águas – ANA, instituindo outros vínculos entre os vários usos da água, inclusive para geração de energia elétrica. Pelo seu grande conteúdo ambiental, será examinada no Capítulo XII.

Balanço energético

Ao final de cada um dos capítulos passados, figuraram indicações sobre mudanças relevantes no balanço energético brasileiro. Neste capítulo, pareceu-me mais adequado deixar essa amostra para o Capítulo XI, dedicado ao período de 2003 em diante, um quadro abrangente, representado pelo balanço relativo ao ano 2004.

Capítulo XI
Partida para o novo século (2003-2006)

Transição pacífica e contradição intrínseca do novo governo

Ao término do segundo mandato do governo Fernando Henrique Cardoso, realizaram-se eleições gerais e democráticas, das quais saiu vitorioso o candidato da oposição, Luís Inácio Lula da Silva, do Partido dos Trabalhadores, em aliança com outros partidos.

Essa possibilidade havia gerado expectativas, especialmente nos círculos financeiros internos e internacionais, de eventual ruptura na condução da política macroeconômica do país. O novo governo adotou, no entanto, posição pragmática e prudente, de não alterá-la, o que resultou em transição inesperadamente pacífica. Conciliavam-se, pelo menos de início, correntes politicamente antagônicas, inclusive com a indicação de um representante da ortodoxia econômica para a presidência do Banco Central. Tranquilizavam-se os organismos financeiros internacionais e normalizavam-se rapidamente as operações econômicas.

No campo político, no entanto, diante dessa atitude, o PT se dividiu e o governo, não dispondo de presença suficiente no Congresso, necessitou de alianças, de variada orientação política, para executar os seus planos. Estabeleceram-se, assim, contradições intrínsecas: de um lado, a ortodoxia do PT, oriunda do movimento sindical e do PT teórico e ideológico; de outro lado, duas alas pragmáticas. Uma, voltada para a perpetuação do poder nas mãos do PT em escala nacional, e outra sustentando a política econômico-financeira ortodoxa.

Com a tranquilidade decorrente da continuidade da política econômica, o novo governo se inicia com inflação sob controle e forte impulso exportador, beneficiando-se da expansão do comércio internacional. Não se apresentaram, todavia, indícios de uma retomada do crescimento econômico sustentável.

No campo social os projetos foram, naturalmente, ambiciosos. A montagem do governo em torno desses projetos foi infeliz, com subdivisão excessiva de responsabilidades e criação de órgãos sem estrutura adequada ao exercício das funções que lhes cabiam, tornando difícil a tarefa de coordenação, no âmbito da administração federal. No entanto, alguns foram bem-sucedidos, como o Bolsa Família que propiciou a subida de um degrau no nível de renda das populações pobres.

No campo ambiental manteve-se subdivisão interna no governo, entre um naturismo emocional e a busca da conciliação possível de objetivos econômicos, sociais e ambientais.

No campo externo o governo apresentou, de certa forma, retorno a uma posição soberana, de acordo com princípios da tradição diplomática brasileira. No entanto, e aos poucos, foi assumindo posições pouco realistas e essencialmente ideológicas, com rasgos de sul-americanismo e surtos de antiamericanismo. No Mercosul, que já vinha cambaleante, mostrou-se ser ainda mais difícil alcançar os objetivos fundamentais.

A política econômica, executada com continuidade, e até com teimosia, foi beneficiada por fatores de certa forma dela independentes e, na sua maioria, favoráveis. Destaca-se, do lado interno, o progresso do agronegócio, que já vinha de anos anteriores e que se transformou no grande gerador de saldos na balança comercial e, do lado externo, quadro extremamente favorável, com a onda de expansão do comércio internacional que resultou, principalmente, do crescimento sustentado da China e seu potente ingresso nos mercados internacionais.

As diretrizes da política econômica foram objeto de permanente controvérsia, que já vinha, aliás, do período anterior. O esforço para implantar o sistema de responsabilidade fiscal merecia aprovação da parte da opinião pública que sabia do que se tratava. Mas o sistema de metas de inflação e sustentação de elevado superávit primário foi contestado. A manutenção de elevadíssima taxa de juros, a segunda mais alta do mundo, era repetidamente criticada por diferentes correntes de opinião. A elevada dívida mobiliária interna do governo federal, alimentada pelos juros exorbitantes, absorveu a poupança privada, deixando pouco espaço para investimentos produtivos. A economia não cresceu, seguindo a marcha anterior, que levou o país a perder sucessivas posições na hierarquia mundial. Cresceu menos que a média mundial.

Os progressos sociais mantiveram a tendência positiva no longo prazo, que se reflete no declínio da mortalidade infantil e no aumento do nível de escolaridade. No que concerne às ações focalizadas, a política de transferência de renda ampliou rapidamente a clientela atendida. Ficaram em segundo plano a integração das várias ações de apoio aos mais pobres e a aferição dos respectivos resultados qualitativos, tais como frequência à escola e acompanhamento de saúde dos beneficiários. Estritamente do ponto de vista da renda, os impactos da ampla cobertura alcançada por estes programas tiveram efeito distributivo quantificável. Alguns dos programas sociais, que se restringiram a ações assistenciais, foram prejudicados pelo despreparo das respectivas administrações.

Nas relações econômicas com o exterior, os sucessivos saldos da balança comercial resultaram no fortalecimento financeiro do país, propiciando a redução continuada do risco Brasil. A política econômica, pela sua firmeza no cumprimento de metas financeiras, foi adquirindo aprovação dos mercados internacionais,

A administração do presidente Lula foi atropelada, no ano de 2005, pela eclosão de crise ética, no palco do Congresso Nacional, envolvendo o PT e o próprio governo em transações ilícitas. Várias medidas reformistas e programas de governo foram prejudicados pela temporária paralisia do Congresso.

No domínio da energia seguiram-se com continuidade, em termos físicos, várias políticas específicas, não obstante os prejuízos, de toda ordem, causados pelo tumulto oriundo da crise de desabastecimento de eletricidade de 2001 bem como pelas consequências das medidas corretivas então adotadas. A estrutura do setor elétrico foi objeto de reforma da reforma institucional inconclusa, com forte impulso ideológico e pouco pragmatismo. Inverteu-se, por outro lado, a diretriz anterior de privatização parcial na área do petróleo em um movimento que se poderia definir como contrarreforma. Mantém-se, sem solução institucional, a trapalhada da entrada do gás natural e a aventura das termelétricas.

A energia nuclear continuou indefinida. Abriram-se, todavia, oportunidades para disseminação de novas formas de energia renovável.

Nos setores energéticos fundamentais registrou-se, de um lado, o fortalecimento da Petrobras com a continuidade dos esforços bem-sucedidos na exploração do petróleo e, de outro, o enfraquecimento dos órgãos governamentais ligados ao setor de energia elétrica, vítima das incessantes mudanças institucionais, gerando preocupação quanto a possível nova crise motivada por insuficiente expansão da capacidade de geração.

O progresso institucional esperado das agências reguladoras de serviços públicos, criadas no governo anterior, foi interrompido com a redução dos respectivos poderes e recursos.

A política de integração latino-americana, que foi enfatizada, no discurso, passou por vários reveses, principalmente em função de desentendimentos bilateriais, alguns tradicionais e outros novos. Tanto o Mercosul como a Comunidade Andina se enfraqueceram, com a indisposição de abertura econômica, a exacerbação de conflitos de interesse material e desentendimentos de natureza material e política. Não foi confortável a posição do Brasil nesse contexto. No campo energético não correram bem as relações com a Argentina, ela própria em crise de suprimento, nem com a Bolívia, na qual o país fez, utilizando a Petrobras como instrumento, importantes investimentos. Em contracorrente reativou-se aqui o discurso pró-integração sul-americana que, por sua vez, sofreu forte revés com a intervenção unilateral da Venezuela em vários assuntos bilaterais.

O primeiro quadriênio do presidente Lula se encerra com a sua reeleição para um segundo período em que, segundo o discurso, seria atribuída maior importância à infraestrutura e ao crescimento econômico.

Indicadores – 2003-2006

I – GOVERNO: PRESIDENTE, MINISTROS DA FAZENDA E DE MINAS E ENERGIA
2002-2006 Luís Inácio Lula da Silva/Antonio Palocci,Guido Mantega

II – ECONOMIA BRASILEIRA[1]

PIB antes e no fim do período, em US$ bilhões[3] .... 813 / 876
Taxa média anual de crescimento da população 1,4%
Taxa média anual de crescimento do PIB 2,6%
Taxa média anual da inflação 14,1%

III – OFERTA INTERNA DE ENERGIA NO BRASIL[2]
(TAXA MÉDIA ANUAL DE CRESCIMENTO)

Petróleo 0,2%
Gás natural 11,3%
Carvão mineral 2,3%
Hidráulica 5,7%
Lenha 6,6%
Cana-de-açúcar 6,2%
Outros[4] 0,0%
Total 4,6%

IV – REFERÊNCIA INTERNACIONAL (ESTADOS UNIDOS)

PIB antes e no fim do período, em US$ bilhões[3] .... 9.591 / 10.224
Taxa média anual de crescimento do PIB 2,2%
Taxa média anual da inflação 2,9%

V – RELAÇÃO PIB ESTADOS UNIDOS/PIB BRASIL

Antes e no fim do período .... 12 / 12

OBSERVAÇÕES
1. As informações relativas à economia brasileira provêm do IBGE.
2. As informações relativas à oferta interna de energia provêm do Balanço Energético Nacional – BEN.
3. Os valores do PIB Brasil e dos EUA estão em US$ de 1995.
4. Inclui cargas periódicas de urânio.

Reforma da reforma na energia elétrica

Ao se iniciar, o primeiro governo do presidente Lula da Silva encontrou o setor elétrico desorganizado, em virtude de uma reforma incompletamente implantada e do tumulto criado pelas providências emergenciais adotadas durante a crise de suprimento de 2001. Antes da escolha do ministério, e da respectiva posse, já circulavam notícias que eram interpretadas como antecipação da proposta da revisão institucional do setor. Originavam-se em trabalhos da equipe de especialistas (Ildo Sauer, Luiz Pinguelli Rosa e Maurício Tolmasquim) que propusera programa energético para o PT. Ideia central parecia ser a da organização de um *pool* gerenciado por uma empresa estatal, que compraria eletricidade das geradoras e a revenderia às concessionárias de distribuição conforme descrição feita no jornal *O Estado de São Paulo* (02.12.2000).

Logo se percebeu, o que foi depois confirmado, que não se tratava de atitude pragmática de aperfeiçoamento do modelo anterior, contando com a experiência adquirida, nos anos de crise, mas sim da definição de um novo modelo.

Tal como aconteceu na reforma institucional dos governos Collor e FHC, a reforma do setor elétrico, no primeiro governo do PT, embora com fundamentos opostos, foi dominantemente ideológica. Sem discutir o mérito de cada uma das posições, é conveniente recapitular os respectivos fundamentos.

No primeiro caso o modelo se construiu, aparentemente, em torno das seguintes convicções: a) do mérito inquestionável da economia de mercado, b) do demérito da administração pública em empresas atuantes na área econômica, c) da desnecessidade de um planejamento estratégico de longo prazo, coordenado pelo governo. Pouca atenção foi dispensada, então, às bases físicas da estrutura do setor elétrico.

No segundo caso predominaram, aparentemente, as convicções: a) da possibilidade de assegurar, por via institucional, a modicidade tarifária entendida como tarifas baixas – não obstante a elevação inexorável dos custos de novos projetos hidrelétricos e a alta previsível do preço dos combustíveis; b) da confiança na eficácia da ação do Estado mediante empresas públicas; c) da desconfiança no comportamento das empresas privadas, diante do seu objetivo dominante de lucro; e d) da necessidade de planejamento estratégico de longo prazo a cargo do governo, visando fundamentalmente assegurar o suprimento de energia elétrica.

Essas divergências, tão profundas, autorizam que se denomine o processo iniciado em 2003 de uma reforma da reforma.

Em janeiro de 2003 em seu discurso de posse no MME, a ministra Dilma Rousseff definia as linhas gerais da nova orientação, apoiada no *pool* já referido e na constituição de uma instituição para administrá-lo. Afirmava a ministra "a necessidade de recuperar as funções de planejamento do Estado e sua capacidade de formular a política energética para o país".

Nos dias subsequentes essa apresentação era complementada por entrevistas da própria ministra, do secretário executivo do MME, Maurício Tolmasquim, e do presidente da Eletrobras, Pinguelli Rosa, tratando da redução de poderes das agências reguladoras, de descontinuação do programa de privatização e desverticalização que vinham da administração anterior, e de mudanças institucionais nas relações entre MME, Eletrobras, Aneel e ONS.

Escrevi carta à ministra, logo depois da sua defesa do *pool*, sugerindo "que ainda valeria a pena dar alguma atenção à minha sugestão, de certo modo alternativa, de se atribuir, às grandes empresas estatais de base hidrelétrica, a responsabilidade efetiva pela energia garantida, através da contratação da energia térmica complementar. Ficaria coberta a principal parcela do risco hidrológico e o *mix* de custos de energia hidráulica e térmica surgiria naturalmente. Seria desnecessário criar nova estrutura no âmbito do Estado" (Apêndice 11-A).

No fim de janeiro surgiram análises de vários segmentos da sociedade, com base em informações imprecisas sobre o que estava, efetivamente, sendo planejado.

No âmbito do governo organizavam-se, em fevereiro, dois grupos de trabalho para formalizar propostas do modelo de reestruturação do setor elétrico. O primeiro na Eletrobras, coordenado por Roberto d'Araújo, e o segundo no próprio MME, coordenado por M. Tolmasquim. Paralelamente ao processo de elaboração e discussão do modelo, causando certo tumulto, tomavam corpo as questões não resolvidas do tempo do apagão, entre as quais a revisão tarifária, que envolvia questões relacionadas com o seu efeito sobre a inflação.

Entrementes, a proposta de modelo do grupo coordenado por Ildo Sauer, já então diretor da Petrobras, chegava ao MME, em março, sem grandes novidades em relação ao que informalmente já se sabia. A ministra, ao recebê-lo, anunciou a convocação de representantes de todas as associações privadas para discuti-la.

Apresentaram-se, ainda no mês de março, diversas manifestações: da Fiesp, solicitando maiores esclarecimentos; do IPEA, analisando o duplo papel das agências reguladoras; e de várias associações de classe, considerando o *pool* um retrocesso.

Os estudos avançavam e traziam mais esclarecimentos. Em junho o governo inicia a sua apresentação de maneira individualizada e discreta, convocando sucessivamente as associações de agentes atuantes no setor elétrico[1]. Divulgaram-se, como diretrizes já assumidas pelo governo: a permanência nas mãos do Estado da transmis-

---

[1] Associação Brasileira de Grandes Consumidores Livres – Abrace, Associação Brasileira dos Comercializadores de Energia Elétrica – Abraceel; Ass. Br. de Distribuidores de Energia Elétrica – Abradee, e Ass. Br. de Produtores Independentes de Energia Elétrica – Apine.

são; o descarte da ideia do comprador único, admitindo-se contratos bilaterais entre geradores e distribuidores de até 20 anos a preços diferenciados; a atribuição às distribuidoras da responsabilidade pela previsão da demanda na área sob sua responsabilidade; e a melhor caracterização da entidade de planejamento.

Nessa fase dos debates ocorreu, no dia 21 de junho, uma comemoração dos 70 anos da Shell no Brasil, à qual compareceu a ministra Dilma Rousseff. José Luiz Alqueres teve a iniciativa de convidá-la para um almoço em sua casa, nesse mesmo dia, para conversa com protagonistas antigos no setor elétrico[2].Tendo em vista sua disposição de ouvir, achei-me na obrigação de enviar os meus comentários, o que fiz, por escrito, na semana seguinte. Diante da complexidade do que aparentemente se ia construindo, concentrei-me nessa carta em afirmar que "diante do emaranhado a que estamos presos e de um público ainda aturdido com o colapso do sistema elétrico, há que buscar, mais do que nunca, simplicidade" (Apêndice 11-A).

Surgiram comentários e contestações formais, entre as quais uma da parte dos governos de Minas Gerais e do Paraná, quanto ao princípio da equalização previsto no *pool*, já que as respectivas empresas integradas, Cemig e Copel, teriam que vender a sua energia mais barata, em função da respectiva eficiência, para depois comprá-la mais cara.

Nas apresentações públicas insistiu o governo na tese de que o modelo é voltado, essencialmente, para que se alcance a modicidade tarifária e isso ocorreria a partir de 2005. As novas ideias foram objeto de sucessivos encontros, para os quais, ao contrário do que ocorreu com o REVISE e com o RE-SEB, não houve programação predefinida. Foram sendo realizados de forma individualizada com cada uma das associações representativas de agentes que operam no setor.

No mês de julho, divulgou-se documento intitulado "Proposta de Modelo Institucional do Setor Elétrico" que ratificava, na prática, as ideias-chave de origem. Como última participação pessoal no processo voltei, por escrito, à presença da ministra para constatar que a proposta "é tudo que se possa imaginar de menos simples". Reiterei, na oportunidade, "que o modelo me parece inconsistente, já que se apoia em participação privada, mas sem liberdade e sem lucro, e na participação pública, sem recursos" e ainda "que por coerência com posições antes assumidas e justificadas, considero a reiteração da proposta de equalização tarifária Geisel-Ueki tão deletéria como a anterior se revelou" (Apêndice 11-C).

O CNPE reuniu-se no dia 21/07/2003 para apreciar a proposta. O Ministério da Fazenda, na sua declaração de voto, tratou naturalmente dos aspectos fiscais, com a sua preocupação dos possíveis efeitos negativos do modelo sobre a caixa do Tesouro Nacional. Mas tratou também do mérito específico de vários pontos do projeto (Araújo, 2003).

---

[2]Antonio Dias Leite, Mauro Thibau, Mario Bhering, Camilo Penna, Eliezer Batista, Israel Klabin.

As principais preocupações e proposições contidas nessa apresentação podem ser resumidas: a) na preferência pelo critério anterior de licitação de usinas, baseada no maior pagamento pela concessão em lugar do novo critério de menor tarifa oferecida; b) no elogio à volta do planejamento de longo prazo, que deveria, no entanto, se restringir à estratégia geral; c) no reconhecimento de méritos do *pool* embora liste uma série de riscos, acabando por sugerir que o mecanismo seja implementado de forma descentralizada, de mercado, com contratos bilaterais entre geradores e distribuidores, estabelecidos em leilões públicos, o que dispensaria, inclusive, a instituição de um agente central; d) na defesa da forma de leilão como alternativa para o *pool*; e) finalmente põe em dúvida a otimização baseada exclusivamente no programa computacional do ONS, cujos resultados são utilizados no MAE, sugerindo que o objetivo seria mais bem atendido se os agentes do setor assumissem os próprios riscos hidrológicos.

Esta última proposição dos técnicos da Fazenda era, no entanto, simplista. A questão dos requisitos operacionais do modelo hidrotérmico brasileiro, pela sua originalidade, tem sido objeto de manifestações como esta, a meu ver, equivocadas. Como equivocada também foi a declaração do MME sobre competição entre usinas hidrelétricas e termelétricas, de forma semelhante à adotada na proposta dos ingleses e na reforma anterior, à qual já me referi no Capítulo X, quando tratei do sistema hidrotérmico. Até que a proporção de térmicas no sistema integrado cresça substancialmente os dois tipos de usina devem operar complementarmente, e não competitivamente.

Não obstante a dúvida do Ministério da Fazenda sobre o mérito do projeto, o CNPE deu sinal verde para que o MME prosseguisse no seu desenvolvimento, aprovando as diretrizes básicas da proposta (Resolução n° 005/03):

"I – Prevalência do Serviço Público para a produção de distribuição de energia elétrica aos consumidores finais, II – Modicidade Tarifária, III – Restauração do Planejamento da Expansão do Sistema, IV – Transparência no processo de licitação permitindo a contestação pública, por técnica e preço, das obras a serem licitadas, V – Mitigação dos Riscos Sistêmicos, VI – Manter a operação coordenada, centralizada e inerente ao sistema hidrotérmico brasileiro, VII – Universalização do acesso e do uso dos serviços de eletricidade, VIII – Modificação do processo de licitação da concessão de serviço público de geração priorizando a menor tarifa."

A Resolução estabelece, por fim, que "após a finalização do modelo, cujas diretrizes são ora aprovadas, o MME submeterá à aprovação desse Conselho relatório conclusivo, juntamente com a proposta das medidas legais pertinentes e necessárias para implementação do novo modelo".

Discussão e adaptação da proposta

O MME divulgou oficialmente versão revista do modelo em função das sugestões por ele aceitas (MME, 2003b), versão essa que foi submetida à discussão no Conselho Nacional de Política Energética, que decidiu: "Aprovar o relatório conclusivo do novo modelo do Setor Elétrico, e aprovar o encaminhamento ao Presidente da República do conjunto de propostas contendo as medidas legais necessárias à implementação do novo modelo" (Resolução n° 9, de 10.12.2003).

Com essa divulgação as discussões públicas se tornaram mais objetivas e o MME se sentiu na obrigação de prestar esclarecimentos complementares. Em uma das oportunidades (05/08) a ministra insistiu na defesa da equalização tarifária, considerando ainda que poderia haver tarifas diferenciadas para o Nordeste e o Norte em níveis, respectivamente, de 90% e 85% da tarifa média do *pool*. Nesta hipótese as tarifas perderiam qualquer caráter econômico, resultando de uma manipulação subjetiva, o que causou apreensões.

Escrevi, então, um artigo lastimando, entre outras coisas, que se tivesse consolidado a nova versão da equalização tarifária e que "a modicidade tarifária não é objetivo que possa ser imposto, de forma sustentada" (Leite, 2004a).

Aumentou a intranquilidade no setor e no mundo dos investimentos, com o anúncio, no fim do mês, de que, no âmbito da Casa Civil da Presidência da República, se discutia modificação na estrutura das agências reguladoras, reduzindo funções e transferindo a de poder concedente para o MME. Instalou-se comissão na Câmara dos Deputados para acompanhar a matéria. Com as especulações sobre o andamento do projeto, os novos investimentos no setor, que estavam à espera de melhor definição do marco institucional, foram mantidos em compasso de espera. A questão da energia assegurada, que vinha sendo alvo de comentários críticos desde o tempo da primeira reforma, voltou à tona no âmbito da Aneel. Acentuou-se o ritmo das análises e sugestões, e os diversos agentes do setor apresentaram, em 26 de setembro, amplo documento com comentários e sugestões.

O MME prestou novos esclarecimentos (24/10), entre os quais se destaca: que a energia velha entrará nos leilões do *pool* com o objetivo de compensar o custo mais alto da energia nova e que não será permitido *self-dealing*, entendido como contratação direta, por parte das distribuidoras, de energia para atender ao próprio mercado.

Poucos dias depois e antes de enviar os projetos ao Congresso, o CNPE introduziu ainda várias modificações nos procedimentos do ONS, alguns importantes como o que consta do seu artigo 1° (Resolução n°10 de 16.12.2004):

"Art. 1° Para elaboração dos Programas Mensais de Operação deverá excepcionalmente, dentre outras considerações, observar os seguintes procedimentos:

I – utilizar, provisoriamente, a metodologia atualmente em desenvolvimento para consideração da aversão ao risco de racionamento, interna ao Modelo Computacional Hidrotérmico de Médio Prazo – *Newave*;

II – utilizar a versão vigente homologada pela Aneel, com a adoção de mecanismo de representação de aversão ao risco de racionamento externo ao Modelo Computacional, de acordo com os procedimentos específicos regulamentados;

III – adotar como critério, dentre as duas opções anteriores, o despacho operativo mais conservador do ponto de vista da segurança.

Ouvidos os comentários e finda a elaboração da proposta, o governo optou pelo envio de Medida Provisória ao Congresso, o que foi feito mediante dois textos independentes (n° 144 e 145, de 12/12/2003).

Debate no Congresso

Ao se iniciar a discussão na Câmara dos Deputados o governo avisou que não iria admitir que se tocasse em artigos fundamentais, sendo citados o art. 1° (comercialização), o art. 2° (garantia de atendimento) e o art. 8° (regulamentação das concessionárias). Foram recebidas 766 emendas que na sua maior parte versavam sobre detalhes de interesse específico de determinados tipos de consumidores ou geradores. Foi admitida a discussão de uma pequena parte e foram acolhidas algumas propostas. No início de 2004 o MME reuniu-se com associações de agentes do setor elétrico para esclarecimentos e discussão das MP. Surgiram também manifestações de outras entidades, entre as quais da Confederação Nacional da Indústria, preocupada com a compatibilidade entre modicidade tarifária e rentabilidade dos concessionários. No fim de janeiro as MPs foram aprovadas na Câmara e seguiram para o Senado.

No Senado foram recebidas ainda algumas sugestões, poucas aceitas. A discussão foi rapidíssima e terminou no início de março. As propostas demandaram três meses de discussão, no Congresso, e se concluíram com a aprovação da Lei n° 10.848 de 15.03.2004, publicada conjuntamente com a Lei n° 10.847 que trata especificamente da Empresa de Pesquisa Energética – EPE.

A primeira, extensa e, em alguns pontos, regulamentar, conta com 29 artigos, 54 parágrafos, 49 alíneas e 71 modificações especificadas de legislação anterior. Muita coisa de difícil interpretação, deixando, ainda, questões para decisão posterior do Poder Executivo. A segunda, ao contrário, é compacta e trata de objetivo único de autorizar a constituição de EPE, sob a forma de empresa pública, com a finalidade de "prestar serviços na área de estudos de pesquisas destinadas a subsidiar o planejamento do setor energético".

O papel da Aneel no sistema não ficou totalmente definido porque logo depois da publicação das duas leis foi enviado ao Congresso, em abril, projeto de lei resultante de longa elaboração sob coordenação da Casa Civil da Presidência, com novas definições para as agências reguladoras. Deu origem a uma nova etapa de discussões, tanto no Congresso como nos setores afetados, com especial ênfase no contrato de gestão a ser assinado entre cada agência e o governo.

Foi intensa a solicitação de esclarecimentos, enquanto o secretário Tolmasquim insistia na afirmação de que o novo modelo vai baratear a energia, enquanto eram fortes os indícios, segundo a maioria dos analistas, de que haverá aumento de tarifas, inclusive em função de carga tributária e dos encargos recém-criados (ver adiante, neste capítulo). Reuniram-se a respeito os ministros de Minas e Energia e da Fazenda, enquanto a MP/2004 relativa à redução discriminada da incidência de PIS-Cofins passou no Congresso sem incorporar pleitos dos representantes do setor elétrico. Outras dificuldades surgiram no domínio do licenciamento ambiental de usina hidrelétrica, o que provocou reuniões entre o MME e o MMA.

A duração e a variedade das discussões resultaram na concentração de esforços em torno de aspectos particulares de interesse de cada grupo de agentes. Não foi provocada nem admitida a discussão dos princípios essenciais da reforma, com visão de conjunto. O resultado final foi, de certo modo, equivalente a uma colcha de retalhos.

As leis aprovadas não destoavam, em sua essência, das ideias originais. A complexidade do sistema que sobre elas se construiu causou preocupação.

Essência da reforma aprovada

A essência do projeto aprovado no Congresso, que requereu cerca de ano e meio de debates, parece-me que pode ser resumida em torno de duas concepções fundamentais, esclarecidas com maior detalhe em três decretos:

1 – Retorno ao comando do Estado, sob três formas:

a) Restabelecendo, com adaptações, o tradicional planejamento governamental de longo prazo, que antes se fazia sob a responsabilidade da Eletrobras, cuja elaboração fica agora a cargo de outra empresa, a EPE (Decreto n° 5184/04). O anterior era mandatário para as empresas enquanto o novo tem caráter indicativo, cabendo à EPE submetê-lo à contestação pública, b) Instituindo, no âmbito do MME, um Comitê de Monitoramento do Setor Elétrico – CMSE (Decreto n° 5195/04) com a função de acompanhar o atendimento da demanda no horizonte de 5 anos e recomendar ações preventivas contra deficiências do sistema, e c) Recuando, parcialmente, da governança privada do ONS, que passa a contar com diretores designados pelo MME, entre os quais o próprio presidente da entidade.

2 – Reforma do mercado, em torno da ideia de um *pool* administrado por novo organismo, a Câmara de Comercialização de Energia Elétrica – CCEE (Decreto n° 5177/04), que substitui o MAE. Abandonou-se a ideia inicial de que esse organismo fosse o comprador único de toda a energia gerada para revenda, a preço único, a cada uma das distribuidoras. Passou-se a definir um sistema de contratos bilaterais entre geradores e distribuidores com ingerência da CCEE, estabelecendo-se nesse ambiente tarifa única de suprimento em cada submercado. Os geradores são responsáveis pelo atendimento do mercado e os distribuidores são obrigados a contratar 100% da demanda prevista para os cinco anos seguintes e a fornecer garantias contra inadimplência.

Na apresentação, o MME deixa claro que a EPE não será um órgão de planejamento, mas sim de prestação de serviços, cabendo ao MME montar a estrutura técnico-administrativa própria para definir o plano de longo prazo.

São adotadas, ainda, entre muitas outras, as seguintes disposições complementares de grande repercussão:

– Altera-se o critério de outorga de concessão para aproveitamento de recursos hídricos, que na reforma anterior se baseava na maior oferta de pagamento pelo seu uso, no prazo da concessão, e que na reforma da reforma passou a ser a menor receita anual requerida pelo concessionário. Essa norma já vinha sendo utilizada para a transmissão e permanece como um dos pontos em que o novo modelo mantém o anterior. Confirmam-se as concessões a cargo da Aneel.

– Preservam-se os conceitos de consumidor cativo e livre.

– Mantêm-se, com aperfeiçoamentos, as regras relativas à construção e utilização do sistema de transmissão, segundo o conceito de livre acesso estabelecido desde 1995.

– Consolida-se a especificação, com maior detalhe, da Tarifa de Uso do Sistema de Transmissão – TUST.

– Mantém-se o princípio da contratação em dois ambientes, nos quais são vendedores os geradores de serviço público, produtores independentes, comercializadores e autoprodutores. No mercado de contratação regulada (ACR), os compradores são distribuidores (consumidores cativos) e os contratos resultam de leilões. No mercado livre (ACL), os compradores são consumidores livres e comercializadores, e os contratos são livremente negociados.

Reafirma-se a concepção da Eletrobras como empresa *holding* de geradoras e transmissoras estatais e da participação brasileira em Itaipu, bem como administradora de fundos setoriais.

Ao se concluir o arcabouço da reforma, faltavam ainda definições que foram sendo progressivamente adotadas, no final de 2004, como a do consumidor livre antes limitado a mínimos de 3 MW de demanda e de 69 kV de tensão (Decreto nº 5.249/04). Deixou-se de requerer a tensão mínima, o que aumentou significativamente o número potencial de candidatos. Os consumidores livres que eram 40 em 2004, passaram a 469 no fim de 2005 e a 549 em julho de 2006 (CCEE, 2006).

Como fecho dessa fase de definições, a Aneel publicou a Convenção de Comercialização de Energia Elétrica compreendendo a estrutura, o funcionamento e as atribuições da CCEE, cujo conhecimento era indispensável ao início dos leilões de energia. A CCEE iniciou operações em 10 de novembro, substituindo o MAE.

Planejamento e otimização da operação interligada

Depois que a crise do suprimento de eletricidade e as principais consequências das medidas corretivas de emergência foram ultrapassadas, as questões do planejamento e otimização do sistema, bem como as funções do ONS, voltaram ao centro das atenções. Foi um desenvolvimento paralelo ao da reforma propriamente dita, com incessantes modificações.

Na sua forma final poder-se-ia dizer que foram revistos alguns conceitos que eram empregados com certa latitude, como o de energia firme e energia assegurada, ao mesmo tempo que se introduziram na legislação, com utilidade discutível, novos termos como os de garantia física e lastro. Recapitulando:

I – Energia firme de uma usina continua sendo, de acordo com o seu uso tradicional, um conceito estritamente hidráulico. Refere-se à energia que pode ser obtida supondo a ocorrência da sequência mais seca registrada no longo histórico das vazões do rio em que está instalada a usina.

II – Energia assegurada de cada usina é uma fração da energia assegurada do sistema (ver Capítulo X) que é definida em função da razão entre a respectiva energia firme e a energia firme total do sistema. A energia assegurada do sistema é definida como a máxima produção que pode ser mantida em longo prazo, admitindo-se um risco preestabelecido de não atendimento da demanda. Resulta de simulação estatística, com emprego do modelo *Newave*, que se baseia em centenas de séries sintéticas de energias afluentes, baseadas nos mesmos dados utilizados para a determinação da energia firme. Da análise dessas séries resulta a energia assegurada, que está, desde logo, vinculada a um percentual de risco de não atendimento da demanda. Adotam-se riscos de 1% a 5%, este último sendo o valor há muito tempo adotado como orientação para o planejamento da expansão e a operação do sistema.

III – Durante a reforma anterior, a Aneel já havia utilizado o conceito de lastro ao dizer que os contratos de venda de energia elétrica deverão ser lastreados por energia assegurada de usinas próprias e por contratos de compra de energia. Todos registrados no MAE (Resolução n° 249/98). Na reforma 2003/2004 oferecem-se maiores esclarecimentos (Resolução n° 352/03).

IV – Decreto subsequente estabelece que os agentes vendedores deverão apresentar lastro para a venda de energia e potência para garantir 100% de seus contratos e que o lastro será constituído pela garantia física proporcionada por empreendimento de geração próprio ou de terceiros, neste caso, mediante contratos de compra de energia ou de potência (Decreto n° 5.163/04, art. 2º, I, e art. 2º, § 1º).

V – O mesmo decreto estabelece que a garantia física de energia e potência de um empreendimento, a ser definida pelo MME, e constante do contrato de concessão "(...) corresponderá às quantidades máximas de energia e potência elétricas associadas ao empreendimento (...) que poderão ser utilizadas para comprovação de atendimento de carga e comercialização" (Decreto n° 5.163/04 art. 2º, § 2º).

VI – O MME, mediante critérios de garantia de suprimento, propostos pelo CNPE, disciplinou a forma de cálculo da garantia física a ser efetuado pela EPE (Decreto n° 5.188/04, art. 1º)

VII – O CNPE estabeleceu (Resolução n° 1 de 18.11.2004) que os estudos de planejamento de expansão da oferta de energia elétrica devem aplicar o critério de garantia assim definido: "O risco de insuficiência da oferta de energia elétrica no Sistema Interligado não poderá exceder a 5% em cada um dos subsistemas que o compõem." É importante observar que, nesse contexto, entende-se por risco de déficit a probabilidade de que a disponibilidade de oferta de energia elétrica seja menor do que o mercado de energia correspondente, em pelo menos um mês do ano, não importando a magnitude do déficit.

Desde que sucedeu ao GCOI, o ONS foi responsável, na prática, pela definição das regras para a operação dos sistemas interligados, segundo procedimentos que foram sendo aperfeiçoados. Depois das mudanças de 2003/2004 as suas responsabilidades, tradicionais e novas, foram condensadas em regulamento que ganhou o nome de "Procedimentos de Rede", quando se explicitou, como um dos atributos do ONS: "A proposição de regras para a operação das instalações de transmissão da Rede Básica do SIN, mediante processo público transparente (Decreto n° 5.081/04, art. 3º, V).

Implementação do modelo

A implementação do modelo compreendeu dois segmentos: o das linhas de transmissão, relativamente simples, e o das usinas geradores de extrema complexidade.

A transmissão em alta tensão (250 kV ou acima) veio se tornando atividade cada vez mais independente, desde que foi adotado o conceito de livre acesso em 1995/96 (ver Capítulo X). A Aneel procurou, mediante sucessivas Resoluções Normativas, aperfeiçoar o formato dos leilões e a determinação da Tarifa pelo Uso do Sistema de Transmissão – TUST que é composta de duas parcelas, uma proporcional à carga e outra à energia, compreendendo a remuneração relativa à rede básica (RB) e às demais instalações de transmissão (FR). Em junho de 2004 a Aneel baixou a Resolução nº 067 que melhor esclareceu os procedimentos.

Na vigência de uma regulação mais objetiva a Aneel realizou, em 2004, segundo leilão de linhas de transmissão, operação relativamente simples porquanto foram mantidas as regras básicas do modelo anterior, já empregadas no leilão de 2003. No novo leilão, tal como aconteceu no caso anterior, foi alcançado significativo deságio, de mais de 40%, em relação aos valores limites estabelecidos no edital.

Em 2005 e 2006 realizaram-se licitações que envolveram quatro trechos da II Interligação Norte-Sul e três linhas menores, de interesse regional. Foi alcançado também significativo deságio de mais de 40% nos leilões principais.

Tabela 50 – Licitações de linhas de transmissão (contratos assinados)

EMPRESA CONTRATADA	2003		2004		2005		2006	
	nº	km	nº	km	nº	km	nº	km
Privada	4	527	5	1.561	4	2.057	9	2.549
Consórcio	7	1.260	9	1.781	2	961	–	–
Estatal	-	-	3	412	1	50	4	725
Total	11	1.787	17	3.754	7	3.068	13	3.274

Fonte: Aneel, 2006.

Com a entrada em operação de novas linhas, a TUST foi crescendo. Ela havia sido estabelecida, de início, em valor muito baixo, porquanto visava remunerar ativos oriundos das empresas estatais, já em grande parte depreciados. A parcela referente à carga passou de R$1,41 em 1999/2000 para R$5,20 em 2006/2007 e a parcela referente à energia evoluiu de R$1,15 para R$3,70, no mesmo intervalo de tempo (Aneel, 2006). Cresceu, em consequência, a participação relativa da tarifa de transmissão na tarifa final ao consumidor.

Ao contrário do que aconteceu com as linhas de transmissão, do lado das usinas elétricas interrompeu-se a sequência de licitações realizadas entre 1997 e 2002, segundo as regras do modelo anterior (ver Capítulo X). Foram então alcançados, em projetos novos, 12 mil MW, dos quais entraram em operação, até abril de 2006, apenas 6 mil MW, prevendo-se ainda novas entradas até o final do ano. Vale lembrar que parte dessas usinas teve a sua capacidade oferecida em leilão a um custo que compreende o pagamento pela concessão, exigido na legislação anterior (ver Capítulo X).

Tabela 51 – Entrada em operação das usinas hidrelétricas, 2003-2006

ANO	2003	2004	2005	2006	TOTAL
Número	8	5	7	4	24
Potência MW	2.316	1.140	1.733	2.322	7.511

Fonte: Aneel, 2006.

Com base na potência instalada em usinas hidrelétricas, de 65 mil MW em dezembro de 2002, o crescimento médio foi de 2,3% ao ano, ritmo ainda menor do que os modestos 2,6% esperados, à época das licitações.

Instalada a Câmara de Comercialização de Energia Elétrica – CCEE em novembro de 2004 definiram-se o cronograma e as condições definitivas para o primeiro leilão de energia, que seria decisivo teste de funcionamento do novo modelo. Antes desse evento o MME divulgou novos valores de energia assegurada, por usina, mantendo o risco de déficit de 5%, ao qual já nos referimos em análise crítica anterior (ver Capítulo X).

Os resultados dos leilões segundo o novo modelo servem de base para assinatura de Contratos de Comercialização de Energia em Ambiente Regulado – CCEAR. São duas as modalidades: por quantidade de energia (apropriado a geradores dominantemente hidrelétricos) e por disponibilidade de energia (apropriado a geradores térmicos). São complexos as normas e os parâmetros que regulam esses contratos, com interferência de vários órgãos na sua definição: Aneel, ONS, EPE, além da própria CCEE.

O primeiro leilão foi realizado em 7 de dezembro de 2004, compreendendo energia proveniente das usinas hidrelétricas existentes e em operação antes de 2000, que ficaram conhecidas como energia velha. Foi um acontecimento de grande relevo, independentemente do juízo que se faça quanto à forma do modelo. Inscreveram-se 35 compradores e 18 vendedores. Destes, 6 desistiram antes da fase decisiva do leilão, preferindo ficar com disponibilidade de energia não contratada, notadamente a Cesp e a Tractebel.

Nesse primeiro leilão os deságios variaram entre 20% e 28% em relação aos preços iniciais do MWh. As estatais federais Eletronorte e Chesf teriam sido as principais responsáveis pelos preços abaixo das expectativas, especialmente quanto ao lote 2005/2012.

O giro financeiro estimado em mais de R$100 bilhões só alcançou R$75 bilhões. Com esse resultado, foi previsto pelo governo que haveria uma redução de 2,5% a 5% nas tarifas finais, já em 2005. Para oficializar os resultados foram assinados na CCEE, depois de mais de 15 dias de trabalho, 973 contratos entre 35 distribuidoras e 12 geradoras.

Tabela 52 – Leilões de energia de empreendimentos existentes

DATA DE REALIZAÇÃO	DEZ/04				ABR/05	OUT/05
Produto	2005/12	2006/13	2007/14	2008/15	2006/08	2009/16
Preço inicial (R$/MWh)	80	86	93	99	73	96
Preço médio final (R$/MWh)	57,51	67,33	75,46	83,13	62,95	94,91
MW médio negociado	9.054	6.782	1.172	1.325	102	1.166
Nº contratos	340	385	248	340	25	170
Negociado (R$ bilhões)		74,7			0,17	7,8

Fonte: CCEE, 2006.

Sinalizando, por outro caminho, uma intenção baixista, a Aneel aprovou novo valor, de R$52,67/MWh, para a Tarifa Anualizada de Referência – TAR na base da qual se calcula a compensação financeira paga pelos geradores na exploração de recursos hídricos (*royalties*).

O segundo leilão de energia existente foi aberto a usinas que entraram em operação depois de 2000, bem como a usinas em construção. Participaram do leilão 34 empresas compradoras e 16 vendedoras, sabendo-se, à época, que vários projetos de usinas hidrelétricas não tinham, ainda, licenciamento ambiental. Nenhuma grande usina elétrica nova participou desse leilão, que se realizou em São Paulo, com a duração de 18 horas, nos dias 2/3 de abril de 2005. Na primeira rodada, quando se determinaram tetos de R$99,00 para 2008 e R$104,00 para 2009, deu-se debandada de empresas vendedoras. O valor total das vendas alcançou R$7,7 bilhões, cerca de um terço da média anual obtida no primeiro leilão. O preço médio ficou em R$83,13/MW. As empresas que dispunham de usinas existentes e que tiveram a prerrogativa de disputar o leilão de energia nova, apelidadas Botox, aparentemente preferiram se reservar. Havia, também, afetando o cenário, o não cumprimento dos contratos de energia proveniente da Argentina. O fato de a demanda ter ficado, em parte, não contratada foi objeto de ampla discussão, sem explicação consensual.

Realizaram-se ainda leilões de ajuste, de menor significado.

O terceiro leilão, de outubro de 2005, visando o período 2009-2016, movimentou cerca de R$8 bilhões com 170 contratos. Envolveu, ainda, em caráter complementar, entregas para 2006-2008, de pequena monta.

Paralelamente abriu-se o debate sobre aperfeiçoamento possível dos leilões e, do lado estritamente privado, formalizou-se convênio entre a Abraceel e a Bolsa de Mercadorias e Futuros visando a negociação de sobras e faltas em mercado *spot*.

O primeiro leilão de energia nova ocorreu no dia 16 de dezembro de 2005, compreendendo duas fases: I – licitação de aproveitamentos hidrelétricos novos pelo critério de menor tarifa proposta, e II – leilão de energia para períodos definidos no qual concorrem as empresas classificadas na primeira fase e as termelétricas licenciadas. Nele foi contratada 100% da energia adicional prevista para 2008, 2009 e 2010. Houve excesso de oferta que proveio de usinas hidrelétricas, sendo 7 novas e 4 Botox, e de termelétricas, sendo 6 novas, nenhuma baseada em gás natural, e 3 Botox. A ausência do gás natural já era um reflexo do ambiente de desorganização que dominava o setor no Brasil. O valor das transações atingiu R$68 bilhões em 1.823 contratos. Os preços unitários da energia variaram pouco, com tendência crescente no caso das hidrelétricas e decrescente nas termelétricas.

Tabela 53 – Preços médios do leilão de energia nova (R$/MW médio)

DATA DA REALIZAÇÃO	DEZ/05						JUN/06			
PRODUTO	2008H	2008T	2009H	2009T	2010H	2010T	2009H	2009T	2011H	2011T
Preço médio final (R$/MWh)	127,1		127,8		117,2		128,1		129	
Nº contratos	162	513	132	396	496	124	450	480	569	537
Negociado (R$ bilhões)	68,4						45,7		27,8	

Fonte: CCEE,2006. H=Hidrelétrica, T=Termelétrica.

Em função da experiência adquirida nos primeiros leilões, a Aneel preparou e submeteu à consulta pública proposta de aperfeiçoamentos quanto à responsabilidade dos agentes. Durante todo o ano de 2005 foi discutido, no âmbito do governo, com a participação das entidades representativas dos agentes, um novo modelo de licitação para a construção de novos aproveitamentos hidrelétricos.

Foram previstos, inicialmente, 17 aproveitamentos com a capacidade total de 2,8 mil MW. Com o lançamento do Programa de Parcerias Público-privadas – PPP, animou-se o governo a ampliar a oferta com a inclusão de outras oito usinas. Anunciava-se, ainda, a intenção de se incluir pelo menos um grande empreendimento hidrelétrico.

Entre os grandes projetos estavam em estudo Belo Monte, no rio Xingu, a cargo da Eletronorte, com a capacidade inicialmente prevista de 11 mil MW, depois reduzida para 6 mil, bem como um complexo de duas usinas no rio Madeira, Jirau e Santo Antônio, com a capacidade conjunta de 6,45 mil MW. Estes últimos tinham origem mais recente, sendo promovidos por consórcio Furnas/Construtora Odebrecht. Ambas, sem licença ambiental, não puderam ser incluídas na oferta.

O segundo leilão de energia nova foi realizado nos dias 29/30 de junho de 2006, sendo negociados R$45,7 bilhões, com 930 contratos, no prazo de 30 anos para as hidráulicas e de 15 anos para as térmicas, com entrega a partir de 2010. Venderam energia 31 empreendimentos, sendo 16 de fonte termelétrica e 15 de fonte hidrelétrica, entre elas 7 PCH.

As vendas de energia de origem térmica alcançaram 86 mil GWh e as de origem hidráulica 270 mil GWh.

Os preços médios finais foram: R$126,77 para a fonte hidráulica e R$132,39 para a fonte térmica.

Esse leilão encerrou a fase de transição do antigo para o novo modelo, regularizando a contratação até 2010. Na mesma data ficou programado terceiro leilão referente a entregas de energia a partir de 2011.

Para esse evento a Aneel disponibilizou informações (Viabilidade e EIA-RIMA) sobre 13 aproveitamentos hidrelétricos totalizando 8.436 MW, sendo 10 de porte médio ou pequeno, com 1.986 MW, e os dois no rio Madeira com 6.410 MW. O projeto Belo Monte continuou fora.

O terceiro leilão de energia nova ocorreu em 10 de outubro de 2006, tendo dele participado 15 empreendimentos, sendo 6 hídricos e 9 térmicos.

A energia total contratada correspondeu à média anual de 4.988 GWh de origem hidráulica (por 30 anos) e de 4.686 GWh de origem térmica (por 15 anos). Esse resultado aponta para forte redução da contribuição hidráulica para a matriz energética nacional a partir de 2011 se não vierem a ser viabilizados grandes projetos amazônicos.

Enquanto se realizavam os leilões no mercado regulado, foi rápida a expansão do mercado livre. De uma participação insignificante em 2004 esse mercado alcançou 26% do mercado total em maio de 2006. Dele participaram consumidores livres, com 20%, e autoprodutores, PIE e comercializadores, com 6%.

Análise conjunta dos leilões no mercado regulado indica tendência de aumento do preço.

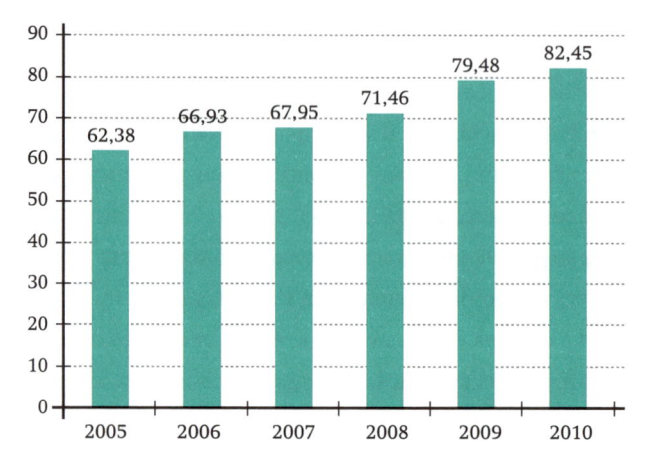

Figura 34 – Análise conjunta dos leilões
Preço médio (R$/MWh)

Ano	Preço
2005	62,38
2006	66,93
2007	67,95
2008	71,46
2009	79,48
2010	82,45

Fonte: CCEE, 2006.
Nota: Valores atualizados para maio de 2006.

Em plena implementação da reforma, continuam as discussões. Subsídios da CCC à região Norte são contestados, no seu mérito, pelo Tribunal de Contas da União bem como a ausência de fiscalização pela Aneel, que alega incapacidade administrativa devida ao contingenciamento orçamentário. Definem-se, pela Aneel, regras para o monitoramento do consumo de combustíveis na região Norte. O TCU discute também contratos de transmissão. Entre associações e governo comparam-se o IGPM, em vigor, e o IPCA, como índices para atualização de tarifas. São insistentes e generalizadas as reclamações sobre o impacto da tributação e encargos sobre as tarifas finais.

Carga tributária na energia elétrica

Houve tempo em que a tributação da energia elétrica, assim como a do petróleo, era muito simples. Baseava-se em um imposto único cuja receita era repartida entre a União, os estados e os municípios, vinculando-se a utilização dos recursos arrecadados à infraestrutura de transportes e a investimentos nos próprios setores que eram, à época, quase todos estatais (ver Capítulo VII).

Cobravam-se ainda, sobre a tarifa, duas contribuições. A Conta de Consumo de

Combustíveis que reunia recursos para sustentar usinas térmicas, principalmente a carvão, que tinham a função principal de apoiar o sistema hidrelétrico na ocorrência de anos hidrologicamente desfavoráveis. Continha certa dose de subsídio à mineração do carvão. A Reserva Geral de Reversão provinha do sistema de concessões e se constituía em fonte de recursos para indenizações na reversão dos bens ao final da concessão. Com a estatização progressiva perdeu-se, em parte, o seu sentido e, por conveniência, os correspondentes recursos passaram a ser utilizados para outros fins, no âmbito do próprio setor elétrico (ver Capítulo VIII).

A Constituição de 1988 encerrou a vinculação de receita de impostos e o setor passou a ser tributado da mesma forma que qualquer outra empresa industrial. Depois disso a energia elétrica vem sofrendo uma carga tributária crescente, à qual se adicionam outros encargos. Estudo recente mostra a evolução.

Tabela 54 – Carga tributária e outros encargos incidentes sobre tarifas de energia elétrica (em % da receita bruta)

NATUREZA	1999	2002	2005
Federais	4,65	4,72	7,34*
Estaduais	21,35	17,50	20,47
Municipais	0,02	0,05	0,07
Trabalhistas	4,78	2,67	1,80
Setoriais	6,17	8,80	10,37
Total	36,97	33,74	40,05

* Inclui Seguro Apagão.
Fonte: Price, 2005. Tabela completa no Apêndice 11-B.

Fato relevante, nesse quadro, é a expansão recente dos encargos setoriais, que compreendem não só as antigas CCC e RGR, como as novas e fortemente crescentes Conta de Desenvolvimento Energético – CDE, Encargos de Capacidade Emergencial – ECE e Compensação Financeira pela Utilização de Recursos Hídricos – CMPFRH, além de outras cinco de menor vulto (Price, 2005).

Na parte federal o pesado aumento entre 2002 e 2005 se deveu, basicamente, ao seguro apagão que tem caráter temporário e, espera-se, não se repita. Na parte setorial a TUST evoluiu de forma perigosa.

Sabe-se que, em termos macroeconômicos, o Brasil se tornou um país de excessiva carga tributária. Isso se reflete no setor de energia elétrica, onde tributos e encargos correspondem a 40% da tarifa final. Neste caso, no entanto, o fenômeno é gritante, pois que se trata de um insumo fundamental às atividades produtivas.

Expansão do sistema elétrico e dependência externa

Não obstante as frequentes modificações de critérios para concessão de novas usinas de geração de energia elétrica, o parque continuou a crescer – de forma modesta, especialmente em 2005.

Tabela 55 – Capacidade de geração de energia elétrica

CAPACIDADE, MIL MW.	2002	2003	2004	2005	2006
Hidrelétrica*	65,3	67,8	69,0	70,9 *	73,7**
Termelétrica	15,1	16,7	19,7	20,3	20,3
Nuclear	2,0	2,0	2,0	2,0	2,0
Total	82,5	86,5	90,7	93,2	96,3***
Crescimento hidro %	-	3,8	1,8	2,0	3,9
Crescimento termo %	-	10,6	18,0	0,0	0,0
Crescimento total %	-	4,8	4,9	2,2	3,3

* Inclui metade de Itaipu.
** Inclui 1,7 MW de Pequenas Centrais – PCH.
*** Inclui 0,2 MW de Eólicas.
Fonte: Para 2002 a 2004 Brasil MME, 2005; Para 2005 EPE, 2006.

O aumento da capacidade instalada, verificado no quadriênio 2003/2006, foi de 13,8 mil MW.

A demanda por eletricidade vai sendo atendida diante de um ritmo de expansão também modesto, que acompanha a relativa estagnação da economia nacional. Os acréscimos do consumo, em % ao ano, são um pouco superiores aos da capacidade: 5,5/4,8 – 5,1/4,9 – 4,5/2,2, respectivamente em 2003, 2004 e 2005 (resultados preliminares), conforme balanço energético 2006.

A evolução da capacidade causa apreensão, principalmente porque não há perspectiva de reversão da tendência, conforme se verá no Capítulo XIII. O equilíbrio dependerá do ritmo de aumento do consumo.

A dependência externa de energia elétrica decorre da aquisição da parcela que cabe ao Paraguai em Itaipu e que não é utilizada por aquele país. Ao inaugurar-se a usina, essa capacidade correspondia a 10% da capacidade hidrelétrica nacional, caindo para 7% em 2005.

Crise de identidade na Petrobras

Ao contrário do que aconteceu com o setor de energia elétrica, no qual a Eletrobras foi desmontada na reforma e o sistema elétrico desarticulado com a crise de desabastecimento de 2001, no domínio do petróleo as mudanças institucionais promovidas pelo governo FHC não afetaram a essência do monopólio exercido, de fato, pela Petrobras, mas criou, para ela, uma crise de identidade.

A Petrobras sempre se identificou com o monopólio do petróleo e a missão de tornar o país autossuficiente. Com o advento da política de abertura econômica e das reformas institucionais direcionadas para o fortalecimento de mercados competitivos, procurou o governo FHC, na medida do possível, adaptar a empresa ao novo ambiente.

Na prática, e na sua atividade essencial, a Petrobras continuou detentora das reservas já detectadas ou que estavam em estágio avançado de exploração. Passou para a ANP, como agente da União, a administração do monopólio, realizando e acompanhando licitações públicas de blocos para novas pesquisas e exploração, admitida a participação da Petrobras, por si ou em consórcio com empresas nacionais e estrangeiras. Essa foi, na realidade, a modificação que se concretizou no domínio da atividade essencial da empresa. Quanto às etapas subsequentes da cadeia do petróleo, a liberdade de construção de refinarias e dutos não foi utilizada e, na distribuição de derivados, única atividade que já era de livre entrada no regime anterior, surgiram novos concorrentes. Redução drástica se deu na participação da Petrobras em atividades acessórias nos ramos do comércio exterior, da petroquímica e dos fertilizantes, com a privatização da maioria das subsidiárias ou associadas à Petroquisa (ver Capítulo X).

Na alta administração da Petrobras ocorreu modificação substancial, com a constituição de um Conselho de Administração eclético, dele participando representantes do mundo industrial e financeiro e administradores afinados com a nova economia que se implantava no país. Houve saudável arejamento do clima hermético tradicional com a absorção de práticas administrativas atualizadas. Houve também desprezo pela história quando, nesse período, um presidente propôs, obviamente sem sucesso, a descaracterização da empresa com a mudança do nome para Petrobrax!

Na condução dos negócios, a nova atitude, que rompia com a tradição, se apresentava com clareza, como visão no relatório de 2001:

"A Petrobras será uma empresa de energia com forte presença internacional e líder na América Latina, liberdade de atuação de uma corporação internacional e foco na rentabilidade e responsabilidade social."

Tanto nessa visão como na missão desaparecia, formalmente, o objetivo de buscar a autossuficiência do país que justificara a criação da empresa estatal para executá-lo. Anteriormente esse objetivo já havia sofrido um revés, com a declaração do gen. Geisel, de que o objetivo da empresa era assegurar o abastecimento interno (ver Capítulo VII).

Não obstante as modificações acima revistas, o governo do presidente Lula não encontrou, em matéria de petróleo, quadro tumultuado equivalente ao da energia elétrica, exceto na parte específica do gás natural, que merece tratamento à parte. Ocupado o governo, como estava, com a reforma da reforma do setor elétrico, seguiu ele o caminho de delegar à Petrobras a condução da parte que lhe cabe na política energética, restringindo-se as atribuições da ANP, voltando-se de certo modo à tradição nacional, anterior à era FHC.

O primeiro relatório da administração indicada pelo governo Lula (Petrobras, 2003), embora referente a 2002, traz, na sua introdução, modificação essencial em relação ao anterior (Petrobras, 2002). Da nova visão foi retirada a menção à "liberdade de atuação de uma corporação internacional", justificando-se a decisão, no mesmo relatório, "(...) pelo entendimento de que isto não se coaduna com as características de uma empresa estatal, como a Petrobras, em função do papel que representa para o país". Não obstante essa mudança, a Petrobras continuou muito ativa no exterior. Foi mantido, por outro lado, o conceito de "(...) uma empresa de energia com forte presença internacional e líder na América Latina (...)", que pautou, de certo modo, a ação da empresa, notadamente no que se refere à desastrada entrada na termeletricidade a gás natural, sem que se saiba bem se por iniciativa própria ou se por determinação do Ministério de Minas e Energia então dirigido por Rodolpho Tourinho.

Várias iniciativas, de mérito discutível, têm origem na ambiguidade que domina a empresa e na crise de identidade que nela se instalou: ora empresa estatal exercendo missão pública de interesse nacional, ora grande empresa de petróleo em competição com multinacionais, inclusive no campo da distribuição, aqui e no exterior.

Independentemente de uma solução para o dilema, a grande maioria dos assuntos em andamento podia prosseguir, sem modificação abrupta, enquanto novas diretrizes iam sendo definidas pela própria Petrobras. No que se refere à expansão das reservas de petróleo e gás, ocorriam, em sequência, grandes descobertas e expansão dos campos já conhecidos. Entre as obras em projeto, a mais importante era a duplicação da capacidade do gasoduto Bolívia – Brasil, que havia sido decidida em 2001 e que, felizmente, não se concretizou. Entre outras iniciativas estava, em fase de estudos, a construção de uma nova refinaria para trabalhar com o óleo pesado da bacia de Campos. Continuavam os problemas do gás natural.

Licitação de blocos para exploração

Ainda com a inércia do processo anterior, a ANP prosseguiu na preparação da quinta, sexta e sétima rodadas para licitação de blocos para exploração de petróleo e gás, envolvendo áreas menores do que as que foram oferecidas nas rodadas anteriores e exigindo, dos licitantes, maior participação de investimentos locais.

Tabela 56 – Resultado das rodadas de licitação de blocos, 2003-2006

Empresas/ Consórcios	V – 2003 n° %	V – 2003 Área %	VI – 2004 n° %	VI – 2004 Área %	VII – 2005 n° %	VII – 2005 Área %	IX – 2007** n° %	IX – 2007** Área %
Petrobras	83	87	36	54	20	(*)	(*)	(*)
Parcerias c/ Petrobras	12	10	32	35	22	(*)	(*)	(*)
Empresas privadas	14	3	31	8	58	(*)	(*)	(*)
Área total, mil km²		21,9		39,7		7,9		73,0
Bônus R$ milhões		27		665		1.088		2.100

* Dados não disponíveis na ANP à época em que foi feita a tabela.
** A oitava marcada, prevista para 2006, foi cancelada
Fonte: ANP, 2007.

A participação autônoma de empresas privadas na área contratada (em km^2), que veio decrescendo desde o máximo do primeiro leilão (1999), quase desapareceu em 2003 (3%), com pequena reação em 2004. Em compensação as parcerias que também vinham declinando desde 2001 retornaram fortes em 2004.

Ao tempo da sétima rodada foram oferecidas áreas inativas com acumulações marginais, na Bahia e em Sergipe, que interessaram a 16 empreendedores de menor porte, na maioria nacional.

A Petrobras continuou afirmando sua liderança.

A oitava rodada foi marcada para novembro de 2006 com a oferta prevista de 284 blocos com 101.000 km^2, envolvendo sete bacias sedimentares. Quarenta blocos em áreas marítimas eram considerados de alto significado em função das suas perspectivas de gás natural. Ao se realizar a licitação, e após serem definidos três contratos, o procedimento foi interrompido, em virtude de medida judicial contra a cláusula adotada pela ANP de limitar o número máximo de blocos que cada licitante poderia adquirir em cada bacia.

Não se sabe qual foi o motivo da restrição: resultado de mudança estratégica na política nacional de energia ou simples disputa de poder entre ANP e Petrobras, nos moldes do episódio Alexinio (CNP) – Janari (Petrobras) que levou o presidente Kubitschek a demitir os dois (ver Capítulo VI). A nova norma da ANP provocou manifestação pública fundada na interpretação do ato como simples limitação à liberdade de ação da Petrobras. Independentemente do mérito da questão, a suspensão repercutiu mal, por interromper, de forma imprópria, um processo que vinha sendo conduzido com regularidade e transparência.

Continua o sucesso nos trabalhos essenciais na busca de petróleo

As tarefas voltadas para o aumento das reservas e da produção de petróleo e gás prosseguiram, independentemente de choques externos e de mudanças na orientação política. Em uma manifestação de intenções de longo prazo, o Conselho Nacional de Política Energética estabeleceu políticas de produção de petróleo e gás natural, retornando de certa forma à origem, quando se constituiu a Petrobras, com o objetivo de "estabelecer, como política nacional, a expansão da produção de petróleo e gás natural de forma a manter a autossuficiência do país e a intensificação da atividade exploratória, objetivando aumentar os atuais volumes de reservas do país" (Resolução n° 8/03, julho/2003). De acordo com essa resolução, caberia ao MME, com base em estudos a cargo da ANP, fixar a relação ideal entre reservas e produção.

Para o sucesso incontestável na busca de reservas de petróleo, concorreu uma feliz associação de equipes de geologia e engenharia de petróleo, tanto nos trabalhos de campo como nas pesquisas tecnológicas a cargo do Centro de Pesquisas e Desenvolvimento – Cenpes, instituído em 1963 e instalado com maior estrutura no *campus* da UFRJ, em 1973.

Na sequência de bons resultados dos trabalhos de desenvolvimento de reservas descobertas, entraram em operação, em 2005, na bacia de Campos: Barracuda, com 150 mil bpd, e Albacora Leste, com capacidade para 180 mil bpd. Em 2006, entrou o aumento da produção de Jubarte e Golfinho (óleo leve) na bacia do Espírito Santo com 180 mil bpd. São esperadas, em sequência, para 2007 a ampliação de Golfinho e a entrada de Roncador (óleo leve) e Espadarte, na bacia do Espírito Santo. O campo de Marlim, na bacia de Campos, atinge geologia profunda que abre novas perspectivas, sendo sua atividade esperada para 2008.

Seguiram-se a expansão da bacia de Campos, para o norte, unindo-se à bacia do Espírito Santo e, para o sul, com a definição do potencial da bacia de Santos. Descobertas nessas áreas foram especialmente relevantes pela qualidade dos produtos: óleo leve e gás.

Desde a abertura de 1995 e no decorrer das oito licitações de blocos para exploração, foi significativa a presença de grandes empresas estrangeiras na plataforma continental brasileira, por vezes em parceria com a Petrobras e outras de forma independente. Os resultados das iniciativas de exploração, além de serem aleatórios, requerem longo prazo para serem conhecidos. Na bacia de Campos, já no litoral do Espírito Santo, confirma-se o Bloco BC10 desenvolvido pela Shell, em parceria com a Petrobras e a Móbil, com óleo pesado em águas profundas. O campo de gás de Mexilhão, presumidamente gigante, de grande importância estratégica, pelo seu conteúdo e localização próxima ao litoral de São Paulo, foi desenvolvido pela Petrobras em associação com Repsol-YPF. Este gás está situado a 5 mil metros abaixo do solo marinho, que se encontra a 500 metros abaixo do nível do mar, condição que acarreta problemas técnico-financeiros a resolver e requer tempo. A expectativa das empresas é de que possa entrar em operação em 2009. Ao sul da bacia de Campos é declarada comercial a reserva de Papaterra, possivelmente de grande dimensão, desenvolvida em associação com a Chevron-Texaco.

É natural que as empresas privadas sejam prudentes na sua divulgação; no entanto, informalmente se indicam resultados auspiciosos.

Tabela 57 – Operações de exploração a cargo de empresas estrangeiras
(resultados preliminares até 2006)

OPERADOR PRINCIPAL (%)	PROJETO/ LOCALIZAÇÃO	RESERVAS ESTIMADAS	PARCEIROS (%)	PREVISÃO PRODUÇÃO
Shell (35)	EC10/B.de Campos	Cerca de 400 milhões de barris	Petrobras (35) e Esso (30)	2009
Chevron/Texaco (42,5)	Frade/B.de Campos	Cerca de 1 bilhão de barris	Petrobras (42,5) FradeJapão (15)	2009
Devon (60)	Polvo/B.de Campos	Cerca de 50 milhões de barris	SK (40)	2007
Norske Hidro(50)	Peregrino/ B.de Campos	100 a 200 milhões de barris	Kerr McGee(50)	2010
Shell (40)	BS-4. B. de Santos	Cerca de 1,6 bilhão de barris	Petrobras (40) Chevron (20)	2011

Fonte: Dias, 2006. IBP – Resposta informal a consulta do autor.

A expectativa das empresas é que cada um desses campos possa vir a produzir cerca de 100 mil barris por dia, exceto o da Devon que está sendo considerado de menor porte.

Até 2006, as empresas anteriormente citadas devem ter investido cerca de US$5 bilhões.

Entre os resultados das operações conduzidas pelo setor privado, não foi, infelizmente, alcançado campo de gás, que só se apresentou de forma associada ao óleo.

Continuando no caminho da dispersão geográfica dos trabalhos, foram localizadas outras reservas petrolíferas: na bacia de Sergipe-Alagoas, também de óleo leve, e no Polo Sul, a 200 km da costa de São Paulo a Santa Catarina, abrindo novos horizontes.

O resultado dos trabalhos se espelha na evolução das reservas provadas registradas pela ANP.

Tabela 58 – Reservas provadas e produção de petróleo (milhões de barris)

ANOS	2002	2003	2004	2005	2006
Reservas fim de ano*	9.805	10.602	11.243	11.782	12.182
Produção no ano**	531	546	541	596	629
Aumento bruto de reservas ***	1.840	1.343	1.182	1.135	1.029
Reservas / Produção	18	19	21	20	19

* Tabela 2.2;
** Tabela 2.7;
*** Cálculo do autor, diferença da reserva em relação à do ano anterior + produção do ano.
Fonte: ANP – Anuário Estatístico 2007.

Além do pico de aumento de reservas verificado em 2002, quando comparado à evolução anterior (Tabela 43, Capítulo X), foram sustentados significativos aumentos de reserva e manteve-se confortável relação reserva/produção, o que traz certa tranquilidade para a formulação e execução de programas que assegurem a sua continuidade no tempo.

A produção de petróleo por empresas privadas foi iniciada pela Shell em dois campos da bacia de Campos (Bijupirá e Salema). O produto é exportado diretamente, por via marítima. Ao ampliar-se essa produção, o que deverá ocorrer até 2010, as empresas terão a opção de venda à Petrobras ou de exportação direta, a partir dos próprios campos. Na parte referente ao gás, o escoamento é mais complicado, dado o pequeno volume oriundo de cada campo. Configura-se, como provável, uma condição de monopsônio da Petrobras.

Nessa revisão sumária da posição das novas empresas privadas no cenário energético do país, cumpre não esquecer que tiveram elas papel relevante na organização de associações de interesses, representativas de cada um dos segmentos que compõem o setor. Foram atuantes nas discussões, com os organismos governamentais, sobre as sucessivas reformas institucionais.

Dependência externa em petróleo e derivados

Ao longo do período de modificações sucessivas no cenário interno da exploração de petróleo, manteve-se a tendência de redução da dependência externa, não obstante o resultado desfavorável de 2004.

Tabela 59 – Dependência externa física de petróleo e derivados (mil m³ por dia)

ANOS	2001	2002	2003	2004	2005	2006
Produção de petróleo	211,9	238,4	246,8	244,6	272,3	287,6
Importação líquida de petróleo	48,7	23,1	16,2	36,9	16,6	-1,2
Importação liquida de derivados	7,2	5,0	-5,1	-11,1	-13,9	-9,0
Consumo aparente	267,8	266,4	257,9	270,5	275,0	277,4
Dependência externa	55,8	28,0	11,1	25,9	2,7	-10,2

Fonte: ANP - Anuário Brasileiro do Petróleo, 2011.

A produção de petróleo não evoluiu no ritmo esperado, principalmente em virtude do atraso da entrada em operação de três plataformas (P43, P48, P50). As duas primeiras em função de dificuldade no contrato com a Halliburton em questão que foi levada à arbitragem internacional (Estrela, 2005). Só vieram a entrar em operação em 2005. Não obstante esse atraso, a autossuficiência nacional em petróleo, em termos quantitativos, foi alcançada em meados de 2006.

Para o país como um todo, o balanço incluirá os resultados esperados das empresas privadas que operam na exploração e produção, e que ainda não estavam disponíveis.

Continuou, no entanto, a perda econômica na troca de petróleo pesado por petróleos leves e derivado, com saldo negativo. Em 2004/2005 o preço do petróleo exportado correspondia a 74%/75% do importado (ver Capítulo X, Tabela 45). A dependência externa de hidrocarbonetos, incluindo-se petróleo, derivados e gás natural, situou-se entre US$ 5 e 6 bilhões anuais, nesse período (ver Capítulo X, Figura 30).

Gás de Urucu

Um episódio peculiar na exploração e produção de hidrocarbonetos que merece tratamento à parte é o das reservas de gás da bacia do Solimões, ao qual se associa o da demanda local de energia alternativa para as termelétricas de Manaus, cuja quota de subsídio, pela conta CCC, segundo previsão da Aneel, alcança, em 2006, R$2 bilhões (44% do total de R$4,5 bilhões).

O desenvolvimento da reserva de gás de Urucu, desde os trabalhos iniciais na década de 1970, tem, possivelmente, a mais longa história no país, com grandes dificuldades ambientais e logísticas. Em 1999, concluíram-se os trabalhos de instalação das bases de Urucu e de Coari e do correspondente gasoduto (ver Capítulo X). O óleo foi sendo transportado para a refinaria de Manaus, por barcaças, e o gás reinjetado no próprio campo.

O projeto se tornou, desde o início, polêmico, de um lado, pela interferência de interesses políticos do governo do Amazonas, que priorizava a solução do transporte do Gás Natural Comprimido – GNC, por barcaças, e, de outro lado, pela dificuldade de contornar o impacto ambiental de um gasoduto. Fortaleceu-se, no entanto, a ideia de se construir o gasoduto Coari–Manaus. Previu-se, complementarmente, gasoduto para Porto Velho. Só em 2005, depois de intensos debates, o primeiro projeto alcançou estágio final, o que permitiu o lançamento de licitação para sua construção.

O gasoduto Urucu–Coari–Manaus, com mais de 700 km de extensão, terá capacidade para transportar 5,5 milhões de m^3 por dia. A parte Coari–Manaus, com um orçamento de US$500 milhões, foi prevista para entrar em operação em 2008.

No entanto, a licitação não correu bem, tendo sido a melhor proposta considerada inaceitável. Nova licitação foi feita e a construção contratada por custo significativamente maior do que o orçamento inicial. Do ponto de vista econômico, o atraso se reflete na Petrobras que continua a não vender gás e não ter retorno dos investimentos já feitos, e no preço da eletricidade pago por todos os consumidores do país, que inclui o subsídio ao óleo combustível queimado nas termelétricas de Manaus.

Investimentos em outras atividades essenciais

Nenhuma nova refinaria foi inaugurada desde a Refinaria do Vale do Paraíba – Revap, em S.J. dos Campos, em 1979. Foram feitos, no entanto, aperfeiçoamentos e adições nas instalações existentes, com apoio técnico do Cenpes. Foi ficando próximo o teto do aproveitamento do petróleo pesado nessas refinarias, cujo excedente foi sendo exportado.

Estudam-se duas refinarias tecnicamente adequadas ao processamento desse tipo de óleo: 1) uma com capacidade de 200 mil barris por dia a ser instalada em Pernambuco, com investimentos da ordem de US$2,5 bilhões, em parceria com a PDVSA da Venezuela, destinada a consumir óleo nacional e venezuelano, em partes iguais, a partir de 2011; 2) uma outra de 150 mil barris por dia, que servirá de base para um conjunto de indústrias petroquímicas, a ser instalada no Rio de Janeiro, com operação prevista para 2011. Além desses projetos, foi adquirida pela Petrobras, por US$370 milhões, metade do capital de uma refinaria em Pasadena no Texas, a ser reformada para absorver óleo pesado.

Na rede de oleodutos a expansão de rotina ocorreu com regularidade.

A situação da frota de petroleiros tornou-se, com o tempo, preocupante. Envelhecida e insuficiente, requer grande proporção de afretamentos, em uma conjuntura de alta de fretes.

O contrato assinado com o estaleiro EISA para a construção de quatro embarcações financiadas pelo BNDES sofre duro revés com o seu cancelamento por insuficiência de garantias. A subsidiária Transpetro decide por amplo plano de renovação, a ser realizado até 2015, compreendendo 22 navios, com apoio do BNDES, propiciando nova vida à indústria local de construção naval.

No domínio das energias renováveis com tecnologias novas são previstos, no Plano de Negócios 2006/2010, investimentos simbólicos de demonstração em energia eólica, biomassa, fotovoltaica, capazes de disponibilizar 169 MW. A BR-Distribuidora propõe-se a realizar investimentos de R$1,3 bilhão em 13 PCH, com a capacidade total de 292 MW integrantes do Proinfa, em associação com grupos privados, além das participações que já detinha em termelétricas de energia emergencial. Além disso se propõe a produzir 8 mil barris por dia de biodiesel. A empresa justifica a atitude com a declaração de que deve ser uma empresa de energia e não apenas uma distribuidora.

Iniciativas dispersivas

A análise das iniciativas da Petrobras não diretamente relacionadas com o seu objetivo central e histórico compreende, inevitavelmente, juízos de valor decorrentes da ambiguidade da atitude da empresa no cenário nacional: estatal dominada pelo interesse nacional ou concorrente das grandes multinacionais do petróleo.

Várias iniciativas tomaram direção oposta à da concentração de esforços no objetivo fundamental da empresa.

I – No domínio da petroquímica deu-se a compra da Ipiranga Petroquímica, tendo em vista a participação no Copesul e a participação da Rio Polímeros no Rio de Janeiro. Novos empreendimentos foram incluídos no Plano de Negócios 2006/2010: Unidade integrada de Refino e Petroquímica no Rio de Janeiro; Unidade de PTA em Pernambuco; Complexo Acrílico em Minas Gerais e Unidade de Polipropileno em São Paulo. A direção da empresa declara que "a petroquímica tem importância estratégica para a Petrobras pela agregação de valor às contas de petróleo e gás" (Petrobras, 2005).

II – Orientação semelhante leva à sua "atuação no segmento de fertilizantes, principalmente dos nitrogenados, tendo em vista que grande parte da demanda do agronegócio é atendida pela importação". Além dos aperfeiçoamentos da Fafen em Sergipe, planeja-se uma planta industrial de fertilizantes nitrogenados na região Centro-Oeste, a partir do gás natural importado da Bolívia.

III – A aventura das termelétricas (ver Capítulo X), na linha do interesse da Petrobras de se transformar em uma empresa de energia, resultou em prejuízos para a empresa. Foram abandonados quatro projetos de termelétricas dos quais participava: Termo Gaúcha, Sergipe, Alagoas e Paraíba. A empresa assumiu, no entanto, o controle da Termorio (1.040 MW), Eletrobolt (386 MW), Termoceará (220 MW) e Macaé Merchant (926 MW), com o propósito de eliminar a necessidade de pagamentos contratuais onerosos.

Internacionalização da Petrobras

No início do século XXI as atividades da Petrobras no exterior seguem crescendo, dando continuidade à política anterior, visando ao fortalecimento da posição adquirida.

As iniciativas de exploração de petróleo pela Petrobras por intermédio da Braspetro tiveram início em 1972 (Contrato com Irak National Oil), época em que não eram promissoras as perspectivas de descobertas em terra e apenas se iniciava a prospecção na plataforma continental (ver Capítulo VII).

Até 1994 os resultados foram modestos (ver Capítulo IX).

A ampliação dessas atividades se deu a partir do governo FHC, quase coincidentemente com a descoberta do que viria a ser a bacia de Campos. Daí por diante as atividades externas não deixaram de crescer tanto no continente americano, conforme adiante se verá, como em outras regiões, com ênfase em países da África. Do outro lado do Atlântico, as atividades compreenderam operações na Nigéria e em Angola e na Guiné Equatorial e Tanzânia, segundo diretrizes de política externa do país, que incluiu uma incompreensível aventura no Irã. Há, também, entendimento com a China.

Os investimentos totais no exterior se haviam mantido relativamente estáveis, na média anual de US$588 milhões desde 1995, até 2001. Em 2002 elevaram-se sobremodo, em virtude de grandes aquisições de empresas, alcançando US$2.177 milhões. Voltaram a oscilar, com US$667 e US$767 milhões respectivamente em 2003 e 2004, elevando-se novamente em 2005 com US$1.297 milhões.

As metas da empresa para a produção de petróleo no exterior são fortemente crescentes.

Tabela 60 – Petrobras: Metas de produção no exterior
(mil barris de petróleo equivalente por dia)

	2005	2011	2015
Óleo e GNL	163	383	742
Gás natural	96	125	278
Total	259	508	1.010

Fonte: Petrobras, 2006.

Segundo diretrizes políticas de integração sul-americana, as operações na América envolvem, além da exploração e produção, refino, distribuição e até petroquímica. Realizam-se grandes operações nos Estados Unidos, inclusive a participação em uma refinaria destinada à colocação mais favorável, naquele mercado, do nosso óleo pesado, sob a forma de derivados.

Tabela 61 – Atividades da Petrobras na América

PAÍSES	EXPLORAÇÃO	PRODUÇÃO	REFINO	DISTRIBUIÇÃO	PETROQUÍMICA
América do Sul					
Argentina	X	X	X	X	X
Bolívia	X	X	X	X	-
Colômbia	X	X	-	X	-
Venezuela	X	X	-	X	-
Uruguai	-	-	-	X	-
Equador	X	X	-	-	-
Paraguai	-	-	-	X	-
Peru	X	X	-	-	-
Chile	-	-	-	-	-
América do Norte					
Estados Unidos	X	X	X	-	-
México	X	-	-	-	-

Fonte: Petrobras, 2006. Valor Econômico 6.3.2006.

No contexto das relações delicadas com alguns países sul-americanos, em função do receio, neles existente, de um presumido objetivo de hegemonia da parte do Brasil, não pareceu prudente, para muitos observadores, que a Petrobras, por iniciativa própria ou por instrução do governo, se expusesse, com tanta desenvoltura, a reações locais negativas, da forma que fez, especialmente ao entrar na distribuição em seis países do nosso continente.

Comprou grande empresa privada na Argentina, a Perez-Companc, sob a justificativa de adquirir reservas de óleo leve que contrabalançassem o óleo pesado de nossa própria produção. Mas comprou também a rede de distribuição dessa empresa e de outra menor, colocando a sua bandeira em exposição pública.

No caso da Bolívia, o interesse principal foi de natureza econômica, de introduzir, com maior rapidez do que vinha sendo possível, o gás natural na economia nacional. Era preciso investir nos campos para assegurar o nível necessário de produção, mas, também aí, a missão foi ampliada para compreender a aquisição de refinaria e rede de distribuição.

Esse tipo de abertura externa faz-nos voltar àquela dúvida sobre a ambiguidade da missão da Petrobras: braço do governo ou concorrente de multinacionais?

No âmbito do Mercosul e dos países vizinhos, a questão importante para nós, como nação, é a da expansão e integração do gás natural. A situação não é confortável, mas é passível de melhora em termos físicos, na hipótese de se constituírem marcos regulatórios realistas e estáveis em cada um dos países, propiciando condições para ampliação dos trabalhos exploratórios em áreas promissoras e o aumento da segurança do suprimento mediante rede de gasodutos, ou de sistemas de Gás Natural Liquefeito – GNL, judiciosamente planejados.

Nó cego no gás natural

Com a inauguração do gasoduto Bolívia–Brasil, em 1999, o gás natural começou a assumir posição relevante no cenário energético do Brasil. Já se iniciara a implantação de radical reforma institucional do sistema elétrico, a partir da privatização parcial e de um sem-número de leis, decretos e resoluções. Pretendia-se aí estabelecer um mercado competitivo. No entanto, a reforma no setor do gás natural foi de pouca profundidade. Tratou-se apenas, caso a caso, de questões que foram surgindo.

Com a entrada do gás natural importado sob a fórmula *take-or-pay*, a Petrobras chegou a pagar por 17 milhões de m^3 quando a importação efetiva se situava no nível de 11 milhões de m^3/dia. O governo federal, temendo o risco de não consumo da quantidade contratada com a Bolívia, procurou estimular a demanda, e o fez com sucesso, embora utilizando instrumentos de mérito discutível. O aumento do consumo foi estimulado pela contenção do preço em moeda nacional e pela tributação diferenciada em relação aos energéticos concorrentes.

Tabela 62 – Tributação de energéticos concorrentes do gás natural (% do preço)

SETOR INDUSTRIAL E ENERGÉTICO			SETOR RESIDENCIAL E VEICULAR		
Combustível	US$/milhão de Btu	% do preço	Combustível	US$/milhão de Btu	% do preço
Gás natural	1,0	14,7	Gás natural	3,3	12,7
Óleo combust.	1,5	24,0	GLP/botijão	3,4	20,5
Óleo diesel	4,2	28,7	Gasolina	14,4	64,3

Fonte: Almeida, 2005.

Do lado da oferta, o quadro das reservas e do suprimento do gás, advindo dos campos da Petrobras, permaneceu muito aquém dos resultados por ela alcançados no domínio do petróleo. No fim de 2005, as reservas comprovadas se situavam no nível de 297 bilhões de m^3 e a produção do ano foi de 17,7 bilhões de m^3. A relação reserva/produção, de 16 vezes, é quase igual à alcançada na utilização das reservas de petróleo.

Assunto à parte, embora não menos relevante, é o do desperdício de gás em várias unidades da bacia de Campos, que vai sendo queimado, por falta de solução para seu escoamento, possivelmente como consequência da tradição de concentração de esforços no petróleo.

Em função das desventuras bolivianas, ganhou corpo o estudo do melhor aproveitamento dos gases que vão sendo queimados e que, em 2005, alcançaram o volume não desprezível de cerca de 3,5 milhões de m^3/dia. Uma solução que foi aventada consistiria na utilização de um sistema de compressão e transporte em embarcações especialmente construídas para esse fim, segundo tecnologia consagrada, que possibilita a redução de 200 vezes o volume sob a forma de Gás Natural Comprimido – GNC (Pires, 2006).

No cenário mundial ocorreu, pouco depois do início das importações, aumento de preço em vários mercados, em decorrência do aumento da procura e da elevação do preço dos óleos que servem de referência. O gás boliviano no *city-gate* subiu de US$2,55 por milhão de Btu para US$3,48 no primeiro trimestre de 2001.

Quanto ao preço interno, em moeda nacional, e especificamente para consumo em termelétricas que, a partir das decisões de 2001 (ver Capítulo X), serviriam como âncora de sustentação do contrato Brasil–Bolívia, foi estabelecido um valor artificial baseado no preço do gás boliviano (20%) e do gás nacional (80%), proporção oposta à das quantidades físicas a elas supridas. Sabendo-se, ainda, que o preço do gás nacional é arbitrário.

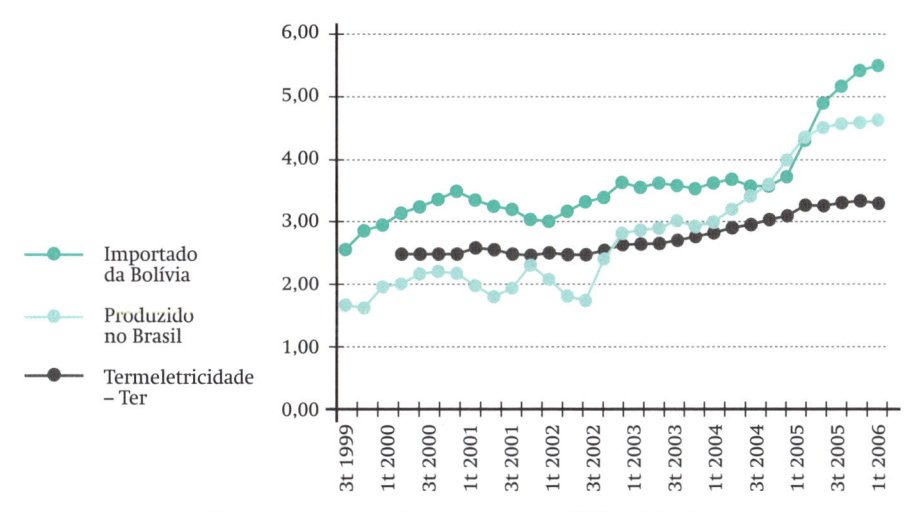

- Importado da Bolívia
- Produzido no Brasil
- Termeletricidade – Ter

Figura 35 – Preços do gás natural (US$/milhão Btu)

Fonte: Petrobras, 2006

As providências de contenção do preço para o consumidor final foram em parte anuladas pela desvalorização do real. O preço médio do gás boliviano, nos *city-gates* em R$/milhão de Btu, que foi de 7,63, entre o primeiro trimestre de 2001 e o segundo de 2002, passou sucessivamente para 9,89 e 12,15 no segundo e no terceiro trimestres de 2002. Não obstante esse encarecimento, em todos os setores, excetuado o da termeletricidade, houve forte expansão do consumo.

Converteram-se para o gás importantes consumidores industriais onde a alta do preço foi menos sentida, uma vez que na maioria dos casos corresponde a um insumo de menor peso no custo total.

Desenvolveu-se o sistema de distribuição de gás veicular onde a diferença de tributação em relação à gasolina é enorme.

No segmento da termeletricidade instalada após a crise de suprimento de energia elétrica de 2001 (ver Capítulo X), as coisas foram bem mais complicadas. Nesse segmento houve atraso na entrada em operação das unidades geradoras de emergência, redução de consumo de eletricidade em função da extraordinária reação da sociedade e, por fim, reversão do ciclo hidrológico, que permitiu rápida recuperação dos reservatórios. A maioria das usinas térmicas não teve a quem entregar eletricidade, a preço competitivo. Restou-lhes o papel de complementação do sistema hidrelétrico em função das deficiências deste nas épocas de estiagem, que ocorre no inverno e que, no fundo, não se compatibiliza bem com a inflexibilidade dos contratos de *take-or-pay*.

Regulação do mercado do gás natural

Quando se concluía a elaboração da Lei do Petróleo (9.748/1997), o gás natural ainda não tomara corpo na matriz energética. Tratava-se de uma expectativa. Não se tinha, portanto, experiência própria na sua comercialização, o que explica que fossem limitadas as definições sobre o regime desejado para o gás. A partir do sucesso na entrada do gás, foram surgindo questionamentos e, consequentemente, propostas de solução. Continuavam difíceis discussões objetivas sobre o futuro. Como regular um regime, que se quer competitivo, a partir de uma realidade monopolista? A Petrobras detém a produção, a importação, os gasodutos, além de participação significativa no capital de todas as distribuidoras estaduais, à exceção de São Paulo e Rio de Janeiro.

A discussão de um marco regulatório específico para o gás natural intensificou-se em 2004, sendo para tanto convidados, pelo MME, vários agentes do setor. A elaboração e a discussão do projeto de lei a ser enviado ao Congresso não prosperou. No entretempo foi apresentado, no Senado, o Projeto de Lei n° 226/2005, de autoria do senador Rodolpho Tourinho, ex-ministro de Minas e Energia. Dele constavam, entre outras, definições sobre atividades a serem reguladas e sobre licitação de contratos de concessão para construção e operação de gasodutos, nos moldes do que fora estabelecido para as linhas de transmissão.

Já em 2006 foi apresentado no Legislativo novo projeto (PL n° 6.666/06), que não se constituiu em alternativa relevante.

Finalmente foi apresentado o projeto do Executivo (PL n ° 6.673/06), que propõe um regime misto, de concessão em alguns casos, como o armazenamento de gás, e de autorização em outros, entre eles os gasodutos, cuja aplicação ficaria a critério do MME.

A Petrobras apresentou críticas ao PL n° 226/2005, especialmente por não ter estabelecido período de exclusividade de uso do gasoduto pelos carregadores que o viabilizaram, o que os poria em risco de não ter o investimento remunerado. Alegava, também, a Petrobras que o processo de concessão se tornaria moroso, defendendo a simples autorização pela ANP, e declarou-se, por fim, contrária à diretriz de separação da atividade de transporte das demais atividades.

Com o início do período eleitoral, a matéria ficou estagnada no Congresso, à espera de renovados debates (Ferreira, 2006b). No jogo de forças apresenta-se, de um lado, a Petrobras e, de outro, a Associação Brasileira de Agências de Regulação – Abar e das Empresas Distribuidoras que formalizaram a sua posição em um documento intitulado Carta de Maceió (abril de 2006). Nesse documento fizeram, também, ressalvas ao PL n° 226/2005, no que se refere à não necessidade de regular o mercado secundário e à conveniência de incluir nas atribuições das distribuidoras os projetos de liquefação ou compressão do gás natural.

O processo de transição para um mercado competitivo foi dificultado pela disposição constitucional que atribui aos estados a exploração direta, ou mediante concessão, dos serviços de gás canalizado (Art. 25, §2º). Daí decorre dificuldade complementar, de conciliação das regulamentações federal e estadual.

Anunciou-se como provável a entrada de novos produtores, detentores de reservas já comprovadas, e outros que ainda possam ter resultados positivos na exploração de áreas concedidas, o que contribuirá para provocar a reorganização necessária do setor de gás natural.

Segurança e flexibilidade no suprimento de gás no mundo

Em escala mundial ocorreu, na passagem do século, aceleração do ritmo de crescimento do consumo de gás natural. Depois da substituição do gás manufaturado e do seu uso na petroquímica (ver Capítulo X), um novo impulso adveio da sua utilização nas turbinas a gás para geração de eletricidade.

Nos países com longa tradição, a sua expansão se baseou em contratos de longo prazo, frequentemente envolvendo cooperação entre produtor e consumidor, que lastreavam os importantes investimentos, notadamente nos gasodutos entre regiões. Nos Estados Unidos a atividade, que era estritamente regulamentada, foi-se flexibilizando desde a legislação de 1978, excetuado o setor de distribuição urbana, que continuou regulado em nível estadual. Surgiram mercados crescentes de contratos *spot*, como o de Henry Hub no centro da região produtora do sul. Fenômeno semelhante ocorreu no Reino Unido e, em menor proporção, na Europa Continental, onde os contratos de longo prazo continuaram dominantes, reduzindo-se, no entanto, a sua rigidez (Brown, 2006).

Na Ásia o mercado se desenvolveu, com base em Gás Natural Liquefeito, como forma de transporte, mediante parcerias, sem recurso a grandes gasodutos. Em contrapartida requereram-se fortes investimentos conjugados em plantas de liquefação e de regaseificação.

Mais tarde o GNL passou a participar de forma crescente dos mercados europeu e americano, e as instalações de liquefação se dispersaram por vários países detentores de reservas para exportação (Oriente Médio, Trinidad-Tobago, Argélia, Egito, Líbia).

A demanda de gás natural liquefeito se acelerou sobremodo na passagem do século. Dobrou em 10 anos, entre 1990 e 2000. Dobrou novamente nos sete anos seguintes. Está prevista nova duplicação em cinco anos, até 2012 (Victor, 2006).

Não obstante essas transformações, não se pode dizer, ainda, que o gás se tenha constituído em *commodity*.

Com a ampliação e diversificação dos mercados *spot*, acentuaram-se as preocupações, em cada região, com a segurança do abastecimento e com a flexibilidade do suprimento, esta última necessária para atender à variação de demanda decorrente do forte consumo domiciliar e comercial no período de inverno do Hemisfério Norte.

Do lado físico, o equilíbrio entre oferta e demanda de gás tem duas condicionantes. A primeira decorre da natureza do jazimento de gás, conjugado ou não a petróleo, e da distância entre o local de produção e o de entrega. O gás associado tem a sua produção dependente da demanda do petróleo. Nas reservas exclusivas de gás há mais liberdade de decisão sobre o ritmo da produção. A segunda envolve problemas, de várias naturezas, que surgem na construção de longos gasodutos. Com o seu pesado investimento, requerem alta ocupação para que o custo do transporte seja aceitável. Segmentos mais curtos podem ser operados com maior variabilidade.

Ainda do lado físico, o principal instrumento de equilíbrio é o armazenamento estacional em reservatórios geológicos naturais. Nos países de tradição na comercialização do gás, a capacidade dos reservatórios em uso em cada mercado corresponde a uma parte significativa do respectivo consumo anual. Varia conforme a origem do suprimento. Na Europa essa proporção é de 13% (94 instalações), nos Estados Unidos é de 17% (415 instalações) e no Canadá é de 19% (38 instalações). Na América do Sul, nem mesmo na Argentina, que tem a maior tradição no ramo, ainda não se dispõe desse instrumento.

Segurança e flexibilidade no suprimento de gás no Brasil

O uso do gás no Brasil se iniciou com grande atraso, com fontes internas modestas, contando com um único fornecedor externo baseado em um único gasoduto. A partida se deu em um quadro monopolista, com marco institucional incompleto, no qual nem mesmo vendas interruptíveis foram consideradas.

Dada a importância atribuída às termelétricas, no início do programa brasileiro, a questão da flexibilidade, delas requerida, ocupa aqui posição central.

A variação da demanda de gás no Brasil, na parte relativa ao consumo das termelétricas, é fenômeno que difere substancialmente da variação que ocorre no Hemisfério Norte, que é essencialmente sazonal, em função da necessidade de aquecimento ambiental de residências e estabelecimentos de comércio. Nos países de maior tradição no comércio de gás canalizado estão presentes, além dos reservatórios, vários instrumentos contratuais e físicos de flexibilização de oferta, desconhecidos no Brasil, para atender às variações estruturais da demanda.

No Brasil, as oscilações da demanda termelétrica têm duas componentes que se entrelaçam. A primeira, sazonal, decorre da variação repetitiva de estações secas e úmidas que afetam a geração de origem hidráulica. A segunda, aleatória, de ciclos plurianuais imprevisíveis. O sistema hidrelétrico dispõe de reservatórios administrados para regularização do sistema de geração, que são, no entanto, insuficientes para absorver o impacto do advento de secas extremas, especialmente quando se apresentam em anos seguidos.

Nessas condições e na ausência de reservatórios de gás no Brasil, torna-se aqui mais difícil atender à variação de consumo das usinas termelétricas integradas no sistema hidrotérmico, despachadas pelo ONS, conforme análise feita no Capítulo X. Essas usinas, operadas com caráter complementar, teriam que atingir fator de capacidade acima de 80% durante período hidrológico seco e crítico. Operadas na base teriam que competir com as hidrelétricas. A demanda de gás atingiria, no primeiro caso, um máximo temporário com forte redução nas épocas de abundância de energia hidráulica. No segundo caso, teriam que operar com um fator de capacidade próximo ao do próprio sistema interligado, da ordem de 50%. O quadro brasileiro se apresenta distinto conforme as regiões.

Tabela 63 – Usinas a gás natural do Programa PPT + Conversão óleo/gás

REGIÕES	SE/CO	NORDESTE	SUL	BRASIL
Número de usinas	13	6	2	21
Capacidade MW	4.780	1.833	760	7.373
Consumo de gás milhões de m³/dia	Máx: 20,2 Mín: 12,6	Máx: 7,7 Mín: 4,8	Máx:3,2 Mín: 2,0	Máx: 31,1 Mín: 19,5

Nota: Cálculo do autor, baseado em eficiência térmica de 7.600 Btu/kWh e poder calorífico de 34.900 Btu por m³ de gás.
Fonte: Vieira, 2004. Abraget. (Ver Apêndice 10-I).

Independentemente dessas considerações, em virtude da insuficiência e rigidez da oferta de gás, se as termelétricas viessem a ser solicitadas a operar em apoio ao sistema, não poderiam fazê-lo, a não ser à custa de racionamento para os demais consumidores. Não existe solução do nó cego em curto prazo, a não ser a tecnicamente esdrúxula solução de queimar diesel ou biodiesel nas turbinas a gás.

A situação do Nordeste é a mais grave porquanto não só não se dispõe de gás como não há perspectivas de novos campos produtores de vulto. Demonstração prática ocorreu em 2004 quando, diante de restrições hidrológicas, o ONS determinou o acionamento das térmicas a gás da região e não foi obedecido porque não havia gás. A Petrobras teve que garantir o lastro físico mediante operação de térmicas do Sudeste cuja energia foi transmitida pelos troncos de interligação elétrica, em socorro ao Nordeste, operação que requereu entendimentos extraordinários entre vários órgãos e empresas envolvidos, com aprovação da Aneel. Para atender à obrigação, a empresa não teve alternativa senão adaptar algumas de suas usinas para o emprego de diesel.

Aumenta, nesse contexto diferenciado quanto à segurança, a importância da projetada interligação Sudeste-Nordeste (Gasene, 1.100 km), compreendendo três trechos: Cabiúnas (RJ)–Vitória, Vitória–Cacimbas e Cacimbas–Catu (BA). O trecho intermédio teve a construção iniciada em 2006.

Gás na América do Sul

No quadro de insuficiência de oferta e de incerteza sobre o potencial de descobertas no Brasil, ganha importância o exame das condições que prevalecem nos países vizinhos.

Avaliação global, em termos de ordem de grandeza, referente a 2004 aponta para diferenças marcantes entre os sete países (Bertero, 2006). É forte a concentração de reservas na Bolívia, detentora de 783 bilhões de metros cúbicos. Tem pequeno consumo e já é exportadora para o Brasil e pretende tornar-se exportadora para a Argentina. O Peru conta com 308 milhões de m^3 ainda por desenvolver e pode tornar-se exportador. A Argentina tem boas reservas, em quatro campos distintos, em um total de 607 bilhões de m^3 já bastante explorados, tendo em vista que já possui há muito tempo um mercado organizado. As suas reservas são insuficientes para atender a demanda crescente, tornando-a importadora. O Brasil na parte Sudeste e Sul contava com 321 bilhões de m^3 das bacias de Campos e Santos. Tem demanda superior à soma da produção própria e da importação da Bolívia. O Chile, o Paraguai e o Uruguai não têm reservas de hidrocarbonetos. Apenas o Chile tem um limitado mercado de distribuição organizado, que é abastecido por importação que se tornou incerta, em função da deficiência da Argentina. Na região já existem interligações, e outras estão em estudo.

Não são fortes, todavia, os sinais de entendimento entre os sete países, que se ressentem de controvérsias bilaterais históricas de natureza política, notadamente no triângulo Bolívia-Chile-Peru.

Apresenta-se nesse cenário sul da América do Sul, por outro lado, a longínqua Venezuela, que detém reservas que ultrapassariam o dobro das reservas totais abaixo da latitude do Peru. Não estão desenvolvidas e demandam investimentos vultosos e gasodutos de grande porte. A ser concretizado esse suprimento, repetir-se-ia aqui a situação da Europa Ocidental na sua dependência do gás da Rússia.

Gás na Argentina

A Argentina é o único país da América do Sul com tradição de produtor e consumidor de gás natural, utilizando-o, inclusive, em grandes usinas de geração de eletricidade. No entanto, em virtude de uma série de circunstâncias, de ordem econômica e política, sua posição se deteriorou, levando-a a passar de exportadora a importadora. Ocorreram a privatização e a crise econômica da qual resultou a mudança do sistema cambial e a desvalorização da moeda entre 2001 e 2002, na proporção de 1 para 3. Foi mantido, pelo governo, o preço interno dos hidrocarbonetos, o que correspondeu a uma redução do valor médio em dólares de US$1,20 para US$0,40.

Os trabalhos de prospecção, medidos pelo número de poços perfurados, que já vinham em declínio desde 1995 até 2000, caíram para valor insignificante. As reservas estacionaram e envelheceram enquanto o consumo seguia crescendo. Em 2004 houve crise de suprimento diante de forte demanda de inverno, da ordem de 50% superior à demanda média anual, e de insuficiente capacidade de transferência regional de gás. A exportação para o Chile foi suspensa, a ligação de gás em Uruguaiana e o contrato de transferência de energia elétrica com o Brasil não prosseguiram.

O contrato referente à tradicional importação de gás da Bolívia chega a seu término em 2006, coincidentemente com a reforma institucional nesse país. Na revisão a Argentina aceita um preço de US$5,00 por milhão de Btu, cerca de dez vezes o preço interno artificialmente mantido.

A política de controle de preços internos, tanto do gás quanto dos derivados de petróleo em níveis inferiores aos internacionais, levou o país a dificuldades de abastecimento regular em 2006.

Gás na Bolívia

O nosso programa de expansão do uso do gás natural baseado no suprimento da Bolívia complicou-se subitamente em consequência da política de estatização adotada pelo governo Ivo Morales.

Embora previsível desde os claros discursos de campanha eleitoral boliviana, houve surpresa quanto à forma das ações concretas que se seguiram, no domínio das reservas de hidrocarbonetos e das indústrias a eles vinculadas.

No dia 1º de maio de 2006 o presidente boliviano assinou, com grande aparato publicitário, decreto de nacionalização das reservas de petróleo e gás, no qual se determina que o Estado detenha o controle e a direção da produção, transporte, distribuição, comercialização e industrialização de hidrocarbonetos. Estabelece-se o prazo de 180 dias para que as empresas estrangeiras se adequem ao novo diploma legal. Foi a terceira desapropriação de investimentos estrangeiros nesse setor que a Bolívia realizou.

São afetadas diretamente, além da Petrobras, que tem os maiores investimentos na região, a Repsol (hispano-argentina), a British Gaz e British Petroleum, além da Total (francesa). No caso da Petrobras, além do contrato de longo prazo de compra de gás, a empresa detém 35% dos campos de San Alberto e San Antonio, onde obtém cerca de 8 milhões de m^3/dia de gás, duas refinarias e postos de revenda de derivados. Investiu na Bolívia cerca de US$1 bilhão. Na construção do gasoduto, a grande participação financeira da Petrobras (51%) serviu, em parte, para que o Tesouro Nacional brasileiro pudesse garantir os empréstimos internacionais necessários.

As primeiras reações do lado brasileiro foram contraditórias. Por imprevisão ou tática negocial? A Petrobras foi enérgica apoiando-se nos contratos de longo prazo de compra e venda de gás. O governo adotou atitude conciliadora. O presidente Lula convidou Morales para encontro em Foz do Iguaçu, no dia 4 de maio, com o objetivo de aprofundar negociações sobre o preço do gás (23 milhões de m^3 do Brasil e 5,5 milhões da Argentina). Além da participação de Kirchner ocorreu o incompreensível convite a Hugo Chaves da Venezuela, que aproveitou a oportunidade para anúncio político de aliança estratégica com Morales. Nesse clima o presidente Lula declarou, no dia 5, que aceitava aumento de preço do gás, desde que não fosse excessivo, ao passo que o presidente da Petrobras declarou que a empresa não admite quebra de contrato. Enquanto isso, o governo da Bolívia, visivelmente para efeito político interno, cercou as refinarias da Petrobras com tropas do exército.

Em 12 de maio realizou-se em Viena encontro, há longo tempo programado, entre a União Europeia e os países das Américas do Sul e Central. O presidente Morales reiterou manifestações de desapreço pela colaboração com o Brasil, acompanhadas de acusações à Petrobras e outras empresas estrangeiras. Seguiram-se desmentidos.

Pouco depois se renovou o contrato da Bolívia com a Argentina, a que já nos referimos no parágrafo anterior. Nas negociações com o Brasil, a questão do preço foi-se tornando mais pragmática, em busca de um valor que fosse aceitável por ambas as partes.

Passados dez meses de continuadas discussões, foram assinados, em outubro de 2006, contratos de exploração e produção de hidrocarbonetos entre as várias empresas estrangeiras, entre as quais a Petrobras e a YPFB.

Continuaram pendentes as questões relacionadas com o fornecimento de gás natural ao Brasil, inclusive, obviamente, quanto ao preço.

Gás na Venezuela

Desde antes do lastimável episódio Bolívia–Brasil, foram frequentes as notícias sobre ampla associação reunindo Venezuela, Brasil e Argentina, visando a construção de gasoduto Norte-Sul, partindo de Puerto Ordaz com destino final em Buenos Aires. Seria uma obra com 10 mil quilômetros de extensão, atravessando a Floresta Amazônica e com traçado ainda indefinido. Teria a capacidade para transportar 150 mil m^3 por dia. Na ausência de estudo de viabilidade, fala-se em investimento de US$17 a US$21 bilhões, só no gasoduto, e de um prazo de construção de cinco anos. Os presidentes da Venezuela, Brasil e Argentina reuniram-se formalmente para providenciar o prosseguimento dos estudos e análises.

Na presunção de que se confirmem as reservas exploráveis na Venezuela, hoje apenas indicadas, a principal questão que se coloca é a do critério para a definição tarifária. Se for proporcional à distância, o preço para a Argentina, que está no extremo, será possivelmente muito alto, ao passo que no Brasil será menor no Norte-Nordeste, que são as nossas regiões mais carentes e atualmente sem perspectivas de gás local. Se for uniforme em todos os *city-gates,* o consumidor brasileiro teria que arcar com parte do custo do atendimento à Argentina.

Outra questão seria a trajetória do crescimento da demanda, que determina a progressiva ocupação do duto, cujas consequências financeiras definiriam o preço do transporte e a viabilidade do empreendimento.

Finalmente, na presunção de que o gás da Bolívia continue a fluir, embora a preço mais alto, a questão que se coloca é a da possibilidade de nos tornarmos autossuficientes em gás, até 2012, prazo mínimo para o início do funcionamento do suposto gasoduto.

Assumimos a hipótese de que para o governo brasileiro a tese da autossuficiência em petróleo, pela qual se lutou durante meio século até o sucesso em 2006, seja válida também para o gás natural. A intensificação dos esforços na busca de gás no território nacional mereceria preferência quando comparada à solução que nos amarra rigidamente a uma nova fonte externa. Em termos financeiros e de ordem de grandeza, a Petrobras tem investido cerca de US$1 bilhão anual nas atividades de exploração, valor que deve ser comparado ao esforço para a construção do gasoduto que, na hipótese de cinco anos de construção, demandaria mais de US$4 bilhões anuais, cabendo ao Brasil provavelmente parte substancial dessa importância. Há ainda uma alternativa para esse gasoduto que é a montagem de um sistema de GNL com planta de liquefação na Venezuela e de regaseificação no Brasil e na Argentina, com muito maior flexibilidade de operação. Está sendo analisada.

Quanto ao preço básico na origem só se apresentaram especulações.

Gás Natural Liquefeito

Diante de um quadro de desequilíbrio entre oferta e demanda de gás natural, sem solução em médio prazo, passou a figurar, entre as preocupações externas da Petrobras, a hipótese de importação de Gás Natural Liquefeito (GNL), cujo mercado, no âmbito internacional, antes restrito e segmentado, foi adquirindo características globais.

A complexa cadeia produtiva, com pesados investimentos em cada uma das partes, inibiu, durante muito tempo, projetos que não correspondessem a situações sem alternativas, como é o caso clássico do Japão, onde seria praticamente impossível pensar em gasodutos. As unidades de liquefação na origem, e de regaseificação no destino, requerem frota de navios especialmente construídos para esse fim e é economicamente necessário que haja compatibilidade de capacidades. Os custos vêm caindo e os riscos vão sendo assumidos, tanto do lado do produtor como do consumidor, com sinais de formação de amplos mercados regionais.

Embora se trate de solução potencialmente mais flexível quando comparada a longos gasodutos, é difícil uma decisão de investir nesse caminho, enquanto não se tenha visão completa do quadro de possibilidades locais de produção, no âmbito nacional. Parece, no entanto, que no nosso caso já seria de se pensar na diversificação de suprimentos, com auxílio do GNL.

A matéria só foi trazida à baila, para a opinião pública, pela Petrobras quando, diante da crise da Bolívia, se passou a considerar uma planta de regaseificação no Ceará, sabendo-se que no Nordeste são remotas as possibilidades de grandes descobertas de gás. Está prevista para uma capacidade de 6 a 7 milhões de m^3 por dia. Outra, menos óbvia, no Rio de Janeiro, com 12 a 14 milhões de m^3 por dia. Ambas só poderiam estar em operação a partir de 2009, já que não é simples o processo de aquisição dos equipamentos e navios especializados.

Turbulência nuclear

A utilização da energia nuclear veio perdendo impulso em muitos países no fim do século XX, diante de pressões de movimentos ambientalistas e pacifistas. No Brasil a construção de Angra III, objeto de intensas discussões, nem teve andamento nem foi definitivamente descartada. A implantação do ciclo de combustível nuclear em Resende teve ritmo lento, em virtude de falta de recursos financeiros.

Quando a INB iniciou em Resende a instalação das ultracentrífugas, de desenho e fabricação nacionais, o governo brasileiro entrou em entendimento com a Associação Brasileiro-Argentina de Contabilidade e Controle de Materiais Nucleares – ABACC (ver Capítulo X) e a International Atomic Energy Agency – IAEA, para estabelecer os procedimentos de salvaguarda pertinentes a essa iniciativa.

No princípio de 2004 estavam em curso discussões em nível técnico, quanto à melhor forma de fazê-lo. O objetivo era contabilizar o gás UF_6 na entrada da instalação e na saída, depois de enriquecido, com determinação da concentração atingida. Do lado do Brasil havia interesse em preservar detalhes construtivos do equipamento de ultracentrifugação. Buscava-se, em conjunto, a forma de conciliar os requisitos de ambas as partes.

Infelizmente o quadro internacional era, nessa época, de intensa turbulência. A IAEA procurava aprovação geral para um Protocolo Adicional a Acordos de Salvaguarda Nuclear, com o objetivo de apertar o cerco do TNP à expansão de armas nucleares, estabelecendo novas restrições, inclusive a iniciativas de interesse civil. A limitada questão técnica Brasil-IAEA alcançou a imprensa, no Brasil e no exterior, de forma sensacionalista, como se fosse matéria política relevante, o que prejudicou o andamento das negociações específicas que estavam em curso. Não obstante esse acidente de percurso, a questão chegou a bom termo e de forma satisfatória para ambas as partes. Ainda em 2004 foi assinado acordo de salvaguardas nucleares com a IAEA e a ABACC (Apêndice 11-C).

A IAEA continuou a fazer, em escala mundial, com imparcialidade, as suas inspeções regulamentares, tentando estendê-las aos recalcitrantes, não signatários do TNP. Continuaram a ser entendidas, no entanto, como fatos consumados, as atividades de Israel, Índia e Paquistão, também não signatários, e detentores de armas atômicas.

A turbulência acentuou-se em função de controvérsias com países envolvidos em programas nucleares militares, notadamente Coreia do Norte e Irã. Os desafios desses não signatários deram lugar a propostas de maiores controles, envolvendo também signatários, especificamente na questão do enriquecimento, mesmo para uso civil.

No Brasil, a discussão sobre Angra III foi retomada pelo CNPE, que extinguiu o grupo de trabalho anterior e constituiu novo grupo (Resolução n° 7/2003) com a missão de "analisar o contexto e as implicações técnicas, ambientais, sociais e econômicas relativas ao empreendimento Angra III". Dele fizeram parte representantes de seis órgãos da administração federal. A situação era, como continuou a ser, preocupante porque, além de tudo, o investimento realizado no projeto, até aquela data, se elevava a US$750 milhões e os gastos com a armazenagem e conservação da parte do equipamento adquirido, manutenção de equipe e preservação do canteiro eram da ordem de US$20 milhões por mês.

Já em 2005, em nova reunião do CNPE, a construção de Angra III voltou a ser abordada, com pronunciamentos formais do MME, MMA e MCT, não tendo sido alcançada unanimidade sobre a retomada do empreendimento. No entanto, o Plano

Decenal de Expansão de Energia Elétrica 2006-2015 elaborado pela Empresa de Pesquisa Energética EPE inclui a usina Angra III com início da operação previsto para dezembro de 2012 (EPE, 2006c). A usina é colocada, nesse estudo, como peça-chave no suprimento de energia elétrica na década de 2010, embora no final de 2006 não se tenha apresentado qualquer sinal objetivo da sua construção.

Energia renovável e universalização da oferta

Na passagem do século XX para o XXI, acentuaram-se as preocupações com os danos causados pela queima de combustíveis fósseis e com a mudança climática. Estavam em curso iniciativas inovadoras provenientes de períodos anteriores.

Várias inovações tecnológicas amadureciam, ganhavam importância e atraíam as atenções. Algumas representando perspectivas de melhor aproveitamento de fontes de energia renovável, outras conducentes a maior eficiência no uso da energia. Algumas baseadas em tecnologias conhecidas de longa data e que se tornaram oportunas. Outras, em progressos tecnológicos recentes.

No Brasil, do lado da oferta de energia, procurou-se implementar programa de energias renováveis, especificamente eólica, e de pequenas centrais hidrelétricas, consubstanciadas no Proinfa, criado nos últimos dias do governo FHC. Estava em curso, também, um segundo estágio de eficiência na agroindústria canavieira, e iniciou-se, já no governo Lula, a inclusão do biodiesel na matriz energética. De um modo geral, as inovações que foram se tornando viáveis tendem a modificar a matriz energética no sentido de maior diversidade de fontes primárias.

Do lado do consumo de energia, consolidaram-se subsídios em favor dos sistemas elétricos urbanos providos de usinas a diesel e não conectados ao sistema elétrico interligado nacional. Definiram-se novos subsídios destinados a programas de universalização da oferta.

No início do governo Lula, enquanto continuava a redução das funções da Eletrobras no planejamento e controle do sistema elétrico, ampliavam-se as suas atribuições como gestora de programas de governo, tanto de diversificação da matriz energética como de promoção da universalização do uso da energia em áreas mal servidas e de benefícios à população de baixa renda.

Conta do Desenvolvimento Energético – CDE e Proinfa

A matéria, iniciada no governo anterior (Lei n° 10.438/2002), foi retomada no governo Lula, mantendo-se a sua essência, porém com significativas modificações em inúmeros detalhes (Leis n° 10.762 e 10.848, de 2003). Diante de outras leis confusas, esta ganha, sem dúvida, posição de destaque.

A CDE foi instituída pelo prazo de 25 anos, com os objetivos de dar continuidade com adaptações a programas anteriormente instituídos e de sustentação de novos programas:

– Cobertura do custo do combustível de usinas preexistentes que utilizem apenas carvão nacional até 100% do valor do combustível, a partir de 2004, compensando-se os valores recebidos pela conta CCC.

– Garantia de recursos para atendimento à subvenção econômica destinada à modicidade da tarifa de fornecimento de energia elétrica aos consumidores finais da classe de baixa renda.

– Pagamento do custo das instalações de transporte de gás natural a serem implantados para os estados onde não existia, até o final de 2002, fornecimento de gás natural canalizado.

– Pagamento do crédito complementar pela diferença entre o valor econômico e o valor recebido da Eletrobras, estabelecido nas regras do Proinfa.

– Pagamento da diferença entre o valor econômico correspondente à geração termelétrica a carvão nacional que utilize tecnologia limpa e o valor correspondente à energia competitiva, nas instalações que entrarem em operação a partir de 2003.

Na revisão da legislação, em 2003, foi acrescida mais uma destinação dos recursos da CDE, que foi a de promover a universalização do serviço de energia elétrica e garantir recursos para a subvenção destinada à classe de renda baixa.

Para fazer face a todas essas despesas com subsídios, colocam-se na CDE os recursos provenientes dos pagamentos anuais a título do uso de bens públicos, das multas aplicadas pela Aneel a concessionários, permissionários e autorizados, e, a partir de 2003, das quotas anuais pagas por todos os agentes que comercializarem energia com consumidor final, mediante encargo tarifário a ser incluído nas tarifas de uso dos sistemas de transmissão ou de distribuição.

No Proinfa, em sua forma final determina-se que a Eletrobras contrate 3.000 MW, distribuídos em partes iguais entre as três fontes de energia contempladas, em termos de capacidade instalada até junho de 2004. A definição do valor normativo de cada fonte ficou a cargo do Poder Executivo, mas obedecidos pisos relacionados com a tarifa média nacional de fornecimento aos consumidores finais, na proporção, respectivamente, de 50% para a biomassa, 70% para pequenas centrais hidrelétricas – PCH e 90% para a energia eólica, correspondendo, à época, respectivamente a R$135, R$162 e R$190, por kWh.

O programa é dividido em duas etapas.

Na primeira etapa foi feita chamada pública para apresentação de projetos baseados nas três fontes. No que se refere às PCHs, foram contratados alguns projetos. Em relação à biomassa, em virtude do pequeno número de projetos aprovados, realizou-se uma segunda chamada, para completar a quota. Causou certa surpresa a falta de interesse dos usineiros de açúcar. Como resultado final, a Eletrobras contratou um pouco mais do que os 3.000 MW, desistindo de alcançar maior participação da biomassa.

Tabela 64 – Proinfa: Contratos assinados com a Eletrobras

FONTE	NÚMERO	POTÊNCIA MW	POTÊNCIA MÉDIA MW	POTÊNCIA MÁXIMA MW
Biomassa	29	655	23	43
Eólica	57	1.423	25	135
PCH	64	1.164	18	30
Total	150	3.242	22	—

Fonte: Eletrobras, 2007.

O valor pago pela energia adquirida pela Eletrobras, acrescido dos custos administrativos, financeiros e encargos tributários, será rateado entre os consumidores finais, proporcionalmente ao respectivo consumo, excluída a classe dos consumidores residenciais de baixa renda. Atingida a meta de 3.000 MW, previu-se uma segunda etapa do programa a ser realizado de forma que essas fontes de energia atinjam 10% do consumo anual de energia elétrica do país, objetivo a ser alcançado em vinte anos. Não houve justificativa para a determinação dessa meta.

Nessa segunda etapa os contratos serão celebrados pela Eletrobras com prazo de vinte anos e preço equivalente ao valor econômico da energia competitiva, definida como o custo médio ponderado de geração de novos aproveitamentos hidrelétricos com potência superior a 30 MW e centrais termelétricas a gás natural, cabendo ao Poder Executivo fazer o cálculo. O produtor fará jus a um crédito calculado pela diferença entre o valor econômico correspondente à tecnologia específica de cada fonte e o valor recebido da Eletrobras.

Diante de tantos usos para um dinheiro finito, estabeleceu-se que a nenhuma das fontes poderão ser destinados recursos, oriundos da CDE, cujo valor total ultrapasse 30% do recolhimento anual, que vem crescendo continuamente, de 1,6% da receita operacional em 2003 para 2,1% em 2005, quando o montante total de recursos teria alcançado R$1,8 bilhão (Price, 2005).

A Aneel acompanha regularmente o andamento dos projetos do Proinfa e divulga os correspondentes resultados, em função das informações e entendimentos com os empresários. O prazo de execução se estenderá e ocorrerão cancelamentos em proporção não definível.

Tabela 65 – Situação dos projetos do Proinfa em 2004-2006

TIPO DE USINA	NÚMERO DE UNIDADES	POTÊNCIA – MW		
		2006	2007	2008/9
PCH–s/ problemas	16	170	120	
C/problemas	47	137	756	
Eólica–s/problemas	5	208		
C/problemas	49	340	875	
Biomassa–s/problemas	14	358		
C/problemas	11	123	133	57
Totais	142	1.337	1.884	57

* Quatro com problemas graves.
Fonte: Aneel, 2007.

Estavam em operação, nessa época, uma PCH e duas térmicas a biomassa. Haviam sido rescindidos quatro contratos de biomassa a pedido dos empresários, pelo alto custo da conexão a subestações da rede.

O BNDES reservou R$5,5 bilhões para projetos no âmbito do Proinfa com dificuldades para concretizar empréstimos. Para facilitar o acesso, o BNDES aumentou o limite do financiamento de 70% para 80% e o prazo, de dez para 12 anos. Além dos problemas de capacidade financeira e garantias, interpuseram-se problemas de suprimento de equipamento e de licenciamento ambiental. Nota-se atraso na execução do programa.

Fora do modelo Proinfa, na mesma linha de incentivar o desenvolvimento de tecnologias novas aplicadas a energias renováveis, foram tomadas pelo governo federal outras decisões de apoio a instalações privadas de demonstração agrícola e industrial, visando a produção comercial do biodiesel. A matéria será tratada no parágrafo subsequente ao referente à cana-de-açúcar.

Cana-de-açúcar – Continuidade e inovações

O Proinfa não alcançou o principal mercado potencial de usinas termelétricas baseadas em biomassa, especificamente o agronegócio álcool-açucareiro, que requer instalações de maior porte do que as compatíveis com esse programa. O setor é suficientemente desenvolvido e financeiramente autônomo para tratar da questão em condições de mercado.

No período 2003/2006, a agricultura da cana continuou a expansão que desde a década de 1990 resultou em um aumento de 52% da área colhida e 84% de cana produzida. Prosseguiu o aumento de produtividade, que alcançou 21% entre as safras 1990/1991 e 2004/2005. A expansão continua. Estão previstas 79 usinas, das quais 31 em São Paulo, 12 em Goiás e 11 em Minas Gerais, além de outros estados (Única, 2007).

Trata-se de setor consolidado (ver Capítulo X). As inovações possíveis estão ligadas à mecanização da colheita da cana e ao melhor e maior aproveitamento da palha com objetivo de geração de energia elétrica, matéria que será tratada no Capítulo XII. Vão sendo construídas também usinas elétricas mais modernas para esse fim. No entanto, o ritmo de construção tem sido lento. A Associação Paulista de Cogeração de Energia – Cogen e a Única desenvolvem projeto conjunto com o objetivo de viabilizar até 2010 uma oferta de 1.500 MW de potência nominal de cogeração de energia. Falta metodologia específica para a contratação da oferta de energia nas condições possíveis para a geração baseada na cana-de-açúcar.

Para o pleno e bom aproveitamento do potencial energético da biomassa proveniente da cana, há que se encontrar solução para dois problemas.

O primeiro é natural e resulta de um período de safra e outro de entressafra. O consumo do álcool se distribui regularmente durante todo o ano. Caberia propiciar um armazenamento? Em contrapartida, a disponibilidade de geração de energia elétrica na estação seca coincide com a época de deficiência de geração das usinas hidrelétricas. Caberia reconhecer, na tarifa de eletricidade, valor diferenciado para essa energia?

O segundo, tradicional, decorre das variações do mercado internacional de açúcar, que resulta na tentação dos usineiros de, em função de uma alta do açúcar, reduzir a produção e aumentar o preço do álcool para o mercado interno. Esse preço é relacionado ao da gasolina que, por sua vez, sofre interferência de políticas econômicas governamentais. O problema tende a crescer de importância, com a perspectiva de maior presença do Brasil, tanto em açúcar como, agora, em álcool, no mercado internacional. Em 2005, da produção de 22,1 milhões de toneladas de açúcar, 18,2 foram exportadas, com uma contribuição para o balanço de pagamentos de US$2,6 bilhões. O álcool vai pelo mesmo caminho. Caberia alguma forma de garantir o suprimento interno de álcool para mistura na gasolina, evitando que a proporção tecnicamente definida não sofra oscilações, para que não se prejudique a eficiência dos motores que são regulados para uma proporção definida?

Biodiesel

Em sequência a pesquisas tecnológicas e empreendimentos inovadores, surgiram, no princípio do século XXI, por iniciativa privada, as primeiras demonstrações práticas de produção do biodiesel no Brasil. Após isso, o governo federal tomou, desde 2003, a iniciativa de incentivar essa produção, mediante legislação específica, que compreendeu a criação de um Programa Nacional de Biodiesel e de uma Comissão Executiva Interministerial, o que resultou no lançamento de um Programa de Produção e Uso do Biodiesel.

A primeira medida legislativa estabelece que "fica introduzido o biodiesel na Matriz Energética Brasileira, sendo fixado em 5%, em volume, o percentual mínimo obrigatório de adição de biodiesel ao óleo diesel comercializado ao consumidor final, em qualquer parte do território nacional" (Lei n° 11.097/05). Estabelece-se o prazo de oito anos para sua implementação com a meta intermediária de 2% em dois anos, o que corresponde, na base da demanda em 2005, a cerca de 800 mil m^3.

A seguir criou-se o registro especial de produtores para efeito fiscal e regulamentou-se a incidência das contribuições para o PIS-PASEP e COFINS, na venda do produto, com desoneração parcial em regiões definidas (Norte–Nordeste e Semiárido) e de características da produção agrícola, estabelecendo forte preferência pela agricultura familiar. Instituiu-se o Selo Social para os produtores que atendam tanto à localização como ao tipo de agricultura priorizada (Lei n° 11.116/05).

Estudos específicos indicam os benefícios para os produtores que obtenham o Selo Social. Estes teriam um resultado 6% superior ao do produtor sem Selo Social.

Tabela 66 – Formação do preço do diesel e do biodiesel (R$/litro)

PARCELAS	DIESEL MINERAL	BIODIESEL C/ SELO SOCIAL	BIODIESEL S/ SELO SOCIAL
Realização do produtor	1,12	1,91	1,80
CIDE, PIS/CONFINS	0,22	0,00	0,11
ICMS	0,24	0,26	0,26
Preço produtor	1,58	2,17	2,17

Fonte: Para o biodiesel: ANP, 2007; Para o diesel mineral: Assessoria Consultores em Energia

Sob o ponto de vista do preço de realização do biodiesel para o produtor com Selo Social, neste início do programa, seria ele 70% superior ao do diesel da Petrobras.

Aqui, como nos Estados Unidos e na União Europeia, parece necessária, pelo menos de início, a manutenção de incentivos fiscais ao produtor para concorrer com o diesel mineral, conforme mostra a Tabela 66, a não ser na hipótese de se concretizar nova e forte elevação dos preços do petróleo. Nos Estados Unidos existe proteção na parte agrícola e, em alguns Estados, o seu uso é compulsório por motivos ambientais. Na União Europeia, desde 2003, existem diretrizes de utilização do biodiesel. Há expectativa de que a redução de impostos possa induzir aumento do consumo que alcance 5,75% do total de gastos no setor automotivo, em 2010.

A fim de provocar o início de negociações de compra e venda de biodiesel, foi lançado, em novembro de 2005, pela ANP, edital de leilão para venda de 70 milhões de litros para entrega de janeiro a dezembro de 2006, que foram totalmente adquiridos ao preço de R$1,91/litro F.O.B., sem ICMS. Os contratos com o comprador, Petrobras e associada Refinaria Pasqualini, foram assinados em fevereiro com os quatro primeiros produtores. Seguiram-se outros leilões: o II para entrega de julho a dezembro de 2006, e os III e IV para entrega em 2007.

Tabela 67 – Resultado dos leilões para compra de biodiesel, 2005-2006

LEILÃO	DATA	VOLUME (MIL M³)						PREÇO POR LITRO-R$
		Total	Sul	Sudeste	C.–Oeste	Nordeste	Norte	
I	11/05	70	-	26	-	38	5	1,8/1,9
II	03/06	170	-	110	38	22	-	1,8/1,9
III	07/06	50	-	7,8	-	40	2.2	1,7/1,9
IV	07/06	550	160	3	79	218	90	1,7/1,8

Fonte: ANP, 2007.

No conjunto dos quatro leilões, a participação das Regiões Nordeste e Norte, baseada em mamona, pinhão-manso, palma e algodão, alcançou 49% das vendas. A principal contratada, Brasil Biodiesel, com 58% do total, é um bom exemplo de organização que atende a todos os requisitos do Selo Social (Apêndice 11-D).

O início foi promissor, dando indicação de que a meta oficial pode ser alcançada, com a posição dominante de produtores das regiões favorecidas pela legislação e com predomínio da agricultura de pequena escala. A agroindústria da soja, em outras regiões, manifestou naturalmente a sua insatisfação, inclusive porque atravessava um período de crise, por outros motivos.

Em 2006 a Petrobras entrou diretamente na parte industrial do programa e se decidiu a construir várias usinas de preparação do biodiesel.

Também em 2006 divulgou-se nova tecnologia desenvolvida no Cenpes, visando à obtenção de óleo diesel que utilize biomassa como uma das matérias-primas em unidades de hidrotratamento das refinarias de petróleo, baseada na hidrogenação de mistura diesel mineral+óleo vegetal. O processo foi denominado H-BIO, tendo passado da fase de escala piloto para a de teste industrial em uma das refinarias da Petrobras. O processo admite óleos vegetais de variadas origens (Ferreira, 2006a).

Iniciativas de caráter dominantemente social

Com ênfase social, foram criados em 2002 programas de universalização do uso de eletricidade e de redução de tarifa para os consumidores de baixa renda aos quais já nos referimos.

No que se refere à universalização, cabe registrar que a energia elétrica já era, então, de longe o serviço público da maior abrangência no Brasil, quando comparado aos outros serviços de utilidade pública, segundo dados de 1999.

Tabela 68 – Domicílios com iluminação elétrica, 2003-2006 (em milhões)

ESPECIFICAÇÃO	2003			2006		
	total	urbana	rural	total	urbana	rural
Total	42,9	34,9	8,0	54,6	46,3	8,3
Com iluminação elétrica	40,6	34,6	6,0	53,3	46,2	7,2
Sem iluminação elétrica	2,2	0,2	2,0	1,3	0,1	1,1
% com iluminação	95,2%	99,2%	75,4%	97,6%	99,8%	86,7%

Fonte: IBGE, 2003, PNAD 2006.

Desde esse levantamento relativo a 1999, manteve-se crescimento significativo dos domicílios dotados de iluminação elétrica, sendo de se notar ritmos mais fortes no Norte-urbano e no Nordeste, bem como no Centro-Oeste, onde a própria população também aumentou com maior intensidade. O crescimento médio nacional de domicílios servidos, que variou entre 2,9% e 3,9%, foi bem superior ao crescimento da população, que se situou em torno de 1,4%.

Tabela 69 – Domicílios com iluminação elétrica:

REGIÕES	99-01	01-02	02-03	03-04
Norte-urbana	10,4	3,9	5,8	7,7
Nordeste	4,4	3,4	4,4	3,7
Centro-Oeste	3,7	3,4	4,6	3,2
Sudeste	3,0	2,9	3,5	2,0
Sul	2,6	3,0	3,0	2,6
Total	3,6	3,1	3,9	2,9

Fonte: IBGE, 2005.

A ideia de fortalecer a penetração dos serviços de energia elétrica domiciliar surgiu ao tempo do governo FHC quando da discussão, no Congresso, no bojo da Lei Ônibus já comentada em parágrafos anteriores (Lei nº 10.438/2002, modificada pela Lei nº 10.762/2003). O Art. 13 estabeleceu a destinação dos recursos da CDE:

"(...) visando (...) promover a universalização do serviço de energia elétrica em todo o território nacional e garantir os recursos para atendimento à subvenção econômica destinada à modicidade da tarifa de fornecimento de energia elétrica aos consumidores finais integrantes da Subclasse Residencial Baixa Renda", definindo-se a utilização dos recursos.

O programa de universalização adquiriu, na regulamentação subsequente, a denominação de Luz para Todos (Decreto nº 4.873/2003), estabelecendo-se a meta de atender 2 milhões de domicílios. Seguiram-se resoluções da Aneel de números 223 e 459 que detalharam os critérios e as formas de operação do programa.

O orçamento inicialmente previsto no lançamento do programa foi de R$9,5 bilhões, a serem realizados em parceria com as concessionárias e os governos estaduais, cabendo ao governo federal R$6,8 bilhões, a serem cobertos com recursos da CDE e da RGR cobrados nas contas de luz.

Foram estabelecidas metas para o período 2004/2008 (Portaria MME nº 447/2004). O ritmo de realização do programa foi nitidamente crescente.

Tabela 70 – Luz para Todos, 2006 (situação em julho de 2006)

ESPECIFICAÇÃO	2004	2005	2006 *
Domicílios beneficiados (milhares)	70	379	353
Recursos aplicados (R$ milhões)	402	700	1.001

* A meta para o ano é de 600 mil.
Fonte: Eletrobras, 2006.

O programa de baixa renda compreendia, na proposta original, a redução do custo da energia para os consumidores com consumo mensal até 80 kWh. No Congresso foi feita a extensão desse limite para atingir consumidores de 80 kWh a 220 kWh por mês. A matéria foi regulamentada (Resoluções da Aneel 246 e 485 de 2002) com a definição do público-alvo: os consumidores "inscritos no Cadastro Único para Programas Sociais do Governo Federal, e beneficiários dos programas Bolsa Escola Federal ou Bolsa Alimentação Federal".

O programa foi objeto, antes e depois da regulamentação, de fortes controvérsias.

Do ponto de vista conceitual, é equivocada a utilização do consumo mensal de energia elétrica como indicador de baixa renda. Domicílios com menos de 80 kWh/mês podem não ser ocupados por famílias de baixa renda como, por exemplo, apartamentos de solteiros ou casas de fim de semana, ambos de pessoas de renda média. Em contrapartida, famílias pobres numerosas podem ter consumo superior ao limite estabelecido. Ainda dentro do critério adotado, a ampliação do universo para alcançar domicílios com consumo até 220 kWh/mês tornou trabalhosa e mais difícil a tarefa de seleção.

Finalmente, nas áreas de favelas, no entorno de grandes cidades, além da motivação demagógica, a execução do programa se defronta com dificuldade administrativa quase intransponível: a impotência das distribuidoras diante de um quadro de ausência da lei. Nessas áreas, proliferam instalações destinadas ao furto de energia, de modo que os medidores não registram o consumo real (IE-UFRJ, 2005).

A questão essencial continua sendo, no entanto, a própria definição de quem é um consumidor de baixa renda no Brasil.

As informações estatísticas são imperfeitas e os dados sobre os resultados do programa são escassos, seja pela dispersão das ações em grande número de distribuidoras, seja por ter faltado organização adequada à complexidade do problema a resolver. Mencionam-se avaliações de 14 milhões de domicílios atendidos pelo programa, entre os quais cerca de 30% não têm o perfil do público-alvo. Existiriam, também, cerca de 4 milhões de beneficiados com consumo entre 80 kWh/mês e 220 kWh/mês. As liberações de recursos para este fim teriam atingido R$1.153 e R$1.177 milhões, respectivamente nos anos 2004 e 2005 (*O Globo*, 14.8.2006).

Capítulo XII
Desestruturação do setor de energia (2007-2014)

Busca pela continuidade do poder político

Ao iniciar o seu segundo mandato, o presidente Luís Inácio Lula da Silva, no comando da coalizão que se estabeleceu no país, com a proliferação dos partidos políticos, priorizou o objetivo de assegurar a continuidade do poder sob a liderança do PT, o que conduziu ao "aparelhamento" do Estado[1], que, por sua vez, resultou na frequente ocupação, funcionalmente inadequada, de cargos de comando, tanto na administração central como em empresas estatais. Essa prática teve graves consequências na eficiência do governo. Do ponto de vista ético, a crise que vinha desde o escândalo conhecido como "mensalão", que teve origem no governo anterior do próprio presidente Lula, envolvendo congressistas, empresários e dirigentes de alto nível do governo federal, ganhou crescente repercussão na opinião pública, especialmente após a divulgação regular dos debates no Supremo Tribunal Federal.

Em continuação à atitude que já predominava desde o fim do século XX, não houve tentativa, nesse segundo governo, de definir programa estratégico nacional, abrangente e de longo prazo. Foram privilegiadas ações tópicas com objetivos imediatistas, dando lugar a contradições, sendo exemplar o apoio à expansão da indústria automobilística versus insuficiência de ações em benefício da mobilidade urbana.

No domínio social, manteve-se o objetivo central de redução da desigualdade e da pobreza, com base em programas de redistribuição de renda e aumento do salário mínimo real. No entanto, não mereceu a atenção devida a persistente má qualidade da educação pública, fator crucial no processo de ascensão social. O nível alcançado pelos jovens brasileiros nos relatórios comparativos de âmbito internacional tem sido desanimador, tanto na educação básica como profissional, com reflexo direto na baixa produtividade da economia nacional.

No domínio financeiro, o governo afastou-se da política de estabilidade e responsabilidade fiscal que recebera do governo FHC e prudentemente continuara em seu primeiro mandato, aproveitando-se das condições favoráveis do cenário econômico mundial que prevaleceram até 2008. Foi lançado, no entanto, em janeiro de 2007, um plano de investimentos, com a denominação de Programa de Aceleração do Crescimento (PAC). Consistiu, essencialmente, em um elenco de obras, algumas em andamento, inclusive a

---

[1] *Dicionário Houaiss da Língua Portuguesa.* Atualmente, o termo "aparelhamento" aplica-se à tomada de controle de órgãos ou setores da administração pública por representantes de grupo de interesses corporativos ou partidários, mediante a ocupação de postos estratégicos das organizações do Estado, de modo a colocá-las a serviço dos interesses de grupo.

quase eterna Ferrovia Norte-Sul, outras com projeto inacabado e outras ainda como simples ideias a desenvolver. Na fase de execução, as obras do PAC se caracterizavam, de um modo geral, por incompetente gestão e até por improbidade administrativa, com especial destaque para os organismos vinculados à infraestrutura de transportes.

A economia brasileira como um todo suportou bem os primeiros impactos da crise internacional de 2008 e da forte queda na economia dos Estados Unidos (- 0,4% em 2009). O PIB brasileiro que cresceu satisfatoriamente em 2007 e 2008 (mais de 5%), desabou em 2009 (- 0,2%), passando PR um pico em 7,5% em 2010, para tornar a cair.

Foi em tal conjuntura que Dilma Rousseff, então ministra-chefe da Casa Civil da Presidência da República, surgiu como candidata do governo às eleições de 2010, vencidas por ela com facilidade. Consolidou-se aí o comando do PT na política nacional por três períodos consecutivos, construída com negociado apoio do PMDB.

A presidente deu continuidade à política social do governo Lula, com ênfase na eliminação da extrema pobreza, mediante aumento sustentado do salário mínimo real e políticas de redistribuição de renda, tanto antigas como novas. Em função dessa ação conjugada, estima-se que a proporção de pobres no Brasil, que vinha caindo desde 2003 (35%), chegou a 16% em 2012, envolvendo uma população estimada em 30 milhões de pessoas. A valorização do salário mínimo foi aceita pelo mercado e a taxa de desemprego apresentou tendência de queda.

Na condução da economia pelo novo governo, intensificou-se o reformismo institucional, com deliberado aumento da ingerência do Estado nas atividades a cargo do setor privado. O investimento público manteve-se baixo e a sua eficácia reduzida pela má gestão, com desperdício de recursos e baixa contribuição para o crescimento econômico, como veio ocorrendo desde a década de 1980. Grande parte dos investidores privados se retraiu em virtude, principalmente, do clima de insegurança jurídica.

Na administração pública, deterioraram-se as condições de equilíbrio financeiro, com imprópria manipulação de instrumentos relevantes.

Na política externa, a liderança do PT afastou o Itamaraty do seu rumo pragmático e o alinhou, ideologicamente, às repúblicas populistas bolivarianas, que passaram a desrespeitar o Brasil, submetendo-o a ações unilaterais inadmissíveis. Deixaram-se de lado preocupações econômicas relevantes nas relações com o mundo desenvolvido. O MERCOSUL, lento e com orientação equivocada, sofre as consequências da habitual dificuldade de entendimento entre Brasil e Argentina.

Inesperadas, para um governo de índole populista, surgiram, em 2013, manifestações públicas de descontentamento em várias capitais do país, aparentemente espontâneas, com objetivos difusos. O foco inicial foi na deficiência da mobilidade urbana que, pela sua má qualidade, afeta diariamente todos os que trabalham.

Estendeu-se à precariedade dos sistemas de saúde e educação, com ênfase na corrupção, além de uma variedade de reivindicações locais.

Com o passar do tempo, irromperam manifestações violentas de grupos de ação fora da lei, cuja origem e comando foi de difícil identificação.

O governo central, colhido de surpresa, em ambos os domínios, lança propostas de grandes reformas políticas, incluindo até plebiscito e convocação de assembleia constituinte, que provocam intensa porém curta discussão nacional. Logo se esvaíram.

O Congresso Nacional, a princípio chocado, retorna a sua rotina e às práticas condenadas nas manifestações públicas, como se nada estivesse acontecendo.

Diante desse quadro, a economia nacional se desfaz.

Economistas estão, na sua maioria, perplexos, procurando analisar, segundo a especialidade e a experiência de cada um, as diversas componentes da multifacetada crise que se instalou no país, paralelamente a uma economia mundial em dificuldades.

Pela primeira vez em nossa história, a crise não se apresenta em um só domínio, como ocorreu por várias vezes no passado: inflação, dívida, câmbio, contas públicas. Estamos com grandes problemas simultaneamente em múltiplas frentes.

Na frente econômica, o crescimento foi baixo, mesmo quando comparado com outros países da América Latina, exceto Argentina e Venezuela, que estão piores, e a inflação alta e renitente, sempre acima da meta. O saldo em conta corrente apresenta o pior resultado de todos os tempos e, dessa vez, com inesperada contribuição negativa da balança comercial, tradicionalmente positiva. A economia brasileira perdeu competitividade, exceto em alguns poucos setores.

Na frente da administração pública, acumulam-se indicadores negativos, na permanente batalha no Congresso contra a Lei de Responsabilidade Fiscal, que surpreendentemente foi contida desde a sua instituição e que aos poucos se perde, com simultânea condução errática da administração fazendária, redução do superávit primário e alto custo da dívida pública.

Em estreita correlação com essa evolução da economia nacional e da administração pública, os setores de energia sofrem sucessivas reformas imediatistas, algumas contraditórias entre si, que provocaram a desestruturação dos sistemas.

Para os economistas tornou-se mais difícil articular uma política de restauração econômica global em que se compatibilizem metas em todas as direções.

Até a data em que se conclui a preparação deste livro (junho de 2014), o ambiente é de perplexidade quanto à sustentabilidade do progresso social alcançado e às ideias prioritárias para o reequilíbrio da economia, a retomada do crescimento e a reorganização dos sistemas de energia.

Diante desse quadro, reorganizam-se as forças políticas no poder e na dividida oposição, com vistas na campanha pelas eleições de 2014, antecipada pelo lançamento da candidatura da presidente Dilma.

Para o PT, a meta ainda é a preservação do poder político com um quarto período no governo.

Indicadores – 2007-2013

I. GOVERNO: PRESIDENTES E MINISTROS DA FAZENDA E DE MINAS E ENERGIA
   2007-2010 Luís Inácio Lula da Silva / Guido Mantega, Dilma Rousseff
   2011-2014 Dilma Rousseff / Guido Mantega, Edson Lobão

II. ECONOMIA BRASILEIRA
   Taxa média anual de crescimento da população 1,1%
   Taxa média anual de crescimento do PIB 3,7%
   Taxa média anual da inflação 5,5%

III. OFERTA INTERNA DE ENERGIA NO BRASIL
   (TAXA MÉDIA ANUAL DE CRESCIMENTO)
   Petróleo 5,2%
   Carvão mineral 2,4%
   Hidráulica 2,0%
   Lenha .... -2,1%
   Cana-de-açúcar 2,8%
   Outros 7,8%
   Total 3,6%

IV. REFERÊNCIA INTERNACIONAL (ESTADOS UNIDOS)
   Taxa média anual de crescimento do PIB 1,1%
   Taxa média anual da inflação 2,2%

Estrutura empresarial do setor energético brasileiro

No Brasil, são dois os setores fundamentais: a eletricidade e o petróleo; e três os acessórios, álcool, biomassa e gás natural. A energia nuclear está indefinida. A energia eólica dá os primeiros passos.

A estrutura empresarial no domínio da energia se apresenta, na primeira década do século XXI, de forma peculiar, compreendendo empresas de controle estatal ao lado de outras, de capital privado, além de variadas formas de consórcios. Essa configuração resulta de longa evolução histórica a partir da primeira metade do século XX, seguindo-se o monopólio de petróleo, preservada a distribuição privada que já existia.

Na segunda metade, aumentou a participação estatal no setor energético, especialmente na eletricidade. O retorno parcial ao capital privado, na última década do século, foi estimulado pela reforma macroeconômica que privilegiou mercados competitivos e privatização. Infelizmente, nessas últimas mudanças, estabeleceram-se marcos regulatórios distintos para cada forma de energia, além de tributação diferenciada.

Em meio a radicais modificações institucionais, a grave crise de suprimento de eletricidade de 2001 requereu medidas de emergência que contribuíram para que se instalasse um quadro confuso.

Na troca de governo em 2002, ocorreram modificações no que se refere ao papel do Estado e da iniciativa privada. Na nova troca, em 2006-07, reforçou-se a intervenção do Estado.

Cabe recapitular como ocorreu a capitalização e o financiamento do setor energético no período em que se construiu a maior parte da base da infraestrutura existente, antes do apagão de 2001.

No setor elétrico estatal, antes da Constituição de 1988, a capacidade de investimento resultava de três parcelas, além da rentabilidade propiciada pela tarifa, sujeita a intervenções do Ministério da Fazenda: a que provinha do imposto único vinculado a aplicações no setor; a que resultava da cobrança do empréstimo compulsório que incidia sobre as tarifas industriais; e abundantes empréstimos externos provenientes de organismos internacionais em condições privilegiadas. Na década de 1990, desapareceram o imposto único e o empréstimo compulsório e as empresas passaram a depender de financiamentos do mercado privado e de juros e prazos menos favoráveis.

No início do século XXI, as estatais Furnas e Chesf eram autossuficientes em suas operações correntes, dispondo ainda de excedentes para investimentos em expansão dos próprios sistemas ou em outros empreendimentos. Em situação semelhante se encontravam as principais empresas sob controle estadual: Cemig, Cesp e Copel.

As empresas de capital privado, que adquiriram ativos nas licitações de venda de estatais do setor elétrico, iniciaram suas atividades operando de acordo com as regras do mercado financeiro. Foram, infelizmente, confrontadas muito cedo com as consequências da crise de 2001. Depois da reforma da reforma a sua receita potencial passa a ser definida pelo preço resultante dos Leilões de Energia e pela evolução do mercado consumidor.

A evolução na área do petróleo foi diferente. Na fase inicial da vida da Petrobras, a empresa recebia recursos do governo, quase sempre a fundo perdido, provenientes da vinculação da cota-parte da União no imposto único sobre combustíveis, com o objetivo de estimular investimentos de risco em exploração de petróleo. Esse esforço também terminou com a Constituição de 1988. A empresa, aos poucos, procurou sua independência financeira. Assumiu, mais tarde, a configuração de capital aberto, operando no mercado financeiro interno e externo.

Com a licitação de blocos para exploração e produção, empresas privadas, na sua maioria estrangeiras, passaram a concorrer com recursos próprios e optaram, inicialmente, por posição independente. Passaram, depois, a preferir parcerias, tanto minoritárias como majoritárias, com a Petrobras, que se revelava bem-sucedida.

Enquanto isso, no segmento de distribuição de gás natural, que compreende 28 concessionárias regionais, coexistem situações distintas: a) duas empresas privadas em São Paulo e duas no Rio de Janeiro operam de forma independente; b) distribuidoras sob controle de governos estaduais têm participação variável da Gaspetro no respectivo capital social, algumas têm venda significativa de gás; e c) distribuidoras sob comando da Petrobras no Espírito Santo, em São Paulo e em Santa Catarina.

Empresas privadas dominam quase integralmente a agroindústria álcool-açucareira, na qual o Estado teve, no Proálcool, papel decisivo com altíssimos subsídios às destilarias. A partir de 2007, entraram no setor importantes investidores estrangeiros. A Petrobras passou a se envolver diretamente ou participar em nove destilarias e indústrias integradas, bem como na construção de alcooldutos. Construiu também cinco usinas de biodiesel.

Diante desse quadro eclético, instituiu-se grande número de associações de classe, sem fins lucrativos, na área da eletricidade (sete) e do petróleo de gás (seis).

No variado universo das empresas que compõem o setor energético brasileiro, a Itaipu Binacional, constituída em 1973, se distingue de tudo mais, não só pela presença de dois sócios estatais, Eletrobras e Ande do Paraguai, como também pelas características originais da sua estrutura econômica e financeira. As dificuldades políticas quanto ao entendimento do papel de Itaipu em ambos os países e no cenário internacional serão revistas adiante.

O setor energético no governo federal

O Conselho Nacional de Política Energética – CNPE, formalmente instituído em 1997, não assumiu a responsabilidade de analisar e propor estratégias nacionais de longo prazo para a política energética, não obstante ter sido criado *com a atribuição de propor ao presidente da República políticas nacionais e medidas específicas,* conforme estabelece a lei[2].

Nem dispunha de uma estrutura técnica para fazê-lo. A formulação de uma estrutura leve, mas que fosse capaz de contornar a notória deficiência de quadros e recursos do MME, não logrou acolhida. Nas reuniões realizadas a partir de 2001, o Conselho se ateve a medidas tópicas que requeressem aprovação simultânea de várias áreas do governo. Excepcionalmente, em novembro de 2005 se reuniu para aprovar um planejamento energético para trinta anos e para examinar o problema de Angra III, ambas decisões sem consequências práticas.

Na reforma ocorrida no governo do presidente Lula, não obstante o não funcionamento do CNPE como órgão máximo do planejamento setorial, ampliaram-se as suas funções, com inclusão de um inciso específico sobre a atenção a ser dada aos biocombustíveis na matriz energética.

Na mesma época, fez-se um esforço de reativação do núcleo central MME pelo decreto nº 5.267/2004, posteriormente modificado pelo decreto nº 7.798/2012. A nova estrutura resultou complexa, com cinco secretarias ou órgãos de igual nível e 14 departamentos a elas subordinados.[3]

Posição central é a da Secretaria de Planejamento e Desenvolvimento Energético com longo elenco de atribuições, entre as quais a de prestar assistência técnica ao CNPE, em paralelo à função da EPE. Cria-se uma Secretaria de Energia Elétrica, mantendo-se a Aneel, com atribuições modificadas. Não são bem observados, na prática, os limites de competência entre os órgãos centrais do ministério e as organizações afins: Câmara de Comercialização de Energia Elétrica (CCEE) e Operador Nacional do Sistema Elétrico (ONS).

No petróleo e gás, a estrutura ficou mais simples, inclusive porque não há força política capaz, no Brasil, de retirar atribuições da Petrobras, excetuado o caso da

---

[2] Lei 11.097/05, Art. 2.
[3] a) Na administração central do MME: Secretaria Executiva, Secretaria de Petróleo, Gás e Combustíveis Renováveis, Secretaria de Energia Elétrica, Secretaria de Planejamento e Desenvolvimento Energético. b) Conselhos: Conselho Nacional de Política Energética (CNPE),1997; Comitê Gestor de Indicadores de Eficiência Energética (CGIEE), 2001; Comitê de Monitoramento do Setor Elétrico (CMSE), 2004; c) Autarquias: Agência Nacional de Energia Elétrica (Aneel), 1996; Agência Nacional do Petróleo (ANP), 1998; Empresas Públicas: Empresa de Pesquisa Energética (EPE), 2004; Entidades afins: Câmara de Comercialização de Energia Elétrica (CCEE), 2004; Operador Nacional do Sistema Elétrico (ONS), 1998.

venda de petroquímicas, que foi temporário, pois que a empresa retomou, logo depois, investimentos nesse setor.

De forma semelhante à do setor elétrico, a Secretaria de Petróleo, Gás Natural e Combustíveis Renováveis fica em paralelo com a ANP.

Quanto ao retorno à ideia de planejamento estratégico de longo prazo, a missão ficou dividida entre a Secretaria de Planejamento e Desenvolvimento do MME e a Empresa de Pesquisa Energética (EPE) como órgão de apoio[4].

Independentemente dos desentendimentos que surgem em uma estrutura tão complexa, o seu sucesso está ligado à eficácia da EPE, que, por sua vez, requer a participação da Petrobras no planejamento integrado nacional, coisa que nenhum governo conseguiu.

A EPE compreende, na sua estrutura, além dos órgãos de praxe de uma empresa, um conselho consultivo em que estão representados os estados, por região geográfica, os geradores hidro e termelétricos (dois), os agentes que atuam no setor, por especialidade (oito), os consumidores (quatro) e a comunidade científica (um). É de se esperar que esse conselho, que se deve reunir duas vezes por ano, com essa composição abrangente, possa exercer papel significativo na discussão e arejamento dos trabalhos executados pelo corpo técnico.

A EPE, cuja instalação efetiva ocorreu no início de 2005, veio preencher a lacuna que preocupava os que acreditavam na necessidade de coordenação, pelo Estado, do planejamento de longo prazo.

O primeiro ano da vida da nova empresa foi dedicado à formação do quadro de pessoal, composto de experientes profissionais dos antigos órgãos de planejamento da Eletrobras, outros com formação acadêmica e, finalmente, de jovens profissionais contratados mediante concurso.

A EPE assumiu, a partir de 2006, o preparo do "balanço energético" e retomou a tradição interrompida de estudos de novos aproveitamentos hidrelétricos, já levando em conta a intensificação dos obstáculos que se interpõem especialmente na Amazônia. Nesse domínio, a EPE contratou, com empresas especializadas, estudos voltados tanto para a avaliação ambiental integrada por bacias hidrográficas, como para estudos de inventário e viabilidade.

---

[4] Lei nº 10.847/2004 e decreto nº 5.184/2004.

Quadro institucional do segmento da energia elétrica

Os serviços públicos de energia elétrica devem garantir o suprimento, a longo prazo, e a qualidade dos serviços. Em contrapartida, devem ser-lhes asseguradas tarifas que cubram custos e remunerem o capital investido, de forma a possibilitar a busca por eficiência e a expansão dos serviços. No caso particular do Brasil, há que levar em conta, ainda, que, em função da nossa tradição inflacionária, as tarifas foram repetidamente congeladas pelas autoridades monetárias. A prática da contenção tarifária e a consequente insuficiência de capacidade de investir levaram ao colapso do suprimento de eletricidade no final da década de 1960.

A conciliação de objetivos não é tarefa simples. Sucedem-se reformas institucionais e cada uma deixa marcas permanentes. O quadro oscilou entre o domínio da empresa privada ou pública, bem como entre o mercado livre e o mercado regulado, com maior ou menor grau de intervenção do poder público.

A reforma de 2004 manteve o princípio de que a prestação de serviços de utilidade pública de energia elétrica seja exercida, dominantemente, sob regime de monopólio, por empresas concessionárias reguladas pelo Estado ou por empresas sob controle do próprio Estado. Manteve-se também a separação, em termos empresariais, das atividades de geração, transmissão e distribuição que vinha da reforma de 1994.

O Sistema Interligado Nacional (SIN) de geração e transmissão continuou a ser gerenciado pelo Operador Nacional do Sistema (ONS), sem grandes alterações, e o planejamento das operações é ali realizado para vários horizontes de tempo, utilizando-se modelos matemáticos continuamente aperfeiçoados. A partir destes é definido o Custo Marginal de Operação (CMO), que representa a parcela variável do custo de geração mais caro a ser despachado a fim de suprir o incremento da demanda.

Manteve-se ainda a coexistência de dois mercados: o Ambiente de Contratação Regulada (ACR), que compreende os consumidores cativos de concessionárias de distribuição, tais como residências, comércio e serviços e indústrias de pequeno porte; e o Ambiente de Contratação Livre (ACL), voltado para empresas cuja demanda seja superior a 3 MW. Ganhou importância a Câmara de Comercialização de Energia Elétrica (CCEE), criada em 2004 para substituir o Mercado Atacadista de Energia (MAE), após a grave crise que o atingiu. Cabe-lhe a missão de *viabilizar a comercialização de energia elétrica no Sistema Integrado Nacional – SIN*[5].

---

[5] Decreto nº 5.177/04

Entre as trinta atribuições contidas no seu art. 2º, cabe transcrever as seis primeiras:

I - promover leilões de compra e venda de energia elétrica, desde que delegado pela Aneel;

II - manter o registro de todos os Contratos de Comercialização de Energia no Ambiente Regulado – CCEAR e os contratos resultantes dos leilões de ajuste, da aquisição de energia proveniente de geração distribuída e respectivas alterações;

III - manter o registro dos montantes de potência e energia objeto de contratos celebrados no Ambiente de Contratação Livre – ACL;

IV - promover a medição e o registro de dados relativos às operações de compra e venda e outros dados inerentes aos serviços de energia elétrica;

V - apurar o Preço de Liquidação de Diferenças – PLD do mercado de curto prazo por submercado;

VI - efetuar a contabilização dos montantes de energia elétrica comercializados e a liquidação financeira dos valores decorrentes das operações de compra e venda de energia elétrica realizadas no mercado de curto prazo;

Esse quadro institucional esteve em vigor até a reforma parcial de 2013, que será examinada adiante.

O modelo resultante da reforma de 2004 foi acompanhado, como se viu no parágrafo anterior, da construção de complexa estrutura administrativa no governo federal, que complicou a coordenação executiva da política de energia elétrica, inclusive com a continuada intervenção do governo central nos órgãos reguladores. O setor foi, também, objeto de sucessivas normas e resoluções governamentais filiadas a duas linhas de ação que requerem exame separado.

No mercado de contratação regulada continuou em vigor a prática da expansão do sistema mediante leilões, embora com modificações tópicas. De outro lado, manifestou-se tendência de maior presença do Estado, o que contribuiu para o surgimento de um clima de insegurança para os investidores privados, especialmente a partir de 2012.

No mercado de contratação livre não houve alteração significativa, não obstante se tenham manifestado impropriedades na concepção do modelo operacional, notadamente no que se refere à volatilidade do preço de liquidação das diferenças entre as quantidades contratadas e utilizadas.

Os agentes que operam em um e outro ambiente se interconectam no mercado de curto prazo.

Capacidade do sistema elétrico

Antes que entrasse em operação qualquer dos grandes projetos hidrelétricos denominados "estruturantes", a capacidade instalada total no país evoluiu conforme a Tabela 71.

Tabela 71 – Capacidade instalada de geração elétrica (mil MW e %)

ANO	2007		2013		2013/2007
Fonte	Capacidade	%	Capacidade	%	%
Total	100,4	100	126,6	100	26,6
Hidrelétricas	76,8	76,6	86	67,9	12
Termelétricas	21,2	21,1	36,4	28,8	71,7
Nucleares	2	2	2	1,6	-
Eólicas	0,2	0,2	2,3	1,8	-

Fonte: EPE. *Anuário Estatístico de Energia Elétrica*, 2013; MME. Deptº. de Monitoramento do Sistema Elétrico, jan. 2014.

O fato dominante desse período foi a forte entrada de usinas termelétricas a gás natural, cuja capacidade cresceu em média 10% a.a. enquanto o ritmo das hidrelétricas (+PCH) se limitava a 8,6% a.a. Essa tendência será parcialmente amortecida com as usinas hidrelétricas previstas para entrar em operação entre 2014 e 2016, embora todas com pouca capacidade de regularização.

No que tange às outras energias renováveis, merece destaque o significativo progresso da energia eólica. Foram construídas muitas usinas (148 com 3,6 mil MW) com investimentos unitários rapidamente decrescentes.

No que se refere à geração de energia elétrica, o deslocamento no sentido do uso de combustíveis fósseis, principalmente gás, foi ainda maior do que o aumento de capacidade instalada em usinas térmicas. Isso se deve à política dominante de evitar como princípio a construção de reservatórios de regularização hidráulica, por motivos ambientais, sociais e mesmo políticos, que resulta na redução da capacidade de regularização anual de deflúvios, o que acarreta maior acionamento de térmicas.

Tabela 72 – Geração elétrica por fonte (1.000 GWh e %)

ANO	2007		2013		2013/2007
Fonte	Capacidade	%	Capacidade	%	%
Total	100,4	100	126,6	100	26,6
Hidrelétricas	76,8	76,6	86	67,9	12
Termelétricas	21,2	21,1	36,4	28,8	71,7
Nucleares	2	2	2	1,6	-
Eólicas	0,2	0,2	2,3	1,8	-
Outras	76,6	1,7	18,7	3,3	146,1

Fonte: EPE. *Anuário Estatístico de Energia Elétrica*, 2013; informação direta 2013.

As previsões da EPE apresentadas no Plano Decenal de Expansão de Energia 2022 indicam que a participação das hidrelétricas cairá de 66,8% em 2016 para 65% em 2022, acentuando-se o predomínio da expansão na região norte. Em compensação, o total de renováveis subirá de 84,4% para 85,8% em virtude, principalmente, do segmento eólico.

A tradicional regularização plurianual de que dispúnhamos definhou, deixando-nos cada vez mais expostos aos riscos hidrológicos. A capacidade total de armazenamento no SIN de 288 MW médios em 2013 se estabiliza, com um aumento de apenas 7 GW até 2022, ou seja, um acréscimo de 2,4%. Nesse mesmo período, os projetos de usinas hidrelétricas que devem entrar em operação somam 19,9 mil MW correspondendo a um acréscimo de 16%. Os grandes projetos hidrelétricos em construção, situados na sua quase totalidade na Amazônia, com uma capacidade total de 14 mil MW e entrada em operação prevista para o período 2014-16, tenderão a reduzir, ainda mais, o fator de capacidade do segmento de geração hídrica.

Corre-se o risco, dependendo das definições de política energético-ambiental, do mau aproveitamento desse potencial, que não é desprezível. A análise que a Eletrobras faz, de forma sistemática (SIPOT), está resumida na Tabela 73.

Tabela 73 – Potencial hidrelétrico por bacia hidrográfica (Em MW) *

ESTÁGIO/BACIA	ATLÂNTICO	AMAZONAS	PARANÁ	S. FRANCISCO	URUGUAI	TOTAL
Inventário	8.404	44.405	9.126	3.869	3.928	69.733
Viabilidade	3.546	4.512	2.110	6.140	427	16.735
Projeto básico	1.050	1.574	2.106	294	446	5.470
Construção	287	13.864	34	-	-	14.185
Operação	9.423	21.641	43.302	10.718	6.309	91.392
Total geral	22.710	85.996	56.679	21.021	11.110	197.516

*Dados de dezembro 2013 (Amazonas inclui Tocantins).
Fonte: Eletrobras SIPOT.

A participação das bacias do Amazonas e do Tocantins, no total nacional, nessa avaliação, corresponde a 64% da capacidade dos aproveitamentos que já foram objeto de inventário e a 10% dos que já têm estudo de viabilidade ou projeto básico.

Nessa perspectiva, cresce a importância da Usina de Itaipu no sistema integrado, pela sua alta regularização.

Variações políticas com Itaipu

Em maio de 2007 inauguraram-se, na Usina de Itaipu, em mais uma etapa bem-sucedida, as duas últimas unidades geradoras previstas no projeto inicial, elevando a potência instalada para 14 mil MW.

Do lado político, no entanto, reiteravam-se dificuldades. No Paraguai, o presidente Lugo, eleito em abril de 2008, depois de campanha liderando a Alianza Patriótica para el Cambio, tomou posse do cargo em agosto. Durante sua campanha, intensificou e tornou mais agressivas as reivindicações que o Paraguai fazia ao Brasil, com especial ênfase no que se refere ao empreendimento binacional de Itaipu. O presidente Lula fez visita a Lugo, ainda candidato e depois da posse (15.8.2008). Seguiram-se vários entendimentos preparatórios até que os dois presidentes se reunissem (25.7.2009) e divulgassem declaração conjunta que, dentre outras matérias, ressaltava a importância de Itaipu para os dois países e implicitamente recusava o mérito e a isonomia do tratado de 1973.

Além da discussão da dívida, que já havia ressurgido em 2006 quando o presidente Duarte Frutos tentou, sem sucesso, envolver o presidente Hugo Chaves, da Venezuela, com uma emissão de bônus, destacam-se nesse comunicado três propostas:

• reconhecer a conveniência de que a ANDE possa de forma progressiva, com a brevidade possível, comercializar energia da cota do Paraguai, diretamente no mercado interno brasileiro;

• aumentar em 200% a remuneração relativa à quantidade de energia cedida pelo Paraguai ao Brasil;

• construir, pela Itaipu Binacional, linha de transmissão no território paraguaio, com o objetivo de atender Assunção e arredores.

Cada uma tem conotação própria. A primeira não altera o espírito do tratado, mas requer regulamentação para que a novidade não implique grandes distúrbios no mercado interno brasileiro. A segunda se fundamenta em um juízo de valor, que também prevaleceu na escolha da contribuição inicialmente acordada. A terceira não encontra respaldo no tratado e no estatuto já que a construção e a operação das linhas de escoamento da energia ficaram aos cuidados de cada um dos dois países em seus respectivos territórios. Desde o início ficou estabelecido que a propriedade da linha seria da Ande. As negociações subsequentes resultaram em acordo consubstanciado em "Notas Reversais" sobre as bases financeiras do Anexo C do Tratado de Itaipu. A matéria foi aprovada pelo Congresso Nacional[6]. A regulamentação

---

[6] Decreto Legislativo nº 129, de 12.5.2011 e Decreto nº 7.506 de 27.5.2011.

da venda de energia diretamente no território brasileiro foi objeto de grupos de trabalho, mas não chegou a termo. A remuneração pela cessão de energia da cota do Paraguai está sendo paga desde maio de 2011. A construção da linha de transmissão Itaipu-Assunção foi projetada pela Itaipu Binacional, construída sob sua supervisão com recursos do Fundo de Convergência Estrutural do Mercosul e é propriedade da Ande, a quem cabe sua manutenção e operação, bem como a fixação de tarifa de uso.

Por motivos de ordem interna, o presidente Lugo sofreu processo de *impeachment* em junho de 2012; Frederico Franco o substituiu no restante do mandato, fato que deu origem à intensa mobilização política no âmbito do continente latino-americano, que terminou com a suspensão da participação do Paraguai no Mercosul, decisão essa que contou com o voto do Brasil.

Nas eleições de abril de 2013, foi eleito o empresário Horácio Cartes, que assumiu o governo em agosto, marcando o retorno ao poder do tradicional Partido Colorado. Fez longa visita a Brasília em 30.9.2013, para discussão de temas de interesse bilateral e o retorno do Paraguai ao Mercosul. Os presidentes Dilma e Cartes encontraram-se novamente em Itaipu em 29 de outubro, para inauguração da LT para atender Assunção.

Um pouco antes das eleições no Paraguai, fomos surpreendidos com inusitado episódio originado em relatório de 20 de junho de 2013, de uma entidade estranha aos dois países.

O estudo em questão, intitulado Aprovechamiento de la Energía Hidroeléctrica del Paraguay para el Desarrollo Económico sustentable, foi preparado pela entidade Vale Columbia Center on Sustainable International Investment (VCC), ligada ao Earth Institute, da Universidade de Columbia, em New York, dirigida pelo economista americano Jeffrey Sachs. No site dessa entidade se explica que o trabalho resulta de pedido de aconselhamento feito pelo Ministério das Finanças do Paraguai quanto à forma de alavancar a sua energia hidrelétrica para desenvolver a respectiva economia de forma sustentável.

Uma parte do estudo é dedicada ao empreendimento de Itaipu, na qual ressuscita questionamentos e apresenta propostas concentradas nas questões da dívida e da tarifa, desprezando ou demonstrando desconhecimento das condições prevalecentes à época em que foram discutidas as bases originais do tratado de 1973, bem como as vicissitudes econômicas e financeiras do mundo real nos últimos quarenta anos. Essa parte do estudo, que mais parece um exercício intelectual do que uma contribuição realista, já foi examinada e criticada por vários conhecedores da história de Itaipu, inclusive pela própria direção da Binacional. Comentários foram enviados à VCC no prazo marcado pela entidade, ou seja, 15 de julho. A história é longa e não é simples. Nesse mesmo dia publiquei artigo em *O Valor*, com o título "Novas dificuldades com Itaipu".

Lançado por Jeffrey Sachs antes da posse do novo presidente do Paraguai o estudo, no que se refere às suas consequências sobre o relacionamento Brasil-Paraguai em torno de Itaipu, foi um episódio negativo que é melhor esquecer, e que não afetou a trajetória de sucesso técnico e econômico. Em 2013, a usina quebrou seu próprio recorde mundial, produzindo 98 milhões de MWh.

No Paraguai, o governo do presidente Cartes mudou o discurso tradicional e partiu para uma política objetiva baseada na abertura do país ao capital e às transações internacionais e à colaboração prioritária com o Brasil. Os primeiros resultados são positivos, com liberdade econômica e taxas de crescimento de dois dígitos.

Sistema de transmissão de energia elétrica

O sistema de transmissão de energia elétrica se amplia continuadamente desde as grandes etapas resultantes da construção de Paulo Afonso, na bacia do São Francisco, de Furnas, na bacia do Rio Grande, de Itaipu, no Rio Paraná, e de Tucuruí, na bacia do Tocantins. Toma novo impulso com a construção de usinas na Amazônia, nas bacias dos rios Madeira e Xingu. Cresceu ao ritmo de 3% a.a.

Em 2007 eram 89 mil km e em 2012 104 mil. Estima-se um acréscimo de 50 mil km até 2022[7].

O Sistema Integrado Nacional (SIN) já é um sistema continental de transmissão de eletricidade, em decorrência da dimensão do território, da dispersão geográfica das fontes e dominância da energia hidrelétrica. Utiliza altas tensões de transmissão.

O ONS é responsável pela coordenação e controle de operações de cerca de trezentas empresas geradoras, de transmissão e distribuidoras, sem contar as inúmeras SPE que são constituídas em função dos leilões. Atua sob regulamentação e fiscalização da Aneel e define a sua missão como a de operar o SIN, *de modo a garantir a segurança, a continuidade e a economicidade do segmento da energia elétrica no país*.

O risco que se corre envolve tanto as condições de operação do dia a dia, ou até de hora em hora, do sistema como as do seu desenvolvimento no longo prazo. E essas condições decorrem tanto de fatores naturais como chuvas, descargas elétricas atmosféricas e queimadas sob as linhas, da capacidade gerencial das diferentes entidades governamentais, como ainda da direção das empresas que operam no setor elétrico.

---

[7]EPE. *Plano Decenal de Energia*, 2022.

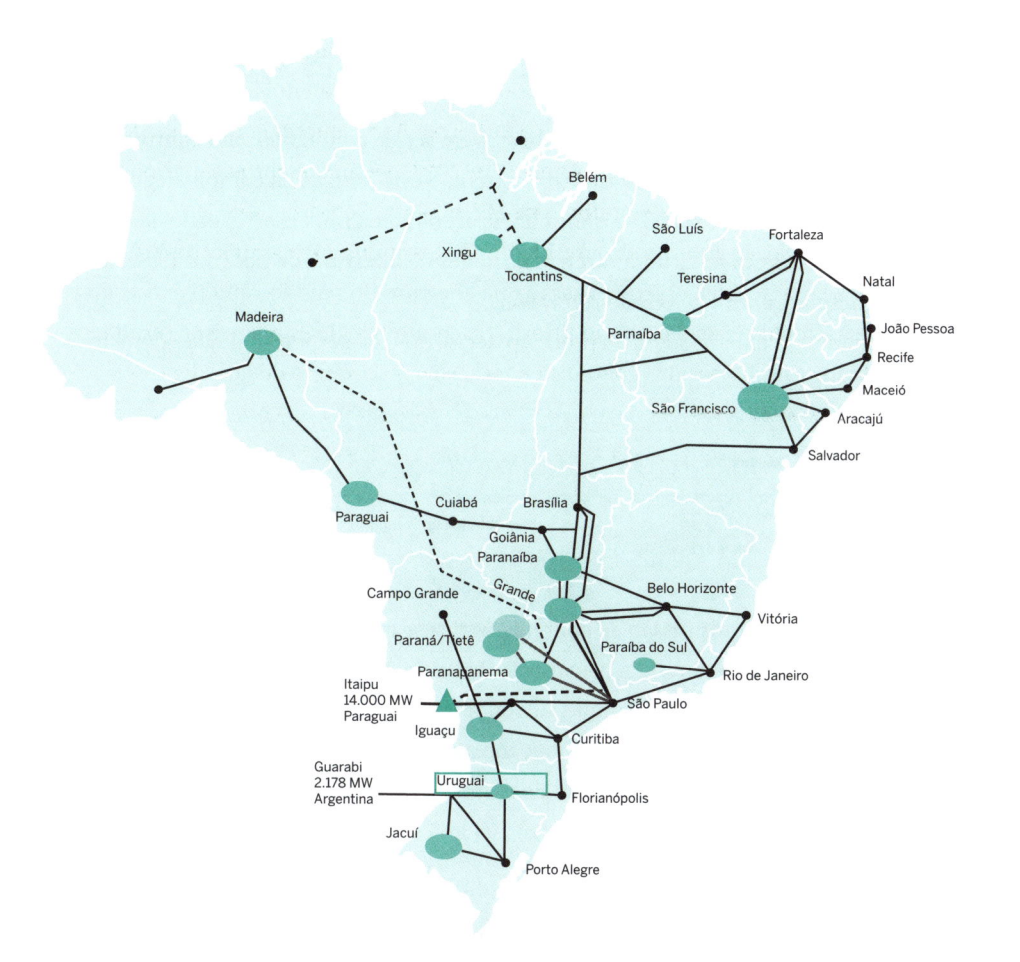

Figura 36 – Mapa esquemático do sistema interligado (SIN)
(Rede básica em tensão igual ou superior a 250 Kv)

Fonte: Operador Nacional do Sistema Elétrico (ONS), jul. 2013.

Os riscos se ampliam em função do aumento da extensão da rede básica, que requer a instalação de monitoramento e de defesa contra contingências externas. Cabe, de um lado, prevenir a ocorrência de grandes perturbações e, de outro lado, reduzir ao mínimo o tempo para o restabelecimento do sistema. Tudo isso exige investimentos e operação atenta 24 horas por dia. A redução do risco está indelevelmente relacionada com o aumento de custos de operação do sistema, o qual, por sua vez, se reflete na tarifa dos consumidores finais.

Leilões de energia e transmissão

O sistema de leilões de energia elétrica vem sendo conduzido com continuidade e eficácia, mas também com alguns tropeços, não obstante a sua complexidade crescente em função da transição da dominância absoluta da hidroeletricidade na matriz energética brasileira para uma diretriz nacional de abertura de oportunidades para outras energias renováveis e não renováveis.

A figura 37 dá uma ideia do processo decisório e da responsabilidade dos vários órgãos envolvidos.

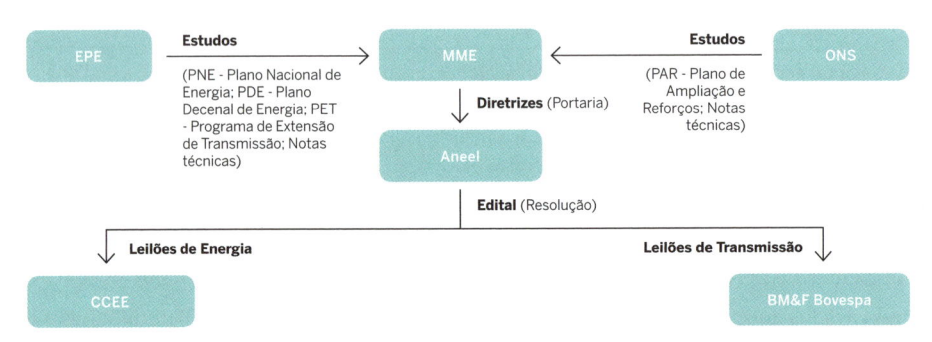

Figura 37 – Governança dos leilões de energia

Fonte: Instituto Acende Brasil. *White Paper*[7], maio 2012.

Em sequência aos leilões iniciais de geração referentes à energia existente e à energia de novas usinas, a prática foi reiniciada em 2007 com um leilão específico para fontes alternativas (quase simbólico) e o quarto de energia nova. Discutia-se então a conveniência da abertura de cada leilão a quaisquer fontes. Passou-se, desde 2009, a definir as fontes que poderiam concorrer em cada evento. Realizaram-se, em 2007 e 2010, leilões dedicados às fontes alternativas PCH, eólica e biomassa, além de leilões apelidados de "reserva", dedicados à biomassa em 2008, eólica em 2009 e a alternativas sem discriminação em 2010. Em compensação, e tendo em vista os obstáculos decorrentes de problemas sociais e ambientais dos grandes aproveitamentos hidrelétricos, optou-se por leilões específicos, denominados "estruturantes", a fim de viabilizar cada um dos grandes projetos amazônicos: Santo Antônio em 2007, Jirau em 2008, no Rio Madeira, Belo Monte em 2010, no Rio Xingu e Teles Pires em 2014.

Os 18 leilões fundamentais, de energia nova, realizados até o fim de 2013 foram definidos conforme o horizonte de início dos suprimentos, em A3 e A5. A Tabela 74 mostra o que ocorreu no período em termos de valor atribuído à energia.

Tabela 74 – Leilões de energia nova (Reais/MWh)

FONTE	ANO DE REALIZAÇÃO						
	2007	2008	2009	2010	2011	2012	2013
Biomassa	200,94	209,8	187,52	178,97	117,49	-	139,62
Carvão	181,56	188,99	-	-	-	-	-
Eólica	-	-	189,96	162,42	116,67	94,3	119,26
Gás natural	184,96	-	-	-	119,53	-	-
GNL	-	191,03	-	-	-	-	-
Hidrelétrica	137,02	101,07	186,74	96,95	113,96	100,22	104,94
Óleo combustível	193,15	189,76	-	-	-	-	-
Total geral	158,25	157,28	189,93	106,23	117,18	97,84	117,6

Nota: Preços corrigidos pelo IPCA de fev. 2014.
Fonte: EPE. Dados da CCEE.

A maioria dos leilões ocorreu em clima de relativa normalidade, apesar de alguns acidentes de percurso, entre os quais os mais notórios e bem distintos, que devem ser registrados aqui: 1. Entrada do Grupo Bertin do ramo de frigoríficos sem qualquer experiência no domínio da energia e 2. intervenção direta do governo, de várias formas, no leilão de Belo Monte, que se havia constituído em prato predileto para protestos de inúmeras organizações não governamentais sediadas no Brasil e no exterior.

O caso Bertin teve origem em propostas inconvenientes e, sobretudo, inadequadas, compreendendo a construção de seis usinas a óleo combustível e a gás natural com potência total de 1,6 mil MW. Consideradas aceitáveis segundo normas da Aneel, foram acolhidas sem restrições no leilão A3 realizado pela CCEE em setembro de 2008. Pouco tempo depois, o grupo, já enfrentando dificuldades no cumprimento das obrigações assumidas, venceu o leilão A5, também de 2008, com a proposta de 14 usinas com 3,5 mil MW. Os compromissos não foram concretizados e a outorga tanto do A3 como do A5 foi revogada. Pelo seu vulto, a falta dessa capacidade de geração complicou a operação do sistema. Note-se ainda a aceitação da introdução, na matriz energética brasileira, de detestáveis usinas a óleo combustível. Tudo deu errado, de ambos os lados.

O caso Belo Monte, oriundo de ideia antiga que, na sua configuração final, se arrastava desde o princípio do século, tornou-se, justificadamente, um dos projetos estruturantes do governo. Como não houve possibilidade de entendimento sobre a concepção do aproveitamento, manteve-se ele prato predileto para protestos de procuradores defensores de diferentes causas e intervenções de inúmeras e variadas organizações não governamentais sediadas no Brasil e no exterior. Diante dos obstáculos, o governo decide orquestrar o processo criando um leilão estranho em 20.4.2010, no qual se apresentam dois consórcios tendo cada um, como sócio relevante, uma empresa estatal: Chesf, do grupo vencedor, com nove empresas privadas[8], e Furnas, do grupo derrotado, com quatro, ambos com a garantia prévia do BNDES de financiar até 80% do investimento em trinta anos.

As manifestações e os questionamentos continuaram, perturbando o andamento das obras.

No segmento da transmissão, os leilões de linhas ou conjunto de linhas, promovidos pela Aneel e realizados na Bolsa de Valores de São Paulo, são baseados no conceito de Receita Anual Permitida (RAP), que compreende a remuneração e o custeio do empreendimento a critério da Aneel, acrescido das despesas do ONS com a gerência do sistema, prevendo-se revisão a cada cinco anos. Nos primeiros anos, os leilões deram origem a propostas que se apresentavam com deságios em relação à RAP máxima. A partir de 2007 e até 2013 ocorreram 23 leilões, nos quais se ofereceram, em média, 27 lotes de linhas. Deságios foram exceção. A partir de 2012, no entanto, algumas ofertas não atraíram interessados.

No segmento de distribuição, o quadro empresarial é relativamente estável. Estão definidas há tempos as áreas de concessão. Sucedem apenas transações financeiras de transferência de propriedade. O marco institucional vigente nesse seguimento se baseia em contratos de concessão, com prazos determinados e tarifas aprovadas e revistas periodicamente pelo poder concedente.

Tarifas de energia elétrica no ACR

No Ambiente de Contratação Regulada – ACR, o processo de definição de tarifas para o consumidor final de energia elétrica distingue três parcelas referentes, respectivamente, à geração, à transmissão e à distribuição. A forma de definição das tarifas é diversa para cada um dos segmentos.

Na geração, o valor é apurado em leilões e se traduz em contratos por trinta anos, nos quais é prevista indexação pelo IPCA, índice cuja adequação é discutível. Na transmissão, o valor também se origina em leilões, em que se define a RAP, Receita Anual Permitida. A partir dela e de complexos modelos computacionais é definida a taxa de uso do sistema (TUST), que cabe aos geradores, transmissores e distribuidores

---

[8] Chesf 49,98%, Construtora Queiroz Galvão 10,2%, Galvão Engenharia 3,7%, Mendes Junior 3,7%, Malucelli Construtora 9,98%, Contern Construções 3,75%, Cetem Engenharia 5%, e Gaia Energia 10,2%.

de cada linha ou conjunto de linhas. Na distribuição, a tarifa é definida nos contratos de concessão sujeitos à revisão tarifária periódica. A tarifa, no caso, compreende duas parcelas: "A", relativa a valores não gerenciáveis pela distribuidora, como custos de geração, transmissão, tributos e encargos setoriais; e "B", relativa a gastos incorridos pela distribuidora e por ela diretamente gerenciáveis.

O objetivo central dessa norma foi de induzir as empresas a buscar racionalização, produtividade e minimizar custos. O retorno poderia vir a ser maior para as empresas bem geridas. Em relação à parcela "A", as distribuidoras apresentam anualmente a variação dos custos não gerenciáveis no Reajuste Tarifário Anual, o que qualifica esses custos não gerenciáveis como neutros. A eficácia do sistema depende bastante da sabedoria com que for aplicado pelo órgão regulador, no caso a Aneel, tendo em vista simultaneamente a modicidade tarifária como objetivo de curto prazo e a capacidade do investimento capaz de sustentar a regularidade do suprimento e qualidade dos serviços, que são objetivos de longo prazo. Nesse contexto, são cruciais, na definição das tarifas para os consumidores finais, os ciclos de revisões tarifárias periódicas, promovidos pela Aneel.

No primeiro ciclo, de 2002 a 2005, adotou-se critério de *price cap*, mas a conjuntura pós-crise do racionamento impôs a necessidade de reequilibrar, econômica e financeiramente, as distribuidoras.

Para o segundo ciclo, iniciado em 2007, adotou-se a metodologia de "empresa referência", que toma por base o confronto de cada empresa com uma referência criada pela Aneel e um fator X destinado a compartilhar com os consumidores os ganhos de produtividade na prestação dos serviços a seu cargo. No início desse período, a elevação da taxa de retorno induziu muitas empresas a aproveitar a oportunidade para distribuir dividendos, por vezes correspondendo à totalidade dos lucros auferidos. O terceiro ciclo (2011) modificou significativamente o nível de remuneração do capital, reduzido dos 9,9% até então utilizados para 7,5%. A justificação estaria em hipotética melhoria da conjuntura econômica brasileira, notadamente a diminuição do custo de capital.

Na vigência das normas de 2004 evoluíram, no âmbito do governo, novas ideias, que acabaram por se concretizar na MP 579 de setembro de 2012, que deu lugar à Lei nº 12.783 de janeiro de 2013. Documento prolixo, compreendendo 28 artigos e noventa parágrafos e incisos e, surpreendentemente, com muitos pontos abertos para definição posterior a critério do poder concedente. O objetivo central declarado foi determinar redução de 20% do preço da energia elétrica a partir de janeiro de 2013 no Ambiente de Contratação Regulada (ACR). O governo escolheu, para cumprir essa promessa de redução das tarifas, os custos em geração e transmissão e encargos, sem poder tocar, no entanto, na pesada tributação do ICMS, de âmbito estadual.

A redução tarifária seria alcançada mediante a renovação, sob condições definidas pelo poder concedente, das concessões de usinas hidrelétricas e linhas de transmissão que vencessem até 2017 e que representavam cerca de 20% da capacidade instalada nacional e 80% da rede básica de transmissão. Coube às concessionárias detentoras de tais ativos aceitarem ou não a antecipação que lhes daria o direito à prorrogação por mais trinta anos. Na hipótese afirmativa à aceitação da antecipação, a remuneração dos ativos já amortizados seria excluída da tarifa, ficando apenas os custos de operação e manutenção calculados caso a caso pela Aneel com base nas informações contábeis preexistentes. Especificamente no caso das usinas hidrelétricas, cujos contratos venciam, a garantia física foi convertida em cotas de energia repassadas de forma compulsória às distribuidoras e incorporadas aos respectivos portfólios dos contratos. Essas concessionárias seriam indenizadas pela parte dos ativos ainda não amortizados.

Na segunda linha da reforma da MP 579 foram suprimidos os encargos relativos à Conta de Consumo de Combustíveis (CCC), à Reserva Global de Reversão (RGR) e, em parte, à Conta de Desenvolvimento Energético (CDE). Decorreu daí complexa engenharia financeira, definida em vários artigos da medida provisória, cuja interpretação continua dando muito trabalho aos especialistas. Além disso, o Tesouro responsabilizou-se por um aporte à CDE, no valor de R$3,3 bilhões por ano, posteriormente ampliado.

Entre a variedade das matérias tratadas, não vinculadas ao objetivo central da medida provisória, alguns artigos assustaram:

1. A ideia de *modicidade tarifária* a que se refere o artigo primeiro é um juízo de valor que escapa à avaliação quantitativa e que desvia a atenção da população da incidência crescente, sobre a tarifa, de encargos e tributos criados pelo poder público desde que os impostos únicos sobre energia elétrica, combustíveis e minerais foram cancelados pelos constituintes de 1988; e

2. O parágrafo segundo do artigo primeiro, que trata da busca de equilíbrio na redução das tarifas das concessionárias de distribuição do SIN, por lembrar a nefasta equalização tarifária Geisel-Ueki, que resultou em deterioração do equilíbrio financeiro do setor elétrico, na passagem da década de 1970 para a de 1980.

A proposta de redução do preço da eletricidade, imprudentemente arbitrada em 20% pela própria presidente da República, foi, como não podia deixar de ser, bem recebida pelos consumidores. Contudo, a forma de alcançá-la, nos moldes propostos na MP 579, teve, em geral, repercussão negativa entre aqueles com experiência prática na gestão técnica econômica e financeira ou no estudo específico dos serviços de energia elétrica no Brasil. Causou perplexidade a imposição às empresas de definir sua aceitação ou não da proposta do governo até o dia 4 de dezembro, antes que a MP passasse por análise no Congresso, onde já se apresentavam 431 emendas, e que fossem conhecidos, examinados e justificados, caso a caso, os números definidos pela Aneel.

Durante o debate multiplicaram-se dúvidas e cresceu a apreensão com o possível efeito da MP sobre o equilíbrio econômico e financeiro futuro das empresas de geração. Tanto assim que para as renovações do segmento de geração apenas empresas do grupo Eletrobras, obedientes às ordens do governo federal, seu maior acionista, optaram pela aceitação da proposta contida na MP 579, com dramática repercussão negativa sobre a sua capacidade de investir na expansão.

Como as grandes empresas estaduais Cesp, Cemig e Copel, que detinham a concessão de hidrelétricas, não aceitaram os termos da antecipação da renovação para 2013, em grande parte por terem parcela expressiva da energia dessas usinas contratadas no mercado livre, as distribuidoras acabaram ficando com cotas abertas, pois o governo havia partido do pressuposto que todas as empresas geradoras aceitariam os termos da MP 579. Ao final, apenas 8,2 GW médios de garantia física foram assegurados por meio da proposta de prorrogação antecipada. Como resultado, muitas distribuidoras ficaram com "exposição involuntária" de 2,0 GW, consequência inclusive da não realização do leilão de energia nova previsto para dezembro de 2012. Sem contratos para atender à respectiva demanda, viram-se obrigadas a cobrir a falta de energia ao Preço de Liquidação de Diferenças (PLD). Isso requereu a edição da MP 605 e o decreto que autorizou o Tesouro a aportar recursos da ordem de 5,2 bilhões de reais, totalizando um socorro de 8,5 bilhões a fim de que fosse observada a redução anunciada anteriormente.

Dado que o ano de 2013 apresentou hidrologia crítica, abaixo da média histórica, o PLD alcançou valores muito altos, criando sérios problemas de caixa para as distribuidoras, incapazes de pagar a exposição involuntária. O montante foi inicialmente estimado em R$ 12,3 bilhões, que seriam recuperáveis em três anos, mediante rateio dos respectivos custos entre consumidores de energia. Avaliações subsequentes resultaram em valor ainda mais alto. A alternativa de um "tarifaço" foi, em princípio, rejeitada.

Em última instância, o governo optou por intervir na CCEE[9], com a criação de uma Conta no Ambiente de Contratação Regulada destinada a cobrir, total ou parcialmente, as despesas incorridas pelas concessionárias de serviço público de distribuição de energia elétrica em decorrência de: I - exposição involuntária no mercado de curto prazo, e II - despacho de usinas termelétricas etc. A CCEE, com personalidade jurídica de direito privado, sem capital próprio, assumiu a responsabilidade por operação de R$11,2 bilhões, obtendo essa quantia mediante empréstimos de dez bancos,

---

[9] Decreto nº 8.221, de abril 2014.

dois públicos e oito privados. A conta seria paga até outubro de 2017, presumivelmente com recursos cobrados nas tarifas de distribuição.

Em relação à renovação das concessões das linhas de transmissão, todas as empresas aceitaram a proposta do governo, mas somente após reajuste das indenizações, o que redundou na edição de mais uma Medida Provisória, a de nº 591, cinco dias antes da data fatal, 4 de dezembro. Por fim, a Receita Federal ainda interferiu no processo, informando a sua intenção de tributar as indenizações com imposto de renda, PIS/PASEP e contribuição social sobre o lucro líquido.

Como resultado dessas peripécias desencadeou-se crise dominada pelo sentimento de insegurança quanto ao marco regulatório, pois é com base nele que são tomadas as decisões de longo prazo de empresas privadas e públicas, com ampla repercussão no mercado de capitais, além da decepção de investidores locais e estrangeiros nas empresas do setor. Essa insegurança jurídica repercutiu negativamente na imagem de estabilidade institucional que o país vinha alcançando.

O acompanhamento histórico das tarifas de eletricidade apresenta especial dificuldade em virtude da variedade de contratos em cada concessionária, por natureza do consumidor e pela escala e tensão dos grandes suprimentos. Mais difícil ainda é o confronto com tarifas praticadas em outros países.

Quanto ao comportamento tarifário em 2013, ocorreu substancial aumento no fornecimento, que não foi percebido pelo consumidor por causa da forte redução da margem das distribuidoras no terceiro ciclo de revisão tarifária.

Adotou-se na Figura 38, como indicadoras do que ocorreu a partir das mudanças do fim do ano de 2012, as tarifas médias de fornecimento das principais distribuidoras para a classe de consumo A4-azul (tensão de 2,3 a 25,9 Kv). Nela se inclui também projeção para ao ano 2014.

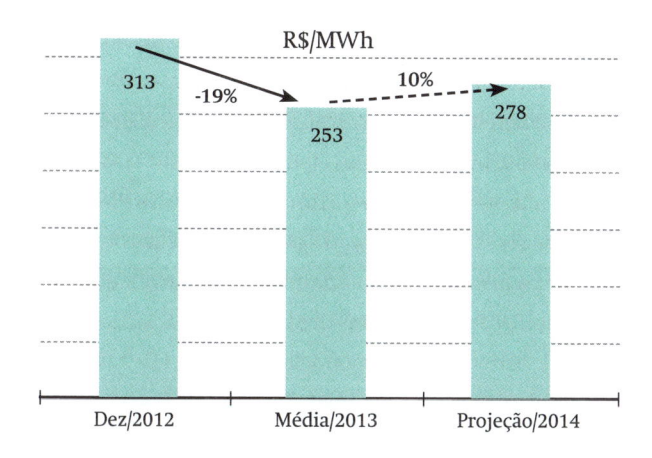

Figura 38 – Evolução das tarifas de fornecimento

Fonte: PSR. *Energy report*, maio, 2014.

Aparentemente, segundo essa análise da PSR, foi alcançada redução da ordem de 20% para as tarifas de 2013 em relação a dezembro de 2012. Concorreram, para que isso se tornasse possível, um empréstimo de 10 bilhões a ser pago pelos consumidores a partir de 2015 e subsídio de 8 bilhões suprido pelo Tesouro Nacional que, ao fim (também), pesará no bolso dos contribuintes. O aumento das tarifas tornou-se inevitável. Já no primeiro semestre de 2014 foram concedidos pela Aneel nove reajustes tarifários com um percentual médio de 13% (TR Soluções, *Valor*, 24 de junho). No final de junho a agência reguladora propôs forte ajuste para a estatal Copel (32%), causando dilema político para o governo do Paraná, que procurou suspender a decisão como, aliás, havia feito no reajuste de 2013.

Ambiente de Contratação Livre e mercado de curto prazo

Quando foi criado, em 1994, o Ambiente de Contratação Livre (ACL) de energia elétrica, foram nele admitidos, como participantes, consumidores que tivessem demanda pactuada igual ou superior a 3,0 MW. Havia também o requisito de sua conexão em tensão igual ou superior a 69 Kv, mais tarde revogado.

O ACL contava, em 2004, com o modesto número de 194 participantes. Coincidentemente com a instituição da CCEE, iniciou-se, em 2005, processo de expansão dominado pelos consumidores livres conforme de início caracterizados. No entanto, eles perderam a posição em 2008, quando foi instituída, por resolução normativa da Aneel, em dezembro de 2006, a figura do "consumidor livre especial", cujos efeitos se fizeram sentir a partir de 2008. Esses agentes com demanda contratada igual ou superior a 0,5 MW e no máximo de 3,0 MW só podem adquirir energia gerada por fontes alternativas (PCH, térmicas a biomassa e eólicas). Como incentivo à adesão de agentes à categoria de consumidor especial, formada basicamente por pequenas e médias empresas, shoppings e hipermercados, foi-lhes assegurado desconto de 50% na TUST. A resposta positiva e a participação desses agentes tornou-se crescente e decisiva para o aumento do universo dos consumidores registrados como agentes da CCEE. Fortaleceu-se, também por essa via, o processo de entrada de fontes de energia limpa, de pequeno porte, na matriz energética.

O número de participantes passou para 935 em 2008 e 2.560 em 2013. Nesse conjunto predominavam os "consumidores livres especiais" (45%), seguidos dos grandes consumidores livres (24%), dos produtores independentes (20%), dos comercializadores (6%), e outros de menor porte (5%).

O mercado livre movimentou, em 2012-13, 26% da carga total do sistema integrado.

Dentre as atribuições da CCEE causa preocupação sua responsabilidade em apurar o Preço de Liquidação de Diferenças (PLD), empregado no acerto de contas entre agentes, decorrente das diferenças verificadas entre a energia contratada e a efetivamente utilizada. A sua avaliação deve ser feita semanalmente e por submercado.

A base de cálculo continua sendo o "Custo Marginal de Operação – CMO", conforme apurado pelo ONS. A Aneel estabelece anualmente limites mínimo e máximo para o PLD[10]. Em 2013 foram definidos para 2014 o mínimo de R$ 15/MWh e o máximo de R$ 823/MWh.

Desde 2007 até o final de 2012 o PLD teve comportamento de moderada volatilidade, não ultrapassando limites comercialmente plausíveis R$ 200 por MWh. Em 2013, ampliou-se a oscilação com valores máximos preocupantes (R$ 400). No princípio de 2014 tornaram-se alarmantes. Em fevereiro, quando houve duplicação do despacho das termelétricas, o PLD atingiu R$ 800 por MWh.

A explicação se encontra na conjugação de vários fatores. Do lado físico, a redução da capacidade de regularização das usinas hidrelétricas, em virtude de dificuldades de diversa natureza interpostas à construção de reservatórios, agravada, no momento, por ocasional baixa pluviometria. Do lado regulatório crescem críticas ao modelo operacional e à sua gestão, que não se adaptariam às mudanças da matriz energética. A essas causas somaram-se as expectativas dos agentes do mercado quanto a riscos futuros.

---

[10] Lei nº 10.646 de 2004.

Novo marco regulatório na exploração do petróleo

São muitas as soluções possíveis para cada aspecto parcial – técnico, financeiro, institucional – da economia do petróleo. Congregadas de várias formas, compõem um elenco de estratégias possíveis.

Desde a agitação nacional provocada pela descoberta das reservas do pré-sal, perderam-se dois anos em termos de ações concretas. O governo optou por substituir o marco regulatório e o sistema de concessões, que até então funcionava a contento. Na sua vigência, o Brasil se aproximou do equilíbrio entre importações e exportações, apesar do aumento da importação de derivados por deficiência da capacidade de refino. A Petrobras se consolidou no cenário internacional como grande e respeitada empresa no domínio da exploração do petróleo e de sua extração. A concorrência lhe fez bem. A empresa negociou livremente valiosas parcerias com congêneres. Renasceu, no entanto, extemporânea discussão do "petróleo é nosso", que fazia sentido há meio século.

A proposta de reforma foi enviada ao Congresso em 2009 sob a forma de quatro projetos de lei.

Em síntese, o objetivo foi:

1. Introduzir o sistema de partilha da produção entre o Estado brasileiro e os concessionários, em parte iguais, em substituição ao regime de concessões em vigor. Pagamento de um bônus, pelo licitante, no ato do leilão.

2. Modificar o sistema de *royalties*.

3. Atribuir à Petrobras participação obrigatória de 30% em cada empreendimento. Dar à Petrobras a administração de todas as parcerias. Criar subsidiária para gerir o programa.

O item 1 corresponde a uma hipótese plausível, pois que ambos sistemas têm suas justificativas. O item 2 foi catastrófico, já que desencadeou no Congresso interminável disputa entre parlamentares dos estados em diferentes posições geográficas relativamente aos campos produtores, o que obscureceu o debate sobre o tema principal, de encontrar a melhor forma de viabilizar a exploração da nova riqueza. Ficou em segundo plano durante o ano da passagem pelo Congresso.

A proposta final foi consubstanciada em três leis de 2010, que foram sancionadas pelo presidente Lula com veto parcial da parte referente à distribuição dos *royalties*[11]. Foi infelizmente mantida a parte 3, desnecessária e inconveniente.

---

[11] Leis 12.276 de 30.6, 12.304 de 2.8 e 12.351 de 22.12.

Ao assumir o governo, a presidente Dilma enviou ao Congresso nova versão para a questão dos *royalties*, que só foi aprovada na Câmara, após idas e voltas, em 14 de agosto e sancionada em 10 de setembro de 2013.

Essa lei de 2013 obriga a União, os estados e os municípios a destinarem à educação 75% dos *royalties* e participações especiais auferidos de novos contratos de comercialidade declarada a partir de dezembro de 2012. Outros 25% seriam destinados à saúde. O texto prevê ainda que 50% do fundo social criado em 2010 e destinado a receber as parcelas provenientes do pré-sal que couberem à União sejam também aplicados nas áreas de educação e saúde. Tratou-se da distribuição de recursos futuros, antes que se desse maior atenção à sua produção.

Os *royalties* correspondentes aos campos mais antigos continuaram a ser aplicados pelos estados.

Na parte 3 da reforma, relativa à estrutura e à gestão dos consórcios que viessem a se dedicar à atividade de exploração no pré-sal, foi prevista desnecessária e constrangedora obrigação da presença da Petrobras, com limite mínimo de participação no capital e, além disso, a constituição da Empresa Brasileira de Administração de Petróleo e Gás Natural (PPSA), entidade incompreensível e sem equivalente em qualquer outro sistema regulatório, mas foi lenta e imperceptivelmente instalada.

A lei define o objeto da PPSA como: "a gestão dos contratos de partilha de produção celebrados pelo Ministério de Minas e Energia..." Regulamentada em agosto de 2013, teve o seu estatuto aprovado com 52 artigos e maior número de parágrafos.[12] Em outubro de 2013, às vésperas do leilão do campo de Libra, primeiro no pré-sal, foram designados o presidente e a diretoria dessa empresa. Iniciou-se o recrutamento e o preparo de um quadro técnico.

Os consórcios que se propõem a trabalhar no pré-sal disporão de vultosos recursos aportados por cada um dos parceiros, inclusive a Petrobras, e terão um conselho de administração próprio que traçará as diretrizes de ação a serem seguidas, como sói em qualquer sociedade organizada com finalidade econômica. Cabe à ANP, por lei, fiscalizar as atividades desses consórcios, como de quaisquer outros empreendimentos na exploração de petróleo e gás, no que diz respeito ao cumprimento da legislação.

Entra aí a PPSA, sem aporte de capital algum, com o objetivo de "gerir" os contratos de partilha celebrados entre o consórcio e o MME. E o risco de insucesso? A ver como é que isso funcionará. Uma coisa porém é certa: aumenta a burocracia.

Logo no dia 21, foi realizado o primeiro leilão relativo à exploração da área de Libra, do pré-sal, nos novos moldes, ultrapassadas diversas interposições jurídicas, em grande parte de natureza ideológica. Venceu consórcio formado pelas empresas

---

[12] Decreto nº 8.063.

tradicionais Total e Shell, por duas empresas chinesas e pela Petrobras. O governo está, no entanto, por todos os lados. Não obstante o modelo esdrúxulo, o primeiro teste parece ter sido bem iniciado.

Reservas e produção de petróleo

As reservas provadas de petróleo se mantiveram em nível estável no período 2007-09 e cresceram em ritmo moderado no mar em 2010-11. As reservas em terra não tiveram variação em todo o período. As conhecidas grandes reservas do pré-sal ainda não estavam formalmente reconhecidas como provadas.

Tabela 75 – Reservas provadas de petróleo (bilhões de barris)

	2007	2008	2009	2010	2011	2012	2013
Total	12,6	12,8	12,9	14,2	15,0	15,3	14,7
Terra	0,9	0,9	0,9	0,9	0,9	0,9	0,9
Mar	11,7	11,9	11,9	13,3	14,1	14,4	13,8

Fonte: ANP. Tabela 2.4

Nos grandes campos da bacia de Campos, detentores da maior parte dessas reservas provadas, a produção vem decrescendo de forma sistemática. Esse fenômeno foi, em parte, compensado pela nascente produção no pré-sal, que se tornou significativa a partir de 2011. A expectativa é que a expansão futura venha a ocorrer na bacia de Santos.

A evolução da produção e do consumo nacionais ocorreu aproximadamente no mesmo ritmo nos anos de 2007-08 e foi pequena a diferença entre uma e outra.

Em 2009 e nos anos subsequentes o consumo se intensificou. Cresceu também a exportação de petróleo, acompanhada de aumento na importação de derivados. Esse quadro se reverteu em 2013 com modesta importação líquida de petróleo enquanto se manteve alta a importação de derivados. Apresenta-se aí forte dependência externa física de petróleo e derivados, lembrando épocas passadas.

Tabela 76 – Dependência externa física de petróleo e derivados (mil m³ por dia)

	2007	2008	2009	2010	2011	2012	2013
Produção de petróleo	291,4	301,9	322,6	339,8	348,6	341,7	336,1
Importação líquida/petróleo	2,5	3,9	-21,1	- 46,5	- 43,4	- 37,6	3,9
Importação líquida/derivados	- 4,6	5,3	2,1	37,2	46,0	33,5	45,3
Consumo aparente	289,3	303,3	303,7	330,5	351,3	337,5	385,3
Dependência externa	- 2,1	1,4	- 18,9	- 9,3	2,7	- 4,1	49,2
Idem em %	- 0,7	0,5	- 6,2	- 2,8	0,8	- 1,2	12,8

Fonte: ANP. Tabela 2.56

Já em termos de valor, o comércio exterior de petróleo e derivados se manteve levemente negativo até 2012, despencou em 2013, como mostra a Figura 39.

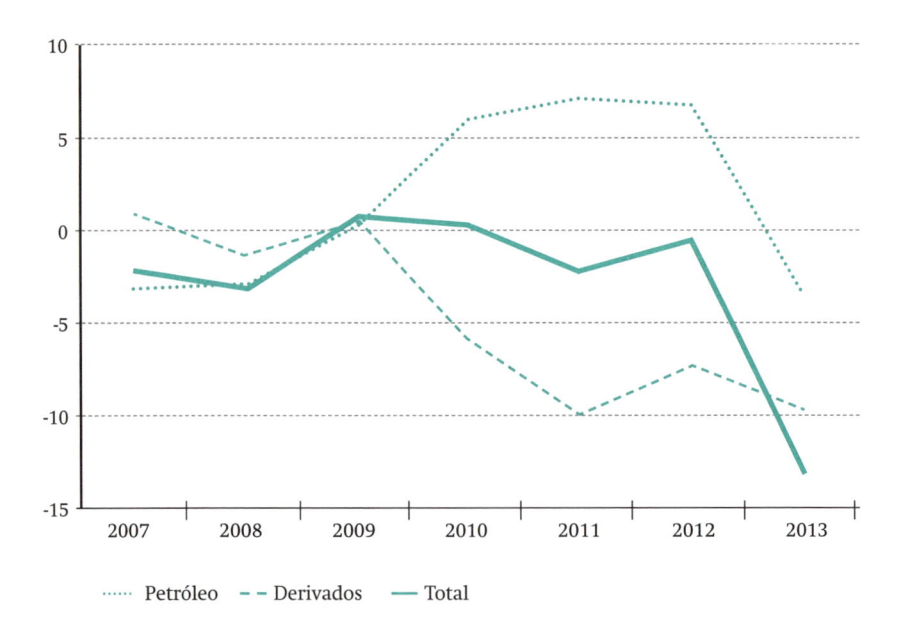

Figura 39 – Comércio exterior de petróleo e derivados (em bilhões US$)

Fonte: Secretaria de Comércio Exterior (Secex)

O grande volume físico da importação de derivados associado à queda na exportação de petróleo ocorrida em 2013 se refletiu na balança comercial, com um déficit de US$20,3 bilhões, contra 5,6 bilhões no ano anterior (MDIC). Esse resultado tem origem tanto na insuficiente capacidade de refino, há muitos anos inalterada por atraso de investimentos, como na politização de projetos da Petrobras, que adiante serão examinados.

Tabela 77 – Capacidade de refino e carga processada (milhões de barris por dia)

LEILÃO Nº	2007	2008	2009	2010	2011	2012	2013
Capacidade	1,96	1,97	1,99	1,99	2,01	2,00	2,20
Carga nacional	1,35	1,34	1,39	1,43	1,48	1,54	1,65
Carga importada	0,40	0,39	0,39	0,47	0,35	0,36	0,38

Fonte: ANP. *Anuário estatístico, 2013*; informação direta relativa a 2013.

São dois os projetos emblemáticos de má condução de investimentos, que tiveram início no período e que resultaram na estagnação da capacidade de refino no nível de 2 milhões de barris por dia. O primeiro em Itaboraí (RJ) e o segundo em Suape (PE). Com essas duas refinarias a capacidade total de refino, em território nacional já teria passado para 2.495 barris/dia.

O Complexo Petroquímico do Rio de Janeiro (Comperj) compreende uma refinaria com a capacidade de processar 165 mil barris/dia, a ser abastecida com petróleo pesado do Campo de Marlin, além de unidade de petroquímica básica e seis unidades de petroquímica de segunda geração. O projeto foi definido em 2006 e as obras iniciadas em 2008, com previsão de término em 2014. Estava prevista também ampliação futura da refinaria. O projeto foi alterado repetidas vezes, com ampliação de infraestruturas e mudanças tecnológicas importantes, inclusive do ponto de vista do impacto ambiental. O orçamento original de US$ 6,5 bilhões duplicou. A conclusão das obras atrasou e o início de operações teve sua previsão alterada para 2016.

A construção da refinaria Abreu e Lima, no Porto de Suape, resultou de negociação direta entre os presidentes Lula, do Brasil, e Chaves, da Venezuela, em 2005. Com as obras iniciadas em 2007, essa refinaria foi imaginada para processar petróleo pesado dos dois países. No entanto, a PDVSA, que deveria contribuir com 40% do investimento, jamais deu um passo nesse sentido. A Petrobras foi conduzindo a construção por conta própria e o projeto sofreu alterações por motivos tecnológicos e ambientais. Em outubro de 2013, a Petrobras desistiu de esperar a colaboração venezuelana e incorporou os ativos. Não se sabe se por esses percalços ou outras razões o orçamento inicial de US$2,5 bilhões subiu para 20 bilhões, o que criou um clima de desconfiança sobre a condução dos trabalhos. A refinaria terá capacidade de processar 230 mil barris/dia; metade entra em operação em 2014 e a parte restante tem previsão para produzir em 2015.

Não deve ser esquecida uma terceira iniciativa, a da Refinaria Premium I, em Bacabeira, Maranhão, cuja pedra fundamental foi lançada em 2010 pelo presidente Lula da Silva, com a presença da então ministra da Casa Civil Dilma Rousseff e da hierarquia política do estado. Seria a maior refinaria do Brasil com a capacidade de 600 mil barris/dia. A obra então iniciada sem projeto básico não ultrapassou a fase de terraplanagem, com dispêndios estimados em 1,5 bilhão de reais.

Licitação de blocos para pesquisa de petróleo e gás e descoberta do pré-sal

A licitação de blocos para pesquisa de petróleo e gás nos moldes do marco regulatório da Lei do Petróleo (nº 9.478/97) foi realizada com regularidade anual e sucesso desde 1999 (primeira) até 2005 (sétima). Interrompeu-se o processo em 2006, com retomada em 2007.

A descoberta de petróleo na camada do pré-sal, anunciada pela Petrobras em 2007, e o princípio da extração de petróleo em 2008 dominaram o cenário energético do país, com forte repercussão na economia e na política nacionais.

Suspenderam-se novamente as licitações em 2008 para retomá-las em maio de 2013, com a décima primeira rodada, seguida da décima segunda em novembro, ambas com sucesso e nas mesmas bases das anteriores.

Tabela 78 – Resultado das rodadas de licitação de blocos

LEILÃO Nº	9º - 2007	10º - 2008	11º - 2013	12º - 2013
Empresas nacionais	32	23	12	8
Empresas estrangeiras	35	17	18	4
Área (mil km^2)	73	48	100	47
Bônus (R$ bilhões)	2,1	0,09	2,4	0,2
Compromisso (R$ bilhões)	1,4	0,6	5,8	0,5
Conteúdo nacional (%)	-	-	62	73

Fonte: ANP.

A dimensão da descoberta do pré-sal a 7 mil metros de profundidade entusiasma e assusta. A expectativa do seu aproveitamento pode mudar a escala da indústria do petróleo do Brasil. No entanto, seu desenvolvimento implica desafios e riscos sem precedentes, de ordem técnica e financeira.

Diante desse quadro, o processo decisório prudente requereria que se desse tempo ao tempo para que:

• se absorvesse o impacto da própria descoberta;

• se estabelecessem os contornos do quadro institucional propício à reunião de esforços requerida por tal empreendimento;

• se formalizassem condições objetivas para sua implantação.

Não era necessário, no entanto, que durante esse tempo de estudos e debates fossem interrompidos os leilões fora das áreas do pré-sal, segundo o marco regulatório anterior, conforme ocorreu. Faltou, também, concentração no objetivo central que é assegurar condições de sucesso sustentável na exploração desse petróleo e de eventual gás aproveitável. As atenções, dominantemente políticas, concentraram-se no destino dos recursos financeiros que poderiam fluir para o governo em consequência do petróleo a ser extraído do pré-sal. Cogitou-se até de artifício financeiro para antecipação de receita resultante da eventual produção futura. As cabeças ficaram perturbadas com a descoberta.

Preço dos derivados do petróleo

Independentemente de variações na ordenação legal sobre os preços dos derivados de petróleo, quase sempre predominou, no Brasil, a ingerência do governo federal, que decide o preço de realização das refinarias, seja por iniciativa própria ou por delegação à Petrobras, enquanto apenas a parte das distribuidoras e revendedoras segue a lógica de mercado.

São duas as diretrizes da política de preços: 1. evitar a repercussão no mercado interno da frequente oscilação do mercado internacional e 2. conter o preço interno abaixo dos mínimos externos. Essa política sofre forte influência de outra política, a do câmbio, que procura impedir a desvalorização do real, aparentemente com o objetivo de amortecer o processo inflacionário.

Como resultado, depois da queda das cotações internacionais em 2008, os preços da Petrobras foram mantidos em nível superior até 2011, quando a situação se inverteu. Daí por diante. os preços internos da gasolina e do diesel acompanharam, com atraso, a tendência de valorização desses produtos no exterior. Em ambos os casos os produtos importados tiveram efeito significativo na economia da Petrobras, com lucro na primeira fase e prejuízo na segunda.

Aventuras externas da Petrobras

A Petrobras já se havia lançado em vários projetos de exploração de petróleo fora do Brasil, alguns bem-sucedidos. No entanto, a partir de 2005, iniciaram-se outros de natureza diversa, envolvendo aquisição de ativos industriais e de distribuição de derivados, existentes em outros países, em geral malsucedidos.

Na Bolívia, as refinarias adquiridas pela Petrobras em 1999, por ocasião das negociações sobre o gasoduto, foram expropriadas pelo governo boliviano em 2006 e ocupadas pelo exército de forma desnecessariamente agressiva, aliás, sem que o governo brasileiro reagisse. A Petrobras recebeu indenização de US$ 112 milhões em 2007.

Na Argentina, 58,6% da companhia integrada Perez Companc foi adquirida por cerca de US$ 1 bilhão em 2002. Houve interesse pelas reservas de óleos leves, mas comprou-se também a rede de distribuição. Bem mais tarde, em 2011, foram vendidos os 345 postos de gasolina que essa companhia detinha.

1 – A refinaria de Pasadena, nos Estados Unidos, com capacidade de processar 120 mil bpd e com longa história de problemas ambientais, havia sido adquirida pela empresa belga ASTRA OIL em 2005. Metade do seu capital foi adquirido pela Petrobras por US$ 370 milhões em 2006. Peripécias mal explicadas teriam levado a Petrobras a assumir o controle e a fazer investimentos adicionais que chegaram, possivelmente, a US$ 1 bilhão. A justificativa da compra seria a possibilidade de colocação, no mercado americano, de parte do petróleo pesado produzido no Brasil e que não pode ser processado nas refinarias nacionais. No entanto, a de Passadena também não estava adequada a esse petróleo. A Petrobras passou a adquirir petróleo nos Estados Unidos para vendê-lo, depois de processado, aos americanos. Essa aventura tornou-se pública no Brasil em 2014 em consequência de denúncias de que, além de um mau negócio, compreendia operações financeiras ilícitas que ocuparam manchetes de jornais.

2 – A compra da refinaria Nansei Sekiyu, no Japão, começou em 2008 com a aquisição de 87,5% do seu capital, até então nas mãos de subsidiária da Exxon, pelo valor de US$ 71 milhões. Em 2010, a Petrobras assumiu o controle comprando a parte da Sumitomo. Com gastos adicionais, o investimento total ficou em cerca de US$ 200 milhões. A refinaria, com capacidade de processar 100 mil barris/dia, também não era adequada para uso do petróleo pesado brasileiro, se esse foi o objetivo da compra. Em 2014 essa refinaria aparece na lista de ativos da Petrobras destinados à venda.

Lei do Gás

A indústria do gás natural passou a ter significado prático no Brasil em 1999, com a inauguração do Gasbol para importação da Bolívia. Manteve-se integralmente sob o comando da Petrobras até que se estabeleceu um marco regulatório parcial com a Lei do Gás[13] que instituiu normas "para a exploração das atividades econômicas de transporte de gás natural por meio de condutos e da importação e exportação de gás natural [...], bem como para a exploração das atividades de tratamento, processamento, estocagem, liquefação, regaseificação e comercialização de gás natural."

A lei estabeleceu ainda que essas atividades econômicas seriam:

• exercidas por sociedades com sede e administração no país, por conta e risco do empreendedor, mediante os regimes de concessão, precedida de licitação, ou autorização.

• reguladas e fiscalizadas pela União, na qualidade de poder concedente.

Ficava assim quebrado, em teoria, o monopólio, de fato, até então exercido pela Petrobras, que detinha à época 93% da produção e 100% da importação do gás, além de 97% da capacidade de transporte. No ano seguinte, parte da lei foi regulamentada. No entanto, só em 2013 a EPE completou a elaboração de um plano decenal de expansão da malha dutoviária (PEMAT), divulgada em sua versão final em janeiro de 2014. Esse documento contém extenso estudo técnico-econômico da questão dos dutos e inclui a análise da proposta da Petrobras de um primeiro leilão, referente ao segmento Guapimirim–Itaboraí para atender ao Comperj com gás proveniente do pré-sal. O anúncio desse primeiro leilão ocorreu nessa mesma época, porém a data não foi marcada em virtude da dependência de uma definição, pelo MME, do que seria o "gasoduto de referência", objeto de uma das 33 normas do citado decreto: "XX – [...] projeto de gasoduto utilizado para efeito da definição das tarifas e receitas máximas a serem consideradas nas chamadas públicas e nas licitações das concessões".

No segmento da distribuição do gás natural, a base do quadro institucional foi definida no art. 25 da Constituição de 1988, que reservou aos estados a exploração direta ou mediante concessão à empresa estatal, com exclusividade, os serviços locais de gás canalizado. Dominava então a concepção de que se tratava de um serviço de utilidade pública com característica de monopólio natural.

O universo de empresas concessionárias de distribuição de gás, antes da chegada do produto boliviano (1999) e da construção das primeiras termelétricas a gás, se limitava praticamente às antigas empresas do Rio de Janeiro e São Paulo, que haviam

---

[13] Lei nº 11.909 de 2009 e Decreto nº 7.382 de 2010.

sido constituídas pela iniciativa privada para produzir e distribuir gás manufaturado. Essas empresas foram estatizadas e a seguir privatizadas: a CEG, do Rio de Janeiro, em 1997 e a CONGAS, de São Paulo, em 1999, pelo prazo inicial de trinta anos. Nos demais estados prevaleceu a instituição de empresas estatais, quase todas com expressiva participação da Petrobras. Em São Paulo, foram feitas duas novas concessões à iniciativa privada: a do Gás Brasiliano, abrangendo muitos municípios, e a Gás Natural São Paulo Sul. No Rio de Janeiro foi feita a concessão, também para atender a diversos municípios fora da capital, a CEG-Rio. É interessante registrar que, na contracorrente ao movimento de privatização, a Petrobras adquiriu em 2010 a concessionária Gás Brasiliano, controlada pela empresa italiana ENI.

As concessões de 1996-97 na região Rio-São Paulo incluíram a figura do consumidor livre, com requisito de consumo mínimo diário, respectivamente de 10 mil e 100 mil m³.

Discute-se, todavia, a compatibilização dos benefícios que podem decorrer para os grandes consumidores livres e o equilíbrio financeiro e a capacidade de expansão das concessionárias.

Reservas e produção de gás natural

As reservas nacionais provadas de gás natural tiveram moderado aumento a partir de 2010, graças à expansão das atividades no mar.

Tabela 79 – Reservas provadas de gás natural (bilhões de m³)

	2007	2008	2009	2010	2011	2012	2013
Total	365	364	367	423	459	459	438
Em terra	68	66	65	69	70	72	69
No mar	297	298	302	354	389	387	365

Fonte: ANP. Tabela 2.6

A produção nacional de gás acompanhou a evolução das reservas com significativo aumento a partir de 2011, proveniente principalmente das reservas marítimas.

Tabela 80 – Produção nacional de gás natural (média milhões de m³/dia)

	2008	2009	2010	2011	2012	2013
Em terra	17,2	16,6	16,5	16,8	16,7	20,6
No mar	42	41,4	46,3	49,1	53,9	56,7
Gás associado	39,8	46,5	47,1	48,6	49	51,4
Gás não associado	19,4	11,4	15,7	17,3	21,6	25,8
TOTAL	59,2	57,9	62,8	65,9	70,6	77,2

Fonte: MME. *Boletim do gás natural.*

O balanço geral do gás natural sofreu importante alteração com a importação do Gás Natural Liquefeito (GNL). Por volta de 2008, configurava-se crescimento da demanda de gás para termelétricas em ritmo mais acentuado do que o da oferta prevista, compreendendo produção local e importação da Bolívia. Optou-se então, por motivos de segurança do abastecimento, pela importação de Gás Natural Liquefeito, sabendo-se tratar-se de solução cara. Essa opção deu lugar à construção, pela Petrobras, em 2009, de duas usinas de regaseificação, tendo sido escolhidas como localização, por motivos logísticos, a Baía de Guanabara e Fortaleza, com capacidade de processar, respectivamente, 14 milhões e 7 milhões de m³ por dia. No início de 2014, inaugurou-se a terceira usina, na Bahia, com capacidade de 14 milhões de m³ por dia. As três usinas estão habilitadas para regaseificar importações superiores às provenientes da Bolívia via Gasbol. Enquanto o gás da Bolívia é parte de um projeto de longo prazo, o GNL se baseia em contratos de curto prazo, decididos em função das oscilações da demanda interna.

A oferta de gás de produção nacional se limitou, no período, a cerca de metade da oferta total no mercado interno.

Tabela 81 – Balanço do gás natural (média milhões de m³/dia)

	2008	2009	2010	2011	2012	2013
Produção nacional	59,2	57,9	62,8	65,9	70,6	77,2
Deduções*	30,2	35,8	34,8	32,1	30,9	32,9
Oferta nacional	29,0	22,1	28,0	33,8	39,7	44,3
Importação	30,9	22,9	34,6	28,5	36,0	46,5
Bolívia**	30,9	22,2	26,9	26,9	27,5	31,9
GNL	0,0	0,7	7,6	1,6	8,5	14,6
Deduções***	1,2	0,6	0,9	0,9	0,9	1,2
Oferta importado	29,7	22,3	33,7	27,6	35,1	45,3
Oferta total ao mercado	58,7	44,5	61,7	61,4	74,8	89,6
Venda distribuidoras	49,6	36,7	49,7	47,7	57,1	66,9
Deduções	9,1	7,8	12,0	13,7	17,7	22,7

*Deduções englobam: reinjeção, queima e perda, consumo nas unidades de E&P, consumo em transporte e armazenamento, absorção em UPGNs e ajustes.
**Inclusive Argentina em 2008 e 2013.
***Deduções referentes a consumo em transporte.
Fonte: IBP. *Balanço do gás natural no Brasil.*

Chama a atenção nesse quadro o volume das deduções que sofre a produção nacional, quando se sente nitidamente a insuficiente oferta de gás.

Chama também atenção o crescimento da oferta de GNL importado que, de um valor insignificante em 2011, alcançou 16% do total do mercado em 2013. A solução de emergência tornou-se permanente, contribuindo para o aumento do dispêndio em divisas da ordem de US$ 4 bilhões anuais.

O mercado de gás ficou assim segmentado entre três origens: importado da Bolívia, produzido no país e importado sob a forma de gás natural. Ficou também dividido em duas regiões: Nordeste e Sudeste/Sul/Centro-Oeste. Quanto aos preços cobrados pela Petrobras, distinguem-se distribuidoras, consumidores industriais por faixa de consumo e algumas termelétricas com contratos remanescentes do PPT.

Essa segmentação se estabeleceu em consequência não apenas da sucessiva entrada de gás de diferentes origens no mercado, mas também pela falta de política de

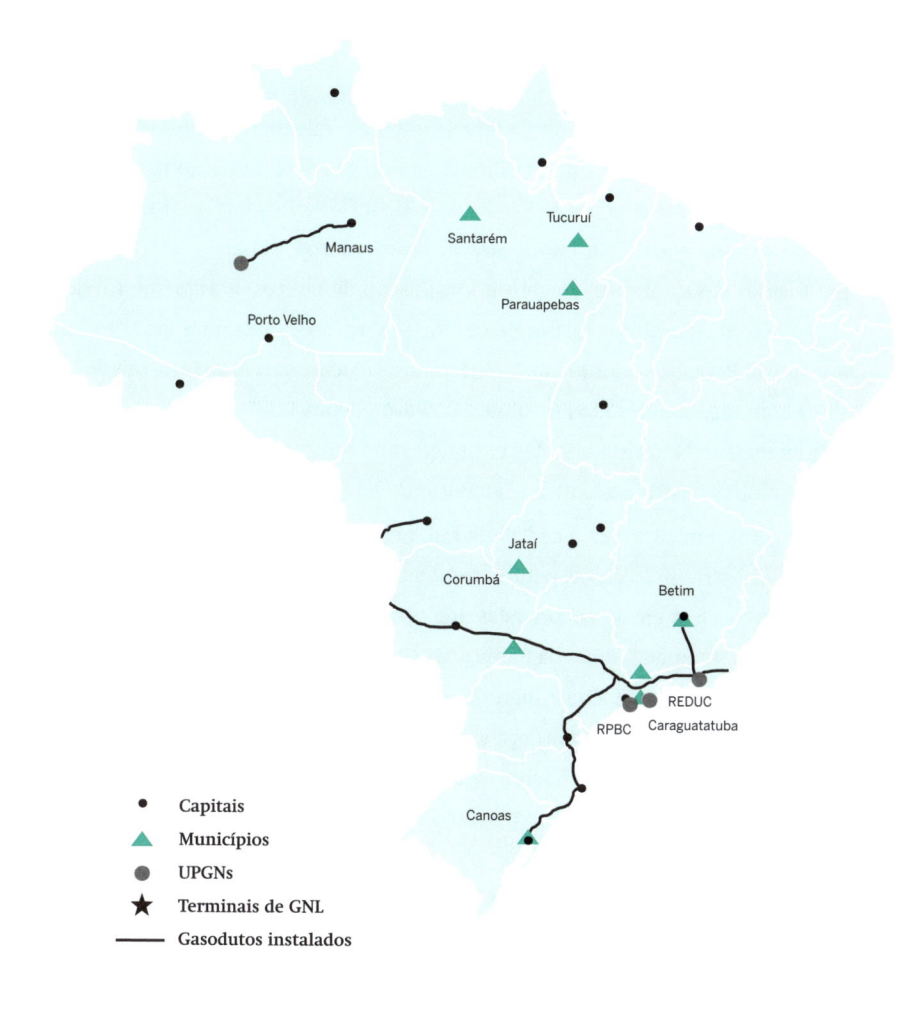

Figura 40 – Malha de gasodutos de transporte brasileira

Fonte: EPE. *Plano decenal de expansão da malha de transporte dutoviário*, 2013.

abrangência nacional para o gás. Enquanto isso, no cenário mundial o preço do gás, em forte queda, descolou-se do preço do petróleo, colocando em dúvida o critério de atualização do valor do gás boliviano, baseado no de cesta de óleos no mercado internacional.

No princípio de 2014, o preço da Petrobras cobrado das distribuidoras sem impostos, por milhão de BTUs, se situava no nível de US$11,90 para o gás nacional e entre US$9,95 e US$11,18 para o importado, dependendo da região. Já o preço FOB do GNL estava em US$13,63. Para a venda direta a consumidores industriais vigoram valores decrescentes em função da escala.

A competitividade do gás teve evolução semelhante nas principais distribuidoras, São Paulo, Rio de Janeiro e Bahia. No segmento industrial (até 20 mil m^3/dia) o preço do gás fica próximo do preço do óleo combustível, embora oscile menos. No segmento automotivo está sempre significativamente inferior ao da gasolina. Situação inversa ocorre para os consumidores residenciais de São Paulo e Rio de Janeiro, onde o gás natural canalizado é mais caro do que o GNL. (MME. *Boletim mensal*, março, 2014.)

Em função das diferentes origens e localização de pontos de suprimento de gás natural, a malha de gasodutos foi ampliada. Nesse sentido, houve duas grandes iniciativas, a cargo da Petrobras, desde 2007: o gasoduto Urucu-Coari-Manaus, com 662 km, para servir Manaus, inaugurado em 2009, e o Gasene, com 1.387 km, com a missão de interligar as malhas Nordeste e Sudeste, inaugurado em março de 2010.

Foram ainda construídos outros segmentos de interesse regional ou local. A malha total compreendia, em 2012, cerca de 9,5 mil km, neles incluídos os 2,9 mil km do Gasbol.

A rede de distribuição de gás natural tomou impulso, permanecendo, todavia, muito concentrada nas três empresas privadas que operam em São Paulo e nas duas do Rio de Janeiro, complementadas pelas da Bahia e Minas Gerais. Esse conjunto fica com 2/3 da rede de distribuição nacional, que atingiu 22,6 mil km em 2012, informa a Abegás.

A concentração tem origem, em grande parte, na preocupação com a plena utilização do investimento no Gasbol, que induziu a busca por grandes consumidores, independentemente da construção de extensas redes metropolitanas, que sabidamente demandariam tempo.

A atenção se concentrou nas termelétricas a gás, que começavam a ser incluídas na matriz energética brasileira, e nas indústrias caracterizadas por consumo intenso de óleo. Em 2008, esses dois setores eram responsáveis por 80% do consumo, com domínio de indústrias que aderiram ao programa, em geral irreversível, de substituição de óleo por gás. A seguir, brotaram termelétricas e o consumo dessas usinas disparou a partir de 2010, com novo aumento em 2013 em função da baixa pluviosidade e das condições hidrológicas desfavoráveis. O consumo industrial continuou restrito a algumas poucas especialidades.

Embora seja boa a perspectiva de expansão da oferta de gás, os industriais ainda se sentem inseguros em virtude das incertezas quanto a datas e extensão da rede de escoamento.

Tabela 82 – Consumo de gás natural por setor (milhões de m³/dia)

SETORES	MÉDIA					
	2008	2009	2010	2011	2012	2013
Industrial*	33,4	29	35,4	40,9	41,8	41,3
Automotivo	6,6	5,8	5,5	5,4	5,3	5,1
Residencial	0,7	0,7	0,8	0,9	0,9	1
Comercial	0,6	0,6	0,6	0,7	0,7	0,7
Geração de energia elétrica*	14,9	5,3	15,8	10,4	23	38,9
Cogeração	2,3	2,4	2,9	3	2,9	2,5

*Inclui consumo direto do produtor.
Fonte: MME. *Boletim do gás natural.*

No quadro geral do mercado, a parte do consumo domiciliar e comercial mantém-se modesta ante a competição do GLP, com preço subsidiado e a insuficiência da rede de distribuição. O consumo do gás veicular, que cresceu continuadamente até 2007, declinou daí em diante, por perda de competitividade.

Gás de xisto

A exploração do gás de xisto é um fenômeno de escala mundial do século XXI. Deriva de formação geológica sedimentar porosa, denominada "folhelho", onde se encontram disseminados gás natural e óleos leves.

No Brasil, após perspectivas decepcionantes a respeito de aumento do gás natural da Bolívia, houve grande interesse, até 2006, pelo potencial de gás convencional em outros países do nosso continente.

No entanto, com a súbita expansão do aproveitamento do gás de xisto nos Estados Unidos e o desenvolvimento da técnica de fratura hidráulica com injeção de água, areia e produtos químicos, em 2007, ampliou-se aqui, como em todo o mundo, o interesse econômico pela exploração desse gás, ao mesmo tempo que surgiam objeções a essa atividade do ponto de vista ambiental.

Tais objeções envolvem riscos de contaminação de aquíferos bem como de abalos sísmicos localizados. A falta de experiência tem concorrido para a amplitude dos debates tanto de ordem técnica como política. Não obstante a controvérsia, a participação do gás de xisto na produção total de gás natural nos Estados Unidos cresceu de 1% em 2000 para 20% em 2010. Na contracorrente, várias nações vetaram essa atividade.

No Brasil, segundo avaliações da Agência Internacional de Energia e da EIA dos Estados Unidos, seriam grandes as reservas, mais de dez vezes superiores às de gás convencional provadas. A ANP aponta o potencial das bacias de Parecis (MT), Parnaíba (MA, PI), Recôncavo (BA), São Francisco (MG e BA) e Paraná (PR e MS), esta última coincidindo, infelizmente, com o grande aquífero Guarani.

A ANP realizou em 28 de novembro de 2013 a décima segunda rodada de licitações, a primeira exclusiva para prospecção de gás em terra, oferecendo 240 blocos para exploração nas bacias acima mencionadas. Foram arrematadas 72 áreas entre as quais a Petrobras, individualmente ou em parcerias, arrematou 49. A iniciativa sofreu críticas, por causa da falta de experiência, do início prematuro da atividade e da falta de regulamentação específica relativa à técnica de fraturamento hidráulico.

Etanol

O etanol tem longa história, quarenta anos desde o Proálcool. O produto resulta de atividade agrícola que atende também a mercados de alimentos e, em menor proporção, de eletricidade. A opção brasileira pelo uso de pouco mais que 10% da terra cultivada para produção do combustível etanol é objeto de críticas, tanto no país como principalmente no exterior, algumas pertinentes e outras baseadas em argumentos capciosos. Em particular, no confronto entre o uso das terras agricultáveis para energia ou alimentação, cabe ter presente que o Brasil, além de exportador líquido de alimentos, ainda dispõe, fora da Amazônia, de consideráveis áreas com relevo e clima adequado à expansão da sua agricultura.

Questão-chave na produção do etanol se encontra na complexidade da estrutura da agroindústria canavieira para a qual estão sempre presentes mercados dissociados de etanol e de açúcar, que se têm apresentado aos usineiros de forma equilibrada. Essa condição leva ao deslocamento da capacidade de produção em uma ou outra direção, em função dos respectivos preços e da expectativa de melhor resultado econômico. Além disso, e independentemente de ocasionais variações climáticas, a produção e oferta de etanol está concentrada em seis a oito meses do ano, em função da safra agrícola, ao passo que a demanda de etanol é regular, ao longo do ano. Esse descompasso sazonal exige elevada capacidade de armazenagem nas usinas. Não existem, no entanto, estoques mantidos com o objetivo econômico de regulação da oferta.

A primeira fase do etanol se baseava na adição de etanol anidro à gasolina automotiva em proporção que oscilava em torno de 20%. A história recente está intimamente vinculada ao sucesso da introdução progressiva no mercado, a partir de 2003, dos veículos equipados com motor *flex-fuel,* que funciona tanto com gasolina como álcool. Modificou-se a estrutura do mercado de combustíveis automotivos ao mesmo tempo em que a frota de automóveis com esse novo motor se expandia e a dos veículos com motores a gasolina despencava. Essas ocorrências levaram o consumo do etanol a superar o da gasolina em 2008. Na época, o preço do petróleo importado havia se elevado, favorecendo a competitividade do etanol.

A agroindústria brasileira obteve aumento consistente de produtividade com base em competente trabalho de pesquisa e experimentação, particularmente na região Sudeste, onde foi alcançado um máximo de 87 t/ha na safra 2009-10. O rendimento em álcool por hectare de cana também cresceu em função de melhorias nas destilarias.

No Brasil, maior produtor mundial, a área plantada aumentou continuamente nas regiões Centro-Sul, ficando estagnada nas regiões Norte-Nordeste. Manteve-se forte diferença da produtividade entre as duas regiões, alcançando-se o máximo de 86 t/ha na safra 2009-10, conforme mostrado na Tabela 83.

Tabela 83 – Área plantada e produtividade, por safra de cana-de-açúcar

ÁREA (MILHÕES DE HA)	2007-08	2008-09	2009-10	2010-11	2011-12	2012-13
NORTE-NORDESTE	1,1	1,1	1,1	1,1	1,1	1,1
CENTRO-SUL	6,0	6,0	6,3	6,9	7,2	7,4
BRASIL	7,0	7,1	7,4	8,1	8,4	8,5
PRODUTIVIDADE (T/HA)	2007-08	2008-09	2009-10	2010-11	2011-12	2012-13
NORTE-NORDESTE	65,4	61,3	56,1	55,9	57,5	49,7
CENTRO-SUL	84,4	84,5	86,0	81,0	68,6	72,4
BRASIL	81,5	81,0	81,6	77,4	67,1	69,4

Fonte: Companhia Nacional de Abastecimento (Conab). *Safras.*

O parque industrial compreendia, em 2014, 382 plantas com capacidade de produção de 104 mil m³/dia de etanol anidro e 205 mil de etanol hidratado. Essas usinas detêm capacidade de tancagem da ordem de 16,8 milhões de m³, equivalente a 72% da produção de 2013[14].

Acompanhando a concentração do agronegócio nas regiões Centro-Sul, a produção total de etanol deu um salto em 2007-08 em relação ao que se produziu nos anos anteriores e se concentrou nessas regiões, conforme mostra a Tabela 84. O máximo foi atingido em 2010-11. A proporção do etanol anidro no total cresceu de 38% em 2007 para 41% em 2013.

Tabela 84 – Produção de etanol

ETANOL (MILHÕES M³)	2007-08	2008-09	2009-10	2010-11	2011-12	2012-13
NORTE-NORDESTE	2,2	2,4	2,0	2,0	1,8	1,8
CENTRO-SUL	20,8	24,3	23,7	25,6	21,6	21,8
BRASIL	23,0	26,7	25,8	27,6	23,4	23,6

Fonte: Companhia Nacional de Abastecimento (Conab). *Safras*.

Em contraposição a esse progresso, desde 2002, as atividades relacionadas com a cana-de-açúcar sofreram dificuldades. Tiveram custos aumentados em função, segundo alguns analistas, do aumento do valor da mão de obra e das terras, bem como da mecanização da colheita em São Paulo, feita aparentemente com tecnologias impróprias e que teve por objetivo eliminar a queima antes da colheita, visando melhorar condições de trabalho e poluição atmosférica no entorno das plantações. Segundo a lei nº 11.241, ficou estabelecida a supressão da queima em 20% da área colhida no primeiro ano, aumentando progressivamente para 30% até 2006 e para 50% até 2011, atingindo a totalidade das áreas mecanizáveis em 2021[15]. Não se pode saber com precisão o que de fato foi alcançado em centenas de propriedades rurais dedicadas a essa atividade.

Não obstante esses reveses parciais, empresários do setor e governo estavam convictos, em 2007, de que se poderia prever um futuro de grande expansão do agronegócio associado à cana-de-açúcar. Realizou-se nesse período, entre 2005 e 2008, sob a coordenação do NIPE da Universidade de Campinas[16], estudo significativo desse estado de espírito. Esse trabalho visou particularmente à ex-

---
[14] ANP. *Boletim do etanol*, nº 1, fev. 2014.
[15] Lei Estadual nº 11.241, setembro de 2002
[16] Centro de Gestão e Estudos Estratégicos (CGEE). *Bioetanol, uma oportunidade para o Brasil*, 2009.

pansão do mercado externo e estimava-se que o etanol produzido no Brasil poderia nele ter papel relevante.

Essa perspectiva de expansão, associada à dominância que o Brasil já exercia na exportação de açúcar e etanol, atraiu investidores estrangeiros que aplicaram capital pesado na parte industrial do agronegócio. Entraram grandes empresas como a Shell, que se aliou à tradicional Ometto, francesas, americanas, indianas, japonesas e chinesas de Hong Kong. Teriam investido, até 2012, US$22 bilhões, com um máximo de intensidade depois da crise mundial de 2008-09[17].

No entanto, não obstante o crescimento das exportações, as perspectivas de um novo quadro de maior evidência do etanol brasileiro no mercado internacional não se realizaram.

A crise internacional de 2008 contribuiu para interromper o processo de expansão e o setor passou a enfrentar dificuldades de natureza diversa: manipulação de preço da gasolina pelo governo, redução e depois supressão da cobrança da CIDE, além dos reflexos da mudança tecnológica na colheita da cana e, por fim, problemas climáticos, culminando com dificuldades financeiras.

Desde 2009, o governo interveio no mercado de combustíveis com o objetivo de contenção da inflação, utilizando-se da Petrobras como instrumento. Foi contido o preço da gasolina ex-refinaria, ao mesmo tempo em que a empresa, por insuficiência de sua capacidade de refino, se via obrigada a importar o produto a preço maior. O governo atingiu, por essa via, simultaneamente, a Petrobras, que passou a ter prejuízo, e os produtores de etanol, que tiveram sua produtividade reduzida.

Ainda com o objetivo de evitar alta nos preços finais de mercado, que seria motivada pelos preços nas refinarias, que por sua vez necessitavam de reajuste provocado por fatores externos, o governo reduz, em novembro de 2011, as alíquotas da contribuição de intervenção no domínio econômico (CIDE), incidente desde 2003, sobre a importação e a comercialização de gasolina e diesel.

Ao mesmo tempo, a Petrobras sobe o preço ex-refinaria. Reduz-se também a participação do álcool na gasolina. Em junho do ano seguinte, a CIDE é reduzida a zero, conforme mostra a Tabela 85.

---

[17]Estrangeiros são a nova geração de usineiros. *O Globo*, Rio de Janeiro, 27 de abril de 2013.

Tabela 85 – Contribuição de intervenção do domínio econômico (CIDE)

Decreto nº	COMBUSTÍVEL (R$/LITRO)		
	Gasolina	Óleo diesel	Etanol hidratado
10.336/01	0,50	0,16	0,03
10.636/02	0,86	0,39	0,04
5.060/04	0,28	0,07	0,00
6.446/08	0,18	0,03	0,00
6.875/09	0,23	0,07	0,00
7.570/11	0,19	0,07	0,00
7.591/11	0,09	0,05	0,00
7.764/12	0,00	0,00	0,00

Fonte: UFRJ. IE. [preparada pelo] Grupo de Economia da Energia.

O governo compensa a Petrobras, porém reduz novamente a competitividade do etanol, que, por ser fonte renovável, gozava de incentivo indireto via cobrança da CIDE sobre a gasolina.

Do lado financeiro, as dificuldades do setor surgiram, em parte, por causa dos fatores climáticos e pela queda da produção e da produtividade da cana, entre 2010-11 e 2011-12. Mais de cinquenta das quatrocentas unidades fabris que compunham o parque nacional foram paralisadas, muitas em processo de recuperação judicial.

Desde 2007, o preço do etanol em São Paulo variou em torno de uma tendência crescente, conforme se mostra na Figura 41.

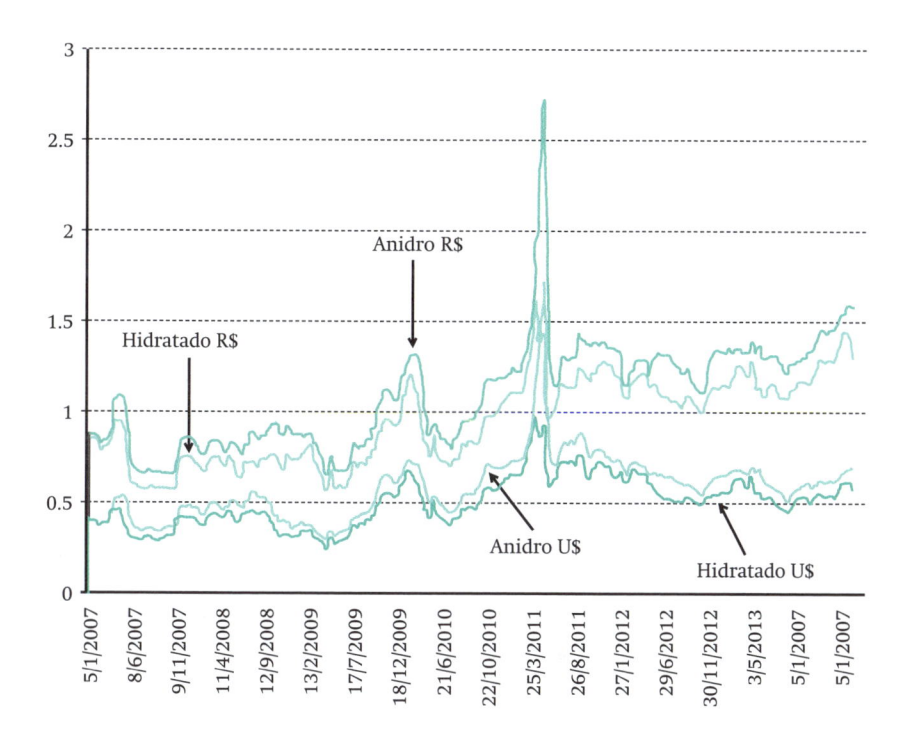

Figura 41 – Preço etanol, usinas do estado de São Paulo (R$/litro e U$/litro)

Fonte: CEPEA - ESALQ - USP

No entanto, desde 2011, o preço do etanol hidratado permaneceu competitivo com a gasolina na capital de São Paulo, ao passo que perdeu competitividade na média das outras capitais, ficando, inclusive, acima da proporção de 70% do preço da gasolina, considerada aceitável do ponto de vista da eficiência.

Biodiesel

No mercado de combustíveis para veículos pesados equipados com motor diesel, o suprimento passou a compreender, desde 2003, o biodiesel produzido a partir de vegetais e resíduos oleaginosos.

O Programa Nacional de Biocombustíveis, instituído[18] em 2005, fixou em 5% o percentual mínimo em volume obrigatório de adição do biodiesel ao óleo diesel, de forma progressiva, no prazo de oito anos, admitindo que nos três pri-

---
[18] Lei nº 11.097.

meiros anos fossem adicionados apenas 2%. Esse produto passou a ser conhecido como B2. Antes de ser atingido o prazo limite, foi adotado, em 2010, o B5, teor em vigor na maioria dos países produtores. No atual estágio de desenvolvimento, o máximo em uso é de 20%.

Ao contrário do que se passa com a adição do etanol anidro à gasolina, que é feita pela Petrobras, a aquisição do biodiesel é objeto de leilões aos quais comparecem como compradoras as distribuidoras de combustíveis, inclusive a Petrobras Distribuidora, às quais cabe fazer a mistura.

A título de incentivo, foi instituído o selo social (selo verde) para os produtores que adquiram parte da matéria-prima da agricultura familiar. Nesse caso, o produto fica isento da cobrança de PIS e COFINS. O benefício é diferenciado com 50% para o Nordeste, 30% para o Sul/Sudeste e 10% para o Norte/Centro-Oeste. Inúmeras cooperativas se habilitaram.

No Brasil, o crescimento da produção se deu de forma continuada e fortemente crescente. Instalaram-se, até 2013, 59 usinas dispersas por várias regiões do país, em função das matérias-primas disponíveis, com capacidade total de 7.243 mil m³ por ano.

Tabela 86 – Produção do biodiesel (mil/m³)

ANO	2007	2008	2009	2010	2011	2012	2013
Produção (mil/m³)	404	1.167	1.608	2.386	2.673	2.717	2.917

Fonte: ANP. Produção nacional de biodiesel puro.

A taxa de ocupação média das usinas construídas cresceu até 2010, quando atingiu o máximo de 45%, caindo para 40% em 2013. A capacidade ociosa induz os usineiros a insistir com o governo no sentido de aumento da obrigatoriedade para 6%.

Em maio de 2014, o governo anuncia, mediante Medida Provisória, o aumento da proporção do biodiesel na mistura para 6% em julho e 7% em novembro. Além de atender aos produtores que contam com grande capacidade ociosa, beneficia a Petrobras, que pode reduzir a importação de óleo diesel com significativo resultado financeiro. O acréscimo de custo para as distribuidoras se aplica à pequena parcela de seu preço de venda.

Essa determinação tem efeito a partir do 37º leilão. No entanto, há uma questão de preço, já que nos leilões até 2013 o do biodiesel ficou acima tanto do preço do óleo mineral da Petrobras como da cotação internacional, mas desde 2012 houve tendência de queda, que preocupa produtores.

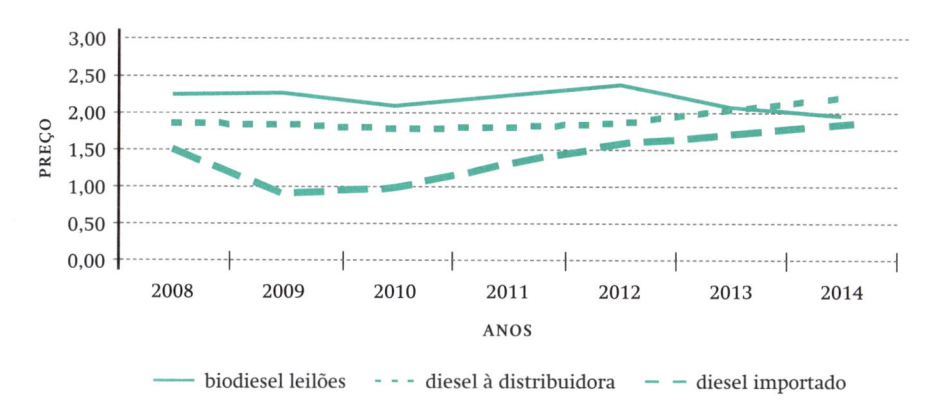

Figura 42 – Preços diesel x biodiesel

Fonte: ABIOVE. *Estatística mensal de preços.*

Do ponto de vista social e ambiental, o programa foi bem acolhido desde o início, em virtude de representar um passo na incorporação de atividades rurais em pequenas propriedades, bem como pela redução do consumo do diesel mineral com benefícios ambientais. Na sua evolução, no entanto, concentrou-se na utilização da soja proveniente do agronegócio, entrando também na mira das acusações universais de desvio de áreas destinadas a gêneros alimentícios para uso energético. Em 2013, a soja respondia por 71% do suprimento de matéria-prima para o biodiesel, seguida de 25% da gordura animal que apareceu inesperadamente em 2007, 2% do óleo de algodão e apenas 2% das "outras fontes". O biodiesel passou, na prática, a ser um subproduto da soja.

O programa continua relevante no que se refere à redução da poluição urbana provocada pelos motores diesel dos ônibus. Em contrapartida, o suprimento, que é disperso por inúmeras fontes e diversas distribuidoras, envolve riscos de não conformidade com as especificações da Aneel, vigentes desde 2009. São requeridas análises cuja capacidade de realização está limitada a 23 laboratórios em todo o país.

Confuso mercado de combustíveis

Não obstante o predomínio no Brasil da economia de mercado, o comércio de combustíveis líquidos e gasosos foge a essa regra. Em quase todas as suas modalidades e fases, está presente a ideia do monopólio, inspirada na história nacional do petróleo, tema que transcende ao domínio da economia e readquiriu força com o sucesso recente da Petrobras na descoberta de reservas de petróleo e gás no pré-sal.

A importação de gás natural da Bolívia, que poderia ter dado lugar a uma abertura do mercado interno desse combustível, acabou por ficar a cargo da Petrobras.

O consumo de gás pelas distribuidoras antes existentes carecia de rede de transporte e distribuição adequada. Previu-se equivocadamente, como âncora do contrato de volume diário fixo, o consumo em termelétricas cuja demanda é, no entanto, variável, quando operadas como fonte complementar da geração hidrelétrica. Abriu-se também o mercado automotivo para esse combustível em táxis.

No conjunto, trata-se de um mercado de complexidade crescente que compreende múltiplas inter-relações e que acabou por se tornar confuso.

A venda de gasolina aos consumidores finais se dá, desde 2002 pelo menos, em mercado formalmente livre. Os revendedores adquirem o produto de distribuidores, que, por sua vez, têm, na prática, um único fornecedor que é a Petrobras, que é também o único importador e exportador, quando necessário.

A venda do etanol constitui, também, mercado formalmente livre. No entanto, os produtores da agroindústria da cana-de-açúcar, em número reduzido, operam como oligopólio, o qual vende também, no país e no exterior, como *commodity*, o açúcar outro produto da mesma atividade. Há, assim, influência recíproca entre os mercados interno de álcool e externo de açúcar. O sucesso na introdução no mercado, em 2003, dos veículos com motor flexível, capaz de utilizar indiscriminadamente gasolina e etanol, revolucionou a estrutura do mercado de combustíveis automotivos, ao mesmo tempo que a nova frota se expandia. Essas duas ocorrências levaram o consumo do etanol a superar o da gasolina em 2008.

Já o biodiesel se mantém como simples aditivo obrigatório ao diesel mineral consumido em ônibus e caminhões.

Não obstante várias disposições legais, tributárias e normativas que tratam de partes desse complexo conjunto, e dos vários agentes do governo envolvidos, o comando é exercido, na prática, pela Petrobras que, seguindo ou não instruções do governo, manipula insistentemente os mercados definidos como livres.

Bagaço de cana e termeletricidade

A presença da biomassa na matriz energética brasileira é marcada por contribuição decrescente da nossa tradicional lenha e crescente do bagaço de cana, sempre utilizado como combustível nas usinas de açúcar e álcool. O seu emprego na geração de energia elétrica é recente, primeiramente para uso próprio e a seguir para venda no mercado de energia.

O mérito do bagaço como fonte de energia de característica estacional bem definida está na coincidência da safra na região Sudeste, principal produtora, com a época de deficiência de deflúvios nas usinas hidrelétricas da região. No entanto, do ponto de vista econômico, o período médio de geração, da ordem de 5 mil horas, leva as usinas a um baixo fator de capacidade, da ordem de 30% a 40%, o que resulta em elevada parcela do custo do capital no preço final da energia a ser comercializada.

A dificuldade principal da sua expansão reside na dispersão geográfica que requer inúmeros e complexos contratos com as empresas distribuidoras de energia elétrica, bem como a construção de linhas de transmissão para conexão ao sistema interligado.

No princípio de 2014, o parque de bioeletricidade compreendia 479 usinas com 11,4 mil MW de capacidade instalada, das quais 378 eram baseadas em bagaço de cana, com 9,3 mil MW[19]. Esse conjunto produziu 25 mil MWh em 2012, 48% destinados ao mercado, correspondendo a cerca de 4% da oferta total de eletricidade no país.

Estudo da CONAB[20] divulgado em 2011 analisou, de forma ampla, o quadro da termeletricidade a partir do bagaço de cana-de-açúcar.

Esse estudo tratou da eficiência das instalações, que pode variar na proporção de um para cinco, em função tanto do nível tecnológico dos equipamentos como da sua gestão. Foram feitas várias hipóteses sobre o progresso possível da contribuição dessa fonte de energia, tendo por base as das usinas existentes, antigas e novas. A conclusão do estudo é que a capacidade instalada poderia duplicar em dez anos.

Essa previsão perdeu validade, pelo menos temporariamente, em função da crise que atingiu o setor desde 2008. O consumo final de bagaço, que cresceu de forma continuada a partir do nível de 19 bilhões de toneladas em 2003, estacionou em torno de 27-28 bilhões entre 2007 e 2012[21].

Vicissitudes da energia nuclear

O espaço ocupado no ambiente internacional pela energia nuclear na geração de eletricidade é diferente conforme as condições e requisitos de cada país. Além disso, a sua trajetória tem sido descontínua, com períodos de aceleração e contenção na construção de novas usinas. No fundo isso se deve ao fato de as decisões serem mais complexas do que aquelas que envolvem quaisquer outras fontes. As discussões são ao mesmo tempo de natureza técnica, econômica e ambiental no que se refere à

---

[19] Aneel. Banco de Informações de Geração, maio de 2014.
[20] CONAB. Superintendência de Informações do Agronegócio. Geração termelétrica com a queima do bagaço de cana-de-açúcar, março, 2011.
[21] MME/EPE. Balanço energético, 2013.

questão das disposições dos rejeitos radioativos não resolvida em termos internacionais. No entanto, e sobretudo, trata-se de questão emocional, já que ninguém esquece que houve duas catástrofes: Chernobyl (1986) e Fukushima (2011), que atingiram, de diversas formas, milhares de pessoas e contaminaram extensas áreas.

No Brasil, o projeto da Usina Angra III, parte do grande "Acordo com a República Federal da Alemanha", de 1974, é emblemático quanto à dificuldade de definições políticas nítidas. O projeto foi suspenso em 1986, embora a maior parte dos equipamentos estivesse adquirida e entregue pelos fabricantes. Após amplas discussões sobre o abandono ou prosseguimento do projeto, foi ele retomado em 2007 e incluído no primeiro Programa de Aceleração do Crescimento (PAC). As obras foram reiniciadas em 2010, com a previsão que pudessem estar concluídas em 2016. Mais tarde, o início de operações passou para 2018. Entre a decisão inicial e a possível geração de energia terão percorrido, portanto, 44 anos.

O Plano Nacional de Energia 2030, lançado em 2008, muito antes de Fukushima, previu a construção de quatro usinas nucleares de 1.000 MW até o final do período, sendo duas localizadas no Nordeste. Não se iniciaram contratações nem providências práticas. Ambientalistas mantêm campanha contra qualquer iniciativa na área da energia nuclear e o assunto passou a ser matéria de debate no Congresso Nacional, onde a própria preservação de um programa nuclear é discutida.

Quanto ao combustível nuclear, a parte da mineração de urânio se limitou às pesquisas geológicas e à tecnologia do aproveitamento, com ênfase na grande e complexa jazida de fosfato-urânio em Itataia-Santa Quitéria no Ceará. Em 2009, a INB, em parceria com a empresa privada Galvani, anunciou a elaboração de projeto para a produção conjunta do fosfato com objetivo comercial e do urânio destinado à fabricação do combustível nuclear no quadro do monopólio. Em 2014, o empreendimento foi aprovado pelo Conselho de Desenvolvimento do Estado do Ceará enquanto o grupo apresentava o competente EIA-RIMA. A expectativa é que serão aí disponibilizadas para a INB cerca de mil toneladas por ano de urânio.

Já na Usina da INB em Resende, foi concluído, em dezembro de 2012, o primeiro módulo de enriquecimento de urânio com tecnologia nacional. Atende a 20% das necessidades de Angra 1 e 2. A capacidade de atendimento às três usinas fica na dependência de decisão de investir. No programa de governo para 2014 e 2015 consta como objetivo para a INB suprir a demanda nacional. As metas para 2014-15 relativas às diversas fases do processo de elaboração do combustível nuclear são, no entanto, muito modestas[22].

---

[22] INB. Programa de governo. *Gestão estratégica da geologia, mineração e transformação mineral.*

Em resumo, o Brasil detém reservas substanciais de urânio e domínio da tecnologia de produção do combustível nuclear, mas não está decidido a se envolver no respectivo desenvolvimento.

Desestabilização financeira da Petrobras e da Eletrobras

No final de 2013 configura-se nítido o risco de desestabilização financeira da Petrobras e da Eletrobras e, em conseq uência, do próprio futuro da energia no país.

No caso da Petrobras, foram infelizes as leis de 2010 que modificaram o marco regulatório anterior, em cuja vigência a empresa se consolidou técnica e economicamente, levando-a à memorável descoberta do pré-sal e ao seu reconhecimento como grande e respeitável entidade no domínio da exploração e da extração do petróleo.

A nova concepção rememora os tempos do "petróleo é nosso", quando a Petrobras precisava de auxílio do governo para dar os primeiros passos. Incluíram-se no marco regulatório a sua participação obrigatória de 30% no capital de cada concessão, bem como a administração de todas as parcerias, compartilhando essa responsabilidade com a esdrúxula PPSA.

Antes dos grandes investimentos no pré-sal, a empresa foi lançada na direção de inúmeros projetos de importância duvidosa para ela e para o país, que deram origem a gigantismo e perda de eficiência. O resultado não se fez esperar: estagnação das atividades essenciais de exploração, produção e refino de petróleo no país, prejuízos e necessidade de rever programas, reduzir investimentos e metas de produção.

Ao mesmo tempo a empresa foi atacada em sua integridade econômica com deliberado congelamento de preços de derivados em benefício de prática também ultrapassada de combate à inflação.

No caso da Eletrobras, o processo de desestabilização se intensificou em 2013 com a lei que aprovou mudanças substanciais no marco regulatório[23]. A visão foi de curtíssimo prazo. No fundo, girava em torno da "modicidade tarifária", juízo de valor que escapa à avaliação quantitativa. A própria presidente Dilma arbitrou que a redução tarifária seria de 20%, o que, sabidamente, não foi alcançado de forma sustentável.

Essa visão de curto prazo levou à oferta de renovação antecipada das concessões de usinas elétricas e linhas de transmissão que vencessem até 2017. Além disso,

---

[23] Lei nº 12.783, de janeiro de 2013.

seriam suprimidos encargos setoriais que incidem sobre as tarifas, à custa, em alguns casos, de complexa engenharia financeira.

As finanças da Eletrobras e das suas grandes subsidiárias, Furnas e Chesf, já não eram boas em 2013, quando foi promulgada a lei. A deficiência de recursos para os grandes projetos era suprida por aportes do BNDES. A nova concepção política do setor elétrico e do papel da Eletrobras, consubstanciadas nessa lei e nas decisões dela decorrentes, causaram apreensão.

As principais concessionárias, excetuadas as subsidiárias da Eletrobras, que receberam ordens do governo central, recusaram a proposta. Criou-se nova e complexa engenharia financeira a fim de compensar a parte da redução tarifária que não ocorreu pelo caminho estabelecido na lei.

Os autores não avaliaram os recursos financeiros que a Petrobras e a Eletrobras necessitariam nas respectivas missões de longo prazo. As empresas privadas se retraíram diante da insegurança institucional.

O confronto entre o balanço das duas empresas em 2007 e 2013 indica forte deterioração da solvência da Petrobras e da liquidez imediata da Eletrobras.

Tabela 87 – Situação financeira

INDICADORES	PETROBRAS			ELETROBRAS		
Índices	2007	2013	Δ (13/07)	2007	2013	Δ (13/07)
Liquidez imediata*	0,27	0,40	44%	0,74	0,23	-68%
Solvência**	0,69	0,40	-41%	1,01	1,16	15%

* Liquidez imediata = disponível ÷ passivo circulante
** Solvência = ativo circulante + realizável a longo prazo ÷ passivo circulante + passivo não circulante
Fonte: Balanços anuais da Petrobras e Eletrobras.

A preocupação do mercado financeiro quanto à ingerência do governo com motivação política na administração das duas empresas, que contam com significativos contingentes de acionistas minoritários, manifestou-se, de forma inequívoca, na cotação dos respectivos títulos na Bolsa de Valores. A evolução das cotações está representada na Figura 43.

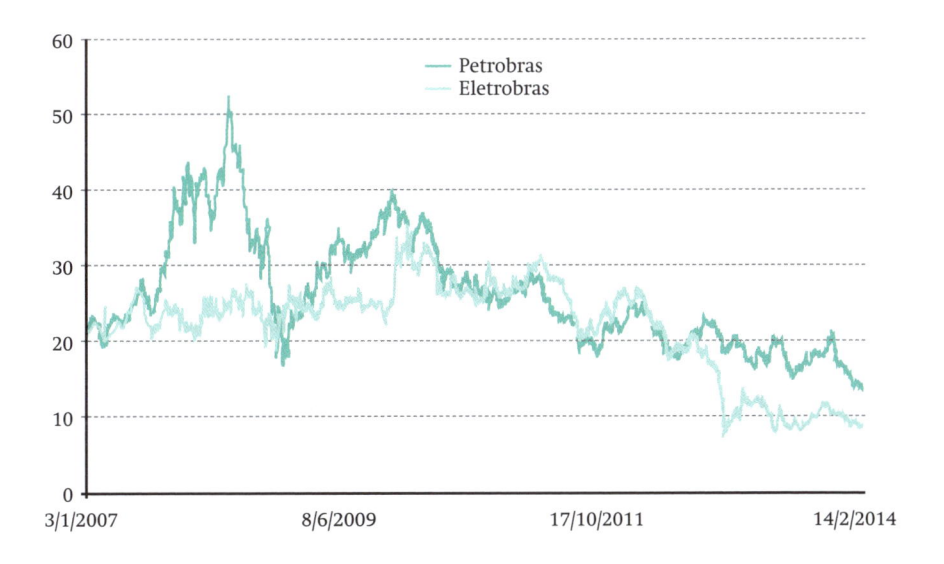

Figura 43 – Histórico de cotações (Petrobras e Eletrobras)

Fonte: Reuters.

Não obstante essa situação financeira crítica da empresa, o Conselho Nacional de Política Energética decide, em junho de 2014, aprovar a contratação direta da Petrobras para explorar volumes excedentes de petróleo pertinentes a contratos anteriores de cessão onerosa de um volume previsto de 5 bilhões de barris. A estimativa da ANP é que esse excedente possa atingir 14 bilhões. Como consequência, a Petrobras teria que repassar à União, além do bônus de assinatura, significativas contribuições até 2018, que a auxiliariam no cumprimento da meta de superávit primário.

Balanço energético do Brasil em 2012

Para finalizar a descrição e a análise da estrutura e da evolução do setor de energia no princípio do século XXI, torna-se oportuno apresentar um sumário do balanço energético nacional, conforme publicado com regularidade pelo MME. Os balanços energéticos compreendem a produção, por fontes primárias, o comércio exterior, a transformação e o consumo, classificado este pelos diversos setores que compõem a economia nacional, e oferecem visão histórica do setor energético do país[24].

---

[24]Sobre a abrangência e as unidades de medida ver Apêndice 1.

Segundo o balanço de 2013, que tem como base o ano de 2012, a Oferta Interna de Energia (OIE) passou de 67 milhões de tep em 1970 para 283 milhões em 2012. O crescimento médio anual, em 42 anos, foi de 3,5%, não obstante fortes variações, oscilando entre o máximo de 5,3% na década de 1970 e o mínimo de 2,0% na de 1980.

Essas oscilações decorreram de fases de crescimento/estagnação da economia, de hiperinflação/recuperação monetária, de hidrologia favorável ou desfavorável, bem como de preços internacionais de petróleo e da crise de múltiplas causas de 2001. Transcreve-se a seguir a tabela sintética retirada do balanço de 2013.

Tabela 88 – Evolução de indicadores

INDICADORES	UNIDADES	1970	1980	1990	2000	2010	2012
OIE/capita	tep/hab	0,70	0,94	0,96	1,11	1,40	1,46
OIE/PIB	tep/milUS$*	0,15	0,11	0,12	0,13	0,12	0,13
OIEE/capita	kWh/hab**	478	1.139	1.684	2.305	2.873	3.045
OIEE/PIB	kWh/milUS$*	103	137	209	258	253	263

* PIB convertido pela taxa média de câmbio de 2012.
** Inclui autoprodução.
Fonte: *Balanço energético nacional*, 2013. Relatório síntese – ano base 2012.

Por essa tabela se vê que a Oferta Interna de Energia por habitante praticamente dobrou de 1970 para 2012, enquanto em relação ao PIB em US$ teve forte queda entre 1970 e 1980 e manteve-se mais ou menos estável daí por diante. No mesmo período, a oferta de energia elétrica *per capita* multiplicou-se mais de seis vezes e, em relação ao PIB, duas vezes e meia.

Ao longo do tempo foi-se alterando a composição da oferta de energia no Brasil, com deslocamento das posições relativas da maioria das fontes primárias, enquanto ocorreram grandes transformações institucionais, descobertas de petróleo, crise da energia elétrica, entrada do gás natural e, mais recentemente, impulso da energia eólica.

A Figura 44 indica a evolução da participação das fontes não renováveis e renováveis na oferta global.

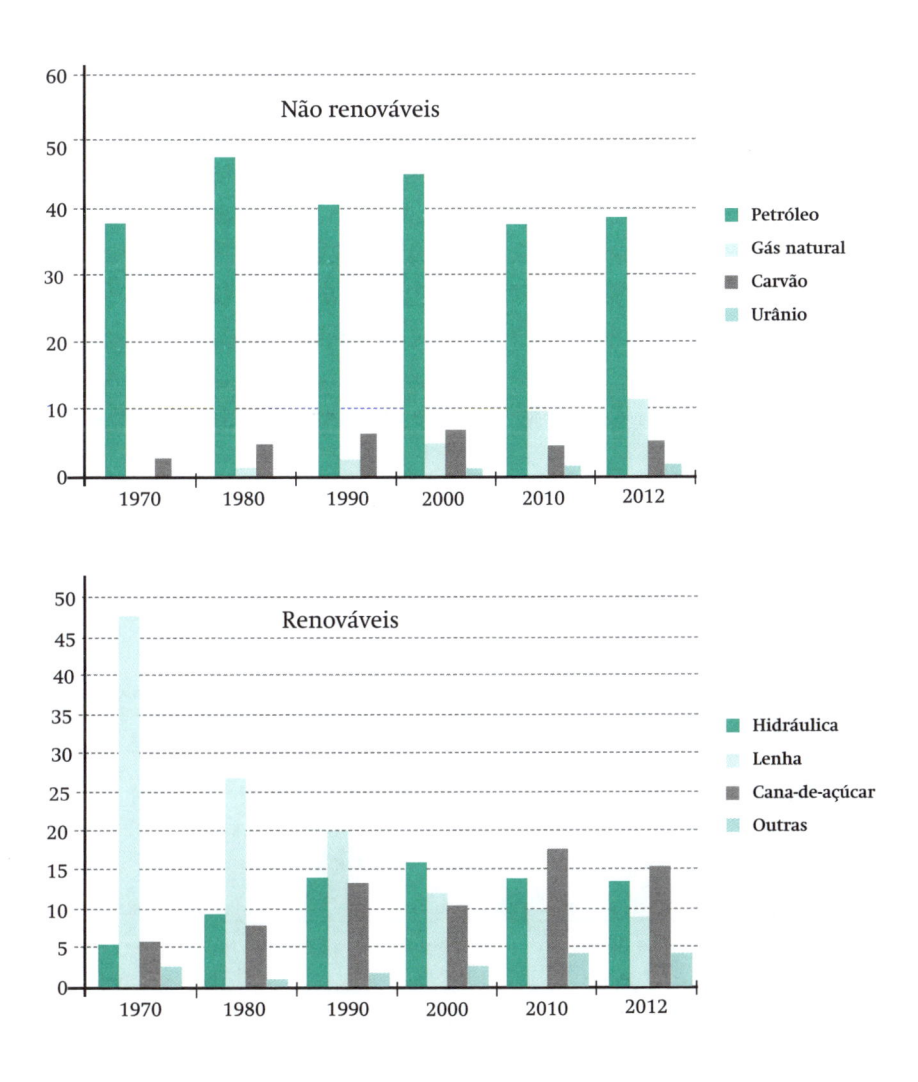

Figura 44 – Oferta Interna de Energia (%)

Fonte: MME. *Balanço energético nacional* (várias edições).

A proporção das energias não renováveis alcançou um mínimo de 54,9% em 2009 para crescer novamente até atingir 57,4% em 2012, com a concomitante retração das renováveis de 47,3 para 42,4%.

Foi forte a contração do conjunto lenha-carvão vegetal, cuja participação caiu pela metade na década de 1970 e de novo pela metade até 2000. Foi forte também a expansão do gás natural, que dobrou entre 2000 e 2010, com importação da Bolívia, ressalvando-se que isso se deu a partir de patamar muito baixo.

Nos setores fundamentais, o do petróleo sofreu oscilações significativas entre 38% e 48%. A energia hidráulica cresceu fortemente até 2000, declinando um pouco em 2010.

A participação dos derivados da cana-de-açúcar aumentou de 1970 a 1990, oscilando depois disso. O carvão mineral, além de menor importância, ficou estável, também desde a década de 1990.

O urânio passou a figurar, de forma modesta, depois de Angra II.

Novas fontes renováveis, apesar do seu crescimento continuado, permaneceram em posição relativamente modesta, não obstante a forte presença da energia eólica.

A evolução do consumo de energia comparado ao do PIB está representada na Figura 45.

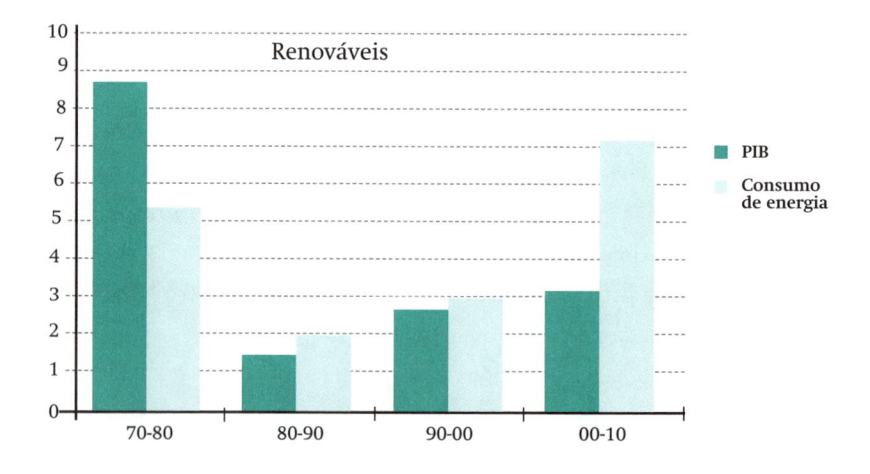

Figura 45 – Crescimento decenal do PIB e do consumo de energia (%)

Fonte: MME. *Balanço energético nacional* (várias edições).

No período de forte crescimento econômico, de 1978-80, a intensidade energética diminuiu. Na década perdida de 1980, o uso da energia cresceu mais que a economia, ambos em torno de 2% a.a. Daí por diante, com o crescimento econômico medíocre, o consumo de energia chegou a 7% na primeira década do século, caracterizando forte descompasso da economia brasileira.

No consumo final da energia de todas as fontes, ao longo de 42 anos, houve grande modificação na participação dos diversos setores, com notável redução da parcela correspondente ao consumo residencial. Mantém-se concentração na indústria e no transporte, predominantemente rodoviário. A parte residencial, depois de perder a sua importância relativa nas décadas de 1970 e 1980, manteve-se estável.

Tabela 89 – Consumo final de energia por setor (%)

IDENTIFICAÇÃO	1970	1980	1990	2000	2010
Consumo final não energético	2,4	5,4	7,8	8,3	7,3
Setor energético	2,5	5,6	9,4	7,5	10
Residencial	35,5	20,1	14,1	12,0	9,8
Comercial e público	2,0	2,8	3,7	4,8	4,3
Agropecuário	8,6	5,5	4,7	4,3	4,1
Transportes	21,2	24,6	25,8	27,6	29,0
Industrial total	27,7	35,9	34,1	35,6	35,5

Fonte: MME. *Balanço energético nacional* (várias edições).

Questão que sempre nos preocupou, diante das tradicionais dificuldades no balanço de pagamentos, foi a dependência externa de energia, notadamente do petróleo.

Nesse domínio, houve grande modificação, entre 1990 e 2004, na dependência tota, que caiu de um máximo de 25% em 1990 para 11% em 2012. Nesse período, a redução da importação de petróleo foi espetacular, descendo de 43% para 8%. No carvão, há total dependência da parcela correspondente ao tipo metalúrgico, destinado à siderurgia, para o qual o país não dispõe de reservas de qualidade adequada e economicamente exploráveis.

Tabela 90 – Dependência externa de energia

TOTAL	ANO					
	2007	2008	2009	2010	2011	2012
Dependência (10^6 tep)	19	21	96	20	22	31
Dependência (%)	8	8,4	3,9	7,6	7,9	11
Petróleo						
Dependência (10^3 tep)	19	41	-110	-55	28	211
Dependência (%)	1	2,1	-5,7	-2,6	1,3	8,9

Nota: Dependência = demanda – produção (em % da demanda)
Fonte: MME. *Balanço energético nacional*. 2013, Tabela 1.8.

Julho de 2014

O preparo desta terceira edição foi concluído em julho de 2014. Neste capítulo de atualização (2007-2014) é analisado o processo de desestruturação do setor de energia, ainda em curso. O futuro está indefinido, embora se saiba de inevitáveis sequelas negativas da política energética em vigor, pelo menos no biênio 2015-16.

A expectativa é que depois das eleições de outubro de 2014 sejam definidas, pelas forças políticas vencedoras, diretrizes coerentes nos domínios econômico e de energia, que possam nos levar a nova fase de crescimento econômico sustentável e sem fantasias, com recuperação da racionalidade das diretrizes.

A crise é mais grave do que outras pelas quais já passamos e vencemos.

O momento requer de todos nós o abandono do clima de radical descrença nas instituições e de desesperança no nosso próprio futuro, como pressuposto de qualquer plano de ação que venha a ser elaborado.

Capítulo XIII
Eficiência energética e meio ambiente

Sentido deste capítulo

Este capítulo difere dos anteriores, na sua concepção, porque foge à sequência cronológica. Extravasa da matéria específica da oferta de energia para dedicar-se à correlação entre o seu uso e os danos ao meio ambiente e os progressos da eficiência nas atividades de extração, captação, produção, transformação e transporte da energia, bem como no seu uso pelos consumidores finais. Examina-se a introdução de novas fontes primárias de energia e de novas tecnologias no aproveitamento de fontes tradicionais. Neste domínio se reúnem as correções possíveis dos danos de origem antrópica ao solo, à fauna e à flora, às águas correntes, subterrâneas e oceânicas, e, sobretudo, dos gases de efeito estufa, principais responsáveis pela mudança climática.

Quase todos os temas tratados no presente capítulo encontram-se de forma dispersa em outras partes do livro, especialmente no Capítulo X (1995-2002), no Capítulo XI (2002-2006) e no Capítulo XII (2007-2014).

Cresce a preocupação com o meio ambiente

Desde que a questão ambiental se apresentou, com toda a força, na década de 1980 (ver Capítulo IX), não pararam de crescer as preocupações e intensificaram-se estudos visando melhor caracterizar problemas específicos, na busca de possíveis soluções. Houve conscientização da gravidade das agressões ao meio ambiente, dando lugar à mobilização da opinião pública, mormente nos países industrializados, tanto pelo desmatamento como pelo mau uso do solo e dos recursos hídricos. No mundo mais pobre, a questão ambiental passou a ser, dominantemente, um problema de poluição urbana nas grandes cidades. Por toda a parte fortaleceram-se administrativa e financeiramente grupos de ação, sob a forma de Organizações Não Governamentais – ONGs, com o objetivo de intervir no processo de deterioração generalizada. Muitas delas trouxeram contribuições significativas para o encaminhamento de soluções, no entanto, o crescimento da população, a ocupação de territórios finitos, a intensificação das atividades produtivas e a presença da pobreza continuaram a afetar negativa e inexoravelmente a natureza.

O meio ambiente passou a ser tema político-partidário, principalmente na Europa, onde surgiram os Partidos Verdes. Esse fenômeno ocorreu aí simultaneamente com o enfraquecimento das forças da esquerda política, no fim do século XX, que deu lugar à migração de alguns socialistas para o Verde. No Brasil, fenômeno semelhante deu origem ao Partido Verde que, no entanto, não logrou atrair tantos eleitores como aconteceu na Europa. O movimento ambientalista, no nosso país, se dispersou horizontalmente por vários partidos.

A conscientização da gravidade da situação ambiental na passagem do século XX e da perspectiva da continuidade do processo de deterioração levou a renovados esforços de cooperação internacional e à intensificação de ações concretas da maioria das nações. As iniciativas voltam-se, de um lado, para o aumento da eficiência e a redução de danos nas atividades correntes e, de outro, à busca de novas soluções – limpas – para o atendimento das necessidades sociais.

No exame das várias formas de agressão à natureza, há que distinguir as que ocorrem em torno da área em que tiveram origem daquelas que afetam toda a população mundial, independentemente da localização da sua origem. Entre as primeiras, destacam-se, em particular nos países insuficientemente desenvolvidos, as que resultam da inter-relação entre urbanização e pobreza e da ocupação desordenada do território nacional. Entre os danos de caráter universal, assumem importância preponderante os que resultam da intensificação no uso das energias fósseis com o correspondente lançamento de gases de efeito estufa na atmosfera, os quais, por sua vez, dão origem a mudanças climáticas.

Nesse contexto, cumpre ter presente que todos os empreendimentos humanos com o objetivo de produção de bens e serviços, com especial destaque para os de energia, trazem, como consequência, danos à natureza. O aumento da população, bem como o aumento da renda de alguns países menos desenvolvidos, além de hábitos de consumo e processos precariamente eficientes, que implicam desperdício, elevaram de forma desmesurada esses danos.

Na apreciação dos projetos que envolvem energia, geralmente de grande dimensão, três complexas questões estão presentes:

- para se alcançar um determinado objetivo, existem, em geral, soluções alternativas que cumpre comparar sob o duplo aspecto do custo e do benefício;
- os projetos de interesse público, ainda que abrangentes, trazem prejuízos materiais ou morais a determinados grupos de pessoas não necessariamente beneficiados pelo projeto;
- é difícil a delimitação e a ponderação, no domínio jurídico, entre o interesse público e o individual.

No Brasil, a análise do variado elenco dos problemas ambientais indica que há mais concordância de opiniões do que controvérsias. De um lado estão questões reconhecidamente importantes sobre as quais há convergência de opiniões, mas a solução dessas questões é dificultada, na maioria dos casos, pela insuficiência de informação relativa ao meio ambiente, bem como de despreparo profissional para tratar adequadamente dessas questões, tanto da parte dos responsáveis pelos projetos como dos órgãos públicos dedicados ao licenciamento e à fiscalização das atividades produtivas potencialmente poluidoras. Faltam também recursos financeiros para as ações necessárias. De outro lado se situam questões essencialmente controvertidas.

Entre as principais divergências relacionadas com a produção de energia, destacam-se as que se referem ao mérito de grandes aproveitamentos de energia hidráulica, envolvendo inundações e deslocamento de populações, a controvertida energia nuclear, as monoculturas de cana-de-açúcar e de eucalipto, bem como outras possíveis culturas extensivas relacionadas à produção de biodiesel. Discute-se o nível das exigências para instalação de novas termelétricas. Apresentam-se, por fim, com certa insistência, teses importadas de países desenvolvidos, não aplicáveis de imediato ao nosso cenário ou, pelo menos, ainda não oportunas, como é o caso de tecnologias novas, muito dispendiosas para um país insuficientemente desenvolvido.

No Brasil estas questões se colocam de forma distinta na Amazônia, devido à sua ocupação ainda esparsa entremeada de grandes florestas, que vão sendo invadidas e devastadas, e nas demais regiões do país onde se localizam os aglomerados urbanos e a mata nativa foi, há muito tempo, retirada. Essa diferença, que não se torna explícita na maioria dos documentos relativos ao meio ambiente, deve estar bem presente quando se discute, aqui, qualquer problema ambiental. Adiante, neste capítulo, se voltará à questão específica da Amazônia.

Mudança climática

Na Conferência das Nações Unidas sobre o Meio Ambiente e Desenvolvimento, realizada no Rio de Janeiro em 1992, foi constituída, entre outras iniciativas, a Convenção – Quadro das Nações Unidas sobre Mudança Climática, aberta a adesões, que entrou em vigor em 1994 (ver Capítulo IX). Foram propostas ações direcionadas à limitação de emissões danosas ao meio ambiente. Realizaram-se sucessivas conferências das partes da convenção: Berlim 1995 e Genebra 1996, sem muitos avanços nos entendimentos. Houve importante participação do Brasil, com a sua proposta de ação prática sob a forma de um Fundo de Desenvolvimento Limpo. No Japão, em 1997, depois de longos e acirrados debates, se concretizou o Protocolo de Kioto, com metas de contenção de emissões de seis gases do efeito estufa, diferenciadas por grupos de países e com a adoção, em outro formato, da proposta inicial do Brasil que se transformou no Mecanismo de Desenvolvimento Limpo – MDL (Clean Development Mechanism – CDM).

A meta acordada em Kioto foi cortar as emissões dos países desenvolvidos (citado no Anexo 1) até 2008-2012 em cerca de 5% do nível de emissões atingido em 1990.

O Protocolo isentou de restrições quantitativas os países subdesenvolvidos ou ainda em desenvolvimento (Países não incluídos no Anexo 1), reconhecendo que teriam, ainda por muitos anos, que aumentar seu uso de combustíveis fósseis e, portanto, suas emissões, em função da expansão de atividades industriais e de geração termelétrica vinculadas ao respectivo processo de crescimento econômico e urbanização. Essa decisão foi importante vitória para os países em desenvolvimento, pois os Estados Unidos insistiam na inclusão de tais países, visando essencialmente a China que, já àquela época, muito contribuía para as emissões globais.

O objetivo declarado foi alcançar a estabilização da concentração dos gases de efeito estufa na atmosfera em nível suficientemente baixo para prevenir interferências antrópicas no sistema climático.

A implementação do Protocolo de Kioto foi objeto de conferências subsequentes, em Buenos Aires em 1998, em Bonn em 1999 e em Haia em 2000, sendo que nesta última ocorreu um impasse entre as posições europeia e norte-americana, que resultou na negativa dos Estados Unidos em ratificar o Protocolo. Essa recusa foi importante porque a entrada em vigor do acordo estava na dependência de sua ratificação por pelo menos 55 partes da Convenção – Quadro das Nações Unidas sobre Mudanças Climáticas e pelas partes do Anexo 1 que representassem 55% das emissões equivalentes de CO_2 emitidas por essas partes em 1990. A ausência dos Estados Unidos, maior emissor mundial de gases de efeito estufa, deu grande poder de barganha à Rússia, sucessora da União Soviética, que era a segunda colocada nessa estatística.

Só em novembro de 2004, oito anos depois da sua formulação, a Rússia ratificou o Protocolo, completando-se, assim, os requisitos para sua entrada em vigor, com assentimento de 124 países que totalizavam 62% das emissões. De fora ficaram os Estados Unidos e a Austrália, responsáveis por 36%. A China está no Protocolo, embora não conste do Anexo 1.

Com a adesão da Rússia, o Protocolo entrou em vigor em fevereiro de 2005. Não obstante esse atraso, muitas providências foram sendo antecipadamente tomadas, em muitos países e organizações, dentro do espírito do Protocolo. Criou-se uma Diretoria Executiva de dez membros, eleitos pela Conferência das Partes, com a missão de definir metodologias, registrar projetos e emitir certificados de crédito, além de outras providências.

Aos Países Não Anexo 1 foi imposta a obrigação de atualizar periodicamente a Apresentação Nacional de Emissões e Remoções Antrópicas de Gases de Efeito Estufa.

O Protocolo criou mecanismos de ação de caráter econômico para que pudessem ser atingidos os seus objetivos. Previram-se compensações entre entidades poluidoras e outras que pudessem contrabalançar, de algum modo, as ações das primeiras. Definiram-se direitos comerciais e, mediante o já mencionado Mecanismo de Desenvolvimento Limpo, permitiu-se que empresas de países industrializados investissem em projetos de redução ou captura de emissões em países em desenvolvimento, obtendo com isso certificados de créditos de emissão utilizáveis para compensar parte da respectiva meta de redução de emissões. Um segundo mecanismo, de Implementação Conjunta, semelhante ao MDL, permitiu operação de créditos entre empresas de países incluídos no Anexo 1.

Entre as obrigações dos países membros da Convenção-Quadro estabeleceu-se a de elaborar e manter atualizado o Inventário Nacional de Emissões de Gases de Efeito Estufa, de acordo com diretrizes instituídas em 1996. A competente Comunicação relativa ao ano de 1994 foi oportunamente apresentada pelo Brasil (MCT, 2004).

Antes de indicar os valores que foram então divulgados, cumpre ter presente que a análise das informações publicadas sobre emissões e, em particular, das comparações internacionais, requer especial cautela, em virtude da diversidade de conceitos e de abrangência.

A distinção mais importante se refere às atividades abrangidas, que compreendem três alternativas.

A primeira se atém às emissões decorrentes do uso da energia, seja de origem fóssil, seja de biomassa e outras fontes renováveis, seja ainda dos reservatórios das hidrelétricas, particularmente daqueles situados em áreas mais quentes, onde a flora aquática se renova e decompõe com rapidez.

A segunda se ocupa da totalidade das emissões antrópicas, que compreendem, além daquelas decorrentes do suprimento e uso da energia, os rejeitos de processos industriais e as mudanças no uso da terra, onde tem papel relevante a substituição de florestas por outras ocupações do solo.

A terceira distinção se refere aos gases considerados nas avaliações. Tudo gira em torno do dióxido de carbono (CO_2), pela sua transcendental importância, dado o volume de sua produção e, portanto, para a formação do efeito estufa. São, no entanto, vários os gases que preocupam, inclusive, pela mesma razão: o metano (CH_4), o óxido nitroso (N_2O), os óxidos de enxofre (SO_x) e o ozônio (O_3). Por vezes as análises se concentram nas emissões de CO_2 e por vezes na totalidade das emissões, requerendo, para isso, definir a equivalência de efeitos. Neste caso se mencionam quantidades de CO_2eq. Em áreas mais densamente povoadas, também são relevantes as emissões de materiais particulados, pelos prejuízos que podem causar à saúde.

Entre os trabalhos abrangentes sobre a emissão de gases de efeito estufa de origem antrópica e das correspondentes consequências sobre mudança climática, merece destaque os que vêm sendo realizados, desde o final do século XX, pelo Intergovernmental Panel on Climate Change – IPCC.

Água

Antes da Conferência das Nações Unidas de 1992, já haviam sido realizadas reuniões internacionais para discutir a disponibilidade e a qualidade da água para uso humano.

A International Water Resources Association – IWRA, fundada por profissionais do ramo em 1972, realizou sucessivos congressos mundiais, com intervalos de três anos.

Na Conferência consolidou-se a ideia de se constituir o World Water Council, que havia surgido no Congresso do Cairo, em 1991. O processo de organização aberto à adesão de organizações dedicadas à água foi concluído em 1996, fixando-se a sua sede em Marselha. O I Fórum Mundial da Água, realizado em Marrakesh (1977), teve grande repercussão. No âmbito das Nações Unidas a matéria foi incluída na Agenda 21 e foi objeto, em 1977, da U. N. Convention to Combat Desertification – UNCCD. As atividades permanentes foram atribuídas à Food and Agriculture Organization – FAO. É extensa a relação de eventos e de estudos dedicados à matéria. Um relatório abrangente foi publicado pela FAO em 2005 (FAO, 2005).

Em função da continuidade e da intensificação dos estudos, houve grande progresso na compreensão do ciclo da água no globo terrestre e dos distúrbios que vem sofrendo. Constata-se a sua escassez, sendo crítica a situação em determinadas regiões em que decresce a disponibilidade *per capita*. Deteriora-se a qualidade da água potável, especialmente em função da insuficiência de saneamento básico nas regiões mais pobres. Há que ter presente, no entanto, que em termos mundiais o consumo doméstico de água presumidamente potável é de apenas 10% do total, cabendo 20% à indústria e 66% à irrigação. As perdas por evaporação nos reservatórios seriam de 4%.

A atividade de geração de energia elétrica está presente de duas formas no ciclo da água. A primeira, nas usinas termelétricas, em cujo processo se produz vapor de água que é lançado na atmosfera. A segunda se dá no aproveitamento da energia proveniente de desnível em curso de água e do reservatório de regularização que para esse fim é construído. As perdas são oriundas, neste caso, da evaporação nos reservatórios. A atividade não é neutra, no entanto, quanto aos seus efeitos sobre a qualidade da água. Pela sua importância, a matéria será objeto de um parágrafo especial, mais adiante neste capítulo.

Além da deterioração dos mananciais e da qualidade da água, cabe atentar para o fenômeno da desertificação que tem relação com a água e as atividades agropecuárias e extrativas, embora tendo pouca relação com a energia. Cumpre mencioná-lo apenas para completar o quadro básico da deterioração do meio ambiente. A desertificação resulta de intensa pressão exercida por atividades humanas sobre ecossistemas frágeis, cuja capacidade de regeneração é baixa. Trata-se de um problema concentrado em determinas regiões do globo.

No Brasil, a região do semiárido do Nordeste tem apresentado o surgimento de áreas de desertificação. São notórios alguns exemplos bem definidos no Piauí, Ceará, Rio Grande do Norte e em Pernambuco. Existem, também, outros focos esparsos pelo território nacional, como na região do médio Rio Doce.

Quadro institucional do tema ambiental

No âmbito do governo federal, a questão ambiental ficou limitada, até 1981, à criação de uma Secretaria Especial do Meio Ambiente – Sema. Nela se realizaram trabalhos pioneiros no âmbito do governo, graças à paciente liderança de Paulo Nogueira Neto (ver Capítulo VII). A seguir o assunto meio ambiente ganhou status de ministério, sob várias formas de organização e abrangência.

Do ponto de vista jurídico, a Constituição de 1988 tratou, pela primeira vez, de forma explícita, do meio ambiente, em termos gerais, nos artigos 23 e 24 e, com mais detalhe, no artigo 225.

>Art. 23. É de competência comum da União, dos Estados, do Distrito Federal e dos Municípios:
>(...)
>VI – proteger o meio ambiente e combater a poluição em qualquer de suas formas; (...)
>Art. 24. Compete à União, aos Estados e ao Distrito Federal legislar concomitantemente, sobre:
>(...)
>VI – florestas, caça e pesca, fauna, conservação da natureza, defesa do solo e dos recursos naturais, proteção do meio ambiente e controle da poluição;
>(...)
>VIII – responsabilidade por dano ao meio ambiente.

Estas duas disposições, da competência comum e da concomitância, trouxeram grande dificuldade para a União e os Estados, na implantação do sistema que se procurou construir.

>Art. 225. Todos têm direito ao meio ambiente ecologicamente equilibrado, bem de uso comum do povo e essencial à sadia qualidade de vida, impondo-se ao Poder Público e à coletividade o dever de defendê-lo e preservá-lo para as presentes e futuras gerações:
>§ 1º Para assegurar a efetividade desse direito incumbe ao Poder Público:
>(...)
>IV – exigir, na forma da lei, para instalação de obra ou atividade potencialmente causadora de significativa degradação do meio ambiente, estudo prévio de impacto ambiental, a que se dará publicidade;

Estavam aí as diretrizes para a complementação da legislação ordinária que viria logo a seguir.

Já no domínio das águas e sua relação com a energia, a Constituição criou ambiente mais simples:

> Art. 22. Compete privativamente à União legislar sobre:
> (...)
> IV – águas, energia, informática, telecomunicações e radiodifusão;

Estabeleceu, ainda:

> Art. 26. Incluem-se entre os bens dos Estados:
> I – as águas superficiais ou subterrâneas, fluentes, emergentes e em depósito, ressalvadas, neste caso, na forma da lei, as decorrentes de obras da União; (...)

Os condicionamentos das atividades produtivas no quadro assim instituído foram ainda ampliados, especialmente na parte aplicável à Amazônia, no Capítulo VIII da Constituição referente aos índios:

> Art. 231. São reconhecidos aos índios sua organização social, costumes, línguas, crenças e tradições, e os direitos originais sobre as terras que tradicionalmente ocupam, competindo à União demarcá-las, proteger e fazer respeitar todos os seus bens.
> (...)
> § 3º – O aproveitamento dos recursos hídricos, incluídos os potenciais energéticos e a lavra das riquezas minerais em terras indígenas, só podem ser efetivados com autorização do Congresso Nacional, ouvidas as comunidades afetadas, ficando-lhes assegurada participação nos resultados da lavra, na forma da lei.

A complexidade desse conjunto de normas envolvendo meio ambiente, água e energia e terras indígenas se tornou evidente, na prática, especialmente no que concerne ao licenciamento dos empreendimentos hidrelétricos. Além disso, o quadro se agravou em função de uma associação perversa com as inovadoras atribuições do Ministério Público:

> Art. 127. O Ministério Público é instituição permanente, essencial à função jurisdicional do Estado, incumbindo-lhe a defesa da ordem jurídica, do regime democrático e dos interesses sociais e individuais indisponíveis.
> § 1º – São princípios institucionais do Ministério Público a unidade, a indivisibilidade e a independência funcional.

Se de um lado se justifica em tese essa independência em relação ao Poder Executivo, de outro, na prática, da sua aplicação resultou diversidade de interpretações individuais dos procuradores, tanto da legislação como na avaliação dos projetos e relatórios técnicos a que se refere o art. 225 da Constituição. A experiência veio mostrando que, por falta de orientação sobre a valorização de externalidades positivas e negativas dos projetos e suas alternativas, o Ministério Público não tem ponderado adequadamente os danos locais e os benefícios globais dos empreendimentos, o que dificulta a execução de projetos do mais alto interesse nacional, gerando um quadro de insegurança jurídica para os empreendedores, e prejuízos para a coletividade no longo prazo.

Na imposição de dificuldades, justificadas ou não, aos empreendimentos produtivos, especialmente de infraestrutura, o Ministério Público tem sido coadjuvado por inúmeras organizações sem fins lucrativos, ONGs dedicadas a matérias ambientais e populações indígenas. Pela relevância dessas ações, que se concentram na Amazônia, delas se tratará ao fim deste capítulo, dedicado às preocupações com essa região.

Conama e Ibama

A legislação específica foi sendo desenvolvida, desde antes da Constituição de 1988, conforme se expôs no Capítulo IX, tendo como base a lei fundamental que dispõe sobre a Política Nacional do Meio Ambiente, o Sistema Nacional do Meio Ambiente e cria o Conselho Nacional do Meio Ambiente – Conama, como órgão consultivo e deliberativo (Lei no 6.938/81). A seguir foi criado, como braço executivo do sistema, o Instituto Brasileiro do Meio Ambiente e dos Recursos Naturais Renováveis – Ibama (Lei nº 7.735/89).

A regulamentação foi sendo construída mediante resoluções do Conama, que adquiriram força de lei. Entre elas se destaca a Resolução nº 1, de janeiro de 1986, que estabelece:
"As definições, as responsabilidades, os critérios básicos e as diretrizes gerais para o uso e implementação da Avaliação de Impacto Ambiental."

Definiu-se o impacto ambiental no art. 1º, como:
> qualquer alteração das propriedades físicas, químicas e biológicas do meio ambiente, causada por qualquer forma de matéria ou energia resultante das atividades humanas, que direta ou indiretamente afetam: a saúde e segurança e o bem-estar da população, as atividades sociais e econômicas, a biota, as condições estéticas e sanitárias do meio ambiente, e a qualidade dos recursos ambientais.

No art. 2º dessa mesma Resolução, se estabelece que dependerá de Estudo de Impacto Ambiental – EIA, e respectivo Relatório – RIMA, o licenciamento da atividade modificadora do meio ambiente. Mais adiante são definidas as atividades técnicas a serem desenvolvidas no estudo de impacto, entre as quais:
> I – Análise dos impactos ambientais do projeto e de suas alternativas, através de identificação, previsão da magnitude e interpretação da importância dos prováveis impactos relevantes, discriminando os impactos positivos e negativos (benéficos e adversos), diretos e indiretos, imediatos e a médio e longo prazos, temporários e permanentes, seu grau de reversibilidade, suas propriedades cumulativas e sinérgicas, a distribuição dos ônus e benefícios sociais.

Nessa Resolução é que se explicitam, pela primeira vez, duas recomendações: a da análise de alternativas ao projeto em causa e a discriminação dos aspectos que devem ser levados em conta nessa análise, comparando os impactos positivos e negativos de cada alternativa.

A legislação foi objeto de esforço de consolidação e foi completada com a Lei de Crimes Ambientais (Lei nº 9.605/98), que "dispõe sobre as sanções penais e administrativas derivadas de condutas e atividades lesivas ao meio ambiente". Tem caráter punitivo.

A Compensação Ambiental correspondente a empreendimentos de significativo impacto ambiental, que já estava prevista desde a resolução Conama nº 10/1987, foi objeto de maior esclarecimento na Lei nº 9.985/2000 que tratou das Unidades de Conservação. Deu origem a discussões, tanto fora como no interior do próprio governo, provocando a publicação da Resolução Conama nº 371/2006, sobre a qual continuou o debate. São dois os pontos críticos: o primeiro é a fixação apenas de um mínimo de 0,5% dos custos totais do empreendimento, deixando o empreendedor à mercê do critério da autoridade licenciadora, quanto ao valor real da compensação. O segundo é que não se estabelece ligação entre a Compensação e as medidas de mitigação dos efeitos nocivos do projeto adotadas pelo empreendedor (CNI, 2007).

Entre os Estados a evolução foi nitidamente diferenciada em função do respectivo nível de desenvolvimento e dos problemas regionais mais relevantes.

No domínio específico das matérias pertinentes à Convenção do Clima, o Brasil foi o primeiro país a instituir o organismo previsto no Mecanismo de Desenvolvimento Limpo – MDL, sob o nome Designated National Authority, para coordenar as ações nesse domínio. Foi organizada para tal fim a Comissão Interministerial de Mudança Global do Clima, com a "finalidade de articular as ações de governo decorrentes da Convenção – Quadro das Nações Unidas sobre Mudanças Climáticas" (Decreto de julho/1999). Essa Comissão congrega todos os ministérios, sob a presidência do ministro da Ciência e Tecnologia. Entre as suas atribuições figura a análise dos projetos que resultem em redução de emissões e que sejam elegíveis para o MDL.

As operações daquela comissão tiveram início, no Brasil, em 2000 e tomaram corpo rapidamente. Em 1.597 projetos apresentados até 2006, a Índia ocupava a primeira posição com 557 projetos, a China a segunda, com 299 e o Brasil a terceira, com 210. No que se refere às correspondentes emissões de CO_2 negociadas com esses projetos, o total atingiu 2.434 milhões de toneladas, correspondendo, na base anual, a 296 milhões, ficando o Brasil com 8% deste total (MCT, 2007). Trata-se, sem dúvida, de números ainda modestos, quando comparados ao nível mundial de emissões, da ordem de 25 bilhões de toneladas anuais. No entanto há que considerar que se trata de lançamento de um projeto muito complexo sobre o qual existia pouquíssima experiência.

A montagem do quadro institucional se completa, no Brasil, com a criação da Agência Nacional de Águas, da qual se tratará a seguir.

A preocupação com os usos da água precedeu, no Brasil, a visão ambiental com sentido amplo.

O antigo Serviço Geológico compreendia uma Divisão de Águas, na qual se iniciaram os trabalhos de fluviometria no Brasil. Esse serviço se transformou no Departamento Nacional de Produção Mineral, e a Divisão de Águas se transformou no Departamento

Nacional de Águas e Energia Elétrica. É dessa época o Código de Águas (Decreto nº 26.234/34). Embora o Código fosse abrangente, a questão das águas ficou essencialmente vinculada, no âmbito da administração federal, ao seu aproveitamento para geração de energia hidrelétrica. As águas para abastecimento dos grandes centros urbanos eram de atribuição de organismos do âmbito da administração estadual ou municipal.

Com a crescente conscientização de que a água se tornaria um recurso escasso no século XXI, a administração das águas adquiriu novo relevo, o que justificou a definição de uma Política Nacional de Recursos Hídricos e a criação de uma estrutura própria e especializada, no âmbito do Ministério do Meio Ambiente, compreendendo a Secretaria de Recursos Hídricos e o Conselho Nacional de Recursos Hídricos. A Lei das Águas (Lei 9.433/97), consoante a prática de legislação incessante que se estabeleceu no país, foi pouco depois objeto de proposta de modificações (Projeto de lei nº 1.616/99). Criou-se a seguir a Agência Nacional de Águas – ANA, com a missão de regular o uso da água dos rios e lagos de domínio da União, assegurando quantidade e qualidade para usos múltiplos, bem como implementar o Sistema Nacional de Gerenciamento de Recursos Hídricos visando ao planejamento racional da água, com a participação de governos municipais, estaduais e da sociedade civil (Lei nº 9.984/ 2000).

Consolidou-se a definição de bacia hidrográfica como unidade territorial para a implantação da Política de Recursos Hídricos, com a correspondente instituição dos Comitês de Bacia. Cabe a estes o trabalho preliminar para a definição dos Planos de Recursos Hídricos.

Foram estabelecidos em 2000 os procedimentos para a outorga de direito de uso da água. Foi iniciada a elaboração do cadastro dos usuários, que permitiu o início da cobrança por esse uso. A rede de postos fluviométricos e meteorológicos foi objeto de coordenação entre os múltiplos órgãos que os operam.

Meio ambiente e energia

Na ampla gama de problemas do meio ambiente, este livro só trata da sua inter-relação com a exploração de recursos energéticos naturais e o suprimento e o consumo de energia. Abre-se uma exceção, no entanto, para incluir, desde logo, a queima de florestas, notadamente na Amazônia, e de vegetação nativa do cerrado que, entre outros relevantes aspectos, contribui para a emissão de gases de efeito estufa, anulando em parte os esforços, no sentido de reduzi-los, que se vão realizando na área energética.

Nas questões objetivas que serão examinadas a seguir neste capítulo, são inseparáveis as relações da conservação de energia e a eficiência no seu uso, com os danos ao meio ambiente, seja pela redução das emissões resultantes da queima de combustíveis, seja pelo melhor aproveitamento de recursos hídricos, seja, principalmente, pela contenção da demanda de energia. A inter-relação entre energia e ambiente é também inseparável do progresso da tecnologia e das inovações que dele decorrem.

Licenciamento ambiental

O licenciamento ambiental, de responsabilidade do Sistema Nacional do Meio Ambiente, fica a cargo das Secretarias Estaduais especializadas, na maioria das ações práticas. Concentra-se no Ibama o exame dos grandes projetos, especialmente aqueles com impacto em mais de um Estado, ouvidos os órgãos locais interessados, tendo como órgão normativo o Conselho Nacional do Meio Ambiente – Conama. O processo dá origem, frequentemente, a conflitos de competência com ações oficiais concomitantes, situação esta que se complica com o envolvimento municipal em questões ambientais locais.

O pedido de licenciamento, acompanhado do respectivo EIA/RIMA, é analisado pelo órgão ambiental competente, federal, estadual ou municipal, dependendo da abrangência dos possíveis efeitos do empreendimento. O RIMA deve ser objeto de divulgação, de forma resumida, para conhecimento da sociedade interessada. Conforme o caso, pode ser objeto de Audiência Pública. O licenciamento é necessário nas três fases do empreendimento: projeto, instalação e operação, mediante licença prévia de instalação e de operação. Esta última pode ter de ser renovada periodicamente. Normas e definições mais detalhadas foram objeto de resolução posterior do Conama (Decreto nº 88.351/83, regulamenta a Lei nº 6.938/81, e Resolução Conama nº 237/97).

Tanto do lado dos empreendedores como do governo e das ONGs envolvidas no problema ambiental, tem faltado discriminação nítida entre a questão ambiental e a de prejuízos reais ou morais que recaem sobre terceiras pessoas afetadas pela obra em discussão. No entanto são aspectos que requerem, tanto quanto possível, tratamento distinto. De um lado, trata-se de ponderar danos ambientais contra benefícios coletivos, de alcance regional ou nacional, em busca da melhor solução para atingir o objetivo que se tem em vista. De outro lado, requer-se a ponderação entre os benefícios da obra para a coletividade e os prejuízos das pessoas por ela afetadas negativamente, para definição das necessárias compensações. Há que reconhecer que, além de problemas tipicamente sociais ou ambientais, apresentam-se também problemas complexos que não permitem a dissociação entre esses dois aspectos.

Ao longo dos vinte anos que se seguiram à primeira regulamentação federal sobre meio ambiente, o sistema foi aperfeiçoado, com melhor habilitação profissional tanto do lado dos órgãos ambientais e das organizações não governamentais, como ainda dos projetistas e promotores de empreendimentos sujeitos a licenciamento prévio. Não obstante, nesse progresso persistiu, infelizmente, a má qualidade de estudos em boa parte dos projetos submetidos ao licenciamento ambiental.

Apresentou-se, também, inesperadamente, na aplicação prática da legislação ambiental, crescente dificuldade na conclusão dos processos de análise e julgamento do mérito dos EIA/RIMA. Ela tem origem na dúvida quanto à responsabilidade pessoal dos membros do corpo técnico-administrativo dos órgãos ambientais no julgamento final desses processos.

A tradição do direito administrativo brasileiro é baseada no art. 37, § 6º, da Constituição, em função do qual as pessoas ou quaisquer entidades legalmente constituídas que se considerem prejudicadas por algum ato do governo recorrem à Justiça, contra o órgão responsável, buscando sua anulação ou o ressarcimento dos danos que sofreu. Na hipótese de vitória, cabe ao governo, se for o caso de dolo ou culpa do funcionário responsável, mover ação contra esse funcionário.

Em nova interpretação da Constituição, cabe também ação direta na Justiça contra o servidor público que praticou o ato contestado. Não obstante ser difícil, na maioria dos casos, provar o dolo ou culpa, com objetividade, o simples fato do risco de ser processado vem intimidando os servidores que têm a obrigação de julgar o mérito dos EIA/RIMA.

Usinas hidrelétricas e meio ambiente

Muito antes da controvérsia que envolve a construção de grandes usinas hidrelétricas, foi editado pela Eletrobras o I Plano Diretor para Conservação e Recuperação do Meio Ambiente nas Obras e Serviços do Setor Elétrico. Esse plano foi revisto e aperfeiçoado no Plano Diretor de Meio Ambiente do Setor Elétrico – 1991/1993.

No caso específico dos projetos de energia elétrica, estudos ambientais já vinham sendo realizados, desde 1986/1988, no Grupo de Trabalho de Custos Ambientais do Setor Elétrico – Comase, que integrava o Grupo Coordenador do Planejamento dos Sistemas Elétricos – GCPS e contava com a colaboração de um Comitê Consultivo de Meio Ambiente, constituído por personalidades não vinculadas a empresas do setor elétrico e que assessorava a Eletrobras (ver Capítulo IX). Fiz parte deste Comitê durante alguns anos, inclusive na época em que foi debatido o tema da extensão do conceito de "custos ambientais" para o de "custos socioambientais". Apresentei então parecer contrário à não segregação dos custos de natureza ambiental daqueles referentes aos problemas sociais. Mais tarde essa questão adquiriu maior relevância no processo de licenciamento e nas discussões a ele inerentes, consagrando o conceito socioambiental no vocabulário corrente.

O licenciamento ambiental, principalmente no caso de grandes obras de geração de energia hidrelétrica, tem sido objeto de longas controvérsias. De um lado os estudos de inventário tradicionais não atendiam aos requisitos da nova visão ambiental. De outro se requerem, cada vez mais, avaliações integradas por bacias hidrográficas. Por fim, apresentam-se, para a análise dos projetos, questões que se afastam das definições legais pertinentes, bem como outras, de caráter jurídico, estranhas à legislação ambiental, provocadas em geral pelo Ministério Público e por ONGs.

No entanto, as definições sobre o licenciamento são bastante claras segundo a Resolução Conama nº 237/97.

> I – Licenciamento Ambiental: procedimento administrativo pelo qual o órgão ambiental competente licencia a localização, instalação, ampliação e a operação de empreendimentos e atividades utilizadoras de recursos ambientais, consideradas efetiva ou potencialmente poluidoras ou daquelas que, sob qualquer forma, possam causar degradação ambiental, considerando as disposições legais e regulamentares e as normas técnicas aplicáveis ao caso.
>
> II – Licença Ambiental: ato administrativo pelo qual o órgão ambiental competente estabelece as condições, restrições e medidas de controle ambiental que deverão ser obedecidas pelo empreendedor, pessoa física ou jurídica, para localizar, instalar, ampliar e operar empreendimentos ou atividades utilizadoras dos recursos ambientais consideradas efetiva ou potencialmente poluidoras ou aquelas que, sob qualquer forma, possam causar degradação ambiental.

Não obstante a concentração de esforços da Eletrobras, que veio dando cada vez maior importância aos efeitos ambientais dos projetos, e a já longa experiência de elaboração dos RIMA e do respectivo julgamento, são frequentes os entraves provocados pela falta de clareza dos critérios adotados ou pelo insuficiente conhecimento, por parte dos interessados e/ou autoridades, sobre a natureza dos problemas a considerar. É frequente, também, que na elaboração de um projeto para atender a determinado objetivo não sejam indicadas as alternativas que foram consideradas ou não se confrontem os benefícios que dele podem advir com os danos ambientais ou malefícios sociais dele decorrentes. Em particular, pela presença indistinta de aspectos sociais que dão lugar a ações judiciais, com a interferência de Procuradores da República que não tiveram qualquer preparo para lidar com problemas e alternativas no domínio energético e ecológico.

Na longa história dos bem-sucedidos projetos hidrelétricos brasileiros, dois acontecimentos negativos marcaram época, dando lugar a sentimentos que viriam se apresentar, de forma simplista e generalizada, contra a construção de hidrelétricas. O primeiro foi o da usina de Sobradinho, no rio São Francisco, pela má condução do processo, do ponto de vista dos danos sociais, decorrentes do reassentamento da população deslocada pelo lago. O segundo foi o da usina de Balbina, na Amazônia, já esta do ponto de vista ambiental, na qual se cometeu o erro exemplar da desproporção entre o dano causado pela extensa área inundada e o pequeno benefício decorrente da energia gerada (ver Capítulo IX).

Licenciamento de usinas hidrelétricas

As discussões prévias sobre o impacto dos projetos hidrelétricos se intensificaram com o surgimento de novos grandes projetos de aproveitamentos na Amazônia, especialmente o de Cachoeira Porteira, que não foi avante, e o de Babaquara-Karakaraô, no rio Xingu, que foram objeto de vários estudos alternativos com o objetivo de reduzir a área inundada.

A nossa legislação sobre o meio ambiente e especificamente sobre a Amazônia, veio sendo aperfeiçoada. Dela não consta a proibição de construções com finalidade energética. Trata apenas de disciplinar a sua construção de forma que os benefícios para o país, delas esperado, sejam alcançados com um mínimo de danos ao meio ambiente, considerando-se, sempre, as soluções alternativas realistas que, no caso, envolvem, de imediato, a construção de grandes usinas termelétricas a carvão e, em mais longo prazo, usinas nucleares.

Nos anos 1990 outra concepção do aproveitamento da energia do rio Xingu reduziu significativamente a área inundada, da ordem de 500 km², adquirindo então a designação de Belo Monte, com a capacidade de 11 mil MW e o abandono do reservatório de Babaquara (6.300 km²). Em função de dificuldades financeiras e da profunda reestruturação do setor elétrico, o projeto foi conduzido em marcha lenta. O reinício dos trabalhos preparatórios se deu em 2000, com a contratação de estudos ambientais.

Na sua evolução, o projeto se constituiu em caso paradigmático da dificuldade de conciliação do interesse nacional, representado pela Eletronorte (não isenta de culpas), com os de vários grupos de interesses particulares, alguns legítimos e outros nem tanto. Entre as peripécias do processo, que constam do sumário histórico reproduzido no Apêndice 12-A, cabe destacar a ação civil do Ministério Público Federal no estado do Pará contra a Eletronorte com o objetivo de sustar a elaboração do EIA/RIMA do empreendimento. Impedir que se estude!

As usinas do rio Madeira, que não dispõem de mercado próximo, se constituem em exemplo de avaliação incompleta, já que o orçamento inicial não considera as linhas de transmissão de enorme envergadura e grande impacto que foram exigidas para o transporte dessa energia para a Região Sudeste. A questão que se coloca é que a incorporação dessas linhas à rede básica encarece o transporte de todos os consumidores e não apenas o daqueles que venham a adquirir a energia dessas usinas. Surgiram inúmeras contestações.

Entre os argumentos contrários à construção das usinas, ressurge a questão antiga de oposição entre interesse local e nacional, que se aplicava à mineração de ferro em Minas Gerais, onde deixaria apenas buracos. Na Amazônia também se apresenta essa ideia de que a geração de energia somente beneficiaria o Brasil não amazônico.

No licenciamento dos projetos hidrelétricos surgiram, também, questões ambientais de outra natureza, relacionadas com emissões de gases de efeito estufa resultantes da alteração ambiental provocada pela decomposição de biomassa que se encontrava ou se desenvolvia nos respectivos reservatórios. Estudos realizados nos Estados Unidos indicaram níveis de emissão de gases (99% CO_2 e 1% metano), correspondendo a 10 mil t/TWh nas usinas dessa região. Considerou-se, na falta de mais informações, que em regiões tropicais esse nível poderia ser quatro vezes maior. Essas estimativas não consideram, também por falta de medidas, a contrapartida do sequestro de carbono que pode vir a ser substancial. A serem válidos esses níveis de emissões, a produção de energia hidrelétrica emitiria 10 vezes menos gases de efeito estufa do que a de energia termelétrica que viesse a substituí-la, mediante usinas a gás, de ciclo combinado, e 25 vezes menos do que aquela gerada em usinas a carvão (Taylor, 2004). De novo se evidencia a necessidade de confronto entre outras opções para se alcançar o mesmo objetivo.

No que se refere à relação entre a administração dos recursos hídricos e a geração de energia hidrelétrica, três pontos têm especial destaque nessa nova legislação. O primeiro é o requisito de outorga do direito de uso dos recursos hídricos, mediante a concessão para o aproveitamento energético, que se acrescenta ao requisito do Estudo de Impacto Ambiental e respectivo Relatório do Impacto Ambiental, mediante os quais se inicia o processo de licenciamento do empreendimento, que envolve a obtenção das Licenças Prévia, de Instalação e de Operação.

O segundo decorre da instituição da Compensação Financeira pela Utilização de Recursos Hídricos paga pelos titulares da concessão, sendo estabelecido o percentual de 6,75% do valor da energia hidrelétrica gerada, dos quais 6% vinculados ao Estado e aos municípios afetados pelo projeto, bem como a órgãos definidos da União, e 0,75% reservados à ANA para aplicação na implementação do Sistema Nacional de Recursos Hídricos.

O terceiro surge da necessidade de coordenação entre a ANA, vinculada ao MMA, e o Operador Nacional de Sistemas – ONS, vinculado ao MME, no que diz respeito aos Planos de Recursos Hídricos de cada bacia hidrográfica, visando ao uso múltiplo das águas, a cargo da primeira, e à otimização do sistema elétrico integrado, a cargo do segundo.

É possível, inclusive, que a administração das águas por bacia venha a predominar sobre a concepção da otimização, em escala nacional, dos recursos hídricos para fins de geração de energia.

Um caso à parte é o das Pequenas Centrais Hidrelétricas – PCH. Para caracterizá-las os organismos internacionais têm dado preferência ao limite máximo de 30 MW. No Brasil, para fins de assegurar procedimentos expeditos de autorização de aproveitamento de tais potenciais e construção das respectivas centrais, havia sido adotado o limite de 10 MW de potência máxima, depois ampliado para 30 MW.

Esses aproveitamentos foram em certa época relegados a segundo plano, porque as grandes usinas podiam gerar eletricidade mais barata e, em muitos casos, porque os reservatórios, ao regularizarem os deflúvios, podiam exercer concomitantemente o controle de inundações, a melhoria das condições da navegação fluvial e a irrigação. No princípio do século XX, as PCH eram mais atrativas, quer pelo seu pequeno porte, compatível com os mercados locais, ainda incipientes, quer por serem, em geral, a fio d'água, não exigindo grandes obras de regularização. Nesse período inicial do setor elétrico, a dimensão dos mercados e os custos de transmissão a longa distância levavam ao predomínio da geração distribuída. Trata-se agora de um potencial a desenvolver, de novo de forma distribuída, o que mereceu legislação favorável específica. Os pequenos aproveitamentos servem especialmente para produtores independentes, autoprodutores e concessionários menores. Demonstração disso está no fato de que, mesmo antes da regulamentação, foram outorgadas duas concessões, uma de 18 MW para a Cataguases–Leopoldina em um afluente do rio Doce, e outra para autoprodutor – usina de alumínio – de 10 MW no sul de Minas, na bacia do rio Paraíba. Três outros projetos tiveram os seus estudos iniciados no rio Paraibuna mineiro.

Eficiência na produção e no uso da energia

Diante do objetivo nacional e mundial de atender à demanda de energia com a menor agressão possível à natureza, considera-se que no horizonte de médio prazo o recurso mais importante para o futuro está na conservação de energia, entendida como a soma de ações voltadas para redução do desperdício de energia e materiais, operação racional de máquinas e utensílios, eficiência dos projetos e da construção dos equipamentos de produção e transformação de energia e eficiência das próprias máquinas, instalações e equipamentos em que a energia é utilizada.

Os conceitos de conservação e eficiência energética estão intimamente relacionados. Não se deve perder de vista, no entanto, que vários desenvolvimentos tecnológicos voltados para o aproveitamento de fontes renováveis (eólica, fotovoltaica, geotermal e das marés) visam, primordialmente, aos benefícios de ordem ambiental, mediante substituição de energias de origem fóssil.

Foram muitas as iniciativas, governamentais e particulares, no sentido de promover a eficiência energética. Em 1985 foi instituído, no âmbito da Eletrobras, o Procel e em 1991, na Petrobras, o Programa Nacional da Racionalização do Uso dos Derivados do Petróleo e do Gás – Conpet (ver Capítulo IX). Como entidade privada, organizou-se o Instituto Nacional de Eficiência Energética – INEE em 1992, além de outras que vieram mais tarde.

Com sentido amplo e concomitantemente ao auge da crise de 2001, foi aprovada no Congresso uma Política Nacional de Conservação e Uso Racional de Energia (Lei de Eficiência Energética), oriunda de proposta do então senador Fernando Henrique Cardoso. Compreende a fixação de índices mínimos de eficiência energética a serem impostos aos equipamentos comercializados no país e à construção de prédios (Lei nº 10.295/01 e Decreto nº 4.059/01). Tem o mérito de sinalizar o sentido de ações construtivas necessárias. O correspondente regulamento é extenso, abrangente e sua implementação tem sido lenta. Dele resultou, regulamentação referente a motores elétricos trifásicos de indução, lâmpadas fluorescentes compactas e a aparelhos de iluminação.

O resultado das ações em busca da eficiência energética pode ser expresso em termos físicos ou econômicos, nem sempre coincidentes. Na formulação de programas de eficiência, há que considerar a existência de casos de agressão ao meio ambiente que, pela sua gravidade, requerem solução tecnicamente eficaz, independentemente do seu custo. No geral, no entanto, há que priorizar as ações técnicas que sejam, também, economicamente favoráveis. E são muitas, felizmente, as oportunidades nessa categoria.

Apesar das dificuldades inerentes à avaliação quantitativa das margens de redução possível de dispêndio de energia, desde a extração ou captação das formas primárias até o consumo final, todos os trabalhos que nesse sentido vêm sendo apresentados apontam resultados surpreendentemente elevados. É comum que se gaste o dobro ou o triplo do que seria tecnicamente realizável.

A importância que se vai atribuindo ao tema está explicitada em documento do Conselho Mundial de Energia, publicado com o título "Sonho ou Realidade", no qual esse organismo assume o compromisso de contribuir para a promoção de atitudes cooperativas entre tomadores de decisão dos governos e do mundo dos negócios, abrangendo economias nacionais em vários estágios de desenvolvimento (Conselho, 2006).

Os caminhos a percorrer compreendem a substituição de equipamentos que consomem energia por outros mais eficientes e disponíveis no mercado, a reorganização de processos produtivos, mudanças de hábitos de consumo, o desenvolvimento de tecnologias novas e a melhor utilização operacional do que existe. No caso de se voltar a ter, no país, uma política global de energia, o Estado pode se limitar a induzir a ação prática dos produtores e usuários. O mesmo não parece possível quanto à pesquisa de soluções novas, dado o longo prazo requerido, que ultrapassa muitas vezes o horizonte das decisões dos empresários privados e torna imprescindível a presença ativa do Estado. As soluções se comporão de forma diversa entre produtores de energia, usuários industriais, meios de transporte e domicílios. A questão é técnica e economicamente mais simples no âmbito das empresas produtoras de energia que estão tratando, no caso, de matéria da sua própria especialidade.

A grande indústria, pela sua própria estrutura empresarial afeita aos cálculos econômicos, tem estado na vanguarda das inovações e melhoramentos, especialmente nas economias de mercado e naquelas em que o custo da energia representa parcela significativa do respectivo custo total de produção. A competição faz com que as demais sigam os passos das inovadoras. Em 2005 o BNDES criou um programa de financiamento específico para projetos autossustentáveis de eficiência.

Nos mercados em que os preços da energia são controlados pelo Poder Público e mantidos em níveis artificialmente baixos, tem havido, ao contrário, desestímulo à conservação da energia, como ocorreu no Brasil desde 1975 até 1996, no setor elétrico.

Nos transportes o problema é ainda mais complicado. Cada meio de transporte oferece um serviço distinto que concorre apenas parcialmente com os outros. Nos sistemas que atendem ao transporte coletivo de pessoas, é frequente a característica de monopólio que requer ou a presença direta do Estado ou de órgãos reguladores. A concorrência se verifica, no caso, com o automóvel particular bem como, eventualmente, entre modais, como o ônibus e o metrô. O transporte de cargas mais se aproxima das condições de uma economia de mercado. Em todos os casos está quase sempre presente uma questão fundamental de alocação de custos, que infelizmente não admite análise e soluções simples. O usuário do transporte rodoviário se beneficia da infraestrutura que é construída com recursos da sociedade como um todo, via impostos, e paga um tributo específico de licença para trafegar e de consumo de combustíveis e de pedágio nas rodovias expressas, que ninguém sabe exatamente se é justo ou não. Os sistemas de transporte coletivo arcam com todos os custos e recebem, dos orçamentos públicos, subsídios cuja adequação é de difícil avaliação.

Não adianta muito, embora seja fundamental como informação para eventual coordenação e planejamento de transportes, a indicação de que, por exemplo, o consumo de energia por passageiro/km seja menor na ferrovia do que no automóvel, porque pode predominar, nas decisões individuais, a autonomia e a liberdade de deslocamento propiciada pelo automóvel, cujo valor para o usuário não é objeto de quantificação.

O uso da energia nas edificações tanto comerciais como residenciais e públicas envolve duas etapas, a da produção dos materiais de construção e a que decorrem da sua utilização. A produção de materiais faz parte do setor industrial e se comporta como tal. A construção civil contém, mais do que qualquer outra atividade produtiva, uma contradição intrínseca entre gastos presentes e futuros, decorrentes das concepções arquitetônicas e das características dos materiais empregados. A seleção pelos preços correntes de mercado entre dois materiais de isolamento de calor ou de luz, por exemplo, pode resultar em maior consumo futuro de energia pelo usuário do prédio, portanto um custo futuro que, oportunamente avaliado, poderia resultar em escolha oposta. O projeto de escritório de parede de vidro, conforme sua orientação em relação ao sol, pode requerer consumo exagerado de energia para o condicionamento de ar e, se associado a persianas ou cortinas que bloqueiem a entrada de luz, pode requerer iluminação artificial durante o dia, com desperdício de luz solar livremente disponível e mais consumo de energia elétrica e maior demanda de refrigeração ambiental. Essa dificuldade de avaliar quantitativamente a economia de energia nos prédios é agravada pelo fato de que, em geral, os consumos e despesas a comparar de um valor inicial e de custos operacionais correspondem a pessoas diferentes, o construtor e o proprietário do imóvel.

A evolução de programas específicos será vista adiante, neste capítulo, quando se tratar dos transportes e do uso da eletricidade e do gás domiciliar.

Tecnologia e inovação

Em uma época de florescimento da ciência e da tecnologia, é natural que se verifique relativo atraso na tradução dos avanços em inovações economicamente praticáveis. Assim mesmo é impressionante o número e a variedade dos novos caminhos que se vão abrindo e que, por sua vez, se vão conjugando para formar um quadro de grande potencialidade, no longo prazo.

Em contrapartida, as descobertas e invenções têm dado lugar, também, a expectativas fantasiosas, baseadas no pressuposto da sua imediata aplicação prática, ignorando o tempo requerido para o respectivo desenvolvimento e demonstração comercial.

Exceção, nesse quadro de progresso, é a da acumulação de energia elétrica que depende, até hoje, da tradicional bateria elétrica, equipamento consagrado, mas de capacidade limitada. O seu aperfeiçoamento tem desafiado indústrias e instituições de pesquisa a melhorar a relação entre energia acumulável, de um lado, e peso e custo das baterias, de outro. Durante muito tempo o relativo insucesso na descoberta de alguma forma revolucionária de armazenar economicamente eletricidade teve efeitos negativos sobre o desenvolvimento de várias outras tecnologias novas de geração de eletricidade, com caráter intermitente. Limitavam também a utilização de veículos acionados eletricamente. Novos e bem-sucedidos desenvolvimentos tecnológicos tiveram lugar, na passagem do século, em associação com o aperfeiçoamento dos veículos elétricos, dos quais se tratará mais adiante.

É provável que a Matriz Energética Mundial vá se modificando na sua composição, sem mudanças bruscas devidas ao desenvolvimento tecnológico. Ainda mais porque as mudanças estão sujeitas a condições de ordem política interna de cada país e aos entendimentos internacionais relativos à administração do meio ambiente, além do tempo necessário à amortização de equipamentos recentemente instalados. Nos países menos industrializados, a possibilidade de mudanças depende em grande parte da velocidade e adequação da transferência de tecnologia oriunda dos centros de pesquisa, pública e privada, localizados nos países industrializados. São raros os casos como o do Brasil, que, de forma autônoma, desenvolveu a produção e o uso do álcool nos veículos automotores, a extração de petróleo em águas profundas na plataforma continental e os aperfeiçoamentos genéticos e de cultivo do eucalipto e da cana-de-açúcar.

A contenção ou redução das emissões se reveste de aspectos distintos, em função do nível de desenvolvimento e das características econômico-sociais de cada país. Quase todos, inclusive o Brasil, desenvolveram, por sua própria conta e com grau diverso de intensidade, regulamentação interna sobre emissão de gases pelos veículos dotados de motores de combustão interna, da queima aberta de combustíveis fósseis em caldeiras e outros equipamentos industriais. Tudo isso resultando em estritos critérios a serem observados em novos veículos e novas instalações. A redução das emissões de veículos e instalações fixas preexistentes às novas normas é questão distinta e que se reveste de características diferenciadas segundo a dimensão do que veio do passado.

Os países industrializados dispõem de instalações que vieram sendo construídas ao longo de muito tempo, compreendendo, portanto, diversos grupos de idade, desde unidades obsoletas e de baixa eficiência até outras mais recentes, com ainda longo tempo de vida. Varia a relação custo-benefício na substituição ou remodelação de tais unidades, para que se atinjam padrões de eficiência requeridos para novas instalações. Um programa de intensa substituição e modernização custa caro às empresas e, em algumas, traz consequências para seu próprio equilíbrio econômico. As empresas e os governos vão agindo com prudência.

Os países insuficientemente desenvolvidos, e especialmente os pobres, dispõem de parque industrial e de geração de energia cuja demanda agregada de combustíveis fósseis ainda é pequena quando comparada à demanda mundial. Esse fato dá origem a propostas de compensação entre os grupos de países mais e menos desenvolvidos. Ainda insuficientemente regulamentada pelo Comitê Executivo da Convenção de Mudanças Climáticas está a questão da avaliação do sequestro de carbono pelas florestas, matéria que interessa de perto ao Brasil.

Apenas parcialmente relacionada com a questão energética, por meio do consumo de lenha, mas de importante impacto sobre o meio ambiente, está a destruição das florestas naturais, sem reposição. Os países industrializados realizaram essa destruição em seus territórios até o século XIX, quando o emprego do carvão mineral tornou-se predominante. Muitos países em desenvolvimento o fazem agora.

Diversidade das energias novas

A expressão "energia nova" ou "energia alternativa" vem sendo utilizada, em geral, para caracterizar novas formas de utilização de fontes de energia de uso tradicional, com destaque para a solar e a eólica. A primeira sob a forma de calor para aquecimento de água e fotovoltaica para geração de eletricidade. A segunda com aproveitamento da força dos ventos para gerar eletricidade. Ambas são fontes renováveis e despertam, por esse motivo, grande interesse.

A utilização da energia solar e da eólica, depende, mais do que qualquer outra forma, de fenômenos naturais: do movimento da Terra no sistema solar, da cobertura de nuvens e do regime dos ventos. Todas apresentam disponibilidade intermitente, variando com as horas do dia, as estações do ano e a localização geográfica. Essa característica faz com que a energia delas oriunda se distribua no tempo de maneira diferente da que caracteriza a demanda habitual dos consumidores.

As instalações destinadas à produção de energia elétrica, quando isoladas, só podem ser diretamente utilizadas de forma intermitente. Para a continuidade do serviço ficam estreitamente dependentes de baterias de acumulação da energia elétrica, cujo progresso só tomou corpo no início do século XXI para atender à demanda da aparelhagem eletrônica e, a seguir, dos veículos híbridos e elétricos. Utilizados de forma integrada a uma rede elétrica, envolvem complexos critérios de definição de valores relativos de intercâmbio de energia com características de distribuição no tempo bastante diferentes.

O avanço tecnológico, no sentido de produzir equipamentos comerciais, tem sido intenso, mas com resultados práticos variáveis.

A energia solar fotovoltaica tem por objetivo captar a radiação solar e convertê-la, diretamente, em energia elétrica, por meio de células fotovoltaicas.

A concepção original da célula, que data de meados do século XX, é baseada no efeito fotovoltaico que decorre da propriedade física que têm certas substâncias (semicondutores) de liberação direcional de partículas com carga elétrica decorrente da incidência da energia luminosa. A célula consiste de uma fina lâmina do semicondutor entre duas camadas condutoras, positiva e negativa, onde se gera o fluxo de eletricidade. Variantes de materiais e de construção resultaram em significativos progressos, sempre dentro dos limites da concepção original. A eficiência da prática na captura da energia luminosa decorre do tempo de exposição diário, segundo a localização geográfica e a estação do ano. Como ordem de grandeza considera-se, para referência, que a célula possa proporcionar uma geração média de eletricidade de 30 W/m² ou 260 kWh/ano. As células podem ser grupadas em série formando conjuntos. Uma pequena instalação para serviço localizado, de 1 kW de capacidade, requer uma superfície de células da ordem de 33 m², o que dá uma ideia do problema técnico essencial dessa forma de energia, que é o grande espaço ocupado por qualquer instalação de maior porte. Além disso, não obstante anos de pesquisa tecnológica, o investimento continua muito alto. Em 2013 foram gerados, no mundo, 125 mil GWh, em 1.396 GW , instalados na sua parte., em alguns países industrializados.

Trata-se de uma tecnologia insubstituível em algumas aplicações, como a de fonte de eletricidade nos satélites artificiais. Concorre com vantagem com outras formas de atendimento de equipamentos de telecomunicações e de necessidades mínimas de comunidades isoladas, para bombeamento de água e iluminação de escolas e outras demandas assemelhadas. No entanto, a redução de seu custo de instalação está tornando essa fonte de energia mais competitiva no caso de residências ligadas à rede elétrica.

A energia eólica é uma das de aproveitamento mais antigo. O progresso tecnológico recente veio associado a estudos de aerodinâmica requeridos pela propulsão das aeronaves, em particular das hélices. Os modernos moinhos de vento compreendem uma hélice, em geral de três pás, que aciona um gerador de eletricidade colocado no alto de uma torre. Não se trata de instalação simples, uma vez que, de um lado, os ventos geralmente mudam de direção e de intensidade e, de outro lado, o gerador deve operar de forma regular, fornecendo uma tensão na frequência do sistema ao qual esteja interligado.

Característica desse conjunto é a sua dependência da velocidade do vento. A energia gerada varia com o cubo da velocidade. Os ganhos relativos com a velocidade são muito superiores ao aumento dessa velocidade , em contrapartida, as perdas com a redução da velocidade são muito fortes. Isso faz com que o aproveitamento econômico se situe em áreas restritas onde os ventos atingem, com frequência, velocidade superior a 15 km/hora, com destaque para aquelas em que haja regularidade.

A evolução tecnológica tem sido rápida. As torres com hélices de 15 metros de diâmetro e 50 KW, de 1985, passaram a 112 metros e 4.500 KW, em 2000. Introduziram-se grupamentos de torres que, por ocuparem grandes espaços rurais, receberam o nome de fazendas eólicas (Tolmasquim, 2005). Desde 1990 foram instaladas no mar, onde os ventos tendem a ser menos variáveis do que nas áreas continentais, propiciando um fator de capacidade maior, bem como a possibilidade de ocupação de maiores áreas contínuas do que as admissíveis em terra firme. Em contrapartida, os investimentos são maiores. Como ocorre nos primeiros anos de emprego de todas as novas tecnologias, os investimentos ainda continuam elevados no princípio do século XXI e as instalações estão dominantemente localizadas nos países industrializados. Em 2003, de 39 mil MW instalados no mundo, apenas 8% estavam em países insuficientemente desenvolvidos.

A concentração nos países industrializados se justifica pela disponibilidade de recursos para subsidiar instalações ainda não competitivas e pela exaustão de outras fontes de energia renováveis, como os potenciais hidrelétricos. Na China, que ocupa o primeiro lugar com mais de 90 mil MW, o fator de capacidade das instalações eólicas foi, em 2013, de 16% (Wikipedia). Também como na Alemanha, a existência, ali, de grande capacidade e de grande dimensão das unidades geradoras térmicas permite a absorção, sem dificuldade, da forte oscilação de oferta, característica da energia eólica. Surpreendente pela rápida expansão é a estimativa de que já existem mais de 200 mil turbinas instaladas no mundo.

A integração de pequenas unidades à rede não traz problemas difíceis de resolver, não obstante a sua irregularidade. A integração de grandes fazendas eólicas se torna um outro problema. O caso real da região ocidental da Dinamarca é exemplo relevante. Para uma carga que varia entre 1,2 e 3,7 mil MW, e uma capacidade instalada em usinas térmicas convencionais de 3,1 mil MW, a capacidade de energia eólica é de 2,4 mil MW, gerando apenas 20% do total (Varming, 2004).

O Brasil dispõe de áreas, notadamente no Nordeste, em que sopram ventos nas condições favoráveis ao seu aproveitamento com finalidade energética. No entanto, operacionalmente, o caso do Brasil é oposto ao da Alemanha. O sistema elétrico interligado mal tem capacidade térmica suficiente para firmar a energia das hidrelétricas, que oscila muito menos do que a eólica. A energia eólica interconectada com a rede geral será, ainda por algum tempo, concorrente das novas hidrelétricas ainda possíveis. Foram constatadas, até 2013, no Brasil, 6,7 GW.

Entre as energias novas com aplicação prática no Brasil, o maior avanço se verificou nas instalações de captação de energia solar para produção de calor destinado ao aquecimento de água que requer temperaturas menores que 100 °C. O sistema é simples, constituindo-se de uma placa coletora, construída em alumínio e vidro, dentro da qual se instala uma serpentina, e de um reservatório térmico isolado. A circulação da água se faz via termossifão nas instalações mais difundidas, de menor porte, e por bombeamento nas maiores.

Desde o início da produção comercial dos coletores em larga escala, na década de 1990, houve significativo progresso não só na adequação dos materiais como também na fabricação, que conta com cerca de quarenta indústrias especializadas. Os coletores foram objeto de padronização e etiquetagem pelo Inmetro, no qual estão registrados mais de cem modelos, com diferenças técnicas significativas. O desenvolvimento tecnológico continua, com previsão de novos aperfeiçoamentos. Quanto à eficiência, os primeiros equipamentos tinham desempenho, medido pela Produção Mensal de Energia – PME, de 51 a 61 kWh/mês m^2. Já alcançaram PME de 77 e há projeto para 88 kWh/mês m^2.

> O sistema de aquecimento solar, quando bem projetado e instalado, além do conforto que proporciona, pode economizar até 80% da energia (gás ou eletricidade) necessária ao aquecimento de água. Para a concessionária, pode contribuir para redução do consumo de energia elétrica nos horários de pico, podendo assim adiar e evitar investimentos no sistema elétrico (Medeiros, 2006).

Quanto à economia do sistema, considerando-se o caso particular de Minas Gerais, onde a utilização dos coletores teve maior expansão, os coletores solares se apresentam competitivos no longo prazo. Como ocorre com outras formas de energia renovável, é nítida a economia de gastos correntes e forte o esforço de investimento inicial requerido na sua instalação.

O mercado já existe e a produção de coletores atingiu, em 2001, um pico anual de 500 mil m^2. Com o afastamento do risco de desabastecimento de eletricidade, a produção recuou para pouco mais de 300 mil m^2 e espera-se um crescimento anual de 10%.

Estima-se que mais de dois milhões de pessoas já se beneficiam com a tecnologia solar, sendo aquecidos cerca de 200 milhões de litros de água para banho diariamente.[1] Belo Horizonte, considerada a capital do aquecimento solar central, possui mais de 950 edifícios com sistemas de médio e grande portes instalados, além de milhares de residências que contam com este benefício.

Fora do Brasil já existem instalações de cerca de 80 milhões de m^2, a metade na China, seguida da Europa e dos Estados Unidos. Seu rendimento total é avaliado em 23 mil GWh (Silvi, 2004). A um custo médio de US$120/MWh, representaria uma economia anual de quase US$3 bilhões.

Para se ter ideia da ordem de grandeza da substituição possível de energia elétrica no Brasil pelo coletor solar, admite-se a PME mínima de 50 kWh/mês m^2 e sua instalação em dez milhões de residências. A economia anual de eletricidade seria 6 mil GWh, equivalente a 0,75% do consumo total residencial, da ordem de 120 mil GWh em 2013.

---

[1] Abrava – Associação Brasileira de Refrigeração, Ar-condicionado, Ventilação e Aquecimento.

O potencial é, portanto, grande e depende, de um lado, de esclarecimento público e, de outro, de uma taxa de juros adequada a um investimento a ser amortizado em dez anos.

Radicalmente diferente é o aproveitamento da energia solar, mediante espelhos que concentram a radiação, para geração de calor a altas temperaturas e conversão subsequente em energia elétrica. O desenvolvimento começou com a construção de espelho parabólico que reflete o fluxo de energia solar para um foco onde se alcança alta temperatura. A seguir veio o modelo composto de uma coleção de espelhos planos móveis que concentram a radiação em um coletor colocado sobre uma torre. Este último opera com temperatura da ordem de 1.000 graus centígrados e vem ganhando terreno sobre o primeiro. O fluido que percorre o coletor gera vapor destinado a um turbogerador. Para a instalação desses equipamentos, requerem-se localizações com alta incidência direta de radiação solar, o que se torna fator limitante à sua utilização. A capacidade instalada em 2013 é estimada em 2.000 MW (Wikipedia, 2013).

Célula a combustível e economia do hidrogênio

A conversão da energia química de um combustível em energia elétrica por oxidação controlada data do século XIX. Com a denominação de *fuel-cell* na Inglaterra, *pile a combustible* na França e 'pilha de combustível' em Portugal, passou a merecer maior atenção no final do século XX. O combustível é geralmente o hidrogênio, que deve ser extremamente puro para assegurar a continuidade do processo. O hidrogênio pode ser obtido por eletrólise da água ou reforma de um hidrocarboneto. O primeiro propicia maior pureza e o segundo apresenta desvantagem de produzir CO_2.

Os sistemas de geração com emprego de células a combustível ainda requerem investimentos elevados. Entretanto, com o rápido progresso tecnológico ainda em curso, espera-se que as células se tornem competitivas e possam representar papel inovador, tanto em unidades estacionárias de geração distribuída como em unidades destinadas a suprir energia a veículos de tração elétrica, em substituição ao motor de combustão interna. No início do século XXI ainda não há evidência prática em escala comercial. Embora a energia cedida pelo hidrogênio à célula seja menor que a energia total utilizada para sua obtenção, a célula que utiliza hidrogênio oriundo do gás natural se apresenta como instrumento atraente sob o aspecto ambiental por não emitir gases poluentes e ser silenciosa.

Tanto o desenvolvimento da célula como a obtenção do hidrogênio estão sendo objeto de intensa atividade de pesquisa.

No Brasil foi anunciado no âmbito do Centro de Gestão de Recursos Energéticos – CGEE[2] o Programa Brasileiro de Células a Combustível, mediante o qual se estabeleceram três redes de pesquisa e desenvolvimento. Esse programa vai incorporando mais de trinta iniciativas com a expectativa de que as células possam estar no mercado, para uso estacionário, por volta de 2010 (CGEE, 2003).

A geração de eletricidade na célula a combustível, tendo como subprodutos apenas água e calor, aguça a curiosidade sobre o possível advento de uma era de economia do hidrogênio. O desafio maior se encontra na produção do hidrogênio mediante hidrólise da água de forma econômica, a partir de fontes primárias renováveis, que hoje não compete com o processo de reforma do gás natural.

---

[2]Associação sem fins lucrativos fundada em 2001, sob patrocínio do MCT, que tem como associados organismos do governo e particulares.

Apêndices

1-A – Indicadores da energia no mundo (2004)

Primeira parte

INDICADOR	MUNDO	OECD	ORIENTE MÉDIO	ANTIGA URSS	EUROPA (N OECD)
PIB (bilhões US$ 2000)	35025	27698	740	491	145
PIB (bilhões US$ 2000 – PPC)	52289	29493	1282	1989	413
População (milhões)	6352	1164	182	286	54
Produção de energia tep (milhões)	11213	3860	1437	1508	63
Importação líq. tep (milhões)		1742	-942	-521	44
Oferta int. tep (milhões)	11223	5508	480	979	104
Consumo de elet. (TWh)	15985	9548	524	1184	166
Emissão de CO_2 (milhões de t.)	26583	12911	1183	2313	265
OIE / Pop (tep / capita)	1,77	4,73	2,64	3,43	192
OIE / PIB (mil tep / US$)	0,32	0,20	0,65	2,00	0,72
OIE / PIB (mil tep / US$ – PPC)	0,21	0,19	0,37	0,49	0,25
Consumo de elet. / Pop (MWh / capita)	2,51	8,20	2,88	4,14	3,06
CO_2 / OIE (t CO_2 / tep)	2,37	2,34	2,47	2,36	2,54
CO_2 / Pop (t CO_2 / capita)	4,18	11,09	6,51	8,09	4,88
CO_2 / PIB (Kg CO_2 / US$)	0,76	0,47	1,60	4,71	1,83
CO_2 / PIB (Kg CO_2 / US$ PPC)	0,51	0,44	0,92	1,16	0,64

Segunda parte

INDICADOR	CHINA	ÁSIA	AMÉRICA LATINA	ÁFRICA	BRASIL
PIB (bilhões US$ 2000)	1904	1822	1541	685	655
PIB (bilhões US$ 2000 – PPC)	7219	6777	3119	1997	1385
População (milhões)	1303	2048	443	872	184
Prod. de energia tep (milhões)	1537	1127	655	1027	176
Importação líq. tep (milhões)	115	191	-161	-435	31
Oferta int. tep (milhões)	1626	1290	485	586	205
Consumo de elet. (TWh)	2094	1264	729	477	359
Emis. de CO_2 (milhões de t.)	4769	22499	907	814	323
OIE / Pop (tep / capita)	1,25	0,63	1,10	0,67	1,11
OIE / PIB (mil tep / US$)	0,85	0,71	0,32	0,86	0,31
OIE / PIB (mil tep / US$ – PPC)	0,23	0,19	0,16	0,29	0,15
Consumo de elet. / Pop (MWh / capita)	1,60	0,52	1,65	0,55	1,96
CO_2 / OIE (t CO_2 / tep)	2,93	1,94	1,87	1,39	1,58

CO_2 / Pop (t CO_2 / capita)	3,66	1,22	2,05	0,93	1,76
CO_2 / PIB (Kg CO_2 / US$)	2,50	1,37	0,59	1,19	0,49
CO_2 / PIB (Kg CO_2 / US$ PPC)	0,66	0,37	0,29	0,41	0,23

Fonte: INTERNATIONAL ENERGY AGENCY. Key world energy statistics: selected energy indicators for 2004. Disponível em: http://www.iea.org.Textbase/publications.

2-A – Primeiras usinas

A cidade de Campos dispunha, desde 1872, de um serviço de iluminação pública a gás. As providências para a sua substituição pela luz elétrica tiveram início em 1881 na Câmara Municipal, que aprovou proposta do seu presidente, Francisco Portela. Em junho de 1883, ocorreu a inauguração da primeira iluminação elétrica da América do Sul, com a presença do imperador D. Pedro II, que chegou de vapor a São Fidélis acompanhado do presidente da província, Gavião Peixoto, e do ministro da Agricultura, Afonso Pena.

A usina compreendia "uma máquina a vapor de 50 cavalos, com uma caldeira e três dínamos", que tornaram possível a iluminação de 39 lâmpadas (Rodrigues, 1988).

Em setembro de 1889 foi inaugurada, em Juiz de Fora, a usina Marmelos, primeira hidrelétrica da América do Sul, idealizada pelo industrial Bernardo Mascarenhas. Destinava-se a abastecer sua fábrica de tecidos e dotar aquela cidade de iluminação elétrica. O contrato com a Câmara Municipal foi assinado em 1887. A seguir, foi constituída a Companhia Mineira de Eletricidade. Coube à firma Max Nothman & Co. o contrato do projeto de engenharia e à Westinghouse o dos equipamentos. A usina compreendia duas turbinas com a potência total de 250 kW.

Fonte: Centro da Memória da Eletricidade no Brasil. *Panorama do setor de energia elétrica*. Rio de janeiro: 1988b.

2-B – Floresta da Tijuca

A Floresta da Tijuca foi criada por portaria do ministro da Agricultura, Manoel Felizardo de Souza, devidamente aprovada pelo imperador D. Pedro II, em 11 de dezembro de 1861. No art. 1, especificava-se o estabelecimento de uma "(...) plantação regular de arvoredo do país... nos terrenos nacionais da Tijuca e Paineiras (...)"

A plantação devia ser feita especialmente nos claros das florestas pelo sistema de mudas, de 3 a 15 anos de idade. As primeiras mudas deviam vir das Paineiras, até que fosse possível estabelecer sementeiras e viveiros nos próprios locais. O objetivo era a recuperação dos mananciais de água do abastecimento do Rio de Janeiro. Trata-se de uma experiência precursora no domínio dos reflorescimentos que viriam ter, mais tarde, objetivos energéticos. Os trabalhos foram iniciados sob a direção do administrador major Archer, em janeiro de 1862, com mudas da região. Os viveiros só ficariam prontos em 1865. Os plantios se estenderam até 1885. De acordo com o relatório abaixo referido, de 1862 a 1885, havia o Estado despendido a quantia total de 562:855$523 mil réis, assim discriminados: 218:584$275 na desapropriação de prédios e terrenos; 242:836$160 no plantio e conservação de árvores; e 101:435$088 na abertura de caminhos. O valor corrente do jornal de um servente era de 2$500 a 2$800, e o dispêndio total, excluídas as desapropriações, correspondeu a cerca de 172 mil salários diários. A atualização desse valor na base de 5,00 reais nos levaria a aceitar uma estimativa do dispêndio total de 860 mil reais ou cerca de 1.400 reais por hectare, o que não difere muito dos correspondentes custos atuais.

Fonte: Centro De Conservação Da Natureza. *Floresta da Tijuca*. Rio de Janeiro, 1966.

2-C – Light

A história do grupo Light no Brasil começa nos últimos anos do século XIX. Em junho de 1897, o capitão da marinha italiana e homem de negócios Francesco Antonio Gualco, residente no Canadá, e o comendador Antônio Augusto de Sousa obtiveram da Câmara Municipal de São Paulo a concessão do serviço de transporte urbano de passageiros e cargas em bondes elétricos, por um prazo de quarenta anos. Em seguida, Gualco regressou ao Canadá com o objetivo de reunir os recursos técnicos e financeiros necessários ao empreendimento.

A concessão fora obtida com facilidade graças ao livre trânsito do comendador Sousa nos meios políticos paulistas. Seu genro, o advogado Carlos de Campos, era, naquele momento, secretário de Justiça do estado e membro influente do poderoso Partido Republicano Paulista (PRP).

Nesse mesmo ano de 1897, o renomado engenheiro e capitalista norte-americano Frederick Pearson, em viagem de férias ao Brasil, visitou a capital paulista. Certo de que o processo de expansão urbana por que passava a cidade exigiria a instalação de linhas de bonde por tração elétrica, Pearson voltou aos EUA em busca de financiamento para o projeto, estabelecendo os primeiros contatos com Gualco.

Orientados por Pearson, Gualco e o comendador Sousa receberam, em dezembro de 1898, autorização da Câmara Municipal de São Paulo para ampliar a concessão original, permitindo a instalação de mais linhas de bondes. Além disso, obtiveram uma segunda concessão, por meio da qual poderiam também atuar no campo da geração e da distribuição de energia elétrica. Paralelamente, entraram em negociação com Pearson, visando a uma posterior transferência das duas concessões.

Em abril de 1899, foi então constituída em Toronto, Canadá, a São Paulo Railway, Light and Power Company Limited, por iniciativa de um grupo de capitalistas canadenses. O capital inicial da companhia era de 6 milhões de dólares. Designado consultor técnico da nova empresa, Pearson teve participação decisiva na sua criação, além de ter sido o responsável pela aproximação entre os sócios fundadores.

Foi ainda Pearson quem sugeriu a vinda para o Brasil do advogado Alexander Mackenzie, a fim de estudar os problemas jurídicos atinentes aos decretos das concessões, do engenheiro hidráulico Hugh Cooper, para escolher uma queda d'água que fornecesse a energia necessária aos empreendimentos iniciais da Light, e do engenheiro Robert Brown, para exercer o cargo de superintendente da companhia, em São Paulo.

O objetivo da São Paulo Light and Power ia além da produção, da utilização e da venda de eletricidade gerada por qualquer tipo de força (vapor, gás, pneumática, mecânica e hidráulica), abrangendo igualmente o estabelecimento de linhas férreas, telegráficas e telefônicas. A empresa pretendia ainda adquirir bens móveis e imóveis, que incluíam terras, lagos, açudes, rios, quedas e correntes d'água, necessários às suas atividades.

Em junho de 1899, decreto do presidente da república Campos Sales autorizava a São Paulo Light and Power a funcionar no Brasil. Em setembro, Gualco e o comendador Sousa transferiram suas concessões para o grupo canadense.

Fonte: Centro da Memória da Eletricidade no Brasil. *Panorama do setor de energia elétrica no Brasil*. Rio de Janeiro: 1988c, p. 34-36.

2-D – Cláusula Ouro no princípio do século XX

Exemplos da aplicação da Cláusula Ouro se encontram nos contratos da Prefeitura do Distrito Federal com William Reid (1900), depois transferido para Alexander Mackenzie (1905), praticamente com a mesma redação.

VIII - produção, importação, circulação, distribuição ou consumo de lubrificantes e combustíveis líquidos ou gasosos e de energia elétrica, imposto que incidirá uma só vez sobre qualquer dessas operações, excluída a incidência de outro tributo sobre elas;

I - O Contratante, por si, empresa ou sociedade legalmente organizada, terá o direito exclusivo, dentro do perímetro do Distrito Federal, e por espaço de quinze anos a contar de sete de junho de mil e novecentos, de fornecer a terceiros energia elétrica gerada por força hidráulica, a fim de ser aplicada como força motriz e a outros fins industriais, salvos os direitos de terceiros, inclusive os que se referem a produção e distribuição de luz.

II - Findo o prazo dos quinze anos especificados na cláusula acima, o Contratante, ou quem explorar este contrato, gozará, durante trinta e cinco anos mais, de simples licença, sem direito exclusivo ou privilégio, para o fornecimento de energia elétrica gerada por força hidráulica.

....

XVI - Durante o prazo do privilégio exclusivo a que se refere a cláusula I, o preço de unidade para o fornecimento da energia elétrica será regulado pela seguinte tabela de preços máximos, cujo pagamento será feito metade papel e metade em ouro, ao câmbio médio do mês de consumo:

As usinas ou particulares que se utilizarem da energia elétrica até seiscentos kilowatts-hora durante o mês pagarão por cada kilowatt-hora quatrocentos réis (400 Rs);

De seiscentos kilowatts-hora até mil e quinhentos kilowatts-hora durante o mês, pagarão por cada kilowatt-hora trezentos e cinquenta réis (350 Rs);

De mil e quinhentos até seis mil kilowatts-hora durante o mês, pagarão por cada kilowatt-hora trezentos réis (300 Rs);

De seis mil até quinze mil kilowatts-hora durante o mês, pagarão por cada kilowatt-hora duzentos e cinquenta réis (250 Rs);

De mais de quinze mil kilowatts-hora, duzentos réis (200 Rs).

É lícito ao Contratante transigir com terceiros sobre estes preços máximos.

A mesma ideia de proteção contra a desvalorização da moeda julgada sob forma diferente no contrato de novembro de 1909 entre a mesma prefeitura e Alexander Mackenzie representando a Société Anonyme du Gaz de Rio de Janeiro.

XXXV – O pagamento do gás e da energia consumidos na iluminação pública e nas repartições públicas far-se-á mensalmente, bem assim o do gás e energia elétrica consumidos pelos particulares.

A importância do consumo será paga, metade em moeda corrente e metade ao câmbio par.

2-E – Potência elétrica instalada no Brasil (kW)

ANO	TÉRMICA	HIDRO	TOTAL	% HIDRO
1883	52	-	52	-
1885	80	-	80	-
1890	1.017	250	1.267	20
1895	3.843	1.991	5.834	34
1900	5.093	5.283	10.376	51
1905	6.676	38.280	44.936	85
1910	32.729	124.672	152.401	82
1915	51.106	258.692	309.798	84
1920	66.072	300.946	367.018	82
1925	90.608	416.875	507.483	82
1930	148.752	630.050	778.802	81

Fonte: Conselho Mundial de Energia. Comitê Nacional Brasileiro. *Estatística brasileira de energia*, 1. Rio de Janeiro, 1965.

2-F – Importação de combustíveis e produção de carvão (carvão em 1000t e derivados de petróleo em 1000m^3)

BIÊNIO	CARVÃO	QUEROSENE	GASOLINA	ÓLEO COMBUSTÍVEL	PRODUÇÃO DE CARVÃO
1901-2	868	71	-	-	-
1903-4	954	77	-	-	-
1905-6	1.169	89	-	-	-
1907-8	1.328	96	2	-	-
1909-10	1.438	114	4	-	-
1911-12	1.917	122	12	-	-
1913-14	1.901	123	26	22	-
1915-16	1.094	128	28	81	-
1917-18	727	80	27	30	-
1919-20	1.024	109	44	196	307
1920-21	1.009	103	64	208	304
1923-24	1.545	111	105	206	349
1925-26	1.737	123	207	241	374
1927-28	1.979	137	383	350	334
1929-30	1.906	132	345	358	379

Fonte: IBGE. *Estatísticas históricas do Brasil*. Rio de Janeiro, 1987. v.3

2-G – Estimativa da composição do consumo de energia no Brasil entre 1905 e 1930, exclusive lenha

Trata-se de uma estimativa que visa tão somente indicar o sentido dos deslocamentos ocorridos no período. O consumo de eletricidade foi estimado a partir da potência hidrelétrica instalada e de uma avaliação do fator de utilização anual crescente e compatível com os estágios da evolução. A conversão foi feita a 0,29 tep por kWh. As importações de carvão foram convertidas a 0,7 tep por t de carvão e as produções de carvão nacional a 0,5 tep. Para os derivados de petróleo considerou-se 0,83 tep/m³ para o querosene, 0,78 para a gasolina e 1,01 para o óleo combustível. Os resultados, em milhares de toneladas equivalentes de petróleo (tep), se encontram na tabela a seguir.

ANO	HIDRELETRICIDADE	CARVÃO MINERAL	DERIVADO PETRÓLEO	TOTAL	CRESCIMENTO QUINQUÊNIO %	% DO CARVÃO
1901	5	555	59	619		90
1905	22	739	74	835	35	89
1910	100	1.107	98	1.305	56	85
1915	144	814	210	1.168	-10	70
1920	218	870	331	1.419	22	61
1925	286	1.502	506	2.294	62	65
1930	430	1.524	740	2.694	17	57

Fonte: IBGE. *Estatísticas históricas do Brasil*. Rio de Janeiro, 1987. v.3

3-A – Itabira Iron

No início da república foram concedidos privilégios, entre os quais a "garantia de juros de 6% sobre os investimentos feitos para construção e uso de estradas de ferro", incluindo-se entre elas a E.F. Vitória a Minas, que a partir de Vitória alcançava e subia o vale do rio Doce em direção ao interior de Minas. Em 1908, já tinha 234 km de extensão quando se confirmou a avaliação de qualidade do minério de ferro de Itabira do Mato Dentro, na bacia do próprio rio Doce. Logo a seguir, capitais ingleses representados por Percival Farquar se interessaram pelo desenvolvimento de mina associado à implantação da estrada de ferro e à construção de um porto em Santa Cruz. Novo contrato foi assinado pelo Governo Nilo Peçanha, em dezembro de 1909, onde se previa também a instalação de "um estabelecimento metalúrgico". Fundou-se, em consequência, a Itabira Iron Ore Co. Ltd., companhia com sede em Londres, autorizada a funcionar no país em 1911. Essa companhia não teve sucesso no levantamento dos capitais necessários, prosseguindo apenas o prolongamento da estrada. A guerra veio ainda dificultar outras iniciativas financeiras e só volta à tona o assunto da mina de ferro, da exportação de minério e da siderurgia a partir de 1920, quando o ministro Pires do Rio, do Governo Epitácio Pessoa, assinou novo contrato com a Itabira. Ocorreu então, durante vários anos, intenso debate nacional com especial concentração em Minas Gerais. Em 1928, no Governo Washington Luís, o contrato foi novamente reformulado. Veio a crise de 1929 e a recessão de 1930. O assunto só voltaria a ter importância na Segunda Guerra, com a transferência de parte do projeto para a Cia. Vale do Rio Doce.

Fonte: SILVA, Edmundo de Macedo Soares e. *O ferro na história e na economia do Brasil*. Rio de Janeiro: Comissão Executiva Central do Sesquicentenário da Independência do Brasil, 1972.

3-B – Empresas locais de eletricidade

Afastadas das áreas urbanas principais, as instalações pioneiras do interior de São Paulo, que foram ganhando maior corpo, tenderam a agrupar-se. Foram importantes nesse contexto: a Companhia Paulista de Força e Luz, criada por Manfredo A. da Costa e José B. de Siqueira (Botucatu, São Manoel, Agudos e Bauru); a Empresa de Eletricidade de Rio Preto, do grupo Armando de Sales Oliveira-Júlio Mesquita (Jaboticabal, São Simão); a Companhia de Força e Luz de Ribeirão Preto, do grupo Silva Prado (Jaú, Barretos, Jardinópolis, Igarapava, Bebedouro); e o grupo Ataliba Vale-Fonseca Rodrigues-Ramos de Azevedo (Araraquara, Ribeirão Bonito, Rincão e Vale do Paraíba). Ocorrência significativa foi também a decisão de pequenas empresas de se entenderem com Armando Sales, para a construção da usina de Marimbondo, de grande porte para a época e para a região. O projeto, iniciado em 1924, não chegou a bom termo em virtude de dificuldades financeiras do grupo responsável. Só seria concluído em 1929, com cerca de 8.000 kW após sua transferência para a Amforp (Apêndice 3.3).

Fora de São Paulo, Guinle & Cia. reunia empreendimentos na Bahia e no Rio de Janeiro compreendendo usinas e serviços de distribuição. Partindo das Docas de Santos, constituíram a Companhia Brasileira de Energia Elétrica (Niterói e Petrópolis) e entraram na Bahia para realizar aproveitamentos hidrelétricos. Em Minas, consolidavam-se a Companhia Mineira, de Juiz de Fora, fundada por Bernardo Mascarenhas, e a Cataguases-Leopoldina, da família Ribeiro Junqueira, que viria figurar entre as mais duradouras do Brasil.

Em Recife, a energia era de origem térmica, da companhia inglesa Pernambuco Tramways and Power Ltd. Em Porto Alegre, a energia, também térmica, era produzida por pequena empresa privada (Fiat Lux), que foi encampada pela prefeitura. Também no Espírito Santo, duas empresas foram incorporadas ao governo do estado. No Norte, operavam duas companhias inglesas: The Pará Electric Railway and Lighting Co. Ltd. e a The Manaus Tramways and Light Co. Ltd., ambas com base em usinas térmicas.

Fonte: Centro da Memória da Eletricidade no Brasil. *Panorama do setor de energia elétrica*. Rio de Janeiro: 1988b, p. 63-65.

3-C – American & Foreign Power – Amforp

A Electric Bond & Share Corporation foi formada no início do século XX, com a finalidade de atuar em todos os segmentos da energia elétrica. Em 1905, foi incorporada pela General Electric, uma das maiores companhias do setor no mundo, que depois se retirou do empreendimento.

Em meados de 1923, a Bond & Share criou a Amforp, cujo principal objetivo era agilizar seus negócios no exterior e concretizar a aquisição de propriedades para a empresa fora dos EUA.

Operando num primeiro momento na América Central (Cuba, Guatemala e Panamá), a Amforp deu seus primeiros passos no Brasil em 1927, com a constituição da Empresas Elétricas Brasileiras, futura Companhia Auxiliar de Empresas Elétricas Brasileiras (CAEEB). A tarefa dessa empresa era montar a base legal que viabilizaria as operações da Amforp em território brasileiro.

A essa altura, a Amforp já havia efetuado um levantamento do setor de energia elétrica no país e selecionado as áreas que lhe pareceram mais atraentes. Esbarrando no monopólio do grupo Light sobre o eixo Rio-São Paulo, concentrou sua atuação no interior paulista e em um certo número de capitais estaduais, do Nordeste ao Sul, incorporando diversas concessionárias entre 1927 e 1930.

O interior de São Paulo foi alvo de uma outra empresa formada pela Amforp, um pouco antes da Empresas Elétricas Brasileiras. Incorporada em 1927, em Nova Iorque, a Companhia Brasileira de Força Elétrica também atuou na aquisição de empresas produtoras e distribuidoras de eletricidade.

Todas as concessionárias do país anexadas pelas duas subsidiárias da Amforp eram propriedades particulares, incluindo algumas estrangeiras, e enfrentavam, em sua maioria, sérias dificuldades técnicas e financeiras. A estratégia seguida era extremamente simples: assegurado o completo controle acionário de determinada companhia, essa era incluída no patrimônio da Amforp, permanecendo, porém, com personalidade jurídica própria.

Alguns dos grupos de maior porte em atuação no interior do Estado de São Paulo passam para o controle da Amforp, a saber: Companhia Paulista de Força e Luz, o grupo Armando Sales e o grupo da família Prado.

Em 1927, os acionistas da CPFL transferiram o controle acionário da companhia para a Amforp, através da Empresas Elétricas Brasileiras.

Além deles, via Companhia Brasileira de Força Elétrica, a Amforp absorveu, entre 1927 e 1930: a Southern Brazilian Electric Co., de Piracicaba, a Empresa Elétrica de Araraquara, do Grupo Ataliba Vale e sócios, a Campineira de Tração, Luz e Força e um grande número de concessionárias menores espalhadas pelo território de São Paulo.

Concluído o processo de incorporação, a principal preocupação da Amforp concentrou-se na organização e modernização do vasto conjunto recém-adquirido. A iniciativa mais importante foi a conclusão da Usina Hidrelétrica de Marimbondo, inaugurada em 1929, com 7.952 kW de potência.

Fora do Estado de São Paulo, a Amforp assumiu o controle acionário da Pernambuco Tramways and Power Co., em Recife, da Companhia Linha Circular de Carris da Bahia e da Companhia de Energia Elétrica da Bahia, as duas em Salvador. Ainda no Nordeste, criaram a Companhia Força e Luz Nordeste do Brasil, que atendia às cidades de Natal e Maceió. Essa empresa incorporou concessionárias preexistentes, que prestavam serviços na área de energia elétrica àquelas duas capitais.

Em 1927, foi formada, no Espírito Santo, a Companhia Central Brasileira de Força Elétrica – CCBFE, que obteve concessão para explorar, por cinquenta anos, os serviços de eletricidade, telefones e transportes por lanchas entre a ilha de Vitória e o continente, além das linhas de bonde. A CCBFE atuava em Vitória e adjacências, em Cachoeiro do Itapemirim e nos municípios vizinhos, zonas exploradas anteriormente por duas concessionárias nacionais.

Outras empresas incorporadas pela Amforp no Sudeste foram a Companhia Brasileira de Energia Elétrica, pertencente à Guinle & C., no Estado do Rio de Janeiro, e a Companhia de Força e Luz de Minas Gerais, cuja área de concessão correspondia ao município de Belo Horizonte.

No Sul do país foi constituída, em 1928, a Companhia Força e Luz do Paraná, que absorveu a firma inglesa The South Brazilian Railways Limited, concessionária dos serviços de iluminação pública e de bondes de Curitiba. Em 1930, a Companhia Força e Luz do Paraná inaugurou a usina hidrelétrica de Chaminé, construída para atender ao aumento da demanda de energia da capital paranaense.

No Rio Grande do Sul foi adquirido o controle da The Rio Light & Power Syndicate, de Pelotas, e da Companhia de Energia Elétrica Rio-Grandense, de Porto Alegre. Essa última empresa, constituída em novembro de 1923, absorvera o acervo da antiga Fiat Lux e, em 1928, incorporara a Companhia Força e Luz Porto-alegrense, incluindo a usina térmica municipal da capital gaúcha.

Fonte: Centro da Memória da Eletricidade no Brasil. *Panorama do setor de energia elétrica*. Rio de Janeiro: 1988b.

3-D – Concentração regional das empresas de energia elétrica

A potência instalada no país era de 367 mil MW, em 1920, 779 mil, em 1930 e 1.248 mil, em 1940, multiplicando-se 3,5 vezes no período. A distribuição regional, tanto pelo número de empresas como pela potência instalada, evidenciou forte concentração no Sudeste, sem muita variação das posições relativas.

Região*	1920		1930		1940	
	Número de Empresas	% Potência	Número de empresas	% Potência	Número de empresas	% Potência
Norte	11	2	42	1	99	2
Nordeste	49	10	286	10	483	10
Sudeste	167	82	454	80	598	80
Centro-Oeste	8	-	33	-	53	1
Sul	71	6	194	8	383	8
Total	306	100	1.009	100	1.616	100

*Norte: Amazonas, Pará, Maranhão e Acre; Nordeste: Piauí, Ceará, Rio Grande do Norte, Paraíba, Pernambuco, Alagoas, Sergipe e Bahia; Sudeste: Espírito Santo, Rio de Janeiro, Distrito Federal, Minas Gerais e São Paulo; Centro-oeste: Goiás e Mato Grosso; Sul: Paraná, Santa Catarina e Rio Grande do Sul.

Fonte: Centro da Memória da Eletricidade no Brasil. *Panorama do setor de energia elétrica.* Rio de Janeiro: 1988b.

4-A – Disposições relativas às minas e à energia nas Constituições de 1934 a 1988

Constituição de 1934
Art. 118   As minas e demais riquezas do subsolo, bem como as quedas d'água, constituem propriedade distinta da do solo para o efeito de exploração ou aproveitamento industrial.
Art. 119   O aproveitamento industrial das minas e das jazidas minerais, bem como das águas e da energia hidráulica, ainda que de propriedade privada, depende de autorização ou concessão federal, na forma da lei.
§ 1º – As autorizações (...) serão conferidas a brasileiros ou a empresas organizadas no Brasil, (...)
§ 4º – A Lei regulará a nacionalização progressiva das minas, jazidas minerais e quedas d'água julgadas básicas ou essenciais à defesa econômica ou militar do país.

Constituição de 1937
Art. 143   As minas e demais riquezas do subsolo, bem como as quedas d'água, constituem propriedade distinta do solo para o efeito de exploração (...) O aproveitamento (...) depende de autorização federal.
§ 1º – A autorização só poderá ser concedida a brasileiros, ou empresas constituídas por acionistas brasileiros,(...)
Art. 144   A lei regulará a nacionalização progressiva das minas, jazidas minerais e quedas d'água ou outras fontes de energia (...)
Art. 146   As empresas concessionárias de serviços públicos federais, estaduais e municipais deverão constituir com maioria de brasileiros a sua administração ou delegar a brasileiros todos os poderes de gerência.

Constituição de 1946
Art. 152   As minas e demais riquezas do subsolo, bem como as quedas d'água, constituem propriedade distinta da do solo para o efeito de exploração ou aproveitamento industrial.
Art. 153   O aproveitamento (...) depende de autorização ou concessão federal (...)
§ 1º – As autorizações ou concessões serão conferidas exclusivamente a brasileiros ou a sociedades organizadas no país (...)

Constituição de 1967
Art. 161   idem ao art. 152 da Constituição de 1946.
§ 1º – idem ao art. 153 e § 1º da Constituição de 1946.
Art. 162   A pesquisa e a lavra de petróleo em território nacional constituem monopólio da União, nos termos da lei.

Constituição de 1969
Art. 168   idem ao art. 161 da Constituição de 1967.
Art. 169   idem ao art. 162 da Constituição de 1967.

Constituição de 1988
Art. 176   As jazidas, em lavra ou não, e demais recursos minerais e os potenciais de energia hidráulica constituem propriedade distinta da do solo, para efeito de exploração ou aproveitamento, e pertencem à União, garantida ao concessionário a propriedade do produto da lavra.

§ 1º –A pesquisa e a lavra de recursos minerais e o aproveitamento dos potenciais a que se refere o *caput* deste artigo somente poderão ser efetuados mediante autorização ou concessão da União, no interesse nacional, por brasileiros ou empresa brasileira de capital nacional na forma da lei (...)

Art. 177   Constituem monopólio da União:

I – A pesquisa e a lavra das jazidas de petróleo e gás natural e outros hidrocarboretos fluidos.

II – A separação do petróleo nacional ou estrangeiro.

III – A importação e exportação dos produtos e derivados básicos resultantes das atividades previstas nos incisos anteriores.

IV – O transporte marítimo do petróleo bruto de origem nacional ou de derivados de petróleo produzidos no país, bem assim o transporte, por meio de conduto, de petróleo bruto, seus derivados e gás natural de qualquer origem.

V – A pesquisa, a lavra o enriquecimento, o reprocessamento, a industrialização e o comércio de minérios e numerais nucleares e seus derivados.

§1º- O monopólio previsto neste artigo inclui os riscos e resultados decorrentes das atividades nele mencionados, sendo vedado a União ceder ou conceder qualquer tipo de participação em espécie ou em valor na exploração de jazidas de petróleo ou gás natural.

4-B – Imposto único nas Constituições de 1940 a 1988

Lei constitucional nº 4, de setembro de 1940

Artigo único: É da competência privativa da União, (...) o de tributar a produção e o comércio, a distribuição e o consumo, inclusive a importação e a exportação do carvão mineral nacional e dos combustíveis e lubrificantes líquidos de qualquer origem.

O tributo (...) terá a forma de imposto único, incidindo sobre cada espécie de produto. Da sua arrecadação caberá aos Estados e Municípios numa quota-parte proporcional ao consumo nos respectivos territórios a qual será aplicada na conservação e no desenvolvimento das suas redes rodoviárias.

Constituição de 1946
Ampliou a aplicação do tributo à energia elétrica:
Art. 15   Compete à União decretar impostos: (...)

III – produção, comércio, distribuição e consumo, e bem assim importação e exportação de lubrificantes e de combustíveis líquidos ou gasosos de qualquer origem ou natureza, estendendo-se esse regime, no que for aplicável, aos minerais do país e à energia elétrica.

§ 2º - A tributação de que trata o nº III terá a forma de imposto único que incidirá sobre cada espécie de produto. Da renda resultante, sessenta por cento no mínimo serão entregues aos Estados, ao Distrito Federal e aos Municípios, proporcionalmente à sua superfície, população, consumo e produção, nos termos e para os fins estabelecidos em lei federal.

Constituição de 1967
Art. 22 Compete à União decretar impostos sobre: (...)

VIII – Produção, importação, circulação, distribuição ou consumo de lubrificantes e combustíveis líquidos e gasosos;

IX – produção, importação, distribuição ou consumo de energia elétrica;

X – extração, circulação, distribuição ou consumo de minerais do país.

Constituição de 1969
Art. 21 Compete à União instituir impostos sobre: (...)

VIII – produção, importação, circulação, distribuição ou consumo de lubrificantes e combustíveis líquidos ou gasosos e de energia elétrica, imposto que incidirá uma só vez sobre qualquer dessas operações, excluída a incidência de outro tributo sobre elas;

IX – a extração, a circulação, a distribuição ou consumo dos minerais do país enumerados em lei, imposto que incidira uma só vez (...).

Constituição de 1988
Suprimiu os impostos únicos que haviam durado cinquenta anos.

4-C – Extinção da Cláusula Ouro

A Cláusula Ouro que constava da maioria dos contratos de prestação de serviços públicos e, em particular na energia elétrica, desde o princípio do século XX, a exemplo dos que deram origem à Light (Apêndice 2-D).

Em novembro de 1933, o chefe do governo provisório baixou o Decreto nº 23.501, com a seguinte redação:

Art. 1º – É nula qualquer estipulação de pagamento em ouro, ou em determinada espécie de moeda, ou por qualquer meio tendente a recusar ou restringir, nos seus efeitos, o curso forçado do mil-réis-papel (Art. 47, do Código Civil).

Art. 2º – A partir da publicação deste Decreto, é vedada, sob pena de nulidade, nos contratos exequíveis no Brasil, a estipulação de pagamento em moeda que não seja a corrente, pelo seu valor legal.

As quatorze considerações justificativas do Decreto se iniciam com a declaração de "que é função essencial e privativa do Estado criar e defender sua moeda, assegurando-lhe o poder liberatório" e que é atribuição inerente à Soberania do Estado decretar o curso forçado do papel-moeda, como providência de ordem pública. São citadas disposições equivalentes da França, da Inglaterra e dos Estados Unidos.

Este decreto foi revogado em setembro de 1969, através do decreto-lei nº 857, que tratava de assuntos correlatos mas que mantinha o mesmo princípio:

Art. 1º – São nulos de pleno direito os contratos, títulos e quaisquer documentos, bem como as obrigações que, exequíveis no Brasil, estipulem pagamento em ouro, em moeda estrangeira, ou, por alguma forma, restrinjam ou recusem, nos seus efeitos, o curso legal do cruzeiro.

4-D – Exposição de Odilon Braga

A campanha que, pela imprensa, a propósito do petróleo nacional, empresas particulares vêm movendo contra o Ministério da Agricultura, a partir de 1932, tão intensificada no decurso de novembro de 1935, levou-me a submeter à consideração de V. Exa. o alvitre se abrir um amplo e rigoroso inquérito sobre a atuação oficial e privada desenvolvida no Brasil para a descoberta daquele combustível, de maneira a esclarecer todos os seus aspectos históricos, técnicos e doutrinários, julgando V. Exa. de grande alcance tal medida para o fim de se pôr cobro às acusações repetidamente feitas aos técnicos oficiais, sobretudo àquelas, evidentemente temerárias, atinentes à sua probidade e patriotismo.

Para isso, foi deliberado por V. Exa. que se constituísse uma Comissão de altas personalidades, cujo conceito público não admitisse reservas, dotadas por igual de indisputável autoridade técnica para ajuizar do acerto da orientação doutrinária e da produtividade dos esforços até agora afetuados no sentido daquela pesquisa.

Mas, para que à Comissão não faltassem desde logo os elementos convenientes à organização do plano de inquérito, pareceu-me de bom conselho que o próprio ministro efetuasse o balanço da matéria a examinar, pelo que me apressei a reunir, para um estudo de conjunto, os seus elementos de maior relevância.

Fonte: BRASIL. Ministério da Agricultura. *Bases para o inquérito sobre o petróleo*. Rio de Janeiro, 1936.

4-E – Decreto-lei nº 2.667, de 1940 – Dispõe sobre o melhor aproveitamento do carvão nacional

Neste decreto-lei ficava o Governo da União "(...) autorizado a auxiliar, pela forma que julgar conveniente, as empresas nacionais de mineração de carvão, para o fim exclusivo de melhorar a qualidade do seu produto e diminuir o seu custo de produção". Estabelecia-se, ainda, que, "quando o auxílio se traduzir por concessão de empréstimos, estes serão feitos sob a forma de crédito a longo prazo, por intermédio do Banco do Brasil (...)", até o máximo de 75% do orçamento das obras projetado. O mesmo decreto-lei autorizava "(...) obras e instalações necessárias para facilitar e baratear o transporte do carvão nacional (...)" enumerando dez providências específicas referentes a transportes (oito), estudos tecnológicos pelo INT (uma) e geológicos pelo DNPM (uma).

Quanto a recursos para execução do programa, criaram-se taxas de emprego exclusivo incidindo sobre o óleo combustível importado (10$0 por tonelada), o carvão mineral importado (5$0 por tonelada) e o carvão nacional entregue ao mercado (2$0 por tonelada). O prazo de duração ficava aberto até que fossem satisfeitos os compromissos assumidos em consequência do citado decreto-lei.

Em 1940, era aberto um crédito de duzentos mil contos de réis. Desses recursos, cento e cinquenta mil foram efetivamente aplicados principalmente em obras públicas, aquisição de material ferroviário e do lavador da CSN em Capivari. A quase totalidade dos gastos foi destinada a Santa Catarina.

5-A – Cemig *versus* CEEE

Quando a Comissão Estadual de Energia Elétrica (CEEE), RS, apresentou o seu plano, em 1943-1944, o agente financiador externo, o Bird, optou pela sua aprovação imediata. Baseou-se ele na construção de grande, para a época, usina hidrelétrica do rio Jacuí (com 150 MW), no centro do estado, com o respectivo sistema de transmissão radial, projeto que, postergado, só seria inaugurado em 1962. Tratava-se de atender aos maiores centros de consumo existentes para, depois, expandir geograficamente os serviços. A direção da CEEE, no entanto, desejava estabelecer serviços regulares de eletricidade em pequena escala, em todas as localidades isoladas, mediante a construção de dezenas de usinas diesel para, depois, interligá-las a um grande sistema estadual baseado em usinas hidrelétricas de maior porte. Foi um desastre. A geração térmica em pequenas unidades e a alto custo, conjugada à tese, que ali prevalecia, do investimento não remunerado e realizado com recursos do orçamento estadual, inviabilizou o plano de eletrificação do estado, que nem atendeu satisfatoriamente a todas as localidades, pela limitação da capacidade, nem gerou recursos para a segunda fase, de integração, para a qual estiveram disponíveis, e depois perdidos, com o pagamento de encargos, os recursos do Bird.

Foi o oposto do que ocorreu em Minas Gerais, que, mediante programa econômico racional, criou uma instituição forte, Centrais Elétricas de Minas Gerais (Cemig), em bases empresariais que, utilizando eficientemente os recursos internacionais, pôde, a seguir, propiciar o desenvolvimento de um programa de industrialização e de atendimento progressivo das comunidades periféricas da economia mineira.

Como sempre, a razão não está de um só lado. Mas, basicamente, a evolução e a situação, em 1980, das duas empresas e dos respectivos mercados consumidores apontam na direção do acerto da Cemig e do equívoco da CEEE, que apenas conseguiu resultado relativo superior ao da primeira no que se refere ao número de consumidores residenciais atendidos.

Comparação CEEE e Cemig

	CEEE-RS (1)	CEMIG-MG (2)	RELAÇÃO (2) : (1)
População do estado (milhões)	7,8	13,4	1,7
Potência instalada (mil MW)	1,1	3,3	3,1
Consumo total (milhões Mwh)	9,0	21,7	2,4
Consumo industrial (milhões MW/hora)	3,8	16,2	4,3
Consumidores resid. (milhões)	1,1	1,4	1,3
Resultado Cr$ bilhões	0,3	4,6	14,1
Rentabilidade (%)	1,0	8,6	-

Fonte: dados reunidos pelo autor.

5-B – Constituição da Petrobras

O montante do capital foi estabelecido em função de um programa a realizar no período de 1952 a 1956. Os empreendimentos programados compreendiam: a) intensificar as pesquisas nas áreas potencialmente petrolíferas e respectiva avaliação (Bahia), bem como imprimir ritmo capaz de possibilitar a revelação pronta da existência ou não de óleo no Maranhão, na Amazônia e na bacia do Paraná; b) ampliar a rede de refinarias em construção ou concedidas para que se dispusesse, até fins de 1956, de uma capacidade de refino superior, em cerca de 100 mil barris diários, à que era então prevista; e c) ampliar a frota petroleira para que se assegurasse o transporte de parte substancial do óleo bruto e dos derivados consumidos no país (VARGAS, 1951, p. 9-10).

Estimou-se que seriam necessários, para o quinquênio 1952-1956, pelo menos, 8 bilhões de cruzeiros novos em recursos (equivalentes a 427 milhões de dólares em moeda da época e a 1,5 bilhão de cruzeiros em moeda de 1990), 2 bilhões de cruzeiros para o refino e 1 bilhão de cruzeiros para o transporte e cerca de 5 bilhões de cruzeiros para pesquisa e produção (VARGAS, 1951, p. 10-11).

O capital inicial de 44 bilhões de cruzeiros, a ser integralmente realizado pela União, teria a seguinte origem: 2,5 bilhões de cruzeiros representados por bens e instalações existentes e jazidas já descobertas e o restante assegurado pelas fontes tributárias previstas. Essas últimas asseguravam a elevação do capital até 1956, para o nível mínimo de 10 bilhões de cruzeiros.

Os recursos fiscais para a constituição do capital proviriam de parte da arrecadação do imposto sobre combustíveis líquidos, dos impostos de importação e consumo incidentes sobre automóveis e do produto de taxação sobre artigos de luxo.

Os recursos do público proviriam da tomada compulsória de títulos pelos proprietários de automóveis e afins e de subscrição voluntária de ações da empresa.

Fonte: VARGAS, Getúlio. *Mensagem* nº 469 ao Congresso Nacional, em 6 de dezembro de 1951. Diário do Congresso Nacional, Rio de Janeiro, 12 dez. 1951.

5-C – Plano do carvão – Principais medidas

Mecanização das minas e beneficiamento do carvão: Esperava-se que o rendimento de 0,5 t por homem/dia pudesse passar para 3 ou 4 t. Esperava-se que o custo pudesse ser reduzido de 50%. A lei, no seu art 6º, autoriza o Poder Executivo a conceder financiamento às empresas mineradoras que desejassem mecanizar a extração e montar lavadores para o carvão por elas produzido, estabelecendo as condições a serem obedecidas.

Transporte: Para racionalizar o transporte do carvão de Santa Catarina, era necessário articular e melhorar o sistema Estrada de Ferro Tereza Cristina entre os portos de Imbituba, Laguna e Frota mercante, principalmente com o objetivo de reduzir, de forma drástica, a estocagem nos pátios e o uso dos vagões como silos. No Rio Grande do Sul, o transporte dependia de duas pequenas ferrovias precárias ao extremo e de transporte fluvial em trecho assoreado do rio Jacuí. A solução proposta foi da extensão das linhas da Viação Férrea do Rio Grande do Sul até as minas, mediante a construção de uma ponte mista rodoferroviária sobre o citado rio. No Paraná, a zona carbonífera era atingida pela Rede Ferroviária Paraná-Santa Catarina, por meio do ramal do rio do Peixe. Tratava-se tão somente de obras de melhoramento e de reequipamento. No Rio de Janeiro, previram-se obras e instalações portuárias complementares às do Plano Salte, bem como na Estrada de Ferro Central do Brasil, responsável pelo significativo fluxo de carvão para Volta Redonda e responsável também, em decorrência da irregularidade de sua operação, por grandes dificuldades em todo o sistema.

5-D – Consumo global de energia (em toneladas equivalentes de petróleo-tep)

PRODUTO	1941	1946	1954	1959	1964	1969	1972
Carvão mineral	1.293	1.471	1.519	1.248	1.643	2.450	2.543
Derivados de petróleo*	1.687	2.356	8.516	12.323	19.313	25.815	32.087
Energia hidrelétrica	1.282	1.441	2.882	5.182	6.408	9.481	14.746
Subtotal	4.262	5.268	12.922	18.753	27.364	37.746	49.391
Lenha	13.863	12.756	12.401	14.959	19.970	20.069	20.242
Cana-de-açúcar	240	300	599	871	1.010	1.189	1.445
Subtotal	14.103	13.056	13.000	15.830	20.980	21.258	21.687
Total	18.365	18.325	25.917	34.583	48.344	59.004	71.078

* Os derivados de petróleo abrangem insignificante parcela de gás natural; a lenha inclui parcela de carvão vegetal inferior a 5%.

Fonte: WILBERG, J. Consumo brasileiro de energia. *Revista Brasileira de Energia Elétrica*, Rio de Janeiro, jan./mar. 1974.

6-A – Criação do Ministério de Minas e Energia

Com a criação do Ministério de Minas e Energia, Petrobras e CNP passaram a ser a ele vinculados. Houve grande instabilidade política com reflexos diretos na administração. Foram ministros: João Agripino (02-1961 a 08-1961); Gabriel Passos (09-1961 a 02-1962); João Mangabeira (07-1962 a 09-1962); Eliezer Batista da Silva (09-1962 a 06-1963); Antonio de Oliveira Brito (06-1963 a 03-1964).

6-B – Semana de debates sobre energia elétrica

Realizada no Instituto de Engenharia de São Paulo, de 9 a 13 de abril de 1956. Além de Plínio de Queirós, presidente do instituto, as várias reuniões foram presididas por Lucas Lopes, Antonio Devisate, Waldemar de Carvalho, Marinho Lutz e Eugênio Gudin. Foram orientadores: Mário Lopes Leão, Álvaro de Souza Lima, Júlio Lohman, Nilo Andrade Amaral e Roberto Campos. Os doze colaboradores, entre os quais se deve destacar Otávio Bulhões e Mauro Thibau, que seriam ministros responsáveis, juntamente com Roberto Campos, pelo início da revisão da política energética, em 1964.

Cumpre registrar que o instituto incluiu na publicação que fez em 1956 dos debates, como anexo, o parecer de sua direção sobre o Plano da Eletrificação e a Eletrobras, que resultou de trabalhos realizados por comissão especial, e aprovado pelo conselho diretor do instituto, em 1954, muito antes, portanto, da semana.

Fonte: Instituto de Engenharia de São Paulo, 1956.

6-C – Estatísticas do petróleo (1956 – 1963 em m³)

ANO	EXTRAÇÃO	IMPORTAÇÃO	EXPORTAÇÃO	CONSUMO
1956	645	5.639	-	6.284
1957	1.067	5.590	-	6.657
1958	3.009	6.520	1.319	8.209
1959	3.751	6.623	1.693	8.681
1960	4.708	6.556	667	10588
1961	5.534	8.707	1.214	13.027
1962	5.313	11.489	343	16.459
1963	5.680	11.966	415	17.231

Fonte: IBGE. *Estatísticas históricas do Brasil*. Rio de Janeiro, 1987. v.3.

7-A – Exposição de motivos, de 5 de junho de 1964, do ministro de Minas e Energia, Mauro Thibau, ao presidente Castello Branco

1. As condições imperantes nos serviços de energia elétrica têm merecido nossa constante atenção e preocupação. O vulto dos problemas com que nos defrontamos, as necessidades crescentes de consumo em uma economia em desenvolvimento, as limitações de recursos de capital para expansão dos serviços e o imperativo de se restabelecer a confiança nas leis e regulamentos são desafios que cumpre enfrentar com decisão.

2. Dentre as medidas ou providências, que temos em mira praticar, se alinham:
Revisão do Decreto nº 41.019, de 27.2.57, que regulamentou o Código de Águas (Decreto nº 24.643, de 10.7.1934), para escoimá-lo de imperfeições, suprir omissões e corrigir impropriedades;
Implantação, generalizada, da norma legal da prestação do serviço pelo custo (Art. 180 do Código de Águas e art. 164 do Decreto nº 41.019):

• Revisão do Código de Águas, para o fim de se decretar um código de energia elétrica, assim se promovendo separação do direito das águas do direito da energia elétrica;
• Normas adequadas à proteção, contra a inflação, dos investimentos em energia elétrica, a fim de se recuperar a confiança dos investidores e, no mesmo passo, fazer cessar a sistemática destruição de capital, que de há muito vem-se verificando no setor;

3. As práticas acima devem, contudo, se condicionar às diretrizes gerais, que entendemos cabem a Vossa Excelência determinar ou aprovar à luz de subsídios que se nos afiguram ser de nosso dever fornecer-lhe.

4. Nessa ordem de ideias elaboramos relatório, no qual procuramos fixar, em largos traços, o panorama geral do setor de energia elétrica, e que temos a honra de submeter, anexo, ao superior exame e deliberação de Vossa Excelência.

5. Nesse documento emergem algumas recomendações que, se merecerem a respeitável aprovação de Vossa Excelência, constituirão diretrizes básicas de ação no setor de energia elétrica.

6. Dentre essas recomendações se destacam:
6.1 Para aproveitamento dos recursos energéticos
6.1.1 manter a concentração de recursos e atenções na energia hidráulica como fonte primária para produção de energia para serviços públicos de eletricidade;
6.1.2 prosseguir no aproveitamento das reservas de carvão do sul do país como fonte suplementar de energia primária para fins de produção de eletricidade;
6.1.3 concentrar as atividades, na área de energia nuclear, na pesquisa, na prospecção, na produção de isótopos, na formação de técnicos e, eventualmente, na instalação de uma usina átomo-elétrica pioneira, desde que o permitam os recursos financeiros;
6.1.4 reduzir a programação de usinas termoelétricas queimando óleo combustível ao limite inferior de potência aconselhado pelas necessidades de instalações de emergência, de proporcionamento de mercado à PETROBRAS e ao apoio às instalações hidrelétricas.
6.2 Para entendimento do mercado consumidor
6.2.1 instalar capacidade geradora adicional, de 7.000.000 kW, até 1970;
6.2.2 dar especial atenção, com o acompanhamento das medidas correlatas, ao grave problema da distribuição.

6.3 Para financiamentos dos programas

6.3.1 Conceber planejamento financeiro adequado à mobilização de recursos, para investimentos da ordem de 3.000 bilhões, no período 1964-1970;

6.3.2 promover a revisão do regime econômico-financeiro vigente nos serviços, para adaptá-lo às realidades econômicas atuais;

6.4 Para harmonizar a atividade das empresas públicas e privadas

6.4.1 adotar medidas administrativas visando a permitir que as empresas privadas voltem a contribuir, com recursos próprios ou pelas mesmas mobilizados, para expansão e melhoria dos serviços;

6.4.2 descentralizar a administração federal, de forma a amparar as empresas sob controle estadual, visando a reduzir a ação federal nas suas áreas de influência.

6.5 Para fortalecimento da ação reguladora do poder público

6.5.1 reestruturar e reaparelhar os órgãos públicos de fiscalização e controle;

6.5.2 fortalecer estruturalmente a Eletrobras, para o cabal desempenho de suas funções de empresa *holding*;

6.5.3 manter a posição da União como supletiva fiscal, coordenadora, reguladora e planejadora no setor de energia elétrica;

6.5.4 concentrar no Ministério de Minas e Energia as funções de planificação especializada e execução da política de eletrificação do país;

6.5.5 estabelecer que o Ministério de Minas e Energia submeterá seus planos ao Ministro Extraordinário para o Planejamento e coordenará com este o enquadramento dos mesmos nos planos gerais do governo, e

6.5.6 estudar e, posteriormente, sugerir à coordenação dos órgãos que atuam na área da energia elétrica, quer do conjunto do governo federal, quer no âmbito do próprio Ministério de Minas e Energia.

(...)

a) Mauro Thibau

Fonte: Cópia do original oferecido pelo autor.

7-B – Incorporação da Amforp

Antes mesmo da compra da Amforp, haviam sido incorporados, de fato, os ativos de duas das subsidiárias, o da Cia. de Energia Elétrica Rio-grandense (CEERG) e o da Pernambuco Tramways and Power Co. Ltd., respectivamente à CEEE e à CELPE, em decorrência de processos específicos. No primeiro caso, a operação só se concluiria em 1967. A segunda, que estava sob administração judicial desde 1962, só foi finalizada em 1968.

7-C – Atos relativos ao controle de tarifas de eletricidade e preços de combustíveis

A disputa entre os Ministérios da Fazenda e de Minas e Energia se desdobrou em numerosos atos, aqui resumidos em sequência cronológica:

1º Ato Decreto-lei nº 808, de 4 de setembro de 1969
Dispõe sobre a política de preços no mercado interno.

Art. 1º O Conselho Interministerial de Preços, CIP, instituído pelo Decreto nº 63.196, de 29 de agosto de 1968, é o órgão através do qual o Governo Federal fixará e fará executar a política de preços no mercado interno buscando sua harmonização com a política econômico-financeira global.

Art. 2º Para desempenho de suas atribuições o Conselho Interministerial de Preços promoverá pelos competentes órgãos e entidades da Administração Pública, a adoção de medidas administrativas, legais ou judiciais cabíveis.

Art. 3º Para efeito do disposto no artigo 1º, os órgãos da Administração Pública direta e indireta, inclusive empresas públicas e sociedades de economia mista, que tenham atribuições de fixar tarifas ou preços em suas áreas específicas, fornecerão seus estudos ao Conselho Interministerial de Preços, quando isto for solicitado, para que este opine a respeito, antes de sua aprovação final pelos órgãos competentes.

Parágrafo único – Ao apreciar os estudos a que se refere este artigo, o Conselho Interministerial de Preços poderá convocar representantes dos órgãos interessados para o exame conjunto da matéria.

(a) Augusto Hamann Rademaker Grünewald, Aurélio de Lyra Tavares e Márcio de Souza e Melo.

2º Ato Decreto-lei nº 989, de 21 de outubro de 1969
Dispõe sobre a fixação de preços de petróleo bruto e seus derivados e a fixação de tarifas de energia elétrica.

Art. 1º Não se aplicam à sistemática de fixação de preços de petróleo bruto e seus derivados, bem como à fixação das tarifas de energia elétrica, as disposições do Decreto-Lei nº 808, de 4 de setembro de 1969.

(...)

Parágrafo único – Os órgãos responsáveis pela fixação de preços de petróleo bruto e seus derivados e tarifas de energia elétrica ficam obrigados a fornecer, na data de sua aprovação, ao Conselho Interministerial de Preços, para seu conhecimento, os estudos que deram origem àqueles preços e tarifas.

(a) Augusto Hamann Rademaker Grünewald, Aurélio de Lira Tavares, Márcio de Souza e Melo, Antônio Delfim Netto e Antônio Dias Leite Júnior.

3º Ato Decreto nº 79.706, de 18 de maio de 1977
Dispõe sobre os atos da administração pública relativamente ao controle de preços.
>   Art. 1º O ato de fixação ou reajustamento de qualquer preço ou tarifa por órgãos ou entidades da administração federal, direta ou indireta, mesmo nos casos em que o poder para tal fixação seja decorrente de lei, dependerá, para sua publicação e efetivação, de prévia homologação do ministro da Fazenda.
>   § 1º Quando se tratar de tarifa, a homologação será solicitada por intermédio da Secretaria de Planejamento da Presidência da República.
>   § 2º O disposto neste artigo aplica-se também aos preços de bens e serviços que não estejam sob controle do Conselho Interministerial de Preços (CIP).
>   Art. 2º Os órgãos ou entidades da administração pública, direta ou indireta, estadual ou municipal, que tenham por atribuições fixar tarifas ou preços em suas áreas específicas, submeterão, nos termos do artigo 3º do decreto-lei nº 808, de 4 de setembro de 1969, seus estudos ao Conselho Interministerial de Preços, antes de sua aprovação final pelos órgãos ou entidades competentes.
>   (a) Ernesto Geisel, Mário Henrique Simonsen, Alisson Paulinelli, Angelo Calmon de Sá, João Paulo dos Reis Velloso e Maurício Rangel Reis.

4º Ato Decreto nº 83.940, de 10 de setembro de 1979
Dispõe sobre a transferência do Conselho Interministerial de Preços (CIP) para a Secretaria de Planejamento da Presidência da República, e dá outras providências.
>   Art. 1º Presidirá o Conselho Interministerial de Preços (CIP), criado pelo Decreto nº 63.196, de 29 de agosto de 1968, o ministro de Estado, chefe da Secretaria de Planejamento da Presidência da República, que será substituído em suas faltas e impedimentos pelo ministro de Estado da Fazenda.
>   (...)
>   Art. 3º O artigo 1º do Decreto nº 79.706, de 18 de maio de 1977, passa a vigorar com a seguinte redação, revogado o §2º.
>   Art. 1º O ato de fixação ou reajustamento de qualquer preço ou tarifa por órgão ou entidades da Administração Federal, Direta ou Indireta, mesmo nos casos em que o poder para tal fixação seja decorrente de lei, dependerá, para sua publicação efetiva, aplicação de prévia aprovação de Ministro de Estado, Chefe da Secretaria de Planejamento:
>   (a) João Batista de Figueiredo, Karlos Rischbieter, Angelo Amauri Stábile e Antonio Delfim Netto.

5º Ato Lei nº 8.178, de 1º de março de 1991
Estabelece regras sobre bens e salários.
>   Art. 1º Os preços de bens e serviços efetivamente praticados em 30 de janeiro de 1991 somente poderão ser majorados mediante prévia e expressa autorização do Ministério da Economia, Fazenda e Planejamento.
>   (...)
>   Art. 3º O Ministério da Economia, Fazenda e Planejamento poderá:
>   I – Autorizar reajuste extraordinário para corrigir desequilíbrio de preços relativos existentes na data referida no art.1º desta Lei;
>   II – Suspender ou rever, total ou parcialmente, por prazo certo sob condição, a vedação de reajustes de preços a que aludem os artigos anteriores;
>   III – Baixar, em caráter especial, normas que liberem, total ou parcialmente, os preços de qualquer setor.
>   (a) Fernando Collor de Melo, Zélia Cardoso de Mello

7-D – Transferência de empresas de energia elétrica (no domínio da União e da União para os Estados)

Em um primeiro movimento, em 1967, e por iniciativa do governo federal, foram reunidos sob controle da Eletrobras, no Espírito Santo, os serviços da Cia. Central Brasileira de Força Elétrica, do Grupo Amforp, e da companhia estadual Escelsa. No Nordeste, foram transferidos, em 1968, para o âmbito estadual, os serviços de distribuição de Natal e de Maceió, que faziam parte da Cia. Força e Luz do Nordeste, também do Grupo Amforp. Incorporou-se à Furnas, em 1967, a Cia. Hidrelétrica do Vale do Paraíba (Chevap), que havia sido criada com o objetivo específico de construir a usina do Funil, cujo capital era parcialmente detido pelo governo federal, através da Eletrobras, sendo o restante do Estado do Rio de Janeiro.

No âmbito do governo federal foram incorporadas à recém-criada Eletrosul, as usinas térmicas de Charqueadas (1970), Sotelca (1971) e Alegrete (1971), além da hidrelétrica de Passo Fundo.

A partir de 1972 foram feitas, em série, transferências de empresas e de serviços. Cinco dessas operações sem muita dificuldade:
1. CPE para CEEE, em 1972 (Rio Grande do Sul);
2. CEEB para Coelba, em janeiro de 1973 (Bahia);
3. CFLMG para Cemig, em junho de 1973 (Minas Gerais);
4. CFLP para Copel, em agosto de 1973 (Paraná). A minha proposta formal ao governador Parigot foi feita em 16 de junho de 1972 (Aviso nº 1341/72). Envolvia também declarações a respeito da atribuição de concessões para aproveita-

mento hidrelétrico entre a Copel e a Eletrosul. Por um erro de secretaria, a minha recomendação de que o aviso chegasse às mãos do governador com antecedência sobre a publicação do decreto de concessão de Salto Santiago, que era desejada pela Copel, não foi cumprida. A Copel não tinha estrutura financeira adequada, o que só viria acontecer depois da incorporação da Força e Luz do Paraná proposta no mesmo documento. O prof. Parigot, que estava doente e por quem eu tinha o maior respeito e amizade, cortou relações comigo e a transferência da CFLP atrasou cerca de um ano;

5. para a Coelce, constituída pelo Estado do Ceará, em 1971, foram transferidas pela União a Cenorte (estadual e federal) em 1972, a CELCF (federal via Chesf) em 1972, e em maio de 1973, a Conefor, subsidiária da Eletrobras.

Outras transferências foram mais complicadas:

A Companhia Paulista de Força e Luz (CPFL), a mais importante ex-subsidiária da Amforp, foi objeto de longas negociações com o governo do Estado de São Paulo, ao tempo da administração Laudo Natel, e estava praticamente concluída quando fiz a proposta formal em 11 de março de 1973 (Aviso nº 12). Nessa oportunidade, o governo de São Paulo recusou a operação diante da decisão do governo federal de retirar do acervo da CPFL a usina de Peixoto, para sua incorporação a Furnas. Essa operação se justificava, uma vez que o conjunto das usinas de Furnas, Estreito e Peixoto, no rio Grande, formava uma sequência com um só grande reservatório de regulação e acumulação (Furnas) e com um mesmo sistema de escoamento de energia elétrica. A transferência da CPFL, sem a usina de Peixoto, só se consumaria em 1975, basicamente conforme a proposta original do MME, de 1973.

Outra dificuldade ocorreu na negociação com o governo do Estado do Rio de Janeiro, cuja empresa Centrais Elétricas Fluminenses (CELF), herdeira de Macabu, e bem fraca, era também muito menor que a Companhia Brasileira de Energia Elétrica (CBEE), ex-subsidiária da Amforp. O governo do estado, ao tempo da administração Raimundo Padilha, não aceitou a proposta feita do controle temporário – por dois ou três anos – da Eletrobras sobre o conjunto, para proceder à necessária reorganização com a subsequente transferência do comando para o estado. A transferência da CBEE para o domínio estadual só se faria muito mais tarde, em 1977, ficando o conjunto com a denominação de Companhia de Eletricidade do Estado do Rio de Janeiro (CERJ).

A descentralização não se limitava ao acervo da Amforp. Para que fosse mantida a diretriz estabelecida de retirar as empresas controladas pela União das questões locais, havia que transferir serviços de transmissão secundária e de distribuição do âmbito federal para o estadual. A Sudene organizara uma subsidiária denominada Companhia de Eletrificação Rural do Nordeste (Cerne), que servia, através de pequenas usinas isoladas, numerosos municípios do interior da região. Tratava-se de algo semelhante ao projeto das usinas diesel, da CEEE, do Rio Grande do Sul, de vender mais barato a energia mais cara. A sua transferência para as empresas estaduais foi finalmente alcançada por meio de protocolo assinado em Paulo Afonso, em 4 de janeiro de 1973.

Apesar do seu pequeno vulto, constituiu-se em uma das operações mais penosas de todo o processo a transferência de um grande número de linhas de subtransmissão e das correspondentes subestações, da Chesf para essas mesmas empresas estaduais do Nordeste. Para que o impacto econômico sobre as pequenas empresas fosse progressivo, foi proposta solução que se converteu na Lei nº 5.898 de julho de 1973, que autorizou, no caso específico, a utilização de recursos da reserva global de reversão para encampação, pela Eletrobras, dos citados sistemas da Chesf, e sua incorporação ao patrimônio das empresas distribuidoras estaduais, em dez parcelas anuais.

O mesmo tipo de solução seria também adotado para resolver parte do nó cego que havia sido armado com o conjunto de usinas termelétricas do Rio Grande do Sul. O sistema de transmissão oriundo de Alegrete, no centro do estado, foi encampado e depois transferido para a CEEE, mediante lei específica (nº 5.933, de dezembro de 1973). Além disso, teve que ser resolvida, a partir de fevereiro de 1973, a redução da produção de carvão compatível com o fechamento previsto para a pequena usina de São Jerônimo (datada de 1953), e a liberdade de operação da usina de Charqueadas (datada de 1962), que era mais ineficiente que a primeira.

A história da usina de São Jerônimo, insignificante sob o ponto de vista de capacidade energética, é, todavia, edificante sob o ponto de vista político. A exposição do MME ao governo do Rio Grande do Sul relata os entendimentos e decisões tomadas ou a tomar (Documento inédito, 11). Depois de intensas negociações, de suprimento de recursos do orçamento da União para indenizações trabalhistas na área mineral e de compromisso formal de encerramento das operações de mineração em condições precárias, a usina de São Jerônimo teve as suas operações suspensas pelo Governo Euclides Triches. Mas, por decisão do governo subsequente, de Sinval Guazelli, foi reaberta. Decretos e acordos não foram respeitados e a usina continuou em operação, em 50 Hz, frequência extinta no resto do país há muitos anos.

7-E – Usinas hidrelétricas na Amazônia

A dúvida, de 1972, sobre a conveniência das usinas hidrelétricas de Samuel e Balbina persistia em setembro de 1979, data da publicação, pela Eletrobras, do Plano de Atendimento aos Requisitos de Energia Elétrica até 1995, no qual se examinava a questão de suprimento de Manaus, Macapá, Porto Velho, Rio Branco, Santarém e Boa Vista, mencionando as possibilidades hidrelétricas inventariadas. Constatava-se, também, a pouca relevância, em termos nacionais, do consumo de óleo combustível e diesel, na hipótese da persistência das usinas térmicas nessas áreas. Concluía-se esse relatório pelo prosseguimento dos estudos das hidrelétricas "visando ao aproveitamento (...) a custo adequado (...)".

Já no plano relativo ao horizonte do ano 2000, publicado pela Eletrobras menos de três anos depois, em março de 1982, e no governo do presidente João Figueiredo, dá-se a mudança radical de atitude, recomendando-se a adição das usinas hidrelétricas de Balbina, para entrar em operação em 1986, de Samuel, para 1987, e de Cotingo, para 1987. As duas primeiras foram efetivamente concluídas em 1989, e a terceira não foi levada avante.

7-F – Extrato das bases financeiras e de prestação de serviços de eletricidade de Itaipu

Conforme anexo 'C' ao tratado entre o Brasil e Paraguai, de 26.4.1973:
"A receita anual, decorrente dos contratos de prestação de serviços de eletricidade, deverá ser igual, em cada ano, ao custo do serviço (...)"
"O custo do serviço de eletricidade será composto das seguintes parcelas anuais (aqui reproduzidas de forma simplificada):
1 - O montante necessário para o pagamento, às partes que constituem a Itaipu, de rendimentos de doze por cento ao ano sobre sua participação no capital integralizado.
2 - O montante necessário para o pagamento dos encargos financeiros dos empréstimos recebidos.
3 - O montante necessário para a amortização dos empréstimos recebidos.
4 - O montante necessário para o pagamento dos *royalties* às Altas Partes Contratantes.
5 - O montante necessário para o pagamento, à Eletrobras e à ANDE em partes iguais, a título de ressarcimento de encargos de administração e supervisão relacionados com a Itaipu.
6 - O montante necessário para cobrir as despesas de exploração.
7 - O montante do saldo, positivo ou negativo, da conta de exploração do exercício anterior.
8 - O montante necessário à remuneração a uma das Altas Partes Contratantes, equivalente a trezentos dólares dos Estados Unidos da América, por gigawatt-hora cedido à outra Alta Parte Contratante."

7-G – Regularização do rio Paraíba do Sul

A regularização foi consubstanciada em quatro decretos de março de 1971. O primeiro, e mais importante (Decreto nº 68.424), aprovava o Plano de Regularização do Rio Paraíba, cujas discussões se estenderam por 14 anos. Mediante esse instrumento, ficou estabelecida, definitivamente, na proporção de 41%, a participação da Light na construção dos reservatórios de Paraitinga e Paraibuna, o que equivalia à acumulação considerada necessária, por ocasião da autorização do desvio de águas do rio Paraíba, em Santa Cecília, para a vertente marítima. Ficou regulada a participação da União (24%), do Estado de São Paulo (24,5%), bem como do Estado do Rio de Janeiro (10%), atendendo à sua situação financeira precária, na responsabilidade pela construção dos reservatórios reguladores, compreendendo Paraibuna e Paraitinga. Ficou expressamente excluído o desvio das águas do Paraíba para Caraguatatuba, considerado, pela maioria de pessoas consultadas, como de fortes efeitos nocivos sobre todo o vale e modestos benefícios em termos estritos de geração de energia. Foram mantidos os direitos e obrigações da Light oriundos da autorização de 1946. Por outros decretos, foi atribuída ao DNAE, de São Paulo, a responsabilidade pelas obras de regularização, já iniciadas (Decreto nº 68.331), outorgada à Cesp a concessão do aproveitamento hidrelétrico dos rios Paraitinga e Paraibuna (Decreto nº 68.332), e outorgado à Light o aproveitamento junto ao reservatório de Santa Cecília, que havia sido por ela construído (Decreto nº 68.333). Todos esses atos foram assinados pelo presidente Emílio Médici em sessão solene no Palácio do Planalto, em Brasília, à qual estavam presentes os futuros condôminos.

Logo depois, instituiu-se a Comissão de Coordenação e Fiscalização das Obras do Convênio entre os Condôminos, abril de 1971, sob a presidência exemplar, até à conclusão das obras, de Maria Helena de Souza Coelho, do DNAEE. A regulamentação do condomínio do reservatório Paraibuna-Paraitinga só foi efetivada após algum tempo de experiência da comissão de coordenação (Decreto nº 73.619/1974). As obras recuperaram ritmo adequado e foram inauguradas em agosto de 1978, já no governo do presidente Ernesto Geisel.

Na ausência de um Código de Águas atualizado, realizava-se assim, na prática, e muito antes do súbito ataque de preocupação com a preservação do meio ambiente, significativo projeto de conciliação dos vários usos da água, excetuado o da navegação, que, no caso, não interessava.

7-H – Rentabilidade das principais concessionárias de energia elétrica em 1974 (Cr$ milhões e %)

Empresa	INVESTIMENTO REMUNERÁVEL		REMUNERAÇÃO LEGAL		CONTA RESULTADOS A COMPENSAR	REMUNERAÇÃO LEGAL	
	Valor		Valor	%	Valor	Valor	%
Celpa	325		39	12	-8	31	10
Chesf	2.850		314	11	+17	331	12
Coelce	328		33	10	-17	16	5

Celpe	452	45	10	-8	37	8
Coelba	719	72	10	-23	49	7
CEAL	96	10	10	-5	5	5
Energipe	49	5	10	-1	4	8
COSERN	140	14	10	-12	2	1
Cerj	906	91	10	-26	65	7
Escelsa	693	79	11	-	79	11
CPFL	1.786	214	12	-	214	12
Cesp	11.110	1.222	11	+90	1.312	12
Light	9.338	1.080	12	-226	854	9
Furnas	6.794	815	12	+147	962	14
Cemig	4.230	444	10	-	444	10
Cemat	580	58	10	-43	15	3
CEB	443	53	12	+7	60	14
CELG	1.207	121	10	-80	41	3
CELESC	1.524	151	10	-49	102	7
Eletrosul	4.269	427	10	-189	238	6
Copel	6.825	738	11	-3	735	11
CEEE	6.231	622	10	-15	607	10
Total	60.895	6.647	10,9	-444	6.203	10,2

Fonte: ELETROBRAS, REVISE. *Revisão institucional do setor elétrico: repartição de custos e preços.* Rio de Janeiro, Documento inédito, 1988.

7-I – Evolução do setor do petróleo no Brasil antes da crise de 1973-1974

Em milhões de barris

ANO	DESCOBERTA	PRODUÇÃO	CONSUMO	PRODUÇÃO % CONSUMO	RESERVAS RECUPERÁVEIS	CONSUMO RESERVAS
1957	86	11	75	15	419	5,6
1958	119	18	78	23	480	6,2
1959	106	24	87	28	617	7,1
1960	106	30	94	32	665	7,1
1961	89	33	104	32	710	6,8
1962	74	35	112	31	785	7,0
1963	89	34	120	28	583	4,9
1964	63	34	122	28	674	5,5
1965	74	36	126	29	672	5,3
1966	85	43	131	33	697	5,3
1967	102	52	145	36	800	5,5

1968	110	59	159	37	823	5,2	
1969	80	61	175	35	852	4,9	
1970	72	62	190	33	857	4,5	
1971	43	61	210	29	855	4,1	
1972	34	62	241	26	799	3,3	
1973	39	63	272	23	774	2,9	

Nota: com o objetivo de eliminar oscilações momentâneas, naturais ou acidentais, os valores das descobertas da produção e do consumo de 1957 a 1973, constantes desta tabela, representam as médias móveis de três anos do período 1956-1970. Assim, por exemplo, o dado de 1957 corresponde à média de 1956, 1957 e 1958. A coluna relativa às reservas recuperáveis corresponde, no entanto, à estimativa para 31 de dezembro do ano.

Os dados originais em metros cúbicos, relativos ao consumo, foram convertidos na proporção de 6,29 barris/metro cúbico.

Fonte: Petrobras. Serviço de Comunicação Social. *Petróleo brasileiro: preconceito e realidade*. Rio de Janeiro, 1981. p. 32, 35.

7-J – Pesquisa de petróleo – recursos do Tesouro Nacional e investimentos da Petrobras

Excluindo-se o reinvestimento de dividendos da União, os principais recursos fornecidos pelo Tesouro Nacional para capital e a fundo perdido direcionado à pesquisa, e os investimentos feitos com pesquisa, estão a seguir resumidos em milhões de dólares (moeda corrente).

APLICAÇÕES	1966	1967	1968	1969
Para capital (imposto único)	28,4	55,3	59,3	66,8
Fundo perdido (imposto único)	–	–	–	12,5
Investimentos com pesquisa	45,9	46,9	54,9	63,1
Investimento / Recursos (%)	162,0	85,0	93,0	80,0

APLICAÇÕES	1970	1971	1972	1973	1974
Para capital (imposto único)	53,3	55,1	60,7	38,0	–
Fundo perdido (imposto único)	15,6	38,1	23,3	34,1	103,9
(decreto-lei nº 1.091)	10,9	29,9	39,7	61,0	108,3
Total	79,8	123,1	123,7	133,1	212,2
Investimentos com pesquisa	77,5	67,7	82,7	112,8	183,7
Investimento / Recursos (%)	97,0	55,0	67,0	85,0	87,0

APLICAÇÕES	1975	1976	1977	1978	1979
Fundo perdido (imposto único)	107,2	76,7	–	–	–
(decreto-lei nº 1091)	137,2	159,3	238,3	298,4	232,8
Total	244,4	236,0	238,3	298,4	232,8
Investimentos com pesquisa	238,6	326,0	296,2	289,3	389,9
Investimento / Recursos (%)	98,0	138,0	124,0	97,0	167,0

Fonte: Os dados originais sobre recursos da União foram preparados, a pedido, pelo Serviço Financeiro da Petrobras, em cruzeiros correntes. Os dados de investimento constam da publicação *Mito e Preconceito* em Cr$ de 1979. Ambos foram convertidos para dólares correntes. (Petrobras, 1981)

7-K – Extrato do Tratado de Não Proliferação de Armas Nucleares

Os Estados signatários deste Tratado, designados a seguir como Partes do Tratado, convieram no seguinte:

Artigo I
Cada Estado militarmente nuclear, Parte deste Tratado, compromete-se a não transferir, direta ou indiretamente, para qualquer recipiendário, armas nucleares ou outros artefatos nucleares explosivos, assim como o controle sobre tais armas ou artefatos explosivos e, sob forma alguma, assistir, encorajar ou induzir qualquer Estado militarmente não nuclear a fabricar, ou por outros meios adquirir armas nucleares, ou outros artefatos explosivos nucleares, ou obter controle sobre tais armas ou artefatos explosivos nucleares.

Artigo II
Cada Estado militarmente não nuclear, Parte deste Tratado, compromete-se a não receber, direta ou indiretamente, a transferência de qualquer fornecedor de armas nucleares ou outros artefatos explosivos nucleares, ou o controle sobre tais armas ou explosivos; a não fabricar, ou por outros meios adquirir armas nucleares ou outros artefatos explosivos nucleares, e a não procurar ou receber qualquer assistência para a fabricação de armas nucleares ou outros artefatos explosivos nucleares.

Artigo III
1. Cada Estado militarmente não nuclear, Parte deste Tratado, compromete-se a aceitar salvaguardas – conforme estipulado em acordo a ser negociado e concluído com a Agência Internacional de Energia Atômica, de conformidade com o Estatuto da Agência Internacional de Energia Atômica e com o sistema de salvaguardas da Agência – com a finalidade exclusiva de verificar o cumprimento das obrigações que nos termos deste Tratado assume, com vistas a impedir que a energia nuclear destinada a fins pacíficos venha a ser desviada para armas nucleares ou outros artefatos explosivos nucleares. O procedimento para a aplicação de salvaguardas exigidas por este artigo será adotado em relação aos materiais férteis ou físseis especiais, tanto na fase da sua produção, quanto nas de processamento ou utilização em qualquer instalação nuclear principal ou fora de tal instalação. As salvaguardas exigidas por este artigo serão aplicadas a todos os materiais férteis ou físseis especiais usados em todas as atividades nucleares pacíficas realizadas no território de tal Estado, sob sua jurisdição, ou aquelas levadas a efeito sob seu controle, em qualquer outro local.
2. Cada Estado, Parte deste Tratado, compromete-se a não fornecer:
a) material fértil ou físsil especial, ou
b) equipamento ou material especialmente destinado ou preparado para o processamento, utilização ou produção de material físsil especial para qualquer Estado militarmente não nuclear, para fins pacíficos, exceto quando o material fértil ou físsil especial esteja sujeito a salvaguardas exigidas por este artigo.
3. As salvaguardas exigidas por este artigo serão implementadas de maneira compatível com o Artigo IV deste Tratado e de modo a não constituir obstáculo ao desenvolvimento econômico e tecnológico das Partes ou à cooperação internacional no campo das atividades nucleares pacíficas, inclusive no tocante ao intercâmbio internacional de material nuclear e de equipamentos para o processamento, utilização ou produção de material nuclear para fins pacíficos, de conformidade com o disposto neste artigo e com o princípio de salvaguardas enunciado no preâmbulo.
4. Os Estados militarmente não nucleares, partes deste Tratado, deverão celebrar – isoladamente ou em conjunto com outros Estados – acordos com a Agência Internacional de Energia Atômica, com a finalidade de cumprir o disposto neste artigo, de conformidade com o estatuto da Agência Internacional de Energia Atômica. A negociação de tais acordos terá início no prazo de 180 dias a partir do começo da entrada em vigor deste Tratado. Para os Estados que depositarem seus instrumentos de ratificação ou adesão após esse período de 180 dias, a negociação de tais acordos terá início em data não posterior de tal depósito. Tais acordos entrarão em vigor até no máximo 18 meses, a partir do início das negociações.

Artigo IX, item 3
(...)
3. Este Tratado entrará em vigor após sua ratificação pelos Estados cujos Governos são designados depositários do Tratado, e por quarenta outros estados signatários, e após o depósito de seus instrumentos de ratificação. Para os fins deste Tratado, um Estado militarmente nuclear é aquele que tiver fabricado ou feito explodir uma arma nuclear ou outro artefato explosivo nuclear antes de 1º de janeiro de 1967.

Fonte: tradução oficiosa na publicação: BRASIL República Federativa do Brasil – *O Programa Nuclear Brasileiro*. 1977.

7-L – Características dos reatores nucleares

Extrato de um trabalho elaborado pela Nuclen.
Os reatores nucleares podem ser classificados em diferentes modos em função de seu objetivo, materiais e geometria empregados, e faixa de energia neutrônica predominantemente utilizada.
Em primeiro lugar faz-se distinção entre os reatores térmicos que utilizam nêutrons ditos térmicos (de baixa energia), e os reatores rápidos, que utilizam para suas reações nêutrons de alta energia rápidos. Os reatores térmicos estão em pleno uso. As centrais nucleares com reatores rápidos não são ainda economicamente viáveis.

Se considerarmos os três aspectos fundamentais: 1) o combustível; 2) o moderador, que é o elemento responsável pelo controle das reações; e 3) o resfriador, que tem a função de retirar o calor produzido, podem ser identificados então inúmeros caminhos potenciais para os reatores não militares, resultantes das combinações desses elementos.

Os ciclos básicos decorrem das características dos elementos envolvidos. No urânio natural existem 0,7% do isótopo U-235, que é físsil, e é o material básico da energia nuclear. O restante é constituído do isótopo U-238, que é apenas fértil. No urânio chamado levemente enriquecido, eleva-se artificialmente, por um processo dito de enriquecimento isotópico, a concentração de U-235 para 2% ou 3%. Muito maiores concentrações são requeridas para a fabricação da bomba. O tório-232 é material fértil, que pode dar lugar à produção de U-233, que é elemento físsil. O U-238 pode dar origem ao plutônio-239, que é também físsil.

Existiam, à época da decisão da primeira usina nuclear brasileira, reatores comprovados em escala comercial para fins de energia, baseados no urânio natural e no urânio levemente enriquecido (a 3%). Esses últimos dependiam, para o seu funcionamento, seja da garantia de suprimento do material enriquecido por um dos poucos governos que detinham a capacidade de enriquecimento isotópico (EUA, URSS, Inglaterra e França), seja de instalações próprias de enriquecimento pelo processo consagrado da difusão gasosa, seja pelos processos alternativos de ultracentrifugação ou do jato centrífugo.

O ponto crítico e imediato era exatamente o da escolha entre o emprego do urânio enriquecido ou do urânio natural. A longo prazo, interessava-nos o ciclo que envolvesse o tório, já que eram conhecidas as nossas reservas desse mineral, enquanto não haviam sido descobertas ainda jazidas significantes de mineral de urânio economicamente explorável.

Quanto ao moderador, haviam sido utilizados, até então, a água natural – denominada água leve na linguagem do setor nuclear –, a água pesada e grafite. A água pesada envolvia, como envolve até hoje, grandes dificuldades tecnológicas. Existiam poucos produtores e uma opção pela água pesada implicava a negociação de compra ou a decisão de instalações próprias de produção.

Finalmente, quanto ao resfriador, adotavam-se a água natural, a água pesada e um gás, seja o hélio seja o dióxido de carbono.

O relatório do grupo de trabalho especial indicava como reatores possíveis de consideração, em decorrência de experiência operativa e das tendências mundiais:
• GCR (Gas cooled reactors, ou reatores a gás), moderados a grafite, refrigerados por dióxido de carbono e utilizando urânio natural, construídos principalmente na França e na Inglaterra.
• LWR (Light water reactors, ou reatores à água leve), moderados e refrigerados por água leve e utilizando urânio levemente enriquecido. Dois tipos: BWR (água fervente) e PWR (água pressurizada), construídos nos Estados Unidos.

Na época, somando-se as usinas em operação, em construção e com projetos aprovados, as potências eram, em 1000 MW:

GCR.......9,5   BWR........15,1   PWR..........21,9

Com experiência operativa menor do que a dos tipos acima, encontravam-se em operação:
– PHWR (Pressurized heavy water reactors, ou reatores a água pesada pressurizada), desenvolvidos no Canadá e utilizando tanto urânio natural como urânio enriquecido.
– AGR (Advanced gas cooled reactors, ou reatores avançados a gás), utilizando urânio levemente enriquecido, moderados a grafite e refrigerados a gás; ou SGHWR (Steam generating heavy water reactors, ou reatores geradores de vapor a água pesada), utilizando urânio levemente enriquecido e moderados à água pesada ou água leve desenvolvidos na Inglaterra.

As potências correspondentes eram, em 1000 MW:

PHWR (U natural).......3,6   PHWR (U enriquecido)...0,8   AGR.......................6,0

A maior experiência operativa era a dos reatores GCR, seguida dos LWR (BWR e PWR), e mínima dos AGR. O ritmo de projetos novos desfavorecia, no entanto, os GCR e favorecia ao máximo os PWR.

Os autores do relatório descartaram, por fim, a possibilidade de considerarmos reatores ainda em fase de demonstração, embora promissores. Entre esses, os reatores rápidos (Fast Breeders) e de alta temperatura (High Temperature).

Cerca de 25 anos depois, nem os reatores rápidos nem os reatores de alta temperatura haviam chegado à escala de operação comercial (Häfele, 1990, p. 24).

Entre os reatores rápidos em 1987, contavam-se alguns protótipos significativos: FFTF, 400 MWt, 1982, EUA.; Superphenix 1240 MWe, 1986, França; PFR, 270 MWe, 1965, Inglaterra; BN 600, 600 MWe, 1980, URSS; Monju, 280 MW, 1991, Japão; e, pela importância relativa para nós, FBTR, 15 MWe, 1985, Índia. Existiam três novos projetos com planejamento terminados na França, Inglaterra e Alemanha.

Entre os reatores de alta temperatura, Fort St.Vrain, 330 MWe, 1977, EUA, foi paralisado; THTR-300 MWe, 1985-1989, Alemanha, está paralisado.

Fonte: Nuclen Engenharia e Serviços S.A.

7-M – Extrato da exposição sobre o programa de reatores a água pesada no Grupo do Tório de Belo Horizonte

A missão precípua do Grupo do Tório era a de analisar em detalhe a viabilidade do emprego do tório no programa nuclear brasileiro. O estudo foi realizado em convênio com o Comissariado de Energia Atômica da França e foi dividido nas seguintes fases:

1. Avaliação preliminar (Projeto INSTINTO), 1966-1967
2. Pesquisa e desenvolvimento (Projeto TORUNA), 1968-1971
3. Protótipo (eventualmente), 1971

A parte '1', referente ao Projeto INSTINTO, foi terminada e um relatório final foi emitido, apresentando conclusões positivas, recomendando a continuação do programa através da parte '2', que já está em plena realização desde janeiro de 1968.

A filosofia adotada pelo Grupo do Tório foi a de basear a sua análise do emprego do tório em um conceito definido de reator, que pudesse ser desenvolvido, ao menos em princípio, pela indústria brasileira nos próximos dez a 15 anos.

Consequentemente, o esforço principal do trabalho do grupo se concentrou no desenvolvimento desse conceito particular de reator.

Os estudos levaram a um reator resfriado e moderado por água pesada sob pressão, contido em um vaso de pressão de concreto protendido. Tal escolha foi feita tendo-se em vista a experiência passada e as possibilidades futuras da indústria brasileira.

Posteriormente, verificou-se que tipos muito semelhantes de reatores estavam sendo desenvolvidos por outros países, a saber: França, Alemanha e Suécia. Esse fato veio corroborar as potencialidades deste conceito de reator e trazer a vantagem adicional de o país não se ver isolado nas suas pesquisas, podendo beneficiar-se do avanço técnico de outros países.

O tório não é, por si, um combustível nuclear. Para poder funcionar como tal, ele necessita de adição de material físsil e o seu suprimento constitui um dos principais problemas dos reatores a tório.

O reator do projeto INSTINTO permite resolver esse problema de duas formas:

- misturando ao tório o urânio enriquecido; essa opção seria prática, mas teria a desvantagem de depender de fornecedor externo, já que o urânio enriquecido é vendido de forma praticamente monopolística pela Comissão de Energia Atômica dos Estados Unidos;
- misturando ao tório o plutônio; essa opção não teria a desvantagem anterior, porque o plutônio poderia ser produzido em reatores de mesmo tipo, usando como combustível o urânio natural, que pode ser comprado no mercado internacional ou produzido no Brasil.

A segunda opção permite a independência em relação ao suprimento de combustível. Os estudos já feitos mostraram que ela é tecnicamente viável.

Em conclusão, os reatores a tório não são recomendáveis imediatamente; devem ser precedidos de uma geração de reatores a urânio natural que funcionaria durante cerca de dez a vinte anos, gerando plutônio para os futuros reatores a tório.

Fonte: LEPECKI, W. *Um programa de reatores a água pesada para o Brasil*. São Paulo, 1968. p. 7.

8-A – Resultados da pesquisa na plataforma continental, em milhões de barris

ANO	PRODUÇÃO	RESERVAS	DESCOBERTA		
	(Acumulada)	(Fim do ano)	(Acumuladas)	(No ano)	(Média)*
1969	30,3	4,4	34,7		
1970	33,2	17,6	50,8	16,1	-
1971	37,2	33,3	70,5	19,7	-
1972	40,7	19,5	60,2	-10,3	-
1973	45,6	32,1	77,7	17,5	-
1974	54,6	49,1	103,7	26,0	26,0
1975	64,6	73,6	138,2	34,5	64,0
1976	76,5	193,1	269,6	131,4	148,4
1977	90,5	458,5	549,0	279,4	161,1

1978	106,4	515,2	621,6	72,6	175,0
1979	127,1	667,4	794,5	172,9	115,1
1980	154,5	739,7	894,2	99,7	154,2
1981	191,0	893,2	1.084,2	190,0	185,0
1982	242,5	1.107,0	1.349,5	265,3	204,9
1983	314,4	1.194,5	1.508,9	159,4	212,5
1984	429,0	1.292,6	1.721,6	212,7	217,0
1985	572,0	1.428,5	2.000,5	278,9	269,4
1986	720,2	1.597,0	2.317,2	316,7	304,5
1987	865,1	1.770,0	2.635,1	317,9	345,3
1988	1.002,3	2.034,2	3.036,5	401,4	286,0
1989	1.148,7	2.026,6	3.175,3	138,8	252,0
1990	1.310,3	2.080,8	3.391,0	215,7	258,9
1991	1.472,7	2.340,5	3.813,2	422,2	460,0
1992	1.634,3	2.921,1	4.555,4	742,2	493,3
1993	1.802,5	3.086,5	4.871,0	315,6	557,5
1994	1.980,8	3.504,8	5.485,6	614,6	

* Média móvel trienal.

Fonte: Informações da tabela fornecidas, a pedido, pela área de Documentação e Divulgação da Informação, Serplan, Petrobras, nov. 1995.

8-B – Investimentos da Petrobras

Proporção dos gastos nos diversos setores em relação ao investimento total

ANO	(1) EXPLORAÇÃO E DESENVOLVIMENTO	(2) REFINAÇÃO	(3) TRANSPORTE MARÍTIMO E DUTO	(4) OUTROS	(5) SOMA (2) A (4)	INVESTIMENTO EM PESQUISA
	da produção (%)	(%)	(%)	(%)	(%)	milhões de dólares
1965	48	21	19	12	52	411
1966	47	17	20	17	54	362
1967	52	16	17	15	48	374
1968	51	14	18	17	49	426
1969	50	16	24	10	50	473
1970	40	28	17	15	60	560
1971	24	43	19	14	76	474
1972	30	29	21	19	69	558
1973	29	25	22	23	70	668
1974	26	38	20	15	73	914

A energia do Brasil

1975	28	37	26	9	72	1.086
1976	36	31	21	11	63	1.420
1977	40	22	27	11	60	1.214
1978	50	18	19	13	50	1.102
1979	54	19	12	15	46	1.320
1980	71	9	7	12	28	1.769
1981	84	4	5	8	17	2.663
1982	81	3	6	10	19	3.114
1983	76	3	3	18	24	2.598
1984	78	2	3	17	22	1.809
1985	83	3	6	9	18	1.789
1986	80	3	7	11	21	1.437
1987	73	5	12	10	27	1.577
1988	63	10	17	9	36	1.128
1989	59	16	16	10	42	849
1990	67	9	12	13	34	893
1991	65	12	12	10	34	979
1992	60	12	12	16	40	1.087
1993	67	12	9	12	33	1.080
1994	65	11	14	11	36	784
Total	60	15	13	13	41	

Nota: dados da execução orçamentária convertidos para dólares, de dez. 1994.

Fonte: Informações da tabela fornecidas, a pedido, pela área de Documentação e Divulgação da Informação, Serplan, Petrobras, nov. 1995.

8-C – Reserva Global de Garantia

Ano	1975	1976	1977	1978	1979	1980	1981	1982	1983	1984	1985	1986
	Recolhimento de contribuições, em % da soma das contribuições											
NORTE												
NORDESTE	11	10	16	14	12	13	1	1	1	1	2	1
SUDESTE	89	90	84	86	71	69	98	97	97	97	95	96
CENTRO-OESTE	-	-	-	-	3	4	1		2	1	1	1
SUL	-	-	-	-	13	13	-	2	-	-	2	2
SOMA	100	100	100	100	100	100	100	100	100	100	100	100

Benefícios em % da soma dos benefícios

NORTE	20	22	33	34	35	47	63	55	70	71	79	56
NORDESTE	22	11	18	18	2	12	17	15	6	6	7	17
SUDESTE	15	23	10	7	4	2	1	1	1	1	3	13
CENTRO-OESTE	28	5	4	2	7	10	6	9	9	8	10	14
SUL	15	39	35	38	52	29	13	21	14	14	1	-
SOMA	100	100	100	100	100	100	100	100	100	100	100	100

Recolhimento de contribuições, em % da remuneração legal

NORTE	-	-	-	-	3	12	-	-	-	-	-	-
NORDESTE	8	6	11	5	6	16	1	1	1	1	1	1
SUDESTE	7	7	8	5	6	14	26	24	22	21	8	10
CENTRO-OESTE	-	-	-	-	5	17	6	-	9	8	2	2
SUL	-	-	-	-	5	13	1	1	-	-	1	-

Benefício em % do custo do serviço

NORTE	12	10	20	21	27	40	50	42	33	44	22	10
NORDESTE	3	1	2	2	-	3	6	4	1	1	1	2
SUDESTE	-	-	-	-	-	-	-	-	-	-	-	-
CENTRO-OESTE	11	1	2	1	4	9	12	16	10	11	10	6
SUL	2	4	5	5	7	6	5	1	3	4	-	-

Fonte: ELETROBRAS, REVISE. *Revisão institucional do setor elétrico*: repartição do custo do serviço. Rio de Janeiro, 1988.

8-D – Plano 1990 da Eletrobras

O plano foi elaborado em obediência a disposições da Lei nº 5.899, de 1973, e compreende as regiões Sul e Sudeste, que envolviam múltiplas instalações de produção. O Nordeste dependia literalmente da Chesf e o Norte se compunha, em geral, de áreas isoladas. Na sua apresentação em relação ao mercado potencial, a opção foi de preparar:

(...) uma projeção única, até o ano de 1979, compatível com o crescimento da economia definido como meta do II PND. Para o período posterior a 1979, foram elaboradas duas projeções, sendo a projeção baixa compatível com o crescimento da economia a 8% ao ano, considerado mais provável de ocorrer até 1990, e a projeção alta compatível com o crescimento da economia à taxa média de 11% ao ano até 1990, e considerado um limite superior.

Em relação às usinas térmicas convencionais e nucleares, "sendo pequena a experiência de construção no país [...] as estimativas de seus custos apresentam uma incerteza inerente bastante superior à das usinas hidrelétricas".

Os estudos compreenderam três etapas principais: comparação econômica de todas as usinas consideradas passíveis de inclusão na programação até 1990; análise detalhada do atendimento do mercado até à absorção da capacidade da usina de Itaipu; análise das perspectivas de expansão do parque gerador após a absorção da capacidade da usina de Itaipu, prevista em 1986.

A conclusão a que se chegou, ao fim da primeira etapa, foi de que o potencial de geração hidrelétrica ainda disponível nas regiões Sul e Sudeste (26,5 mil MW médios), se utilizado independentemente da sua economicidade quando comparado a usinas termelétricas nucleares ou a carvão, seria suficiente para atender ao mercado máximo até 1990 (24,3 mil MW médios). Descartava-se a possibilidade de utilização do óleo combustível, em particular, por motivos de incerteza de suprimento e de preços. Admitia-se o emprego do carvão em caráter estritamente complementar e localizado, em virtude do seu alto custo, exceto em Candiota. Utilizava-se, por fim, a geração nuclear como melhor referência econômica disponível para classificação dos aproveitamentos hidrelétricos, cujo potencial, a custo inferior ao estipulado para a geração nuclear, totalizava 10,3 mil MW médios. Na hipótese de se adicionar ao custo de referência nuclear margem de segurança de 25%, que pudesse compensar a inexperiência, o potencial hidrelétrico economicamente utilizável subiria para cerca de 20,5 mil MW médios. Em consequência, o atendimento da demanda, na hipótese da projeção alta, justificaria a inclusão, no programa posterior a 1980, de potência nuclear entre 4,8 a 9,6 mil MW de capacidade instalada, correspondendo a 2, a 4 ou 8 unidades de 1.200 MW, dependendo da citada margem de segurança.

A ocorrência do mercado baixo em 1990 reduziria em cerca de 10,0 mil MW médios os requisitos de energia e economicamente reduziria a zero a participação nuclear até o final da década. Considerou-se, entretanto, que mesmo que não houvesse necessidade de energia nuclear até 1990, a manutenção de atividades tecnológicas neste setor exigia um programa mínimo nuclear que corresponderia a ter-se sempre uma unidade em construção, o que justificaria um total de quatro em operação em 1990 (Eletrobras, 1974, p. 7-8).

Na segunda etapa e em função dos resultados globais, foram feitas revisões dos cronogramas de obras específicas até então prevalecentes e que já constavam da revisão do balanço energético 1973-1981, preparado pela Eletrobras e apresentado ao MME em dezembro de 1973.

Na terceira etapa foram definidos os objetivos a partir da absorção, pelo mercado, da capacidade geradora de Itaipu. "(...) Quanto aos planos de instalação geradoras para após 1985: Alternativa I e Alternativa II (...) são baseadas no mercado alto, distinguindo-se pelo fato de que na I prevê-se a instalação, até 1990, de 6 unidades nucleares de 1.200 MW, enquanto na II foram previstas 8 unidades (...)" Na hipótese de "ocorrência do mercado baixo, considerado como limite inferior, na programação de obras para o período após Itaipu, de 1986 a 1990 (...)", a Alternativa III contém o "programa de 4 unidades nucleares em operação em 1990" (Eletrobras, 1974, p. 15-16).

Fonte: ELETROBRÁS. *Plano de atendimento dos requisitos de energia elétrica até 1990*. Rio de Janeiro, 1974.

8-E – Investimentos em pesquisa de minerais de urânio

(US$ milhões de 1980)

ANO	DISPÊNDIO	ANO	DISPÊNDIO
1968	0,9 *	1976	21
1969	1	1977	18
1970	4,6	1978	21
1971	6	1979	19
1972	6,7	1980	16
1973	8,7	1981	18
1974	9	1982	17
1975	7	1983	6

* Valores anteriores a 1968 não disponíveis, certamente inferiores a 1 milhão de dólares.
Fontes: (1968-1974) RAMOS, R.A; MACIEL, A.C. *Atividades de prospecções de urânio no Brasil*: 1966-1970. Rio de Janeiro, 1974; ——. *Prospecção de urânio no Brasil*: 1970-1974. [S.l., s.n.], 1974; JAVARONI, J.H.; MACIEL, A.C. *Prospecção e pesquisa de urânio no Brasil*, 1975-1984. In: DEPARTAMENTO NACIONAL DA PRODUÇÃO MINERAL. *Principais depósitos minerais do Brasil*. Rio de Janeiro, 1985.

8-F – Álcool e gasolina – Proporção no consumo

Consumo de gasolina e álcool, 1937-1976 (1.000 m³/ano)

PERÍODO	ÁLCOOL	GASOLINA	%
1937-1946	33	615	5,4
1947-1956	109	2.618	4,2
1957-1966	295	5.130	5,8
1967-1976	527	10819	4,9

Fonte: IBGE. *Estatísticas históricas do Brasil*. Rio de Janeiro, 1987. v. 3.

Consumo de gasolina e álcool, 1975-1990 (1.000 m³/ano)

	1975	1980	1985	1990
Em termos absolutos				
álcool em milhões de tep	0,1	1,4	4,1	6,1
Em termos relativos %				
Álcool	1	14	41	44
Gasolina	99	86	59	56
Consumo total	100	100	100	100

Fonte: BRASIL. Ministério de Minas e Energia. *Balanço energético nacional*. Brasília, 1994.

8-G – Rendimento da agroindústria na produção do álcool

Rendimento agroindustrial da produção de álcool (litros/ha)

SAFRA	RENDIMENTO	SAFRA	RENDIMENTO
1977-1978	2.663	1982-1983	3.141
1978-1979	2.837	1983-1984	3.398
1979-1980	2.923	1984-1985	3.600
1980-1981	2.948	1985-1986	3.811
1981-1982	3.062		

Fonte: Comissão Nacional de Energia. Assessoria técnica *Avaliação do Programa Nacional do Álcool*. Brasília, 1987.

Rendimento de álcool (litros/t cana)

REGIÃO	1972-1974	1982-1984	1992-1994	1972-1994
Norte-Nordeste	55,5	60,3	70,5	27%
São Paulo	65	70,1	79	22%
Brasil	60,6	65,9	76	25%

Fonte: FERNANDES, A. C. *Produção e produtividade de cana-de-açúcar*. Centro de Tecnologia Canavieira. Inédito, 1996.

8-H – Cálculo inicial do custo do álcool

Em julho de 1981, foi publicada importante avaliação numérica oficial, que deu origem a muitas discussões subsequentes. Esse documento levava em conta:

1. custo do álcool no nível de 31,61 cruzeiros/litro;

2. o fator de equivalência na substituição da gasolina pelo álcool, estimado, nesse cálculo oficial, em 1,2 litros de álcool por 1,0 litro de gasolina, o que correspondia a adotar 190,8 litros de álcool por barril equivalente de petróleo (o valor médio mais provável, segundo vários analistas, teria sido 1,25, o que correspondia a adotar 198,75 litros de álcool por barril equivalente de petróleo);

3. a taxa de câmbio, do final do mês, de 96,00 cruzeiros correspondentes a um dólar.

Nessa avaliação, era utilizado um fator (1,25) de correção de uma sobrevalorização da taxa de câmbio, cuja introdução foi discutida em termos de sua parcialidade, já que haveria que fazer, também, correção equivalente em outros fatores do custo. No documento oficial houve, aliás, o erro grave e indiscutível da duplicação do emprego da correção: multiplicava-se o preço, em moeda nacional, do petróleo importado e dividia-se o custo do álcool.

Aplicando-se a fórmula adotada no documento oficial, sem a dupla correção cambial, o custo interno do barril de álcool corresponderia a um barril de petróleo de 50,3 dólares (com a segunda divisão por 1,25 é que se chegava a valor próximo de 39,9). Nessa época, o preço do barril de petróleo importado custava 37,3 dólares. A comparação oficial era, portanto, aparentemente, bastante favorável ao álcool, cuja produção poderia, com o tempo e esforço tecnológico e empresarial, tornar-se mais eficiente. Mas a estimativa do custo do álcool deveria sofrer algumas correções, além da eliminação do erro da dupla aplicação do coeficiente cambial. (Melo; Delin, 1984). Para confronto com os preços pagos aos produtores de álcool, deve-se eliminar a correção da suposta supervalorização da taxa de câmbio. Nesse caso, a estimativa do custo do álcool por barril de petróleo equivalente seria, na base dos outros pressupostos do documento oficial, de 62,5 dólares/barril equivalente. Excluído o erro da dupla correção da estimada supervalorização cambial, tanto para o custo social como para o custo para o produtor, e eliminada totalmente essa correção para se obter o custo efetivo para o produtor, resultam os seguintes valores prováveis em 1981, com base nas demais premissas do cálculo oficial:

custo social	50,3 dólares por barril equivalente
custo empresarial	62,5 dólares por barril equivalente

A questão envolvia, no entanto, várias outras considerações além da supervalorização da moeda nacional e do subsídio agrícola. Numerosas foram as tentativas de avaliação, tanto em termos do custo para o produtor como do custo social.

Pode-se levar ou não em conta os subsídios correspondentes aos juros privilegiados, assegurados pelo governo às atividades agrícolas e à instalação de destilarias de álcool. No trabalho já citado, são publicados estudos comparativos e padronizados para o barril equivalente de petróleo, das diversas avaliações até então feitas por vários autores do custo da produção do álcool, com e sem subsídios creditícios, todos transpostos pelo autor para os preços e câmbio de maio de 1981. (MELO; DELIN, 1984). Se abandonarmos os dois valores extremos, as estimativas estariam compreendidas entre 72 e 90 dólares por barril de petróleo equivalente, com subsídios creditícios, e entre 75 e 95 dólares, excluídos os subsídios creditícios. Nos estudos realizados pelo próprio autor, baseados em dados de projeto para diversas regiões e situações, os custos não se afastariam muito desses limites.

Os valores correspondentes, traduzidos em dólares/litro de álcool, seriam, em maio de 1981:

estimativa oficial, custo social / estimativa oficial corrigida	0,20
1. custo social (c/subsídio)	0,25
2. custo empresarial (s/subsídio)	0,31
ESTIMATIVA DE TERCEIROS	
1. custo social	0,36 a 0,45
2. custo empresarial	0,38 a 0,48
custo do petróleo importado, equivalente a 1 litro de álcool	0,19

Para a época escolhida para a análise comparativa, os preços pagos ao produtor do álcool hidratado variavam entre 31,15 a 44,74 cruzeiros por litro, com média nacional de 34,66 cruzeiros. Ao câmbio médio do mês, esses valores variavam entre 0,37 e 0,53 centavos de dólar, com valor médio nacional de 0,41 centavos de dólar.

Fonte: MELO, F.H; DELIN, E.R. *As soluções energéticas e a economia brasileira*. São Paulo: UCITEC, 1984.

9-A – Perda de rentabilidade e endividamento do setor elétrico (1978-1986)

Perda de rentabilidade

	1978	1979	1980	1981	1982	1983	1984	1985	1986
1. Rentabilidade efetiva (%)	8,6	7,7	7,7	7,9	7,3	6,7	7,3	6,3	4,2
2. Perda de rentabilidade (%)	-2,4	-3,3	-3,3	-3,1	-3,7	-4,3	-3,7	-4,7	-6,8
3. Investimento remunerável	234	477	923	1.738	4.054	11.726	38.565	146.717	386
4. Recursos não ganhos	5	16	30	54	150	504	1.427	6.896	26
5. Índices de preços (1986=100)	0,125	0,182	0,370	0,792	1,573	3,700	11,909	38,106	100,58

6. Recursos não ganhos	26	51	49	40	57	81	71	108	156
7. Recursos não ganhos (dólares)	379	760	723	598	839	1.199	1.054	1.596	2.299
8. *Prime rate* (%)	9,0	11,5	11,5	20,0	16,5	10,5	13,0	9,5	8,5
9. Perda acumulada	379	1.173	2.031	2.862	4.274	6.178	7.880	10.500	13.796
10. Juros	34	135	234	573	705	649	1.024	998	1.173

Notas: 1. dados originais; 2. diferença entre a taxa obtida no período anterior (11%); 3. dados originais em Cr$ bilhões correntes, exceto 1986 – Cz$; 4. recursos não ganhos em bilhões de cruzeiros correntes, exceto 1986 – Cz$ = (2)x(3); 5. índice de preços junho/julho de cada ano; 6. recursos não ganhos em moeda de dezembro de 1987; 7. recursos não ganhos convertidos para moeda americana; 8. *prime rate* (%); 9. perda acumulada em milhões de dólares; 10. juros atribuídos ao saldo, com base no *prime rate* em milhões de dólares.

Fonte: Itens 1 e 3: ELETROBRAS, REVISE. *Revisão institucional do setor elétrico*: repartição dos custos do setor elétrico, 1974-1986. Rio de Janeiro, 1988. Não publicado.

Endividamento

	1973	1978	1986
Operações internas (moeda corrente)	1.631*	33.694*	72.544**
Operações externas (moeda corrente)	10.355	119.685	285.259
Total	11.986	153.379	357.803
Operações internas (dólar de 12/87)***	471	1.972	5.257
Operações externas (dólar de 12/87)***	2.988	7.004	20.672
Total	3.459	8.976	25.929

* em bilhões de cruzeiros;
** em milhões de cruzados;
*** conversão para preços de 1987 da moeda americana, pelo IGP-DI, dezembro, e após para o dólar, ao câmbio médio também de dezembro.

Fonte: Informações fornecidas, a pedido, pelo Departamento de Estudos Econômicos da Eletrobras, abr. 1988.

9-B – Meio ambiente – Principais resoluções do Conama

Quanto à combustão interna (motores):

A Resolução Conama nº 18/1986 institui o Programa de Controle da Poluição do Ar por Veículos Automotores - Proconve. Resoluções complementares do Proconve: nº 10/1989, 6/1993, 7/1993, 8/1993; A Lei nº 8.723 de outubro 1993 dispõe sobre a emissão de poluentes por veículos automotores e estabelece o percentual obrigatório de adição de álcool anidro combustível à gasolina. Depois disso, os limites da Resolução Conama nº 18/1986 são ratificados pela Resolução nº 16/1993.

Quanto à qualidade do ar:

A Resolução Conama nº 5, de junho 1989, define o Programa Nacional de Qualidade do Ar - PRONAR. A Resolução Conama nº 3/1990 estabelece padrões da qualidade do ar; e a nº 8/1990 fixa limites máximos de emissão de poluentes.

Essas resoluções definem como "(...) limite máximo de emissão a quantidade de poluentes permissível de ser lançada por fontes poluidoras para a atmosfera (...)", esclarecendo ainda, que "(...) os limites máximos serão diferenciados em função da classificação de usos pretendidos para as diversas áreas e serão mais rígidos para as fontes novas de poluição".

Com essa finalidade, estabelecem-se dois tipos de padrão de qualidade do ar: os primários e os secundários.

– "(...) São padrões primários de qualidade do ar, as concentrações de poluentes que, ultrapassadas, poderão afetar a saúde da população (...), constituindo-se em metas de curto e médio prazo.

– "(...) São padrões secundários (...) as concentrações de poluentes atmosféricos abaixo dos quais se prevê o mínimo efeito adverso sobre o bem-estar da população, assim como o mínimo dano à fauna e flora etc. (...), constituindo-se em metas de longo prazo".

Classifica-se o território nacional para os fins de aplicação dessa política em três classes: a das áreas de preservação, laser e turismo; áreas onde o grau de deterioração da qualidade do ar seja limitado pelo padrão secundário de qualidade; e áreas de desenvolvimento, onde o nível de deterioração da qualidade do ar seja limitado pelo padrão primário de qualidade. A delimitação prática das áreas classe I e III não foi feita pelos órgãos estaduais nem pelo Conama.

São estabelecidos também padrões de qualidade do ar que seriam o objetivo a ser atingido mediante a estratégia de controle fixada pelos padrões de emissão. Foram consideradas: partículas totais em suspensão, fumaça, partículas inaláveis, dióxido de enxofre, monóxido de carbono, ozônio e dióxido de nitrogênio.

Quanto à combustão externa (caldeiras e fornalhas):

Resolução nº 8, de dezembro 1990, que estabeleceu, "(...) em nível nacional, limites máximos de emissão de poluentes do ar (padrões de emissão) para processos de combustão externa em fontes novas fixas de poluição". Uma primeira minuta dessa resolução resultou de longas discussões entre especialistas do IBAMA, de organizações estaduais de meio ambiente - OEMAs com representantes dos setores produtivos interessados na matéria, e foi aprovada na Câmara Técnica do Conama em 5.12.1990. Submetida ao plenário, foi significativamente modificada e assim aprovada, no dia seguinte.

Em termos quantitativos, são fixados os limites máximos de emissão de partículas totais e dióxido de enxofre em função das características das áreas em que se situam os empreendimentos. As áreas classe I compreendem "áreas a serem atmosfericamente preservadas" e "áreas a serem atmosfericamente conservadas". Não se estabelece diferença quantitativa entre as classes II e III. O MME propôs, sem resultado, revisão parcial dessa resolução, em 1994. Depois disso fui contratado pelo MME para preparar parecer sobre a matéria, de modo que fosse encaminhada de novo ao Ministério do Meio Ambiente.

9-C – Maiores e mais importantes usinas hidrelétricas e reservatórios no Brasil

BACIA E NÚMERO DE USINAS	POTÊNCIA (MW)	ÁREA (KM²)	POTÊNCIA ÷ ÁREA
Bacia do rio São Francisco			
c/Sobradinho (6)	10.229	6.265	1,63
s/Sobradinho (5)*	9.179	2.051	4,48
Bacia do Paraná			
rio Grande (20)	7.183	3.335	2,15
rio Paranaíba (5)	5.940	2.038	2,91
rio Tietê (6)	1.629	2.020	0,81
rio Paranapanema (6)	2.708	1.224	2,21
rio Iguaçu (4)	3.894	365	10,67
rio Paraná, s/afluentes (4)**	19.058	5.237	3,64
Total/bacia do Paraná	40.412	14.219	2,84
Bacia amazônica e Tocantins			
Tucuruí	7.300	2.430	3,00
Coaraci Nunes	40	23	1,74
Curuá-Una	30	78	0,38
Samuel	86,4	560	0,15
Balbina	250	2.360	0,11
Bacia amazônica-projetos			
Belo Monte	11.025	1.225	9,00
	50.641	20.484	2,47

* A usina de Sobradinho tem potência de 1.050 MW e reservatório de 4.214 km² com potência específica de 0,25 MW/km²;
** A usina de Itaipu tem a potência de 12.600 MW e reservatório de 1.460 km² com potência específica de 8,63 MW/km².

Fonte: Instituto Brasileiro de Geografia Estatística. *Anuário estatístico do Brasil*. Rio de Janeiro, 1996.

9-D – Procel em 1995

RESULTADO	1986-1993	1994	1995
Investimentos (milhões de R$)	24	9,5	33,6
Energia economizada (1.000 MWh)	1.200	294	724
Usina equivalente (MW)	200	60	147
Investimento evitado (milhões de R$)	400	120	294
Relação custo/benefício	1/17	1/12,6	1/8,75

Fonte: Eletrobras, *Resultados anuais obtidos pelo procel*. Rio de Janeiro, 2005.

9-E – Trabalhos de pesquisa realizados pela Petrobras (Médias anuais de cada período)

	1946-1955	1956-1963	1964-1973	1974-1984	1985-1994
Levantamentos sísmicos (km)					
Terra	256	4.612	4.215	9.436	14.033
Mar	–	954	10.449	26.947	65.875
Total	256	5.566	14.664	36.383	79.908
Poços exploratórios (nº)					
Terra	10	75	77	85	82
Mar	–	–	23	71	45
Total	10	75	100	156	127
Poços exploratórios (mil m)					
Terra	11	133	165	148	138
Mar	–	–	37	212	158
Total	11	133	202	360	296

Fonte: Informações fornecidas, a pedido, pela área de Documentação e Divulgação da Informação, Serviço de Planejamento da Petrobras, em 1981, atualizadas, também a pedido, em 8 dez. 1995.

Sondas móveis de perfuração marítima trabalhando no Brasil para a Petrobras

ANO	Nº	ANO	Nº	ANO	Nº	ANO	Nº
1969	3	1976	20	1983	34	1990	13
1970	5	1977	21	1984	25	1991	15
1971	6	1978	24	1985	33	1992	20
1972	9	1979	28	1986	36	1993	19
1973	10	1980	30	1987	33	1994	16
1974	16	1981	24	1988	23	1995	16
1975	17	1982	33	1989	18		

Fonte: Informações fornecidas, a pedido, pela área de Documentação e Divulgação da Informação, Serviço de Planejamento da Petrobras, em 1981, atualizadas, também a pedido, em 8 dez. 1995.

9-F – Resultados do reflorestamento

Os resultados alcançados com a política de incentivos ao reflorestamento devem ser avaliados sob diferentes aspectos.

No domínio específico do esforço de reflorestamento, entre 1967 e 1987, ocorreu o plantio de cerca de 6 milhões de hectares, dos quais mais da metade em eucaliptos. O investimento direto total, exclusive a parcela correspondente ao valor das terras ocupadas, pode ser estimado em 5 bilhões de dólares.

Segundo avaliação recente (Siqueira, 1990), aos 5.857 mil hectares que teriam sido efetivamente plantados com incentivos fiscais, entre 1967 e 1989, corresponderam 718 mil hectares plantados com recursos próprios. O mesmo autor apresenta uma tabela extraída de estimativas da origem do suprimento por setores consumidores e pela natureza da floresta: nativa e plantada, informação que não consta dos balanços energéticos. Os totais das duas estimativas se aproximam, em torno de 105/106 milhões de tep, em 1989.

De acordo com essa avaliação entre os grandes consumidores, as indústrias de celulose e papel são as que asseguraram a maior parcela de abastecimento oriunda do reflorestamento, com 79%. Em contraposição, os consumidores de carvão vegetal encontrar-se-iam no extremo oposto, com apenas 25%. Esse dado difere um pouco do valor indicado pela Abracave, que é de 29%.

Desse total há que registrar que a maior parte dos projetos não foi lançada com objetivos energéticos. A indústria de celulose e papel e madeira processada deve ter sido a principal responsável. Também em virtude de fraudes e falta de fiscalização, fração significativa dos projetos foi perdida. Houve muitos grandes projetos conduzidos com a mais alta eficiência, nos quais foi possível realizar as inovações que permitiram esse extraordinário desenvolvimento tecnológico que temos agora a oportunidade de presenciar.

De qualquer forma, no suprimento de lenha para o carvão vegetal, a parcela representada pelo reflorestamento vem sendo ainda modesta, quando comparada à da lenha retirada do Cerrado e das florestas regeneradas, da ordem de 11%, no período 1971-1979 (Associação Brasileira de Carvão Vegetal, 1990), embora venha crescendo para 29% em 1989 e para 40% no triênio 1991-1993.

A siderurgia a carvão de madeira procurou alcançar avanços tecnológicos no campo florestal, principalmente com o objetivo de conseguir maior segurança no suprimento de carvão. Tudo indica que, apesar dos avanços, ainda predominam os suprimentos provenientes de desmatamento e da regeneração da mata nos cerrados e capoeiras.

Ao fazer (Leite; Borgonovi, 1982) uma avaliação dos custos possíveis de produção de lenha para fins energéticos, com diferentes níveis de eficiência da atividade florestal, havíamos concluído que seria possível trazer essa atividade a uma situação competitiva, se fossem generalizados os resultados até então alcançados pelas atividades pioneiras em tecnologia. A utilização da lenha oriunda de reflorestamento para produção de celulose e de madeira aglomerada foi, ao contrário, extremamente bem-sucedida. A prova se encontra na competitividade dos produtos brasileiros oriundos de florestas plantadas, no mercado externo.

No que se refere à controvérsia sobre a questão ambiental, cumpre registrar desde logo a escala dos povoamentos homogêneos de eucaliptos e pínus. Sabendo-se que, em vinte anos, foram implantadas essas florestas em 6 milhões de hectares, todas localizadas na metade não amazônica do país, resulta daí uma ocupação de 1,5% do correspondente território. Esta é a dimensão das florestas artificiais que substituíram áreas devastadas antes em parte ocupadas pela mata atlântica. A extensão e a importância do fenômeno em termos ambientais, se é que traz algum inconveniente, são portanto muito limitadas. Contudo, na maioria dos grandes projetos, foram mantidas e enriquecidas matas porventura ainda existentes. As fotografias aéreas do projeto Aracruz, ES, comprovam a preservação e o enriquecimento dos vales e em torno de cursos d'água.

No que se refere às condições de trabalho, há grande diferença entre a exploração das matas preexistentes, sem reposição, e as que resultam da implantação de maciços homogêneos, quase todas realizadas por empresas que, pelo menos, cumprem as responsabilidades trabalhistas e previdenciárias.

No que se refere ao desenvolvimento científico e tecnológico, foram grandes e extensos os efeitos diretos e indiretos do reflorestamento. Desde os primeiros plantios da nova fase do reflorestamento em escala industrial, o esforço de pesquisa e experimentação florestal cresceu; acontecia tanto no seio das empresas como em instituições de pesquisa.

Em muitos projetos, de eucalipto e pínus, o padrão foi sensivelmente melhorado ao longo dos anos por mudanças de ordem técnica. Os estudos e pesquisas realizados abriram largo horizonte para a silvicultura brasileira. Muito mais lento foi o progresso no cultivo consorciado de essências nativas. A obrigatoriedade do plantio de 1% de essências nativas nos maciços homogêneos resultou, todavia, inócua como estímulo à investigação. Há trabalhos significativos, entre os quais podem ser citados o do horto da Cia. Vale do Rio Doce, em Linhares, ES. Muito menos ainda foi alcançado no desenvolvimento de plantios das duas únicas espécies que naturalmente se concentravam em povoamentos uniformes no Brasil: a araucária e a palmeira babaçu.

No domínio do eucalipto e do pínus, procedeu-se a uma seleção rigorosa das espécies e à busca de sementes de várias procedências, com a preocupação do bom desenvolvimento, da adaptação às diversas regiões do Brasil e de sua resistência a certas enfermidades que começaram a surgir nos primeiros plantios. Estudaram-se ainda a utilização de nutrientes e a melhoria das características físicas dos solos. Novas técnicas de preparo e plantio foram adotadas.

O resultado foi a elevação da produtividade, no caso do eucalipto, consequência de todos os fatores acima mencionados, de 16 metros cúbicos, número aceito quase como padrão em 1965, para 40 metros cúbicos de madeira por hectare/ano, com perspectivas de até 60 metros cúbicos por hectare/ano, e uma redução de sete para quatro anos do período entre cortes, no caso dos maciços para fins energéticos.

As novas técnicas permitiram ainda outros efeitos altamente significativos, como a redução da área decorrente de maior produtividade, o que significa diminuição da infraestrutura viária, com a consequente redução dos gastos com transporte interno, elemento relevante no custo da madeira.

Considerando-se agora o efeito que a política de reflorestamento e as iniciativas industriais tornadas viáveis tiveram sobre o balanço de pagamentos do país, os resultados são, sem dúvida, muito positivos.

Levando em conta que poucos projetos tiveram a sua maturação até 1975, e utilizando esse ano como referência inicial, o valor das exportações e importações de madeira e produtos florestais teve a seguinte evolução, em milhões de dólares:

	1975	1980	1984
Exportação	235	946	1.223
Importação	173	294	213
Saldo	63	652	1.010

Fonte: Instituto Brasileiro de Desenvolvimento Florestal, 1985.

O confronto entre o acréscimo significativo do saldo da balança comercial de produtos oriundos da floresta, nos dez primeiros anos do efeito potencial do incentivo ao reflorestamento, aponta para uma relação entre um investimento incentivado total de 5 bilhões de dólares para um resultado anual de 1 bilhão de dólares.

9-G – Subsídio creditício às destilarias de álcool

Os financiamentos para construção de destilarias resultaram em grande benefício, que pode ser avaliado da seguinte forma:

1. Nas condições de 1975, juros de 16% sem correção monetária do saldo devedor, três anos de carência e nove de amortização. Confrontou-se o total segundo o contrato com o que seria devido com correção monetária e juros de 6%. O resultado indicou subsídio total de 71% do valor do financiamento.

2. Nas condições de 1979, juros de 6% sobre os saldos devedores corrigidos na base de 40% da inflação do ano, três anos de carência e nove de amortização. O confronto foi feito com juros de 10% e correção monetária integral. O resultado indicou subsídio total de 96% do valor do financiamento.

Para se ter ideia aproximada do que representou o desembolso total do subsídio creditício à instalação de destilarias para produção de álcool, pode-se tomar por base a estimativa, feita pela assessoria técnica da Comissão Nacional de Energia, do investimento de 213,88 dólares por metro cúbico de capacidade anual de produção de álcool anidro. Segundo esse mesmo documento, a capacidade instalada com recursos do Próalcool foi da ordem de 9,2 milhões de metros cúbicos anuais. O investimento provável em destilarias (em moeda de 1987), com recursos do Proálcool, teria sido, assim, da ordem de 2 bilhões de dólares.

Se admitirmos, em função desse valor, que os subsídios creditícios tenham ficado entre 71% e 96% do investimento feito, resulta uma estimativa de que o subsídio total à instalação das destilarias no período 1975-1987 tenha alcançado 1,6 bilhões de dólares.

9-H – Investimento total no Proálcool

Em termos de investimento total do Proálcool, a estimativa oficial é de 7,1 bilhões de dólares, 4,0 bilhões com recursos públicos e 3,1 bilhões com recursos privados (BRASIL, Tribunal de Contas da União, 1990). Os recursos públicos sob a forma de financiamento constituíram-se, conforme cálculo acima, quase que em doações.

Além do complexo sistema de intervenção do Estado na economia da produção e do consumo do álcool, surgiu ainda um complicador na chamada 'conta-álcool' do Conselho Nacional do Petróleo e da Petrobras, que se instituiu em problema à parte. O relato minucioso dessa conta foi feito pela assessoria técnica da Comissão Nacional de Energia.

Fonte: Comissão Nacional de Energia, *Avaliação do programa nacional do álcool*, Documento inédito, 1987.

9-I – Custo do álcool

A oscilação dos preços do petróleo no mercado internacional e as vicissitudes do câmbio ao longo dos vários planos de estabilização tornam precárias quaisquer tentativas de comparar preços e custos entre 1981 e 1995.

As presentes estimativas visam a dar apenas a ordem de grandeza da evolução entre os anos de 1981, 1984 e 1995, em valores da moeda americana atualizada para 1996. Os valores indicados na tabela a seguir correspondem a milhões de dólares por litro de álcool ou petróleo.

DATA	ORIGEM	VALOR ORIGINAL	FATOR DE CORREÇÃO	VALOR ATUAL
1981	Estimativa oficial corrigida	0,31	2,253 : 0,917	0,76
	Estimativa de terceiros	0,38 a 0,48	2,253 : 0,917	0,93 a 1,18
	Preço pago aos produtores	0,41	2,253 : 0,917	1,01
1984	Diversas estimativas	0,165 a 0,232	2,802 : 0,917	0,50 a 0,71
1995	Preço pago aos produtores	0,4	1 : 0,917	0,44
Petróleo				
1981	Petróleo importado	0,19	2,253 : 0,917	0,47
1995	Petróleo importado	0,1	01: 0,10	0,11

Nota: Equivalência considerada de 198,75 litros de álcool por barril de petróleo de 159 litros.

Fonte: MELO, F.H.; DELIN, E.R. *As soluções energéticas e a economia brasileira*. São Paulo: UCITEC, 1984 (ver tb. Apêndice 8-G).

9-J – Gastos com a comercialização do carvão mineral nacional

ANO	QUANT.*	VALOR**
1979	3,4	83
1980	3,5	67
1981	5,1	100
1982	4,8	118
1983	5,4	95

ANO	QUANT.*	VALOR**
1984	5,3	56
1985	6	52
1986	7,1	56
1987	7	26
1988	6	10(?)

* Quantidade em milhões de toneladas.
** Valores históricos convertidos para milhões de dólares da época.
Fonte: COMPANHIA AUXILIAR DE EMPRESAS ELÉTRICAS BRASILEIRAS. *Dispêndios governamentais com a comercialização de carvão mineral*. Rio de Janeiro, 1988. Não publicado.

10-A – Programa Nacional de Desestatização do Setor Elétrico e financiamentos do BNDES ao setor elétrico, até 2005

Leilões e receita de venda (Valores em US$ milhões).

EMPRESA	DATA DO LEILÃO	RECEITA DA VENDA	DÍVIDAS TRANSFERIDAS	RESULTADO TOTAL
Escelsa	07/95	519	2	521
Light	05/96	2.509	586	3.094

Gerasul	09/98	880	1.082	1.962
Subtotal federal		3.908	1.670	5.578
CERJ	11/96	587	364	951
COELBA	07/97	1.598	213	1.811
Cachoeira Dourada	09/97	714	140	854
CEEE - Norte/NE	10/97	1.486	149	1.635
CEEE - Centro-Oeste	10/97	1.372	64	1.436
CPFL	11/97	2.731	102	2.833
ENERSUL	11/97	565	218	783
CEMAT	11/97	353	461	814
ENERGIPE	12/97	520	40	560
COSERN	12/97	606	112	718
COELCE	04/98	868	378	1.246
Eletropaulo Metropolitana	04/98	1.777	1.241	3.018
CELPA	07/98	388	116	504
ELEKTRO	07/98	1.273	428	1.701
EBE - Bandeirante	04/98	860	375	1.235
Cesp – Paranapanema	07/99	682	482	1.164
Cesp – Tietê	10/99	472	668	1.140
CELPE	02/00	1.004	131	1.135
CEMAR	06/00	289	158	447
SAELPA	11/00	185	-	185
Subtotal estadual		18.330	5.840	24.170
Participações minoritárias		2.438	-	2.438
Total geral		24.676	7.510	32.186

Fonte: BNDES – Área de Infraestrutura, Dept. de Energia Elétrica. *Privatização*. Rio de Janeiro, 2005. Resposta a pedido do autor.

10-B – Licitações de aproveitamentos hidrelétricos (1996–2002)

USINA	UF	MW	VENCEDOR
1997		**1.517**	
Queimado	GO	105	Cemig, CEB
Porto Estrela	MG	112	Cemig, CVRD, Coteminas
Lageado	TO	850	EDP, CEB, Paulista, Investco
Cana-Brava	GO	450	Cia. Energética Meridional
1998		**1.866**	
Ponte da Pedra	MT	176	Ponte da Pedra Energética
Campos Novos	SC	880	Campos Novos Energia
Itapebi	BA	450	Itapebi Geração de Energia
Irapê	MG	360	Cemig
1999		**810**	
Quebra-Queixo	SC	120	Cia. Energética Chapecó
Barra Grande	CS	690	Barra Grande Energia, Alcoa, DME Energética, Camargo Corrêa
2000		**1.232**	
Corumbá IV	GO	127	Corumbá Concessões
Ceran	RS	360	Cia. Energética Rio das Antas
Capim Branco	MG	450	Cemig, CVRD, Paineiras, Mineira de Metais, Camargo Corrêa
Murta	MG	120	Murta Energética
Itaocara	RJ	195	Light
2001		**4.415**	
Complexo	PR	238	Centrais Elétricas Rio Jordão
S. Jerônimo	PR	331	Copel, Tibagi, SJ Investimentos e Participações
Baú	MG	110	Cataguases Leopoldina Energia
Foz do Chapecó	SC	855	Foz do Chapecó Energia, CVRD
Serra do Facão	GO	210	Alcoa, CBA, DME Energética, Votorantim
Peixe Angical	TO	450	Energia Paulista, Rede Peixe Energia

Salto Pilão	SC	181	Alcoa, Camargo Corrêa, DME Energética, Votorantim	
Complexo São João	PR	105	Enterpa Energia	
São Salvador	TO	244	Cia. Energética São Salvador	
Pedra do Cavalo	BA	160	Votorantim	
Pai Querê	SC	292	DME Energética, Votorantim	
Couto Magalhães	MT	150	Rede Couto Magalhães, Enercouto	
Santa Isabel	PA/TO	1.087	Billinton, CVRD, Camargo Corrêa, Alcoa, Votorantim	
2002		**1.350**		
Caçu/B. dos Coqueiros	GO	155	Alcan	
Salto	GO	108	Rio Verde Energia	
Estreito	MA/TO	1.087	Tractebel, CVRD, Alcoa, Billinton, Camargo Correa	
Subtotal		11.210	31 empreendimentos	
Aproveitamentos inferiores a 100 MW		797	16 empreendimentos	
Total geral		12.307		

Fonte: Agência Nacional de Energia Elétrica. *Usinas hidrelétricas licitadas pela Aneel.* 2005. Disponível em: www.aneel.gov.br

10-C – Northwest Power Pool

Estive por uma semana, em 1960, em Portland, Estados Unidos, na sede do Northwest Power Pool, que coordenava o conjunto hidrelétrico estatal no rio Columbia, que dispunha de 9.276 MW instalados, incluindo-se aí a grande barragem de Grand Coulee, com 1.974 MW, dimensão semelhante à de Furnas, portanto. Tive ocasião de observar a operação conjugada do grande conjunto hidrelétrico estatal com os sitemas de base térmica dos estados adjacentes. Assisti à reunião semanal, por *conference call*, novidade para mim, na qual se fazia a descrição da situação de cada usina, a principiar pelo conjunto hidrelétrico que definia se tinha sobra ou deficiência, e prosseguia com as demais que solicitavam ou ofereciam energia a preços definidos. Do leilão surgiam as transações da semana. A competição entre as térmicas era pelo preço, enquanto a operação hidráulica era conservacionista, com visão de longo prazo.

10-D – Usinas hidrelétricas do sistema integrado (capacidade em MW)

BACIA	TOTAL	COM RESERVATORIO	USINAS COM RESERVATÓRIO	CAPACIDADE	EMPRESA
Grande, incluindo Pardo	7.398	4.800	Camargos	46	Cemig
			Furnas	1.312	Furnas
			Masc. Moraes	478	Furnas
			Marimbondo	1.488	Furnas

			Água Vermelha	1.396	AES Tietê
			Caconde	80	AES Tietê
Paranaíba, incluindo Araguari e Corumbá	7.133	6.475	Emborcação	1.192	Cemig
			Itumbiara	2.280	Furnas
			São Simão	1.710	Cemig
			Nova Ponte	510	Cemig
			Miranda	408	Cemig
			Corumbá	375	Furnas
Tietê	1.835	1.207	Barra Bonita	140	AES-Tietê
			Promissão	264	AES-Tietê
			Três Irmãos	803	AES-Tietê
Paranapanema	2.381	1.151	Jurumirim	97	Duke
			Chavantes	414	Duke
			Capivara	640	Duke
Iguaçu	6.674	4.356	Foz do Areia	1.676	Copel
			Segredo	1.260	Copel
			Salto Santiago	1.420	Tractebel
Paraná, sem Itaipu	6.535	4.984	Ilha Solteira	3.444	Cesp
			P. Primavera	1.540	Cesp
Uruguai, incluindo Passo Fundo, Chapecó	2.936	1.486	Machadinho	1.140	Tractebel
			Passo Fundo	226	Tractebel
			Quebra-Queixo	120	Cec
Jacuí, incluindo Taquari-Antas	1.015	158	Passo Real	158	Ceee
São Francisco, incluindo Parnaíba, Paracatu	10.723	3.051	Três Marias	396	Cemig

			Sobradinho	1.050	Chesf
			Itaparica	225	Chesf
			Boa Esperança	1.275	Chesf
			Queimado	105	Cemig
Tocantins	6.889	5.515	Serra da Mesa	1.275	Furnas
			Tucuruí	4.240	Eletronorte
Subtotal das grandes bacias	53.532	33.183			
Bacias com menos de mil MW (*) (12)	4.378	1.034			
Total geral	57.910	3.4217			

* Bacias incluídas: Paraguai, Capivari, Paraíba do Sul, Ribeirão das Lages, Itabapoana, Jequitinhonha, Doce, Mucuri, Paraguaçu, Curuá-Una, Guaporé, além do complexo Henri Borden.

Fonte: Operador Nacional do Sistema Elétrico – Diagrama esquemático das usinas hidrelétricas do sistema integrado nacional. Acesso em março de 2005.

10-E – Histórico do Acordo Brasil-Bolívia

Após decênios de tratativas, a negociação visando ao fornecimento de 8 milhões de m³/dia, progressivamente atingindo 16 milhões, em uma base de *take-or-pay*, entrou em fase decisiva em 1991, compreendendo os seguintes passos:

1. carta de intenções sobre o processo de integração energética entre Bolívia e Brasil, firmada pelos ministros de Energia e Hidrocarbonetos da Bolívia e os presidentes da Yacimentos Petrolíferos Fiscales e da Petrobras, em 26.11.91;
2. acordo sobre a promoção de comércio (fornecimento de gás natural) firmado pelos chanceleres do Brasil e da Bolívia em 17.08.92, e ratificado pelo Decreto nº 681, de 11.11.92, que dispõe da execução e cumprimento do Acordo;
3. notas reversais trocadas entre os dois chanceleres em 17.08.92;
4. assinatura do contrato de compra e venda de gás natural, firmado pelos presidentes da YPFB e da Petrobras, em 17.02.93;
5. contrato definitivo de compra e venda de gás natural, em 17.08.96;
6. acordo entre os governos da Bolívia e do Brasil para isenção de impostos relativos à implantação do gasoduto, firmado pelos respectivos chanceleres em 05.08.96.

10-F – Consumo de gás, por usuários, nas duas principais distribuidoras do país

ANOS	1998	1999	2000	2001	2002	2003	2004
I – Vendas (milhões m³/ano)							
Comgás	1.067	1.164	1.389	1.675	2.176	2.690	3.048
Ceg/Cegrio	1.045	1.247	1.426	1.997	2.181	2.735	3.185
Total	2.112	2.411	2.815	3.672	4.357	5.425	6.233
II – Usuários - Comgás (%)							
Geração elétrica	-	-	5,9	14,3	14,5	7	4,7
Residencial	5,6	5,6	4,4	3,2	2,7	2,7	2,8

Comercial	4,2	4,1	3,5	2,8	2,4	2,4	2,4
Veicular	1,6	2,4	3,8	5	6,6	9,2	10,1
Industrial	88,6	87,9	82,4	74,7	73,7	78,7	80
III – Usuários – Ceg/Cegrio (%)							
Geração elétrica	4,9	8,1	9,2	14,6	30,5	22,4	30,2
Residencial	8,4	7,3	6,2	4,6	3,6	3,9	3,4
Comercial	3,2	3	2,7	2,2	2	2,2	1,9
Veicular	8	7	10,3	14,3	15,4	20,1	19,5
Industrial	78,5	74,6	71,6	64,3	48,5	51,4	45
IV – nº de consumidores (mil)							
Comgás	300	314	328	345	378	411	443
Ceg/Ceg Rio	571	577	589	596	609	...	...
Total	871	891	917	941	987	...	...

GASODUTOS	SIGLA	%
Transportadora Brasileira Gasoduto Bolívia-Brasil S.A	TBG	51,0%
Gás Transboliviano S.A	GTB	11,0%
Transportadora Sulbrasileira de Gás S.A	TSB	25,0%
TMN – Gasoduto Meio-Norte	TMN	45,0%
Transportadora Norte Brasileira de Gás S.A	TNG	99,9%
Transportadora Amazonense S.A	TAG	99,9%
Transportadora Capixaba de Gás S.A	TCG	100%
Transportadora Nordeste-Sudeste	TNS	100%
Projeto Gemini		40%

Fonte: Dados fornecidos pelas empresas Comgás (SP) e CEG (RJ) por solicitação do autor, por meio de correspondência em 2005.

10-G – Participação da Petrobras nas distribuidoras de gás e gasodutos via Gaspetro

EMPRESA DISTRIBUIDORA	SIGLA	%
Gás de Alagoas S.A	Algas	41,5
Cia. de Gás da Bahia	Bahiagás	41,5
Cia. Brasiliense de Gás	CEBGás	32,0
Ceg Rio S.A	CEG RIO	37,4
Cia. de Gás do Ceará	Cegas	41,5
Cia. Paranaense de Gás	Compagás	24,5
Cia. Pernambucana de Gás	Copergás	41,5

Cia. de Gás do Amapá	Gasap	37,3
Cia. Maranhense de Gás	Gasmar	23,5
Cia. de Gás do Piauí	Gaspisa	37,3
Ag. Goiana de Gás Canalizado	Goiásgás	30,5
Cia. de Gás de Mato Grosso do Sul	MSGás	49,0
Cia. Rondoniense de Gás	Rongás	41,5
Cia. Paraibana de Gás	PBGás	41,5
Cia. Potiguar de Gás	Potigás	83,0
Cia. de Gás de Santa Catarina	SCGás	41,0
Empresa Sergipana de Gás	Sergás	41,5
Cia. de Gás do E. do Rio Grande do Sul	Sulgás	49,0
Cia. de Gás de Minas Gerais	Gasmig	40,0

Fonte: *Valor* – Grandes Grupos. 500 Maiores, dezembro de 2005.

10-H – Investimentos da Petrobras em exploração e produção de petróleo – E&P

ANO	INVESTIMENTO US$ MILHÕES CORRENTES			INVESTIMENTO EM PROPORÇÃO AO TOTAL %		US ÍNDICE PREÇOS	INVESTIMENTO US$ MILHÕES DE 1994	
	E (1)	E&P (2)	Total (3)	E/T (4)	E&P/T (5)	(6)	(E) (7)	(E&P) (8)
1994	740	1.511	2.412	31	63	99,0	747	1.526
1995	509	1.625	3.390	15	48	101,8	500	1.599
1996	482	1.664	3.622	12	46	104,8	460	1.588
1997	422	1.849	4.009	11	46	107,2	394	1.725
1998	533	2.504	4.980	11	51	109,2	488	2.293
1999	382	2.316	3.977	10	58	111,3	343	2.081
2000	536	2.889	4.150	13	69	115,0	466	2512
2001	564	2.675	4.227	13	63	118,3	476	2.261
2002	725	2.868	6.437	11	45	120,2	603	2.386
2003	834	3.021	6.012	14	50	122,9	679	2.458
2004	1.011	4.309	7.441	14	58	126,2	801	3.414

Notas: Colunas (1), (2) e (3) Petrobras, fonte citada. Col. (4) e (5) calculadas pelo autor. Col. (6) Consumer Price Index do US Bureau of Labor Statistics, base dez. de 1994 = 100. Col. (7) Investimentos em exploração, a preços de dez. de 1994. Col. (8) Investimentos em E&P, a preços de dez. de 1994. A escolha da base de preço em dez. de 1994 teve por objetivo possibilitar a comparação com a tabela referente ao período anterior até 1994 (ver Apêndice 8-B).

Fonte: Petrobras – Histórico dos Investimentos (1954/2004). Acesso em 2006.

10-I – Usinas termelétricas

Usinas a gás

USINA	MW	LOCALIZAÇÃO	OBSERV.	PROPRIETÁRIO	INÍCIO DE OPERAÇÃO
Camaçari	288	BA	(1)	Chesf	2003
S. C. Jereissati	220	CE	(1)	MPX-TCeara	2002
Fafen	151	BA	(1)-(3)	Petrobras (20)	2002
Termobahia	190	BA	(1)-(3)	Petrobras (29) outros	2004
Fortaleza	347	CE	(1)	Endesa	2003
Termopernambuco	637	PE	(1)	Neoenergia	2004
Subtotal NE	**1.833**				
Piratininga	335	SP	(2)	EMAE	2000
Nova Piratininga	572	SP	(1)	Petrobras EMAE	2005
Santa Cruz	200	RJ	(2)-(4)	Furnas	2005
Campos	32	RJ	(2)	Furnas	2003
Cuiabá	492	MT	(1)	EPE	2002
Eletrobolt	376	RJ	(1)	Petrobras	2001
Macaé Merchant	923	RJ	(1)	El Paso	2001
Juiz de Fora	87	MG	(1)	Catag+Alliant	2001
Ibiritemo	235	MG	(1)	Petrobras (30) Edison	2002
W Arjona	182	MS	(1)	Tractebel	1999
Três Lagoas	248	MS	(1)	Petrobras (100)	2004
Norte Fluminense	851	RJ	(1)	Petrobras (10) Light	2004
Termorio	247	RJ	(1)-(3)	Petrobras (43)	2004
Subtotal SE/CO	**4.780**				
Uruguaiana	600	RS	(1)	AES	2001
Canoas	160	RS	(1)	Petrobras	2003
Subtotal sul	**760**				
Total	7.373				

Notas: (1) Programa Prioritário de Termelétricas-PPT, (2) Conversão de usina anterior ao PPT, (3) Cogeração, (4) prevista para 2005.
Observação: Os projetos CCBS, Cubatão, Corumbá, Termoaçu, Termogaucha, Termosergipe, Termoalagoas, Paraíba não tiveram o andamento inicialmente previsto.

Fontes: Associação Brasileira de Geradoras Termelétricas – Abraget (informação recebida de Vieira, Xisto, em 24.5.2005).

Usinas a óleo combustível

USINA	MW	UF	PROPRIETÁRIO
Igarapé	131	MG	Cemig
Carioba	36	SP	CPFL
Santa Cruz 3 e 4	440	RJ	Furnas
Alegrete	66	RS	Tractebel
Nutepa	24	RS	CGTEE
Total	697		

Notas: Não foram incluídas as unidades 3 e 4 de Piratininga (2x136) por terem sido retiradas de operação para conversão e operação futura com vapor do ciclo combinado de Nova-Piratininga.
Da mesma forma foram excluídas as unidades Santa Cruz 1 e 2 (2x84) que sairão de operação para funcionarem como turbinas a vapor do ciclo combinado de Santa Cruz Nova.

Fonte: Operador Nacional do Sistema Elétrico, consulta em setembro 2004.

10-J – Investimentos no ciclo do combustível nuclear (valores em R$ mil, em moeda corrente)

| ANO | PROD. DE URÂNIO | RECONVERSÃO | PROD. PASTILHAS | ENRIQUECIMENTO | FAB. E MONTAGEM | TOTAL |
	Caetité	UF6 > UO2			elem. Combustível *	
1994	Investimentos nas etapas do ciclo do combustível até 1994					148.000
1995	353	308	426	-	98	1.185
1996	2.607	2.438	2.936	40 **	170	8.191
1997	2.705	13.475	12.154	242 **	1.062	29.638
1998	21.985	7.862	7.893	450 **	4.480	42.670
1999	18.198	8.534	6.719	3120 **	6.340	42.911
2000	2.828	5.066	1.771	17.715	1.774	29.154
2001	526	1.067	1.423	25.456	3.290	31.762
2002	814	166	196	12.281	10.141	23.598
2003	823	1.860	1.387	21.804	2.402	28.276
2004	3.130	1.718	1.281	20.138	2.219	28.486
2005	650	499	753	14.309	1.818	18.029
2006	9.800	-	-	22.409	7.945	40.154
2007	4.500	-	-	5.000	13.918	23.418
2008	-	-	-	7.515	20.293	27.808

2009	-	-	-	18.890	24.804	43.694
Total	68.919	42.993	36.939	165.517	100.754	566.974
Realizados	54.619	42.993	36.939	111.703	33.794	431.900
Projeção ***	14.300	-	-	53.814	66.960	135.074

* Inclui os investimentos complementares que se referem principalmente à substituição, atualização e melhorias de máquinas e equipamentos e em pequenas obras civis relativas a reformas. Os valores e a distribuição dos investimentos complementares projetados estão sendo reexaminados.
** Investimentos preliminares.
*** Projeção do Plano Plurianual para 2006/2009.

Fonte: Indústrias Nucleares Brasileiras – INB. *Investimentos no ciclo de combustíveis nucleares*. Disponível em http://www.inb.gov.br. Acesso em 2006.

11-A – Correspondência para sra. Dilma Rousseff, ministra de Minas e Energia

22 de janeiro de 2003.

Quando de sua passagem pela equipe de transição enviei-lhe, pelo e-mail gabinete@semc.rs.gov.br, com notas complementares, os textos de dois artigos que foram publicados pelo jornal *Valor Econômico*, sobre o tema geral de "Retorno à Economia Real", respectivamente em 7 (Mineração e petróleo) e 19 (Energia elétrica e recursos hídricos) de novembro de 2002.

Li ontem, com a maior atenção, a sua entrevista ao mesmo jornal, na qual se destaca a ideia de uma nova companhia comercializadora de energia elétrica.

Acredito que ainda valeria a pena dar alguma atenção à minha sugestão, de certo modo alternativa, de se atribuir, às grandes estatais de base hidrelétrica remanescentes, a responsabilidade efetiva pela energia garantida, através da contratação da energia térmica complementar. Ficaria coberta a principal parcela do risco hidrológico e o *mix* de custos de energia hidráulica e térmica surgiria naturalmente. Seria desnecessário criar nova estrutura empresarial no âmbito do Estado.

Incluo, em anexo, o segundo dos dois artigos citados, com as respectivas notas complementares, para a hipótese de não terem chegado às suas mãos na época própria.

Aproveito a oportunidade para enviar os meus votos de sucesso na sua administração.

27 de junho de 2003.

Ouvi, com a máxima atenção, a exposição que fez, com clareza e sinceridade, no dia 16 de junho próximo passado, no Rio de Janeiro, por ocasião do lançamento do livro comemorativo dos 90 anos da Shell.

Tendo em vista as preocupações que ainda perduram e atendendo à sua solicitação de contribuições construtivas, reiteradas no nosso encontro subsequente, na residência de José Luiz Alqueres, realizado na companhia de tradicionais batalhadores pelo progresso do nosso país, encaminho-lhe comentários específicos sobre o projeto de reforma institucional do setor elétrico, ora em elaboração no âmbito MME.

Trato, naturalmente, apenas dos aspectos que me são mais familiares, em função das situações em que com eles estive envolvido, nos últimos quarenta anos. Parece-me oportuno, antes de tudo, transmitir-lhe as seguintes impressões:

I – Diante do emaranhado a que estamos presos e de um público aturdido com o colapso do sistema elétrico, há que buscar, mais do que nunca, simplicidade.

II – Que o prazo é curto para que o novo governo tranquilize a sociedade, através de medidas objetivas ao seu alcance, sem que tudo dependa de um plano geral a ser submetido ao Congresso.

III – Que o modelo final deverá ater-se às definições gerais e permanentes, evitando tornar-se regulamentar, para que fiquem abertos caminhos à criatividade dos agentes, públicos e privados, não esquecendo o papel que estes últimos representaram na recente crise.

Com os meus votos de sucesso na sua difícil empreitada, envio os meus cumprimentos.

31 de julho de 2003.

Não consegui convencê-la da necessidade – diante do emaranhado resultante de uma reforma abrangente e incompletamente instituída – de procurar caminhos simples, que conduzissem ao rápido desatamento dos nós cegos instituídos e à conciliação entre as partes conflitantes.

A sua exposição, objetiva e sincera, a que assisti, encorajou-me a oferecer alguns comentários relativos a aspectos específicos do que se estava apresentando, o que fiz através da minha carta de 27 de junho p.p., com o anexo de comentários que então me pareceram pertinentes.

Infelizmente o documento "Proposta de Modelo Institucional do Setor Elétrico", que ora se apresenta formalmente, é tudo que se possa imaginar de menos simples. Além do mais, tem um formato monolítico, que requer, antes de tudo, a discussão e a aprovação do Congresso, com poucas aberturas para aperfeiçoamentos. Correrá o risco, a meu ver, de ser rejeitado ou de sofrer mutilações que o levariam ao mesmo destino da reforma precedente.

Reitero, nesta oportunidade, que o modelo me parece inconsistente, já que se apoia em participação privada, mas sem liberdade e sem lucro, e na participação pública, sem recursos.

Por coerência com posições antes assumidas e justificadas, considero a reiteração da proposta de equalização tarifária Geisel-Ueki, tão deletéria como a anterior se revelou.

Com os meus votos do sucesso possível, nessas condições adversas, aproveito a oportunidade para lhe enviar os meus cumprimentos.

11-B – Impacto da carga tributária sobre o setor elétrico brasileiro (em % da receita operacional bruta)

ESPECIFICAÇÃO	1999	2002	2003	2004	2005
Tributos federais (1)					
PIS/PASEP	0,77	0,8	1,27	1,04	1,1
COFINS	3,48	3,31	3,73	5,29	5,75
CPMF	0,4	0,61	0,6	0,54	0,49
Subtotal	4,65	4,72	5,6	6,87	7,34
Tributos estaduais					
ICMS	21,35	17,5	20,56	20,68	20,47
Subtotal	21,35	17,5	20,56	20,68	20,47
Tributos municipais					
ISS	0,01	0,01	0,01	0,01	0,02
IPTU	0,01	0,04	0,17	0,03	0,05
Subtotal	0,02	0,05	0,18	0,04	0,07
Encargos trabalhistas					
INSS	2,66	1,49	1,31	1,13	1,03
FGTS	1,02	0,56	0,48	0,57	0,34
Outros (2)	1,1	0,62	0,54	0,47	0,43
Subtotal	4,78	2,67	2,33	2,17	1,8
Encargos setoriais (3)					
CCC	2,81	4,54	3,07	4,22	3,82
ECE	0	1,4	2,42	2,68	1,74
CDE	0	0	1,64	1,84	2,07
CMPFRH	0,86	0,86	1,02	1	1,06

ONS	0,03	0,03	0,04	0,05	0,05
TFSEE	0,29	0,21	0,23	0,24	0,21
RGR	2,15	1,63	1,52	1,55	1,29
P&D	0	0,06	0,07	0,07	0,08
UBP	0,03	0,05	0,05	0,03	0,04
CCEE	0	0,02	0,01	0,01	0,01
Subtotal	6,17	8,8	10,07	11,69	10,37
Total	36,97	33,74	38,74	41,45	40,05
Valores absolutos (4)					
Receita bruta	32.340	59.645	63.879	75.553	85.452
Carga tributária	11.956	20.124	24.747	31.317	34.224

Nota: Foram retirados da tabela original pelo autor: (1) o imposto de renda de pessoa jurídica e contribuição sobre o lucro líquido. (2) ISS, IPVA, ITR e IPTU. (3) CCC – Conta de Consumo de Combustíveis, ECE – Encargos de capacidade emergencial, CDE – Conta de Desenvolvimento Energético, CMPFRH – Compensação financeira pela utilização de recursos hídricos, ONS – Contribuição dos associados ao operador nacional do sistema elétrico, TFSEE – Taxa de fiscalização de serviços de energia elétrica, RGR – Reserva global de reversão, P&D, UBP, CCEE. Outros encargos setoriais correspondendo a menos de 0,01% foram omitidos. (4) Valores em R$ bilhões em moeda corrente.

Fonte: PriceWaterHouseCoopers. *Impacto da carga tributária sobre o setor elétrico brasileiro*, out. 2005. Com apoio de ABCE, ABDIB, ABIAPE, ABRACE, ABRACEEL, ABRADEE, ABRAGE, ABRAGEF, ABRAGET, ABRATE, AMCHAM, APINE, APMPE, CBIEE, FIESP.

11-C – Salvaguardas internacionais e usina de enriquecimento de urânio

Extrato do relatório anual de 2004 da Agência Brasileiro-Argentina de Contabilização e Controle de Materiais Nucleares – ABACC.

"(...) Para o ano de 2004, a Secretaria da ABACC estabeleceu como meta a implementação do enfoque de salvaguardas, acordado pela Secretaria da ABACC em setembro de 2003, e a retomada das negociações com a Agência Internacional de Energia Atômica (AIEA) no contexto do Acordo Quadripartite.

Em ambas as atividades foram feitos progressos importantes. A Comissão da ABACC decidiu convocar um grupo *ad hoc* de especialistas em instalações sensíveis no intuito de avaliar o enfoque desenvolvido pela Secretaria. O referido grupo se reuniu em fevereiro de 2004. Como resultado dos estudos realizados, o grupo *ad hoc* recomendou que fossem implementadas medidas adicionais aprovadas pela Comissão da ABACC no mês de abril e introduzidas num anexo ao documento acordado pela Secretaria da ABACC e pelo Brasil em setembro de 2003. O anexo foi aceito pela autoridade nacional brasileira e encontra-se em vigor.

No que se refere à retomada das negociações com a Agência Internacional de Energia Atômica, foi desenvolvido, em colaboração com a parte brasileira, um procedimento para auxiliar na aplicação do enfoque de salvaguardas, em particular, durante as inspeções não anunciadas. Em reunião realizada em setembro de 2004, na cidade de Viena, o Brasil apresentou sua proposta à AIEA e à ABACC e as negociações foram retomadas.

Naquela reunião, foram discutidas propostas de procedimentos que permitissem verificar as informações de projeto da primeira cascata da usina, sem acesso visual às centrífugas. Em uma visita técnica à usina, realizada em novembro de 2004, com a participação da ABACC e da AIEA, foi testado e aprovado um método baseado no emprego de fotografias. A aprovação desse método permitiu efetuar satisfatoriamente a verificação inicial das informações de projeto da cascata I. Convém ressaltar a colaboração da CNEN, do Centro Tecnológico da Marinha em São Paulo (CTMSP) e da INB para alcançar uma solução satisfatória (...)".

Fonte: ABACC. Relatório 2004.

11-D – Brasil biodiesel

A Brasil Biodiesel é uma subsidiária da Brasil Ecodiesel S.A. constituída em julho de 2003 com o propósito de produzir e comercializar biodiesel. A companhia atua em todas as etapas da cadeia de produção do biodiesel, desde a produção do insumo vegetal básico e logística até os processos industriais de produção.

A empresa idealizou e vem praticando modelo de negócios inovador, estabelecendo ampla rede de fornecedores agrícolas diluídos em unidades familiares, predominantemente na região Nordeste, gerando assim desenvolvimento e inclusão social nas áreas mais carentes do país.

A oleaginosa escolhida para o início do desenvolvimento do programa foi a mamona, que possui grande resistência à seca e se adapta melhor na região do semiárido nordestino.

A empresa vem investindo em pesquisa para a utilização de outras espécies de oleaginosa de modo a diversificar sua matriz fornecedora e expandir o programa para outras regiões do país. Como pioneira neste setor, vem investindo no desenvolvimento de tecnologia industrial para a produção de biodiesel. Possui hoje a maior planta do país, em plena operação no município de Floriano, Piauí, com capacidade para produzir 40 milhões de litros/ano. O objetivo da empresa é produzir 320 milhões de litros em 2008, representando uma fatia de 40% do mercado.

11-E – Equivalência energética

O valor da conversão da eletricidade gerada pela energia primária de origem hidráulica e outras renováveis admite duas soluções. Uma, adotada nas comparações internacionais International Energy Agency – IEA e recentemente adotada no Brasil para elaboração do BEN. A outra, adotada em estudos comparativos de contribuição das várias formas de energia primária adotada pelo World Energy Council – WEC e utilizado pelo autor deste livro quando se trata do caso específico de comparação das contribuições das várias formas de energia.

1 – *Energy for Tomorrows World – WEC 1993, p. 14:*

1000 kWh (primary energy) = 2236 Mcal. With 1000 kWh (final consumption) = 860 Mcal as WEC conversion factor (assuming a conversion efficiency of 38,46%).

2 – *Energy for Tomorrows World – WEC, Acting Now – 2000, pg175:*

1000 kWh = 0,086 toe. In this statement the conversion convention is the sane as used in ETW, namely, that the generation of electricity from hydro, nuclear, and other renewables… has a theoretical efficiency of 38,46%. This conversion, together with the use of the actual efficiencies …for plants using oil products, natural gas or solid fuels…, guarantees a good comparability in terms of primary energy.

3 – *Drivers of the Energy Scene. Draft, World Energy Council – WEC 2003*

For the WEC, TPER (total primary energy requirements) takes the primary energy of hydro and new modern renewable energy equal to three times the electrical power they generate. This methodology was already used in Energy for Tomorrows World – ETW (1993) and ETW - Acting Now (2000) and is kept for the "Drivers" study because it allows to make correct comparisons between hydro/modern renewables and nuclear (Theoretical efficiency of 33%) or fossil fuels (actual world average efficiency of fossil fuel power plants around 33%). Conversely IEA's TPES (total primary energy supply) takes hydro and renewables to the electricity they generate, thus making them 3 times smaller than other primary energies.s

O Balanço Energético Nacional de 1999 apresenta a oferta de energia no Brasil segundo dois critérios, com os correspondentes gráficos (páginas 16 e 17). Um cálculo atual mostra as diferenças. Sob qualquer dos dois critérios o Brasil se apresenta em posição privilegiada e invejável no que se refere à contribuição de energia renovável.

Produção e oferta de energia em 2004 (% do total)

Espécie da energia	PRODUÇÃO		OFERTA	
	BEN	WEC*	BEN	WEC*
Não renovável	52	40	56	44
Renovável	48	60	44	56
Origem hidráulica**	(14)	(34)	(14)	(34)

* Valores correspondentes ao critério WEC.
** Parcela da energia hidráulica na energia renovável.

Fonte: MME - Balanço Energético Nacional, 2005, Tabelas 1.1 e 1.2.

12-A – Reservas de petróleo das vinte maiores empresas

EMPRESA	PAÍS	PARTICIPAÇÃO DO ESTADO	BILHÕES DE BARRIS
Saudi-Aramco	Saudi-Arabia	100	259,4
NIOC	Iran	100	125,8
INOC	Iraq	100	115,0
KPC	Kuwait	100	99,0
PDV	Venezuela	100	77,8
Adnoc	UAE	100	55,2
NOC	Libya	100	22,7
NNPC	Nigeria	100	21,2
Pemex	Mexico	100	16,0
Lukoil	Russia	8	16,0
Gazprom	Russia	73	13,6
Exxon-Mobil	US	-	12,9
Yukos	Russia	-	11,8
PetroChina	China	90	11.0
Qatar Petroleum	Qatar	100	11,0
Sonatrach	Algeria	100	10,5
BP	Britain	-	10,1
Petrobras	Brazil	32	9,8
Chevron-Texaco	US	-	8,6
Total	France	-	7,3

Fonte: The Economist, A Survey of Oil, April 30, 2005. from Petroleum Intelligence Unit.
Nota: A Yukos está sob intervenção estatal.

12-B – Consumo mundial de energia e emissões até 2030

Projeção do consumo mundial de energia (bilhões de tep)

REGION/COUNTRY	1990	2003	2010	2015	2020	2025	2030	% (*)
OECD								
Oil	2,1	2,4	2,6	2,7	2,8	2,9	3,0	0,8
Natural gás	0,9	1,3	1,5	1,6	1,7	1,8	1,9	1,5
Coal	1,1	1,1	1,3	1,3	1,4	1,5	1,6	1,2
Nuclear	0,4	0,6	0,6	0,6	0,6	0,6	0,6	0,3
Other	0,4	0,4	0,5	0,6	0,6	0,6	0,6	1,5
Total	5,0	5,9	6,5	6,8	7,1	7,4	7,8	1,0

	Non-OECD							
Oil	1,3	1,6	2,1	2,3	2,5	2,8	3,0	2,3
Natural gas	1,0	1,2	1,6	1,9	2,2	2,5	2,9	3,3
Coal	1,2	1,4	2,0	2,3	2,7	3,0	3,3	3,3
Nuclear	0,1	0,1	0,1	0,2	0,2	0,3	0,3	3,5
Other	0,3	0,4	0,6	0,7	0,7	0,8	0,9	3,3
Total	3,8	4,7	6,4	7,4	8,4	9,3	10,4	3,0
	Total world							
Oil	3,4	4,1	4,7	5,0	5,3	5,7	6,0	1,4
Natural gas	1,9	2,5	3,1	3,5	3,9	4,3	4,8	2,4
Coal	2,3	2,5	3,2	3,6	4,0	4,5	4,9	2,5
Nuclear	0,5	0,7	0,7	0,8	0,8	0,9	0,9	1,0
Other	0,7	0,8	1,1	1,2	1,3	1,5	1,6	2,4
Total	8,8	10,6	12,8	14,2	15,4	16,8	18,2	2,0

Projeção das emissões mundiais de dióxido de carbono (bilhões de t)

REGION/COUNTRY	1990	2003	2010	2015	2020	2025	2030	% (*)
	OECD							
OECD North America	5,8	6,8	7,5	8,0	8,5	9,1	9,7	1,3
United States	5,0	5,8	6,4	6,7	7,1	7,6	8,1	1,3
OECD Europe	4,1	4,3	4,5	4,6	4,7	4,9	5,1	0,7
OECD Asia	1,5	2,1	2,3	2,4	2,5	2,5	2,6	0,9
Total OECD	11,4	13,2	14,2	15,0	15,7	16,5	17,5	1,1
	Non-OECD							
Non-OECD Europe and Eurasia	4,2	2,7	3,1	3,4	3,8	4,0	4,4	1,7
Russia	2,3	1,6	1,8	1,9	2,1	2,2	2,4	1,5
Non-OECD Asia	3,6	6,1	9,1	10,8	12,4	14,1	16,0	3,6
China	2,2	3,5	5,9	7,0	8,2	9,3	10,7	4,2
India	0,6	1,0	1,4	1,6	1,8	2,0	2,2	2,9
Middle East	0,7	1,2	1,5	1,6	1,8	2,0	2,2	2,3
Africa	0,6	0,9	1,2	1,4	1,5	1,6	1,7	2,5
Central and South America	0,7	1,0	1,3	1,4	1,6	1,8	1,9	2,4

Brazil	0,2	0,3	0,4	0,5	0,5	0,6	0,6	2,1
Total non-OECD	9,8	11,9	16,1	18,6	21,0	23,5	26,2	3,0
Total world	21,2	25,0	30,4	33,7	36,7	40,0	43,7	2,1

* Crescimento médio anual 2003 – 2030.

Fonte: EIA - Energy Information Administration (US DOE) – International Energy Outlook 2006. Dados extraídos das tabelas A2 e A10. Convertidos de BTU para TEP. www.ela.doe.gov

12-C – Tendências recentes, avaliação da influência humana sobre a tendência, e projeções de eventos climáticos extremos em relação aos quais existe uma tendência observada no final do século XX

FENÔMENOS E DIREÇÃO DA TENDÊNCIA	PROBABILIDADE QUE A TENDÊNCIA TENHA OCORRIDO NO FIM DO SÉCULO XX	PROBABILIDADE DA CONTRIBUIÇÃO HUMANA PARA A TENDÊNCIA OBSERVADA	PROBABILIDADE DA TENDÊNCIA NO SÉCULO XXI (PROJEÇÕES SRES*)
Menor número e mais quentes dias e noites frias na maior parte das áreas terrestres	Muito provável	Provável	Virtualmente certo
Mais frequentes e mais quentes dias e noites quentes na maior parte das áreas terrestres	Muito provável	Provável (noites)	Virtualmente certo
Surtos e ondas de calor. A sua frequência aumenta na maior parte das áreas terrestres	Provável	Mais provável do que improvável	Muito provável
Eventos de alta pluviosidade. A frequência (ou proporção de chuvas pesadas no total das chuvas) aumenta na maior parte das áreas	Provável	Mais provável do que improvável	Muito provável
Área afetada por secas aumenta	Provável em muitas regiões**	Mais provável do que improvável	Provável
Intensa atividade dos ciclones tropicais aumenta	Provável em muitas regiões**	Mais provável do que improvável	Provável
Aumenta a incidência de nível do mar extremamente alto (excetuados tsunamis)	Provável	Mais provável do que improvável	Provável

* Projeções baseadas no *Special Report on Emission Scenarios*.
** Desde 1970.
Fonte: Intergovernmental Panel on Climate Change – Climate Change 2007: *The Physical Science Basis. (Summary for Policymakers)* – Tabela SPM2. Tradução do autor.

12-D – Usinas geradoras – Previsão para entrada em operação (em MW)

A - Usinas em obras

ANO	2011	2012	2013	2014	2015
Sem restrições para entrada em operação	6.500	5.142	2.567	530	2.145
Com restrições (licenciamento ambiental)	1.419	2.557	5.881	370	624
Graves restrições (ambientais e judiciais)	-	20	18	-	-
Total	7.919	7.720	8.467	900	2.769

B - Acréscimo Anual de Geração (em MW)

ANO	1906	1907	1908	1909	1910
Em operação	3.835	4.028	2.158	3.565	6.149

Fonte: Aneel, www.aneel.gov.br/aplicacoes/noticias_boletim/PDF

Documentos inéditos de política energética

Exposições de motivos e avisos do ministro de Minas e Energia
Antonio Dias Leite Junior entre **1969 e 1974**

Documento nº 1 Estrutura do Setor Elétrico

Extrato da EM nº 106/71, de 26 de março de 1971, ao presidente Emílio Médici encaminhando o projeto que resultou na Lei nº 5.655, de 20 de maio de 1971.

1. Desde 1965 vêm sendo adotadas medidas tendentes a conduzir o setor de energia elétrica a uma sólida e estável estrutura administrativa, econômica e financeira.
2. Com especial atenção pelo problema da diversidade de situações no conjunto das empresas concessionárias, procurou o Governo Federal realizar as reformas necessárias de maneira progressiva. Tornou-se possível, assim, que as empresas que estivessem mais próximas das condições ideais pudessem alcançá-las sem que as medidas a elas adaptáveis se tornassem de uma só vez compulsórias para todas as empresas. Simultaneamente, um grande esforço vem sendo realizado no sentido da recuperação daquelas empresas que ainda estavam em crise administrativa e financeira ou recém-saídas de graves desequilíbrios econômicos.
3. Graças a esta política, vêm algumas empresas contribuindo para que outras se possam recuperar e é possível prever, para dentro de três anos, a normalização dos serviços em, pelo menos, três quartas partes do setor de energia elétrica.
4. Mas, apesar do longo caminho já percorrido durante os cinco primeiros anos da nova política de energia elétrica, há, ainda, aperfeiçoamentos a introduzir.
5. Dando, pois, sequência ao processo e ainda sem pretender concluí-lo, vimos pela presente submeter à apreciação e eventual aprovação de Vossa Excelência o anexo projeto de lei a ser encaminhado ao Congresso Nacional, nos termos do parágrafo 2º do art. 51 da Constituição do Brasil.
6. A urgência se justifica devido à longa duração do processo de reformulação tarifária, decorrente da implantação das novas normas, para que se possa cumprir a proposição da entrada em vigor das mesmas a 1º de janeiro de 1972.
7. Nesse projeto são considerados aspectos do regime legal das empresas concessionárias de energia elétrica, quais sejam a remuneração do investimento, a reversão, o imposto de renda, o imposto único, o empréstimo compulsório e os recursos para a desapropriação de áreas destinadas a reservatórios de regularização de cursos d'água. Propõe-se com relação à remuneração legal e ao imposto de renda:
   a) modificar a legislação específica de energia elétrica no sentido de admitir a remuneração desde 10% (dez por cento) até o máximo de 12% (doze por cento);
   b) modificar a legislação do imposto de renda, no sentido de reduzir, a partir do exercício de 1972 até o de 1975, a alíquota incidente sobre a remuneração das empresas concessionárias de serviço público de 17% (dezessete por cento) para 6% (seis por cento);
   c) estabelecer que as empresas concessionárias de serviço público, pelo fato de terem a sua alíquota especial e reduzida, não têm direito a aplicar, no período de vigência da redução, em incentivos fiscais, recursos dedutíveis do imposto de renda.
8. As medidas acima descritas estão consubstanciadas nos artigos 1º, 2º e 3º do anexo projeto de lei. No artigo 2º são incluídas, ainda, definições que hoje se encontram apenas no Decreto nº 41.019, de 26 de fevereiro de 1957, de regulamentação dos serviços de energia elétrica. Consideramos necessária e oportuna suas inclusões em lei.
9. Quanto à reformulação da sistemática da reversão, tendo em vista a conjuntura atual, propõe-se:
   a) uniformizar, na quota de reversão, os sistemas de constituição de fundos para garantia de retorno do capital investido;
   b) constituir, com as quotas arrecadadas, um fundo único de reversão;
   c) atribuir à Eletrobras, por conta e em nome do Governo Federal, a administração do fundo.
10. Quanto à alternativa de capitalização dos recursos federais aplicados na desapropriação de áreas destinadas à construção de reservatórios de regularização de cursos d'água com finalidade múltipla, trata-se simplesmente de reduzir a rigidez da legislação vigente.
11. Dentro do processo de implantação da nova política de energia elétrica, como requisito do sadio princípio de determinação do custo real dos serviços mediante rigorosa contabilização, a favor da Eletrobras, de todo e qualquer recurso financeiro de origem federal superior a cem mil cruzeiros entregue ao setor de energia elétrica.
12. Ocorre, porém, que algumas obras realizadas pelo setor energético têm nítida finalidade múltipla. Ditas obras, de construção de reservatórios de regularização de cursos d'água, beneficiam não só a empresa concessionária de serviços de eletricidade, como também os demais usuários desse mesmo curso d'água, além de concorrer para a proteção das populações ribeirinhas contra inundações.
13. Considera-se, portanto, justo que parte do respectivo investimento possa ser coberto por recursos federais, sem que seja capitalizado na empresa concessionária de energia elétrica. Assim, no art. 4º se estabelece que, do fundo global de reversão administrado pela Eletrobras, possam ser separados até 5% (cinco por cento) do seu valor para cobrir despesas com a desapropriação de terras, necessária à construção de reservatórios de regularização de cursos d'água e que a parcela correspondente do Fundo não vencerá juros.
14. No que se refere ao imposto único e ao empréstimo compulsório, os ajustes propostos visam a uma distribuição mais conveniente das respectivas repercussões sobre os consumidores residenciais, comerciais e industriais.

(...)
seguem-se detalhes (...)

Documento nº 2 Estrutura do setor elétrico Itaipu

Extrato da EM nº 323/73, de 9 de maio de 1973 ao presidente Emílio Médici.

1. A nova política de energia elétrica do Brasil vem sendo implantada de forma prudente, porém sem vacilações. As medidas já adotadas convergem para uma organização compatível com a dimensão territorial do Brasil, com seu rápido crescimento econômico, com vistas, fundamentalmente, à eficiência e à segurança no suprimento de energia a todo o país.
2. Não se tem procurado copiar qualquer solução externa nem se tem partido de uma concepção abstrata da organização ideal. Foram sendo sucessivamente adotados os passos que se tornavam necessários a cada momento e com base na realidade histórica, para alcançar os objetivos estabelecidos.
3. O progresso obtido no setor, tanto no que se refere à capacidade de produção como à extensão progressiva dos benefícios dos serviços de energia elétrica a um número cada vez maior de núcleos populacionais do país, nos induz à adoção de nova providência no mesmo sentido. Esta se acha consubstanciada no Projeto de Lei que temos a honra de encaminhar, com a presente exposição de motivos, à apreciação de Vossa Excelência.
4. A concepção fundamental de organização que se vem estabelecendo consiste em atribuir a Centrais Elétricas Brasileiras S.A. – Eletrobras, as funções de coordenação técnica, financeira e administrativa e de orientação geral do programa de expansão e de atualização do setor de energia elétrica; em reter em poder do Departamento Nacional de Águas e Energia Elétrica - DNAEE, órgão da Administração Direta do Ministério de Minas e Energia, a competência inerente ao poder concedente, ou seja, a concessão de instalações, fiscalização técnica e financeira dos serviços concedidos e a aprovação das tarifas; e, finalmente, descentralizar a atividade executiva, de produção, transmissão e distribuição de energia elétrica, tendo em vista a diversidade e a dimensão geográficas do país.
5. No que se refere à ação no sentido da descentralização executiva, é admitida uma grande flexibilidade, coexistindo empresas concessionárias que são subsidiárias da Eletrobras e, portanto, de âmbito federal, empresas de economia mista estaduais, empresas particulares e alguns serviços municipais. Estes últimos, considerados inadequados, na sua maioria, para atender aos requisitos da moderna organização econômica e social, estão sendo incorporados, sob processo incessante, às empresas de âmbito estadual, em cuja área estejam localizados.
6. No ritmo em que é exercida a política de absorção dos serviços isolados e sua integração aos grandes e eficientes sistemas de transmissão e distribuição de energia elétrica que vão sendo montados, é possível, senhor presidente, que dentro de 5 a 10 anos, tenhamos concentrado toda a distribuição de energia elétrica do país em um número limitado de empresas que por suas dimensões poderão dispor, todas elas, de um corpo técnico e administrativo eficiente e capaz de conduzi-la a um continuado progresso em benefício do bem-estar econômico e social do país e de cada região.
7. Ao longo do processo de reorganização, em curso, já foram transferidas para o âmbito das correspondentes empresas de economia estadual aquelas detidas pelo Governo Federal através da Eletrobras, no Ceará, no Rio Grande do Norte, em Pernambuco, em Alagoas, na Bahia, em Minas Gerais, no Paraná e no Rio Grande do Sul, tendo sido iniciado o processo de transferência da subsidiária da Eletrobras, no Estado de São Paulo, para a respectiva empresa estadual.
8. Ao mesmo tempo, as grandes subsidiárias da Eletrobras cujo âmbito de atuação é regional se configuram cada vez mais como responsáveis por parte substancial do suprimento de energia em cada região, bem como pela interligação dos sistemas de interesse estadual. Em três regiões do país a interligação dos sistemas atinge, hoje, elevado grau de unidade e de interdependência: em primeiro lugar, na região Sudeste; em segundo lugar, na região Nordeste, que agora, inclusive, compreende tanto o Nordeste Oriental como o Ocidental, através da incorporação da Cia. Hidroelétrica de Boa Esperança à Companhia Hidroelétrica de São Francisco – Chesf, e, em terceiro, na região Sul. Persistirão, por algum tempo, sistemas locais da região amazônica.
9. Em toda essa evolução, tem sido preocupação constante desta Secretaria de Estado instituir uma organização e um sistema que assegurem a melhor utilização dos recursos naturais. Na região Nordeste, estando a totalidade da geração de energia a cargo de uma única empresa, a Chesf, de âmbito regional e subsidiária da Eletrobras, o problema não apresenta qualquer contradição entre o interesse de empreendimentos locais e o da empresa federal, nem sob o ponto de vista do emprego dos recursos naturais, naquele caso integralmente de origem hidráulica. Da mesma forma, os empreendimentos isolados do Norte do país não dão origem a qualquer problema de controvérsia na utilização de recursos ou na operação integrada. O mesmo, entretanto, não acontece nas regiões Sudeste e Sul, fortemente interligadas, onde coexistem instalações de produção de origem hidráulica e térmica, estas últimas consumindo tanto carvão mineral quanto derivados de petróleo.
10. Com vistas a adquirir experiência na difícil tarefa de garantir eficiente operação de tais sistemas, estão funcionando, há algum tempo, de maneira flexível e informal, os Comitês Coordenadores de Operação Interligada, tendo sido instalado o primeiro, da região Sudeste, no ano de 1969, e o segundo, da região Sul, em 1971. Os resultados obtidos no encontro mensal, o conhecimento recíproco e o entendimento entre as empresas componentes de cada um dos sistemas têm sido altamente animadores, no sentido da possibilidade de conciliação entre o interesse de cada uma das empresas e o interesse regional ou nacional, com vistas ao máximo e melhor aproveitamento dos recursos naturais disponíveis.

11. Sob dois aspectos, no entanto, não tem sido plenamente satisfatória a coordenação realizada por esses Comitês. Em primeiro lugar, no que se refere à distribuição do ônus decorrente da utilização de combustíveis fósseis, na complementação do sistema predominantemente hidráulico. Em segundo lugar, no que se refere à distribuição das vantagens e dos ônus decorrentes da utilização conjugada dos recursos hidráulicos das diversas empresas concessionárias.
12. Mister se faz, portanto, na oportunidade da institucionalização dos citados organismos, dar-lhes a autoridade e, além disso, estabelecer os princípios que permitam a racional distribuição dos ônus e vantagens resultantes da operação integrada das usinas térmicas e hidráulicas.
13. Nesse estágio da evolução dos sistemas surge, como empreendimento marcante e destinado a representar importante papel em toda a economia energética nas regiões Sudeste e Sul do país, na década de 1980, o aproveitamento binacional entre o Brasil e a República do Paraguai, do potencial hidráulico existente entre o Salto das Sete Quedas ou Salto de Guaíra e a Foz do Iguaçu, no rio Paraná. Esse empreendimento, objeto do Tratado assinado em Brasília, em 26 de abril próximo passado, insere-se, sem dificuldade, na programação geral do setor de energia elétrica nacional, mas, por sua vez, exige novas providências no sentido da organização que há longos anos se vem buscando por etapas sucessivas.
14. Com efeito, conforme estabelecido no Artigo III do Tratado, e nos artigos 1º e 2º do seu anexo A, o aproveitamento dos aludidos recursos será efetuado por intermédio de uma entidade binacional denominada Itaipu. Além disso, conforme estipulado no anexo C do Tratado e na nota reversal nº 3 entre o Governo Brasileiro e o Governo Paraguaio, com relação à obrigatoriedade da utilização de toda energia produzida na central elétrica de Itaipu, cumpre salientar que a potência que será posta à disposição do Brasil pela Itaipu constituirá reforço considerável do suprimento às regiões Sudeste e Sul. Consequentemente há necessidade de ser disciplinada a expansão dos sistemas elétricos daquelas regiões, de forma a assegurar a prioridade na utilização da referida potência.
15. Dadas as características favoráveis da energia oriunda desse aproveitamento, impõe-se uma distribuição racional e justa, nas regiões Sudeste e Sul, da potência proveniente da central elétrica de Itaipu de forma a propiciar a todos os consumidores daquelas regiões o benefício do custo relativamente baixo desta potência. Para este fim, é ainda indispensável a construção de sistemas de transmissão para o transporte da energia gerada em Itaipu aos mercados consumidores, o que constitui tarefa de grande envergadura técnica e financeira, exigindo longo planejamento e período de execução.
16. Esse programa deverá ser executado concomitantemente com a construção da central elétrica de Itaipu de forma que a energia por esta produzida possa ser utilizada tão logo seja completada sua construção, o que torna urgente definir, desde logo, as responsabilidades pela sua execução.
17. Julgamos, pois, senhor presidente, ser este o momento oportuno para ser dado mais um passo no sentido da organização do setor de energia elétrica, visando a:
1) consolidar a posição da Eletrobras como coordenadora e orientadora técnica, financeira e administrativa do setor de energia elétrica;
2) definir, com maior precisão, o papel das subsidiárias da Eletrobras de âmbito regional com funções exclusivas de geração, transmissão e interligação dos sistemas nas respectivas áreas de atuação;
3) definir a responsabilidade pela aquisição da totalidade dos serviços de eletricidade a serem postos à disposição do Brasil pela Itaipu, bem como pela sua transmissão e entrega aos principais mercados consumidores;
4) garantir a justa repartição dos benefícios da energia altamente econômica oriunda de Itaipu entre todos os consumidores das regiões que possam pela mesma energia ser alcançados;
5) garantir racional utilização dos recursos hidráulicos correspondentes aos aproveitamentos no território nacional, respectivamente nas regiões Sudeste e Sul, bem como prover a compatibilização desse objetivo com a plena utilização da energia proveniente de Itaipu e assegurando, ao mesmo tempo, a participação adequada de todas as restantes fontes hidrelétricas no atendimento do mercado;
6) garantir racional utilização das usinas termoelétricas de complementação dos sistemas hidráulicos, de forma a evitar desperdício, seja de recursos hidráulicos disponíveis, seja de combustíveis, especialmente daqueles escassos e importados;
7) estabelecer o instrumental executivo bem como os princípios econômicos através dos quais a racional utilização dos recursos naturais se faça em benefício global, sem prejuízo de qualquer das empresas concessionárias do sistema interligado;
8) definir programas de médio e longo prazos, tanto de obras de geração como de troncos de transmissão, que evitem a duplicação de esforços e que garantam a segurança operativa do sistema, pelo menor custo possível, para o consumidor final da energia.
18. Como se vê, a maioria das definições necessárias já se tornava oportuna independentemente de Itaipu. A assinatura do Tratado com a República do Paraguai, além de exigir algumas providências a ele especificamente ligadas, tornou urgente a implementação das medidas acima enumeradas. Preliminarmente faz-se necessário iniciar no âmbito da Eletrobras e, em seguida, no de suas duas subsidiárias de âmbito regional, e, subsequentemente, em todas as concessionárias de distribuição das regiões Sudeste e Sul, um processo de preparação de nível técnico e administrativo e de elaboração de um programa financeiro para execução das obras, em tempo hábil, sem riscos de deficiência ou de excesso de capacidade de transmissão e de entrega da energia solicitada pelos consumidores finais, na década de 1980.

19. Acreditamos, senhor presidente, que as fórmulas encontradas no anexo Projeto de lei garantem o estabelecimento da disciplina necessária à realização eficiente, segura e econômica de um programa de tão grande envergadura como o que vai ser levado a efeito no próximo decênio, no setor de energia elétrica do país. Tudo isto será realizado sem o sacrifício da autonomia operativa de cada uma das empresas que compõem este complexo sistema, especialmente nas regiões interligadas Sudeste e Sul.

Documento nº 3 Política de energia elétrica na Amazônia

Extrato da EM nº 632/73, de 5 de setembro de 1973, ao presidente Emílio Médici.

1. O Plano de Integração Nacional compreende um conjunto de iniciativas que se desdobrarão ao longo do tempo, abrindo perspectivas que há poucos anos eram inadmissíveis.
2. Em relação ao potencial hidrelétrico, especialmente da bacia Tocantins-Araguaia, os estudos que se vão desenvolvendo nos permitem conclusões bastante seguras sobre a existência de um potencial nessa bacia superior a 7 milhões de quilowatts. Foram identificados bons locais para a regularização do curso superior desses rios, tanto no Estado de Goiás como na divisa de Goiás com Mato Grosso.
3. Estão em desenvolvimento estudos para aproveitamento de potenciais consideráveis no curso principal do Tocantins, antes da confluência com o Araguaia, nos locais de São Félix, Lajeado e Santo Antônio, bem como no Baixo Tocantins, depois de receber o Araguaia, logo a montante da localidade de Tucuruí.
4. Acreditamos ser chegado o momento de dar maior ênfase ao aproveitamento hidrelétrico da bacia Tocantins-Araguaia.
5. No que se refere à disponibilidade de energia, sabe-se que as usinas, seja do Médio ou do Baixo Tocantins, respectivamente, Santo Antônio, com um potencial estimado em 700.000 quilowatts, e Tucuruí, com um potencial estimado em 3.000.000 quilowatts, oferecem opções de dimensões que podem atender a diversos conjuntos de mercados consumidores que venham a surgir no futuro próximo. A elaboração simultânea dos dois projetos de engenharia colocaria a Eletronorte em situação de optar por um ou por outro, tal fosse a demanda prevista para o final da década de 1980.
6. Quanto à localização desses projetos, face à dos prováveis polos de desenvolvimento, ambos podem atender tanto a Belém como a São Luiz, ou simultaneamente aos dois, além de tornarem possível a integração de extensa e importante área da Amazônia Oriental, com o sistema da Companhia Hidrelétrica do São Francisco – Chesf.
7. Finalmente, no que concerne às necessidades de energia elétrica, existem configuradas na região possibilidades de instalação de grandes consumidores industriais, conforme a seguir se indica.
8. Confrontando-se as disponibilidades acima indicadas com as possibilidades da demanda global decorrentes das diferentes configurações que possam resultar dos diversos empreendimentos previstos, verifica-se que pode ser resolvido, em qualquer hipótese, o problema da adequação entre suprimento e demanda.
9. Acresce ainda que existe a possibilidade de interligação do sistema da Chesf com o novo sistema a ser instituído através de forte elo de transmissão a construir-se desde Sobradinho, no rio São Francisco, até Boa Esperança, no rio Parnaíba, e daí para as usinas da Eletronorte no rio Tocantins.
10. Nesta hipótese, uma alternativa a considerar seria a motorização do reservatório de Sobradinho, cuja construção já está definida, a cargo da Chesf. Tal motorização não tem sido considerada de imediato, por ser economicamente mais conveniente o atendimento das necessidades normais do Nordeste, até o fim da década de 1980, pela progressiva motorização de Paulo Afonso e a subsequente construção da Usina de Xingó. Haveria assim mais uma possível combinação de potências para o atendimento do mercado, congregando-se projetos menores até que se tornasse oportuna a construção de Tucuruí.
11. Para que a obra iniciada com o Programa de Integração Nacional se desdobrasse com o estabelecimento de um grande polo energético e na expectativa de instalação, na região, de consumidores intensos que se dispõem a utilizar as matérias-primas locais, seria de fundamental importância que se intensificassem, desde já, a elaboração dos projetos definitivos, não só das duas alternativas apresentadas para o rio Tocantins, bem como das obras de regularização no alto curso dos formadores do Tocantins e do Araguaia, em particular da Usina de São Félix.
12. Para atingir tal objetivo e para que pudéssemos chegar ao final do ano de 1974 com definições sobre as usinas a construir, mister se faz iniciar desde já projetos definitivos de engenharia, mesmo antes da conclusão do estudo global da bacia.
13. Para o desempenho dessa função, seria necessário colocar à disposição da Eletronorte recursos suficientes para a aceleração do programa.
14. Por outro lado, deve-se atentar, também, para os projetos de menor porte, a serem estudados para o atendimento das necessidades dos diversos polos ou centros de desenvolvimento da região.
15. Finalmente, há que implantar, desde já, uma rede de hidrometria fundamental nas bacias do rio Xingu e do rio Tapajós, cuja exploração virá em época um pouco mais remota, tornando-se, entretanto, necessário o conhecimento, na época oportuna, dos dados referentes ao regímen hidrológico destes rios.
16. Em face do exposto, tenho a honra de submeter à elevada consideração de Vossa Excelência a proposição no sentido de incluir nos programas PIN-PROTERRA, para os anos de 1974 a 1976, recursos da ordem de 50 milhões

de cruzeiros no primeiro ano e de 100 milhões de cruzeiros em cada um dos anos subsequentes. Tais recursos seriam destinados, de acordo com os detalhes do quadro anexo, ao desenvolvimento dos projetos finais de engenharia referentes ao aproveitamento do potencial hidráulico do rio Tocantins, aos estudos de viabilidade para os demais polos de desenvolvimento da Amazônia, à instalação de uma rede de postos hidrométricos nos rios Xingu e Tapajós, bem como para o início de construção das usinas do rio Tocantins, que venham a ser escolhidas.

(...)

Documento nº 4 Política energética

Matriz energética de 1970. Relatório de apresentação de fevereiro de 1974.

Estão sendo divulgados os resultados do trabalho realizado por um consórcio de firmas consultoras brasileiras, designado genericamente de Matriz Energética Brasileira. É necessário e conveniente que esses resultados sejam examinados com naturalidade, retirando o tom de gravidade que a eles se tem pretendido, por vários motivos, atribuir.

No momento que foi tomada a decisão de iniciar esses trabalhos, a grande questão em debate era a da preservação do equilíbrio econômico-financeiro do setor de energia elétrica. Incipiente era o sistema de informações e muito mais limitado do que hoje o conhecimento dos recursos naturais do país. Tal conjuntura daria lugar à afirmação de que o projeto da Matriz Energética Brasileira foi, na época, ousado e talvez prematuro em alguns de seus objetivos de curto prazo, tendo em vista o grau de desenvolvimento e organização em que então se encontrava o país.

Para execução do projeto, foram consultadas as mais conceituadas e experientes firmas brasileiras especializadas em estudos e projetos no âmbito da engenharia e da economia. Diante das propostas por elas apresentadas, optou-se pela formação de um consórcio, traduzido num contrato que representou, em 1970, o maior já assinado no país para a realização de estudos dessa natureza. Com essa decisão abriu-se a oportunidade para que se organizassem, nessas firmas, equipes de alto nível que pudessem desenvolver trabalhos relacionados como um campo pioneiro em que poucos países, mesmo os altamente desenvolvidos, se haviam aventurado antes de nós. Por isto mesmo, foi previsto que a essas equipes seria prestada, por parte da administração dos diversos órgãos atuantes no setor energético, a maior colaboração possível.

No momento em que se elaborava e concretizava o contrato para a realização da Matriz Energética Brasileira, eram também debatidas questões decisivas para assegurar o equilíbrio econômico-financeiro e a capacidade de expansão do setor de energia elétrica. Enfrentava-se a reorganização das empresas de mineração de carvão, com o objetivo de reduzir o número de minas e aumentar a sua eficiência, encerrando-se o regime paternalista e assistencial que até então vigorava no setor carbonífero nacional. Ao mesmo tempo, preparavam-se no setor do petróleo os instrumentos para a intensificação da pesquisa, em busca de novas reservas que pudessem assegurar ao país maior grau de autossuficiência em relação a essa forma de energia. Armava-se, outrossim, um programa conclusivo na pesquisa tecnológica em torno do aproveitamento do xisto. Iniciava-se, finalmente, a reunião de recursos, a formação de pessoal, a reorganização do setor de pesquisa mineral, com vistas à descoberta de reservas de urânio, capazes de garantir a autossuficiência do país no que concerne ao combustível suprido da forma de energia que predominará no futuro.

Ficou, assim, a administração dos órgãos responsáveis pelos vários setores energéticos com a atenção dividida entre os objetivos de curto e médio prazos, de definições urgentes para um horizonte máximo de dez anos, e aqueles relacionados com o programa da Matriz Energética, que visava a uma ordenação de informações, dados, coeficientes, parâmetros e regras que permitissem antever bases para o programa energético global, a longo prazo.

É natural, pois, que, diante dessa diversidade de problemas a serem resolvidos simultaneamente, com a ênfase que se atribuía ao problema do crescimento econômico do país, à regularização da sua posição no balanço de pagamentos e à supressão de subsídios, fosse difícil a coordenação de toda essa ação urgente, quase atrasada, com a da elaboração de um projeto que representava uma visão a longo prazo das perspectivas, problemas e alternativas da política energética nacional.

Por outro lado, o projeto da Matriz pecou, inicialmente, pelo fato de ter subestimado a dificuldade de superar a ausência de informação e por considerar que um fluxo normal de dados poderia ser rapidamente montado. Em face da estrutura multiforme da produção, do comércio e do consumo da energia, sob suas diversas modalidades, a reorganização do sistema de informações, nesse setor, demonstrou ser tarefa cuja execução demandaria vários anos. E, de fato, não foi o problema, até hoje, satisfatória e regularmente equacionado.

Em decorrência, a partir de certo momento, tornou-se difícil executar as tarefas relativas à Matriz Energética, inicialmente estabelecidas, uma vez que faltavam os dados de que se deveria dispor. Algumas das informações tornaram-se, a certa altura, de obtenção impossível, eis que setores que eram vitais para a formulação dos modelos que compõem a Matriz Energética não haviam sido objeto de esforço anterior e satisfatório em termos de coleta estatística. A recuperação de tais informações não poderia, obviamente, ser feita em prazo curto.

Consequentemente, como nenhum dado ou resultado era divulgado, uma vez que a Matriz é essencialmente um trabalho de integração, que só adquire validade depois de completado, iniciou-se um debate público sobre uma abstração.

A disputa inicial estabeleceu-se entre os que tinham problemas objetivos e inadiáveis a resolver e que possuíam conhecimentos e experiência para fazê-lo de forma tradicional e pragmática e os que consideravam necessário reformular concepções de natureza energética integral, com a utilização de novos instrumentos matemáticos eletrônicos.

Ao longo do tempo, configurou-se nova disputa, em outros termos, entre os que descreem da Matriz Energética como instrumento viável para a formulação de uma política e aqueles que consideram que nenhuma política poderia ser formulada enquanto não existisse, no Brasil, uma Matriz Energética.

A Matriz Energética não é, porém, instrumento tão importante nem tão decisivo. A maioria dos países não possui matriz energética, embora disponha, de forma mais ou menos definida, de uma política energética. A questão deve ser colocada, portanto, nos seus devidos termos.

A Matriz Energética abrange, de fato, uma série de matrizes, compreendidas estas no conceito matemático do instrumento. Cada matriz corresponde a um aspecto do problema energético global e compreende variáveis e coeficientes fixos, relacionados entre si por regras operacionais definidas.

Uma delas refere-se à estrutura de produção de energia, definindo, de um lado, os recursos energéticos em sua forma natural e, de outro, a sua transformação, de acordo com as possibilidades tecnológicas, em formas energéticas apropriadas ao uso econômico direto. Outra é a matriz de consumo, na qual se definem, em grandes setores de atividades, as relações entre a produção de bens e serviços e as necessidades de energia, sob diversas formas, para que se realize essa produção.

Em cada uma das matrizes, embora existam relações fixas, merecem especial atenção as que sofrem influências no tempo, em decorrência da introdução de novas tecnologias. Ao se elaborar a sucessão de matrizes para intervalos de tempo de dez anos e com um horizonte de longo prazo, é, portanto, tarefa indispensável a formulação de hipóteses sobre a variação possível ou provável dos parâmetros tecnológicos.

Obtidas as informações e detectados os parâmetros, as projeções podem ser feitas levando em conta a complexa inter-relação de fatores, dando como indicações os balanços energéticos por tipo de energia, apontando possibilidades de eventual excesso ou escassez.

Na formulação de um modelo global capaz de dar respostas mais objetivas às hipóteses que forem estudadas sobre a evolução de variáveis ou de parâmetros ao longo do tempo, podem ser colocadas condicionantes da evolução do sistema, sejam de natureza estrutural sejam de definição da própria política energética, logrando-se, assim, a caracterização de um modelo de decisão, para o planejamento energético integrado.

É importante que se reconheça e que se repita que a decisão sempre há de se basear na capacidade da mente humana de apreender a informação existente, aquilatar as repercussões de cada medida e ajuizar, com prudência, o melhor caminho a seguir, levando em consideração, inclusive, fatos e situações de natureza social e política que dificilmente poderiam ser incluídos como parâmetros nos modelos da Matriz.

É preciso compreender, também, que a elaboração de um instrumento matemático a ser aplicado no computador corresponde a uma fórmula de sintetizar grande número de informações, de acordo com regras estabelecidas pela mente humana, de tal forma que sejam produzidos, com rapidez, resultados que facilitem a decisão dos administradores em seus diversos níveis. O computador, indiscutivelmente, tem capacidade de desenvolver cálculos baseados em um número muito grande de dados, com a projeção destes para períodos extremamente longos. No entanto, não se pode esquecer que esse desenvolvimento é fundado em um certo número de regras e na previsão da adaptação das mesmas ao comportamento da economia nacional e, particularmente, do setor energético.

Mas essas regras, fornecidas como elemento de base para todo o trabalho mecânico do computador, tanto no que se refere à sua verossimilhança como à sua plausibilidade, dependem do julgamento e do entendimento dos homens responsáveis pela política energética nacional e pelos diversos segmentos que a compõem.

Os resultados mais surpreendentes do uso de um instrumento de grande capacidade de computação advêm de extrapolações, a longo prazo, da estrutura do consumo e da produção de energia, sob suas diversas formas. Alguns números e algumas dessas projeções dão origem à perplexidade e provocam a realização de novas investigações, que possibilitarão um exame mais seguro por parte dos responsáveis pela política energética nacional.

Mas a validade dessas extrapolações é limitada, eis que, a longo prazo, a própria evolução tecnológica pode introduzir novas formas de produção, de utilização ou de consumo de energia, que invalidam os parâmetros hoje conhecidos e incorporados ao modelo em que se constitui a Matriz Energética. Esse modelo há de ser apreciado, portanto, como um instrumento auxiliar importante, merecedor da maior atenção, mas que não deve ser considerado nem único, nem indispensável à formulação da política energética nacional e, muito menos ainda, capaz de, pela sua simples existência, revolucionar a concepção de tal política.

Em consequência, dentro dessa conceituação limitada, é conveniente que o trabalho, inicialmente levado a efeito pelo grupo responsável pela construção da Matriz Energética Brasileira, seja prosseguido, institucionalizado e regularizado, em termos de fluxo contínuo de informação e de atualização, com a colaboração de cada um dos setores responsáveis pelas diversas formas de produção e consumo de energia.

A necessidade de contínua atualização e periódica revisão da Matriz Energética tornou-se patente nos acontecimentos do último semestre de 1973. Grande número de parâmetros incluídos nos modelos foram radicalmente alterados. As conclusões numéricas desses modelos estão invalidadas, em consequência da decisão dos países árabes de atuar de certa forma em relação ao preço do petróleo. Os parâmetros aceitos sobre o uso do carvão nacional, o aproveitamento do xisto, a ampliação ou retração do uso da hidreletricidade, a aceleração ou não do aproveitamento dos recursos hidráulicos da Amazônia estão profundamente alterados pela simples modificação da relação entre os respectivos preços, decorrentes da citada decisão política.

Essas alterações são rapidamente apreendidas pela mente humana, em termos qualitativos, antes mesmo que seja possível introduzir no modelo e fornecer ao computador elementos informativos que propiciem respostas quantitativas.

Por outro lado, a produção de energia está quase sempre relacionada com o fator risco. No caso do petróleo, por exemplo, que é utilizado em metade ou mais de todas as formas de consumo de energia, o correspondente processo de descoberta de reservas, apesar de todo o progresso tecnológico, continua essencialmente aleatório. No caso do Programa de Energia Nuclear, ao qual está vinculada parcela significativa da energia futura, depende ele essencialmente da descoberta de minerais de urânio e da opção correta da linha de reatores para centrais nucleares. Esta última, por sua vez, está relacionada intimamente com o risco do sucesso ou insucesso, do ponto de vista de operação, de segurança e de economicidade dos reatores escolhidos.

Nessas condições, são poucos os setores em que as informações há longo tempo retidas e os estudos de probabilidade de ocorrência são válidos com reduzida margem de risco. Dentre eles destaca-se o da energia hidrelétrica, que pode ser desenvolvido tendo por base modelos relativamente simples de otimização.

Essas explicações sobre o conteúdo, os percalços e a validade da Matriz Energética são oferecidas com vistas a justificar a convicção da prudência com que vem sendo conduzida a política energética do país. Ela é atualizada em função das alterações que vão ocorrendo em todo o mundo. Não se pretende que essa política seja perfeita, mas não se pode aceitar a atitude derrotista daqueles que acham que ela não existe.

Aceita-se, na formulação dessa política, a limitada capacidade humana de prever, simultaneamente e na escala mundial, os fatos econômicos, sociais, técnicos e políticos que condicionam o problema energético. Recusa-se, no entanto, aceitar que a adoção de uma linguagem mais complexa, de uma tecnologia hermética ou do uso e abuso do instrumento eletrônico em substituição à mente humana seriam por si só capazes de conduzir as definições sensivelmente mais sábias.

Documento nº 5 Política de petróleo – Bases

Extrato da EM nº 43 – SECRETA – de 31 de agosto de 1970, ao presidente Emílio Médici.

É conhecido o esforço que o Governo Federal, através da Petrobras, vem realizando no sentido de tornar o país menos dependente da aquisição de petróleo, produzido por terceiros, no exterior.

Significativos resultados foram obtidos até aqui na pesquisa e na exploração do petróleo no território nacional e, como consequência, não tem crescido a dependência do exterior. No entanto, há algum tempo que a proporção das citadas importações em relação ao consumo nacional se tem mantido entre 67% e 62%. Este fato, associado ao do intenso ritmo de crescimento que vem sendo imprimido à economia nacional, nos leva à conclusão da necessidade de reexaminar o problema do atendimento da demanda do petróleo ao longo da década de 1970.

Sem pretender alongar a presente exposição com elementos estatísticos, cumpre-me, no entanto, apresentar de início, e de forma sintética, alguns números que servirão de base tanto para análise como para as proposições que tenho a honra de submeter à apreciação de Vossa Excelência.

Prevê-se que, no ano corrente, o consumo, em termos de petróleo cru, deva ser da ordem de 30 milhões de metros cúbicos, ao passo que a produção nacional se situa no nível de 10 milhões de metros cúbicos. Na hipótese de um crescimento da demanda de 7,5% ao ano, deverá esta elevar-se, em 1980, a cerca de 62 milhões de metros cúbicos. Ao preço de referência atual, de US$ 13,00 por m³, inclusive frete de importação, a citada demanda corresponderia a US$ 800 milhões. Na hipótese da produção interna evoluir de forma a garantir a atual proporção média de 33% em relação ao consumo, as importações se situariam, em 1980, em nível superior a US$ 500 milhões.

Tais números dão ideia, senhor presidente, da magnitude do problema e da necessidade de acelerar a sua solução. A oportunidade do seu exame decorre, ainda, das características próprias da indústria do petróleo. Assim é que, neste caso, o processo de produção só se inicia, de fato, pelo menos três anos depois da descoberta ou da aquisição de reservas conhecidas, e pelo menos cinco anos depois do início dos trabalhos de pesquisa, no caso da busca de novos campos. Tendo, pois, em vista, essas condições peculiares e o risco inerente à fase da pesquisa, procura-se, ainda, condicionar a produção a uma relação prudente entre esta e as reservas economicamente exploráveis e disponíveis. No caso da Petrobras, tem sido mantida uma relação em torno de 1 de produção para 14 de reserva.

Considerando-se esta relação bem como o alto nível de reservas, de 138 milhões de metros cúbicos, é fácil verificar que, para alcançar o controle, pela Petrobras, de reservas suficientes para garantir o total suprimento da demanda nacional, em 1980, seriam necessários 870 milhões de m³. Considerando-se ainda a depressão destas através do consumo durante o decênio, o número acima indicado se traduziria num objetivo de descobertas ou aquisições da ordem de 1 bilhão de m³, até 1980.

O Ministério de Minas e Energia, através do Conselho Nacional do Petróleo e da Petrobras, está envidando esforços no sentido de cumprir a sua missão de prover o adequado suprimento do petróleo de forma satisfatória para o país. Entretanto, os números citados e as formas de solução do problema que têm sido considerados indicam a conveniência de uma análise no mais alto nível do Governo Federal, tendo em vista os aspectos da economia do petróleo e do equilíbrio da Petrobras, mas também os de balanço de pagamentos e de segurança do abastecimento, levando-se em conta, ainda, os aspectos de política externa do país, inerentes ao problema do petróleo em escala mundial.

Acredito, senhor presidente, que é chegado o momento de ser examinada a viabilidade de soluções complementares às atualmente em vigor, para a consecução do objetivo nacional de maior independência em relação ao suprimento desse elemento básico para o desenvolvimento econômico e a segurança do país.

Esta proposição decorre: a) do reconhecimento da magnitude do problema, mormente quando se sabe que um país no estágio de desenvolvimento do Brasil não pode arcar com um grande dispêndio de divisas na importação de produtos primários, pois que necessita abrir espaço, no balanço de pagamentos, para a importação de equipamentos e tecnologia; e b) da convicção de que não há condições para aumento significativo dos recursos que o Governo Federal coloca à disposição da Petrobras para pesquisa de petróleo, que já são superiores aos que se aplicam, mesmo com os recentes esforços, em todas as demais pesquisas minerais no país.

É, diante desse quadro, senhor presidente, que se me afigura devam ser buscadas soluções complementares com espírito aberto à inovação, respeitado o princípio constitucional do monopólio da União, exercido através da Petrobras, sobre a pesquisa e a exploração do petróleo, tanto no território como na plataforma continental do Brasil.

A fim de examinar novas perspectivas, cumpre lembrar que, atualmente, o suprimento de petróleo cru, se faz de duas formas distintas: (...)

Anexo a EM nº 43: Bases preliminares para os contratos de risco

1. Nenhuma cláusula ou condição deve contrariar o disposto na Lei nº 2.004.
2. Cabe à Petrobras selecionar as áreas nas quais pretenda e possa realizar sondagens nos próximos cinco anos.
3. Todo o território nacional e a plataforma continental, à exceção das áreas a que se refere o item 2, ficam abertas à licitação de empresas previamente reconhecidas como idôneas.
4. Na licitação, fica assegurada a cada empresa, cuja proposta seja aceita, uma área que permanecerá em seu poder pelo prazo de cinco anos, prorrogável por outros cinco anos, nas seguintes condições:
   a) realização de investimento mínimo anual e total nos cinco anos;
   b) devolução de um quarto da área anualmente a partir do terceiro ano;
   c) plano de pesquisa e de trabalho da exclusiva responsabilidade da empresa contratada, que deve apresentá-lo na ocasião do início dos trabalhos para o devido acompanhamento;
   d) pagamento pelos serviços compreendendo duas etapas, respectivamente de pesquisa e de desenvolvimento dos campos descobertos.
5. No que se refere à etapa de pesquisa:
   e) o desembolso que se fizer necessário será por conta e risco da contratada;
   f) se não for descoberto campo comercialmente explorável (definido este em função da dimensão, profundidade e condições de exploração), a contratada perde a totalidade das suas aplicações;
   g) na hipótese de descoberta de campo comercial mínimo, a contratada tem direito ao reembolso das despesas acrescidas de juros durante o período das aplicações;
   h) para descobertas superiores às que tiverem sido estabelecidas como mínimas, além do reembolso conforme o item g, será pago prêmio em dinheiro por barril explorável na reserva descoberta. Os pagamentos se realizarão nos primeiros dez anos de exploração do campo;
   i) o prêmio terá o seu valor unitário reduzido ou seu pagamento deferido na hipótese de descoberta de campo de grande dimensão, cujo potencial de exploração seja superior a "x" vezes a escala mínima.
6. No que se refere à etapa de desenvolvimento:
   j) os trabalhos de desenvolvimento do campo são realizados nas condições de um contrato comum de prestação de serviços, sem cláusulas de risco ou de prêmio.
7. Na licitação, cabe à empresa propor o seu compromisso de investimento mínimo e o prêmio solicitado.

Documento nº 6 Política de petróleo – Estudo

Estudo anexo ao Documento nº 5, de 31 de agosto de 1970, apresentado pelo ministro de Minas e Energia – Manuscrito.

O estudo se baseou em quatro gráficos feitos à mão, que foram extraviados na editora da primeira edição. Eventuais interessados terão que recorrer a um exemplar da primeira edição.

Documento nº 7 Política de petróleo – Carta da Occidental Petroleum Corporation, do dia 4 de setembro de 1970

A OCCIDENTAL PETROLEUM CORPORATION vem pela presente propor ao Governo Brasileiro as bases para um contrato pelo qual uma subsidiária procederá, por sua conta e risco, a pesquisa de petróleo, em benefício da Petrobras, em área específica da plataforma continental do Brasil.

As condições básicas para tal empreendimento poderão ser as seguintes:

1. PARTES CONTRATANTES – Serão partes do contrato a Petrobras e uma subsidiária da OCCIDENTAL PETROLEUM CORPORATION, ainda a ser designada e doravante chamada por OXY.
2. OBJETO DO CONTRATO – A OXY terá o direito exclusivo de realizar ou fazer realizar a pesquisa do petróleo na área especificada durante o prazo de duração do contrato. A OXY fornecerá todos os recursos técnicos e financeiros para a operação bem como assumirá todos os riscos financeiros dela decorrentes. A OXY se obriga, ainda, a, toda vez que encontrar um depósito de petróleo economicamente aproveitável, entregá-lo à Petrobras para sua exploração e desenvolvimento.
3. ÁREA DO CONTRATO – A área em que a OXY se dispõe a pesquisar está delimitada pelo perímetro vermelho no mapa anexo à presente e totaliza aproximadamente 180.000 km².
4. PRAZO DE DURAÇÃO – O contrato terá a duração de seis anos a contar da data da assinatura, sujeito a uma só prorrogação por mais quatro anos, caso a OXY encontre algum depósito explorável durante os seis primeiros anos.
5. INVESTIMENTO OBRIGATÓRIO – A OXY está disposta a despender nas operações de pesquisa da área contratada uma importância não inferior a US$ 15.000.000,00 (quinze milhões de dólares americanos) durante os primeiros seis anos do contrato. A OXY se obriga a despender não menos de US$ 3.000.000,00 (três milhões de dólares americanos) durante o primeiro período de 18 meses, a contar do início do contrato, e não menos de US$ 4.000.000,00 (quatro milhões de dólares americanos) nos períodos de 18 meses subsequentes, podendo transferir de um período para outro as despesas que excederem aos mínimos estipulados. A OXY terá o direito de, no fim do primeiro período de 18 meses ou no fim de qualquer outro período subsequente, abrir mão de toda a área contratada e assim desobrigar-se de todos os outros compromissos com respeito à área do contrato.
6. DESISTÊNCIA DA ÁREA CONTRATADA – Ao final do primeiro período de 18 meses e, posteriormente, no fim de cada período subsequente a OXY desistirá de 25% (vinte e cinco por cento) da área que houver pesquisado no período anterior. As áreas objeto de desistência serão escolhidas pela OXY.
7. DESCOBERTAS ECONOMICAMENTE EXPLORÁVEIS – Serão definidas como tais os depósitos de petróleo na área contratual cujo valor estimado das vendas brutas das reservas exploráveis avaliadas exceda: (a) ao investimento estimado mais os custos diretos de operação necessários para a exploração do depósito; e (b) um lucro razoável sobre o investimento.

Nota: Os exatos termos da definição de depósitos "economicamente exploráveis" serão aqueles aceitos internacionalmente pela indústria petrolífera.

8. OPERAÇÕES – A OXY encarregará uma empresa brasileira da administração efetiva das operações, bem como da contratação de pessoal e de toda e qualquer atividade que possa configurar funcionamento no Brasil. A referida empresa brasileira receberá da OXY o reembolso de todas as despesas que incorrer e, concomitantemente, uma comissão equivalente a 5% (cinco por cento) dessas despesas. Sempre que houver necessidade, poderão ser utilizados especialistas brasileiros e estrangeiros para prestar assistência na execução dos trabalhos na área abrangida pelo contrato. A OXY, sendo uma empresa estrangeira, não autorizada a funcionar no Brasil, remeterá, do exterior, todas as quantias necessárias à execução das operações previstas no contrato. Além disso, a OXY prestará, do exterior, a assistência técnica que se fizer necessária e fornecerá o equipamento, *know-how* e demais especificações destinadas a assegurar, à empresa brasileira, a utilização plena dos mais aperfeiçoados padrões técnicos disponíveis.
9. PARTICIPAÇÃO – Com referência ao petróleo extraído de cada depósito que a OXY demonstre ser comercialmente explorável, terá ela direito a uma participação equivalente a US$ 0,373 (trezentos e setenta e três milésimos de dólar americano) por barril de petróleo extraído durante os primeiros 25 (vinte e cinco) anos de exploração. Tal participação será paga trimestralmente à OXY, em dólares americanos, no local ou nos locais a serem por ela indicados, livre de quaisquer impostos, taxas, encargos e/ou contribuições de qualquer natureza, sendo estas despesas de responsabilidade da Petrobras, ainda que legalmente devidas pela OXY. A OXY não terá qualquer participação ou reembolso de quantias investidas em prospecções que não indiquem depósitos petrolíferos comercialmente exploráveis.

Esta proposta está sujeita, obviamente, à aprovação, pelas administrações de ambas as partes contratantes, dos termos e condições detalhados no contrato a ser firmado, o qual entrará em vigor na data em que fôr registrado no BANCO CENTRAL DO BRASIL e em outros órgãos do Governo e do adimplemento das demais formalidades indispensáveis para a sua legalização.

(a) David R. Martin
Exploration Manager América Latina.

Documento nº 8 Política de petróleo – Comentário sobre a carta

Exposição nº 345/70 – SECRETA - de 23 de setembro de 1970, ao presidente Emílio Médici, comentando a carta da Occidental Petroleum.

Poucos dias após a reunião interministerial realizada no Palácio Laranjeiras sob a direção de Vossa Excelência recebi da firma Occidental Petroleum Corp., a carta proposta-preliminar cuja cópia tenho a honra de anexar à presente exposição.

Quando estudei a fórmula nova, apresentada em linhas gerais na E.M. nº 43/70, de 31 de agosto último, e respectivos anexos, para a contratação de serviços de pesquisa de petróleo, estava eu em busca de solução que atendesse especificamente aos requisitos do caso brasileiro. Não sabíamos se a solução aventada seria viável, pois que, não havendo precedente, só consulta a firmas especializadas poderia trazer informações sobre a possibilidade de sua aceitação.

Nessa mesma ocasião, afirmavam Direção e técnicos da Petrobras, com quem a matéria foi discutida, que tal fórmula ou não seria aceita, em princípio, pelas empresas especializadas, ou importaria o pagamento de um prêmio tão alto que seria inaceitável pela Petrobras.

Foi então que formulei consulta preliminar e verbal à firma em apreço, escolhida para esse fim por três motivos distintos:
  a) ser uma organização relativamente nova e, portanto, não vinculada a antigos e tradicionais contratos;
  b) ter um bom elenco de sucessos em sua folha de serviço; e
  c) ter mostrado interesse em prestar serviços no Brasil, dizendo-se conhecedora do regímen de monopólio e disposta a trabalhar dentro das condições deste regímen.

Nos documentos anexos à E.M. 43/70, procurei estabelecer, conforme é do conhecimento de Vossa Excelência, as condições técnicas que *a priori* deveria satisfazer um tal contrato (denominado solução "D" nos referidos documentos) para que fosse superior às demais soluções tanto sob o ponto de vista do Balanço de Pagamentos do país como do Lucro da Petrobras. Na folha de cálculo anexa à presente exposição, as condições preliminares oferecidas pela Occidental são confrontadas com os valores *a priori* estabelecidos para comparação com outras soluções.

Conforme se pode verificar, não só a fórmula nova está aceita, em princípio, por uma empresa especializada como o prêmio solicitado por essa firma torna a fórmula em questão altamente satisfatória, tanto sob o ponto de vista do Balanço de Pagamentos do país como do Lucro da Petrobras.

Tendo em vista os aspectos não econômicos da questão do suprimento de petróleo, discutidos na citada reunião do dia 1º de setembro passado, não demos andamento a maiores negociações com a empresa Occidental, tendo respondido à sua proposta sem assumir qualquer compromisso futuro, conforme cópia anexa.

Documento nº 9 Política de suprimento de carvão à siderurgia

Proposta conjunta dos Ministérios de Minas e Energia, da Indústria e Comércio e da Fazenda, de 17 de dezembro de 1971.

Com o objetivo de aumentar a eficiência do processo de redução de minério de ferro, de fortalecer o poder de competição das usinas siderúrgicas e de garantir a segurança do suprimento de carvão sem que, concomitantemente, se estiole o desenvolvimento da mineração do carvão coqueificável nacional e se imponha novo ônus sobre o balanço de comércio exterior de matérias-primas minerais, ficam estabelecidas as seguintes "Diretrizes" para o período de 1972/1976:

I- A proporção do peso de carvão metalúrgico nacional, de consumo compulsório, no suprimento total de carvão àquelas coquerias das usinas siderúrgicas decrescerá, dos atuais níveis, até vinte por cento (20%) em 1976, vedada redução do peso consumido, em qualquer ano, abaixo do nível de 810 mil toneladas.

II- O acréscimo da importação de carvão metalúrgico decorrente do disposto no item I e que tenderá a atingir 600 mil toneladas no final do período (1976) deverá ser compensado, em termos de divisas, pela exportação adicional, de valor equivalente, de minério de ferro, a ser promovida pela Companhia Vale do Rio Doce – CVRD, observados os níveis de preços de minério e carvão vigentes no mercado internacional.

As operações de compra de carvão e de venda de minério deverão compreender período não inferior a dez anos, iniciando-se em 1972 com 100 mil toneladas de carvão, passando a 200 mil em 1973, 300 mil em 1974, 400 mil em 1975, 500 mil em 1976, para atingir o objetivo de 600 mil a partir de 1977, com transações de minério segundo a mesma progressão.

III- Para que se alcance razoável segurança de suprimento, o aumento das importações de carvão, decorrentes da expansão siderúrgica, bem como do disposto no item I, deverá ser atendido, pelo menos na proporção de um terço, seja por contratos a longo prazo, seja por compras de minas de carvão no exterior, das quais participe, de forma significativa, capital brasileiro, seja ainda por uma combinação de ambas soluções.

IV- Ficam as três empresas siderúrgicas, CSN, Usiminas e Cosipa, responsáveis, cada uma, pela absorção de um terço das quantidades de carvão importado a que se refere o item II, salvo se for acordado, entre as mesmas, repartição diversa.

Fica a CVRD responsável, com a colaboração do CONSIDER, pela promoção das operações a que se refere o item II.

Fica o CONSIDER responsável, com a colaboração da CVRD, pela promoção da associação no exterior a que se refere o item III.

V- O desenvolvimento da mineração de carvão em Santa Catarina, pelo setor privado, deverá ser feita pelo acréscimo de 840.000 t/ano na capacidade de produção de carvão, a partir de 1977, com as características atuais do carvão tipo pré-lavado.

A expansão proposta será dividida em, no máximo, duas quotas adicionais de produção de 420.000 t/ano cada, a serem atribuídas, mediante licitação pública, entre as atuais empresas privadas de mineração de carvão em Santa Catarina, que isoladamente ou em associação possam agregar o mínimo de 200.000 t/ano de quotas já existentes, a fim de que seja alcançada, em cada uma das duas novas e modernas minas, a produção mínima de 620.000 t/ano.

VI- Todo o carvão-vapor decorrente do aumento da produção de carvão pré-lavado será absorvido pela Eletrosul, nas condições de preço e pagamento vigentes para o carvão-vapor de consumo imediato, independentemente do nível de estoque de carvão-vapor existente.

VII- A fim de que seja evitada a formação excessiva de estoque de carvão-vapor, ou a produção de carvão metalúrgico superior ou inferior ao nível atual de consumo estabelecido na diretriz do item I, a licitação para novas quotas anuais deverá conter cláusula especificando que o Conselho Nacional do Petróleo poderá aumentá-las ou reduzi-las até o limite de 15%.

VIII- Ficam o Conselho Nacional do Petróleo e a Eletrobras responsáveis pela efetiva aplicação das cláusulas V, VI e VII.

IX- O CONSIDER somente concederá incentivos fiscais a novas empresas siderúrgicas, a coque, que se dispuserem a observar, em condições a serem discutidas na oportunidade, as Diretrizes estabelecidas no presente documento.

X- Na impossibilidade de se efetivarem, no prazo de doze meses, as operações a que se refere o item II, por inobservância pelas empresas siderúrgicas das Diretrizes supradefinidas, tornar-se-á sem efeito a diretriz do item I, voltando progressivamente a vigorar o limite mínimo de consumo de carvão metalúrgico nacional na proporção de 35% do suprimento total de cada uma das três usinas siderúrgicas.

XI- Na impossibilidade de se efetivarem, no prazo de doze meses, a contratação da abertura das novas minas, nos moldes previstos no item V, por incapacidade comprovada das empresas de mineração concessionárias das minas de carvão de Santa Catarina, o Departamento Nacional da Produção Mineral e o Conselho Nacional do Petróleo tomarão as providências legais para promover a caducidade de concessões de lavra, que não estejam sendo adequadamente exploradas, promovendo em seguida licitação pública para exploração das jazidas que assim ficarem livres, de modo a implantar uma única mina com capacidade mínima de produção da ordem de 840.000 t/ano.

(...)
(a.) Antonio Delfim Neto; (a.) Marcus Vinicius Pratini de Moraes; (a.) Antonio Dias Leite Jr.

Documento nº 10 Política de carvão em Santa Catarina

Exposição do ministro de Minas e Energia (Secreta) de 6 de dezembro de 1971, ao presidente Emílio Médici, relativa ao Edital para Implantação de Unidades Mineiras Integradas.

1. Tem sido grande o esforço no sentido da melhoria da qualidade e da redução do custo do carvão metalúrgico de Santa Catarina. Novas e importantes providências estão em curso com o mesmo objetivo.
2. Apesar dos resultados positivos até aqui alcançados, em ambos os sentidos, tornou-se claro, no entanto, ser improvável pudesse esse carvão vir a servir de base para a redução do minério de ferro no país, cabendo-lhe, portanto, apenas função complementar na siderurgia nacional.
3. É nessa linha que vem sendo orientada recentemente a política do Governo Federal.
4. Com a definição nítida do programa siderúrgico nacional, em boa hora promovida por esse Ministério, através do Conselho Nacional da Indústria Siderúrgica – CONSIDER, passou o Ministério de Minas e Energia a ocupar-se intensamente com um programa de suprimento de carvão compatível com a expansão siderúrgica.
5. Para esse fim, este Ministério tornou a percorrer caminhos e examinar soluções que vêm sendo objeto de sua atenção e esforço no último quinquênio, notadamente no que se refere:
    - ao aumento da escala e à concentração da produção em Santa Catarina;
    - ao emprego alternativo do carvão catarinense na termoeletricidade;
    - à importação do carvão da Polônia, associada a exportações adicionais de minério de ferro;
    - à participação brasileira em minas de carvão no exterior, ou, pelo menos, à assinatura de contratos a longo prazo, especialmente nos Estados Unidos da América.
6. A composição das soluções e o dimensionamento de cada iniciativa, extremamente difíceis antes da existência e do efetivo funcionamento do CONSIDER e da definição do programa siderúrgico nacional, tornam-se, agora, tarefas viáveis, portanto, oportunas.
7. De início e de comum acordo, as áreas mineral e industrial estabeleceram a meta ideal de reduzir progressivamente para 20% a proporção do carvão metalúrgico nacional no suprimento total das usinas siderúrgicas. Não deverá haver, porém, em momento algum, redução no valor absoluto do consumo do carvão de Santa Catarina.
8. Em decorrência desse acordo e da definição quantitativa da demanda global, puderam ser fixados os objetivos de produção e importação para o próximo quinquênio, bem como estimadas as necessidades prováveis para o final da década. Esses valores são a seguir indicados:

(...)
segue-se tabela...

9. Por outro lado, essa definição tornou possível, mediante estreita ligação entre a área mineral e a energética, concluir e consolidar com rapidez os estudos que vinham sendo feitos sobre a complementação térmica do sistema elétrico do sul do país. Decidida a instalação de duas unidades adicionais, de 125 MW cada uma, na Usina de Capivari da Eletrosul, isto permitiu completar-se a avaliação da quantidade total de carvão-vapor, de Santa Catarina, requerida no período.
10. Tendo em vista que a usina termoelétrica da Eletrosul exercerá, também, uma função de segurança dos sistemas elétricos do sul e do leste do país, julgou-se conveniente manter, aproximadamente nos seus atuais níveis, o estoque de carvão-vapor hoje existente e da ordem de 1.700 mil toneladas. Assim sendo, previu-se que os acréscimos programados de produção termoelétrica deverão ser atendidos por produção adicional de carvão em Santa Catarina.
11. Com base nas duas estimativas acima indicadas e considerando que a CSN dispõe de minas e programa próprios para atender as suas necessidades, cumpre-nos promover, tão somente, o suprimento eficiente da Usiminas e da Cosipa em carvão metalúrgico, e da Eletrosul em carvão-vapor, naquela parte em que esta última não puder ser atendida pelo carvão-vapor resultante da produção de carvão metalúrgico.
12. Em termos de carvão pré-lavado, as duas demandas exigiriam acréscimo de produção, a partir de 1975, de acordo com a seguinte progressão, em 1.000 t/a:

ANOS	1975	1976	1977	1978	1979	1980
QUANTIDADE	466	777	840	1.063	1.249	1.275

13. O desenvolvimento da mineração de carvão em Santa Catarina, pelo setor privado, poderá ser feito, portanto, na base de uma capacidade instalada de 840.000 t adicionais, quantidade essa necessária em 1977. A expansão proposta poderia ser dividida em duas quotas adicionais de produção, de 420.000 t/a cada, a serem atribuídas, mediante licitação pública, aos grupos de mineradores que a elas agreguem no mínimo 200.000 t de quotas já existentes, a fim de que seja alcançada, em cada uma das duas novas e modernas minas, a capacidade de 620.000 t/a.
14. Delineada, na forma acima descrita, a programação para a produção e a utilização do carvão de Santa Catarina dentro das diretrizes gerais da política do Governo Federal para os setores mineral, energético e siderúrgico, cumpre-nos agora examinar as consequências principais dessa política na área externa, bem como definir, com idêntica precisão, as diretrizes para a solução dos problemas delas decorrentes.
15. Duas são as consequências a considerar:
    a) Impacto negativo sobre o balanço comercial de transações com o exterior de bens de origem mineral; e
    b) Redução da segurança do suprimento, face à maior dependência do exterior e ao relativamente reduzido número de países produtores de carvão coqueificável de boa qualidade.
16. Considerando-se exclusivamente o efeito da redução da parcela de carvão nacional, o acréscimo do nível anual de importações, no período de adaptação, isto é, de 1972 para 1976, será da ordem das 620.000 t/a, com valor aproximado de US$ 12 milhões/ano, conforme a seguir se indica:

		NACIONAL	IMPORTADO	TOTAL
Consumo de carvão	Em 1972	810	1.625	2.435
Metalúrgico (1.000 t/a)	Em 1976, nas proporções atuais	1.533	3.017	4.550
	Em 1976, nas proporções da nova política	910	3.640	4.550
	Efeito da nova política, em 1976	-623	+623	-

17. Oferece-se como solução para anular os efeitos negativos sobre o balanço de pagamentos a aquisição, já há tanto tempo tentada, de carvão na Polônia, mediante contrato a longo prazo e venda equivalente e concomitante de minério de ferro adicional para aquele país. A solução, além dos benefícios de transporte conjugado, propiciaria a exportação de minério para uma área onde somente são possíveis transações vinculadas, como a que ora se propõe.
18. Quanto ao problema de maior segurança do suprimento do carvão importado, de um modo geral, há que prosseguir no caminho, também já tentado há vários anos, da aquisição de minas e da associação com terceiros importadores para essa aquisição, preferencialmente nos Estados Unidos da América. Alternativamente, contratos firmes a longo prazo poderiam compensar, em parte, a maior insegurança de suprimento inerente à solução adotada e à conjuntura do carvão no mercado internacional. Ambas as soluções poderiam ser, aliás, tentadas em conjunto.

19. Dada a urgência com que certas soluções devem ser encaminhadas e o número de entidades interessadas na matéria ora exposta, pareceu-nos oportuno propor à consideração de V. Exa. a elaboração de um documento de "Diretrizes para a Política de Suprimento de Carvão Metalúrgico à Siderurgia".
20. Como o problema tem repercussões nas áreas mineral, industrial e financeira, cabe a respeito a manifestação conjunta dos Ministérios da Fazenda, da Indústria e do Comércio e de Minas e Energia. Por outro lado, dada a natureza das negociações a serem promovidas no exterior, caberia classificar como secretas as citadas "Diretrizes", limitando a sua distribuição às pessoas diretamente interessadas, até que se concluam as transações objetivadas.

(...)

Documento nº 11 Política de carvão no Rio Grande do Sul

Aviso nº 137, de 23 de maio de 1973, ao governador do Rio Grande do Sul, Euclides Triches.

1. Reporto-me às conversações que mantivemos em particular e, a seguir, com a presença de várias autoridades federais e estaduais relacionadas com os problemas de energia elétrica e de carvão, na quinta-feira última, dia 17 de maio, em Porto Alegre.
2. Estão delineadas, em suas linhas gerais, as medidas a serem tomadas na região Sul, de forma que, por volta de setembro do corrente ano, estejam conhecidas as condições para a elaboração das tarifas de energia elétrica de 1974. Há, no entanto, problemas a resolver, entre os quais ressalta o que foi levantado por V. Exa., qual seja o que decorre da paralisação de certas minas de carvão do Rio Grande do Sul.
3. Nos campos da energia elétrica e da mineração do carvão, duas diretrizes vêm sendo respectivamente seguidas, há cerca de três anos, de forma continuada e sem vacilação. No setor de energia elétrica, o objetivo é estabelecer sólida estrutura econômica e financeira para as empresas, que lhes permita um serviço eficiente com custos cada vez mais reduzidos, beneficiando, em termos finais, o consumidor, através de tarifa decrescente que se aproxime da tarifa praticada na região Sudeste do país. No setor da mineração do carvão, o objetivo é alcançar escala e dimensão econômicas que possam garantir, também, uma evolução de custos que beneficie os consumidores industriais com preço cada vez menor, em termos absolutos. Esse objetivo tem exigido o fechamento progressivo de bocas de minas.
4. Em Santa Catarina, a primeira etapa da política de carvão já conduziu à redução do número de bocas de minas de 60 para 14. Na última quarta-feira, em Florianópolis, foram lançadas as bases para as condições que devem ser atendidas pelas empresas de mineração para se fundirem e se reorganizarem, de tal forma que permaneçam no setor privado, naquele Estado, apenas duas ou três minas.
5. No Rio Grande do Sul, a primeira etapa da mesma política compreendeu a concentração das duas minas da Copelmi em uma só, em CHARQUEADAS, com o fechamento progressivo de BUTIÁ, ora em curso. Compreende, a seguir, o fechamento das minas de ALENCASTRO e LEÃO. Permaneceriam, assim, em operação, no Rio Grande do Sul, sem significativo decréscimo de produção, apenas as minas de CANDIOTA e CHARQUEADAS. Nesse Estado, na área próxima a Porto Alegre, no entanto, o problema se entrelaça com o da energia elétrica, uma vez que deverá cessar suas operações em futuro próximo o único consumidor de carvão das minas de ALENCASTRO e LEÃO, que é a Usina de São Jerônimo, de propriedade da Companhia Estadual de Energia Elétrica – CEEE.
6. Face a essas diversas condicionantes do problema, e especialmente as consequências de ordem social que teriam que ser medidas, corrigidas ou minoradas na forma possível, propôs V. Exa. que fosse criado um Grupo de Trabalho com a presença de várias partes interessadas.
7. Acredito, senhor governador, que com três reuniões se possa alcançar uma proposição para ser ponderada do ponto de vista político, social, de economia energética e mineral.
8. Nessas condições, poderíamos delegar competência a pessoas de alto nível, de ambas administrações, que tivessem condições de chegar a conclusões que pudessem ser submetidas aos Chefes do Executivo Estadual e Federal.
9. Face ao exposto, tenho a honra de comunicar a V. Exa. que estou designando para compor o grupo de estudos o presidente do Conselho Nacional do Petróleo – General Araken de Oliveira, e o Coordenador dos Problemas de Mudança de Frequência da Eletrobras – Almirante Miguel Magaldi. Coordenaria os trabalhos do ponto de vista deste Ministério o Secretário-Geral Engº Benjamim Mário Baptista. Quanto à participação da administração estadual nesse grupo, seria de toda conveniência, dado o aspecto predominantemente social de que se reveste o problema para o Estado, que pudéssemos contar com a presença do próprio Secretário do Trabalho, Dr. Nelson Marchesan, além das duas empresas estaduais de economia mista vinculadas ao assunto, isto é, a Companhia Estadual de Energia Elétrica e a Companhia Riograndense de Mineração.
10. As reuniões poderiam ser realizadas em três semanas, sendo a primeira em Brasília, no dia 31 do corrente mês; a segunda, em Porto Alegre, no dia 6 de junho; e a terceira, se necessária, conforme ficar combinado entre os membros do grupo, em função dos entendimentos nas duas primeiras reuniões.
11. Ao longo das conversações, é necessário que o grupo tenha em mente que os dois problemas, embora conjugados, têm importância e dimensão diversas. O primeiro, da reorganização dos serviços elétricos, da conquista de eficiência pela Cia. Estadual de Energia Elétrica, da redução de custos da energia e portanto das tarifas,

afeta todo o Estado do Rio Grande do Sul e especialmente a sua indústria e é, portanto, um problema de caráter nacional. O segundo, relacionado com a concentração das minas de carvão no Rio Grande do Sul, afeta a um município e, nesse município, a cerca de 700 pessoas, uma parte das quais ficará sem atividade, e outra terá que se deslocar para outra localidade ou se adaptar a novo tipo de trabalho. Trata-se, portanto, de um problema de escala local, envolvendo um número limitado de pessoas, sem repercussão sobre qualquer outra área de atividade do estado ou do país. A busca de uma solução para o segundo problema não pode, portanto, protelar as decisões que hão de ser tomadas para que seja alcançado o primeiro objetivo.

12. Para adiantar a condução do problema, permito-me anexar, ao presente, a sugestão que fiz, em Porto Alegre, e que me pareceu poder dar condições para que o assunto pudesse ter solução em prazo razoável. A mencionada proposta é, obviamente, apenas sugestão de caminho possível e deve ser como tal considerada.

(...)

Documento nº 12 Política do carvão com a Polônia

Extrato de EM nº 338/73, de 22 de maio de 1973, ao presidente Emílio Médici.

1. Em princípio de 1972, devidamente autorizado por Vossa Excelência e em estreita colaboração com os Ministérios das Relações Exteriores, da Fazenda e da Indústria e do Comércio, realizei uma viagem à Polônia com o objetivo de concretizar a possibilidade, anteriormente investigada, de fortalecer a exportação de minério de ferro e em contrapartida promover a importação de carvão para uso na siderurgia nacional.
2. Dois propósitos fundamentais presidiram tal negociação: primeiro, consolidar as compras esporádicas de minério de ferro em contratos de longo prazo; segundo, começar a diversificar as fontes de suprimento de carvão para a siderurgia brasileira, totalmente baseadas no carvão nacional de Santa Catarina, na proporção de 40%, e no carvão dos Estados Unidos, na proporção de 60%.
3. Em termos quantitativos, o objetivo era de fazer reduzir a proporção do carvão brasileiro de 40% para 20%, colocando em seu lugar carvão de outra origem, mantendo, em termos relativos, o atual nível do produto americano.
4. Problemas diversos, principalmente de ordem política interna e de programação de Governo da Polônia, tornaram difícil a concretização da operação naquela época, conforme tive oportunidade de relatar a Vossa Excelência quando do meu retorno. As conversações, no entanto, prosseguiram e tenho agora a grata satisfação de comunicar a Vossa Excelência que, no dia 13 de abril de 1973, no Rio de Janeiro, chegou a bom termo o entendimento então iniciado, através da assinatura de um protocolo entre os Ministérios de Minas e Energia e da Indústria e do Comércio do Brasil e o Ministério do Comércio Exterior da Polônia, bem como da assinatura de um acordo entre a Companhia Vale do Rio Doce e a STALEXPORT da Polônia.
5. O confronto entre o que se havia proposto por ocasião da viagem e o que de fato se concretizou encontra-se a seguir delineado.
I Quanto ao minério de ferro
II Quanto ao carvão
6. A negociação global corresponde, pois, senhor presidente, a um volume de transações entre os dois países, ao longo do período de vigência dos contratos, da ordem de 150 milhões de dólares, altamente significativo quando comparado com o nível normal de relações comerciais até aqui existentes.
7. Na oportunidade, cumpre-me registrar o inestimável apoio que me foi dado pelo Ministério das Relações Exteriores, através do seu ilustre Embaixador em Varsóvia, Alfredo Teixeira Valadão, bem como pelo Ministério da Indústria e do Comércio, através do Secretário-Geral do Consider, Luís Fernando Sarcinelli Garcia, e pelo Ministério da Fazenda através do Coordenador da Comissão de Coordenação da Política de Compras no Exterior, Joaquim Ferreira Mângia, como ainda da Companhia Siderúrgica Nacional, pelo seu Diretor de Matérias-Primas, Gen. Aloysio da Silva Moura, da Companhia Siderúrgica Paulista, pelo seu Superintendente de Matérias-Primas, Beneditto Menicagli, da Usinas Siderúrgicas Minas Gerais S. A., pelo seu Superintendente de Compras, Oscar Leite de Alvarenga, e da Companhia Vale do Rio Doce, através de Mário da Gama Kury.

(...)

Documento nº 13 Política nuclear

Extrato de EM nº 138, de 8 de junho de 1971, dos ministros de Minas e Energia, da Fazenda e do Planejamento, ao presidente Emílio Médici. O projeto que resultou na Lei nº 5704, que criou a Companhia Brasileira de Tecnologia Nuclear.

1. Desde a época das especulações iniciais sobre as consequências do desenvolvimento da energia nuclear, bem como do subsequente e intenso debate da política nacional relativa a essa nova forma de energia para fins específicos, um grande esforço foi realizado no sentido de preparar o país para sua efetiva utilização.
2. As diretrizes da Política Nacional de Energia Nuclear vêm sendo progressiva e adequadamente definidas pelo Governo. Entretanto, a estratégia a seguir, que dependia de definições e opções técnicas, não pôde, desde o

início, ser perfeitamente definida. A evolução do conhecimento nacional sobre a matéria não se realizou de forma continuada e em uma única direção. Ao contrário, várias foram as escolas e tendências dominantes que se alternaram. Cumpre reconhecer, também, que a descontinuidade administrativa, em decorrência de seis mudanças na direção da Comissão Nacional de Energia Nuclear – CNEN, em seus quatorze anos de existência, prejudicou o desenvolvimento do programa.

3. A própria execução da Política Nacional de Energia Nuclear sofreu os reflexos das incertezas dos países do mais avançado nível científico e tecnológico, nos quais o caminho, tanto no domínio técnico como no econômico e financeiro, estava sendo percorrido sob a influência de intensa competição de caráter eminentemente político.

4. Se, por um lado, essa competição tem requerido concentração de capacidade intelectual e exigido intenso progresso para atender aos requisitos dos programas nacionais desses países de vanguarda, não menos certo é que essa mesma competição, bem como a natureza bélica de que se revestiu inicialmente a nova forma de energia, tem imposto um ritmo imprudente à evolução, acarretando desperdício de esforços.

5. Nessa corrida, houve quem perdesse um projeto inteiro, cuja inviabilidade só ficou cabalmente demonstrada às vésperas de sua inauguração. Há quem esteja, no momento, abandonando caminho seguido durante mais de dez anos. Mas os erros de cada país, em particular, constituem valiosa contribuição para todos os demais.

6. Nesse contexto, é natural que tenhamos hesitado. Mas é também reconfortante saber-se que não nos envolvemos a fundo em qualquer projeto infeliz que, pelo seu vulto, tenha causado danos sensíveis à evolução tecnológica, econômica e política do país. Mormente porque essa atitude, que poderia ser qualificada, por muitos, como excessivamente prudente, não acarretou atrasos que tenham tido ou possam vir a ter consequências negativas irreparáveis ou irrecuperáveis sobre o desenvolvimento do país.

7. Instalamos e temos mantido instituições de pesquisa e treinamento básico, nas quais preparamos algumas centenas de especialistas, e grande número foi enviado ao exterior, sem discriminação de escolas ou tendências e em graus diversos de adestramento científico ou tecnológico. Adquirimos, com essa política, variada experiência, sem a qual não seriam possíveis os programas que ora estamos empreendendo.

8. Fomos lentos na pesquisa em busca de minerais de urânio. Mas estamos, rapidamente, recuperando o tempo perdido. Com a criação da Companhia de Pesquisa de Recursos Minerais – CPRM e a canalização, para a CNEN, de recursos significativos destinados à prospecção geológica através da CPRM, multiplicou-se o esforço que vinha sendo realizado de forma indiscutivelmente medíocre para um país da dimensão territorial do Brasil.

9. Assim é que, em termos de sondagens de áreas promissoras, desde 1953 até 1968, inclusive, durante um período de 16 anos, foram furados apenas 21.000 metros. Mas, só no ano de 1969, realizaram-se mais de 17.000 metros e, em 1970, 46.000 metros. No corrente ano, devemos ultrapassar 106.000 metros, e o programa para 1972 prevê 200.000 metros.

10. A intensificação das pesquisas está produzindo os primeiros resultados. Temos, em Poços de Caldas, o primeiro depósito de minerais de urânio economicamente explorável. A descoberta do urânio é, pois, uma tarefa que está encontrando o seu caminho mediante execução indireta, através da recém-criada CPRM, que está demonstrando ser instrumento eficaz para a execução, pela CNEN, da Política Nacional de Energia Nuclear, no que diz respeito à pesquisa geológica.

11. Já quanto à primeira usina eletronuclear, decidimo-nos, no momento adequado, relativamente ao seu tipo e à sua oportunidade. Esta se configurou quando o panorama mundial se tornou mais nítido quanto às melhores definições técnicas de reatores provados e econômicos.

12. Nos termos da legislação em vigor, a CNEN assinou convênio com a Centrais Elétricas Brasileiras S.A. – Eletrobras, através do qual delegou, a essa empresa, poderes para efetuar a concorrência, a construção e a operação da primeira usina eletronuclear brasileira, a ser instalada na região Centro-Sul do país. Por sua vez, a Eletrobras escolheu sua subsidiária de mais forte nível técnico e experiência, FURNAS – Centrais Elétricas S.A., para ser a executora da sua parte no mencionado convênio.

13. Em consonância com os estudos conduzidos pela CNEN e Eletrobras, e satisfazendo a meticulosas especificações técnicas, preparadas por Furnas, para concorrência internacional, optamos por um reator de tipo universalmente comprovado, com 600.000 kW elétricos, potência esta compatível com a dimensão do sistema energético no qual será integrado.

14. A nossa primeira usina eletronuclear tem, entre outras finalidades, a de preparação gradativa para o importante programa que deverá ser acelerado na década de 1980. A sua justificação técnica e econômica, portanto, deve ser avaliada dentro de um período de tempo adequado, como recomendam as modernas técnicas de expansão de sistemas. O cumprimento da política nacional de energia nuclear a curto prazo, no que se refere à produção de energia elétrica, está, portanto, sendo executado a contento, através do convênio CNEN-Eletrobras. Furnas, como delegada da Eletrobras, está demonstrando a sua capacidade de adaptar, à nova tecnologia, a sua consagrada capacidade no domínio da energia convencional e, portanto, de cumprir, dessa forma, o objetivo nacional traçado para o futuro próximo, no que se refere à geração de energia de origem nuclear.

15. Os estudos levados a cabo pelos órgãos de planejamento da Eletrobras, da CNEN e de outras entidades, usando das mais modernas técnicas de projeção, conduzem a um programa que prevê o aumento da capacidade de geração existente, em 31 de dezembro de 1970, de 11.400 MW para cerca de 28.000 MW em 1980.

A concretização desta meta implica a construção, até 1980, de usinas cuja potência global deverá ser da ordem de 16.600 MW, das quais, certamente, a parte predominante será de usinas hidroelétricas, em face da disponibilidade, para esse fim, de recursos hidráulicos economicamente aproveitáveis.

16. A médio prazo, a partir de 1980, as necessidades de acréscimo da capacidade de geração elétrica serão superiores a 3.000 MW por ano, tendendo-se, rapidamente, para a plena utilização dos potenciais hidroelétricos economicamente exploráveis e, consequentemente, para a participação crescente da geração térmica, com predomínio, dentro deste campo, da de origem nuclear. Esse fato torna imperiosa a criação de uma indústria nacional que venha atender à consequente demanda de equipamentos e instalações pertinentes à geração de energia termoelétrica, particularmente de origem nuclear, bem como àquelas destinadas à implantação da indústria referente ao ciclo do combustível nuclear.

17. Os próximos passos da execução da nossa Política de Energia Nuclear, cuja oportunidade se apresenta com grande nitidez, são, pois, o do ciclo do combustível e o da iniciação da indústria nacional na nova tecnologia. Essa conclusão decorre do fato de que o programa nuclear, que ora se inicia e que tomará ritmo crescente a partir de 1980, envolverá vultosos dispêndios para a economia nacional e consequências sobre o balanço de pagamentos do país, tal seja a nossa capacidade de produzir e processar localmente equipamentos e combustível. Outrossim, não é longo o espaço de tempo de que dispomos, entre dez e quinze anos, para desenvolver a estrutura técnica e industrial capaz de atender a tais exigências.

18. Quanto ao ciclo do combustível, estamos com um depósito que deve ser explorado. Há que realizar o tratamento do minério. Há que penetrar, progressivamente, nos demais estágios de sua elaboração, para que possamos estar preparados para a década a partir da qual o combustível nuclear passará a ter importância para este país.

19. Paralelamente à implantação progressiva do ciclo do combustível, há que manter um programa de desenvolvimento tecnológico capaz de propiciar a fabricação local de materiais e componentes para as instalações nucleares, iniciando a indústria nacional num novo campo tecnológico. A oportunidade do início de um tal programa se impõe pela necessidade imediata da economia local de componentes para a primeira usina eletronuclear e se reforçará pela entrada do país, em termos efetivos, no ciclo de combustível, o que também demandará, da indústria nacional, novo esforço de adaptação.

20. É importante observar que o mercado de usinas nucleares é atendido, em termos de equipamentos, pelo ramo elétrico-mecânico da indústria e, em termos de combustível, pelo ramo químico-metalúrgico. Desta forma, a infraestrutura industrial necessária para atender a grande parte do mercado nuclear já existe no país. O esforço a ser realizado é no sentido do desenvolvimento tecnológico necessário à elevação dos padrões de qualidade dos produtos indispensáveis ao atendimento das especificações, extremamente rigorosas, exigidas pelo ramo nuclear. Assim sendo, a execução desse programa beneficiará a indústria como um todo e representará um impacto positivo na economia global do país.

21. Sintetizando, neste ponto, o estágio em que se encontra a execução da Política Nacional de Energia Nuclear e levando em consideração um horizonte de médio prazo, poderíamos dizer que a CNEN está com duas das suas principais tarefas em plena execução e dispõe, para essa finalidade, de instrumentos adequados e tem, diante de si, dois problemas de vulto a resolver.

22. São satisfatórias, a nosso ver, as soluções dadas à pesquisa de minerais nucleares, através da CPRM, bem como à construção e operação da usina eletronuclear, através da Eletrobras. Cumpre agora promover-se, de um lado, a implantação progressiva do ciclo de combustível, a partir da jazida já descoberta, e, de outro, o desenvolvimento da tecnologia nuclear em íntima ligação com a indústria nacional.

23. Para a consecução desses dois objetivos, consideramos necessária a criação de uma empresa capaz de adquirir, em futuro próximo, vida própria e de ser, ao mesmo tempo, o órgão executor da política de combustível e de desenvolvimento da tecnologia nuclear que for traçada pela CNEN.

24. Consideramos, outrossim, perfeitamente compatíveis entre si os dois objetivos, dentro de uma única empresa que, em relação ao primeiro, agirá por conta própria e com fins lucrativos, e que, em relação ao segundo objetivo, o de promover o desenvolvimento da tecnologia nuclear, operará como empresa de prestação de serviços, tanto para a CNEN como para a indústria privada.

25. Para a adequada e eficiente realização da pesquisa tecnológica, com vistas à implantação, a longo prazo, de uma indústria nuclear no Brasil, mister se faz, no entanto, que sejam assegurados, à empresa que ora se propõe criar, recursos que para ela possam fluir com regularidade.

26. Esse objetivo seria alcançado através da destinação de uma parcela de dividendos relativos ao capital aplicado pela União na Eletrobras e na Petrobras, o que corresponderia, efetivamente, à utilização de recursos gerados pelos investimentos do Governo Federal nas duas formas predominantes de energia do presente, para desenvolver a fonte de energia cuja importância será crescente a partir da década de 1980.

27. Através do Projeto de Lei que temos a honra de submeter à apreciação de Vossa Excelência e sua eventual remessa ao Congresso Nacional, a empresa a ser criada, com a denominação de Companhia Brasileira de Tecnologia Nuclear – CBTN, seria a entidade executora que julgamos capaz de completar o quadro de ação da CNEN.

28. A nova empresa teria, ainda, a função de apoio técnico e administrativo à própria CNEN, evitando-se separação excessiva através de dois dispositivos:

a) configurar-se a CBTN como sociedade anônima subsidiária da CNEN;
b) conferir-se ao presidente da CNEN a presidência nata da CBTN.
29. Através dos recursos antes referidos e com o delineamento que lhe foi dado, estamos certos, senhor presidente, de que a CBTN poderá vir a ser o instrumento adequado para o cumprimento de tarefas a cargo da CNEN, que correspondem às próximas etapas do programa de energia nuclear e que exigem uma estrutura empresarial para a sua boa execução.
30. A solução proposta se configura, ainda, como mais um passo no sentido da reorganização desta Secretaria de Estado, dentro do espírito do Decreto-lei nº 200/67, e que presidiu, há cerca de dois anos, à criação da CPRM. Naquela época, através da Exposição de Motivos nº 056/69, de 17 de julho de 1969, havíamos definido que, em linhas gerais, o que se pretendia alcançar de forma progressiva era:
[a] reter com os órgãos da administração direta apenas as atribuições específicas do planejamento e política global, bem como as de natureza normativa e fiscalizadora, possibilitando drástica redução de suas dimensões, o que viria permitir a transferência total dos mesmos para Brasília, em tempo hábil;
[b] integrar órgãos que tenham funções, em parte ou no todo, superpostas, realizando condensação do quadro de pessoal e evitando desperdício e desorientação;
[c] transferir funções executivas de natureza empresarial para entidades de administração indireta, existentes ou a serem criadas.
31. Acreditamos que, com o passo ora proposto, estaremos prestes a concluir, no âmbito do Ministério de Minas e Energia, a reforma administrativa nos termos inicialmente previstos.
32. Com o ensino e a pesquisa a cargo dos Institutos vinculados à CNEN, com a usina eletronuclear a cargo de Furnas, com a pesquisa mineral executada pela CPRM e, finalmente, com o ciclo do combustível e a promoção do desenvolvimento tecnológico a cargo da nova empresa, a CBTN, ter-se-á instituído um sistema através do qual a CNEN poderá executar, satisfatoriamente, a Política Nacional de Energia Nuclear.
(...)
(a) Antonio Delfim Neto; (a) Antonio Dias Leite Junior; (a) João Paulo dos Reis Velloso.

Documento nº 14 Desenvolvimento tecnológico

Extrato de EM nº 416/71, de 12 de agosto de 1972, ao presidente Emílio Médici.

1. Estamos em busca de soluções para o problema crucial de criar as bases de um processo de desenvolvimento tecnológico capaz de adquirir, progressivamente, força criadora e energia suficiente para atingir e manter relativa autonomia.
2. A solução terá que se fundar na realidade atual da escassez de pessoal habilitado para conduzir o processo e deverá originar-se nos limitados recursos materiais que poderão ser destinados a essa finalidade pela economia nacional.
3. Diante da velocidade do progresso científico e tecnológico mundial e do rápido desenvolvimento econômico do Brasil, seria imprudente formular programa que abrangesse horizonte superior a dez anos. É, pois, com a década de 1970 que nos teremos de ocupar. Algumas opções fundamentais haverão de ser enfrentadas, especialmente, no que se refere à conciliação entre duas atitudes até certo ponto contraditórias: confiança na grandeza futura e humildade em face do duro caminho a percorrer.
4. A confiança é indispensável ao preparo do terreno para a autonomia do processo, mas a falta de humildade poderá conduzir-nos a um programa pretensioso e à frustração dos próprios objetivos colimados.
5. Na gama de problemas compreendidos no processo de desenvolvimento em causa, e para os fins da presente exposição de motivos, cabe reconhecer, no mínimo, os seguintes campos de ação:
- preparo básico e aperfeiçoamento no domínio da ciência e da tecnologia;
- assimilação do progresso já consagrado;
- adaptação da tecnologia externa às condições e peculiaridades nacionais;
- pesquisa criadora no domínio da tecnologia, da ciência aplicada e da ciência básica.
6. A sequência adotada não significa que, necessariamente, cada uma das correspondentes tarefas deva ser atacada após vencida a anterior, mesmo porque nenhuma delas será jamais concluída. Tal sequência nos indica, no entanto, uma certa hierarquia de dificuldades crescentes, que não devem ser ignoradas, sob pena de grave desperdício de recursos humanos e materiais.
7. A enunciação acima nos leva, outrossim, a distinguir pelo menos três tipos de relações entre problemas e entidades envolvidas no processo de desenvolvimento:
- formação básica e universidade;
- aperfeiçoamento na indústria e aperfeiçoamento na universidade;
- pesquisa na universidade e pesquisa na indústria.
8. A primeira relação é pacífica e, praticamente, não admite controvérsia.
9. A segunda admite soluções alternativas e é provável que, diversas sendo as circunstâncias, diferentes poderão ser as soluções. O Ministério de Minas e Energia e as entidades a ele vinculadas têm optado como solução ge-

ral, sujeita, obviamente, a casos excepcionais, pelo aperfeiçoamento do pessoal no âmbito das universidades, compreendendo, às vezes, a organização de cursos ou programas de uso exclusivo.

10. Já em relação ao terceiro ponto, as posições se têm apresentado com maior grau de dispersão e variadas, consequentemente, têm sido as experiências.
11. Acreditamos que, diante do debate que se vem travando em relação à estrutura vigente das universidades e na fase de intenso esforço de reorganização das mesmas, que ora se realiza e que ainda demandará alguns anos para produzir efeitos significativos, seria imprudente pretender-se insistir, como regra geral, na simultaneidade do ensino e da pesquisa na universidade. E isto, especialmente, quando a pesquisa estiver voltada para o desenvolvimento tecnológico a serviço da indústria.
12. Queremos crer que a pesquisa, no âmbito das universidades, por algum tempo pelo menos ficará restrita à ciência básica e ao desenvolvimento diretamente vinculado aos trabalhos de estudantes que para lá se dirigem com o objetivo de aperfeiçoamento profissional, bem como ao dos professores que os orientam.
13. Por outro lado, não parece provável que, nos próximos anos, nosso parque industrial privado venha a montar institutos de pesquisa próprios, capazes de realizar tarefa significativa no campo da ciência aplicada e da tecnologia.
14. Concedemos, pois, necessário que parte do processo de desenvolvimento relacionado com a assimilação do progresso já consagrado, com a adaptação da tecnologia externa às condições e peculiaridades nacionais, bem como com a pesquisa criadora no domínio da tecnologia e da ciência aplicada, seja realizada em instituições organizadas para esse fim e dedicadas, especificamente, a essas tarefas, sob os auspícios das entidades industriais diretamente vinculadas ao poder público.
15. Dentro do horizonte de dez anos ao qual nos restringimos, mas sem deixar de considerar as repercussões futuras do que vier a ser feito nesse período, parece-nos que as empresas vinculadas ao Ministério de Minas e Energia têm condições de trazer significativa contribuição para o processo de desenvolvimento tecnológico em exame.
16. As realizações dessas empresas têm sido importantes, no passado recente, justificando a confiança que nelas se estaria depositando.
17. Entre outros, dois exemplos de adaptação tecnológica são altamente expressivos. Um deles, foi o esforço realizado no setor da construção do material ferroviário, por iniciativa e sob a liderança da Companhia Vale do Rio Doce, para a fabricação, no país das gôndolas destinadas ao transporte de minério de ferro com as rígidas especificações técnicas exigidas pela categoria do serviço de transporte da Rio Doce. Outro, o trabalho conjunto da Petrobras com as indústrias metalúrgica e mecânica para a construção de equipamentos, também de alta responsabilidade, destinados às refinarias de petróleo.
18. Em ambos os casos, as indústrias envolvidas ficaram, em consequência desse trabalho, capacitadas a produzir equipamentos e instalações que atendem a variada gama de necessidades nacionais, bem como à exportação.
19. No domínio da pesquisa pioneira, dois exemplos, pelo menos, são também dignos de menção. O desenvolvimento, pela Rio Doce, de um processo original e econômico de concentração do itabirito, minério de ferro secundário, e o desenvolvimento, pela Petrobras, em seu laboratório e agora em estágio conclusivo de usina piloto, de processo de extração de óleo do xisto de Irati.
20. De forma idêntica, embora menos sistemática, vem a Eletrobras procurando colaborar com a indústria de material elétrico no sentido de promover a sua modernização e eficiência.
21. Outras empresas que operam em diferentes setores, não vinculadas ao MME, têm prestado significativa contribuição ao aprimoramento tecnológico em suas respectivas áreas de atuação.
22. No futuro próximo, participação no processo de crescimento do país, através da iniciativa no campo do avanço da tecnologia, deverá ser fortemente intensificada pelas empresas mencionadas. Mas, além disso, novos setores, ainda não suficientemente desenvolvidos, estão a reclamar, também, um trabalho de assimilação da tecnologia e da busca de soluções próprias para problemas específicos. No que se refere às minas e à energia, pelo menos dois setores estão a reclamar uma intensificação de esforços.
23. Assim é que, com a criação da Companhia de Pesquisa de Recursos Minerais – CPRM – e o grande impulso que o governo vem dando à pesquisa mineral, tornou-se urgente a instalação de um centro nacional de estudos minerais, capaz de atender à fatal demanda que surgirá da parte das empresas de mineração, relativamente aos minerais que forem sendo descobertos.
24. Outrossim, ao entrarmos efetivamente na área nuclear, com a construção da usina núcleo-elétrica de Angra dos Reis e a descoberta e próxima exploração da primeira jazida de urânio em Poços de Caldas, é chegado o momento de estabelecer-se a base de um programa de tecnologia nuclear, bem como da indispensável ligação entre as entidades governamentais responsáveis pelo setor com a indústria pesada nacional.
25. O importante parece ser, na atual conjuntura e nas condições alcançadas pelo país, que as empresas de economia mista que já tenham atingido, de forma sustentada, elevado nível de rentabilidade liderem o processo, com a instalação de centros próprios de tecnologia.
26. No contexto dos problemas de aperfeiçoamento do pessoal de nível superior, como das instalações de pesquisa relacionadas com o progresso tecnológico – e no caso específico do MME –, parece-nos nítido, em face do que foi exposto, que o caminho recomendável poderia ser resumido nos seguintes objetivos:

I – associação íntima, com as Universidades, do seu órgão responsável pelo Plano de Aperfeiçoamento de Pessoal de Nível Superior – Planfap – bem como dos órgãos de aperfeiçoamento das entidades jurisdicionadas, buscando a organização, naquelas, de cursos específicos com a contrapartida de apoio técnico e financeiro do MME;

II – formação de centros próprios de pesquisa tecnológica, voltados para as especialidades atinentes ao MME e às unidades a ele jurisdicionadas, em estreita colaboração com a indústria e com eventual e excepcional atividade didática complementar, no nível de mestrado ou doutorado.

27. Em relação ao objetivo I, a atividade deveria dispersar-se pelo território nacional, indo buscar ou fortalecer centros de excelência onde estiverem, mediante estreito entendimento com o Ministério da Educação e Cultura. Quanto ao objetivo II, a atividade deveria concentrar-se no apoio recíproco das várias unidades especializadas.

28. A independência dos centros de tecnologia de cada uma das empresas é condição imprescindível para que conservem eles as características de eficiência e de objetividade decorrentes do espírito empresarial. A instalação de vários centros dedicados a diversas especialidades, em um só local, trará vantagens indiscutíveis, decorrentes da facilidade de comunicação entre técnicos e pesquisadores de variada formação profissional e experiência. A vizinhança trará ainda economia de instalações, evitando, até certo ponto, duplicação de esforços.

29. A solução que a seguir temos a honra de submeter à consideração de Vossa Excelência, visando ao caso específico das empresas vinculadas ao Ministério de Minas e Energia, é dotada de grande flexibilidade e não exige a instalação global de todo um complexo de laboratórios, nem prejudica, de forma alguma, que os centros individuais continuem sendo implantados por partes. Ela se reveste, outrossim, das características de prudência recomendável no campo da tecnologia, especialmente quando comparada à solução alternativa de atribuição de tais encargos a intidades não lucrativas e, portanto, menos sensíveis aos problemas de relação entre os investimentos e o efeito útil que deles possa resultar.

Documento nº 15 Aperfeiçoamento de Pessoal de Nível Superior

Extrato de EM nº 511/72, de 11 de outubro de 1972, ao presidente Emílio Médici.

1. Desde 1969 vem sendo progressivamente implantado, no âmbito do Ministério de Minas e Energia, o Plano de Formação e Aperfeiçoamento de Pessoal de Nível Superior – Planfap.
2. O objetivo desse plano é o de preparar pessoal de nível superior após a sua saída dos cursos de graduação universitária, bem como, num segundo estágio, de promover o aperfeiçoamento de profissionais já com alguns anos de experiência e pertencentes aos quadros de entidades vinculadas ao Ministério de Minas e Energia.
3. É pensamento desta Secretaria de Estado possam ser também beneficiados pelo Planfap os profissionais das empresas privadas e de economia mista estadual que operem na área de competência do MME: petróleo, energia elétrica e mineração.
4. A fim de poder experimentar os processos e as fórmulas mais eficientes para que fossem alcançados os objetivos inicialmente estabelecidos, optou-se por uma organização limitada com grande liberdade de ação na sua fase inicial, e sem qualquer preocupação de uma formação legal permanente.
5. Pouco após o início do Planfap, foi a Companhia Auxiliar de Empresas Elétricas Brasileiras transformada em sociedade de economia mista, vinculada ao Ministério de Minas e Energia, pela Lei nº 5.736, de 22 de novembro de 1971, com a finalidade de realizar serviços de várias naturezas às entidades da administração direta e indireta vinculadas ao MME, entre os quais o de organizar e administrar programas de aperfeiçoamento de pessoal técnico.
6. O Planfap funciona atualmente em consequência de convênio assinado entre o Ministério de Minas e Energia e a CAEEB, como órgão de execução, sob a supervisão da secretaria-geral deste Ministério.
7. Ideia fundamental da organização do Planfap é evitar a organização de cursos de média ou longa duração fora do âmbito das Universidades. Foi, portanto, sempre buscada a colaboração com as unidades universitárias especializadas nos diversos assuntos de interesse para o aperfeiçoamento de pessoal de nível superior, para que nelas se realizassem os cursos programados.
8. Desde o início, até a presente data, foram realizados 14 cursos com 257 participantes. Estão em realização no momento 6 cursos com 123 participantes. Estão programados para início até 31 de dezembro do corrente ano 3 cursos com uma participação provável de 75 profissionais de nível superior.
9. Nos casos acima considerados, com duas exceções apenas, os cursos têm duração de 6 a 13 meses. Foram custeados com recursos à disposição do Gabinete do ministro de Minas e Energia e alocados ao Planfap.
10. Os participantes pertencentes aos quadros das empresas foram mantidos com os seus vencimentos. Os elementos novos recrutados para cumprirem os mesmos programas receberam bolsas de estudo, também custeadas pelo Planfap e, em alguns casos, pelas empresas. Todos os participantes permaneceram em regime de tempo integral, durante o período total da realização dos cursos.
11. Acreditamos que o sistema esteja produzindo seus efeitos, dentro das limitações existentes no nosso meio, e que o programa futuro no nível da preparação básica dos recém-formados ou de revisão de conhecimentos ou de especialização daqueles já pertencentes aos quadros das empresas deva ser mantido dentro das linhas até aqui seguidas.

12. Cumpre ressaltar que, na organização dos seus cursos, o Planfap procurou se concentrar naquelas especialidades que eram de interesse de duas ou mais empresas ou entidades do Ministério.
13. Não houve nem há intenção de fazer com que este plano substitua os programas específicos de cada empresa, como a Petrobras, a Eletrobras e a Companhia Vale do Rio Doce, e que só a elas interessam, e que devem permanecer sob o comando direto das mesmas.
14. Grande atenção vem agora sendo concentrada no segundo estágio do programa, referente a treinamento de nível mais elevado para profissionais pertencentes aos quadros e já há algum tempo com experiência profissional no âmbito das empresas ou dos órgãos governamentais.
15. Este novo estágio, que foi objetivo de visita da Direção do Planfap a centros de treinamento da França, Inglaterra e Estados Unidos da América, compreenderia, em princípio, cursos, seminários ou conferências de curta duração a serem realizados com grande intensidade, de forma a retirar os profissionais que a eles sejam encaminhados apenas por um curto período da sua atividade normal, no âmbito dos órgãos a que pertençam.
16. Este segundo programa exige, para a sua perfeita execução, um Centro de Estudos e Conferências capaz de acomodar um número limitado de pessoas, cerca de 30 (trinta) em regime de internato, dispondo de alojamentos adequados e das instalações necessárias para a realização das conferências, debates e trabalhos práticos, bem como de instalações de recreação e de esporte, capazes de compensar o intenso esforço de natureza intelectual exigido pelo trabalho que se desenvolverá nessa instituição.
17. O Centro a ser instituído deverá poder atender, por período médio de uma ou duas semanas, 30 turmas de cerca de 20 a 30 pessoas, totalizando no mínimo, 600 pessoas por ano. Cogita-se que nos setores de interesse do MME devam trabalhar, num futuro próximo, cerca de 15 mil profissionais de nível superior. Esse total corresponderia à passagem pelo centro, em cada ano, de cerca de 4% da totalidade dos profissionais que trabalham nos setores de interesse do MME.
18. Considerando já consolidada, na sua configuração geral, o programa do primeiro estágio correspondente aos cursos de 5 a 15 meses de duração, no âmbito das Universidades, prepara-se esta Secretaria de Estado para a organização do Centro de Estudos e Conferências capaz de atender aos programas do segundo estágio, que corresponde a cursos de alto nível, mas de curta duração. Para esse fim parece-nos oportuno que se faça a consolidação do Planfap, tanto do ponto de vista institucional como do ponto de vista financeiro.
19. O anexo Projeto de Lei que temos a honra de submeter à aprovação de Vossa Excelência para eventual remessa ao Congresso Nacional tem por objetivo realizar a institucionalização do Planfap e garantir os recursos financeiros para sua estabilidade e possibilidade de planejamento de longo prazo.
20. Nos artigos 1º e 2º são definidos os objetivos e a situação do Plano, no âmbito do Ministério. No artigo 3º, é estabelecida a forma pela qual o Planfap atingirá os seus objetivos. Através do disposto no artigo 4º são alocados os recursos de forma regular e continuada, aproximadamente na proporção que vêm sendo utilizados atualmente para o custeio das atividades do Planfap, na sua fase inicial.
21. Acreditamos, senhor presidente, que o projeto ora proposto permitirá que a atividade de aperfeiçoamento e de treinamento superior se desenvolva com regularidade e de forma a assegurar, para o futuro, a possibilidade de cursos de especialização para todos os profissionais de curso superior vinculados à área de interesse do Ministério de Minas e Energia.
22. Por outro lado, acreditamos que se mantenha com regularidade o retorno ao Centro de Estudos dos profissionais de nível superior, já em função importantes no âmbito deste mesmo conjunto de organizações e empresas, para aperfeiçoamento e atualização, sem prejuízo das suas atribuições normais, desde que realizados de modo a poder ser cumprido, de forma intensa, em curto prazo.

Documento nº 16 Gás boliviano

Extrato da EM nº 31/73, em 12 de fevereiro de 1973, ao presidente Emílio Médici.

No cumprimento das instruções de Vossa Excelência relativas à cooperação Brasil–Bolívia, em matéria de hidrocarbonetos, os Ministérios da Indústria e Comércio, de Minas e Energia e das Relações Exteriores realizaram vários estudos e intercâmbios de missões técnicas, com a Bolívia, buscando levar a bom termo aquela cooperação.
2. Partiu-se, inicialmente, de uma concepção da constituição de um complexo industrial fronteiriço, com unidades localizadas nos territórios brasileiro e boliviano, envolvendo um uso de gás natural relativamente modesto, da ordem de 2 a 3 milhões de m³ por dia.
3. Estudos preliminares de viabilidade econômica dessa alternativa, a oferta boliviana de um volume apreciável de gás natural, da ordem de 8,5 milhões de m³ por dia, e a crescente constatação de um crise energética mundial, que se manifesta pelo acentuado aumento do preço do petróleo e do gás natural, conduziram a uma paulatina revisão da hipótese inicial de trabalho, envolvendo maiores quantidades do que aquelas inicialmente previstas.
4. O complexo industrial da fronteira não poderia, nessas condições, absorver o volume de gás em cogitação. O gás adicional deveria, neste caso, ser transportado para o interior do território brasileiro, onde fosse possível maior variedade de utilizações.

(...)

8. A alternativa escolhida compreende as seguintes destinações:
- fabricação de amônia e ureia em uma ou duas unidades, localizadas em Corumbá, no Triângulo Mineiro ou em um ponto do interior de São Paulo;
- redução direta de minério de ferro em território boliviano e redução de minério de ferro no quadrilátero ferrífero de Minas Gerais;
- combustível para fábricas de cimento em Corumbá e no lado boliviano;
- combustível para unidade termelétrica de pequeno porte em Corumbá, para servir ao complexo industrial da fronteira;
- fabricação, em um ponto do território do Estado de São Paulo, de eteno, produto básico, que apresentará "déficit" no complexo petroquímico daquele Estado; e
- consumo residencial, nas áreas de São Paulo e Rio de Janeiro.

(...)

10. Com referência ao consumo residencial, peça-chave do sistema proposto, convém observar que a dependência de cada um dos dois centros urbanos de gás natural boliviano seria compensada pelas instalações de craqueamento de nafta de São Paulo e do Rio de Janeiro, que se situariam como reserva.

11. Vimos, assim, senhor presidente, submeter à sua alta consideração o esquema proposto, salientando apresentar ele adequada segurança, suficiente flexibilidade e permitir modificações ditadas por estudos mais detalhados, e pedir sua autorização para negociar com as autoridades bolivianas um protocolo de opção que garanta ao Brasil acesso a essa importante fonte de energia.

(...)

(a) Marcus Vinicius Pratini de Morais; (a) Antonio Dias Leite Jr ; (a) Mario Gibson Barbosa.

Referências bibliográficas e siglas

Referências bibliográficas

ABRACAVE ver Associação Brasileira de Carvão Vegetal.
ABRAGET ver Associação Brasileira de Geradoras Termoelétricas a Gás.
ABREU, Sílvio Froes de. *Pesquisa e exploração do petróleo*. Rio de Janeiro, 1940.
ACADEMIA BRASILEIRA DE CIÊNCIAS. *Avaliação do Programa Nuclear Brasileiro*. Rio de Janeiro, 1986. Relatório.
——. *Colóquio internacional sobre segurança de reatores a água pressurizada*. Vários autores, agosto 1986.
ACADEMIA NACIONAL DE ENGENHARIA. *Mudanças institucionais no setor de energia elétrica brasileiro*. Rio de Janeiro, 1999.
AGÊNCIA NACIONAL DE ENERGIA ELÉTRICA. *Usinas hidrelétricas licitadas pela Aneel*. Disponível em: http://www.aneel.gov.br/ Acesso em: abr. 2005.
——. *Licitação de linhas de transmissão*, http://www.aneel.gov.B\resultados/resumodaslicitacoes2005
——. *Resoluções normativas*. Disponível em: http://www.aneel.gov.br/. Acesso em: 15 nov. 2006.
——. *Capacidade Instalada, empreendimentos em operação*. Disponível em: http://www.aneel.gov.br/aplicacoes/capacidade-brasil/OperacaoCapacidadeBrasil.asp – 03/10/2006.
——. *Situação do projeto do Proinfa*. Disponível em: www.aneel.gov.br/arquivos/zip/cronograma–eventos–proinfa–jan–2007.zip – 03/01/2007.
AGÊNCIA NACIONAL DO PETRÓLEO, GÁS NATURAL E BIOCOMBUSTÍVEIS – *Indústria Brasileira de Gás Natural. História Recente e Política de Preços*. 2002. Disponível em: http://www.anp.gov.br/doc/gas/LivroHistoricoTarifa.PDF -20/1/2007.
——. *Anuário Estatístico* 2004. Disponível em: http://www.anp.gov.br/conheca/anuario–estat.asp – 20/1/2007.
——. *Anuário Estatístico* 2005 Disponível em: http://www.anp.gov.br/conheca/anuario–estat.asp – 20/1/2007.
——. *Resultado das Rodadas de Licitação de Blocos*. Disponível em: www.anp.gov.br\petróleo\rodadas–de–licitação.asp-Rodadas zero a quatro, 2003.
——. *Resultado das rodadas de licitação de blocos..idem.Rodadas cinco a oito*. Disponível em: http://www.anp.gov.br/petro/rodadas–de–licitacoes.asp – 18/01/2007.
——. *Resultado dos Leilões públicos de compra de biodiesel*. Disponível em: http://www.anp.gov.br/petro/leilao–biodiesel.asp – 18/01/2007.
ALCOFORADO, Fernando. A atual crise energética do Brasil e seus impasses estruturais. *Revista Brasileira de Energia*, São Paulo, v.1, n.2, 1990.
ALMEIDA, Edmar. *Política de preço do gás natural*. http://wwwaneel.gov.br/gas–projetos/asp, 2005.
ALVES, Rex Nazaré. *A situação da pesquisa nuclear no Brasil*. Revista Marítima Brasileira, Rio de Janeiro, jan./mar. 1990.
ALVIM, Carlos Feu; EIDELMAN, Frida; FERREIRA, Omar. *Carbon balances in the productive transportation and use of energy in Brazil*. 2005. Economy and energy. Disponível em: http://www.ecen.com Acesso em: 3/1/2007.
ANDRADA, José Bonifácio. Memórias sobre a necessidade e utilidades do plantio de novos bosques em Portugal, 1813. In: FALCÃO, Edgard de Cerqueira (Org.). *Obras científicas, políticas e sociais de José Bonifácio de Andrada*. Santos, s. d., v. I.
——. Lembranças e apontamentos do governo provisório para os senhores deputados da Província de São Paulo, 1821. In: FALCÃO, Edgard de Cerqueira (Org.). *Obras científicas, políticas e sociais de José Bonifácio de Andrada*. Santos, s. d., v.II.
ANDRADE RAMOS, Raimundo ver Ramos, Raimundo Andrade.
ANEEL ver Agência Nacional de Energia Elétrica.
ANFAVEA ver Associação Nacional dos Fabricantes de Veículos Automotores.
ANP ver Agência Nacional de Petróleo, Gás Natural e Biocombustíveis.
APPLEBY, A. J. *Advanced fuel cells and their future market*. Annual Review Energy, 1988.
ARAÚJO JR., José Tavares; LEVY, Joaquim. *Implantação do novo modelo elétrico*. Brasília, 2003. Não publicado.
ARCHER, Renato. *Política Nacional de Energia Elétrica*. Rio de Janeiro, 1956. Discurso na Câmara dos Deputados.
——. *Segundo depoimento sobre o problema da energia nuclear no Brasil*. Rio de Janeiro, 1967. Discurso na Câmara dos Deputados.
ASSOCIAÇÃO BRASILEIRA DE CARVÃO VEGETAL. *Anuário estatístico*. Belo Horizonte, 1978.
——. *Anuário estatístico*. Belo Horizonte, 1990.
ASSOCIAÇÃO BRASILEIRA DE GERADORAS TERMOELÉTRICAS A GÁS. *Usinas termoelétricas a gás compreendidas no programa PPT* (VIEIRA, Filho, Xisto, Informação a pedido do autor por e-mail). 24/05/2005.
ANFAVEA. ASSOCIAÇÃO NACIONAL DOS FABRICANTES DE VEÍCULOS AUTOMOTORES. *Anuário da Indústria Automobilística do Brasil*. 2006. Disponível em: http://www.anfavea.com.br/anuario.html – 20/1/2007.
AZEVEDO, Sérgio Gabrielli. *Petrobras; plano de negócios 2006-2011*. 2005. Disponível em: http://www.petrobras.com.br/relações com o investidor
——. *Petrobras; plano de negócios 2007-2012*. 2006. Disponível em: http://www.petrobras.com.br/relações com o investidor
BALZHIER, Richard E. *Human ingenuity: the ultimate resource*. In: THE POWER ENGINEERING SOCIETY. New York, 1991.

BANCO CENTRAL DO BRASIL. *Investimentos do setor de extração de petróleo e serviços correlatos*. Disponível em: http://www.bacen.gov.br/diretoria (de fiscalização). Acesso em: 15 nov. 2006.
BANCO MUNDIAL. *Relatório sobre o desenvolvimento mundial*. Washington, 1992.
BANDEIRA, Moniz. *Presença dos Estados Unidos no Brasil*. Rio de Janeiro, 1973.
BANDEIRA DE MELO, JOÃO ver Melo, João Bandeira de.
BARBOSA, Júlio Caetano Horta. *Problemas do petróleo no Brasil*. Revista de Engenharia de São Paulo, São Paulo, n. 63, nov. 1947.
BARBOZA, Mário Gibson. *Na diplomacia, o traço todo da vida*. Rio de Janeiro: Ed. Record, 1992.
BAUMOL, William J. et al. *Productivity and american leadership*: the long view. Cambridge: The Mit Press, 1989.
BECKER, Bertha. Limitações ao Exercício da Soberania na Região Amazônica. Em Ciclo de Debates sobre Amazônia Brasileira, Brasília, 2004.
BERTERO, Raul. The South American Natural Gas Market. Seminário do Gás Natural Liquefeito na Bacia do Atlântico, Rio de Janeiro, 31-07-2006.
BHERING, Mário Pena. *Depoimento*. Belo Horizonte: Memória da Cemig, 1986.
BLOM, J. H.; KEMA, N. Y. *Trends in R&D for the electric utilities in Europe*. In: ELECTRICITY beyond 2000. Washington, 1991. Não publicado.
BNDES. *Privatização*. Rio de Janeiro, 2002. Disponível em: http://www.bndes.gov.br/conhecimento/. Acesso em: jan. 2005.
BORGES, Júlio Maria Martins; CAMPOS, Roberto de Moura. *Viabilidade econômica do Programa Brasileiro de Álcool Combustível*. [S.l.]. COPERSUCAR, 1990. Não publicado.
BRAGA, Odilon. Ver In: BRASIL. Ministério da Agricultura.
BRASIL. Câmara dos Deputados. *Petróleo II*. [Brasília], 1957a. (Documentos parlamentares).
——. *Petróleo III*. [Brasília], 1957. (Documentos parlamentares).
——. *Petróleo V*. [Brasília], 1957. (Documentos parlamentares).
BRASIL. Congresso. *Diário do Congresso Nacional*. [Brasília, DF], 30 jun. 1973. Seção 1, p. 3.713.
BRASIL. República Federativa. *O Programa Nuclear Brasileiro*, Brasília, 1977.
BRASIL. Senado Federal. *Comissão parlamentar de inquérito sobre o Acordo Nuclear do Brasil com a República Federal da Alemanha*. Brasília: Senado Federal, Centro Gráfico, 1983.
——. *Política de preços da energia no Brasil*. Brasília: Senado Federal, 1991. Seminário.
BRASIL. Ministério da Agricultura. Odilon Braga. *Bases para o inquérito sobre o petróleo*. Rio de Janeiro, 1936.
BRASIL. Ministério das Cidades. *Panorama dos resíduos urbanos do Brasil*. Brasília, 2002.
BRASIL- Ministério da Ciência e Tecnologia. *Comunicação Nacional Inicial do Brasil à Convenção Quadro das Nações Unidas sobre Mudanças do Clima*. 2004. http://www.mct.gov.br/index.php/content/view/11354.html – 19/1/2007.
BRASIL. Ministério da Infraestrutura. *Contribuição ao reexame da matriz energética brasileira*. Brasília, 1991.
BRASIL. Ministério de Minas e Energia. *Grupo de trabalho especial - relatório*, Rio de Janeiro: 1967.
——. *Comissão para reexame da matriz energética*. Relatório, Brasília, 1991.
——. *Estudos para estabelecimento de política de longo prazo para produção e uso do carvão mineral nacional* (Portaria MME nº 1860/1987). Brasília, 1988.
——. *Balanço energético nacional*. Brasília, 1975.
——. *Reconhecimento Global da Margem Continental Brasileira*. Rio de Janeiro: CENPES, 1979.
——. *Reconhecimento Global da Margem Continental Brasileira*. Rio de Janeiro: CENPES, 1983.
——. *Balanço energético nacional*. Brasília, 1989.
——. *Balanço energético nacional*. Brasília, 1994.
——. *Projeto RE-SEB*. Brasília, 1997. http://www.aneel.gov.br/aplicacoes/audiencia–publica/audiencia–proton/ap004/mae%20-20%acordo%20final.doc. 20/01/2007.
——. *Modelo institucional do setor elétrico* (preliminar). Brasília, 2003b.
——. INSTITUTO DE PESQUISA ECONÔMICA APLICADA. *Matriz energética brasileira*. Brasília/Rio de Janeiro, 1973.
——. *Balanço Energético Nacional*. Brasília, 2005.
——. *Roteiro para estruturação da Economia do Hidrogênio*. Brasília, 2005. Disponível em: http://www.mme.gov.br/site/menu/select–main–menu–item.do?channelid =2590. 19/01/2007.
BRASIL. Ministério do Meio Ambiente. *Política Nacional Integrada para a Amazônia Legal*. Brasília, CONAMAZ, 1995.
——. *Zoneamento Ecológico-Econômico, ZEE*, www.abrasil.gov.br, 2006.
BRASIL. Tribunal de Contas da União. *Proálcool*: relatório de auditoria operacional. [Brasília], 1990.
BRASPETRO ver Petrobras Internacional S.A.
BRITO, Sérgio de Salvo. *Energia, economia, meio ambiente: as fontes renováveis de energia no Brasil*. Revista Brasileira de Energia, Rio de Janeiro, v.1, n.3, 1990.
BROWN, Stephen. *O mercado norte-americano*. Seminário de Gás Natural Liquefeito na Bacia do Atlântico. Rio de Janeiro, 31-07-2006.
BROWN, Richard I. *Anuário de madeira no Brasil*. São Paulo, USP – Instituto de Física, 1980.
BRUNTLAND Report, ver Comissão Mundial sobre Meio Ambiente e Desenvolvimento.

CAEEB ver Companhia Auxiliar de Empresas Elétricas Brasileiras.
CALABI, Andrea et al. *A energia e a economia brasileira*. São Paulo: FIPE, Pioneira, 1983.
CCEE- Câmara de Comercialização de Energia Elétrica. *Preços e tarifas*: http://www.ccee.org.br/cceeinterdsm/v/index.jsp?vgnextoid=2a8ca5c1de88a010VgnVCM100000aa01a8c0RCRD – 20/1/2007.
——. *Seminário sobre Reestruturação do Setor de Energia Elétrica e Gás Natural*. IE/UFRJ, CD-ROM 2006.
CAMOZZATO, Izaltino. *Tarifas horo-sazonais para energia elétrica*. Rio de Janeiro, 1983.
——. *A trajetória do setor de energia elétrica na década de 1980*. Rio de Janeiro; Centro da Memória da Eletricidade no Brasil, 1995.
CAMPOS, Carlos Walter Marinho. *Exploração do petróleo no Brasil*. Conferência na Universidade Federal de Ouro Preto, 1995.
CAMPOS, Roberto de Moura. Ver BORGES 1990.
CARRÉ, Franck; Forini, Luigi. *Status of the Generation IV Initiative on Future Nuclear Energy System*. 2004. Disponível em: http://www.euronuclear.org/library/public/enews/ebulletinspring2004/generation-iv.htm – 19/1/2007.
CARVALHO, Getúlio. *Petrobras*: do monopólio aos contratos de risco. Rio de Janeiro: Forense Universitária, 1976.
CARVALHO, Yvan Barreto. *O petróleo e a plataforma continental*. São Paulo. Conferência no escritório da Petrobras. 1969.
——. *Relatório sobre medidas adotadas para atividades exploratórias na plataforma continental*. Rio de Janeiro, 1969.
CASSEDY, Edward; GROSSMAN, Peter Z. *Introduction to energy*. Cambridge, 1990.
CASTRO, Antonio Barros; SOUZA, Francisco Eduardo Pires de. *A economia brasileira em marcha forçada*. Rio de Janeiro: Paz e Terra, 1985.
CAUBET, Christian G. *As grandes manobras de Itaipu*. São Paulo: Editora Acadêmica, 1991.
CAVALCANTE, José Costa et al. *Central nuclear*: relatório de viagens à Europa e América do Norte. Brasília, 1969. Não publicado.
CENTRO DE CONSERVAÇÃO DA NATUREZA. *Floresta da Tijuca*. Rio de Janeiro, 1966.
CENTRO DA MEMÓRIA DA ELETRICIDADE NO BRASIL. *Revisão institucional do setor elétrico* (REVISE): repartição de custos e preços. [S.l.], 1988a. Não publicado.
——. *Panorama do setor de energia elétrica*. Rio de Janeiro, 1988b.
——. *Compra da Light*. Rio de Janeiro, 1988c.
CERQUEIRA LEITE, Rogério César ver LEITE, Rogério César Cerqueira
CHADWICK, M. J.; KUYLENSTIERNA, J. C. I. *Critical loads and critical levels for the effects of sulphur and nitrogen compounds*. Washington, DC: [s.n.], 1991. (Electricity beyond 2000).
CHAGAS, Teófilo P.; MAKAY JR., Nicolas; RIBEIRO, Carlos Costa. *Água pesada*. [S.l., s.n.], 1990. Exposição para o grupo de trabalho sobre o Programa Nacional de Energia Nuclear.
CHEN, Xinhua. *Substituição de energia por informação no sistema de produção*. Rio de Janeiro: INEE, 1993.
CHRISTODOULOU, Diomedes; HUKAI, Robert Y.; GALL, Norman. *Energia elétrica e inflação crônica no Brasil*: a descapitalização do setor estatal. São Paulo: Instituto Fernand Braudel de Economia Mundial, 1990.
CLUB OF ROME. *The limits to growth*. Washington: Potomac Associates, 1972.
——. *Mankind at the turning point*. Nova York: Duttons, 1974. Relatório.
CNEN ver Comissão Nacional de Energia Nuclear.
CNI ver Confederação Nacional da Indústria.
COAL. In: Encyclopaedia Britannica, ed. 1946.
COMISSÃO INTERMINISTERIAL PARA PREPARAÇÃO DA CONFERÊNCIA DAS NAÇÕES UNIDAS SOBRE MEIO AMBIENTE E DESENVOLVIMENTO. *Subsídios técnicos para elaboração do relatório nacional*. Brasília, 1991.
COMISSÃO MUNDIAL SOBRE MEIO AMBIENTE E DESENVOLVIMENTO. *Nosso futuro comum*. Rio de Janeiro: FGV, 1988.
COMISSÃO NACIONAL DE ENERGIA. Assessoria Técnica. *Avaliação do programa nacional do álcool*. Brasília, 1987. Inclui anexos. (Documento interno).
——. Estudo sobre energointensivos. [S.l.], 1989.
COMISSÃO NACIONAL DE ENERGIA NUCLEAR – *Implantação da geração núcleo-elétrica no Brasil*. Relatório. Rio de Janeiro, 1967.
——. Diretoria Executiva da Área Mineral. Rio de Janeiro, *Boletim nº. 1*, 1974; nº. 3, 1974; nº. 4, 1974.
COMISSION OF THE EUROPEAN COMMUNITIES – Directorate General for Energy. *A view to the future*. Bruxelas, 1992.
COMPANHIA AUXILIAR DE EMPRESAS ELÉTRICAS BRASILEIRAS. *Dispêndios governamentais com a comercialização de carvão mineral*. Rio de Janeiro, 1988. Não publicado.
COMPANHIA DE PESQUISA DE RECURSOS MINERAIS. *Programa de desenvolvimento das unidades minerais de carvão nas áreas de concessão da CPRM*. Rio de Janeiro, 1986.
CONFEDERAÇÃO NACIONAL DA INDÚSTRIA. *A CNI e o Proálcool*. Rio de Janeiro, 1990.
CONSELHO MUNDIAL DE ENERGIA. Comitê Nacional Brasileiro. *Estatística brasileira de energia*, 1. Rio de Janeiro, 1965.
——. *Estatística brasileira de energia*, 37. Rio de Janeiro, 1991.
——. *Estatística brasileira de energia*, 50. Rio de Janeiro, 2004.
——. *Eficiência Energética*, Sonho ou Realidade, 2006.

CONSELHO MUNDIAL DE ENERGIA/ASSOCIAÇÃO PORTUGUESA DE ENERGIA E COMITÊ BRASILEIRO DO CME. *Dicionário de terminologia energética*: Lisboa, 2001.
CONSELHO NACIONAL DO PETRÓLEO. *Relatório do grupo interministerial sobre a avaliação do subsídio concedido pelo tesouro à comercialização do carvão mineral energético.* Brasília, 1987.
COOPERATIVA CENTRAL DOS PRODUTORES DE AÇUCAR E ÁLCOOL DO ESTADO DE SÃO PAULO. *Proálcool*: fundamentos e perspectivas. São Paulo, 1989.
——. *Seminário de tecnologia agronômica, 4.* São Paulo, 1988.
——. *Seminário de tecnologia industrial, 4.* São Paulo, 1990.
——. *Censo varietal quantitativo, 1990.* São Paulo, 1991. (Cadernos COPERSUCAR, 32)
——. *Programa Nacional do Álcool.* São Paulo, 1995.
——. *Relatório anual 1990-1991.* São Paulo.
COOPERS & LYBRAND. *Urgent action plan*: report IV-2. Brasília, 1996.
——. *Relatório consolidado*: etapa VII. Brasília, 1997.
COPERSUCAR ver Cooperativa Central dos Produtores de Açúcar e Álcool do Estado de São Paulo.
COSTA CAVALCANTE, José ver Cavalcante, José Costa.
COTRIM, John R. et al. *Central nuclear*: relatório de viagem aos EUA. Rio de Janeiro, 1969. Não publicado.
——. *A primeira central nuclear do Brasil – CIER.* Rio de Janeiro, 1969. Não publicado.
——. *O custo das usinas nucleares e suas implicações para a economia do setor elétrico brasileiro.* Rio de Janeiro, 1979.
——. *A história de Furnas.* Conselho Mundial de Energia – Comitê Nacional de Energia. Rio de Janeiro, 1995.
CPRM ver Companhia de Pesquisa de Recursos Minerais.
DAHER, Mário J. *Dimensionamento energético de usinas hidrelétricas a nível de viabilidade.* Rio de Janeiro, 1994. Não publicado.
DELFIM NETTO, Antonio. *Sobre o Proálcool.* [S.l.], 1990.
DEPARTAMENTO NACIONAL DA PRODUÇÃO MINERAL. *Informativo anual da indústria carbonífera.* Brasília, 1986; Brasília, 1987; Brasília 1988.
DEPARTAMENTO NACIONAL DE ÁGUAS E ENERGIA ELÉTRICA. *Estudo do sistema tarifário brasileiro de energia elétrica com base nos custos marginais.* Rio de Janeiro, 1979.
——. *Estrutura tarifária de referência para energia elétrica.* Rio de Janeiro, 1981.
——. *Programa de substituição de energéticos importados por eletricidade.* Brasília, 1984.
——. *Nova tarifa de energia elétrica*: metodologia e aplicação. Brasília, 1985.
DIAS LEITE, Antonio ver Leite, Antonio Dias.
DIAS, José Luciano; QUAGLINO, Maria Ana. *A questão do petróleo no Brasil.* Rio de Janeiro: FGV, 1993.
DNAEE ver Departamento Nacional de Águas e Energia Elétrica.
DNPM ver Departamento Nacional da Produção Mineral.
DURANTE, Douglas A. *Clean fuels.* [S.l.]: Clean Fuels Development Coalition, 1995.
——. *A presentation before the United Nations Commission on Sustainable Development.* New York, 1996.
EAGER, Kurt E. Technology: The World's Unlimited Asset. Em: "18th. International Electric Research Exchange". Rio de Janeiro, maio, 1991.
EIA ver Energy Information Agency
ELETROBRÁS. *Setor de energia elétrica*: fontes e usos de recursos. Retrospectiva 1973/1982.
——. *Relatório anual.* Rio de Janeiro, 1972.
——. *Plano de atendimento dos requisitos de energia elétrica até 1990.* Rio de Janeiro, 1974.
——. *Boletim de Planejamento.* Rio de Janeiro, 1985.
——. *REVISE – Revisão Institucional do Setor Elétrico.* Rio de Janeiro: Documentação Inédita, 1988.
——. *Procel. Documentação básica.* Rio de Janeiro, 1988.
——. Diretoria de Gestão Empresarial. Departamento de Tarifas. *Comparativo de tarifas.* Rio de Janeiro, 1989.
——. *Perspectivas da economia brasileira.* Rio de Janeiro, 1991 (Cadernos do plano 2015, 1).
——. *Aproveitamento do potencial hidrelétrico brasileiro.* Rio de Janeiro, 1991 (Cadernos do plano 2015, 2).
——. *Seleção de investimentos do setor elétrico.* Rio de Janeiro, 1991 (Cadernos do plano 2015, 3).
——. *Plano 2015*: estudos básicos. Rio de Janeiro, 1991. v. 1.
——. *Anuário tarifário.* Rio de Janeiro, 1993.
——. *Programa de Conservação de Energia Elétrica (Procel).* Rio de Janeiro, Boletim n. 38, jan. 1996.
——. Grupo Coordenador de Planejamento dos Sistemas Elétricos (GCPS). Comitê técnico para estudos energéticos, *Gasoduto Brasil-Bolívia*: Rio de Janeiro, 1995.
——. Grupo Coordenador de Planejamento dos Sistemas Elétricos (GCPS). *O planejamento da expansão do setor de energia elétrica*: Rio de Janeiro, 2002.
——. Grupo Coordenador da Operação Interligada (GCOI). *Apresentação sobre Simulação Hidrotérmica.* Placa Local x Placa incremental, 1998.
——. *Proinfa. Relação dos contratos assinados.* http://www.eletrobras.com.br/mostra–arquivo.asp?id=http://www.eletrobras.com.br/downloads/EM–Programas–Proinfa/proinfa–contratos1.pdf&tipo=proinfa – 18/01/2007.
——. *Resultados anuais obtidos pelo Procel 1986-2004.*

——. *Luz para todos* – Realização, 2006.
ELETROBRAS TERMONUCLEAR - *Fator de capacidade das usinas*. Informação direta a pedido do autor. 20-03-2006.
EMPRESA DE PESQUISA ENERGÉTICA. Resultado do leilão A3. 2006. Disponível em: http://www.epe.gov.br/imprensa. Acesso em: 21/1/2007.
——. *Projeções do Mercado de Energia Elétrica 2005-2015*. 2006a.
——. *Plano Decenal de Energia Elétrica 2006-2015*. 2006b http://www.epe.gov.br/Lists/Estudos/DispForm.aspx?ID=8&-Source=http%3A%2F%2Fwww%2Eepe%2Egov%2Ebr%2FLists%2FEstudos%2FEstudos%2Easpx – 18/01/2007.
——. *Plano Nacional de Energia 2030*. 2006c. Disponível em: http://www.epe.gov.br/Lists/Estudos/DispForm.aspx?ID=12&Source=http%3A%2F%2Fwww%2Eepe%2Egov%2Ebr%2FLists%2FEstudos%2FEstudos%2Easpx – 18/07/2007.
ENERGY INFORMATION AGENCY. *International energy outlook*. Washington: US Dept. of Energy, 2005-2006. Disponível em: http://www.cia.eia.doe.gov.oiof.ico.index.html 19/01/2007.
EPE ver Empresa de Pesquisa Energética.
ERBER. Pietro. *Integração dos Planejamentos Energéticos Nacional e Regional*. In: Congresso Brasileiro de Planejamento Energético, Rio de Janeiro, 1989.
ESTRELA, Guilherme. *Cenário da exploração e produção de petróleo no Brasil*. Brasília, 2005. Exposição na Câmara dos Deputados.
EUROPEAN REASERCH ÁREA - *World Energy, Technology Outlook*. Disponível em: http://ec.europa.eu/research/energy/pdf/weto-h2–en.pdf – 19/1/2007
.FAO- Food and Agriculture Organization. *Ecosystems and Human-Being. Millenium Ecosystems Assessment, Desertification*. 2005
FERREIRA, Alipio. Produção de óleo diesel com processamento de óleo vegetal em refinaria. São Paulo Reunião ANFAVEA. 06/06/2006.
FERREIRA, André Luis de Miranda. *Os gasodutos e a nova lei do gás*. 2006. Disponível em: <http://gasbrasil.com.br>.
FERREIRA, Tom. *South Africa nuclear programs*. Science in Africa. http://www.scienceinafrica.co.za/2003/june/pbmr.htm – 19/1/2007.
FGV ver Fundação Getulio Vargas.
FOLEY, Gerald. *The energy question*. [S.l.], 1987.
FRAENKEL, Mário et al. Jazida de urânio no planalto de Poços de Caldas. In: Departamento Nacional da Produção Mineral. *Principais depósitos minerais do Brasil*. Brasília, 1985.
FRI, Robert W. *Allocating scarce resources*: making matters worse. Chicago, 1990. Palestra no Illinois Institute of Technology.
FROES DE ABREU, Sílvio ver Abreu, Sílvio Froes de.
FUNDAÇÃO GETULIO VARGAS. As 500 maiores S.A. *Conjuntura Econômica*, [s.l.], abr. 2005.
FUNDAÇÃO TEOTÔNIO VILELA. *Políticas de preços de energia no Brasil*. Brasília, 1991.
FURTADO, A. As grandes opções da política energética brasileira: o setor industrial de 80 a 85. *Revista Brasileira de Energia*, São Paulo, v.1, n.2, 1990.
GARCIA, R.P.Consultores; STRAT Consulting. *A indústria do Gás Natural no Brasil ANP (mimio)* 2004.
GELLER, Howard Steven. *Revolução energética*. São Paulo. Ed Relume Dumará, 2003.
GERMAN, John – *Automotive fuel efficiency*. Depoimento no Senado dos Estados Unidos 2001 http://commerce.senate.gov/hearings/012402german2.pdf – 19/1/2007.
GERSTNER, André. *Missão Brasil 1961-66*. [S.l., s.n.], 1974. Relatório.
GIBSON BARBOZA, Mário ver BARBOZA, Mário Gibson.
GIROTTI, Carlos. *Estado nuclear no Brasil*. [S.l.], 1984.
GODIN, P.; PORTAS, J. Y. *Environmental benefits from electricity uses*. In: *Electricity Beyond 2000*. Washington: [s.n.],1991.
GOLDEMBERG, José et al. *Energia para o desenvolvimento*. São Paulo: T. A. Queiroz, 1988.
GOMES, F. Magalhães. *História da siderurgia no Brasil*. Belo Horizonte: Itatiaia, 1983.
GRANDES grupos ver *Valor Econômico*.
GREINER, Peter. *Um modelo auto-regulador para o setor elétrico*. São Paulo: [s.n.], 1985.
——. *O apagão do setor elétrico*. São Paulo: [s.n.], 2001.
GUDIN, Eugênio; SIMONSEN, Roberto. *A controvérsia do planejamento na economia brasileira*. Rio de Janeiro: IPEA, 1978.
GUILHERME, Olímpio. *Roboré: A Luta pelo Petróleo Boliviano*. Rio de Janeiro: Livraria Freitas Bastos, 1960.
HÄFELE, Wolf. *Energy from nuclear power*. Perspectives in energy, [s.l.], v.1, n.1, 1990.
HAMAKAWA, Yoshihiro. Solar photovoltaics: recent progress and its new role. In: Optoeletronics. [S.l.,s.n.], 1990.
HANNUM, William H.; MARSH, Gerald E.; STANFORD, Gerald S. *Smaller use of...* Scientific American. Dez, 2005. Disponível em: http://www.sciam.com.
HEINZ, Georg R.; RAMOS, Benedito W. *Combustíveis fisseis sólidos no Brasil: carvão, linhito, turfa e rochas oleígenas*. In: DEPARTAMENTO NACIONAL DA PRODUÇÃO MINERAL. *Principais depósitos minerais do Brasil*. Brasília, 1985.
HOGAN, William W. World oil prices projections: a sensitivity analysis. In: JOHN F. KENNEDY SCHOOL OF GOVERNMENT. *Discussion paper*. Cambridge: Harvard University Press, 1989.
HOMEM DE MELO, Fernando ver Melo, Fernando Homem de.

HORTA BARBOSA, Júlio Caetano ver Barbosa, Júlio Caetano Horta.
HOFSTRA UNIVERSITY. *World annual oil production 1900-2004.* New York. Disponível em: http://people.hofstra.Edu/geotrans/eng/gallery/Tgchapter5–Applications.ppt# 380,19. Acesso em: 28 set. 2006.
IBAMA ver Instituto Brasileiro do Meio Ambiente e dos Recursos Naturais Renováveis.
IBDF ver Instituto Brasileiro de Desenvolvimento Florestal.
IBGE ver Instituto Brasileiro de Geografia e Estatística.
INSTITUTO BRASILEIRO DE GEOGRAFIA E ESTATÍSTICA. *Estatísticas históricas do Brasil.* Rio de Janeiro, 1987. v.3.
——. *Censo demográfico.* Rio de Janeiro, 2000.
——. Estatísticas Históricas do Século XX, CD Rom, 2003.
——. Pesquisa Nacional por Amostra de Domicílios- PNAD 2004.2005 http://www.ibge.gov.br/home/estatistica/populacao/trabalhoerendimento/pnad2004/coeficiente–brasil.shtm – 18/01/2007
INSTITUTO BRASILEIRO DO MEIO AMBIENTE E DOS RECURSOS NATURAIS RENOVÁVEIS. Proconve. Resultados. www.ibama.gov.br/proconve, 14-07-2005.
IEA ver International Energy Agency.
IEAA ver International Atomic Energy Agency.
INSTITUTO BRASILEIRO DE DESENVOLVIMENTO FLORESTAL. *Contribuição do setor florestal ao comércio exterior brasileiro.* [S.l.], 1981.
——. *Análise da balança comercial de produtos florestais.* [S.l.], 1985.
INSTITUTO BRASILEIRO DO PETRÓLEO. Operações de exploração a cargo de empresas estrangeiras. Informação direta a pedido do autor (DIAS, Felipe. Mensagem recebida em 12 de jul. 2006).
INSTITUTO NACIONAL DE EFICIÊNCIA ENERGÉTICA. *Política de conservação de energia.* Rio de Janeiro, 1992.
INTERNATIONAL ATOMIC ENERGY AGENCY. Uranium 2003. *Reserves, Production and Demand.* 2006 http://www.nea.fr/html/ndd/reports/2006/uranium2005-english.pdf – 19/1/2007.
——. The agency and the World in 2004. http://www.iaea.org/Publications/Reports/Anrep2004/world–in–2004.pdf – 19/1/2007.
INTERNATIONAL ENERGY AGENCY. *World energy outlook.* Paris – IEA Pblications, 1995.
——. *Flexibility in natural gas supply and demand.* [S.l.], 2002.
——. *Key world energy statistics*: selected energy indicators for 2003. Disponível em: http://www.iea.org. Textbase/publications.
——. *Key world energy statistics*: selected energy indicators for 2004. Disponível em: http://www.iea.org. Textbase/publications.
——. *Security in gas supply in open market.* [S.l.], 2004.
——. *Key World Energy Statistics, 2005 Edition* http://www.iea.org/Textbase/stats/index.asp – 19/1/2007.
——. Energy prices and taxes: Saudi Arabian Light. 2005. Disponível em: http://www.iea.org.
——. *World Energy Outlook, 2006- Press Release, 2006* http://www.worldenergyoutlook.org/ – 19/1/2007.
IMF - INTERNATIONAL MONETARY FUND: *International Financial Statistic.* Disponível em: http://www.imf.org/external/pubs/ft/weo/2006/02/data/weoselgr.aspx– 19/1/2007.
INB - INDÚSTRIAS NUCLEARES DO BRASIL. *Investimentos no ciclo de combustíveis nucleares.* Disponível em: www.inb.gov.br. 2006.
INPE - INSTITUTO NACIONAL DE PESQUISAS ESPACIAIS- Coordenação Geral da Observação da Terra. *Projeto PRODES. Monitoramento da floresta amazônica brasileira por satélite.* Disponível em: http://www.obt.inpe.br/prodes/sisprodes2000–2005.htm – 19/01/2007.
INSTITUTO DE PESQUISA ECONÔMICA APLICADA.-IPEA. Disponível em: http://www.ipeadata.gov.br/ipeaweb.dll/ipeadata?167768578 – 19/01/2007.
IPCC - INTERGOVERNMENTAL PANEL ON CLIMATE CHANGE. *Climate Change 2001, (Summary for Policymakers),* 2001a Disponível em: http://www.ipcc.ch/pub/un/syreng/spm.pdf
——. *Climate Change 2007, (Summary for Policymakers),* 2007a. Disponível em: http://www.ipcc.ch/SPM2feb07.pdf – 10/02/07.
——. *Climate Change 2007, (Summary for Policymakers - Mitigation),* 2007b. http://www.ipcc.ch/SPM040507.pdf – 04/05/07
JABOUR, Maria Ângela. *Racionamento: do susto à consciência.* São Paulo, Terra das Artes, 2001.
JAVARONI, João H.; MACIEL, A. C. Prospecção e pesquisa de urânio no Brasil 1975-1984. In: DEPARTAMENTO NACIONAL DA PRODUÇÃO MINERAL. *Principais depósitos minerais no Brasil.* Rio de Janeiro, 1985.
JOHN KENNEDY RESEARCH ASSOCIATES INC. *Spent fuel management policies in eight countries.* Washington, 1989. Paper for: The monitored retrievable storage review comission, USA.
KELMAN, Jerson (Coord.). *Relatório da Comissão de Análise do Sistema Hidrotérmico de Energia Elétrica.* Brasília: [s.n.], 2001.
——; KELMAN, Rafael; PEREIRA, Mário Veiga. *Energia firme de sistemas hidrelétricos e usos múltiplos dos recursos hídricos.* [S.l. s.n.], 2004.
LAKE, James; BENNETT, Ralph; KOTK, John -. Nuclear Power. In: *Scientific American,* january 2002. Disponível em:

http://www.sciam.com/issue.cfm?issueDate=Jan-02 – 19/1/2007.
LATTARI, Sérgio; KLINGERMAN, Alberto. *Incorporação da curva de aversão ao risco no modelo Newave*. Rio de Janeiro, 2005.
LEITE, Antonio Dias. Renda nacional. *Revista Brasileira de Economia*, Rio de Janeiro, v.1, n.2, dez. 1947.
——. Renda nacional. *Revista Brasileira de Economia*, Rio de Janeiro, v.2, n. 4, mar. 1948.
——. *Caminhos do desenvolvimento*. Rio de Janeiro: Zahar, 1966.
——. *Exposição de motivos n° 416 – desenvolvimento tecnológico*, Brasília: Diário Oficial 25/08/1971.
——. *Política mineral e energética*. Rio de Janeiro: IBGE, 1974.
——. *Apresentação ao Relatório da Matriz Energética Brasileira*, MME – IPEA. 02-1974.
——. *Equilíbrio financeiro das empresas de crescimento regular e continuado*. Revista Brasileira de Energia, Rio de Janeiro, n.34, abr./set. 1976.
——. *Estudo do desenvolvimento integrado do carvão mineral no Sul do Brasil*. Rio de Janeiro: Cia. Vale do Rio Doce, 1986. Documento interno.
——. *Plano Cruzado*: esperança e decepção. [Rio de Janeiro]: UFRJ, Instituto de Economia Industrial, 1987.
——. *Energia*. São Paulo: FUNDAP, 1996. (Estudos de economia do setor público).
——. *Efficient use of energy sources in electric power*. New York: United Nations Commission for Sustainable Development, 1996.
——. *Energia econômica x energia ideológica*. O Estado de São Paulo, São Paulo, 2 fev. 2004a.
——. *A economia brasileira: de onde viemos e onde estamos*. Rio de Janeiro: Elsevier, Campos, 2004b.
——; THIBAU, Mauro; PENNA, João Camilo; BHERING, Mario; ALQUERES, José Luis. *O futuro da Energia Elétrica no Brasil*. O Estado de São Paulo, 06-05-2001.
——. *O futuro da energia elétrica no Brasil II*. O Estado de São Paulo, 11-11-2001.
——; BORGONOVI, Mário. *Revisão da política de reflorestamento*. Rio de Janeiro: 1982. Estudo para a Cia. Vale do Rio Doce.
——; ROBOCK, S.; HASSILEV, L. *Methodology for long term power market forecasting and application to south central Brazil*. Rio de Janeiro. Trabalho para a Conferência Mundial de Energia, Tóquio, 1966.
——; SANT'ANA, Maristela; SIDSAMER, Samuel. *Uma investigação de alternativas de reequilíbrio simultâneo de preços relativos*. Rio de Janeiro: UFRJ, FEA, 1985.
——; THIBAU, Mauro. *Apelo ao setor elétrico*. Jornal do Brasil, Rio de Janeiro, 1º nov. 1991.
LEITE, Rogério César de Cerqueira. *Proálcool*: a única alternativa para o futuro. [S.l.]: Editora da UNICAMP, 1987.
LEPECKI, Witold. *Um programa de reatores de água pesada para o Brasil*. XIX Reunião de SPPC. São Paulo, 1968.
——. *Operação das usinas de Angra*. Nota inédita, 2005
LIMA, Medeiros. *Petróleo, energia elétrica, siderurgia: a luta pela emancipação*. Rio de Janeiro; Paz e Terra, 1975. Ao alto do título: Um depoimento de Jesus Soares Pereira.
LOHNERT, G. H. *Technical design features and essential safety related properties of the HTR-Module*. In: Nuclear Engineering and Design. [S.l., s.n.], 1990.
LOSEKAN, L. *Reestruturação do setor elétrico brasileiro*: coordenação e concorrência. (Tese de Doutorado) – Instituto de Engenharia, Universidade Federal do Rio de Janeiro, 2003.
MAC AVOY, Paul W. *Energy policy: an economic analysis*. Nova York, W. W. Norton & Company, Inc., 1983.
MACEDO, Isaías de Carvalho (Org.). *A energia da cana-de-açúcar*. [S.l., s.n.], 2005.
MACEDO SOARES E SILVA, Edmundo de ver Silva, Edmundo de Macedo Soares e.
MACHADO, A. C. Fraga. *Comercialização no novo modelo de energia elétrica*. Em Seminário sobre reestruturação do setor de energia elétrica e gás natural. IE/UFRJ, 30/08/2006 CD-rom.
MAGALHÃES GOMES, F. ver Gomes, F. Magalhães.
MARTIN, J. M. *Industrialisation et dévelopment energétique du Brésil*. Paris: Université de Paris, 1966.
MASON, B. J. *The greenhouse effect*. [S.l.]: Contemporary physics, 1989.
MC DOWAL, Duncan. *The LIGHT: Brazilian Traction, Light and Power Company Limited*. Toronto: University of Toronto Press, 1988.
MC MULAN, J. T.; MORGAN, R.; MURRAY, R. B. *Energy resources*. [S.l., s.n.], 1982.
MEDEIROS LIMA ver Lima, Medeiros.
MEDEIROS, Virgilio A.; FIGUEIREDO, Jose C. Ayres; CARVALHO, André M.; (Cemig). *Painéis Solares*. Nota preparada a pedido do autor, 2006.
MELO, Celso de A. *Plataforma continental*. [S.l., s.n.], 1965.
MELO, F. Homem de; DELIN, Eli Roberto. *As soluções energéticas e a economia brasileira*. São Paulo: UCITEC, 1984,
MME ver Brasil. Ministério de Minas e Energia.
MOURA, João Maciel de. *Tração diesel*. Rio de Janeiro: Escola Nacional de Engenharia, 1958.
——. *Radar descobre a Amazônia*, Mineração e Metalurgia. Rio de Janeiro, 1971.
NASTARI, Plínio M.; COELHO, Arnaldo R.; NAVARRO JR., Lamartine. *O álcool no contexto dos combustíveis líquidos no Brasil*. [S.l.]: Sopral, 1987.
NAVARRO JR., Lamartine. *A verdade econômica do álcool*. [S.l.]: Sopral, 1987.
NAZARÉ ALVES, Rex ver Alves, Rex Nazaré.

NUCLEN ENGENHARIA E SERVIÇOS S.A. *Situação de Angra II e III*. Rio de Janeiro, 1990.

——. *A situação da energia nucleoelétrica no mundo*. Rio de Janeiro, 1995.

ODE, Kazuya. *Research and development for the 21st century in the electric utility industry in Japan* In: ELECTRICITY BEYOND 2000. Washington, D.C., 1991.

O GLOBO – *Tarifa nem sempre social*. 14-08-2006

ODEL, Peter R. *Oil and world power*. New York: Taplinger Publishing Co., 1974.

OLIVEIRA, Adilson de. Industrialização e desenvolvimento energético 1945-1955. In: REUNIÃO ANUAL DA ANPEC ??? 1983.

——. Infraestrutura, perspectivas de reorganização do setor elétrico. [S.l., s.n.], 1997.

——. *The political economy of the brazilian electric power industry reform*. [S.l., s.n.], 2003.

——. ARAÚJO, H. P. M. H. de. *Desenvolvimento e política energética brasileira 1900-1945*. Rio de Janeiro: AIE, COPPE, UFRJ, 1981.

ONS ver Operador Nacional do Sistema.

OPERADOR NACIONAL DO SISTEMA. *Extensão das Linhas de Transmissão Dados Relevantes 2004*. Rio de janeiro, 2005

OTA, Ronaldo Seroa da. Um estudo de custo-benefício do Proálcool. Pesquisa e Planejamento Econômico, Rio de Janeiro, IPEA. 1987.

——. *Diagrama esquemático das usinas do Sistema Interligado Nacional*. Disponível em: http://www.ons.org.br. Acesso em: 1º mar. 2005.

——. *Esquema de fluxos inter-regionais*. Disponível em: http://www.ons.org.br/informacaodeoperacao/historico/intercambioentre%20regioes - 20/1/2007.

PAGY, Antonio; GARCIA, Valdir. *Política industrial e energética: quinze anos após o primeiro choque do petróleo*. Revista Brasileira de Energia, São Paulo, v.1, n.3, 1990.

PAIXÃO, Lindolfo E. *Memórias do projeto RE-SEB*. São Paulo: Ed Massau Ohno, 2000.

PETROBRAS. *Petróleo brasileiro: preconceito e realidade*. Serviço de Comunicação Social. Rio de Janeiro, 1981. Folheto.

——. *Aspectos técnicos e jurídicos sobre contratos de risco*. Publicação Interna. Rio de Janeiro, 1988.

——. *Análise dos efeitos do Decreto-lei nº 1.091*. Tabela fornecida a pedido do autor (Franke Milton, R.). Rio de Janeiro, 10/12/1990.

——. *Industrialização do xisto no Brasil*. Rio de Janeiro, 1991. Publicação interna.

——. *Preços internacionais de derivados de petróleo*. Departamento comercial – setor preço. Dados fornecidos a pedido do autor, Rio de Janeiro, 1990.

——. *Majnoon: a Petrobras no Iraque*. Fundamentos – Serplan, nº 1, Rio de Janeiro, jun. 1995.

——. *Pesquisa na plataforma continental*. Tabela fornecida a pedido do autor (Queiroz, J. Carlos). Rio de Janeiro, 08/12/1995.

——. *Investimentos da Petrobras*. Tabela fornecida a pedido do autor (Queiroz, J. Carlos). Rio de Janeiro, 1995.

——. *Sistema Petrobras*: fatos, dados e perspectivas. Rio de Janeiro, 1996.

——. *Relatório Anual 2001*. Rio de Janeiro, 2002.

——. *Relatório Anual 2002*. Rio de Janeiro, 2003.

——. *Plano Estratégico 2015, 04-06-2004*. Disponível em: http://www2.petrobras.com.br/ri/port/ApresentacoesEventos/ConfTelefonicas/pdf/Plano–Estrategico–2015–FINAL.–1506.pdf – 18/01/2007.

——. *Cenário da Exploração e da Produção de Petróleo no Brasil, (apresentado por Estrella G.)*. 29-03-2005.

——. *Relatório Anual 2005, Valor Econômico 06/03/2006*.

——. *Histórico de investimentos, 1954-2004*. Disponível em: http://www.Petrobras.com.br/portal/frame. Acesso em: mar. 2006.

——. *Reservas provadas de gás natural*. 2004. Disponível em: http://www.Petrobras/Destaques operacionais/ Exploração e produção. Acesso em: 15 nov. 2006.

——. *Plano de Negócios 2006-2010* (apresentado por Gabrielli, J.S.). 23-08-2005 http://www2.petrobras.com.br/ri/port/ApresentacoesEventos/ConfTelefonicas/pdf/Plano–Negocios–2006-2010–n.pdf – 18/1/2007.

——. *Preço do gás natural no city-gate*. Disponível em http//www.Petrobras/Destaques Operacionais/2006.

——. *Plano de Negócios 2007-2011*(apresentado por Gabrielli,J.S.) 05-07-2006 http://www2.petrobras.com.br/ri/port/ApresentacoesEventos/ConfTelefonicas/pdf/PlanoNegocios20072011–Port.pdf – 18/01/2007.

PETROBRAS INTERNACIONAL S.A. *Relatório*. Rio de Janeiro, 1994.

——. REPSOL. Inserção da geração térmica no sistema brasileiro. [S.l.], 2004.

PIRCHER, W. *36.000 large dams: and more needed*. [S.l.], 1992.

PINTO, Mário da Silva. *Plano do carvão: memorial justificativo*. In: PLANO DO CARVÃO NACIONAL. Rio de Janeiro: Imprensa Nacional, 1951.

PIRES, Adriano; SCHECHTMAN, Rafael – *Uma alternativa para o gás natural boliviano*, em *Valor Econômico* 26-05-2006.

PIRES DO RIO, José ver Rio, José Pires do.

PROCEL – Programa Nacional de Conservação de Energia Elétrica ver Eletrobras.

PRICEWATERHOUSECOOPERS – *Impacto da Carga Tributária sobre o Setor Elétrico Brasileiro*. Rio de Janeiro,outubro 2005

RAG & STEAG. *Energy for the new millenium*. Essen: [s.n., s.d.].
RAMOS, Raimundo Andrade; MACIEL, A. C. *Atividades de prospecção de urânio no Brasil 1966-1970*. Rio de Janeiro: [s.n.], 1974.
——. *Prospecção de urânio no Brasil*. Rio de janeiro: [s.n.], 1974.
REMAC ver BRASIL – MME (Reconhecimento global da margem continental brasileira).
REVISE ver Eletrobras – Revisão Institucional do Setor Elétrico.
RIO, José Pires do. *Conclusões*: Primeiro Congresso Brasileiro de carvão e outros combustíveis nacionais out. nov. 1922.
——. *Combustível na economia brasileira*.[S.l.: s.n.], 1942.
ROBOCK, Stefan. *Nuclear power and economic development in Brazil*. Washington: National Planning Association, 1957.
ROCHA, Gilma dos Passos. Consumo de energia por região (Aneel). [mensagem pessoal]. Mensagem recebida: e-mail pessoal em 23 de mar. 2005.
RODRIGUES, Hervê S. *Campos*: na taba dos goitacazes. [S.l.: s.n.], 1988.
ROSENBERG, Nathan. *Inside the black box*: technology and economics. Cambrigde: Cambridge University Press, 1982.
ROTSTEIN, Jaime. *Planejamento estratégico e desenvolvimento*. [S.l., s.n.], 2004.
ROUSSEF, Dilma. *O novo modelo do setor elétrico*. [S.l., s.n.], 2003.
SANNA, Lucy. Driving the Solution. EPRI Journal. 2005 . http://www.calcars.org/epri-driving-solution-1012885–PHEV.pdf – 19/1/2007.
SANTANA, Mauro da Silva. *Reservas e Produção no Brasil*, A Semana do Gás Natural, Rio de Janeiro, 2004.
SBS ver Sociedade Brasileira de Silvicultura.
SCHURR, Sam et al. *Electricity in the american economy*. – Westport: Greenwood Press, 1990.
SERRA, Eduardo T. et al. *Células de combustível*. Rio de Janeiro: Cepel, 2005.
SCOLARI, Paolo. *Energy and transport*: the role of the automobile industry. New York: United Nations Commission on Sustainable Development, 1996.
SENADO FEDERAL ver Brasil. Senado Federal.
SHELL BRASIL – *Energia para Gerações,* Rio de Janeiro, 2003.
SIFFERT Filho, Nelson Fontes. *Programas emergenciais para energia elétrica*. BNDES, Rio de Janeiro. Mensagem recebida e-mail pessoal em 29/11/2005.
SILVA, Edmundo de Macedo Soares e. *O ferro na história e na economia do Brasil*. [S.l.]: Comissão Executiva Central do Sesquicentenário da Independência do Brasil, 1972.
SILVA, L.T.- *Nova Política Brasileira Amazônia Pivot*. Ciclo de Debates sobre Amazônia Brasileira. 2004.
SILVA PINTO, Mário ver Pinto, Mário Silva.
SILVI, Cesare. *Solar Energy*. WEC-World Energy Council. 2004 Survey of Energy Resources. http://www.worldenergy.org/wec-geis/publications/default/launches/ser04/ser04.asp – 19/1/2007.
——. *Consumo de madeira em toras*, 2001. http://www.sbs.org.br/consumo–madeira.htm
SIMON, David N.; WILBERG, J. A. *First nuclear power plant in Brazil*. Nuclear Engineering, nov. 1972.
SINDICATO NACIONAL DA INDÚSTRIA DE EXTRAÇÃO DO CARVÃO. *Legislação sobre o carvão nacional*: programa e planos governamentais. [S.l.], 1961.
——. *Mecanismo de otimização dos sistemas elétricos integrados*. Rio de Janeiro, 2000.
——. *Mecanismo de repartição do custo dos combustíveis*. Rio de Janeiro, 2000.
——. *Dados estatísticos 1980-1995*. Rio de Janeiro, 1996.
SIQUEIRA, Joésio Deoclésio Pierin. *A atividade florestal como um dos instrumentos de desenvolvimento do Brasil*. In: Congresso Florestal Brasileiro, Campos do Jordão, SP. Trabalhos convidados. São Paulo, 1990. p. 15-18.
SMITH, Peter. *O petróleo e a política no Brasil*. [S.l.: s.n.], 1978.
SOCIEDADE BRASILEIRA DE SILVICULTURA, *Reposição florestal – São Paulo: um modelo de 33 milhões de árvores,* Silvicultura, São Paulo, v. 17, n. 65, p. 5-9, jan./fev. 1996.
TAMER, Alberto. *Petróleo, o preço da dependência*. Rio de Janeiro: Ed. Nova Fronteira, 1980.
TÁVORA, Juarez. *Petróleo para o Brasil*. Rio de Janeiro: José Olympio, 1955.
TAYLOR, R, – *Climate Change and Reservoir Emissions*, em WEC – World Energy Council, 2004 Survey of Energy Resources, 2004.
THE ECONOMIST. *Oil, how to avoid the next schock*. 30/04/2005.
TENDÊNCIAS CONSULTORIA INTEGRADA. *O risco do déficit e o Programa de Geração Térmica do Brasil*. [S.l.], 2003.
TOLMASQUIM, Maurício. *Meio ambiente, eficiência energética e progresso técnico*. Rio de Janeiro: INEE, 1993.
——. (Coord.). *Geração de energia elétrica no Brasil*. Rio de Janeiro, 2005.
TRIBUNAL DE CONTAS DA UNIÃO ver Brasil. Tribunal de Contas da União.
TROSSERO, Miguel; DRIGO, Rudi. *Wood Fuels*. Em WEC – World Energy Council, 2004 Survey of Energy Resources. http://www.worldenergy.org/wec-geis/publications/default/launches/ser04/ser04.asp – 19/1/2007
UNIÃO DA AGROINDÚSTRIA CANAVIEIRA DO ESTADO DE SÃO PAULO. *Estatísticas*. http://www.unica.com.br/pages/estatisticas/asp# , 2007.
ÚNICA ver União da Agroindústria Canavieira do Estado de São Paulo.
UNITED NATIONS. *Energy statistics yearbook*. New York, 1992.
——. *World Population Prospects, The 2004 Revision*, 2004. http://www.un.org/esa/population/publications/wup2003/

WUP2003.htm – 19/1/2007.

——. *World Urbanization Prospects. The 2005 Revision*, 2005 http://esa.un.org/unpp/ – 19/1/2007.

UNIVERSIDADE FEDERAL DO RIO DE JANEIRO. Instituto de Economia. *Programa Nacional de Desestatização*. Rio de Janeiro, 2005.

UNIVERSIDADE DE SÃO PAULO. Instituto de Eletrotécnica e Energia. *Perspectivas do álcool combustível no Brasil*. São Paulo, 1996.

US DEPARTMENT OF ENERGY-USDOE. *Hydrogen Fuel Initiative*, Washington, 2006 http://www1.eere.energy.gov/hydrogenandfuelcells/pdfs/hpwgw–doe–paster.pdf – 19/1/2007.

VAITSMAN, Maurício. *O Petróleo no império e na república*. [S.l., s.n.], 1948.

VARGAS, Getúlio. *Mensagem nº 469 do presidente ao Congresso Nacional*, em 6 de dezembro de 1951. Diário do Congresso Nacional, Rio de Janeiro, 12 dez. 1951.

VALOR ECONÔMICO, *Grandes Grupos/* (caderno especial) dez. 2005.

VARMING, Sören. *Wind Energy*. Em WEC – World Energy Council. 2004 Survey of Energy Resources. http://www.worldenergy.org/wec-geis/publications/default/launches/ser04/ser04.asp – 19/1/2007.

VICTOR, David, HAYES, Mark- *Existe convergência dos mercados de gás natural*. Seminário de GNL na Bacia do Atlântico. Rio de Janeiro, 31-07-2006.

VIEIRA, Lauro P. *Contratos de risco: vantagens econômicas e estratégicas*. Rio de Janeiro, 1982.

WEC ver World Energy Council.

WHITE, Max G.; PIERSON, Charles T. *Sumário da prospecção para minerais radioativos no Brasil no período de 1952 a 1960*. Rio de Janeiro, 1974.

WICKIPEDIA-THE FREE ENCYCLOPEDIA. Megacities, www.org.wiki

WILBERG, Julius. *Consumo brasileiro de energia*. Revista Brasileira de Energia, São Paulo, jan./mar. 1974.

WILSON, Carol L. *Coal: bridge to the future*. In: REPORT of the world coal study. Boston. The MIT Press, 1980.

WNA ver World Nuclear Association.

WOLK, R.; MC DANIEL, J. *Electricity without steam: advanced technology for the new century*. HIGH temperature materials for power engineering. Liege: [s.n.], 1990.

WORLD BANK. *The World's Bank role in the electric power sector policies for effective institutional regulatory and financial reform*. Washington, 1993. - World Development Indicators, 1999, 2001, 2002 e 2006.

WORLD ENERGY COUNCIL. *Energy for tomorrow's world*. Londres, St Marlins Press, 1993.

——. *Energy for our common world*, WEC, 16th Congress, Tokyo, 1995.

——. *Energy for tomorrow's world*: acting now. Londres; WEC, 2000.

——. *Living in one world*: Londres; WEC, 2001.

——. *Drivers of the energy scene*. Londres; WEC, 2003.

——. *2004 Survey of energy resources*. 2005. 1 CD-ROM.

——. *World Energy in 2006* – The future of energy today. 2006

World Nuclear Association, *Uranium Enrichment*. www.world-nuclear.org. 11-2006.

World Watch Institute, *State of the world*. New York: W. W. Norton & Company, 1991.

WWF, world wildlife fund. *Agenda elétrica sustentável 2020*. http://www.wwf.org.br/natureza–brasileira/meio-ambiente–brasil/clima/mudancas–climaticas–resultados/asust/index.cfm – 19/1/2007

YERGIN, DANIEL. *O petróleo*. São Paulo: Ed. Página Aberta, 1993.

Siglas e abreviações

ABACC	Associação Brasileiro-Argentina de Contabilidade e Controle de Materiais Nucleares
Abar	Associação Brasileira de Agências de Regulação
Abraceel	Associação Brasileira dos Comercializadores de Energia Elétrica
ABRAVA	Associação Brasileira de Refrigeração, Ar-condicionado, Ventilação e Aquecimento
ABWR	Advanced Boiling Water Reactor
ACL	Ambiente de Contratação Livre
ACR	Ambiente de Contratação Regulada
AIEA	Agência Internacional de Energia Atômica
Amforp	American & Foreign Power
ANA	Agência Nacional de Águas
ANDE	Administración Nacional de Electricidad
Aneel	Agência Nacional de Energia Elétrica
ANFAVEA	Associação Nacional dos Fabricantes de Veiculos Automotores
ANP	Agência Nacional do Petróleo, Gás Natural e Biocombustíveis
BEM	Balanço Energético Nacional
Bird	Banco Internacional para Reconstrução e Desenvolvimento
BNDE(S)	Banco Nacional de Desenvolvimento Econômico (e Social)
Braspetro	Petrobras Internacional S.A.
Cadem	Consórcio Administrador de Empresas de Mineração
CAEEB	Companhia Auxiliar de Empresas Elétricas Brasileiras
CAR	Curva de Aversão a Risco
CBEE	Comercializadora Brasileira de Energia Emergencial
CBTN	Companhia Brasileira de Tecnologia Nuclear
CCC	Conta de Consumo de Combustíveis
CCEAR	Contratos de Comercialização de Energia em Ambiente Regulado
CCEE	Câmara de Comercialização de Energia Elétrica
CCMA	Comitê Consultivo do Meio Ambiente
CCOI	Comitê de Controle das Operações Interligadas
CCON	Comitê Coordenador da Operação Interligada Norte/Nordeste
CCPE	Comitê Coordenador do Planejamento da Expansão
CDE	Conta de Desenvolvimento Energético
CEA	Certificado de Energia Assegurada
CEA	Commissariat à l'Énergie Atomique
CEEE	Companhia Estadual de Energia Elétrica
CEERG	Companhia de Energia Elétrica Rio-grandense
CEG	Companhia Estadual de Gás
Cemig	Centrais Elétricas de Minas Gerais S.A
Cenal	Comissão Nacional do Álcool
Cenpes	Centro de Pesquisas e Desenvolvimento

Centrecon	Centro de Treinamento e Conferências
Cepal	Comissão Econômica para a América Latina
Cepcan	Comissão Executiva do Plano de Carvão Nacional
Cepel	Centro de Pesquisa de Energia Elétrica
Cesp	Centrais Elétricas de São Paulo
Cetem	Centro de Tecnologia Mineral
CGCE	Câmara de Gestão da Crise de Energia Elétrica
Cherp	Companhia Hidrelétrica do Rio Pardo
Chesf	Companhia Hidrelétrica do São Francisco
Cientec	Consultoria de Desenvolvimento de Sistemas
CIP	Conselho Interministerial de Preços
CME	Custos Marginais de Expansão
CMO	Custos Marginais de Operação
CMPFRH	Compensação Financeira pela Utilização de Recursos Hídricos
CMSE	Comitê de Monitoramento do Setor Elétrico
CNAEE	Conselho Nacional de Águas e Energia Elétrica
CNE	Conselho Nacional de Economia
CNEN	Comissão Nacional de Energia Nuclear
CNOS	Centro Nacional de Operação do Sistema
CNP	Conselho Nacional do Petróleo
CNPE	Conselho Nacional de Política Energética
CNPq	Conselho Nacional de Pesquisas
Cogen	Associação Paulista de Cogeração de Energia
COMAE	Conselho do Mercado Atacadista de Energia Elétrica
Comase	Comitê Coordenador das Atividades de Meio Ambiente do Setor Elétrico
Conama	Conselho Nacional do Meio Ambiente
Conamaz	Conselho Nacional da Amazônia Legal
Conesp	Comissão de Nacionalização das Empresas de Serviços Públicos
Conpet	Programa Nacional da Racionalização do uso dos Derivados do Petróleo e do Gás
CONSERVE	Programa de Conservação de Energia no Setor Industrial
Copel	Companhia Paranaense de Eletricidade
Copelmi	Companhia de Pesquisas e Lavras Minerais
Copene	Companhia Petroquímica do Nordeste S.A.
Copesul	Companhia Petroquímica do Sul
Cosipa	Companhia Siderúrgica Paulista
Cosipar	Companhia Siderúrgica do Pará
CPFL	Companhia Paulista de Força e Luz
CPRM	Companhia de Pesquisas de Recursos Minerais
CRM	Companhia Rio-grandense de Mineração
CSN	Companhia Siderúrgica Nacional
CTC	Centro de Tecnologia Copersucar
CTEEP	Companhia de Transmissão de Energia Elétrica Paulista

CTMSP	Centro Tecnológico da Marinha em São Paulo
CUF	Comissão para Unificação de Frequência
CVA	Compensação de Variação dos Valores
DACM	Departamento Autônomo de Carvão Mineral
DAEE	Departamento de Águas e Energia Elétrica
Dasp	Departamento Administrativo do Serviço Público
DEM	Departamento de Exploração Mineral
DHN	Diretoria de Hidrografia e Navegação
DNAEE	Departamento Nacional de Águas e Energia Elétrica
DNPM	Departamento Nacional da Produção Mineral
E&P	Exploração e Produção de Petróleo
Ecotec	Economia e Engenharia Industrial S.A.
EFST	Energia Firme para Substituição
EGTD	Energia Garantida por Tempo Determinado
Eletrobras	Centrais Elétricas Brasileiras S.A
Eneram	Comitê Coordenador de Estudos Energéticos da Amazônia
Enersul	Comitê Coordenador de Estudos Energéticos da Região Sul
EPE	Empresa de Planejamento Energético
EPEX	Energia Excedente para Produção de Bens Exportáveis
ERA	European Research Area
ESALQ	Escola Superior de Agricultura Luis de Queirós
ESBT	Energia Elétrica Excedente para Substituição em Baixa Tensão
Esco	Energy Service Companies
ESNG	Energia Sazonal Não Garantida
ETST	Energia Temporária para Substituição
FAO	Food and Agriculture Organization
FBR	Fast Breeder Reactor
FMI	Fundo Monetário Internacional
Fronape	Frota Nacional de Petroleiros
Gaspetro	Petrobras Gás S.A.
GCOI	Grupos Coordenadores de Operação Interligada
GCPS	Grupo Coordenador de Planejamento dos Sistemas Elétricos
Gerac	Grupo Executivo de Racionalização do Uso dos Combustíveis
Getene	Grupo de Trabalho de Energia Elétrica
GIF	Generation IV International Forum
GNC	Gás Natural Comprimido
GNL	Gás Natural Liquefeito
GTB	Gás Transboliviano
IAEA	International Atomic Energy Agency
Ibama	Instituto Brasileiro do Meio Ambiente e dos Recursos Naturais Renováveis
IBDF	Instituto Brasileiro de Desenvolvimento Florestal
IBGE	Instituto Brasileiro de Geografia e Estatística

ICM	Imposto de Circulação de Mercadorias
IDSE	Instituto para o Desenvolvimento do Setor Elétrico
IEA	Instituto de Energia Atômica de São Paulo
IEN	Instituto de Engenharia Nuclear
IME	Instituto Militar de Engenharia
INB	Indústrias Nucleares do Brasil
INEE	Instituto Nacional de Eficiência Energética
INPE	Instituto Nacional de Pesquisas Espaciais
INTD	International Near Term Deployment
IPCC	Intergovernmental Panel on Climate Change
IPEN	Instituto de Pesquisas Energéticas e Nucleares
IPI	Imposto sobre Produtos Industrializados
IPR	Instituto de Pesquisas Radioativas
ITER	International Thermonuclear Experimental Reactor
IUCLG	Imposto Único sobre Combustíveis Líquidos
IUEE	Imposto Único sobre Energia Elétrica
IWRA	International Water Resources Association
MAE	Mercado Atacadista de Energia
MDL	Mecanismo de Desenvolvimento Limpo
MEB	Matriz Energética Brasileira
MEC	Ministério da Educação
MIC	Ministério da Indústria e do Comércio
MME	Ministério de Minas e Energia
MODDHT	Modelo de Despacho de Sistemas Hidrotérmicos
MRE	Mecanismo de Relocação de Energia
NASA	National Aeronautic and Space Administration
Nuclam	Nuclebrás Auxiliar de Mineração
Nuclebrás	Usinas Nucleares Brasileiras S.A.
Nuclei	Enriquecimento Isotópico S.A.
Nuclen	Nuclen Engenharia e Serviços S.A.
Nuclep	Neclebrás Equipamentos Pesados S.A.
Nucon	Nuclebrás Construtora de Centrais Nucleares S.A.
OECD	Organization for Economic Cooperation and Development
OIE	Oferta Interna de Energia
ONS	Operador Nacional do Sistema
Olade	Organização Latino-Americana de Energia
OPEP	Organização dos Países Exportadores de Petróleo
PATN	Programa Nuclear Autônomo
PBMR	Pebble-Bed Modular Reactor
PCB	Partido Comunista do Brasil
PCH	Pequenas Centrais Hidrelétricas
PIE	Produtores Independentes de Energia Elétrica

PIN	Plano de Integração Nacional
Planfap	Plano de Formação e Aperfeiçoamento de Pessoal de Nível Superior
PME	Produção Mensal de Energia
PND	Plano Nacional de Desenvolvimento Econômico
PPA	Plano Plurianual
PPG7	Programa Piloto para Proteção de Florestas Tropicais do Brasil
PPP	Programa de Parcerias Púplico-privadas
PPT	Programa Prioritário de Termelétricas
Procel	Programa Nacional de Conservação de Energia
Proconve	Programa de Controle da Poluição Veicular
Prodes	Projeto de Monitoramento da Floresta Amazônica por Satélite
Proinfa	Programa de Incentivo às Fontes Alternativas de Energia Elétrica
Pronar	Programa Nacional de Qualidade do Ar
PSD	Partido Social Democrático
PTB	Partido Trabalhista Brasileiro
PUK	Pecheney-Ugine-Kuhlmann
RAR	Reasonably Assured Resources
Reluz	Programa Nacional de Iluminação Pública Eficiente
Remac	Reconhecimento Global da Margem Continental Brasileira
Rencor	Reserva Nacional de Compensação de Remuneração
RE-SEB	Reforma do Setor Elétrico Brasileiro
Revap	Refinaria do Vale do Paraíba
REVISE	Revisão Institucional do Setor Elétrico
RGG	Reserva Global de Garantia
RGR	Reserva Global de Reversão
RIMA	Relatório de Impacto Ambiental
RTE	Recuperação Tarifária Extraordinária
SAE	Secretaria de Assuntos Estratégicos
Sema	Secretaria Especial do Meio Ambiente
SGMB	Serviço Geológico e Mineralógico do Brasil
SIN	Sistema Interligado Nacional
Sintrel	Sistema Nacional de Transmissão de Energia Elétrica
Sivam	Sistema de Vigilância da Amazônia
SNI	Serviço Nacional de Informações
SRES	Special Report on Emission Scenarios
Sudene	Superintendência de Desenvolvimento do Nordeste
TAR	Tarifa Anualizada de Referência
TBG	Transportadora Brasileira Gasoduto Bolívia-Brasil
TNP	Tratado de Não Proliferação
TRU	Taxa Rodoviária Única
TSB	Transportadora Sulbrasil de Gás
TUST	Tarifa de Uso do Sistema de Transmissão

TVA	Tennessee Valley Authority
UDN	União Democrática Nacional
UMC	World Meteorological Foundation
UNCCD	U. N. Convention to Combat Desertification
UNEP	United Nations Environment Programme
Única	União da Agoindústria Canavieira de São Paulo
Urenco	Urenco Enrichment Group
USDOE	U. S. Department of Energy
Uselpa	Usinas Elétricas do Paranapanema
Usininas	Usinas Siderúrgicas de Minas Gerais
USP	Universidade de São Paulo
WEC	Conselho Mundial de Energia
WWF	World Wildlife Fund
YPFB	Yacimentos Petroliferos Fiscales Bolivianos

Índice remissivo

A

abertura no setor de petróleo e gás e Art. 177 da Constituição 341, 531
Abracave 554
Academia Brasileira de Ciências 113, 192, 268
ACL 308, 388, 444, 445, 459
Acordo Brasil-Bolívia (1992) 336, 601
Acordo com Amforp(1963) 128
Acordo de Roboré 129, 336
ACR 388, 444, 454-455, 459
Agência Nacional de Energia Elétrica 300, 306, 442
Agencia Nacional de Recursos Hídricos 375
Agência Nacional do Petróleo, Gás Natural e Bicombustíveis 338
água - Conferência das Nações Unidas 501
álcool anidro 90-91, 238, 274, 362-363, 551, 555
álcool hidratado 91, 237, 238-239, 274-275, 362-363, 550
Ambiente de Contratação Livre 444-445, 459
Ambiente de Contratação Regulada 388, 444-445, 457
Aneel 300, 305, 308-311, 325, 327, 357, 386-396, 406, 418, 425, 427, 442, 445, 450, 453-460,483-484
ANFAVEA 362
Angra I e Angra II 362, 367-368, 371-372
ANP 338,343-347, 399-402, 404, 414, 430, 443, 462
Antecedentes do Processo de Planejamento do Sistema Elétrico 228
Aparelhamento do Estado 436
aquecimento doméstico de água 54, 335, 375
Associação Brasileira de Carvão Vegetal 554
Associação Brasileira de Geradoras Termelétricas 564
atualização do Código de Águas (1908-71) 157, 159
aventura das termelétricas (2000) 348, 356, 379, 408
aventuras externas da Petrobras 468

B

Bacabeira 466
bagaço de cana e termeletricidade 484
balanço do gás natural (2008-13) 472
balanço energético 192, 196, 337, 375, 442, 489, 548, 569
balanço energético (década de 1980) 242, 293, 548
balanço energético (início da década de 1990) 279
Banco Central do Brasil 286, 349, 584
Bechtel Overseas Corporation 191
Belo Monte 395, 452-453, 510
biodiesel 429-431, 482, 484, 569

C

CAEEB 100, 235, 276, 278-279, 529, 594
Câmara de Comercialização de Energia Elétrica 388, 392, 442, 444
Campanha de Defesa do Petróleo 104
cana-de-açúcar 90, 237, 239, 243, 275, 291, 360, 362, 428, 478-479, 485-486, 493, 498, 516
Canambra 127, 215, 217, 291-292, 312
capacidade de Construção de Equipamentos Nucleares 191
capacidade de geração elétrica 60, 101, 126, 151, 157, 297, 398, 429, 445, 591
capacidade de refinação de petróleo 108-109, 347, 353, 461, 465-466, 480, 488, 533
capacidade de refino e carga processada (2007-13) 465
capacidade do sistema elétrico (2007-13) 445
capacidade e utilização das refinarias (1997-2003) 354
carga tributária sobre tarifas (1999-2005) 394, 397
CBTN 187-188, 190-191, 222, 228-229, 364-365,367, 591-592
CCC 157, 254-255, 292-293, 297, 299-300, 356, 358, 396-397, 406, 425, 456, 568
CCEE 388-389, 392-393, 442, 444, 453, 457-458, 460
CEEE 80-81, 90, 98-100, 125, 133, 151, 532-533, 536-538, 588
Cemig 98-100, 122, 124, 127, 262, 295, 303-304, 383, 441, 441, 457, 532-533
Cesp 150, 217, 254, 295, 303-304, 392, 441, 457, 539
CGIEE 442
Chesf 81, 98, 124-126, 146, 151, 214, 295, 303-34, 310, 392, 440, 454, 489, 538, 547, 577, 579
chuveiro elétrico 375
ciclo de combustível nuclear (até 2005) 372
Club of Rome 43
CMSE 387, 442
CNI 505
CNPE 367, 374, 383-385, 390, 423, 442

Código de Águas 56, 78, 99, 121, 123, 125, 157-158
colapso do sistema elétrico (2000) 323, 329, 383, 566
combustíveis automotivos 274-275, 478, 485
combustíveis fósseis 36-37, 46, 156-157, 261
combustível nuclear 230, 368, 370-373, 422, 487-488, 544, 565, 591
comemoração dos 70 anos da Shell no Brasil 383
comércio exterior de petróleo e derivados (2007-13) 353, 464
Comissão de Avaliação do Programa Nuclear Brasileiro (1985) 268
Comissão de Nacionalização das Empresas de Serviços Públicos 128
Comissão Estadual de Energia Elétrica 81, 98, 532
Comissão Nacional de Energia Nuclear 134, 189, 364, 367, 590, 600, 608
Comitê Brasileiro do Conselho Mundial de Energia 46, 513
Comitê Coordenador de Estudos Energéticos 146, 151
Comitê Coordenador de Estudos Energéticos da Amazônia 152
Comitê Coordenador de Estudos Energéticos da região Centro-Sul 127, 291
Comitê de Monitoramento do Setor Elétrico 387, 442
Comitê Gestor de Indicadores de Eficiência Energética 442
Companhia Auxiliar de Empresas Elétricas Brasileiras 69, 235, 276, 529, 594
Companhia Brasileira de Tecnologia Nuclear 187, 364-365, 589, 591
Companhia Hidrelétrica do São Francisco 81, 98, 579
Comparação Internacional de Tarifas 160
Comperj 465,469
Complexo Petroquímico do Rio de Janeiro 466
Compra da Light 219
conceitos essenciais sobre o sistema elétrico brasileiro (fim do séc. XX) 296
Conesp 128
Confederação Nacional da Indústria 338, 386
Conferência das Nações Unidas sobre o Meio Ambiente e Desenvolvimento (1992) 46, 259, 265, 498
Conflito Janari – Alexinio 129

Confuso mercado de combustíveis 483
Conselho de Desenvolvimento no BNDE 117
Conselho Mundial de Energia 46, 513
Conselho Nacional de Pesquisa de Minerais Nucleares 189
Conselho Nacional de Política Energética 309, 373-374, 385, 402, 442, 489
consequências financeiras da crise (2001) 330, 441, 513
conservação de energia 232, 234, 266, 325, 507
conservação de energia – Procel (1990) 264
CONSERVE 232-233
consolidação dos meios de ação da Eletrobras (1971-72) 151
consolidação econômica dos serviços de eletricidade (1970) 150
Constituição de 1988 e mudança do quadro institucional 252
consultor inglês Coopers & Lybrand 301, 315
consumo de derivados de petróleo 61, 115, 138, 173, 200
consumo de eletricidade 69, 265, 327, 413, 528
consumo de energia 36-38, 44, 92, 114, 197, 260, 282, 315, 332, 359, 424, 492, 506, 581
consumo de gás natural (2008-2013) 475
Conta de Consumo de Combustíveis 254, 292, 396, 456, 568
Conta de Desenvolvimento Energético 331, 359, 397, 456, 568
contabilização das operações de energia elétrica 316
contenção e equalização de tarifas (depois de 1974) 209
continua o sucesso na busca por petróleo (desde 2005) 402
continuidade do poder político (desde 2003) 436
contratos de risco versão 1975 205
Convenção – Quadro das Nações Unidas sobre Mudança Climática (1994) 498, 505
Copel 213, 303-304, 383, 440, 457, 459, 537-538
CPFL 79-80, 99, 529, 538
cresce a preocupação com o meio ambiente 496
criação e organização da Eletrobras 103, 118, 122, 125
crise de identidade na Petrobras (2001-03) 399
crise de suprimento de eletricidade (2001) 309, 327, 331, 356, 359, 381, 413
crise internacional (2008) 437, 479
crise no MAE (2001) 327

D

debate no congresso sobre reforma Dilma 385
debates sobre o setor de energia elétrica (1992) 294
Decreto Legislativo nº 129 448
Decreto nº 41.019 123, 150, 157, 215, 294, 535, 576
Departamento Nacional de Águas e Energia Elétrica 159, 233, 294, 506, 577
Departamento Nacional de Produção Mineral 179, 506
dependência externa de energia 399, 493
dependência externa de petróleo 405
dependência externa física de petróleo e derivados (2007-13) 352, 405, 463-464
desertificação 501-502
desestabilização financeira da Petrobras e da Eletrobras 487
desperdício de energia 264, 513
destruição do Plano de Aperfeiçoamento de Pessoal de Nível Superior 280
destruição financeira do setor elétrico (1986) 250
Diesel 38
diversidade das energias novas 517
divulgação do Relatório Link (1960) 131

E

eficiência energética 495
Eletrobras 100, 103, 118, 121-123, 125-126, 141-142, 145-146, 151-152, 154-157, 160, 184-186, 188, 209, 212-216, 220, 223, 237,253, 255, 259, 264, 269-270, 276-277, 287, 291-295, 298, 301, 304, 310-313, 318, 321, 328, 364-365, 367, 373-375, 382, 388, 399, 424-427,433, 441, 443, 447, 457, 487-489, 508, 513, 534, 536-539, 547-548, 576-578, 586, 588, 590-591, 593, 595
Eletropaulo 220, 254, 295
Eletrosul 151 , 160, 213, 278, 292, 303-304, 310, 328, 537-538, 540, 586, 587
Eletrotermia 234
emissão de gases de efeito estufa (Brasil 1994) 500
emissões de CO2 e energia primária (1990) 258
Empresa Brasileira de Administração de Petróleo e Gás Natural 462
Empresa de Pesquisa Energética 311, 386, 424, 442-443, 602
Empréstimo compulsório a favor da Eletrobras 126

encampação da CEERG pelo governo do RS 125
endividamento do setor elétrico 252, 550
energia de biomassa 36, 41-42, 50, 192, 484, 500
energia e informação 45
energia eólica 375, 407, 426, 440, 446, 490, 492, 518-519
energia fotovoltaica 407, 513, 517-518
energia hidrelétrica 56, 76, 155, 189, 237, 257, 303, 449-450, 506, 509, 511, 582
energia não renovável 36
energia no mundo 36, 44, 524
energia nuclear 36, 39, 41, 112-114, 122, 134-135, 143, 185, 188, 222, 226, 231, 247, 269-270, 379, 422, 440, 485-486, 498, 535, 542-543, 548, 582, 589, 592
energia primária 38, 41-42, 61, 92, 197, 261, 281-282, 337, 360, 535, 569
energia primária da cana-de-açúcar 360
energia renovável 379, 424, 520, 569
energia solar 375, 517, 520-521
energia termelétrica 254, 257, 511
entrada do gás natural – histórico 333
EPE 339, 386-388, 390, 392, 424, 442-443, 447, 469
equilíbrio financeiro a longo prazo 147
equilíbrio financeiro das empresas de energia elétrica 159, 219, 256, 456
Era da lenha 49
Ernesto Geisel na Petrobras 206
Escola Nacional de Engenharia 135
estrutura da administração federal em energia – simplificação (1965) 146
estrutura empresarial do setor energético 440
estrutura financeira do setor energético 121, 156
estudos para a primeira usina nuclear (Mambucaba) 136
etanol 476-482, 484
expansão do sistema elétrico (2002-05) 398
Exposição sobre o Tratado na Câmara dos Deputados (1973) 156

F

FGV 75, 281
Francisco Mangabeira substitui Geonísio Barroso 131
Fundação e instituição de cursos relativos à energia nuclear (1954-1956) 135
Fundação Getulio Vargas 75, 281
fundação por decreto da Central Elétrica de Furnas 124

Fundo Federal de Eletrificação 101, 125, 150
Furnas Centrais Elétricas 99, 124

G

Gasbol 339, 347, 469, 471, 474
gás de xisto 475-476
gás natural liquefeito 415, 422, 471
gás natural na América do Sul 418
gás natural na matriz energética (até 2004) 333, 339
gasolina 61, 64, 72, 90-91, 232, 234, 237-240, 242, 258, 274-275, 362-363, 413, 429, 467-468, 474, 477, 479-482, 484, 528, 548-549, 551
GCOI 156-157, 232, 292-293, 307-308, 310-313, 317, 356, 390
geração elétrica por Fontes 59-60
Getene 123
gigantesco programa nuclear com a Alemanha 222
grandes reservatórios em discussão (década 1950) 262
Grupo de Trabalho de Energia Elétrica 123
Grupos Coordenadores de Operação Interligada 232, 292, 310

H

hidrologia crítica (2013) 300, 457

I

IAEA 423
Ibama 241,258, 260, 271-272, 504, 507, 552
IBGE 263
IE 434
IEA 135, 187, 569
implantação do programa do gás (a partir de 1998) 338
implantação do serviço pelo custo (1960) 125, 145
implementação do modelo de energia elétrica com alto risco (1998-99) 318
Imposto Único sobre Energia Elétrica 126
iniciativas dispersivas da Petrobras 408
INPE 161
instituição da Reserva Geral de Reversão 397
instituição e organização do mercado de energia elétrica 307
institui-se a Agência Nacional de Energia Elétrica (1996) 300
Instituto Brasileiro de Desenvolvimento Florestal 193, 258

Instituto Brasileiro de Geografia e Estatística 263
Instituto Brasileiro do Meio Ambiente e dos Recursos Naturais Renováveis 259, 504
Instituto de Economia 434, 480
Instituto Nacional de Pesquisas Espaciais 161
intensidade energética 45, 492
Intergovernmental Panel on Climate Change 500
internacionalização da Petrobras 409
International Atomic Energy Agency 423
International Energy Agency 569
International Engeneering Company e Eletroconsult – estudo de Itaipu (1973) 153
investimentos e sucesso na exploração de petróleo e gás (1993-2005) 348
investimentos externos na extração de petróleo (2000-04) 348
IPCC 500
IPEA 382
Itaipu 52, 129, 152-153, 155-156, 158, 179, 200, 211, 215, 218-219, 232, 253-254, 292-295, 298-299, 303-304, 306, 310-311, 313-314, 316-317, 319, 328, 388, 399, 441, 447-450, 539, 547-548

J

Jeffrey Sachs 449-450

L

Lei 2004 386
Lei do Gás 469
Lei do Petróleo 336, 345, 414, 466
leilões de energia (2004-05) 389, 441
leilões de energia e transmissão 452
leilões de energia nova 453
lenha 37-38, 42, 50, 52, 5557, 61-62, 64, 72, 76, 91-92, 115, 138, 192, 197, 241, 243, 271, 282-283, 291, 484, 517, 528, 554
licenciamento ambiental 387, 393, 428, 507-509
licenciamento de usinas hidrelétricas 510
licitação de aproveitamentos hidrelétricos e linhas de transmissão 305
licitação de blocos (petróleo e gás) 466
lições da crise de suprimento de eletricidade (2001) 357, 389, 440
Light 56-60, 68-69, 78-80, 99-100, 102, 121, 124, 128, 150, 158-159, 185, 219-220, 292, 303, 310, 335, 525-526, 529, 532, 539
Link e o departamento de exploração da Petrobras 130
Luz para Todos (2006) 433

M

MAE 308-309, 311, 315, 317-318, 320, 326-329, 384, 388-390, 444
malha de gasodutos 474, 475
marco regulatório do petróleo (2010) 487
matriz energética 41, 72, 91, 242, 283, 333, 339, 356, 358, 360, 395, 414, 429, 442, 452, 460, 474, 484, 516, 580-582
matriz energética (1970) 196, 580
Mecanismo de Relocação de Energia 317
medíocres resultados da Braspetro 268
mensalão 436
Mercado Atacadista de Energia 308, 444
mercado de curto prazo 445, 457, 459
mercado livre de carvão 276
modicidade tarifária 308, 381, 383-386, 455-456, 487
monopólio do petróleo 103
monopólio estatal para as atividades nucleares (1962) 135
motor *flex-fuel* 362, 477
MP 579 455-457
MRE 317-318
mudança climática 424, 496, 498, 500
mudanças estruturais na Eletrobrás (1998) 310
multiplicação do Programa do Álcool 237

N

National Planning Association – Robock (1957) 134
negociações finais com a Amforp (1964) 145, 150
nó cego no gás natural 411
Nova fase do carvão nacional (1970) 179
novo código florestal 192
novo marco regulatório do petróleo (2009) 461
Nuclebrás 222-224, 228-231, 269-270, 364

O

o disparate de Balbina 263
Oferta Interna de Energia 360, 490-491
óleo combustível 61, 64, 72, 101, 232, 234-237, 278-280, 291, 298, 338, 340, 528, 532, 535, 538, 547, 565
ONS 308-311, 316, 323, 325, 328, 382, 384-385, 388-390, 392, 417, 442, 444, 450, 454, 460, 511, 568
Operador Nacional do Sistema Elétrico 302, 309, 442

P

PAC 436-437, 486
papel das térmicas (entre 1965 e 2005) 298
pesquisa de gás natural 333
pesquisa de minerais nucleares 229, 591
pesquisa de petróleo 71, 84, 104, 128-129, 131, 165, 171, 177, 204, 206-207, 268, 466, 541, 583, 585
Petrobrás 86, 106, 108-109, 129, 130-132, 141-142, 162, 164-179, 188, 195, 203-208, 211-212, 258-259, 265, 267-268, 275, 287, 291, 321, 324-325, 333-334, 336-339, 341, 343-349, 351, 353-357, 373-374, 379,382, 399-405, 407-414, 417, 420-422, 430-431, 441-443, 461-463, 465-474, 476, 479-480, 484, 487-489, 513, 533-535, 541, 545, 553, 555, 561-563, 570, 582-585, 591, 593, 595
Petrobrás Distribuidora 347, 482
Petrobras e geração de energia elétrica 355
Petrobras Internacional 177, 336
Petrobras pesquisa no exterior 204
Petrobras vai para a plataforma continental (1978-80) 203
Petróleo Brasileiro 106-107
planejamento e otimização da operação integrada 389
Planfap 194-195, 280, 594-595
Plano de Formação e Aperfeiçoamento de Pessoal de Nível Superior 194-195, 280, 594-595
plano de metas de JK 117, 132
Plano do Carvão Nacional 110, 132, 179
Plano Nacional de Eletrificação 102-103, 121
plataforma continental 161-166, 171, 173-177, 203, 206, 268, 403, 409, 516, 544, 583
PLD 445, 457, 460
poço de Nova Olinda 110
Política Nacional do Meio Ambiente (1981) 257
potencial hidrelétrico por bacias hidrográficas 124, 579
PPSA 462, 487
PPT 356-357, 417, 472
Preço de Liquidação de Diferenças 445, 457, 460
preço do etanol (2007-13) 480-481
preço do gás 325, 342-343, 412-413, 420, 473-474
preço dos derivados do petróleo (1977-86) 211, 212, 234
preços médios de energia (2008-11) 394
pré-sal 461-463, 466-467, 469, 483, 487

primeira conversa com a Light 59
primeira usina nuclear 136, 183-184, 187, 220, 543
primeiro relatório Canambra 127
privatização e novo modelo (1996) 300
privatização no âmbito da Petrobras (1999-2000) 345
privatização setor elétrico 300, 303
Proálcool 233, 237-240, 243, 274-275, 282, 361-362, 441, 476, 555
Proconve 238, 258, 551
produção de carvão bruto em SC e RS (1980-95) 280
produção de derivados de petróleo 39
produção de energia elétrica 89, 356, 364, 517, 590
produção de etanol 478
produção de petróleo 39, 65, 82-83, 87, 108-109, 206-207, 268, 334, 345, 346, 348, 350-351, 354, 402, 404-406, 409, 463, 563
produção de petróleo no Recôncavo 130
produção e uso do álcool 362
Programa Autônomo de Tecnologia Nuclear 225
Programa de Aceleração do Crescimento 436, 486
Programa de Conservação de Energia 233
Programa de Controle da Poluição do Ar por Veículos Automotores 258, 551
Programa Nacional de Desestatização (1990) 289, 302, 345
Programa Nacional de Qualidade do Ar 258, 289, 302, 345
Programa Nacional de Racionalização do uso de Derivados do Petróleo e do Gás 265, 513
Programa Nuclear (dificuldades em 1985) 268
Programa Prioritário de Termelétricas 324, 339, 343, 356, 564
Proinfa (2004-07) 331, 374-375, 424. 428
Projeto Marcondes Ferraz para Sete Quedas 124, 152
Pronar 258, 551
proposta de equalização tarifária (2003) 383, 385, 567
proposta para a reformulação da política do petróleo (1970) 171
porrogação da vigência do Plano do Carvão (1957) 132
prospecção de minerais nucleares (até 1974) 189, 228
prospecção de urânio (Poços de Caldas, 1952) 137
Protocolo de Kioto (1997) 498-499

Q

quadro institucional do setor de energia elétrica (2004-13) 444
quadro institucional no Brasil (Constituição de 1988) 502
quarta reunião [dos ministros das Relações Exteriores (1974) 153
questão dos *royalties* (2013) 462

R

racionamento (início da década de 1940) 80
racionamento de eletricidade 359
RAP 454
Reajuste Tarifário Anual 455
realizações no campo da pesquisa de petróleo (1930-73) 165
Receita Anual Permitida 454
Reconhecimento Global da Margem Continental 164, 203
Reconhecimento Global de Recursos Naturais 161
recursos energéticos 36, 41-44, 125, 197, 262, 506, 535, 581
recursos hídricos 56, 74, 122, 127, 134, 262, 285, 290, 296-297, 300, 305, 312, 357, 368, 388, 393, 496, 503, 507, 511-512, 566, 568
redefinição da Política Nacional de Energia Nuclear (1967) 135
rediscussão dos conceitos do petroleo (1970) 167
Refinaria Abreu e Lima 465
Refinaria de Pasadena 407, 468
Refinaria Nansei Sekiyu 469
Refinaria Premium I (Bacabeira) 466
reflorestamento 57, 74, 92, 143, 192-193, 240-241, 247, 271-273, 554-555
reforma da reforma na energia elétrica 381
reformas administrativas e situação dos setores de energia 289-290
reformulação da energia elétrica (1964-74) 145
regulação do mercado do gás natural 414
relatório do Comitê Coordenador de Estudos Energéticos da Amazônia (1972) 152-153
relatório final do Comitê Coordenador dos Estudos Energéticos da região Centro-Sul 146

relatório Infeliz – redução dos habituais 10% (1968) 147
Remac 164, 203
RE-SEB (1996-98) 301-302, 311, 316, 321, 357, 374
reservas de carvão 37-38, 236, 535
reservas de gás 298, 406
reservas de gás de xisto 475
reservas de petróleo 40, 65, 76, 169-170, 208, 344, 354, 403, 412, 570
reservas de urânio 114, 228-229, 580
reservas e mineração de urânio 367
reservas e produção de gás natural (2007-13) 470
reservas e produção de petróleo (2007-13) 463
reservas provadas e produção de petróleo (1995-2002) 351
reservas provadas e produção de petróleo (2002-06) 404
retorno do comando do Estado e reforma do mercado (2003-04) 387
Revisão Institucional do Setor Elétrico 212
rio Paraíba do Sul 59, 68, 157-158, 539
royalties 167, 393, 461-462, 539

S

segurança e flexibilidade no suprimento de gás natural 415
semana de debates sobre energia elétrica 121, 534
Senado Federal 224
setor energético no governo federal 442
setor privado no ambiente energético 322
SIN 390, 444, 447, 450-451, 456
Sindicato Nacional da Indústria de Extração do Carvão 280
sistema de partilha na produção de petróleo 461
sistema de transmissão de energia elétrica 450
Sistema Integrado Nacional 444, 450, 561
substitutivos do projeto da Petrobras 108
sucesso da exploração de petróleo no mar (a partir de 1990) 266

surge com força a questão ambiental 257
suspende-se o incentivo ao reflorestamento (1987-88) 271

T

tarifas de energia elétrica no ACR 454
tecnologia e inovação 515
termelétricas a carvão nacional 358
termelétricas a gás 355-357, 427, 446, 469, 474
termina o Proálcool (1988-89) 274
transferência do acervo da Amforp 151
transição pacífica de governo (2003) 377
Tratado de Não Proliferação 83, 222, 226, 365
Tucuruí 200, 218
turbulência nuclear (2004-05) 422

U

UFRJ 135, 195, 208, 265, 280, 301, 403
unificação da frequência 146
universalização do uso de eletricidade (2003-06) 424-125, 431, 433
Universidade de São Paulo 113, 187, 240, 370
Universidade Federal do Rio de Janeiro 135, 195, 208, 265, 280, 301, 403
usinas hidráulicas no cenário ambiental 262
usinas hidrelétricas e meio ambiente 508
usinas nucleares brasileiras 222
USP 113

V

valores normativos 308-309
variações políticas com Itaipu 448
venda de automóveis por tipo de combustível 362
vicissitudes da energia nuclear (desde 2007) 485
VN 309
volta à tona a questão tarifária (Costa e Silva) 147

W

WEC 569
World Energy Council 569

Sobre o autor

ANTONIO DIAS LEITE nasceu no Rio de Janeiro, em 1920. Formou-se pela Escola Nacional de Engenharia da UFRJ em 1941. Trabalhou nas indústrias Worthington, nos Estados Unidos (1942/43). Retornando ao Brasil, orientou-se para a área de engenharia econômica.

Na UFRJ, ingressou como professor assistente de estatística. Obteve os títulos de Docente-livre e de Professor Titular (1952) em concursos prestados na Escola de Engenharia e na Faculdade de Economia e Administração. Foi responsável pela estruturação da Fundação Universitária Jose Bonifácio (1975). Após aposentar-se (1985), recebeu do Conselho Universitário o título de Professor Emérito.

Coordenou, na Fundação Getulio Vargas, a primeira avaliação da Renda Nacional (1951). Fez parte da ECOTEC – Economia e Engenharia Industrial (1957-67), quando ali se realizaram inúmeros estudos de infraestrutura. Preparou o Projeto de Lei que instituiu o incentivo fiscal ao reflorestamento. Coordenou a constituição da Aracruz Florestal. Interrompeu atividades em 1960 para viajar pelos Estados Unidos durante oito meses como observador da economia daquele país, a convite da Eisenhower Exchange Fellowships.

Na administração pública, exerceu os cargos de secretário de política econômica do ministro da Fazenda San Tiago Dantas (meses de 1963), presidente da Companhia Vale do Rio Doce (1967-69), e de ministro de Minas e Energia (1969-73) do governo Emílio Garrastazu Médici. Neste último promoveu significativa reestruturação dos setores elétrico e mineral e avanços nas pesquisas geológicas e tecnológicas, que são explicadas neste livro.

Desde 1964 esteve presente na imprensa com artigos sobre economia nacional, energia e recursos naturais.

Este livro foi impresso no Rio Grande do Sul, em outubro de 2014,
pela Edelbra Gráfica e Editora para a Lexikon Editora.
A fonte usada no miolo é a Swift, em corpo 9.
O papel do miolo é offset 63g/m² e o da capa écartão 250g/m².